Das Buch

Einer der furchtbarsten Konflikte dieses Jahrhunderts war der Konflikt zwischen Moral und Technik, zwischen Politik und Physik bei der Entwicklung der modernen Kernphysik, die eng mit dem Bau der ersten Atomwaffen verquickt war. Deren dramatische Geschichte hat Jost Herbig aufgeschrieben – auf der Basis einer Materialfülle, wie sie noch niemandem zur Verfügung stand. Er schildert nicht bloß die ungesteuerten Kettenreaktionen, die in einer Atombombe ablaufen, sondern beschreibt auch anschaulich all die Kettenreaktionen, die Zusammenhänge und Zufälle im politischen, militärischen und wissenschaftlichen Bereich. Das Buch enthält, brillant gerafft, unzählige Informationen über Atomphysiker, Politiker und Generäle, über wissenschaftliche Probleme, strategische Entscheidungen sowie kurzskizzierte Entwicklungsstudien (Einstein und Hahn). Die Forschung in Großbritannien und Frankreich, vor allem aber in den USA und Deutschland steht im Mittelpunkt der kritischen Betrachtungen; dabei nehmen wiederum die dreißiger und vierziger Jahre besonders viel Raum ein. ›Kettenreaktion – Das Drama der Atomphysiker‹ ist ein faszinierendes Buch für alle an Zeitgeschichte und Technik interessierten Leser.

Der Autor

Jost Herbig, Jahrgang 1938, Studium der Naturwissenschaften, Dr. rer. nat., Master of Science. Vier Jahre Arbeit in der Industrie als Leiter von Entwicklungsabteilungen. Mitarbeiter an Umweltschutzprojekten. Seit 1971 Schriftsteller.

Jost Herbig:
Kettenreaktion
Das Drama der Atomphysiker

Weihnachten '82

*Eigentlich haben wir dieses
Buch am ehesten für den
lieben Papi... nun buba
ein stolzer Opi... gedacht,
lesen dürfen's aber alle*

Deutscher
Taschebuch
Verlag

*Peter und Margot
(Jedes Buch sollte immer
mit etwas Kritik im
Hintergrund gelesen werden)*

Im Text ungekürzte Ausgabe
März 1979
Deutscher Taschenbuch Verlag GmbH & Co. KG,
München
© 1976 Carl Hanser Verlag, München
ISBN 3-446-12181-1
Umschlaggestaltung: Celestino Piatti unter Verwendung
eines Photos vom Bilderdienst Süddeutscher Verlag,
München, das den amerikanischen Atomphysiker
J. Robert Oppenheimer (1904–1967) zeigt.
Gesamtherstellung: C. H. Beck'sche Buchdruckerei,
Nördlingen
Printed in Germany · ISBN 3-423-01436-9

Inhalt

Geschichte oder ein technisches Märchen 7

Die Suche nach Ordnung *11*
Juden, Nationale, Kommunisten, Liberale und
  »Parteigenossen« *48*
Die Sprengkraft der Entdeckung *63*
Überleben als Wissenschaft *87*
Der Uranverein *106*
Eine Gouvernante aus Kent *139*
Im Sirup schwimmen *146*
Das Ende im Weinkeller *173*
Wettlauf gegen die Zeit *203*
Wovon hat er geredet? Von Physik oder Politik? *274*
Danach *313*
Gefangene Seiner Majestät *325*
Fast ein Erfolg *341*
Der Geist unserer Freiheit *363*
Unterwanderung *383*
Der Schmerzensmann *427*
Der Lauf der Dinge *451*

Literatur *503*
Personenregister *509*

Für Marcel Broodthaers

Geschichte oder ein technisches Märchen

Wir gehen ins Deutsche Museum: München, Museumsinsel. Über der Kasse lesen wir: »Eintrittspreise: Erwachsene DM 2,-, Reisegesellschaften DM -,50, Studierende und Schüler DM -,50.« Kleinkinder haben den Spaß umsonst. Es gibt viele Knöpfe, die darauf warten, gedrückt zu werden.

Unseren Rundgang beginnen wir im ersten Obergeschoß. Durch den »Ehrensaal« und den »Bildersaal« gelangen wir in den großen Physiktrakt. Er nimmt den größeren Teil des ersten Stockwerks ein. »Physik im Dienste des Menschen« – das ist unser erster Eindruck vor der Vielfalt der Exponate. Ist es ein angeborener Trieb des Menschen, seine physikalische Grundausstattung zu verbessern, sind es ökonomische Gesetze, die Menschen zu so erstaunlichen Leistungen brachten?

An großen Holzmodellen erfahren wir frühe Anwendungen einfacher physikalischer Grundsätze: Hebelgesetze und Gravitation. Steinaxt und Grabstock fehlen. Sie müssen sich im archäologischen Museum befinden. Oder sind sie im Völkerkundemuseum?

Ein Faß möchte seit Jahren von einer schiefen Ebene herunterrollen: ein Exempel für die Gesetze der Gravitation. Potentielle Energie, die vergeblich wartet, sich in kinetische verwandeln zu dürfen. Ein Seil verhindert das. Faß, Seil und Holzplanken werden benutzt, uns das Prinzip der schiefen Ebene nahezubringen. Technik, um Technik zu demonstrieren.

Davor hängt ein Flaschenzug. Ein grobes Hanfseil stellt, mehrfach über Holzrollen hin- und herlaufend, die Verbindung zwischen Aufhängung und Haken her. Eine Schautafel zeigt Anwendungsmöglichkeiten: Landsknechte haben mit einem Flaschenzug ein schweres Kanonenrohr hochgezogen. Ohne technisches Hilfsgerät hätte es einer ganzen Kompanie bedurft. Aber dann gäbe es auch keine Kanonen. In der Luft schwebend, wartet das Kanonenrohr auf seine Lafette. Im Hintergrund sieht man eine Stadt. Warum werden die Soldaten hineinschießen? Wann spielt die Episode? Gegen wen kämpfen sie, für welches Ideal? Schießen sie in den Bauernkriegen, im Dreißigjährigen Krieg, im spanischen Erbfolgekrieg? Wir müssen es nicht wissen. Die Söldner demonstrieren den technischen Nutzen der Physik. Die Naturgesetze sind jedem politischen Ziel dienstbar.

Eine wohlgeformte Goldkrone und ein amorpher Goldklumpen hängen an einer Waage. Sie sind gleich schwer. Ein Knopfdruck senkt die Vorrichtung ab, bis beide Gegenstände im Wasser hängen. Nun ist das Gleichgewicht gestört. Die Krone ist leichter, der Goldklumpen schwerer. Was soll das bedeuten? Hat das Bürgertum über die Aristokratie gesiegt, Warenwert über Form? Gespannt lesen wir die Erklärung. Klumpen und Krone repräsentieren verschiedene spezifische Gewichte. Die Krone verdrängt mehr Wasser als der Klumpen, sie ist gar nicht aus reinem Gold. Die Waage erlaubt nicht, Qualitäten zu vergleichen, sondern nur Quantitäten. Naturwissenschaft, lernen wir so, ist wertfrei.

Irgendwo begegnen wir den beiden kupfernen Halbkugeln Otto Guerickes, des Bürgermeisters von Magdeburg. Sie liegen umzäunt auf einem Sockel; anfassen verboten. In der Mitte des siebzehnten Jahrhunderts hatten mehrere Pferde versucht, sie auseinanderzuziehen. Es gelang ihnen nicht, obwohl Guericke die Halbkugeln ohne mechanische Verbindung aneinandergefügt, allerdings Luft aus dem entstandenen Hohlkörper gepumpt hatte. Das grenzte an Hexerei. Und Guericke beschäftigte denn auch die theologische Frage, ob das Vakuum, das Nichts also, das Gegenteil des Göttlichen sei. Er meinte, daß Gott sich auch im leeren Raum manifestieren könne. Als er schrieb, »ein Beweis, der auf Erfahrung beruht, sei jedem Beweis auf Vernunftschlüssen vorzuziehen«, rührte er zugleich eine politische Frage an. Er war Repräsentant jener Gesellschaftsschicht, die das überkommene Weltbild des Mittelalters in Frage stellte. Der Feudalismus legitimierte sich aus eben jenen »Vernunftschlüssen«, gegen die das Bürgertum mit der ideologischen Waffe der Erfahrungswissenschaft, die wir heute Naturwissenschaft nennen, zu Felde zog.

Einer ihrer großen Anreger war fünfzig Jahre vor Guericke Galileo Galilei gewesen. Vorgänge zu messen und auf mathematische Formeln zu beziehen, war neu. Nur das Meßbare sollte Gültigkeit haben. »Das Buch des Universums ist in mathematischen Lettern geschrieben«, soll er ausgerufen haben. Vor der Inquisition konnte er getrost von seinen gefährlichen »Irrlehren« abschwören. Er wußte, daß Gott die Erde nicht anhalten könnte, nur um denen Recht zu geben, die sich seiner Allmacht auf Erden bemächtigt hatten.

Wir stehen vor einem alten Holztisch. Im Halbdunkel, unter einer Glashaube und nur diffus beleuchtet, wirkt er wie ein Altar. Wir treten näher. Wir sehen ein paar alte Radioröhren, Gleichrichter, zwei große, in Pappe eingehüllte Batterien, Marke Pertrix, und mehrere Kästen aus Blei. Alles ist irgendwie über spiralenförmig gewundene Elektrodrähte miteinander verbunden. Ein paar Stöpsel stellen weitere Verbindungen her. Mit zwei schwarzen Lichtschaltern, wie man sie noch in alten Mietshäusern findet, läßt sich etwas an- und abschalten. Es könnte der Basteltisch eines unordentlichen Funkamateurs sein. Doch ein gelblich wächsern schimmernder »Rundkuchen« im Hintergrund, in dem ein zweiter, kleinerer steckt, daneben ein Metallgestell, eine gläserne Saugflasche mit aufmontierter Glasfritte und eine Laborzange korrigieren den ersten Eindruck. In den kleineren Rundkuchen sind zylinderförmige Löcher gebohrt. In einem dieser Löcher steckt eine wie ein altes Messinggewicht aussehende Röhre. Oben auf dem Wachsblock liegt ein kleines Zellophantütchen mit gelbem Pulver. Ähnliche Tütchen, die jedoch bräunliches Pulver enthalten, liegen im Vordergrund, daneben ein paar gebogene Bleiplättchen. Einer der vorderen Bleiblöcke ist aufgeklappt. Wie in einer Schmuckkassette liegt darin ein aluminiumfarbiger Metallzylinder. Ein aufgeschlagenes Schreibheft, dessen vergilbte Seiten eng bekritzelt sind, belegt, daß der Benutzer des Tisches genaue Aufzeichnungen hinterließ.

Rechts oben an der Glashaube befindet sich ein Knopf. Wir drücken darauf. Der Altar beginnt zu leben. Punktstrahler tauchen für Augenblicke einzelne Elemente auf dem Tisch in helles Licht und lassen sie dann wieder im diffusen Halbdunkel versinken. Der Altar beginnt auch zu reden. Eine Frauenstimme verkündet: »Sie stehen vor der Originalapparatur, mit welcher der Nobelpreisträger Professor Otto Hahn 1938 zusammen mit Fritz Straßmann die Atomkernspaltung entdeckt hat. Professor Hahn erläutert Ihnen jetzt selbst seine Apparatur.«

Nun beginnt Otto Hahns Stimme ruhig und sachlich zu erklären, daß die eigentliche Kernspaltung im »Rundkuchen«, einem Paraffinblock, stattfand. Der Messingzylinder enthielt die Neutronenquelle, »Radium innig vermischt mit Beryllium«, wie Hahn sagt. Die Neutronen wurden durch das Paraffin abgebremst. Langsam geworden, durften sie auf das Uranoxydpulver in dem Zellophantütchen treffen. Dort ließen sie Uranatome zerplatzen. Der Rundkuchen war also der Vorläufer des Atomreaktors und der Atombombe, folgern wir. Nun erklärt Hahn die anderen Geräte auf dem Tisch. Es waren nur Hilfsmittel zur Identifizierung der Spaltprodukte aus der Reaktion. Die Bleiblöcke sind Geigerzähler, mit denen die Radioaktivität der Zerfallsprodukte gemessen wurde, die Radioröhren Teile eines Verstärkersystems. Für die Geigerzähler wurden zwölfhundert Volt Spannung benötigt. Daher die vielen Pertrix-Batterien unter der Tischplatte.

Hahn beendet seinen kurzen Vortrag. Die Stimme ist tief und angenehm. Er spricht Hochdeutsch mit leichtem hessischen Akzent. Ein berühmter Mann, der bescheiden geblieben ist.

Was Otto Hahn verschwieg, verkündet jetzt wieder die Stimme der Ansagerin: »Aus der Entdeckung der Atomkernspaltung durch Hahn und Straßmann mit dieser einfach wirkenden Apparatur hat sich die Atomkerntechnik entwickelt, die heute große Bedeutung erlangt hat.« Die Apparatur schaltet sich aus. Der Altar steht bereit, sich von einem neuen Besucher befragen zu lassen. Die Ansagerin wird Otto Hahn ankündigen, Otto Hahns Stimme wird geduldig den Tisch erklären. Zum wievielten Mal?

1938 gehörte der Tisch der »Kaiser-Wilhelm-Gesellschaft«. Er diente der Forschung. Heutige Kernforschung könnte mit solchem Gerät nichts anfangen. Der Tisch kommt in die Rumpelkammer der Technik: ins Museum. Auch dort läßt er sich benutzen. Er verkündet Geschichte der Naturwissenschaft. Die abgegriffene Apparatur, zusammen mit der konservierten Stimme des toten Otto Hahn, vermittelt Authentizität, scheinbar. Die Gegenstände, Texte und Erklärungen schaffen den Mythos vom großen Gelehrten, der mit einfachsten Mitteln den Grundstein zu einer neuen Welt legte. Aus Hahns Entdeckung habe sich die »Atomkerntechnik« entwickelt. Gewiß. Aber warum löste die Entdeckung eines Mannes, der nichts weniger als technische Anwendungen im Sinn hatte, in kürzester Zeit eine Kette aufeinanderfolgender technischer Entwicklungen von lebensgefährlicher Zweideutigkeit aus? Warum vereinigen sich gerade in der Person des Atomwissenschaftlers die Omnipotenz, Natur in den »Dienst des Menschen« zu stellen, und die ebenso große Ohnmacht, sie »dem Menschen« auch »dienstbar« zu machen? Welches sind die Ursachen der Ratlosigkeit des Arguments, daß eben jedes Ding zwei Seiten habe, die Wirkungen von Technik vom Gebrauch abhingen, den man von ihr mache?

Die Suche nach Ordnung

Zeit und Ort: Die Herkunft Einsteins und Hahns

Otto Hahn wurde am 8. März 1879 in Frankfurt am Main, Albert Einstein sechs Tage später in Ulm an der Donau geboren. Ein paar Tage und etwa dreihundert Kilometer trennen Geburtstage und -orte der beiden Männer, die, ohne es zu ahnen, die wissenschaftlichen Grundlagen der Atombombe legten. Ein Zufall.

Die Familiengeschichte der Hahns und der Einsteins bettet sich, wenn auch mit unterschiedlichen Ergebnissen, in die Geschichte des wirtschaftlichen Aufschwungs in Deutschland. Innerhalb von drei Generationen entwickelte sich aus einem Agrarstaat die stärkste Industriemacht des europäischen Kontinents, die Deutschland am Vorabend des Ersten Weltkriegs war. Beider Väter versuchten die wirtschaftliche Entwicklung und die gesellschaftlichen Veränderungen dieser Zeit zum Sprungbrett ihres Aufstiegs zu machen. Im Gefolge der Industrialisierung siedelten sie sich in wirtschaftlich aufsteigenden Städten an. Wie viele andere auch wollten sie es vom Handwerker und Händler zum erfolgreichen Kleinunternehmer bringen, um den Sprung auf die unterste Stufe zum Aufstieg in das Großbürgertum zu schaffen. Die Söhne wurden Wissenschaftler.

Kurz vor Alberts Geburt zogen die Einsteins aus dem oberschwäbischen Dorf Buchau ins nächstgelegene städtische Zentrum des Oberlandes, nach Ulm. Dort eröffnete der Vater eine elektrotechnische Werkstätte. Hahns Vater kam aus der Pfalz, wo der Großvater noch Landwirt gewesen war. Nach den üblichen Wanderjahren des Handwerksgesellen ließ er sich in Frankfurt nieder, erwarb eine Glaserei und heiratete. Während der Hahnsche Betrieb sich im Lauf der Zeit zu einem florierenden Kleinunternehmen entwickelte, dem bald verwandte Produktionen des gehobenen Wohnbedarfs angegliedert wurden, ging das Unternehmen der Einsteins in Ulm nach kurzer Zeit bankrott. Während Hahn berichten konnte, daß »Redlichkeit, Fleiß und Bildungsdrang« seinen Eltern »bald zu einer gutbürgerlichen Existenz« verhalfen, ist fraglich, ob für den Mißerfolg der Einsteins das Fehlen dieser Eigenschaften entscheidend war.

Die Zeit nach 1873, die Wirtschaftskrise nach dem kurzen Boom der Gründerjahre, war für Neugründungen kleiner Unternehmen nicht günstig. Die erste Phase der Industrialisierung war abgeschlossen. Vorbei waren die Zeiten, in der kleine Unternehmen auf der Welle des allgemeinen Fortschritts nach oben getragen wurden. Neugründungen wurden schwieriger. Die wirtschaftliche Existenz einer Vielzahl kleinerer Unternehmer war bedroht. Vorüber waren die Zeiten, in denen niedrige Lohnkosten und ein ständig expandierender Markt für problemlose Gewinne sorgten und diese wiederum die notwendigen Investitionen aus eigenen Mitteln erlaubten. Konzentration, Verdrängungswettbewerb und Bankrott waren die Folgen.

In der ganzen industrialisierten Welt schloß sich an die Krise nach den Gründerjahren in Deutschland eine Phase verlangsamten wirtschaftlichen Wachstums an. In den Augen der Zeitgenossen erschien sie als »Die große Depression«. Doch war es mehr eine Zeit langsameren wirtschaftlichen Wachstums und eines schnellen strukturellen Wandels, die von drei Krisen durchbrochen wurde, als eine drei Jahrzehnte dauernde Rezession.

Die wirtschaftliche Basis des klassischen Liberalismus verfiel. Freies Spiel der Kräfte, Freihandel, nur geringe Eingriffe des Staates als Voraussetzungen allgemeiner Prosperität wurden durch die wirtschaftliche Realität ad absurdum geführt. Eine wachsende Zahl selbständiger Existenzen wurde vernichtet. Angefangen von kleinen Handwerksbetrieben, die Opfer der Massenproduktion wurden, über Geschäfte, die der Konkurrenz der Kaufhäuser nicht gewachsen waren, bis zu kleinen und mittleren Unternehmen und Banken. Die wiederkehrenden Krisen, Konzentrationsprozesse, strukturelle Veränderungen und der rasche, passiv erlebte gesellschaftliche Wandel hatten die liberalen Fortschrittsideale empfindlich getroffen.

Einen Ausweg schien die Eroberung von Kolonien zu versprechen, die Ausbeutung »kulturell rückständiger« Regionen der Welt unter dem Vorwand ihrer Zivilisierung. Dort ließen sich noch profitable Rohstoffquellen und Absatzmärkte erschließen, in den Kolonien gab es billige Arbeitskräfte. In Übersee sollten sich die nationalen Volkswirtschaften der Kolonialmächte sanieren.

Wirtschaftlichen Fortschritt imperialistisch zu sichern, bedeutete, die divergierenden Klasseninteressen zu Hause dem gemeinsamen Ziel nationaler Machtentfaltung unterzuordnen.

Zu einer bürgerlichen Revolution war es in Deutschland auch in früheren Zeiten nicht gekommen, als die Idee des Liberalismus noch bessere Zukunftsaussichten zu versprechen schien. Die neuen politischen Zwänge des Imperialismus trieben das Bürgertum noch mehr in die Arme einer Aristokratie, die traditionell die führenden Stellungen in Verwaltung und Armee monopolisierte. Aristokratische Lebensart wurde zum gesellschaftlichen Leitbild großer Teile des Bürgertums. Die Aristokratie überlebte so nicht nur das Ende ihrer früheren wirtschaftlichen Funktion: Indem sie Verwaltung, Heer und Flotte kontrollierte und es verstand, das Großbürgertum vor den Karren der eigenen Interessen zu spannen, konnte die etablierte Ordnung ohne die notwendigen gesellschaftspolitischen Veränderungen fortgeschrieben werden. Im Gefühl dieses sicheren Rückhalts konnte der Monarch gelegentlich mit dem Staatsstreich liebäugeln. Im fortschrittlichsten Industriestaat Europas hielt sich ein politisch extrem rückständiges Machtgebilde. Die politischen und gesellschaftlichen Anpassungsvorgänge blieben um mehrere Jahrzehnte hinter den wirtschaftlichen Gegebenheiten zurück.

Seine ideologische Grundlage suchte sich der militante Macht- und Expansionsdrang in der Biologie. Die Darwinsche Evolutionslehre lieferte Anlaß zu willkommenen Fehlinterpretationen. Sozialdarwinismus hieß die gesellschaftspolitische Adaption. »Das Recht des Stärkeren« und »der Kampf ums Überleben«, scheinbar bewährte biologische Grundsätze, mußten auch für Staaten und Völker gelten. Und welche besseren Gründe ließen sich für kulturelle Unterschiede finden als rassische?

Ihren innenpolitischen Ableger fanden Imperialismus und Nationalismus im Antisemitismus. Die fremde Rasse im eigenen »Volkskörper« eigente sich vorzüglich als Ableiter fehlgeleiteter Daseinsangst.

Ein Experte dritter Klasse

Vor diesem Hintergrund wachsen Albert Einstein und Otto Hahn auf. Nach dem Bankrott der Ulmer Unternehmung zieht die Familie Einstein nach München. Zusammen mit seinem Bruder versucht Einsteins Vater, ein neues Unternehmen aufzubauen. Es entwickelt sich anfangs so gut, daß die Familie in eine »bessere« Gegend Münchens umsiedeln kann.

In die Zeit wirtschaftlicher Prosperität fällt Einsteins Schulzeit. Nach fünf Jahren auf der Volksschule wechselt er auf das renommierte Luitpold-Gymnasium. Dort entwickelt er die Aversion gegen Autorität um ihrer selbst willen, gegen jene spezifisch deutschen

Ordnungsvorstellungen, die ihn kurz darauf die deutsche Staatsbürgerschaft zum erstenmal ablegen lassen.

Auch die Münchener Firma der Einsteins geht nach ein paar Jahren in den Bankrott. Die Familie zieht nach Italien, wo mit Hilfe wohlhabender Verwandter ein neuer Anfang versucht wird. Albert Einstein soll in München bleiben, um in drei Jahren seinen Gymnasialabschluß zu erwerben. Sein Vater hat beschlossen, daß dies die rechte Voraussetzung für Einsteins späteren Beruf als Elektrotechniker sei.

Kurz nach dem Umzug der Eltern nach Italien wird Einstein der Schule verwiesen. Sein respektloses Verhalten untergrabe Zucht und Ordnung, war die Begründung. Ohne Abschluß wäre er trotz seiner unbestreitbaren mathematischen Begabung an keiner Universität zugelassen worden. Daher immatrikuliert er 1896 an der Polytechnischen Schule in Zürich, der späteren Eidgenössischen Technischen Hochschule. Etwas Geld erhält er von wohlhabenden Verwandten, den Rest muß er sich selbst erarbeiten.

Auch in Zürich behält er sein unkonventionelles Verhalten bei. Einer seiner Professoren meinte, Einstein sei zwar intelligent, habe aber einen entscheidenen Fehler: Er lasse sich nichts sagen. So wunderte sich vielleicht nur Einstein, nach dem Abschlußexamen keine Assistentenstelle zu finden. Zwei Bewerbungsschreiben bei berühmten Physikern waren nicht beachtet worden. Für befristete Zeit kam Einstein an der Züricher Sternwarte unter, durfte anschließend einen Winterthurer Mathematikdozenten vertreten, der zur Reserveübung eingezogen war, und gab dann eine kurze Vorstellung als Lehrer an einem Schaffhauser Internat. Schließlich war Einstein froh, 1902 eine schlechtbezahlte Stelle am Berner Patentamt, dem »Eidgenössischen Amt für geistiges Eigentum«, zu finden. Dort versah er den Dienst eines Gutachters: Die Behörde wies ihn als »Technischen Experten Dritter Klasse« aus. Mit Fleiß, Ausdauer und Anpassungsvermögen hätte er die Chance gehabt, es zum Experten erster Klasse zu bringen. Vielleicht sogar zum Pensionsanspruch.

Nach der Zeit im stickigen Wilhelminischen Deutschland ist für Einstein die Schweiz ein Paradies von Freiheit und Weltoffenheit. Die liberalen Grundsätze, die das politische Leben in der Schweiz regelten, hatten in dieser Zeit eine große Zahl von Außenseitern angezogen, die aus ihren Ländern emigriert oder geflüchtet waren. Die Revolutionäre Lenin und Rosa Luxemburg zählten zu ihnen. Am Rande gehört auch Einstein zu dieser Szenerie von Boheme, Wissenschaft und Revolution.

Als Einstein in das provinziellere Bern übersiedelt und den bürgerlichen Beruf des Gutachters am Patentamt ergreift, resigniert er nicht in der Monotonie des beruflichen Alltags. Zusammen mit zwei Freunden, Maurice Solovine und Conrad Habicht, arbeitet und diskutiert er weiter über naturwissenschaftliche und philosophische Probleme. Die Treffen der Freunde, die meistens in der Wohnung von Einstein abgehalten werden, werden als Versammlungen einer eigenen Akademie, der »Olympia Akademie«, institutionalisiert. Zur Akademie werden auch »korrespondierende Mitglieder« zugezogen: Michelangelo Besso, der als wissenschaftlicher Gesprächspartner Einsteins entscheidende Anregungen zur Entwicklung der Relativitätstheorie gab und durch Einstein ins Patentamt eingeschleust worden war, Paul Habicht und Marcel Grossmann. Auch Conrad Habicht sollte im Patentamt untergebracht werden, wie aus einem Brief Einsteins hervorgeht: er hoffe auch ihn »unter die Patentjungens zu schmuggeln«, dort würde Habicht sicher seine alte Energie wiedergewinnen.

Ein Freund Einsteins hat in einem Brief an seinen Vater einen kurzen Bericht über Einsteins Lebensumstände während der Züricher und Berner Zeit hinterlassen. Der österreichische Marxist Friedrich Adler schreibt 1908: »Es gibt da einen Mann namens Einstein, der zur gleichen Zeit wie ich studierte, und mit dem zusammen ich einige Vorlesungen besuchte. Unsere Entwicklung verlief ziemlich parallel, er heiratete eine Studentin etwa zur gleichen Zeit wie ich, bekam Kinder, aber hatte niemand der ihn unterstützte, hungerte zeitweilig, und wurde während seiner Studienjahre ziemlich geringschätzig von seinen Professoren am Polytechnischen Institut behandelt; er wurde aus der Bibliothek ausgeschlossen usw., er wußte nicht, wie man mit Menschen umgeht. Schließlich fand er eine Stellung im Patentamt in Bern und er fuhr trotz allen Elends fort, an seinen theoretischen Studien zu arbeiten.«

Der Vernünftige

Im Gegensatz zu den Einsteins, gibt es im Elternhaus von Otto Hahn weder Pleiten noch Auflehnung gegen die Gegebenheiten des Alltags. Das Unternehmen und damit der Wohlstand der Familie wachsen stetig, so daß die Familie, wie Hahn berichtet, »Liegenschaften« erwerben kann.

Die Kinder sind in der Volksbibliothek abonniert. Sie verschlingen Abenteuerromane und Reisebücher: Cooper, Wörishoffer, August Niemann und Jules Verne sind die bevorzugten Autoren. Später kommen Werke von Felix Dahn, Georg Ebers und Oskar Höcker hinzu. Karl May kennen sie nicht.

Ein Opernabonnement hilft zu ersten Erlebnissen in den schönen Künsten: »Der Freischütz« und etwas später »Carmen« hinterlassen bleibende Erinnerungen. In einem fortgeschrittenen Entwicklungsstadium sind es die Opern von Richard Wagner.

Das Taschengeld der Kinder ist gering. Durch eine geschäftliche Abmachung mit der Mutter kann es aufgebessert werden: Täglich stehen jedem Kind zwei Zuckerstücke zu. Den Kindern ist es freigestellt, diese Ration zu verbrauchen oder der Mutter zum Ladenpreis zurückzuverkaufen. Erste Lektionen über den Unterschied zwischen Waren- und Gebrauchswert von Gütern bleiben haften und werden in der Autobiographie erwähnt. Ein weiteres Verzichterlebnis bereitet dem Jüngling seine erste Liebe, Paula, die aus der Ferne angebetete Tochter des Drogisten von nebenan. Obwohl sie um seine Gefühle weiß, und, wie Hahn meint, auch erwidern möchte, entzieht sie sich ihm. Später erklärt sich der Abgewiesene die Sprödigkeit des Mädchens aus dem »löblichen Vorsatz«, ihn durch eine Heirat nicht in seinem Fortkommen zu behindern. Denn mit siebzehn war sie heiratsfähig, während er nur Schüler war. Außerdem sollte er studieren.

Aus den kleinen Anfängen des vom Vater erworbenen Betriebs entwickeln sich unter günstigen Sternen mehrere kleine Unternehmen. Der Erste Weltkrieg, Inflation und Depression können ihnen wenig anhaben. Das Geld schwindet, aber Sachwerte und Produktivvermögen bleiben erhalten. Die Familie nimmt in Hahns Worten »am Aufblühen Frankfurts« in »ganz erheblichem Ausmaß teil«.

Nach dem Abitur beginnt Otto Hahn mit dem Studium der Chemie in der verträumten Universitätsstadt Marburg. Um der Geselligkeit willen, und nicht etwa aus Neigung zum Fechten oder Biertrinken, sucht er Anschluß an eine studentische Verbindung.

Seine Herkunft verbietet ihm den Eintritt in ein Corps. Die Burschenschaft »Germania«, in der er für kurze Zeit hospitiert, ist ihm zu vulgär. Schließlich landet er beim »Naturwissenschaftlich-Medizinischen Verein«, muß allerdings dort feststellen, daß sich die Naturwissenschaftlichkeit auf ein Kurzreferat vor der wöchentlichen Festkneipe beschränkt. Er gewöhnt sich ein.

Obwohl ursprünglich ein Gegner des Fechtens, nimmt Hahn schließlich doch Fechtstunden. Ein Kommilitone hatte ihn mit »Fatzke« beleidigt. Er reist dem Unverschämten bis nach Breslau nach, um dort Genugtuung zu fordern. Beim Fechtgang erkennt Hahn, wie weit ihm sein Gegner überlegen ist. Nur dem Geschick seiner Sekundanten verdankt er es, mit zwei unbedeutenden Kratzern davonzukommen.

1901 promoviert er. Als »Einjährig-Freiwilliger« meldet er sich zu einem Infanterieregiment. Lieber wäre ihm die berittene Artillerie gewesen, doch wieder setzt ihm seine Herkunft eine Grenze: Er kann sich die berittene Artillerie nicht leisten. Er berichtet, daß um die Jahrhundertwende niemand daran gedacht hätte, daß es einmal Krieg geben könnte: »Man war Soldat, weil es Kaiser und Vaterland so wollten, und man genierte sich, wenn man von der Dienstpflicht befreit wurde.«

Nach dem Dienst für Kaiser und Vaterland bietet ihm sein ehemaliger Lehrer Zincke die Stelle eines Vorlesungsassistenten an. Hahn nimmt an, weil er darin eine gute Ausgangsbasis für die angestrebte Anstellung in der Industrie sieht. Im Herbst wird ihm angeboten, beim Entdecker der Edelgase, dem berühmten englischen Naturforscher Sir William Ramsay, zu arbeiten. Er akzeptiert, da er in England die für seine Industrielaufbahn notwendigen Sprachkenntnisse erwerben will. Bei Ramsay entdeckt er ein neues chemisches Element, das Radiothorium.

Der Erfolg ändert seine Industriepläne. Er wechselt zu einem der führenden Atomphysiker, dem Neuseeländer Rutherford, der in Kanada lehrt und forscht. Auch in Kanada ist Hahn erfolgreich: Er findet sein zweites neues Element, das Radioactinium. 1906 kehrt er nach Deutschland zurück und arbeitet als einziger Radiochemiker am Institut des Nobelpreisträgers Emil Fischer. 1907 habilitiert er sich. Im selben Jahr beginnt auch seine dreißig Jahre währende Zusammenarbeit mit der Physikerin Lise Meitner. In seiner Freizeit widmet sich Otto Hahn dem Chorgesang, der zu einer wahren Leidenschaft wird. Um seine schöne Stimme auszubilden, nimmt er Gesangsunterricht.

In diese Zeit fallen die Schüsse von Sarajewo. Der erste Weltkrieg bricht aus. Der Geist einer ganzen Epoche wird noch einmal im großartig verlogenen Aufruf des deutschen Kaisers zusammengefaßt, er kenne keine Parteien mehr, sondern nur noch Deutsche. Das für Otto Hahn »Unvorstellbare« war eingetreten.

Das Genie

Zurück: es ist die Zeit um 1905. Der Ort der Handlung: eine kleine Mietwohnung in der Kramgasse 49 in Bern.

Ein junger Mann sitzt am Tisch. Vor ihm liegen Stöße ungeordneten Papiers, beschriebene Zettel, Hefte, Diagramme, ein paar Bücher. In der rechten Hand hält der Mann ein Buch, mit der linken schaukelt er geduldig einen Kinderwagen. Ab und zu unterbricht er die Lektüre, um sich dem Kind zuzuwenden. Man riecht den kalten Rauch billiger Zigarren. In der Ecke steht ein alter Ofen. Im Flur hängt nasse Wäsche zum Trocknen. Die Wohnungstür ist geöffnet, um Feuchtigkeit abziehen zu lassen.

Dieser Szene hätten sich nicht mehrere Zeitgenossen noch nach Jahren erinnert, wäre der Mann nicht Einstein gewesen. Ebensowenig einer Hochzeit des Jahres 1903, die damit endete, daß das frisch vermählte Paar vor der Wohnungstür stand, aber nicht eintreten konnte, weil der Bräutigam den Schlüssel vergessen hatte. Die Armut und die Banalität des Ereignisses, der Alltag des »kleinen« Mannes von damals wurden erst durch den Kontrast zur Bedeutung und Größe des anderen Teils von Einsteins Existenz wichtig, seiner wissenschaftlichen Leistung.

Die Alltäglichkeit des Genies produzierte den Mythos. Über zerbeulten Cordhosen, der Abneigung gegen Socken, einer Violine, gelehrter Zerstreutheit, dem Photo mit der herausgestreckten Zunge, wird unverständliche Theorie in Menschlichkeit eingefangen und vermittelbar.

Doch sicher ging es Einstein, als er in seiner Wohnung und in den freien Stunden auch in der Bibliothek des »Eidgenössischen Amts für geistiges Eigentum« arbeitete, nicht um die Legende, die er werden könnte. Die Arbeit im Patentamt mußte Geld bringen, mit dem er den Lebensunterhalt der Familie bestreiten konnte, ihm aber noch genügend Zeit für die eigentliche Arbeit lassen. Von den Folgen seiner Arbeit ahnt er nichts. Eher ist er dabei, einen Jugendtraum zu verwirklichen: zu erforschen, wie wohl ein Lichtstrahl aussieht, dem man mit Lichtgeschwindigkeit nachfliegt. Genauer gesagt, er arbeitet über die fundamentale Ordnung von Raum, Zeit und Energie.

Etwas relativ Verständliches

Der Kosmos des Mittelalters, in dessen Zentrum die Erde ruhte, über der sich der gewölbte Himmel spannte und den Kosmos materiell abschloß, war durch Kopernikus, Kepler und Galilei eingestürzt worden. Newton erfaßte das Weltbild der Physik der Neuzeit in einer für Jahrhunderte umfassenden Theorie, die die grundlegenden Beobachtungen in einem widerspruchsfreien mathematischen System vereinigte. In diesem Weltbild Newtons nahmen Zeit, Raum, Masse und Energie absolute Positionen ein. Das war nie bewiesen worden, da es jeder menschlichen Erfahrung widersprochen hätte, etwas anderes anzunehmen. Gleichgültig unter welchen Bedingungen man die Länge von Gegenständen maß, ihre Masse bestimmte oder den zeitlichen Abstand zwischen zwei Ereignissen stoppte, stets mußte das gleiche herauskommen. Es hätte jeder Erfahrung widersprochen, anzunehmen, daß diese Dimensionen in irgendeiner Beziehung zum Bewegungszustand des Beobachters stehen könnten. Daher beruhte die Physik seit Newton auf der Vereinbarung, daß die Größe dieser Eigenschaften von Körpern oder Ereignissen gewissermaßen von der Schöpfung festgelegt waren und nichts mit dem Zustand der sie registrierenden Menschen zu tun hatten. Eine bestimmte Länge, ein Zeitintervall, eine bestimmte Masse waren feste Größen, die unter allen nur denkbaren Meßbedingungen gleich groß bleiben mußten. Das entsprach schließlich der menschlichen Sinneswahrnehmung.

Zu Beginn des zwanzigsten Jahrhunderts waren jedoch eine Reihe physikalischer Phänomene bekannt, die mit diesen Grundannahmen der klassischen Physik nicht mehr in Einklang zu bringen waren. Einer der Widersprüche war, daß Licht eine endliche Ausbreitungsgeschwindigkeit von etwa dreihunderttausend Kilometern in der Sekunde hatte. Diese Geschwindigkeit aber wurde gleich groß gemessen, ob nun der Betrachter relativ zu einem Lichtstrahl ruhte, ihm entgegeneilte oder ihm nachfuhr. Nach den Regeln der klassischen Physik hätte er im ersten Fall die Lichtgeschwindigkeit mit dreihunderttausend Sekundenkilometern messen müssen, im zweiten Fall eine etwas größere, im dritten Fall eine etwas kleinere Geschwindigkeit. Selbst wenn diese Unterschiede für alle auf der Erde erreichbaren Geschwindigkeiten zu gering waren, um praktisch bedeutsam zu sein, hatten sie eine fundamentale theoretische Konsequenz: Entweder stimmten die Grundpostulate der klassischen Physik nicht, oder aber das Gesetz von der Lichtausbreitung war falsch. Da das

Gesetz der Lichtausbreitung über jeden Zweifel erhaben war, konnte nur die Newtonsche Physik Anlaß zu Zweifeln geben.

Das war nicht nur dem Außenseiter bewußt, sondern wissenschaftliches Allgemeingut der Jahrhundertwende. Lorentz, Poincaré und andere hatten Lösungen vorgeschlagen, die einen Teil der Widersprüche berücksichtigten. Bisher war es jedoch niemandem gelungen, eine umfassende neue Ordnung zu schaffen, die anstelle der Newtonschen gesetzt werden konnte. Man befand sich im Widerspruch zum Grundpostulat aller exakten Wissenschaft, das hieß: »Die Natur macht keine Sprünge.« Doch es gab Phänomene, für die die Newtonsche Physik zu gelten schien, während sie andere nicht erfassen konnte.

Einstein gelang es 1905, die Widersprüche zu lösen. In den »Annalen der Physik« erschienen mehrere Artikel Einsteins, die in knappen und für die Physiker seiner Zeit nur schwerverständlichen mathematischen Formulierungen die Grundlagen eines neuen physikalischen Systems legten. Die Widersprüche konnte er nur überwinden, indem er, wie er später erklärte, sich überlegte, daß erst die Theorie entscheide, was man beobachten könne. Physikalische Theorie durfte nicht durch Sinneswahrnehmung festgelegt werden, sondern hatte ihrerseits zu erklären, unter welchen Bedingungen Sinneswahrnehmung entstand.

Die so begründete neue Theorie konnte zwar die Phänomene widerspruchsfrei erfassen und auch erklären, wieso die Newtonsche Physik ein Sonderfall der relativistischen ist; aber die Anschaulichkeit der früheren Physik hatte sie verloren. Das war der Grund dafür, daß alle, die sich um Vermittlung der Relativitätstheorie bemühten, die Vorstellungskraft ihrer Leser und Zuhörer in Gedankenexperimenten strapazieren mußten. Mit Zügen, Schiffen oder neuerdings Raketen benutzten sie Gegenstände des menschlichen Alltags, an denen die Relativitätstheorie demonstriert werden sollte, obwohl innerhalb der Meßgenauigkeit die Newtonsche Physik genügen würde. Dort, wo die Relativitätstheorie nicht nur theoretische, sondern konkrete praktische Bedeutung hat, bei der Erklärung kosmischer und atomarer Vorgänge, verliert sich die Anschaulichkeit in der Unvorstellbarkeit kosmischer oder atomarer Dimensionen. Bessere Modelle als Züge oder Schiffe hat auch Einstein nicht gefunden, als er sich später redlich bemühte, seine Theorie einem breiten Publikum verständlich zu machen.

Die beste, wenn auch abstrakte Charakterisierung des grundlegenden Unterschieds zwischen Newtonscher und neuer Physik lieferte Einstein später selbst. Damals hatte er die spezielle durch die allgemeine Relativitätstheorie zu einem umfassenden Weltbild ergänzt, das er einem Journalisten erklärte: Newton nahm an, daß der absolute Raum und die absolute Zeit übrigblieben, wenn alle Materie aus dem Weltall entfernt würde. Das sei falsch. Mit den Dingen würde auch der Raum und die Zeit aufhören zu existieren. Raum und Zeit sind, wie F. Herneck schreibt, »Daseinsformen der Materie«.

1905 legte Einstein erst die Grundlagen. Er erkannte, daß die Längen, die Massen von Gegenständen und die Zeitintervalle von Ereignissen nicht unveränderbare Größen sind, sondern sich nach bestimmten Gesetzen verändern können. Auf einem fahrenden Schiff vergeht, vom Land aus beobachtet, die Zeit um so langsamer, seine Masse nimmt um so mehr zu, es wird um so kürzer, je mehr sich seine Geschwindigkeit der des Lichtes annähert. Die Passagiere bemerken von diesen Veränderungen nichts, da sich ihre Maßstäbe mitverändern. Ihre Uhren gehen einfach langsamer, ein mitgenommenes Zentimetermaß schrumpft und so weiter. Erst nach der Rückkehr könnte ein Passagier, der seine Uhr mit einer an Land gebliebenen Uhr vergleicht, bemerken, daß für ihn die Zeit langsamer vergangen ist. Einstein erkannte, daß Lichtgeschwindigkeit die obere Grenze aller erreichbaren Geschwindigkeiten ist. Bei Lichtgeschwindigkeiten würde die Masse eines Gegenstandes unendlich groß, die Zeit bliebe stehen und der Gegenstand würde unendlich klein.

Eine der Konsequenzen von Einsteins spezieller Relativitätstheorie war, daß Masse und Energie nicht zwei voneinander unabhängige Qualitäten sind, sondern zwei Erscheinungsformen ein und derselben Qualität: Diese sogenannte Masse-Energie-Äquivalenz bedeutete, daß theoretisch eine winzige Masse in einer riesigen Energiemenge zerstrahlen und umgekehrt eine riesige Energiemenge zu einer winzigen Masse »kondensieren« könnte.

Das lieferte später den Schlüssel zur Erklärung der scheinbar unerschöpflichen Energievorräte der Sonne und anderer kosmischer Körper. Da sich alle Lebensvorgänge auf Sonnenenergie beziehen, erklärte es den energetischen Ursprung des Lebens. Gleichzeitig erschloß die Masse-Energie-Äquivalenz ein zweites Geheimnis der Natur: die in Atomkernen gespeicherte Energie zum Bau der verheerendsten Vernichtungswaffen zu nutzen, der Atom- und der Wasserstoffbombe.

Doch weder von der einen noch von der anderen Anwendungsmöglichkeit ahnte Einstein etwas, als er 1905 die Grundlagen der speziellen Relativitätstheorie veröffentlichte. Noch 1921 beschied er einen jungen Physiker, der ihm vorschlagen wollte, nach dem Masse-Energie-Prinzip Waffen zu bauen: »Sie haben nichts verloren, wenn ich Ihre Arbeit nicht ausführlicher mit Ihnen bespreche. Die Unmöglichkeit ist auf den ersten Blick klar. Mehr können Sie auch durch eine längere Besprechung nicht erfahren.«

EIN NEUER KEPLER

Schon sieben Jahre früher hatte der englische Schriftsteller H. G. Wells in seinem Buch »The World Set Free« die technische Anwendung von Einsteins Masse-Energie-Beziehung vorausgesehen. Wells wußte, daß nach Einsteins Gleichung beim radioaktiven Zerfall millionenfach mehr Energie freigesetzt wird als bei chemischen Verbrennungsvorgängen. Nur ist dieser Zerfall zu langsam, um technisch genutzt werden zu können. Wells schrieb, daß es 1933 gelingen würde, diesen Prozeß zu beschleunigen. In seiner Zukunftsvision genügten ein paar Kilogramm Uran, um Energie zur Versorgung ganzer Städte und Industrien zu gewinnen. Wells sah 1914 bereits die Entwicklung verheerender Waffen voraus. Doch die Idee war eine technische Utopie, die wissenschaftlich noch nicht ernst zu nehmen war. Sie wurde dreißig Jahre später verwirklicht.

Die wissenschaftliche Bedeutung von Einsteins spezieller Relativitätstheorie wird von einzelnen Wissenschaftlern schnell erkannt. Zu den ersten gehörte der Deutsche Max Planck, der bereits 1905 über Einsteins Arbeit »Zur Elektrodynamik bewegter Körper« referiert. Max Born wird auf Einstein aufmerksam gemacht. Ihm erscheinen die Überlegungen wie eine »Offenbarung«. Ein Schüler Plancks, Max von Laue, reist in die Schweiz, um mit Einstein seine wissenschaftlichen Probleme zu besprechen.

Professor Kleiner, der sich schon früher für Einstein verwendet hatte, schlägt diesem vor, sich zu habilitieren. Das sei Voraussetzung für Einsteins weitere akademische Karriere. Ein erster Versuch an der Universität Bern scheitert. Die eingereichte Arbeit wird von einflußreichen Gutachtern als zu kurz abgelehnt. Die Entscheidung wird jedoch wieder zurückgenommen. Einstein hält seine erste Vorlesung im Wintersemester 1908/09 vor vier Studenten. Im folgenden Semester soll es nur noch einer gewesen sein.

1909 kommen erste Ehrungen. Noch immer Angestellter des Berner Patentamts, erhält Einstein die Ehrendoktorwürde der Universität Genf. Die berühmte Madame Curie, Wilhelm Ostwald und Ernest Solvay ehren ihn. Die Einladung, auf dem Jahreskongreß der Gesellschaft Deutscher Naturforscher und Ärzte einen Vortrag zu halten, die Zustimmung seiner Kollegen, darunter auch wieder Planck, zeigen, daß er von den naturwissenschaftlichen Größen seiner Zeit als gleichrangig anerkannt wird. Im gleichen Jahr erhält er einen Lehrstuhl in Zürich und verläßt das Patentamt.

Nach einer kurzen Zeit in Zürich nimmt Einstein eine Professur an der Deutschen Universität in Prag an. Er hat sich bereits in die Vorarbeiten zur allgemeinen Relativitätstheorie vertieft. Sie soll die spezielle Relativitätstheorie abrunden. Der Mathematiker Georg Pick hilft Einstein, das notwendige mathematische Rüstzeug zu erarbeiten.

Der Schriftsteller Max Brod schreibt in der Zeit von Einsteins Prager Aufenthalt an einer Romantrilogie: »Tycho Brahe auf dem Weg zu Gott«. In seinem Roman schildert Brod das Bild des jungen Johannes Kepler, der zu Beginn des siebzehnten Jahrhunderts als Brahes Gehilfe nach Prag kam, kurz darauf kaiserlicher Mathematiker und Hofastronom wurde und die Gesetze der Planetenbewegungen entdeckte. Dem alten Brahe ist Kepler unfaßbar. Kepler scheint sich aus den Gesetzen befreit zu haben, die für das Handeln anderer Menschen gelten: »Er hatte kein Herz. Und deshalb eben hatte er von der Welt nichts zu fürchten. Er hatte kein Gefühl, keine Liebe. Und deshalb war er natürlich auch vor den Verirrungen des Gefühls sicher.« Kepler wird von Brod als Wissenschaftler gezeichnet, der ohne wirkliche Beziehung zur menschlichen Gesellschaft lebt. Er lebt in einer Welt mit anderen Gesetzen. Was um ihn geschieht, sieht er nur undeutlich. Der Versuch, die Welt seiner Gedanken und seiner Wissenschaft zu verlassen, wirkt hilflos. Exkursionen in die Wirklichkeit der Gesellschaft scheitern.

In sein Bild des jungen Kepler soll Brod Züge Einsteins gezeichnet haben. Walther Nernst, der berühmte deutsche Physikochemiker, sagte, nachdem er das Buch gelesen hatte, zu Einstein: »Dieser Kepler, das sind Sie.«

Die Prager Episode, Brods Kepler, ist erstes Anzeichen der besonderen Wirkung Einsteins auf seine Umgebung. Andere gleichrangige Wissenschaftler, etwa Max Planck, hätten die Phantasie ihrer Zeitgenossen kaum zu literarischen Betrachtungen über die Beziehung des genialen Wissenschaftlers zur Gesellschaft angeregt. Zu sehr waren sie Exponenten eines Typus, der zwar, wie Einstein, neue Dimensionen der Welt erfaßt, aber zugleich in den Hierarchien der Gesellschaft verwurzelt ist. Planck war preußischer Beamter. Einstein würde es drei Jahre nach seinem Prager Intermezzo auch werden. Doch war offensichtlich, daß ihn ein Beamtenverhältnis nie binden könnte. Einstein konnte sich seine eigenen Gesetze schaffen. Die bürgerliche Welt respektierte diese Gesetze, weil sie die des Genies zu sein schienen, das ihre eigenen bestätigte, indem es sie ad absurdum führte: die Ausnahme zur Regel lieferte.

Eine öffentliche Gestalt war Einstein in den Jahren vor dem Ersten Weltkrieg noch nicht. Seine Wirkung beschränkte sich vorläufig auf die Kreise, mit denen er direkt in Berührung kam: Studenten, Literaten und natürlich Wissenschaftler. Formelle Bestätigung seines neuen wissenschaftlichen Status war die Einladung zum Solvay Kongreß, der 1911 in Brüssel die führenden Naturwissenschaftler der Zeit vereinigte, unter ihnen: Madame Curie, Planck, Nernst, Warburg, Perrin, Wien, Poincaré, Rubens, Rutherford, Goldschmidt, de Broglie, Hasenöhrl, Kamerlingh Onnes, Einstein und Langevin.

Universitäten beginnen, sich um Einstein zu bewerben. Er wird mit Angeboten überhäuft. Er entscheidet sich für die Eidgenössische Technische Hochschule in Zürich. Bereits 1912 siedelt er wieder nach Zürich über, um einen Lehrstuhl in einer Stadt anzunehmen, die er zwölf Jahre zuvor verlassen mußte, weil er keine Assistentenstelle finden konnte. Schon 1913 prüft er ein Angebot, das ihm die eigens nach Zürich gereisten Deutschen Planck und Nernst unterbreiten: Einstein soll in das Land seiner Jugend zurückkehren. Er soll Direktor eines eigens für ihn geschaffenen Instituts der »Kaiser-Wilhelm-Gesellschaft« werden. Das angebotene Gehalt von sechstausend Mark, das das von Zürich bereits übersteigt, wird nach Rückkehr der beiden verdoppelt. Einstein soll auf alle Fälle nach Berlin kommen.

Im April 1914 siedelt er nach Berlin über. Bevor er Zürich verläßt, sagt er zu einem Kollegen: »Die Herren Berliner spekulieren mit mir wie mit einem prämierten Leghuhn, aber ich weiß nicht, ob ich noch Eier legen kann.«

Einstein im Krieg

Die Gründe, die Einstein die Direktorenschaft eines Berliner Kaiser-Wilhelm-Instituts annehmen lassen, sind einfach. Berlin war eines der wissenschaftlichen Zentren der Welt. Die Physik in Deutschland, besonders die theoretische Physik, befand sich im Aufschwung. Einstein war formell von Lehrverpflichtungen befreit. Man hatte weder Mühe noch Mittel gescheut, den verlorenen Sohn, der schon einmal die deutsche Staatsbürgerschaft abgelegt hatte, zurückzugewinnen. Dafür war Einstein bereit, selbst in einem Land zu arbeiten, dessen geistiges Klima er verabscheute und dessen Politik er mißbilligte.

Der Wissenschaftler erwartet mit Spannung den Ausgang einer von Dr. Freundlich, einem Mitglied der Berliner Universitätssternwarte, organisierten Expedition. Einstein ist sogar bereit, das Unternehmen, das zeitweilig an Geldmangel zu scheitern drohte, mit zweitausend Mark zu unterstützen. Die für den Spätsommer 1914 erwartete Sonnenfinsternis soll eine zentrale Behauptung von Einsteins Relativitätstheorie bestätigen. Am Rand der abgedunkelten Sonne soll das Licht eines Fixsterns vermessen werden. Wenn Einstein recht hat, müssen die vom Fixstern ausgesandten Lichtstrahlen, die, wie er entdeckt hat, nicht nur Wellen- sondern auch Teilchencharakter haben, im Schwerkraftfeld der Sonne abgelenkt werden. Statt auf einer geraden Bahn würden die Lichtstrahlen des Sterns die Erde auf einer leicht gekrümmten Bahn erreichen. Die Position des Sterns erschiene leicht verschoben. Die Expedition befand sich schon in Rußland, als im August 1914 der Erste Weltkrieg ausbrach. Die deutschen Wissenschaftler wurden verhaftet, später gegen gefangene russische Offiziere ausgetauscht. Die nächste Sonnenfinsternis würde erst 1919 in den Tropen zu beobachten sein.

Der Krieg bringt keine größeren Veränderungen in Einsteins Leben. Er beschäftigt sich nun intensiv mit der Formulierung der allgemeinen Relativitätstheorie. Sein Verhalten unterstreicht die Entfernung zur politischen Wirklichkeit der anderen. Ihm ist die Welle von Patriotismus unverständlich, die die Wissenschaftler der kriegführenden Mächte ergreift: eine Stimmung, die etwa Max Planck den Tod auf dem Schlachtfeld rühmen ließ, als »köstlichsten Preis«, den sich ein junger Akademiker erwerben könnte. Besonders kritisiert Einstein seine deutschen Kollegen, die ihre Wissenschaft in den Dienst des Krieges stellen oder Ämter des Kriegsministeriums beraten. Für ihn ist unfaßbar, daß Männer wie Planck, Röntgen, Ernst

Häckel und Paul Ehrlich einen Aufruf »An die Kulturwelt« unterzeichnen, in dem Deutschlands Kriegsschuld bestritten, der Einmarsch in Belgien gerechtfertigt und behauptet wird, ohne den deutschen Militarismus wäre die deutsche Kultur vom Erdboden gefegt worden. Er hofft auf die Niederlage Deutschlands.

Für Einstein besteht kein Zweifel an der deutschen Kriegsschuld. Gleichzeitig weiß und akzeptiert er, daß ein Teil seines Gehalts aus eben denselben Quellen kommt, die mitten im Krieg eine Kaiser-Wilhelm-Stiftung für militärtechnische Wissenschaften unterhalten. Einstein arbeitet weiter im Elfenbeinturm, den man ihm in Berlin eingerichtet hat, an seiner allgemeinen Relativitätstheorie. Mit ihr schließt er 1916 den wichtigeren Teil seines wissenschaftlichen Lebenswerkes ab.

Der Gaspionier

Nach der deutschen Kriegserklärung wird Otto Hahn eingezogen. In der Anfangsphase des Krieges wird er an der belgischen Front eingesetzt. Die ersten Monate dort kommen ihm vor wie ein »Spaziergang in einem besetzten Land«. Erst im Herbst 1914 werden die Kämpfe verbissener. Zu Weihnachten sieht er, wie aus den fünfzig Meter vor den deutschen Linien liegenden Schützengräben englische Soldaten kriechen und sich winkend auf den Gegner zu bewegen. Die Feinde verbrüdern sich, tauschen Geschenke aus. Soldaten unterbrechen für zwei Tage den Krieg. Als am ersten Weihnachtstag Befehl zur Wiederaufnahme der Kämpfe gegeben wird, fragen die Soldaten ihre Offiziere, wo der Feind stände. Sie könnten nicht schießen, da sie keine Feinde sähen.

Doch geht der Krieg weiter und wirkt immer weniger »wie ein Spaziergang«. Die Offensive der Deutschen läuft fest. Die Linien der Alliierten lassen sich auch mit riesigen Opfern nicht durchbrechen. Um Bewegung in die erstarrten Fronten zu bringen, wird der Plan gefaßt, Giftgas einzusetzen.

Mit anderen Wissenschaftlern und Technikern wird auch Otto Hahn Anfang 1915 zum wissenschaftlichen Leiter des Vorhabens abkommandiert. Der renommierte Chemiker Geheimrat Fritz Haber erklärt den Einberufenen, darunter auch James Franck, Wilhelm Westphal, Gustav Hertz und Erwin Madelung, einen neuen Plan technischer Kriegsführung: Die deutsche Führung, so teilt Haber den

Anwesenden mit, habe sich entschlossen, das sinnlose Gemetzel in den Schützengräben zu beenden; Bewegung muß wieder in die erstarrten Fronten gebracht werden. Giftgas soll in die feindlichen Gräben geblasen werden. Den Einwand, das verstoße gegen die Haager Konvention, tut Haber ab: Die Franzosen hätten mit dem Giftgas begonnen. Auf eher dilettantische Weise allerdings. Außerdem seien Gasangriffe eine humanere Art den Krieg zu beenden, ihn zu verkürzen, als durch Ausbluten des Gegners. Viele Menschenleben könnten mit Giftgas gerettet werden, argumentiert Haber.

Otto Hahn wird zum »Gaspionier« ausgebildet. Dann wird er wieder nach Flandern verlegt. Er hat Stellungen auf ihre Eignung zu begutachten. Die ersten Versuche, mit Gas anzugreifen, scheitern. Der Wind steht ungünstig. Später wird Hahn nach Galizien verlegt. Dort soll eine große Offensive durch Gas vorangebracht werden. Als Hahn an der Front eintrifft, ist der Durchbruch schon gelungen. Die Front ist nach Osten vorgedrungen. Bisher ist Otto Hahn noch keinem Opfer seines Kriegsbeitrags begegnet. Dafür sieht er ein paar Tage später den Kaiser in »großer Uniform« das eroberte und nun gesicherte Gelände im offenen Auto abfahren. Hahn erinnert sich, den Kaiser fotografiert zu haben.

Einige Monate ist Hahn bereits an der Ostfront, als einer der Gasangriffe in Polen zum gewünschten Erfolg führt. Er begegnet erstmals seinen Opfern. Zunächst war nach dem Abblasen des Phosgen- und Chlorgemisches in den eigenen Reihen Panik entstanden, als die Wolke durch umspringenden Wind zurückgetrieben worden war. Hahn und einige seiner Kameraden führen den Angriff »unbewaffnet, aber mit angelegter Gasmaske« gegen die feindlichen Stellungen. Kein Schuß fällt. Die Russen fliehen in panischem Entsetzen. Auf der Seite des Gegners trifft Hahn auf Russen, die die giftigen Gase eingeatmet hatten und sich röchelnd am Boden krümmen. Zusammen mit seinen Kameraden versucht er, sterbenden Russen die letzten Minuten mit den eigenen Rettungsgeräten zu erleichtern. Er ist tief erregt und beschämt. In der folgenden Zeit bereitet er noch einen Angriff an der polnischen Front vor. Dann wird er in die Heimat abkommandiert, um bei der Ausbildung von Gasschutzeinheiten zu helfen.

Auf Heimaturlaub arbeitet Hahn mit anderen Wissenschaftlern an der technischen Verbesserung der Gaskriegführung. Phosgen erweist sich besser als Blausäure. Am wirksamsten ist eine Mischung aus Gelbkreuz und Grünkreuz. Das eine Gas durchdringt die Maske.

Es ist ein starker Reizstoff und zwingt das Opfer, nach Luft zu schnappen. Ohne Maske ist es dem zweiten hochgiftigen Gas schutzlos ausgesetzt.

Unter Mitwirkung der späteren Nobelpreisträger Willstädter, Franck und Wieland und leitender Herren der »chemischen Fabriken in Ludwigshafen, Leverkusen und Hoechst«, der Casella und von Kalle wird an der Verbesserung der Gaskampfstoffe gearbeitet. Im Lauf des Krieges gelingt es, die Technik beachtlich zu vervollkommnen: Das heikle Abblasen von Gas wird durch Abschießen von Gasgranaten ersetzt. Die Entwicklung spezieller Werfer erlaubt, ganze Bündel von Gasgranaten abzuschießen und damit kleinere Frontabschnitte zu vergiften. Die Engländer hatten diese Technik bereits erfolgreich erprobt, erinnert sich Hahn. »Wir waren bei dieser Art der Kriegsführung durchaus nicht mehr nur die Gebenden, sondern mit wachsendem Erfolg auch die Nehmenden.« Daher werden nun auch neue Gasmasken von Hahn und anderen Wissenschaftlern und Technikern in gefährlichen Selbstversuchen erprobt. Einen von ihnen kosten diese Versuche das Leben.

Inzwischen fühlt sich Hahn durch den Krieg und die häufigen Einsätze soweit abgestumpft, daß er bei neuen Einsätzen keine Skrupel mehr empfindet. Auch sieht er meist die unmittelbare Wirkung nicht. Beim Vorrücken bemerkt er nur, daß der Gegner Stellungen geräumt hatte, die mit Gasmunition beschossen worden waren.

Hahn berichtet, daß der wissenschaftliche Leiter des deutschen Gaskriegs, Geheimrat Haber, gegen Kriegsende für längere Zeit verschwunden war. Als er wieder auftaucht, trägt er Vollbart und ist kaum wiederzuerkennen. Habers Furcht, als Kriegsverbrecher verurteilt zu werden, ist unbegründet. Er erhält den Nobelpreis des Jahres 1918 für seinen zweiten großen Kriegsbeitrag: das nach ihm und seinem Kollegen Bosch benannte »Haber-Bosch-Verfahren« zur Gewinnung von Ammoniak aus Luft. Ammoniak, das so in riesigen Mengen preiswert zu erzeugen war, wurde dringend für die Herstellung von Sprengstoffen benötigt. Nebenbei auch für Düngemittel.

Gegen Kriegsende gerät der damals neunundzwanzig Jahre alte Melder Adolf Hitler in einen Gelbkreuzangriff der Engländer. In »Mein Kampf« beschreibt er seine Erlebnisse in der Nacht vom 13. auf den 14. Oktober 1918. Gegen Mitternacht sei unter der Einwirkung des Giftes ein Teil seiner Einheit ausgeschieden »darunter einige Kameraden gleich für immer«. Im Morgengrauen erwischt es auch Hitler. Gegen sieben Uhr »stolperte« er mit »brennenden Augen« zurück, in treuer Pflichterfüllung seine »letzte Meldung im Krieg noch mitnehmend«. Er erblindet zeitweilig, die Augen scheinen ihm in »glühende Kohlen« verwandelt. Das Kriegsende und den Sturz des Monarchen erlebt er im Lazarett Pasewalk in Pommern.

Hitler meldet sich nach der Entlassung aus dem Lazarett beim Reservebataillon seines Regiments in München. Zur Zeit der Räterepublik wird er sogar für kurze Zeit, freilich ohne es gewünscht zu haben, Mitglied der sogenannten Roten Armee. An den Kämpfen um München, das im Frühjahr durch das anrückende Freikorps Epp von der Herrschaft der »Roten« »befreit« wird, beteiligt er sich nicht. Sein Verdienst beschränkt sich auf die Denunziation von Kameraden, die mit den »Roten« kooperiert hatten, nach dem Sieg der Reaktion. Das verschafft ihm die Auszeichnung, zu einem Kurs für »staatsbürgerliches Denken« abkommandiert zu werden.

POLITISCHE UND NATÜRLICHE ORDNUNG

An den Kämpfen um München beteiligt sich auch der siebzehnjährige Schüler Werner Heisenberg. Er identifiziert sich weder mit den Revolutionären, noch mit der Soldateska, die München »befreit«. Der Zusammenbruch der alten Ordnung erscheint ihm nur gerecht, da die bisher herrschenden Kräfte offensichtlich abgewirtschaftet haben. Von seinen Eltern ist er erzogen worden, die bürgerlichen Tugenden zu schätzen. Im Zusammenbruch fragt er sich, ob dieses überkommene Wertsystem an eine bestimmte Zeit gebunden sei. War durch die Niederlage nicht auch der »Wert der alten Struktur grundsätzlich in Frage gestellt?« War es jetzt nicht Aufgabe der Jugend, »eine neue kräftigere Ordnung« aufzubauen? Was trennt ihn von den Revolutionären, die in den Straßen Münchens für ihre Utopie einer klassenlosen Gesellschaft kämpften? Die die »Rückkehr einer Ordnung alten Stils überhaupt zu verhindern und statt dessen eine zukünftige zu verkünden (suchten), die nicht mehr eine Nation, sondern die ganze Menschheit umfassen sollte – obwohl diese Menschheit außerhalb Deutschlands in ihrer Mehrheit vielleicht gar nicht daran dachte, eine solche Ordnung errichten zu wollen‹? So erinnert sich Heisenberg – niedergeschrieben in seinem Buch »Der Teil und das Ganze« – als junger Mensch gefragt zu haben.

Seine Antwort ist eindeutig und paßt sich in die Werte ein, die er von seinen Eltern übernommen hat: »Denn ich hatte ja längst aus meinen Erfahrungen im Münchner Bürgerkrieg gelernt, daß man eine politische Richtung nie nach den Zielen beurteilen darf, die sie laut verkündet und vielleicht auch wirklich anstrebt, sondern nur nach den Mitteln, die sie zu ihrer Verwirklichung einsetzt.« Kein Gedanke an die Mittel der Gegenrevolution. Für Heisenberg ist Politik eine Frage der Überzeugungskraft von Ideen. Nur wenn Ideen nicht stark genug sind, die Mehrheit zu überzeugen, müssen ihre Verfechter Zuflucht zur Gewalt nehmen. Gewalt ist für ihn gewissermaßen ein Indiz für die Schwäche der Idee der Revolution.

Heisenberg, der die alte Ordnung ablehnt, empfindet so Terror, Zerstörung der alten Ordnung, Plünderung und Raub, die Schießereien auf den Straßen Münchens, den Wechsel der »Regierungsgewalt zwischen Personen und Institutionen, die man kaum dem Namen nach kannte«, als das Werk der Revolutionäre. Räterepublik wird »synonym für rechtlose Zustände«. Daher beteiligt er sich an den Kämpfen auf der Seite der Gegenrevolution. Mit den Freikorps und der Reichswehr, die München erobern wollen, hofft er auf »Wiederherstellung geordneter Verhältnisse«. Mit ein paar Freunden stellt er sich den heranrückenden Truppen als stadtkundige Ordonnanz zur Verfügung. Die Gymnasiasten werden einem Kommando zugeteilt, das im Priesterseminar gegenüber der Universität sein Quartier aufschlägt.

Der Frühling in München, in dem wieder geordnete Verhältnisse hergestellt sind, sieht Heisenberg auf dem Dach des Priesterseminars. Hoch über der Straße liest er in der wärmenden Frühlingssonne Platons Dialog »Timaios«. Zwischendurch beobachtet er das erwachende Leben auf der Ludwigstraße tief unter sich. Er überlegt, »wenn ein Philosoph vom Rang Platons Ordnungen im Naturgeschehen zu erkennen glaubte, die uns jetzt verlorengegangen oder unzugänglich sind, was bedeutet das Wort Ordnung überhaupt?« Und diese Ordnung, nach der Heisenberg mit Hilfe der Lektüre von Platon sucht, in der sich aus der Distanz des Daches des Priesterseminars die Widersprüche und Konflikte der Gesellschaft verflüchtigt zu haben scheinen, findet er in der Natur: in der Suche nach der Struktur der Materie. Er findet sie auch in der Musik.

Entfernung von der gesellschaftlichen Wirklichkeit, in der solche Ordnung nicht zu finden ist, wird paradoxerweise zum Anlaß seines Engagements im Bürgerkrieg. Er habe sich an den sinnlosen Kämpfen des Bürgerkrieges beteiligt, »daß sie so schneller zu Ende kämen«, erklärt der alte den jungen Heisenberg etwa ein halbes Jahrhundert nach den Ereignissen. Eine spätere Episode, in der Albert Einstein von nationalsozialistischen Wissenschaftlern beschimpft wird, veranlaßt Heisenberg zur Frage: Wenn es in diesen gesellschaftlichen Auseinandersetzungen »nicht um Wahrheit, sondern um den Kampf der Interessen ging, lohnt es sich dann, sich damit zu beschäftigen?« Und in den fünfziger Jahren, als er die Regierung Adenauer in Atomenergiefragen berät, wird er nicht ohne stille Verzweiflung die »neue, wenn auch nicht unerwartete Erfahrung« machen, »daß selbst in einem demokratisch regierten Staatswesen mit geordneten Rechtsformen solche wichtigen Entscheidungen wie über die Anfänge einer neuen Atomtechnik nicht nach den Gesichtspunkten der sachlichen Zweckmässigkeit allein gefällt werden können; daß es sich vielmehr auch um einen komplizierten Ausgleich von Einzelinteressen handelt, die schwer zu durchschauen sind und oft der sachlichen Zweckmäßigkeit im Wege stehen.«

Für den jungen Heisenberg gibt es in einer von Widersprüchen durchsetzten Gesellschaft zwei ruhende Pole: Der eine ist die Wissenschaft, die den »verborgenen Harmonien der Welt nachspürt« und durch die »die Wahrheit ganz rein und nicht mehr verhüllt durch menschliche Ideologien« zutage tritt. Hier entscheiden nicht mehr Menschen, was richtig und was falsch ist, sondern die »Natur«, oder wenn man so will, »der liebe Gott« persönlich. Im Zweiten Weltkrieg wird Heisenberg, als einer der führenden Physiker seines Landes, vor der Frage stehen, was er mit einem Geschenk der Natur, der Entdeckung der Atomspaltung und den daraus resultierenden Möglichkeiten, die freiwerdende Energie technisch zu nutzen, machen soll.

Der andere Pol, an dem sich der junge Heisenberg zu orientieren sucht, ist die Jugendbewegung. Einige Monate nach den dramatischen Ereignissen des Frühjahrs 1919, die mit der Lektüre des »Timaios« auf dem Dach des Priesterseminars so beschaulich enden, wird er von einem Jungen angesprochen und zu einem Treffen eingeladen, das auf Schloß Prunn im wildromantischen Altmühltal stattfinden soll. Dort, so sagt der Unbekannte, träfe sich die Jugend, um zu diskutieren, wie alles weitergehen solle. Heisenberg fährt hin, verfolgt die leidenschaftlich geführten Gespräche der Jungen und denkt darüber nach, »daß auch echte (gesellschaftliche) Ordnungen miteinander in Widerstreit geraten können und daß durch diesen Kampf das Gegenteil von Ordnung« entsteht. Das aber bedeutet für ihn, daß diese Ordnungen in Wirklichkeit nur Teilordnungen sind, die ihre Orientierung zur Mitte verloren haben. Er leidet darunter, keinen Ausweg aus dem Dickicht widersprechender Meinungen zu finden. Erst als in der »mondhellen Nacht« im Gemäuer des alten Schlosses ein junger Mensch Bachs Chaconne intoniert, erinnert sich Heisenberg, zerrissen die »ersten großen d-moll Akkorde« wie ein »kühler Wind die Nebel« und ließen »die scharfen Konturen dahinter« hervortreten.

Heisenberg beschreibt seinem akademischen Lehrer Niels Bohr später, wie sehr die Ideale der Jugendbewegung ihn gefangen genommen und ihm einen Ausweg aus einer gesellschaftlichen Wirklichkeit gewiesen hätten. Er und seine Freunde träumten sich bei diesen Treffen gelegentlich in die Rolle des fahrenden Volks, das am Ende des Mittelalters durch Europa zog. Die Katastrophe des Weltkrieges und die Wirren danach verglichen sie mit denen des Dreißigjährigen Krieges. Die von ihnen gesammelten und immer wieder gesungenen Volkslieder stammten aus dieser Zeit, in die sie sich beim Singen versetzten.

1920 muß sich Heisenberg für einen Beruf entscheiden. Er schwankt zwischen Musik oder theoretischer Physik und Mathematik. Die Mutter eines Freundes, die darin die Entscheidung zwischen dem Schönen und dem Nützlichen sieht, die zwischen Herz und Verstand, rät zur Musik. Er selbst sieht sein Problem differenzierter. Für ihn scheint die Musik nach mehreren Jahrhunderten eines Aufschwungs, in dem sie alle Dimensionen des menschlichen Gefühls ausgelotet hatte, in ein schwächliches Experimentierstadium getreten. Die Physik dagegen steht kurz vor entscheidenden Entdeckungen, die bis zu den philosophischen Grundproblemen des Universums führen. Er entscheidet sich für die Physik, da dieser historische Zustand die einmalige Möglichkeit bietet, selbst dabeizusein und Wesentliches beizutragen. Er beginnt in München bei dem berühmten theoretischen Physiker Arnold Sommerfeld zu studieren.

EINE ERHELLENDE FINSTERNIS

Einstein arbeitet in den zwanziger Jahren in Berlin. Während des Krieges hatte er die allgemeine Relativitätstheorie mit einer Veröffentlichung in den »Annalen der Physik« abgeschlossen. Dem Physik-Nobelpreisträger Max Born erschien sie »als die größte Leistung menschlichen Denkens über die Natur, die erstaunlichste Vereinigung von philosophischer Tiefe, physikalischer Intuition und mathematischer Kunst«. Aber sie hatte für Born noch »wenig Zusammenhang mit empirischen Tatsachen«. Dieser Zusammenhang wurde 1919 hergestellt.

Schon 1916 hatte der britische Astronom Arthur Eddington den Plan gefaßt, die für 1919 erwartete Sonnenfinsternis zur Überprüfung von Einsteins Relativitätstheorie zu nutzen. In diesem Jahr würde die verdunkelte Sonne vor einem hellen Sternfeld aus der Hyades-Gruppe stehen. Dann müsse sich zeigen, ob, wie von Einstein vorausgesagt, die Lichtstrahlen im Schwerefeld der Sonne abgelenkt würden oder nicht. Unter Eddingtons Einfluß beginnt sich auch der »Royal Astronomer«, Sir Frank Dyson, zu interessieren. Die Messungen werden in aller Gründlichkeit vorbereitet. Denn, wie Eddington schrieb, handelt es sich um einen außerordentlich glücklichen Zufall. In einer anderen Epoche hätte es vielleicht einige tausend Jahre bis zum Eintreten einer derart günstigen Konstellation dauern können. Zu Beginn des Jahres 1919 brechen mehrere Gruppen der britischen Royal Astronomical Society auf, um in Nordbrasilien und Nordafrika ihre Messungen zu machen.

Die Auswertung erweist sich als besonders langwierig und schwierig. Vier Monate vergehen, bevor Einstein eine vorläufige Bestätigung hat. Lorentz telegrafiert ihm, daß Eddington tatsächlich eine »Sternverschiebung am Sonnenrand« gefunden hatte. Fast ein halbes Jahr nach der Sonnenfinsternis vom 29. Mai 1919 wird das Ergebnis am 6. November auf einer gemeinsamen Sitzung der Royal Society und der Royal Astronomical Society bestätigt.

Einer der Teilnehmer, der Mathematiker und Philosoph Alfred Whitehead, berichtete 1926 in »Science and the Modern World« über seine Eindrücke: »Die ganze Atmosphäre gespannten Interesses war fast wie bei einem griechischen Drama. Wir waren der Chor, der den Spruch des Schicksals kommentierte, so wie er sich in der Entwicklung eines ungeheuerlichen Ereignisses zeigte. Schon in der ganzen Inszenierung lag ein dramatischer Effekt – das traditionelle Zeremoniell und im Hintergrund das Bild Newtons, das uns daran erinnerte, daß die größte aller wissenschaftlichen Verallgemeinerungen nun nach mehr als zwei Jahrhunderten ihre erste Abwandlung erfuhr. Auch an persönlichem Interesse fehlte es nicht: Ein großes Gedankenabenteuer war schließlich zu Ende gegangen.«

Ein paar Bogensekunden, um die die Lichtstrahlen eines Fixsterns im Schwerefeld der Sonne abgelenkt wurden, genügten, die westliche

Welt in einen Taumel des »Relativismus« zu stürzen. Die Zeit des »vierdimensionalen Raum-Zeit-Kontinuums« schien angebrochen. Die Worte des Präsidenten der Royal Society am 6. November, Einsteins Theorie sei »eine der größten Errungenschaften in der Geschichte menschlichen Denkens«, schienen von britischem Understatement geprägt, verglichen mit den in den folgenden Tagen, Wochen und Monaten in der Presse veröffentlichten Berichten, Behauptungen und Huldigungen. Einer von Einsteins Biographen, R. W. Clark, beginnt einen »Der Neue Messias« überschriebenen Abschnitt mit dem Satz: »Einstein wachte am 7. November 1919 morgens auf und war berühmt.«

Ein ergiebigeres Objekt öffentlicher Aufmerksamkeit als Einstein war schwer vorstellbar. Seine Eigenarten gaben vielfachen Anlaß, Legenden zu bilden. Ohne daß er aktiv dazu beitragen mußte, ohne daß er sich anders als früher verhielt, wurden um ihn stets neue und immer wieder denkwürdige Geschichten gewunden. Denkwürdig dadurch, daß dieser Mann, der das alte Universum eingerissen und durch ein neues ersetzt hatte, so greifbar schien. Die Presse vervielfältigte seine Wirkung. Er wurde zum Mythos seiner selbst, Legende und Person gingen ineinander über. Die Legende begann die Person aufzulösen. Universitäten und Kongresse rissen sich um Einstein. Karitative und politische Organisationen versuchten mit wechselndem Erfolg, sich den Mythos Einsteins dienstbar zu machen. Politische Handlungen und Überzeugungen wurden bedeutsam, weil Einstein dahinter stand, ein Geist, der die Textur des Universums entschlüsseln konnte.

Einstein selbst tritt in den zwanziger Jahren aktiv für Völkerverständigung, Pazifismus und Zionismus ein. Er läßt sich mit anderen Wissenschaftlern als Aushängeschild des Völkerbundes benutzen, löst sich später, unter dem Eindruck der Besetzung des Ruhrgebietes durch die Franzosen und des ausgelösten wirtschaftlichen Elends wieder aus dieser Verpflichtung und läßt sich neuerlich zur Mitarbeit überreden. Mit Freud führt er eine öffentliche Korrespondenz über die Möglichkeit, Kriege zu verhindern, fährt nach Amerika, um erfolgreich für den Zionismus zu werben und Gelder für eine hebräische Universität zu mobilisieren. Einstein reist nach Palästina. Überall ist er von Zeitungsreportern begleitet, die seinen Auftritten und Äußerungen weltweite Resonanz verschaffen.

»Seit der Flut von Zeitungsartikeln werde ich so furchtbar überschwemmt mit Anfragen, Einladungen, Aufforderungen, daß mir nachts träumt, ich brate in der Hölle und der Briefträger sei der Teufel und brülle mich unausgesetzt an, indem er mir einen neuen Pack Briefe an den Kopf wirft, weil ich die alten noch nicht beantwortet habe«, beklagt sich Einstein 1920 bei einem Freund. Er sei nur noch »ein Bündel armseliger Reflexbewegungen«. Einen Astronomen, der ihn für seine Zwecke einspannen wollte, beschied er: »Können Sie begreifen, daß ich müde bin, überall als symbolischer Leithammel mit Heiligenschein zu figurieren.«

DIE REAKTION

In Berlin wühlen die gleichen rechtsgerichteten Kräfte, die den Kapp-Putsch unterstützt hatten, gegen Einstein und die Ideen, zu deren Aushängeschild er geworden ist. Unter der Leitung von Paul Weyland hatte sich eine »Arbeitsgemeinschaft Deutscher Naturforscher« konstituiert, die zu ihrem vornehmsten Ziel machte, gegen Einstein und die Relativitätstheorie zu hetzen. Die hinter dieser Arbeitsgemeinschaft stehenden Kreise hatten sie mit genügend Mitteln ausgestattet, jede ihrer Aktionen groß zu plakatieren und Hetzartikel oder -vorträge gegen Einstein ansehnlich zu honorieren. Galionsfigur dieser Zurückgebliebenen, die dreizehn Jahre später die deutsche Wissenschaft repräsentieren würden, ist ein alternder Nobelpreisträger für Physik, Philip Lenard. Für Lenard und Volksgenossen ist die Relativitätstheorie tragende Säule einer raffinierten Konspiration gegen das gesunde deutsche Volksempfinden, Teil des »jüdischen Weltbluffs«.

Zunächst belustigen diese Aktionen Einstein. Berichtet wird, daß er sich zu einer dieser Veranstaltungen in einer gemieteten Loge einfand. Einem der Redner, dem Physiker Gehrcke, soll er demonstrativ Beifall gespendet haben. Den Vorwürfen begegnet er in einem im »Berliner Tagblatt« veröffentlichten Artikel unter der Überschrift: »Meine Antwort an die Antirelativistische Gesellschaft mit beschränkter Haftung.«

Die Angriffe werden heftiger, und ihre wachsende öffentliche Resonanz veranlaßt Einstein Mitte der zwanziger Jahre, an Emigration zu denken. Doch seine Freunde in der wissenschaftlichen Gemeinde, die in dieser Zeit noch tonangebenden Max von Laue, Arnold Sommerfeld und Max Planck überreden ihn zum Bleiben. Schließlich entscheide nicht Ideologie über die Richtigkeit einer wissenschaftlichen Theorie, sondern die Natur. Und nach diesem Kriterium beurteilt, steht die »Arbeitsgemeinschaft« der Einsteingegner nicht nur auf schwachen Beinen, sondern sie steht ohne Kopf da.

Nach Hitlers gescheitertem Putschversuch von 1923, der in der Haftanstalt von Landsberg endet, schreibt der Nobelpreisträger Lenard einen Artikel für die »Großdeutsche Zeitung«. Er verbindet den Geist »arischer« Wissenschaftler wie Galilei, Kepler, Newton, Faraday und seiner selbst, »einen Geist restloser Klarheit, der Ehrlichkeit der Außenwelt gegenüber«, der zugleich der »Geist der inneren Einheitlichkeit« gewesen ist, mit dem Geist in Hitler, Ludendorff, Pöhner und Genossen. Diesen »Kulturbringer-Geistern«, den »Lichtbringern«, die »erfahrungsgemäß nur im arisch-germanischen Blut verkörpert« sind, stellt Lenard die »Dunkelgeister« gegenüber, die am »Schwinden« des arisch-germanischen Blutes schuld sind. »Fremdrassiger Geist (arbeitet) schon mehr als 2000 Jahre dahin.« »Es ist ganz die gleiche Tätigkeit«, fährt Lenard fort, »immer mit demselben asiatischen Volk im Hintergrund, die Christus ans Kreuz, Jordanus Brunus auf den Scheiterhaufen brachte, Hitler und Ludendorff mit dem Maschinengewehr beschießt und hinter Festungsmauern bringt.« Nach »Gesetzesvorschriften« sei es jedesmal zugegangen, meint Lenard. Aber die Abrechnung wird noch folgen.

Der Student Werner Heisenberg, der sich der Erforschung der Natur widmen wollte, weil hier nicht Ideologien entscheiden, sondern die unveränderbaren Naturgesetze, gerät sehr schnell in die Auseinandersetzung zwischen Einsteins Anhängern und Gegnern. Der außergewöhnlich begabte Student wird 1922 von seinem Lehrer Arnold Sommerfeld zur Jahrestagung des Vereins Deutscher Naturforscher und Ärzte nach Leipzig mitgenommen. Dort soll Einstein einen der Hauptvorträge über seine Allgemeine Relativitätstheorie halten. Heisenberg freut sich, über Sommerfeld Einstein sogar persönlich kennenzulernen. Sein Vater hatte ihm die Fahrkarte geschenkt. Da er sich nichts anderes leisten kann, quartiert er sich in einer billigen Herberge ein.

Am Eingang zum Vortragssaal, in dem Einstein referieren soll, bekommt Heisenberg einen Zettel in die Hand gedrückt. Er liest, daß Einstein ein Scharlatan sei und seine Theorie falsch. Zu seinem Entsetzen ist der Artikel nicht von einem wissenschaftlichen Niemand, sondern von einem bekannten, auch von seinem Lehrer Sommerfeld als Wissenschaftler geschätzten Experimentalphysiker unterzeichnet. Heisenberg ist verzweifelt. Er überlegt sich, wie »auf dem

Umweg über charakterlich schwache oder kranke Menschen selbst das wissenschaftliche Leben durch böse politische Leidenschaft infiziert und entstellt werden kann«.

Wie normal jene Menschen sind, die zum Sprachrohr pervertierter politischer Interessen werden, ahnt er nicht. Dem Vortrag hört er nicht mehr mit Aufmerksamkeit zu. Traurig kehrt er in seine Herberge zurück, wo er erschreckt feststellt, daß sein ganzes »Hab und Gut, Rucksack, Wäsche und ein zweiter Anzug« während seiner Abwesenheit gestohlen worden sind. Deprimiert fährt er zurück nach München. Um seine Eltern nicht mit dem großen finanziellen Verlust zu belasten, sucht er zunächst Arbeit als Holzfäller. Als er genügend Geld verdient hat, um den Schaden zu ersetzen, und er zu den traurigen Ereignissen Abstand gewonnen hat, kehrt Heisenberg in Sommerfelds Institut zurück.

DIE INTERNATIONALE DER ATOMWISSENSCHAFTLER

In den Jahren nach dem Ersten Weltkrieg liegen die Zentren der theoretischen Physik in Europa, in einer politischen Umgebung, die noch unter den Nachwirkungen des Weltkriegs leidet. Einige der Institute, an denen sich Wissenschaftler aus aller Welt treffen, sind in Deutschland. In der von Krisen zerrütteten Weimarer Republik, vor dem Hintergrund von Radikalismus, Nationalismus, Arbeitslosigkeit und Inflation, von Revolutionsdrohung und dem Sieg der Reaktion, den Belastungen des Versailler Diktats, dem Aufstieg der braunen Schlägerhorden, und schließlich der großen Depression mit ihren Millionen von Arbeitslosen, hält sich an den Instituten eine intakte Gegenwelt. In ihr scheinen die Widersprüche, deren Symptome den politischen Alltag bestimmen, aufgehoben zu sein. In ihr gibt es weder Haß noch Nationalismus, spielen weder Ideologie, Herkunft noch Rasse eine Rolle.

Diese Gegenwelt lebt von friedlicher Zusammenarbeit, dem Wettbewerb, dem Austausch und der freien Diskussion. Machtkämpfe und Interessenkonflikte dringen allenfalls am Rande ein, sind vergleichsweise bedeutungslos, da in letzter Instanz nicht Menschen, sondern die Natur entscheidet. Man ist dabei, ihre Geheimnisse zu entschlüsseln. Wie Robert Jungk in »Heller als Tausend Sonnen« beschreibt, kann man in Göttingen noch über Steine stolpern, ohne ans Wiederaufstehen denken zu müssen: Die Verbindung zwischen äußerer und innerer Welt scheint abgebrochen zu sein, man lebt in Gedanken.

An diesen Instituten treffen sich die entscheidenden Wissenschaftler und Studenten, die ihren Lehrern schon als wissenschaftliche Twens ebenbürtig sind, arbeiten zusammen, diskutieren, wechseln an andere Institute und stellen dort neue Kontakte her. In einer äußeren Atmosphäre von Chauvinismus und Rassenhaß bilden sich unter der Schutzglocke von Wissenschaft Exklaven von Liberalität, ein Internationalismus der Wissenschaft, die keine politischen Grenzen oder ideologischen Barrieren kennen will.

Die Teilnehmer dieses geistigen Abenteuers werden sich später wehmütig dieser Jahre erinnern. Nicht nur weil es für viele die große Zeit ihres Lebens war. Für sie war es mehr: das Modell einer friedlichen Welt. Zusammenarbeit, Widerspruch und Ergänzung auf einem hohen intellektuellen Niveau. Das Ergebnis dieses geistigen Abenteuers war die Entwicklung ihrer Wissenschaft, der rasche Fortschritt der Atom-, später der Kernphysik.

Eine Idee bereitete die nächste vor. Der Widerspruch wurde zum unentbehrlichen Prüfstein für die Logik einer Argumentation. Oft entwickelte sich aus der Niederlage, dem Zweifel, einer scheinbar besseren Alternative, oder gar aus erbarmungsloser Kritik, der Ansatz zu einer umfassenderen Lösung.

Die Natur schien bereit zu sein, ihre Geheimnisse dem zu enthüllen, der willens war, sich in eine Auseinandersetzung zu stürzen, die ebensogut mit einer vernichtenden Niederlage wie mit dem großen Erfolg enden konnte. Nicht selten endete das Abenteuer in Verzweiflung, Mutlosigkeit und Krankheit. Antipoden in diesem Ringen um die Geheimnisse der Natur waren nicht nur Meßgeräte, sondern die Kollegen.

Der Privatgelehrte, der in der Beschaulichkeit seiner vier Wände formulierte, experimentierte und mit einem unerwarteten Ergebnis an die Öffentlichkeit trat, war ein Relikt vergangener Jahrhunderte. Auch der Einstein um die Jahrhundertwende hatte in den Mitgliedern der »Olympia Akademie« und in Michelangelo Besso die Partner, an deren Widerspruch oder Zustimmung er seine Theorie erproben konnte. Das Material für seine Relativitätstheorie hatte ihm die Literatur geliefert. So sehr auch einzelne mit ihren Entdeckungen in den Vordergrund rückten, als Nobelpreisträger berühmt wurden und wissenschaftlichen Fortschritt in der Öffentlichkeit personifizierten, so waren sie doch nur Exponenten einer sehr viel breiter angelegten Diskussion. Ob sie sich auf der Höhe ihres persönlichen Erfolgs dessen bewußt waren oder nicht (die meisten von ihnen waren es), repräsentierten sie die Knoten in einem weiteren und allgemeineren Netz sachlicher Beziehungen. Genie konnte sich allenfalls im Durchsetzungswillen entfalten, im Erkennen scheinbarer Widersprüche und im Zusammenfassen der Gegensätze auf einem höheren Niveau der Erkenntnis.

Was also war die sogenannte »Internationale der Atomphysiker«? Was bedeuteten die Regeln, die für diese »Internationale« galten: Freiheit des Forschens und Freiheit der Meinungen, Austausch von Ideen, Öffentlichkeit der Ergebnisse im Dienst des Fortschritts der Erkenntnis? Was meinten die Wissenschaftler, wenn sie später in ihrer »Internationale« das Modell einer wünschenswerten Organisation der Völker sahen, das Vorbild friedlicher internationaler Zusammenarbeit zum Nutzen aller, das Gegenbild zu den »ideologischen« Verfestigungen, die die Welt nur zu häufig in Katastrophen geführt hatten? War ihre Internationale ein fester Bund mit eigenen und unabhängigen Regeln? Gab es Sanktionen, die stark genug waren, Verstöße zu verhindern? Oder war es eine lose »Interessenvereinigung«, ein Verband unterschiedlichster Temperamente und bereit, unter äußerem Druck auseinanderzubrechen, wenn übergeordnete Zwänge es zu verlangen schienen? Wie belastbar waren die geheiligten Grundsätze von Öffentlichkeit, Diskussion, Zusammenarbeit, Vertrauen und Wertfreiheit? Waren die Regeln der Internationale etwas anderes als etwa die des Marktes, die nur solange funktionierten, wie es vorteilhaft war oder eine höhere Instanz ihre Einhaltung erzwang? Waren ihre Regeln mehr als nur eine wissenschaftsinterne Konvention, ein Satz opportuner Verhaltensweisen und Beziehungen, die unter bestimmten Umständen funktionieren konnten, unter anderen nicht? Existierte die »Internationale« jenseits der Politik als übergeordnete, zumindest aber unabhängige Instanz? Konnte sich die »Internationale« auf ihre Mitglieder verlassen? Konnte ein »Austritt«, ein schwerwiegender Verstoß gegen die Regeln, nur persönliches Versagen bedeuten? War die Internationale der Atomphysiker politische Realität oder war es eine idealistische Fiktion? Gab es sie überhaupt?

Im Mekka der Atomphysik

In dieser Welt wächst Werner Heisenberg zum Wissenschaftler heran, durchläuft eine akademische Karriere, die nicht nur wegen ihres außergewöhnlichen Erfolgs auffällt, sondern weil sie ihn mit jenem Bereich konfrontieren wird, den er durch seine Berufswahl zu umgehen trachtete: die Politik.

Von Arnold Sommerfeld, seinem Lehrer, wird Heisenberg 1922 zu den sogenannten »Bohr-Festspielen« nach Göttingen mitgenommen. Diese nach dem großen Anreger der modernen Atomtheorie benannte Veranstaltung dient der Diskussion jüngster Ergebnisse und vereint in regelmäßigen Abständen die führenden Köpfe.

Werner Heisenberg ist Student in den ersten Semestern, einundzwanzig Jahre alt. In der Diskussion des Bohrschen Vortrags macht er auf einen Widerspruch aufmerksam. Bohr fordert ihn auf, den strittigen Punkt privat zu besprechen. Das Gespräch beginnt, wo es in der öffentlichen Diskussion aufgehört hatte, wendet sich allmählich grundlegenden Fragen zu.

Heisenberg beschäftigt schon seit der Zeit, in der er den »Timaios« auf dem Dach des Priesterseminars gelesen hatte, die Frage, ob es sich bei den Atomen um Dinge handelt, die den Gegenständen unserer Vorstellungswelt entsprechen: ob ein einzelnes Atom ein Ding sei wie ein Haus und so als individueller Gegenstand prinzipiell beschreibbar, oder ob es Teil einer mathematisch zu erfassenden Struktur ist. Die Frage ist, ob das einzelne Atom nur eine Projektion des menschlichen Bewußtseins, nicht aber eine physikalisch sinnvolle Kategorie ist.

Dieses Gespräch mit Bohr auf den Hügeln über dem Leinetal und der romantischen Universitätsstadt bezeichnet Heisenberg als den Beginn seiner Entwicklung als Wissenschaftler. Es ist zugleich auch der Anfang einer Freundschaft, die die beiden Wissenschaftler bis zu Bohrs Tod verbindet, in die der Zweite Weltkrieg aber eine tiefe Kerbe schneidet.

Heisenberg promoviert 1923 bei Sommerfeld in München und erhält eine Assistentenstelle am Göttinger Institut von Max Born. Nach einem Jahr habilitiert er sich und wird Privatdozent. Die Verpflichtung von Max Born, James Franck und des Mathematikers Hilbert zieht in den zwanziger Jahren eine Reihe hochbegabter Studenten und Wissenschaftler aus allen Ländern in den Kreis der sogenannten Göttinger Schule, von denen einige, wie Oppenheimer, K. T. Compton, v. Neumann, Teller, Wigner, Weisskopf, Condon, Fermi, Gamow, Franck, Blackett, Heisenberg, Houtermans und andere später vor der Entscheidung standen, die Atombombe zu bauen. Die erregende wissenschaftliche Atmosphäre der naturwissenschaftlichen Fakultät, angereichert durch altdeutsche Universitätsromantik und das philosophische Fluidum einer Disziplin, die sich anschickt, zu den Grundbausteinen des Universums vorzustoßen, macht Göttingen für diese Physiker so anziehend.

In den Osterferien des Jahres 1924 kann Werner Heisenberg endlich Bohrs Einladung nach Kopenhagen folgen. In Kopenhagen, dem Mekka der Atomphysik, sieht sich Heisenberg »einer großen Zahl glänzend begabter Menschen gegenüber«, die den Eindruck machen, ihm »an Sprachkenntnissen und Weltgewandtheit weit überlegen und in der Wissenschaft viel gründlicher beschlagen« zu sein als er. Aus den Gesprächen mit Bohr wird für ihn, wie auch für viele andere, die Einsicht entscheidend, daß es für das Verständnis des Atombaus gleichgültig ist, welcher Nation oder Rasse man angehört, und »daß man in der Wissenschaft immer entscheiden kann, was richtig und was falsch ist«. Die Richtigkeit von Behauptungen oder Theorien wird nicht durch Glauben, Rassen- oder Klassenzugehörigkeit entschieden, sondern durch die Natur selbst.

Die wissenschaftlichen Folgen eines Heuschnupfens

Im folgenden Jahr wird der nach Göttingen zurückgekehrte Heisenberg von Heufieber befallen. Um dem Pollen blühender Gräser und Büsche zu entgehen, zieht er sich für zwei Wochen nach Helgoland zurück. Vom Zimmer, das er gemietet hat, kann er auf die unter ihm liegende Unterstadt, über die Düne auf das dahinter liegende Meer blicken. Er verbringt seine Tage in Ruhe und Einsamkeit, die Weite des Meeres läßt ihn an ein Wort Bohrs denken, der darin einen »Teil der Unendlichkeit zu ergreifen glaubt«. In dieser Umgebung arbeitet Heisenberg an seinem Thema weiter.

Am einfachsten aller Elemente, dem Wasserstoff, sucht er nach einer Physik, in der nicht mehr die menschliche Vorstellung die theoretische Behandlung festlegt. Eine Physik schwebt ihm vor, in der nicht mehr wie bei Bohr das Atom mit einem Planetensystem verglichen wird, in dem die Elektronen um den Kern wie Planeten um die Sonne kreisen. Denn solange eine derartige Analogie nicht bestätigt werden kann – und das kann sie, wie Heisenberg später feststellt, grundsätzlich nicht –, ist sie irreführend.

Heisenberg arbeitet zwischen Dünen und Meer an einer Physik, der Vorstufe zur Quantenmechanik, »in der nur beobachtbare Größen eine Rolle spielen sollten«. Nach mehreren Tagen und Nächten konzentrierter Arbeit hat er sich durch den Wust irritierender Analogien hindurchgewühlt, den mathematischen Apparat zur statistischen Bewältigung des »Verhaltens« von Atomen anzuwenden gelernt. Nachdem er schließlich einen möglichen Widerspruch zu einem der physikalischen Grundsätze ausgeschlossen hat, öffnet sich ihm der Blick in ein neues Gebiet der Physik. Er berichtet, daß er zuerst erschrocken sei. »Ich hatte das Gefühl, durch die Oberfläche der atomaren Erscheinungen hindurch auf einen tief darunter liegenden Grund von merkwürdiger innerer Schönheit zu schauen, und es wurde mir fast schwindlig bei dem Gedanken, daß ich nun dieser Fülle mathematischer Strukturen nachgehen sollte, die die Natur dort unten vor mir ausgebreitet hatte.«

Es war die Lösung jener Fragen, die Heisenberg seit der Zeit nach der Revolution beschäftigten, als er auf dem Dach des Priesterseminars vor der Universität den »Timaios« gelesen hatte. Daß man nämlich »bei den kleinsten Teilchen der Materie schließlich auf mathematische Strukturen stoßen sollte«. Analogien zu Gegenständen der menschlichen Sinneserfahrungen waren in einem genaueren physikalischen Sinn nicht mehr geeignet, die Phänomene im Bereich der kleinsten Teilchen zu erfassen. Nicht wegen einer noch unvollkommenen Beobachtungstechnik, sondern weil andere Gesetze das »Verhalten« der Elementarteilchen regierten als scheinbare Verhalten alltäglicher Gegenstände.

Heisenberg kehrt mit seiner Entdeckung nach Göttingen zurück. Dort macht er sich mit Max Born und dem mit Heisenberg gleichaltrigen Pascual Jordan an die Ausarbeitung. Selbst sein stets kritischer Freund Wolfgang Pauli ermuntert ihn. In England arbeitet Dirac an einer eleganten mathematischen Formulierung.

Die neue Theorie macht Heisenberg bekannt. Er wird aufgefordert, in Berlin, einer Hochburg der Physik, vor einem kritischen Auditorium zu referieren, dem auch die großen »alten Männer« Max Planck, Albert Einstein, Max von Laue und Walter Nernst angehören. Nach dem Vortrag wird er von Einstein zu einer privaten Diskussion geladen. Einstein ist kritisch. Obwohl er sie nicht widerlegen kann, will er Heisenbergs Schlußfolgerungen nicht anerkennen. Sie

scheinen ihm voreilig. Einstein vermutet, daß sie Ausdruck noch verborgener Prinzipien seien, die besser mit den bisherigen Vorstellungen von Struktur und »Verhalten« der Materie übereinstimmen müßten.
Das ist der Ausgangspunkt von Einsteins Weg ins wissenschaftliche Exil, den er die nächsten dreißig Jahre nicht mehr verlassen wird. 1926 schreibt er an Born, die neue Theorie könne noch nicht »der wahre Jakob« sein. Sie liefere viel, »aber dem Geheimnis des Alten bringt sie uns kaum näher. Jedenfalls bin ich überzeugt, daß *der* nicht würfelt.« Einstein ersinnt immer raffiniertere Einwände, die ihm postwendend widerlegt werden. Selbst als es nichts mehr einzuwenden gibt, wird er sich bis an sein Lebensende an die verrückte Hoffnung klammern, »daß der liebe Gott nicht würfelt«.
Ernsthafter als Einsteins Argumente gegen die neue Quantenmechanik ist die Bedrohung durch einen unterschiedlichen Ansatz des Physikers Erwin Schrödinger. Die physikalische Interpretation von Schrödingers Theorie scheint der Heisenbergs direkt zu widersprechen. Während Heisenberg, in seinen eigenen Worten, von der Vorstellung »objektiver, in Raum und Zeit ablaufender Vorgänge irgendwie« loszukommen versucht, läßt die Schrödingersche Theorie eine entgegengesetzte Betrachtungsweise zu. Schlimmer noch, Heisenberg findet keine Argumente gegen diese Interpretation. Gleichzeitig merkt er, wie einer wachsenden Zahl von Theoretikern, darunter auch sein Lehrer Sommerfeld, Schrödingers Theorie nicht unplausibel erscheint.
Die Kontroverse ist ungelöst, als Heisenberg 1926 eine Stellung als Lektor für theoretische Physik an Bohrs Institut in Kopenhagen antritt. Dort arbeitet er weiter an seinem alten Problem und der Kontroverse mit Schrödinger. Endlose Diskussionen mit Bohr scheinen nicht weiterzuführen. Im Gegenteil, er glaubt zu bemerken, daß auch Bohr sich Schrödingers Beschreibung zuwendet. Anfang 1927 macht Bohr Skiferien. Heisenberg arbeitet allein weiter. Ein Satz, den Einstein im ersten Gespräch fallengelassen hatte, ist haften geblieben und gibt einen neuen Ansatz: »Erst die Theorie entscheidet, was man beobachten kann.«
Heisenberg findet die Lösung des Problems: Elementarteilchen wie Atome kann man nicht beobachten, nicht weil es an genügend feinen Instrumenten fehlen würde, sondern prinzipiell nicht. Daher ist es widersinnig, das »Verhalten« von einzelnen Elementarteilchen mit räumlichen und zeitlichen Vorgängen zu umschreiben. Diese

»Heisenbergsche Unschärferelation« besagt, daß Ort und Bewegungsgröße (das Produkt aus Masse und Geschwindigkeit) von Elementarteilchen prinzipiell nicht gleichzeitig festgelegt werden können. Die Teilchen »verhalten« sich also tatsächlich jenseits von Zeit und Raum.

Innerhalb kurzer Zeit wird die neue Theorie von den führenden Physikern der Zeit anerkannt. Einstein bleibt die Ausnahme und begibt sich aufs wissenschaftliche Altenteil. Die Quantenmechanik wird innerhalb kurzer Zeit zu einem tragenden Pfeiler der Atom- und der Kernphysik.

Noch 1927 erhält der sechsundzwanzig Jahre alte Dozent Heisenberg Angebote mehrerer Universitäten. Er entscheidet sich für Leipzig, wo ihn die Zusammenarbeit mit dem renommierten Experimentalphysiker Peter Debye, einem Holländer, lockt. Zu seinem ersten Seminar erscheint ein Hörer. Drei Jahre später hat sich der Kreis um eine stattliche Zahl von Studenten und Assistenten erweitert, darunter Felix Bloch, Lew Landau, Rudolf Peierls, Friedrich Hund, Edward Teller und Carl Friedrich von Weizsäcker, der mit achtzehn Jahren Benjamin des Kreises ist.

Daseinsangst und eine andere »Wissenschaft«

Die Weltwirtschaftskrise, die sich an den Börsenkrach der New Yorker Wall Street im Oktober 1929 anschloß, griff auf Deutschland über und beschleunigte den Verfall der Republik. Der Anstieg der wirtschaftlichen Prosperität seit Mitte der zwanziger Jahre war zu einem großen Teil durch amerikanische Auslandsanleihen finanziert worden. Die spekulative Hausse an den amerikanischen Börsen hatte schon vor dem Börsenkrach einen erheblichen Teil dieser Mittel an den Ort des schnellsten und mühelosesten Gewinns abgezogen. Der Abzug der Gelder verstärkte sich nach dem Zusammenbruch, neue blieben aus. Damit gingen die Investitionen zurück, Arbeitslosigkeit war die Folge, und es kam zu erheblichen Zahlungsbilanzschwierigkeiten.

Die Industrieproduktion in Deutschland sank 1932 auf nur wenig mehr als die Hälfte ihres Standes von 1928/29. Die Zahl der Arbeitslosen stieg rasch auf über sechs Millionen. Im Juli 1932 war die Hälfte aller Gewerkschaftsmitglieder arbeitslos. Eine Agrarkrise verschlimmerte die allgemeine Depression, da die Preise für landwirtschaftliche Güter, trotz hoher Schutzzölle gegen Importe auf einen extrem niedrigen Stand sanken. Viele Landwirte hatten sich zur Modernisierung der Betriebe hoch verschuldet und konnten wegen des starken Preisverfalls ihrer Erzeugnisse weder Schulden tilgen noch Kreditzinsen bezahlen.

Dies war die wirtschaftliche Ausgangssituation des großen Aufschwungs der Nationalsozialisten.

Ihr Erfolg gründete sich nicht auf ein festgelegtes Programm. Vielmehr wurde die politische Unverbindlichkeit ihrer Parolen zum kleinsten Nenner sich kumulierender Daseinsängste der heterogensten gesellschaftlichen Gruppierungen. Die Attraktivität der Nationalsozialisten leitete sich nicht nur aus ihrer Propaganda ab, die die Weimarer Demokratie, die »Novemberverbrecher«, für die plötzliche Niederlage im Ersten Weltkrieg und die katastrophale Einseitigkeit des Versailler Diktats verantwortlich machte. Im gleichen Maß profitierte der Nationalsozialismus von den Nachwirkungen der beispiellos schnellen industriellen Entwicklung, dem noch aus dem vergangenen Jahrhundert überkommenen Industrialisierungsschock, der weite Kreise zutiefst verunsichert hatte.

Rational durchaus erklärbare Widersprüche, die zu den Krisensymptomen der westlichen Industrieländer geführt hatten, wurden ins Irrationale abgedrängt und mit einer Struktur von Unausweichlichkeit versehen. Untergang des Abendlandes-Stimmung verbreitete sich. Das Schicksal schien Regie zu führen. Die Entwicklungsphasen, Geburt, Heranwachsen, Reifezeit, Verfall und Tod schienen nicht nur für biologische Organismen zu gelten, sondern auch für Völker und »Kulturen«. Der Nährboden war schon vor Hitlers Auftritt, als vom Schicksal gesandter »Führer« des deutschen Volkes, vorbereitet.

Wie schnell jene mystizistische Untergangsperspektive, der Kaninchenblick auf unbeeinflußbare, quasi naturgesetzliche Größen, die das Leben und die Gesellschaft steuerten, in Erlösungshoffnungen umschlugen und im Vorübergehen Gewalt und Vernichtungsbereitschaft rechtfertigten, zeigt sich in der sogenannten »Welteislehre«. Sie hatte eine gewisse Bedeutung für das Weltbild führender nationalsozialistischer »Denker«: Der Mond bestände aus Sternmaterie, nämlich Eis, meinten die Welteisjünger. Der Weltraum wird von unzähligen riesigen Eisbrocken durchzogen. Einige von ihnen sind im Lauf der Erdgeschichte von der Erde eingefangen worden, haben Tausende von Jahren als Monde friedlich die Erde umkreist und sind schließlich auf die Erde gestürzt, wobei sie jedesmal riesige Katastrophen auslösten. Auch der jetzige Mond wird eines Tages auf die Erde stürzen. Bei jedem dieser früheren Mondstürze wurde ein großer Teil des irdischen Lebens ausgelöscht. Die eigentlich schöpferischen Phasen der Erdgeschichte waren eben diese Katastrophenzeiten der Mondstürze und der Vernichtung minderwertigen Lebens.

Diese »Wissenschaft« entsprach der Mentalität der Nationalsozialisten. Mit der Vernichtung minderwertigen Lebens »mußte« Platz, »Lebensraum«, für neues und überlegenes Leben geschaffen werden. So auch in der letzten dieser Katastrophen, die mit dem Untergang von Atlantis geendet hatte.

Erst die Vernichtung von Atlantis hat seine sagenhaften Bewohner, die Vorfahren der arischen Rasse, Träger einer hohen Kultur, über die Erde verstreut. Sie erzeugten die nordische Rasse. Weniger die Vorstellung des Mondsturzes, als die Ideologie von Vernichtung als Grundlage für die Ausbreitung einer überlegenen Rasse war die »Lehre«, die die Nationalsozialisten aus der »Wissenschaft« vom Welteis zogen. Hier konnte sich der Zynismus der Macht »wissenschaftlich« verankern, sich die Ideologie des Terrors biologisch legitimieren. Akademische Welteisanhänger teilten der Preußischen Akademie der Wissenschaften mit, daß die »großen Katastrophenzeiten der Erde ... trotz größter organischer Vernichtungen keine Feinde, sondern größte Förderer des Lebens, der Arten und Artumwandlungen sind«.

Die spezifisch nationalsozialistische Mischung gesellschaftspolitischer Irrationalität, verbunden mit Fatalismen, technikfeindlichen Vorstellungen, kam der Stimmung in weiten Kreisen entgegen. Ohne konkrete Aussagen zu einer politischen Alternative, die über Negation der bisherigen Werte hinausging, wurde der Nationalsozialismus zum Sammelbecken ins Unpolitische verdrängter Daseinsangst. Die »Bewegung« vereinigte gutgläubige, fehlgeleitete Idealisten jeder Couleur mit Opportunisten, die in der braunen Revolution ihre Chance zu einer noch so bescheidenen Karriere witterten. Dahinter verbarg sich der Zynismus einer relativ kleinen Gruppe von Machtwilligen.

Pascual Jordan, ein wichtiger Physiker des Göttinger Instituts von Max Born, der maßgeblich an der Ausarbeitung der Quantentheorie beteiligt war, repräsentiert den Typus des fehlgeleiteten Idealisten. Jordans »Argumente« zugunsten der Nationalsozialisten dokumentieren die fließenden Grenzen zwischen idealistischer Erneuerungssehnsucht und zerstörerischem Machttrieb: Der philosophierende

Physiker erklärte sich die Arbeitslosigkeit der Weltwirtschaftskrise aus den industriellen Produktionsverfahren. Mitte der dreißiger Jahre schrieb Jordan: »Der Glaube an die Menschheitsbefreiung durch Technik hat seine einmalige Kraft verloren.«

Für Jordan war die moderne Zivilisation Ursache einer biologischen Degeneration des Menschen, die ihn »von allen ursprünglichen, natürlichen Lebenszusammenhängen (entfernt), ihn zuletzt inmitten seiner Technik ermattenden und hinsiechenden Wesen machen muß, dem keine Medizin mehr helfen kann.« Die Suche nach den »Quellen des Lebendigen und der lebendigen Fruchtbarkeit« trug Jordan in die Arme der Bewegung völkischer Erneuerung. »Die politische Umformung«, so meinte er, »... in Gestalt einer Ersetzung der alten parlamentarischen Regierungen durch autoritative und diktatorische Methoden, bedeutet ja keineswegs bloß eine technische Modernisierung des Regierungsapparats, sondern ist der Ausdruck einer allmählich alle Lebens- und Kulturgebiete erfassenden revolutionären Umbildung unseres gesamten Denkens, Wertens und Handelns«. Sie hatte für Jordan auch noch zwei Jahre nach Hitlers Machtantritt durchaus friedliche Züge: »... unter den Großmächten von heute gibt es alle Zwischenstufen zwischen dem hundertprozentigen Friedenswillen des mit seiner innenpolitischen und weltanschaulichen Erneuerungsarbeit vollauf beschäftigten Dritten Reiches und der hundertprozentigen Kriegsbereitschaft z. B. Italiens.«

Das Ende der Weimarer Republik ist bekannt: Im September 1930 wurde die NSDAP Hitlers zur zweitstärksten Partei, im Juli 1932 die stärkste. Vertreter des konservativen Bürgertums und des Großkapitals unter Anführung von Hugenberg und Papen hoben die Nationalsozialisten in den Sattel der Macht. Die Deutschnationalen glaubten die Revolution der Randaleure besser kontrollieren zu können, wenn sie ihr zur Macht verhelfen würden.

Juden, Nationale, Kommunisten, Liberale und »Parteigenossen«

Deutscher und undeutscher Geist

Einstein hatte für den Winter 1932 eine Reise in die USA geplant. Im Dezember verläßt er Berlin am Vorabend der nationalsozialistischen Machtübernahme bereits im Bewußtsein, daß der Abschied endgültig sein würde. An die Angriffe in der nationalsozialistischen Hetzpresse hatte er sich gewöhnt. Neu ist für ihn die Erfahrung, auch in den USA öffentlich diffamiert zu werden, zwar nicht als Jude, wohl aber als Kommunist, der er nie war. Noch vor seiner Ankunft erscheint in der liberalen ›New York Times‹ die Erklärung eines »National Patriotic Council«, in der Einstein als deutscher Bolschewist beschimpft wird und man behauptet, seine Theorie sei ohne jeden wissenschaftlichen Wert und unverständlich, da es nichts zu verstehen gäbe. Angeheizt wird die Stimmung von amerikanischen Frauenvereinen, die beim Außenministerium lautstark protestieren, daß ein prominentes Mitglied der als kommunistisch verschrieenen Internationale der Kriegsdienstgegner ein Visum erhalte.

Auch seinen Gastgebern, die sich mit dem Prominenten schmükken, ist nur die eine, gewissermaßen die unpolitische Hälfte der Person Einstein willkommen: der berühmte Wissenschaftler. Einsteins »schlechter politischer Ruf« kann seinen Gastgebern vom California Institute of Technology, die das Renommee ihrer Organisation durch Einsteins Anwesenheit aufwerten wollen, nur schaden. So beschließt der konservative Physiker Robert McMillan, der Einsteins Reise organisiert hat und ihn in den USA betreuen soll, im Einvernehmen mit dem Oberlaender Trust, der die Reise finanziert, den illustren Gast politisch abzuschirmen. Es soll verhindert werden, daß Einstein als Aushängeschild aller möglichen »radikalen Gruppen« benutzt werden könnte, um den Zielen dieser Gruppen weltweites Echo zu verschaffen. Man vereinbart, daß Einstein nur mit McMillans Zustimmung öffentlich auftritt.

Die Ereignisse ziehen einen Strich durch McMillans Rechnung. Nachdem er von Hitlers Machtübernahme am 30. Januar 1933 erfahren hat, sagt Einstein sofort eine Vorlesung ab, die er nach der Rückkehr an der preußischen Akademie in Berlin halten sollte. Am

10. März, nach dem Reichstagbrand und den Notverordnungen, erklärt Einstein öffentlich, nicht nach Deutschland zurückkehren zu wollen: Solange er die Möglichkeit habe, werde er sich nur in einem Land aufhalten, in dem politische Freiheit, Toleranz und Gleichheit aller Bürger vor dem Gesetz herrschten. Diese Bedingungen sind in Deutschland nicht mehr erfüllt. Auf einem großen Empfang im New Yorker Waldorf Astoria greift er die preußische Akademie an und warnt die Welt vor den Gefahren des Hitler-Regimes. Während er hier noch beklagt, daß Pazifisten in Deutschland als Staatsfeinde behandelt würden, wird er einige Wochen später in seinem vorläufigen Exil in Belgien erklären, als Belgier würde er jetzt Militärdienst leisten, um Europa gegen den Nationalsozialismus zu verteidigen.

In Belgien legt Einstein vor dem deutschen Botschafter seine deutsche Staatsbürgerschaft zum zweitenmal ab. Gleichzeitig erklärt er den Austritt aus der preußischen Akademie der Wissenschaften, der von den Nationalsozialisten höhnisch begrüßt wird. Seine wissenschaftlichen Freunde reagieren bereits mit jener den Emigranten verdächtig erscheinenden »Doppelloyalität«, die später den Verdacht der Korruption durch Kooperation mit dem Regime begründen wird: Nernst verweist auf Voltaire, d'Alembert und Maupertius, die, obwohl Mitglieder der Akademie, dem preußischen Staat nicht gedient hätten. Planck schreibt an Einstein, daß der freiwillige Austritt »Ihren Freunden ein unabsehbares Maß von Kummer und Schmerz erspart«, in anderen Worten, Planck will vorläufig noch nicht Stellung beziehen. Aus der bayerischen Akademie der Wissenschaften wird Einstein ausgeschlossen, bevor er selbst an Austritt denken kann.

Auch Otto Hahn ist im Frühjahr 1933 auf einer Vortragsreise in den USA. Dort erfährt er vom Schicksal der Juden und Kommunisten in Deutschland. Ihn berührt besonders der Ausschluß seiner Kollegen und ihre Vertreibung aus den Universitäten. Er bittet den deutschen Botschafter in Washington um ein persönliches Gespräch. Dabei meint Hahn, den Botschafter Luther über das Vorgehen gegen die Juden informieren zu müssen und bittet, im Reich auf Mäßigung zu drängen. Der Botschafter nimmt Hahns Vorhaltungen »interessiert auf«, versucht aber, die Behandlung der Juden als selbstverschuldet darzustellen. Hahn ist pessimistisch. Er fragt sich, ob sein Protest etwas genützt habe. Aber er ist froh, seine Meinung gesagt zu haben.

Etwas später erreichen ihn neue Nachrichten über die Vorgänge an den Kaiser-Wilhelm-Instituten in Berlin. Er bricht die Reise ab und kehrt nach Deutschland zurück. In Berlin muß er feststellen, wie viele jüdische Kollegen und viele Angestellte am Institut für Physikalische Chemie ihre Stellung verloren haben. Der jüdische Direktor des Instituts, Geheimrat Haber, war selbst zwar nicht betroffen, da ihn die neuen Arier-Bestimmungen vorläufig wegen seiner Verdienste im Ersten Weltkrieg schonten. Aus Solidarität zu seinen Kollegen hatte er jedoch seinen Rücktritt erklärt. Wie Haber legt auch ein zweiter Nobelpreisträger, James Franck, der wegen seiner Kriegsverdienste nicht selbst betroffen war, seinen Posten als Institutsdirektor nieder. In seiner Rücktrittserklärung schreibt Franck, ihm sei unerträglich, unter einer Regierung zu arbeiten, die Deutsche als Ausländer und Feinde des Vaterlandes behandle.

Ein Kollege, der Physiknobelpreisträger Johannes Stark, kommentiert, Francks Verzicht auf eine Professur, die er mit einer »anmaßenden Erklärung der preußischen Regierung vor die Füße« geworfen habe, sei der Beweis, daß »selbst wissenschaftlich geschulte Juden nicht mehr sachlich urteilen können, wenn jüdische Interessen auf dem Spiele stehen«. Stark greift in Max von Laue einen weiteren Nobelpreisträger an. Laue hatte im September 1933 vor einer Versammlung von Physikern die Vergewaltigung der Freiheit der Wissenschaft mit der Behandlung Galileis durch die Inquisition verglichen. Stark entgegnet, daß die Nationalsozialisten nicht die Freiheit der Wissenschaft einschränken, sondern »im Gegenteil die bisher beschränkte Freiheit der wissenschaftlichen Forschung wiederherstellen« wollten. Sie sei während der »Judenherrschaft« in der Weimarer Zeit verloren gegangen.

Otto Hahn wird vom Präsidenten der unabhängigen Kaiser-Wilhelm-Gesellschaft, Max Planck, gebeten, an Habers Stelle die kommissarische Leitung des Instituts zu übernehmen. Doch greift zuvor die Regierung in die Kompetenzen der unabhängigen Gesellschaft ein und ernennt das Parteimitglied Professor Jander zum Nachfolger.

Einige Wochen später schlägt Hahn Planck vor, zusammen mit anderen, von den Arierbestimmungen nicht betroffenen Wissenschaftlern beim Kultusminister Rust zu protestieren. Doch Planck erklärt Hahn: »Wenn heute dreißig Professoren aufstehen und sich gegen das Vorgehen der Regierung einsetzen, dann kommen morgen hundertfünfzig Personen, die sich mit Hitler solidarisch erklären, weil sie die Stellen haben wollen«. Also ist es besser, nicht zu protestieren.

Einen Anlaß, der einen Teil der nicht-nationalsozialistischen Naturwissenschaftler zu einer gemäßigteren Form des Aufbegehrens vereint, bietet Habers Tod. Haber, der, wie er zu seinem Rücktritt erklärte, sich immer als guter Deutscher gefühlt hatte, war ein Jahr nach seiner Demission in England gestorben. Planck organisiert eine Feier zum Gedächtnis des großen Gelehrten – gegen das Verbot von Regierung und Partei. Planck und Hahn halten die Reden. Ein Nachruf des Physikochemikers Bonhoeffer, der als Universitätsangestellter abhängiger ist als die Mitglieder der Kaiser-Wilhelm-Gesellschaft, wird von Otto Hahn verlesen.

»Rechtliche« Grundlage der Entlassungen waren die sogenannten Arier-Paragraphen für Angehörige des öffentlichen Dienstes. Sie waren bereits im April 1933 inkraft gesetzt worden und verlangten, alle »Nichtarier« zu eliminieren. Ausgenommen war zunächst eine beschränkte Zahl von Personen mit einem definierten Mindestanteil »arischen Blutes« und solche, die sich gewisse Verdienste um Deutschland erworben hatten, etwa im Krieg. Im Verlauf weiterer Radikalisierung wurden jedoch auch diese bisher befreiten Gruppen eingeschlossen, und zuletzt standen auch die »arischen« Wissenschaftler unter Druck, die objektive, von den Machthabern als jüdisch inspiriert verdächtigte Wissenschaft vertraten.

Mit der Legalisierung des Rassenwahns an den Universitäten konnten die bis dahin schon starken nationalsozialistischen Kader in der Studentenschaft den bisher nur geduldeten physischen und psychischen Terror gegen »jüdische« Kommilitonen und Professoren ausdehnen. In treuer Erfüllung des Gesetzes übten nun die braunen Prügelkommandos an den Universitäten den Dienst fürs Vaterland aus.

Bereits Mitte April 1933 verlangte die Studentenorganisation der Nationalsozialisten, die »Deutsche Studentenschaft«, in zwölf plakatierten Thesen unter dem Titel »Wider den Undeutschen Geist«: Juden den Gebrauch der deutschen Sprache zu verbieten, Veröffentlichungen von Juden allenfalls noch unter dem Signum »übersetzt aus dem Hebräischen« deutsch erscheinen zu lassen, den »undeutschen Geist« aus den Büchereien zu verbannen, Studenten und Professoren nach der Sicherheit ihres »Denkens im deutschen Geiste« auszulesen, und schließlich die deutsche Hochschule zu einem »Hort des deutschen Volkstums« zu machen, zu einer »Kampfstätte aus der Kraft des deutschen Geistes«.

Zuerst äußerte sich der neue »deutsche Geist« in Aggression.

Mit Bücherverbrennung, Ausschluß und Terror wurde gegen »undeutschen Geist« vorgegangen. Als nächstes etablierten sich »deutsche Forschungsgebiete«, die die Restbestände freier, »unideologischer« Wissenschaft an den Hochschulen mit blühendem Unsinn zu überwuchern drohten. Themen wie »Das Wesen deutscher Naturforschung«, »Rassenpsychologie«, »Das nordische Schönheitsideal und eine neue Philosophie der Kunst«, »Rassenzersetzung und der Untergang Roms«, »Kampf der Charakterwerte in der europäischen Geschichte« wurden zu beliebten Forschungszielen.

An den Hochschulen etablierte sich der wissenschaftliche Obskurantismus. Es war eine merkwürdige Mischung von Narretei und Opportunismus, die sich anschickte, Wissenschaft für die nächsten »tausend« Jahre darzustellen. Ihre Herrschaft dauerte zwar weniger als tausend Jahre, immerhin aber lange genug, den aufschwimmenden Trägern verwissenschaftlichter Naziideologie Arbeit und Pensionsanspruch zu verschaffen. »Wertfreie« Wissenschaft, ein ideologisches, aber sicher kein »rassisches« Phänomen, geriet in den Verdacht, »jüdisch-bolschewistische« Subversion vorzubereiten. Reichsleiter Rosenberg, der »Beauftragte des Führers für die gesamte geistige und weltanschauliche Erziehung der NSDAP«, erklärte auf einer Veranstaltung »Reichstagung der Reichsstelle zur Förderung deutschen Schrifttums«: »Ziel germanischer Wissenschaft muß bleiben, innere und äußere Gesetzmäßigkeit des Lebens zu erweisen. Alles andere ist Zauberei.« Eine nationalsozialistische Philosophie werde dereinst »Königin der Fakultäten einer kommenden Universität« sein. Für die Degeneration der Naturwissenschaft im rein Spekulativen ist der »Judengeist« verantwortlich, der Naturwissenschaft nur »spielt«, verkündete Philip Lenard, der alternde Physik-Nobelpreisträger. Äußeres Zeichen sei die »geistige Unfruchtbarkeit«, die allen Juden in »allem Feineren überhaupt« anhafte. Das wüßten sogar die Juden selbst, erläuterte Lenard, daher usurpierten sie die Ergebnisse des »arischen Geistes«, verflöchten sie mit ihren unfruchtbaren Spekulationen und stellten die Ergebnisse als die ihren hin. Im Gegensatz zum »Judengeist« bekennt der »Arier« bei Dingen, zu deren »Durchschau« das vorhandene Wissen nicht ausreicht: Hier stehe ich, begrenzter Menschengeist, vielleicht tatsächlich dem Menschen Unbegreiflichem gegenüber. Der »jüdische Geist«, schloß Lenard in einer Attacke gegen den »Gesinnungsjuden« Heisenberg, »schafft in einem solchen Fall die Kausalität ab«.

INSELN DES BESTANDS

Am Abend des 30. Januar 1933, an dem Hitler die Macht übernimmt, ist Heisenberg zufällig in der Wohnung seines Freundes und Schülers Carl Friedrich von Weizsäcker in Leipzig. Vom Fenster beobachten sie, wie eine geschickte Regie auf der Straße den Siegestaumel der Nationalsozialisten wirksam in Szene setzt. Jubel und Wahn der verhetzten Masse, beleuchtet vom Flackern der Fackeln, vom dumpfen Marschschritt der braunen Kolonnen begleitet, erscheinen ihnen als Signale einer welthistorischen Veränderung. Politisch verbindet sie mit der Menschenmenge auf der Straße nichts. Jedoch im Wahn einer sich selbst betrügenden Generation meinen sie noch eine mögliche Wende zum Besseren erkennen zu können. Denn sie glauben an die Macht der Vernunft. Hitler könnte nur Exponent einer vorübergehenden Episode des Radikalismus sein.

Dem Zwang der politischen Ereignisse entziehen sie sich ein letztes Mal in den Osterferien, die sie gemeinsam mit Niels Bohr, dessen Sohn Christian und Felix Bloch auf einer Skihütte in den bayerischen Alpen verbringen. Tagsüber unternehmen die Freunde Touren, die langen Abende vertreiben sie sich mit Pokern, Diskussionen über Atomphysik und Sprache. Der Beginn des Sommersemesters bringt Heisenberg, von Weizsäcker und Bloch in die politische Wirklichkeit zurück.

Nach den ersten Massenentlassungen der von den Arierparagraphen betroffenen Wissenschaftler bittet Heisenberg seinen älteren Kollegen Max Planck um ein Gespräch. Der etwas mehr als dreißig Jahre alte Heisenberg sucht Rat. Planck macht auf Heisenberg einen desillusionierten Eindruck. Vor kurzem hat er als Präsident der Kaiser-Wilhelm-Gesellschaft bei Hitler gegen die Vertreibung jüdischer Wissenschaftler zu intervenieren versucht, indem er ihn auf den Schaden für das deutsche Universitätsleben und die Unmoral dieser Maßnahmen hinwies, war jedoch auf vollständiges Unverständnis gestoßen. Hitler, so berichtet Planck, habe nur seine bekannten Tiraden von der Verseuchung deutschen Blutes und Geistes wiederholt. Planck hat den Eindruck gewonnen, Hitler glaube »diesen Unsinn« selbst. Heisenberg erinnert sich, daß sich beide keinen Illusionen über die Auswegslosigkeit der Lage hingegeben hätten.

Planck meint, daß demonstrativer Rücktritt nichts nütze, da die Öffentlichkeit nichts darüber erfahren würde. Die Verhetzung der Massen hätte eine Stimmung geschaffen, in der diese Demonstration wirkungslos verpuffen müßte. Rücktritt würde auch bedeuten, daß man im Ausland eine Stelle suchen und mit den wirklich getroffenen vertriebenen jüdischen Kollegen um die beschränkt verfügbaren Arbeitsplätze konkurrieren müßte.

Die Stunde gebiete, so meint Planck, in Deutschland zu bleiben, zu überleben, indem man auch Kompromisse mit den Machthabern eingehe und mit Gleichgesinnten versuche, »Inseln des Bestandes« zu bilden. Man muß junge Menschen um sich sammeln, die man »in einem solchen Geist durch die Schreckenszeit hindurchbringen« und mit denen man den Wiederaufbau der deutschen Wissenschaft nach der bevorstehenden Katastrophe vorbereiten und durchführen kann.

Plancks Argumente leuchten Heisenberg ein. Das ist auch seine Art, sich der Herausforderung zu stellen. Auf der Bahnfahrt von Berlin nach Leipzig kommt ihm der Gedanke, daß Auswanderung nicht Kants kategorischem Imperativ entspräche: Emigration kann nicht zur Maxime der Allgemeinheit gemacht werden. Alle können schließlich nicht auswandern. Außerdem hat es keinen Sinn, vor politischen Katastrophen zu fliehen. Schließlich ist Heisenberg durch Geburt, Sprache und Erziehung an sein Land gebunden. Das alles spricht für Heisenberg dafür, zu bleiben.

Heisenbergs Physik mißfällt den Machthabern. Ihre wissenschaftlichen Wachmänner verdächtigen ihn, mit dem »Unbestimmtheitsprinzip« die Kausalität abschaffen zu wollen. Das war zwar ein Mißverständnis, aber Leute wie Stark und Lenard verstanden die moderne Physik ohnehin schon lange nicht mehr. Daß Heisenberg im Jahr der braunen Revolution, 1933, den Nobelpreis erhält, wirkt auf sie als ungeheure Provokation. Heisenbergs Eintreten für die Vernunft, seine fortwährenden Versuche, sich für Einsteins Relativitätstheorie als »unideologisch«, weil objektiv einfach richtig, zu verbürgen, machen ihn zur bevorzugten Zielscheibe der wütenden Angriffe nationalsozialistischer Ideologen. Der »Statthalter des Judentums« gerät schnell in die Schußlinie der Hüter »arischen« Gedankenguts.

Ein an Reichsleiter Rosenberg gerichteter Brief des braunen Studienrates Rosskothen verlangt, daß man Heisenberg Gelegenheit geben sollte, die Theorien von Juden des Schlages Einstein gründlich zu studieren: im Konzentrationslager. Der Beauftragte des Reichsleiters antwortet dem Studienrat, man werde Heisenberg zurechtweisen und ihm verbieten, Äußerungen zu machen, die die »Bewegung« beleidigten. Wegen seines Ansehens im Ausland könne man leider keine drastischeren Maßnahmen anwenden.

Gefährlicher wird für Heisenberg schon, die Auseinandersetzung um die theoretische Physik an die Öffentlichkeit zu tragen. Denn das zeigte, in den Worten eines Kommentators des SS-Blattes »Das Schwarze Korps«, »daß das Problem nicht gelöst« ist, indem man nur der »Blutvermischung Einhalt gebot« und »Juden am politischen, kulturellen Leben der Nation nicht mehr teilnehmen« läßt. Es ging inzwischen auch um Ausschaltung des »Geistes oder Ungeistes, den sie verbreiten«, nämlich auch »arische Bazillenträger« »auszurotten«.

Heisenberg hatte 1936 im »Völkischen Beobachter«, dem – in der offiziellen Sprache – »parteiamtlichen Organ«, das täglich in mehreren Ausgaben in ganz Deutschland erschien und viel gelesen wurde, den Wert und die Legitimität der theoretischen Physik besprochen. Er hatte betont, daß die beiden Eckpfeiler der modernen Physik, Plancks Quantentheorie und Einsteins Relativitätstheorie, »die selbstverständliche Grundlage weiterer Forschung« seien. Heisenberg hatte neben den Konsequenzen der Theorie für die Experimentalphysik die erkenntnistheoretischen Aspekte hervorgehoben, »die die theoretische Physik gerade für uns Deutsche wichtig« machten. Die moderne Physik liegt in der »Fortsetzung der großen Tradition der Philosophie, die Kant mit erkenntnistheoretischen Untersuchungen über die Grundlagen der Naturwissenschaft eröffnet hat. Die Weiterführung dieser Entwicklung«, schloß Heisenberg, »von der vielleicht noch die stärksten Einflüsse auf die Struktur unseres Geisteslebens ausgehen werden, ist eine der vornehmsten Aufgaben der deutschen wissenschaftlichen Jugend«.

Vom Herausgeber war zur poetischen Neutralisation dieses gefährlichen Angriffs auf die Integrität des »deutschen Geistes« noch ein »Werkspruch« zwischengeschnitten worden, der mit den Worten endete: ». . . wir haben eine Ehre, und die heißt: unsre Pflicht! Wir haben einen Glauben, der ewiges Deutschland heißt, und keiner soll uns rauben, des Volkes heilgen Geist!«

Die Redaktion hatte, um nicht ideologischer Abweichung verdächtigt zu werden, Heisenbergs Artikel einen Nachsatz von Johannes Stark zugefügt. Stark war unter für ihn günstigen Sternen inzwischen zum Präsidenten der »Physikalisch Technischen Reichsanstalt« avanciert. Nobeletikett in Verbindung mit politischer Linientreue hatten ihm zeitweilig den Status brauner Unfehlbarkeit in physikalischen Fragen verliehen. In seiner Nachschrift zu Heisenbergs Artikel forderte Stark noch einigermaßen zurückhaltend, »die so anmaßend auftretende Theorie in ihre Schranken zurück« zu verweisen. Schluß, so verlangte Stark, muß auch mit der Besetzung von Physiklehrstühlen durch Theoretiker gemacht werden. Theorie war für ihn die Wurzel allen Übels. Das war vorläufig alles.

Ein Jahr später, 1937, raffte Stark sich wieder auf, diesmal zu einem Angriff in der SS-Zeitung »Das Schwarze Korps«. In einem Artikel, den Stark mit unterschrieb, wurde Heisenberg in der Diktion der Partei übel beschimpft: »dem jüdischen Geist hörig«, »weißer Jude«, »Gesinnungsjude«, »Statthalter des Einsteinschen Geistes in Deutschland« etc. waren gebräuchliche Termini, mit denen er und »Gesinnungsgenossen« belegt wurden. Konkret wurde Heisenberg auch vorgeworfen, einen Aufruf für den »Führer« und Reichskanzler im August 1934 nicht unterzeichnet zu haben. Er habe geantwortet, »obwohl ich persönlich mit ›ja‹ stimme, scheint mir politische Kundgebung von Wissenschaftlern unrichtig, da auch früher niemals üblich«, und damit seine undeutsche Gesinnung bekundet.

Heisenberg protestierte gegen diese Hetzartikel bei Himmler, zu dem er entfernt Beziehung hatte. Himmler leitete den Fall weiter an Heydrich, der ihn untersuchen und sein Gutachten an Himmler zurücksenden sollte. Himmler wies Heydrich an, »den ganzen Fall . . . sowohl beim Studentenbund als auch bei der Reichsstudentenführung zu klären«, da er selbst glaube, »daß Heisenberg anständig« sei und das Regime es sich »nicht leisten könne, diesen Mann, der verhältnismäßig jung« sei und »Nachwuchs heranbringen« könne, »zu verlieren oder gar tot zu machen«. Himmler empfahl weiter, Heisenberg mit Professor Wüst, dem Kurator des »Ahnenerbes«, zusammenzubringen. Das kann nützlich sein, »wenn es (das Ahnenerbe) einmal eine totale Akademie werden soll«. Nützlich kann, rechnete sich Himmler aus, auch ein Kontakt des theoretischen Physikers mit »unsern Leuten von der Welteislehre« sein. Heisenberg selbst wurde vom obersten SS-Führer angewiesen, in Zukunft wissenschaftliche Tatsachen klar von der menschlichen und politischen Haltung der Urheber zu trennen.

Die Auseinandersetzung mit Heisenberg und anderen »Gesinnungsjuden« wurde in einer Phase geführt, als das deutsche »Geistesleben« bereits von »Rassejuden« gereinigt war, jedoch noch bevor man sich an die »Endlösung« des »Problems« begab. Die durch die Arierparagraphen Vertriebenen konnten in der Propaganda des Dritten Reichs daher nur noch eine indirekte Rolle spielen. Man brauchte Prügelknaben. Heisenberg mußte stellvertretend für die Wissenschaft herhalten, die die Machthaber und ihr Publikum verächtlich als »jüdische Physik« bezeichneten, die in Wirklichkeit aber die einzige Physik war, die mit den Naturgesetzen übereinstimmte.

Physik im Exil

Die aus Deutschland vertriebenen Wissenschaftler mußten im Ausland Arbeit finden. Das war besonders für die jüngeren unter ihnen ein großes Problem. Nicht jeder konnte sich, wie etwa Einstein, den Ort aussuchen, an dem er arbeiten wollte. Weniger bekannte Wissenschaftler standen zunächst vor unüberwindbar erscheinenden Schwierigkeiten. Viele sahen sich gezwungen, vorübergehend oder für immer, Stellungen anzunehmen, die weder ihren Vorstellungen noch ihrer Qualifikation entsprachen. Besonders verbittern mußte sie, die die Ereignisse aus der Ferne betrachteten, daß ihre in Deutschland verbliebenen Kollegen, die Freunde aus den »goldenen Jahren«, so taten, als sei nichts geschehen: keine lauten Proteste, kein demonstrativer Rücktritt. Noch 1958 wird einer der Betroffenen, Hans Bethe, seinen deutschen Kollegen vorwerfen, 1933 bei den Massenentlassungen – »mit ein paar bemerkenswerten Ausnahmen« – nichts unternommen zu haben.

Von denen, die zum Bau der Atombombe beitrugen oder ihre Entwicklung anregten, – Einstein, Franck, Frisch, Peierls, Bloch, Bethe, Simon, Szilard, von Neumann, Wigner, Weisskopf, Fuchs, Teller, Fermi, Pontecorvo, Segrè und viele andere weniger bekannte Wissenschaftler und Techniker – hatte ein Teil bereits im Exil hinter sich. Für die Ungarn Wigner, Teller, von Neumann und Szilard war Deutschland bereits die erste Station nach dem Verlassen ihres Heimatlandes gewesen. Kistiakowski hatte der Sowjetunion in den zwanziger Jahren den Rücken gekehrt, um in die USA überzusiedeln. Der Russe Rabinowitsch war in Deutschland aufgewachsen und dann in die USA emigriert. Die Franzosen Halban und Kowarski hatten Frankreich fluchtartig verlassen müssen, als die deutschen Truppen 1940 Paris zu besetzen drohten. Der Däne Niels Bohr war 1943 vor einer Aktion gegen die jüdische Bevölkerung in seinem von den deutschen Truppen besetzten Land gewarnt worden und bei Nacht und Nebel in einem Fischerboot nach Schweden geflüchtet. Als sich unter dem deutschen Einfluß der Antisemitismus in Italien verschärfte, setzten sich auch die Italiener Fermi, dessen Frau gefährdet war, und seine Mitarbeiter Segrè und Pontecorvo ab. Auch andere bekannte Naturwissenschaftler, wie Max Born und Lise Meitner, die über dreißig Jahre mit Otto Hahn zusammengearbeitet hatte, mußten Deutschland verlassen.

Antisemitismus war die Ursache der Vertreibung der meisten dieser Wissenschaftler. In den Arier-Bestimmungen hatte sie ihre »legale« Basis. Doch gab es noch eine andere Minorität, die mit Hitlers Machtübernahme »gesetzlos« geworden war: die Kommunisten. Betroffen aus dem Personenkreis der Kernphysiker waren Fritz Houtermans und Klaus Fuchs. Houtermans ging in die Sowjetunion und wurde dort nach einigen Jahren während der Stalinistischen Säuberungen als »deutscher Agent« inhaftiert. Fuchs wurde 1950 in Großbritannien verhaftet und zu einer langjährigen Gefängnisstrafe verurteilt. Als Mitarbeiter am englisch-amerikanischen Atombombenprojekt hatte er wichtige technische Details an sowjetische Agenten verraten.

Ein Genosse und ein Mitläufer

Fuchs wurde 1911 in Rüsselsheim geboren. Sein Vater war Geistlicher und, als Quäker, Pazifist. Der Erste Weltkrieg und seine Folgen hatten den Vater veranlaßt, in die Sozialdemokratische Partei einzutreten.

Der Sohn wächst im Weltkrieg, den Nachkriegswirren, unter dem Eindruck der zusammenbrechenden Ordnung des Kaiserreichs auf. Inflation, wirtschaftliche und politische Krisen sind Eindrücke des Schülers aus der bürgerlichen Weimarer Republik. Seine Schulzeit beendet er während der Weltwirtschaftskrise, erlebt die Folgen der großen Depression, die Massenarbeitslosigkeit und die sich unter diesen Bedingungen verschärfenden Klassengegensätze. Politisches Engagement in der SPD ist Fuchs' Antwort auf den desolaten Zustand der von den Faschisten bedrohten Republik.

In Leipzig beginnt er Physik zu studieren. Der sich verstärkende braune Terror veranlaßt den Pazifisten Fuchs, dem Reichsbanner beizutreten, einer halbmilitärischen Organisation zur Verteidigung der Demokratie. 1931 zieht die Familie nach Kiel um. Fuchs erkennt nun, daß dem Vormarsch der Rechten, der Allianz von Konservativen und Faschisten, nur durch eine geschlossene Front der Linken begegnet werden könne. Daher arbeitet er in einer antinazistischen

Vereinigung von Sozialdemokraten und Kommunisten. Sein politisches Engagement verstärkt sich. Er beteiligt sich an Auseinandersetzungen mit nationalsozialistischen Studentengruppen.

Als die SPD in den Präsidentschaftswahlen 1932 den Kandidaten der Konservativen, Hindenburg, unterstützt, um ihn gegen den ebenfalls kandidierenden Hitler zu stärken, sieht Fuchs darin einen entscheidenden Fehler. Er meint, die SPD hätte einen eigenen Kandidaten aufstellen müssen. Daher entzieht er sich dem politischen Kalkül der Sozialdemokraten. Die Gefahren der Allianz der Konservativen mit den Nationalsozialisten schätzt er richtig ein. Für ihn ist ein antinazistischer Block der Linken das einzige Mittel, der Herausforderung zu begegnen. Da die Kommunisten in diesem politischen Ränkespiel als einzige Partei eine klare Linie beibehalten, arbeitet er mit ihnen zusammen. Er wird aus der SPD ausgeschlossen.

Als sich die Nationalsozialisten in der Macht einzurichten beginnen, wird Fuchs von braunen Schlägerkommandos an der Universität aufgegriffen und verprügelt. Konnte sich der Individualist Fuchs bisher keiner Parteidisziplin unterwerfen, ist das zusammen mit der veränderten politischen Lage endgültig Anlaß, der KPD beizutreten. Er erkennt, daß Widerstand gegen die Nationalsozialisten nur erfolgreich sein kann, wenn er straff organisiert ist, und das bedeutet, sich der kommunistischen Parteidisziplin zu unterwerfen.

Als Delegierter eines Studentenkongresses reist Fuchs nach Berlin. Dort erfährt er, daß in Kiel nach ihm gefahndet wird. Die Machthaber haben seinen Vater als Sozialisten verhaftet. Fuchs taucht unter und wird mehrere Monate von Freunden versteckt. Im Spätsommer 1933 verschwindet er aus Berlin, wechselt über die französische Grenze und taucht im September in England wieder auf. In Bristol wird er vom deutschen Konsul beim örtlichen Polizeichef als Kommunist denunziert. Das verschlechtert auch im demokratischen England seine verzweifelte Lage. Fuchs ist zweiundzwanzig Jahre, als er völlig mittellos in England versucht, sein Studium abzuschließen und Arbeit zu finden.

Wie für Fuchs werden die politischen und sozialen Ereignisse der dreißiger Jahre auch für J. Robert Oppenheimer zum Wendepunkt. Während Fuchs im politischen Kampf aufwächst und in ihn eingreift, beobachtet Oppenheimer das Geschehen – mit erheblicher Verspätung – aus einer großen Entfernung. Seine Sicht ist die eines Amerikaners, dessen aus Deutschland emigrierter Vater es in der Neuen Welt zu beträchtlichem Wohlstand gebracht hatte. Der Sohn erlebte die sorgenfreie Jugend eines Abkömmlings der amerikanischen Elite.

J. Robert Oppenheimer studierte in Harvard, wurde 1926 in den Göttinger Arbeitskreis von Max Born aufgenommen und promovierte dort in kürzester Zeit. Beliebt war er nicht. Für Born war sich Oppenheimer seiner Überlegenheit »auf eine Weise bewußt, die peinlich war«. Ohne die Spur eines Scherzes war Oppenheimer in der Lage, Born zu einer von dessen Arbeiten zu »beglückwünschen«: »Ich konnte wirklich keinen Fehler darin finden – haben Sie sie wirklich allein angefertigt?«

In den folgenden Jahren wechselte er von einer Hochburg der Physik zur anderen. Cambridge, Leyden und Zürich waren die Stationen seiner vierjährigen Wanderschaft durch das Europa der Physik. In die USA war er 1929 zurückgekehrt, weil er »krank vor Heimweh« gewesen sei, erklärte er später. In Europa hatte er viel gelernt, nun wollte er seine Physik weiterentwickeln und sie kultivieren.

Der weltfremde Oppenheimer jener Zeit ist ebenso Philosoph wie theoretischer Physiker. Seine Freunde, berichtet er, waren Wissenschaftler, Literaten und Künstler. »Ich lernte und las Sanskrit mit Arthur Rider. Ich las sehr viele verschiedene Dinge, jedoch überwiegend klassische Literatur, Erzählungen, Dramen und Gedichte; und ich las ein wenig aus anderen Gebieten der Wissenschaft. Überhaupt nicht«, fährt Oppenheimer in seinem Lebensbericht fort, »interessierte mich Wirtschaft und Politik, und ich las nichts darüber. Ich hatte mich ganz von der gegenwärtigen Szene in diesem Land getrennt.«

In Oppenheimer begegnet uns ein Mann, der sich weit von der Wirklichkeit entfernt hat. Er betont, daß ihn Wirtschaft und Politik überhaupt nicht interessierten. Daher las er auch nichts darüber. Oppenheimer lebt in der Welt seiner Gedanken, liest weder Zeitungen oder politische Magazine noch verfügt er über ein Radio oder ein Telefon. Vom Börsenkrach in der Wall Street, der 1929 die Weltwirtschaftskrise einleitete, erfährt er erst viel später. Daß er auch seinen Freunden merkwürdig erscheinen muß, weiß er. Man hält ihn für überheblich. Doch gehen seine Interessen vor: »Ich interessierte mich für den Menschen und seine Erfahrung; ich war sehr an meiner Wissenschaft interessiert, ich hatte jedoch kein Verständnis für die Beziehung zwischen dem Menschen und seiner Gesellschaft.«

Oppenheimer ist ein außergewöhnlicher Lehrer. Bethe berichtet, daß Oppenheimer die Fähigkeit hatte, die grundlegenden Schwierigkeiten eines Problems zu erkennen und sich auf sie zu konzentrieren. Das habe er seinen Studenten vermitteln können: »Es gab immer eine brennende Frage, die von allen Seiten diskutiert und zu der eine Lösung gefunden werden mußte, dann wieder wurde sie verworfen und eine neue Lösung gesucht. Wo er war, war immer Leben und Begeisterung.« Auch seine Kollegen loben Oppenheimers Begabung. Charles Lauritsen sagt, Oppenheimer sei unfaßbar, er gäbe bereits die Antwort, bevor man nur Zeit habe, die Frage zu formulieren. Umständlichkeit ist für Oppenheimer schlimmer als ein Fehler; über den Versuch eines Kollegen, eine Theorie zu formulieren, die Oppenheimers Sinn für intellektuelle Ästhetik widerspricht, spöttelt er: »Was für eine schamlose Ausbeutung divergierender Integrale.«

Isadore Isaak Rabi, der 1944 den Physiknobelpreis erhielt, berichtet im Verfahren gegen Oppenheimer über dessen Ziele und Verdienste als Wissenschaftler: »Als wir uns 1929 zum erstenmal begegneten, galt die amerikanische Physik wirklich nicht sehr viel, sicher nicht der Größe und dem Reichtum dieses Landes entsprechend. Wir bemühten uns sehr, das Niveau der amerikanischen Physik zu heben. Wir hatten es satt, nach Europa als Lernende zu gehen. Wir wollten unabhängig sein. Ich muß sagen, daß ich glaubte, unsere Generation schaffte diesen Job, denn zehn Jahre später waren wir an der Spitze des Haufens, und das nicht nur weil ein paar Flüchtlinge aus Europa kamen. Da war eine bewußte Antriebskraft. Und Oppenheimer errichtete diese Schule theoretischer Physik, die ein wesentlicher Beitrag war.«

Erst in der zweiten Hälfte der dreißiger Jahre beginnt sich der fünfunddreißig Jahre alte Oppenheimer mit Politik auseinanderzusetzen. Er übt erstmals sein Wahlrecht bei einer Präsidentenwahl aus. Jetzt erreichen ihn Nachrichten über die Behandlung seiner jüdischen Verwandten in Deutschland. Er beginnt sich für das Schicksal der Juden zu interessieren, bald empfindet er »anhaltende, glühende Wut«. Er hilft einigen deutschen Verwandten, in die USA zu fliehen.

Die Wirkungen der Depression in den USA erreichen ihn über das Los seiner Studenten. Er stellt fest, daß viele keine Arbeit finden, oder keine, die ihren Fähigkeiten entspricht. Das trifft, so bemerkt er, häufig auch begabte Studenten. Es kann also nicht mit individueller Leistung oder Unfähigkeit zusammenhängen. Durch seine Studenten lernt er, wie er sich erinnert, »das größere Leid der Depression zu spüren«. Er »beginnt zu verstehen, wie tief die politischen und wirtschaftlichen Ereignisse die Leben der Menschen berühren können«, und daher die »Notwendigkeit zu spüren, mehr am Leben der Gemeinschaft teilzunehmen«. Er hat jedoch kein »Gerüst politischer Überzeugung oder Erfahrung«, das ihm eine Perspektive geben kann.

Persönliche Bekanntschaften sind es, die ihn in die politische Szenerie linker Intellektueller um die kalifornische kommunistische Partei einbeziehen. Seine Freundin, Jean Tatlock, Tochter eines angesehenen Sprachwissenschaftlers, ist Mitglied der Partei. Oppenheimer hat den Eindruck, als sei das eine eher unsystematische Mitgliedschaft, eine Art verdrängter Gottessuche: Sie hat dort nie gefunden, was sie suchte, da sie eher religiös als politisch gewesen ist. Doch ist sie mit vielen Mitgliedern, Mitläufern und Sympathisanten des Kommunismus befreundet und führt Oppenheimer bei ihren Freunden ein.

Wie Oppenheimer betont, sind es nicht nur persönliche Freundschaften, die ihn zum »Mitläufer« machen, sondern ganz konkrete Anliegen: Der Kampf der Loyalisten gegen die von Deutschland und Italien unterstützten spanischen Faschisten; die Organisation und Unterstützung der unter miserablen Bedingungen arbeitenden Tagelöhner in den Obstplantagen Kaliforniens, die linksgerichtete »Teachers Union«, eine gewerkschaftliche Vereinigung von Lehrern und Universitätsdozenten, die »Consumer Union«, in der er Mitglied wird. Er arbeitet bei einigen dieser Vorhaben aktiv mit, andere unterstützt er finanziell.

Doch ist – unabhängig von der Sache – für ihn stets das Gefühl wichtig, sich über seine Hilfe persönlich mit den gesellschaftlichen und politischen Problemen seiner Zeit und seines Landes zu verbinden, den Elfenbeinturm, in dem ihn Herkunft und Veranlagung hatten aufwachsen lassen, zu verlassen. Wie er selbst beobachtet, »mag« er »den neuen Sinn von Kameradschaft«, gleichzeitig fühlt er, daß er dabei ist, »Teil des Lebens« seiner Zeit und seines Landes zu werden. Das wird später seinen Entschluß erleichtern, sich aus diesen Verbindungen zu lösen, um sich einer anderen Sache zuzuwenden.

Die Sprengkraft der Entdeckung

Was geschieht mit dem Uran?

Eine Gruppe von Wissenschaftlern unter Leitung des Italieners Enrico Fermi baute im Herbst 1942 unter dem Fußballstadion der Universität Chicago den ersten Atomreaktor der Welt.

Schon früh gilt Fermi in Italien als Wunderkind. Er wird systematisch gefördert. Seine außergewöhnliche, wenn auch einseitige Begabung für Mathematik und Naturwissenschaften fällt schon in der Schule auf. 1918 wird der siebzehnjährige Schulabsolvent an einer ungewöhnlich talentierten Studenten vorbehaltenen Institution aufgenommen: der auf eine Gründung Napoleons zurückgehenden »Scuola Normale Superiore« an der Universität Pisa: akademischer Herkunftsort vieler Mitglieder der italienischen Elite.

Da das Studium Fermi wenig abverlangt und seine Fähigkeiten die Anforderungen des normalen Unterrichtsstoffs überschreiten, betreibt er nebenher Studien auf eigene Faust, in denen er sich einen breiten Überblick über die Naturwissenschaft seiner Zeit verschafft. Seine Interessen reichen von Chemie bis zur Mathematik, Schwerpunkt ist die Physik. Der »Autodidakt« eignet sich mit bemerkenswerter Sicherheit die fortschrittlichsten Methoden und Theorien an.

1923 gewinnt er ein Auslandsstipendium des Erziehungsministeriums. Er wählt Max Borns Institut in Göttingen. Dort gerät Fermi in die »Inkubationsphase« der Quantentheorie, in jene zwischen Physik und Philosophie angesiedelten Auseinandersetzungen seiner Altersgenossen Pauli, Heisenberg, Jordan und anderer mit den Bausteinen der Materie, die zur Quantenmechanik führen. Der Pragmatiker Fermi gewinnt wenig Geschmack an der esoterischen Atmosphäre jener Gesprächsrunden, am Dualismus von Struktur und Materie, von Vorstellung und Wirklichkeit. Daher fällt er weder an Borns Institut auf, noch wird er wesentlich von diesem Aufenthalt profitieren. Später wird er zunächst wenig mit Heisenbergs Matrizenmechanik anfangen können. Sie ist ihm zu allgemein und wirklichkeitsfern. Ihn interessieren konkrete, klar umrissene Aufgaben ohne philosophierend-idealistische Obertöne.

In Italien geht Fermi der Ruf eines außergewöhnlichen Physikers voraus. Eine glänzende Karriere steht ihm bevor. Er baut in kurzer

Zeit seine »eigene« Schule auf. Er ist ein guter Organisator und brillanter Lehrer. Doch verhindert, wie sein Mitarbeiter langer Jahre, Emilio Segrè, bemerkt, sein Pragmatismus und die Objektbezogenheit seiner Interessen, daß er zu dieser Entwicklungsphase der Atomtheorie Wesentliches beiträgt. Der Hauptstrom der Entwicklung, die theoretische Fundierung der Atomphysik durch Bohr, Heisenberg, Born, Dirac, Schrödinger und Jordan, läuft an ihm vorbei.

Das ändert sich 1929. Fermi erkennt, daß die Entwicklung der Atomtheorien in den wesentlichen Zügen abgeschlossen und daher nur noch Detailarbeit zu leisten ist. Er wendet sich einem anderen Gebiet zu: der bisher eher vernachlässigten Physik der Atomkerne, der sogenannten Kernphysik.

Sein Einstieg in dieses Gebiet ist bemerkenswert. Um das physikalische »Entwicklungsland« Italien mit neuen experimentellen Techniken zu befruchten, schickt er seine Schüler und Mitarbeiter an wichtige ausländische Institute: Rasetti nach Pasadena zu Millikan, Segrè zu Zeeman nach Amsterdam, Rasetti anschließend nach Berlin an das Institut von Hahn und Lise Meitner, Amaldi zu Debye nach Leipzig, Segrè nach Hamburg zu Otto Stern. Auch der Exodus der vertriebenen jüdischen Physiker, von denen Bethe, Placzek, Bloch, Peierls, Nordheim und London in Rom Station machen, befruchtet später die Arbeit von Fermi.

Heisenbergs Unbestimmtheitsrelation hatte gezeigt, daß es prinzipiell (und nicht nur technisch) unmöglich ist, Atome zu beobachten. Damit war auch jede Hoffnung vergeblich, die Grundbausteine der Materie eines Tages mit »Supermikroskopen« beobachten zu können. Um etwas über den Aufbau der Atome zu erfahren, mußte man zu indirekten Methoden greifen. Das galt natürlich auch für die um Größenordnungen kleineren Atomkerne.

Das Verfahren war im Prinzip einfach. Man »beschoß« die zu untersuchenden Atomkerne mit anderen bekannten kleinen Atomkernen. Die »Geschosse« konnten mit den zu untersuchenden Atomkernen zusammenprallen und aus ihrer Bahn abgelenkt werden oder reagieren. Aus diesem meßbaren »Verhalten« konnte man wiederum auf die Struktur der zu untersuchenden Kerne schließen.

Seit 1934 hatten Frédéric Joliot und seine Frau Irène Curie, die Tochter der berühmten Madame Curie, die Atomkerne leichter Elemente mit Heliumkernen, sogenannten alpha-Teilchen, beschossen. Dabei hatten sie künstlich radioaktive Elemente erzeugt. Die Methode der französischen Forscher versagte bei schwereren Elementen.

Der Grund war einfach: Da Atomkerne positiv geladen sind, stoßen sie sich ab. Das positiv geladene alpha-Teilchen muß eine bestimmte Mindestgechwindigkeit haben, um die abstoßenden Kräfte des Kerns, mit dem es reagieren soll, zu überwinden. Da schwere Atomkerne stärker positiv geladen sind als leichte, werden die abstoßenden Kräfte so groß, daß das alpha-Teilchen nicht mehr eindringen kann.

Um auch die schwereren Elemente zu beschießen und so in künstlich radioaktive neue Elemente umzuwandeln, hat Fermi die Idee, ein elektrisch neutrales Kernteilchen zu verwenden. Dabei kommt ihm zugute, daß kurz zuvor von zwei Deutschen, Bothe und Becker, eine neue, sehr durchdringende Strahlung entdeckt worden war. In dieser Strahlung hatte der Engländer Chadwick das elektrisch neutrale, einfachste Kernbauteil, das Neutron, identifiziert. Dieses Neutron, so rechnet sich Fermi aus, müsse ein ideales Geschoß zur Umwandlung auch der höheren Elemente sein. Wegen seiner elektrischen Neutralität braucht es keine abstoßenden Kernkräfte zu überwinden.

Seit 1934 werden an Fermis Institut Elemente mit Neutronen beschossen und auf Entstehung künstlicher Radioaktivität hin untersucht. Es zeigt sich, daß in den meisten Fällen das Neutron nicht nur angelagert wird, sondern dieses Anlagerungsprodukt sich unter Abgabe eines Elektrons, sogenannter (radioaktiver) beta-Strahlung in das nächst höhere Element umlagert.

Fermis Schema scheint auch für Uran, das schwerste in der Natur vorkommende Element, zu gelten. Das Anlagerungsprodukt des Uran mit einem Neutron ist ein beta-Strahler und verwandelt sich in ein neues Element. Die Identität dieses Produkts ist für Fermi klar: Es muß das dem Uran im Periodensystem folgende Element sein, ein Transuran. Da unter den Reaktionsprodukten noch weitere beta-Strahler sind, folgert Fermi, daß sich das erste Transuran unter Abgabe eines Elektrons in ein zweites Transuran umlagert, und so weiter.

Das eigentliche Problem, die chemische Identität der einzelnen Spaltprodukte nachzuweisen, ist damit aber noch nicht gelöst. Denn das Reaktionsprodukt besteht nicht aus einem Element, das sich in ein zweites umlagert, dieses in ein drittes, sondern aus einem Nebeneinander, besser aus einem Durcheinander der verschiedensten instabilen Elemente, die sich mit unterschiedlichen Geschwindigkeiten in andere Elemente umlagern. Der Nachweis ist dadurch erschwert, daß die entstehenden Mengen Reaktionsprodukt zu gering sind, um isolierbar zu sein. Ihre Eigenschaften müssen über mühsame und unsichere »Analogieschlüsse« erkundet werden.

Die Konkurrenz der Damen

1934 beginnt ein mehrere Jahre dauernder Kampf um die Identifizierung der Transurane. In Frankreich schalten sich Joliot und Curie ein, die nach ihren Versuchen mit den ersten künstlich-radioaktiven Elementen, auf die Fermis Arbeit letztlich zurückging, ein »natürliches« Interesse an den neuen Elementen hatten.

Die dritte wichtige Arbeitsgruppe ist die von Otto Hahn und der Physikerin Lise Meitner, zu der auch Fritz Straßmann gehört. Hahn und Meitner, zwei erfahrene Spezialisten auf dem Gebiet der Radiochemie und der Radiophysik, waren eher zufällig auf das Problem gestoßen. Wie Hahn erklärt, war der Einwand seines »früheren Mitarbeiters, Aristide von Grosse, der damals schon in den USA weilte«, eines der Reaktionsprodukte sei nicht das von Fermi postulierte Transuran, sondern ein unter dem Uran stehendes Element, Anlaß seines Einstiegs in die Uranforschung. Hahn und Meitner, die führenden Autoritäten ihres Fachgebiets, »fühlten (sich nun) verpflichtet, zu entscheiden, wer von beiden, Fermi oder Grosse, recht hatte«. Auch andere Gruppen schalten sich ein. An vielen Instituten wird über die Transurane gearbeitet. Die verschiedenen Gruppen streiten sich, welches Produkt welches Element sei. Ende 1938 wird sich herausstellen, daß die Schlußfolgerungen zum größten Teil falsch, Berge wissenschaftlicher Abhandlungen über die Transurane Makulatur sind.

Nur die Physikochemikerin Ida Noddack wirft schon Ende 1934 in einer Zuschrift an die Zeitschrift »Angewandte Chemie« flüchtig die Frage auf, ob wissenschaftlich nicht fragwürdig sei, von Transuranen zu sprechen, bevor man nicht sicher wäre, ob es sich bei den Produkten nicht um bereits bekannte Elemente handle. Sie deutet eine Möglichkeit an, die sich vier Jahre später als richtig erweisen wird, daß nämlich das neutronenbestrahlte Uran auch in mehrere große Bruchstücke zerplatzen könnte. Frau Noddacks Hypothese ist zu kühn, um überprüft zu werden. Der Physiker Walter Gerlach erklärte das später: »Lise Meitner, ihrer Natur nach jeder freien Phantasie abhold, lehnte es daher ab, die Noddacksche Arbeit zu diskutieren: Es fehle dieser Hypothese jede physikalische Begründung, während gegen die Bildung von Transuranen damals kein einziges experimentelles oder theoretisches Argument sprach.«

Eine wissenschaftliche Kontroverse zwischen der Berliner und der Pariser Gruppe wird schließlich zum Anlaß, die wahre Natur der

Fermischen Kernumwandlung aufzudecken. Hahn und Lise Meitner, die seit 1907 zusammenarbeiteten, und Fritz Straßmann hatten in mehrjähriger Arbeit unter den Reaktionsprodukten Substanzen entdeckt, die Fermis Hypothese der Transurane zu bestätigen schienen. Zerfallsreihen waren aufgestellt worden, die mit der einen Ausnahme, daß sie nicht mit der Wirklichkeit übereinstimmten, in sich widerspruchsfrei waren.

Nun erscheint ein Artikel von Irène Curie, der diese Theorie und damit die Genauigkeit der Arbeit der Hahn-Gruppe in Frage stellt. Noch weit davon entfernt, die Wahrheit aufzudecken, gibt Curie an, ein etwas unter – und nicht über – dem Uran stehendes Element, Thorium, das von der Berliner Gruppe übersehen worden sei, befände sich unter den Reaktionsprodukten. Straßmann, bei dem die Last der unendlich mühsamen und diffizilen Versuche liegt, überprüft seine früheren Versuche, doch Thorium kann er beim besten Willen nicht finden.

Aus Kollegialität beschließt man, Curies Veröffentlichung nicht mit einer eigenen zu beantworten, die die Last des Irrtums von der Hahn-Gruppe auf die Schultern ihrer Kollegen zurückgewälzt hätte, sondern freundschaftlich mit einem Brief die Sache klarzustellen. Darin ist von Verunreinigungen die Rede, die Curies falsche Ergebnisse verursacht haben könnten – für Wissenschaftler vom Rang der Curie eine schlimme Erklärung. Sie schlägt zurück, indem sie in ihrer nächsten Veröffentlichung den Irrtum zwar berichtigt, aber die Dinge so hinbiegt, als habe die Hahn-Gruppe zeitweilig das gleiche geglaubt. Im Laufe des Sommers erscheinen weitere Veröffentlichungen von Curie, die aus Berliner Sicht immer absurder werden.

Die Kontroverse und die Gerüchte über die Rivalitäten der beiden Damen müssen Lise Meitner sehr getroffen haben. Sie schrieb noch 1957 an Otto Hahn: »Ich erinnere mich deutlich, wie beunruhigt ich über die erste Arbeit von Curie und Savitch war, wo sie angeblich ein neues Thorium Isotop (3,5 Stunden-Körper) im Filtrat unserer Fällungen gefunden hatten und wir es daher wiederholten und dann einen Brief schrieben, daß wir kein Thorium finden können. . . . Ich habe manchmal später gedacht, daß es für mich nützlicher gewesen wäre, wenn wir die Widerlegung des Thorium veröffentlicht hätten; aber ich bin doch der Meinung, daß die briefliche Mitteilung kollegialer war.«

Im Sommer hält sich Hahn für kurze Zeit am Institut von Niels Bohr auf. Die beiden diskutieren Hahns Ergebnisse. Bohr meint, daß die fraglichen Substanzen vielleicht noch höhere Elemente als die erwarteten Transurane seien. Auf die richtige Erklärung kommt noch niemand.

Die grosse Entdeckung

Die Aufklärung der Widersprüche, die die Wissenschaftler zu immer absonderlicheren Theorien Zuflucht suchen läßt, bahnt sich erst im Herbst an. Lise Meitner, die Physikerin der Gruppe, hat Deutschland verlassen müssen und lebt in Schweden.

Inzwischen ist klar, daß der von Lise Meitner erwähnte »3,5 Stunden Körper« (3,5 Stunden war die Halbwertszeit, eine für radioaktive Elemente charakteristische Meßgröße, in der die Aktivität auf die Hälfte absinkt) nicht eines der bekannten, dem Uran nahestehenden Elemente ist. Auch läßt es sich nicht in die Transuranreihen einordnen, die Hahn und Meitner aufgestellt hatten. Es scheint aus einer Mischung mehrerer Elemente zu bestehen, von denen sich eines wie Radium »verhält«. »Nachweis« von Radium heißt, bei den Versuchen von Hahn und Straßmann, daß die Substanz (die ja nur in winzigen Mengen vorhanden ist und nicht isoliert werden kann) sich chemisch nicht von einer verwandten Trägersubstanz (die in isolierbaren Mengen zugefügt wird, um die zu untersuchende Substanz durch die chemischen Prozesse mitzuziehen) unterscheidet, aber, im Gegensatz zum als Trägersubstanz hinzugefügten Barium, radioaktiv ist.

Wollten die beiden Wissenschaftler in »Übereinstimmung« mit ihren chemischen Befunden annehmen, daß die fragliche Substanz Radium war, gerieten sie in das Dilemma, erklären zu müssen, wie Radium aus Uran entstehen könnte. Zwei alpha-Teilchen müßten aus dem Uran abgespalten werden. Doch alpha-Strahlung ist nicht zu entdecken. Kann die radioaktive Substanz, die sich chemisch nicht vom Barium trennen läßt, überhaupt Radium sein? Neue Versuche werden angestellt, das vermutete »Radium« vom Barium zu trennen. Es gelingt nicht. Das »Radium« verhält sich wie Barium. Langsam wird Hahn und Straßmann klar, daß sich die fragliche Substanz nicht nur chemisch wie Barium verhält, sondern Barium *ist*.

Hahn schreibt am 19. Dezember 1938 an Lise Meitner, die inzwischen in Stockholm lebt. Der Brief enthält eine für die Lage der Beteiligten bezeichnende Mischung persönlicher und wissenschaftlicher Betroffenheit: »Montagabend 19. im Labor. Mein Name in der Ausstellung ›Der Ewige Jude‹ macht der Verwaltung plötzlich Sorge. So habe ich heute auf Veranlassung des Cranach-Nachfolgers eine eidesstattliche Versicherung über meine Reichsbürgerschaft abgegeben«, schreibt der Nichtjude Hahn der Jüdin Meitner. Er fährt fort: »Zwischendurch arbeite ich, soweit ich dazu komme, und arbeitet Straßmann unermüdlich an den Urankörpern, unterstützt von Lieber und Bohne. Es ist gleich 11 Uhr abends; um 1/4 12 will Straßmann wiederkommen, so daß ich nach Hause kann allmählich. Es ist nämlich etwas bei den ›Radium Isotopen‹, was so merkwürdig ist, daß wir es vorerst nur Dir sagen. Sie lassen sich von *allen* Elementen außer Barium trennen; alle Reaktionen stimmen. Nur eine nicht – wenn nicht höchst seltsame Vorfälle vorliegen: die Fraktionierung funktioniert nicht. Unsere Radium Isotope verhalten sich wie Barium. Wir kriegen keine eindeutige Anreicherung mit Ba Br_2 oder Chromaten etc. Nun habe ich vorige Woche im ersten Stock Thorium X fraktioniert; das ging genau wie es sollte. Das Mesothor wurde programmgemäß angereichert, unser Radium nicht. Es könnte ein höchst merkwürdiger Zufall vorliegen. Aber immer mehr kommen wir zu dem schrecklichen Schluß: Unsere Ra- (Radium) Isotope verhalten sich nicht wie Radium, sondern wie Barium. Vielleicht kannst Du irgendeine phantastische Erklärung vorschlagen. Wir wissen dabei selbst, daß es (Uran) nicht in Barium zerplatzen kann ... Ich muß jetzt wieder zu den Zählern. Ich hoffe, ich kann Dir in zwei Tagen noch einmal schreiben ... Schreib mir recht bald.«

Noch bevor sie Lise Meitners Antwortbrief in der Hand halten, haben Straßmann und Hahn am 23. ihre Versuche abgeschlossen und einen Artikel zur Veröffentlichung an die Redaktion der Zeitschrift »Die Naturwissenschaften« abgesandt. Höchste Eile scheint ihnen geboten. Können nicht Joliot und Curie ebensoweit sein? Als Chemiker sind sie sich sicher. Die Lösung liegt in der Luft. Aber was werden die Physiker sagen?

Die Entschuldigung, die die Sensation des Artikels einleitet, läßt noch von jenen trotz aller Sicherheit fortbestehenden Zweifeln der beiden Forscher ahnen: »Nun aber müssen wir auf einige neuere Untersuchungen zu sprechen kommen, die wir der seltsamen Ergebnisse wegen nur zögernd veröffentlichen ... Als Chemiker müßten wir das (bisher geltende) Schema eigentlich umbenennen ... Als der Physik in gewisser Weise nahestehende ›Kern-Chemiker‹ können wir uns zu diesem, allen bisherigen Erfahrungen widersprechenden Sprung noch nicht entschließen.« Hahn bekennt später, den Mut, etwas zu behaupten, »was eigentlich unzulässig war«, nur aufgebracht zu haben, weil er jahrzehntelange Erfahrungen in der Radiochemie gehabt habe.

EINE KONTROVERSE UNTER KOLLEGEN

Lise Meitner, die dreißig Jahre mit Otto Hahn zusammengearbeitet hatte, lebt um diese Zeit in Stockholm. Obwohl Jüdin, konnte sie sich bis 1938 in Berlin halten, da sie österreichische Staatsbürgerin war. Erst die Angliederung Österreichs brachte sie 1938 in Gefahr. Der neue Präsident der Kaiser-Wilhelm-Gesellschaft, Carl Bosch, hatte vergeblich im Kultusministerium versucht, für Lise Meitner eine Ausreisegenehmigung zu erwirken. Mit Hilfe eines holländischen Kollegen war sie dann heimlich über die Grenze nach Holland geschleust worden. Dort hatte sie sich einige Wochen aufgehalten, war von Niels Bohr eingeladen worden, an sein Institut nach Kopenhagen zu kommen. Der damals sechzig Jahre alten Dame gefiel es in Kopenhagen.

An Bohrs Institut wurde interessante Forschung betrieben. Die Menschen sagten ihr zu. Es war die richtige Atmosphäre. Auch arbeitete ihr Neffe Robert Frisch, der ebenfalls Physiker war, in Kopenhagen. Er war gleich nach der Machtübernahme der Nationalsozialisten aus Otto Sterns Hamburger Institut vertrieben worden. Bohr hatte schon viele von den Arier-Bestimmungen betroffene Wissenschaftler aufgenommen. Doch Lise Meitner lehnt Bohrs verlockendes Angebot ab. Sie will nicht mit jüngeren Kollegen um die knappen Plätze konkurrieren. Daher nimmt sie eine Einladung an, ans Stockholmer Nobel-Institut zu kommen.

Erst im Verlauf der nächsten Monate erfährt sie, daß sie dort nicht willkommen war. »Siegbahn (der Leiter des Instituts) wollte mich eigentlich nicht haben«, vertraut sie Otto Hahn in einem Brief an. Nur durch Vermittlung der Nobelstiftung sei sie dort schließlich angenommen worden. Aber es fehlt an Geräten und verständnisvollen Gesprächspartnern. Sie berichtet Hahn, von ihr sei »wenig oder nichts zu sagen. Ich komme mir oft wie eine aufgezogene Puppe vor, die automatisch gewisse Dinge tut, freundlich dazu lächelt und kein wirkliches Leben in sich hat.« Sie fühlt sich überflüssig und muß doch dankbar sein. Ihr persönliches Hab und Gut ist in Deutschland geblieben. Lise Meitner hat noch nicht einmal mehr ein eigenes Bett.

In mehreren Briefen, in die Bitterkeit und Vorwürfe auch gegen ihre Freunde in Deutschland dringen, bittet sie Otto Hahn, bei den Behörden zu intervenieren, um wenigstens ihre Habe freizubekommen. Sie versteht nicht, warum in Deutschland jeder Scheu hat, ihr zu ihrem Recht zu verhelfen. Sie sei, so schreibt sie an Hahn, doch immer loyal gegenüber Deutschland gewesen und werde es auch immer sein. Hahn erfährt, daß sie sich einen schwedischen Anwalt genommen hat, der in dieser Angelegenheit ihr Recht vertreten soll. Sie ist beschämt, daß ihr dieser Mann ein Bett leihen wollte. Nach dreißigjähriger Arbeit hat sie es immerhin soweit gebracht, daß ihr ein wildfremder Mensch mit einem Bett aushelfen muß. Sie beklagt sich bei Hahn.

Ebenso wie ihre private Abhängigkeit und die Hilflosigkeit bedrückt sie, von der Arbeit am Berliner Institut ausgeschlossen zu sein, das über mehrere Jahrzehnte auch von ihren Beiträgen gelebt hatte. Hahns Mitteilung, daß er nun die Lösung des lange, auch unter ihrer Beteiligung bearbeiteten Rätsels gefunden habe, stürzt sie in einen tiefen inneren Widerspruch. Am 3. Januar 1939 gratuliert sie Hahn und Straßmann sehr herzlich zu dem »wirklich wunderschönen Ergebnis«. Doch schon der folgende Satz deutet die Zwiespältigkeit ihrer Gefühle an: »Du kannst mir glauben, daß, wenn ich jetzt mit leeren Händen dastehe, ich mich doch über die Wunderbarkeit dieser Befunde freue.« Einen Monat später schreibt sie: »Ich verliere allmählich allen Mut.«

Spannungen und Mißtrauen werden auch durch die Freundschaft vieler Jahre nicht mehr überbrückt. Wichtig wird, wer in welcher Veröffentlichung wie genannt wird: Nachdem die Arbeit von Hahn und Straßmann die mehrjährige Arbeit der drei in Frage gestellt hat, muß widerrufen werden. Die Schlußfolgerungen der früheren Artikel stimmen nicht und werden späteren Lesern unverständlich sein. Otto Robert Frisch versucht zu vermitteln und klärt Hahn und Straßmann über die Sorgen seiner Tante auf. Widerriefen Hahn und Straßmann allein, »würden die Leute sagen, die drei haben also Unsinn gemacht und jetzt, nach dem Weggang der einen, haben die zwei anderen das in Ordnung gebracht . . . Wenn man auch weiß, daß viele Ergebnisse von Interesse durch den Widerruf auch unberührt bleiben, so entnehmen viele Leute einem Widerruf doch nur, daß eben einer Unsinn gemacht hat.« Frisch berichtet, daß es »Lise etwas leid tut, da nicht dabei zu sein«, aber das Gefühl von Betrübtheit sei bereits nach einem Tag durch die Freude über die schöne Entdeckung verdrängt worden. Und in dieser Stimmung von Bedauern und Freude über eine Entdeckung, die auch auf sie zurückgeht, verfaßt Lise Meitner ihren bekanntesten wissenschaftlichen Beitrag.

DAS PHANTOM DER TRANSURANE

Die erste Mitteilung von Hahn und Straßmann erreicht sie in den Weihnachtsferien, die sie zusammen mit Frisch in einer kleinen Stadt in Südschweden verbringt. Frisch will zuerst nicht glauben, daß das Uranatom gespalten wird. Er meint, daß Hahn und Straßmann ein Fehler unterlaufen sei. Der eigentliche Grund seiner Skepsis ist Desinteresse. Ihn beschäftigt ein anderes physikalisches Problem, von dem er sich nicht ablenken lassen will. Es bedarf einiger Mühe, bis Lise Meitner ihn überzeugt hat, daß im Hahnschen Institut ein Fehler ausgeschlossen ist: zu publizieren, bevor nicht hundertprozentig sicher ist, daß die Meßergebnisse stimmen. Frisch muß sich mit den Fakten abfinden.

Nachdem er das eingesehen hat, beginnen die beiden zu diskutieren. Auf einem langen Spaziergang durch die verschneite Landschaft ihres Urlaubsorts versuchen sie Hahns Ergebnis physikalisch zu deuten.

Sie gehen von Bohrs Modell des Atomkerns, dem sogenannten Tröpfchenmodell aus, in dem die Kernbausteine, Protonen und Neutronen, durch starke atomare Austauschkräfte zusammengehalten werden. Diesen bindenden, so überlegen die Physiker, stehen die abstoßenden Kräfte der elektrisch gleichartig geladenen Protonen entgegen, werden jedoch bei den niedrigeren Elementen durch die bindenden Kräfte kompensiert. Beim Uran, dem in der Natur vorkommenden Element mit den meisten Protonen, muß wegen deren großer Zahl der Grenzfall erreicht sein, in dem der Kern gerade noch stabil ist. Der schwache Anstoß eines eindringenden Neutrons genügt aber bereits, den Atomkern in Schwingungen zu versetzen, die das labile Gleichgewicht zwischen bindenden und abstoßenden Kräften stören und den Kern mit großer Energie auseinanderplatzen lassen: Mehrere etwa gleich große Bruchstücke entstehen, eines davon ist das von Hahn und Straßmann isolierte Barium.

Da die Gesamtmasse aller Bruchstücke der Explosion kleiner ist als die des gespaltenen Urankerns, folgerten Frisch und Meitner, muß nach der Einsteinschen Masse-Energie-Beziehung eine ungeheure Energiemenge freiwerden. Nachdem die Zusammenhänge sich als so einfach herausstellen, wundern sich die beiden Physiker, nicht bereits früher an diese Möglichkeit gedacht, sondern vier Jahre das Phantom der Transurane gejagt zu haben.

Nach seiner Rückkehr nach Kopenhagen mißt Frisch in einem einfachen Versuch die Energie der Spaltprodukte. Ihre Ergebnisse veröffentlichen Frisch und Meitner in zwei Zuschriften an die englische Fachzeitschrift »Nature«. Sie erscheinen im Februar 1939.

Der Gedanke an eine Kettenreaktion und damit an technische Anwendung der Atomenergie kommt den beiden vorläufig noch nicht. Frisch schreibt seiner Mutter über die Entdeckung: »Ich fühlte mich wie ein Mann im Dschungel, der feststellt, daß er einen Elefanten am Schwanz gepackt hat, aber nicht weiß, was er als nächstes tun soll.« Als ihm Christian Moller, ein Kollege, andeutet, daß bei der Spaltung einige Neutronen freigesetzt werden könnten und damit eine Kettenreaktion möglich wäre, lehnt Frisch ab: »Ich erinnere mich, daß ich mir sehr schlau vorkam, als ich ihm klarmachte, daß, wenn solche Kettenreaktionen möglich wären, sie in natürlichen Uranlagern ablaufen müßten.« Dann aber gäbe es keine Uranlager, da im Lauf der Erdgeschichte das ganze Uran bereits zerfallen sein müßte. Doch schon einen Tag später kommen ihm Zweifel an der Richtigkeit des Arguments. Aber die richtige Lösung findet er noch nicht.

Neuigkeiten aus Europa

Noch vor Erscheinen des Artikels von Frisch und Meitner hat die Sensation die Runde in der wissenschaftlichen Gemeinde gemacht.

Von Frisch, der nach Dänemark zurückgekehrt war, erfuhr Bohr über die Uranspaltung. Für Bohr war es eine wunderbare Bestätigung seines »Tröpfchenmodells« des Atomkerns. Es erklärte, wieso ein energiearmes Neutron ausreicht, einen Atomkern in Schwingungen zu versetzen und schließlich platzen zu lassen. Frisch bittet Bohr noch, auf seiner geplanten Amerikareise nichts über seine Experimente zu berichten, bevor diese abgeschlossen seien.

Enrico Fermi, auf dessen Idee, Atomkerne mit Neutronen zu beschießen, die rasche Entwicklung der Kernphysik und damit auch Hahns Entdeckung zurückging, war Ende 1938 der Physiknobelpreis verliehen worden. Da die Verschärfung des Antisemitismus in Italien seine Frau in Gefahr brachte, hatte sich die Familie zur Emigration entschlossen. Die Verleihungszeremonie in Stockholm bot Gelegenheit, in die Vereinigten Staaten zu fliehen. Dort hatte der berühmt gewordene Fermi Auswahl unter den Angeboten mehrerer Universitäten. Er entschied sich für die Columbia Universität in New York. Am 9. Januar 1939 trat er seine neue Professorenstelle an.

Bohr kam am 16. Januar in den Vereinigten Staaten an. Nach ein paar Tagen in Princeton fuhr er nach Washington zu einem Kongreß der amerikanischen physikalischen Gesellschaft. Vorher wollte er noch Fermi die Neuigkeit mitteilen und machte daher Station in New York.

Bohr trifft Fermi nicht in dessen Büro an. Er geht ins Labor, doch Fermi findet sich auch dort nicht. Statt Fermi begegnet Bohr einem jungen Physiker, Herbert L. Anderson, der seit einigen Tagen mit Fermi zusammenarbeitet. Anderson erinnert sich, daß ihn Bohr an der Schulter packt: »Bohr trägt nicht vor, er flüstert einem ins Ohr. ›Junger Mann‹, sagte er, ›lassen Sie mich Ihnen etwas Neues und Aufregendes in der Physik erklären‹.« Bohr berichtet Anderson nun über die Uranspaltung und die Bestätigung des Tröpfchenmodells. Anderson ist fast mehr über Bohrs Erscheinen als über die Mitteilung begeistert. Er erinnert sich fünfunddreißig Jahre später: »Hier war der große Mann selbst, eine eindrucksvolle Gestalt, und teilte mir seine Erregung mit, als ob es für mich von größter Wichtigkeit sei, zu erfahren, was er zu sagen hatte. Plötzlich bekam alles, was ich in den letzten fünf Jahren gemacht hatte, einen Sinn. Neutronen spalteten Uran, und Neutronen waren zu meinem Arbeitsgebiet geworden.«

Bohr verläßt die Columbia Universität, ohne mit Fermi gesprochen zu haben. Doch Anderson eilt zu Fermi, um ihm die Sensation mitzuteilen. Aber Fermi weiß schon, was der in sein Büro stürzende Anderson sagen will. Lächelnd kommt er Anderson zuvor: »Ich glaube, ich weiß, was Sie mir sagen wollen. Lassen Sie mich *Ihnen* über die Spaltung berichten.« Fermi war bereits durch einen Kollegen informiert worden, der Bohr in Princeton zugehört hatte. Fermi und Anderson, die nichts von Frischs Arbeiten wissen, machen sich sofort daran, die Spaltung experimentell zu überprüfen. Während Fermi nach Washington zum Physikerkongreß fährt, zu dem auch Bohr eingeladen ist, schließt Anderson in New York die Versuche ab.

Auf diesem Kongreß berichtet Bohr über die Neuigkeiten aus Europa. Enrico Fermi deutet an, daß beim Zerplatzen eines Urankerns in kleinere Bruchstücke überschüssige Neutronen frei werden und weitere Spaltungen einleiten könnten, wobei wieder Neutronen frei würden. Eine Kette von Reaktionen könnte die Spaltungen lawinenartig vermehren und entsprechende riesige Energiemengen freisetzen. Die Nachricht wirkt wie eine Bombe: Die Legende berichtet, daß viele Wissenschaftler in die Labors stürzten, um die Versuche zu überprüfen und neue einzuleiten. Bereits die Februarausgabe der amerikanischen Fachzeitschrift »Physical Review« enthält vier Artikel aus verschiedenen Instituten, die die Ergebnisse aus Europa bestätigen.

Nicht nur in den USA werden die Konsequenzen der Hahnschen Entdeckung durchdacht. Unabhängig von Frisch und Meitner hatten Physiker des Hahnschen Instituts, Siegfried Flügge und von Droste, die Uranspaltung physikalisch interpretiert und die Ergebnisse in einem Brief vom 23. Januar 1939 an die »Zeitschrift für Physikalische Chemie« gesandt. Auch Joliot beschäftigt sich bereits mit dem Problem und publiziert Ende Januar über die Uranspaltung.

Die Vielzahl der Folgeartikel und die Rolle, die er und Straßmann darin spielen, machen wiederum Otto Hahn erheblich zu schaffen. Seine Sorgen und Vorwürfe erreichen Lise Meitner. Er, Hahn, habe im Einverständnis mit Straßmann seine Entdeckung zunächst nur ihr – und nicht den Physikern seines Instituts – mitgeteilt, damit sie die Priorität der physikalischen Auswertung bekomme.

Und nun, so wirft er Lise Meitner fast unverhüllt vor, habe der Titel und die Art ihrer und Frischs Publikation »A New Type of Nuclear Reaction« (Eine neue Art Kernreaktion) eine Welle weiterer Veröffentlichungen provoziert, die seine und Straßmanns Priorität an der Entdeckung der Kernspaltung herabspielten oder sogar negierten. Er müsse es sich gefallen lassen, »daß solche Sachen beim Institutskaffee weidlich ausgeschlachtet werden« ... »Ich muß allmählich Erbacher und Philipp recht geben, wenn sie sagen, daß die Priorität der Uranzerplatzung Straßmann und mir allmählich aus den Händen zu gleiten drohte.«

Was Hahn stört, sind Artikel in »Science« und »Nature«, Gerüchte aus England, nach denen es sich um die Simultanentdeckung mehrerer Gruppen handele, der bekannte Naturwissenschaftler Ladenburg habe die Entdeckung Meitner und Frisch zugeschrieben, Bohr sich mißverständlich ausgedrückt, ein anderer Meitner, Frisch, Joliot, Curie und Savitch, nicht aber Hahn und Straßmann zitiert. Das alles lastet er auch der emigrierten Freundin an: »Zuallererst betone ich, daß ich überzeugt bin, daß Du und Otto Robert in Euren Publikationen so objektiv wie nur möglich habt sein wollen. Darüber kann kein Zweifel bestehen. Es kann vielleicht ein Zweifel bestehen, ob die Art der Darstellung geschickt war.«

Die Franzosen werden offen beschimpft: »Hätten wir gepfuscht wie die Irène Curie, dann hätten wir das Ba im November veröffentlicht... Da ist es natürlich etwas betrüblich festzustellen, wenn jetzt allmählich *wir* in die Rolle der Curie und Savitch gedrängt würden, die etwas beobachteten, ohne es zu erklären.« Dem Mann Irènes, Joliot, wirft er vor, sich durch Auslassungen und Fehlzitate in Frankreich als Entdecker feiern zu lassen. Kurz, Hahn wähnte sich aus dem ihm und Straßmann zustehenden Zentrum einer Auseinandersetzung gedrängt, in der es ausschließlich um wissenschaftliche Probleme und Probleme unter Wissenschaftlern zu gehen schien. Doch um diese Fragen drehte es sich nur noch am Rande.

Die nächste Messung ist entscheidend

In diesem historischen Augenblick hatte die Arbeit von Straßmann und Hahn, die mit dem falschen Dogma der Transurane brach, eine Kettenreaktion von Gedanken und Experimenten ausgelöst. Der Boden war vorbereitet, die Saat konnte aufgehen.

Bohr überlegte sich fast unmittelbar, nachdem er von Frisch informiert worden war, daß theoretisch nur das eine Isotop* des natürlichen Uran, das zu 0,7 Prozent vorhandene Uran 235, für die Spaltung in Frage käme. Bis zum Sommer 1939 arbeitete er mit dem Amerikaner Wheeler eine vollständige Theorie aus, die, kurz vor dem Ausbruch des Zweiten Weltkrieges veröffentlicht, Grundlage der weiteren theoretischen Überlegungen über die Spaltbarkeit von Atomen wurde.

Etwa gleichzeitig wird in den USA wie in Europa erkannt, daß die nächste Messung entscheidend ist. Bereits die zweite, am 10. Februar

---

* Chemische Elemente, so auch in der Natur vorkommendes Uran, setzen sich meist aus mehreren »Isotopen« zusammen. Isotope eines Elements unterscheiden sich in der Zahl der Neutronen, die der Atomkern enthält. Die Zahl der Protonen ist gleich. Da das chemische Verhalten indirekt durch die Zahl der Protonen bestimmt wird, diese aber sich für Isotope eines Elements nicht unterscheidet, sind Isotope mit chemischen Verfahren nicht zu trennen. Sie unterscheiden sich lediglich in ihren physikalischen Daten, etwa ihrer Masse. Uran 238 besteht aus 92 Protonen und 146 Neutronen, Uran 235 aus 92 Protonen und 143 Neutronen. Der Massenunterschied beider Isotope beträgt 3/238, also etwas mehr als ein Prozent.

1939 in den »Naturwissenschaften« erschienene Arbeit von Hahn und Strassmann deutet an, daß für die Uranspaltung nicht nur Neutronen verbraucht werden, sondern daß bei jedem Spaltvorgang auch freie Neutronen »abdampfen« könnten. Damit wäre prinzipiell eine »Kettenreaktion« denkbar, ein Prinzip, das schon Anfang der dreißiger Jahre von Houtermans, Szilard und Joliot theoretisch diskutiert worden war. Die erste Spaltung eines Atomkerns von Uran 235 würde ein Neutron verbrauchen. Würde pro Spaltvorgang auch ein Neutron freigesetzt, könnte dieses unter günstigen Bedingungen eine weitere Spaltung auslösen. Die freiwerdenden Neutronen der zweiten Generation würden die Reaktionskette fortsetzen, ihrerseits Neutronen erzeugen und so weiter. Je nachdem, wie viele Neutronen durchschnittlich pro Spaltvorgang entständen, wäre eine lawinenartige Vermehrung der Spaltvorgänge denkbar, die erst abbräche, wenn der größte Teil des spaltbaren Uran 235 aufgebraucht wäre. Das ist der theoretische Schlüssel zur technischen Nutzung der Atomenergie.

Der nächste Schritt ist vorgezeichnet. Die bisherigen Ergebnisse, Uranspaltung, Freisetzung von Energie und Neutronen, lassen die Zahl der pro Spaltvorgang freigesetzten Neutronen zur entscheidenden Größe werden. Die Bedeutung dieser Messung wird von mehreren Gruppen unabhängig voneinander erkannt. In Deutschland diskutieren die Theoretiker Heisenberg und von Weizsäcker dieses Problem. Die Physiker des Hahnschen Instituts, darunter Siegfried Flügge, beschäftigten sich mit der Kettenreaktion und erwägen die Möglichkeit von Explosionen. In Frankreich bereiten Joliot und seine Mitarbeiter von Halban und Kowarski die Messung der freigesetzten Neutronen vor, ebenso wie Fermi und Anderson an der Columbia Universität in New York. Und noch einen Wissenschaftler beschäftigt diese Frage: Leo Szilard, der zusammen mit Walter Zinn ein paar Stockwerke tiefer als Fermi und Anderson an die Lösung des gleichen Problems geht.

Szilard hatte schon fünf Jahre früher über die Möglichkeit von Kettenreaktionen nachgedacht. Er kannte den utopischen Roman von Wells »The World Set Free« (1914). Die Idee, Atomenergie technisch zu nutzen, hatte ihn seitdem beschäftigt. 1933 lebte er in London. In der Zeitung las er, daß der Doyen der englischen Atomphysik, Lord Rutherford, erklärt hatte: »Wer auch immer über die Freisetzung von Atomenergie im industriellem Maßstab redet, verkündet Unfug.«

Szilard irritierte dieser Ausspruch so sehr, daß er sich überlegte, wie er Rutherford ad absurdum führen könnte. Seine erste Theorie, die er vorschlug, erschien Rutherford so verrückt, daß er den ersten Physiker, der ihm über den Weg lief, anhielt, um sich über Szilard zu mokieren. Das war Kenneth T. Bainbridge, der zehn Jahre später die Vorbereitungen zur ersten Atomexplosion leitete. Bainbridge berichtet, daß Rutherfords Kritik Szilard half, kurz darauf eine prinzipiell richtige Theorie zu entwickeln. Im Frühjahr 1934 beantragte Szilard ein Patent, in dem er das Prinzip einer Kettenreaktion instabiler Elemente mit Neutronen beschrieb. Da er fürchtete, daß sein Wissen mißbraucht werden könnte, übertrug er das Patent der britischen Admiralität, um es deren Geheimhaltungsvorschriften zu unterwerfen.

Als ihm Eugene Wigner im Januar 1939 in Princeton über Hahns Entdeckung berichtete, verstand Szilard sofort, daß das der Schlüssel zur Kettenreaktion sein könnte. Da ihm das prinzipielle Problem schon lange vertraut war, kannte er auch die militärischen Konsequenzen. Wigner und Szilard stimmten überein, daß die nächsten Schritte von größter politischer Bedeutung sein könnten. Anderson schreibt: »Szilard entschied sich in aller Eile, an die Columbia Universität zu gehen, wo Fermi war. Szilard wußte, wenn die Kettenreaktion zu verwirklichen wäre, müßte Fermi der Mann sein, der es schaffen würde.«

Fermi direkt anzusprechen, scheint Szilard für unklug gehalten zu haben. Vom Dekan der physikalischen Fakultät, Pegram, erhält er die Erlaubnis, an der Columbia Universität zu hospitieren. Dort überredet er Walter Zinn, mit ihm zusammenzuarbeiten. Obwohl die beiden wissen, daß auch Fermi und Anderson im gleichen Gebäude an diesem Problem arbeiten, bereiten Szilard und Zinn einen eigenen Versuch vor. Mit Zinns Geräten, einem Gramm Radium, für dessen Beschaffung sich Szilard Geld leihen muß, wird ein eigener Versuch vorbereitet. Szilard sucht nach einem Weg, sich in Fermis Arbeit einzuschalten. Er erscheint in Fermis Labor und kritisiert dessen Neutronenquelle. Es ist ein Faktor, der zwar unwesentlich ist; aber Fermi überzeugt Szilards Argument, daß es besser sei, jede nur denkbare Fehlerquelle auszuschalten. Nachdem er Fermi so vorbereitet hat, schlägt Szilard vor: »Zufällig habe ich eine Radium-Berrylium-Fotoneutronenquelle, die Neutronen von viel geringerer Energie erzeugt. Mir ihr werden Sie das Problem der ... Reaktion nicht haben.« Szilard und Fermi beginnen zusammenzuarbeiten.

Doch Szilards und Fermis Vorstellungen von Arbeit unterscheiden sich. Fermi ist Theoretiker und Experimentalphysiker zugleich. Szilard ist nur Theoretiker. Fermi liebt die Arbeit im Labor, er meint, auch die rein manuelle Arbeit müsse von allen gleichermaßen getan werden. Szilard hält es für besser, seine Zeit und Arbeitskraft nicht mit Laborarbeiten zu vergeuden, die andere ebensogut leisten könnten. Nachts will er schlafen und nicht Experimente überwachen. Anderson vermutet, daß Szilard einfach keine Lust zu dieser Art von Arbeit hat. Er kauft sich frei, indem er einen Physiker anheuert, der diesen Teil der Zusammenarbeit für ihn erledigt. Es war, wie Anderson schreibt, ein wichtiges Experiment, aber zugleich das erste und letzte, an dem Fermi und Szilard zusammen *arbeiteten*. Von da an habe Fermi die experimentelle Arbeit übernommen, während Szilard hinter den Kulissen tätig war.

Teller, der 1940 als Fermis Adjutant an die Columbia Universität wechselte, erinnert sich der Schwierigkeiten, die Fermi und Szilard miteinander hatten. Szilard liebte es, allen Leuten Befehle zu geben. Er hieß daher *General,* später sogar, als er zusammen mit zwei Wissenschaftlern eine Arbeit veröffentlichte, die zufällig Feld und Marshall hießen, sogar *Feldmarschall Szilard*. Nur, Fermi nahm ungern Befehle an, und redete daher kaum noch mit Szilard. So mußte Teller zusätzlich noch die Aufgabe eines Dolmetschers zwischen den beiden übernehmen.

Kirchturmpolitik

Szilard und seine ebenfalls emigrierten Freunde Wigner, Teller und Weisskopf kennen und fürchten die Konsequenzen der nächsten Schritte. Sie hoffen, daß die Zahl der freigesetzten Neutronen nicht für die Fortsetzung der Reaktionskette ausreicht. Wenn aber eine Kettenreaktion möglich ist, erlaubt sie auch, Atomenergie im technischen Maßstab zu gewinnen. Militärische Anwendungen sind die zwangsläufige Folge. Was das bedeutet, können sie sich besser vorstellen als andere, hatten sie doch den braunen Terror in Deutschland sehr konkret empfunden. Atomwaffen in Händen der Deutschen kommen für sie einer Katastrophe gleich.

Man muß verhindern, daß deutsche Wissenschaftler von ausländischen Veröffentlichungen profitieren. Szilards Anregung einer freiwilligen Selbstzensur findet Anklang bei seinen jüdischen Kollegen

Wigner, Teller und Weisskopf. Fermi steht der Idee anfangs ablehnend gegenüber, stimmt nach einiger Zeit aber zu. Die überwältigende Mehrzahl der amerikanischen Kernphysiker kann sich nicht entschließen, so offensichtlich gegen die Traditionen der Wissenschaft zu verstoßen. Lange Zeit noch werden die amerikanischen Wissenschaftler forschen und veröffentlichen wie im Frieden. Sie sehen keinen Grund, mit ihrem bisherigen Wissenschaftsverständnis zu brechen. Forschung und Technik dienen dem menschlichen Fortschritt. Etwas anderes haben sie noch nicht erfahren. So sind nur die Emigranten beunruhigt. Szilard ist die treibende Kraft in den Vereinigten Staaten.

Da er weiß, daß auch in Frankreich an der Messung der Neutronenemission gearbeitet wird, schreibt Szilard, noch bevor er seine eigenen Experimente abgeschlossen hat, am 2. Februar 1940 an Joliot: Er teilt Joliot mit, daß Hahns Ergebnisse eine Anzahl von Forschern in den Vereinigten Staaten angeregt hatten zu messen, ob Neutronen freigesetzt würden: »Es liegt auf der Hand, daß, falls mehr als ein Neutron freigesetzt würde, eine Kettenreaktion möglich wäre. Unter Umständen könnte das zum Bau von Bomben führen, die ganz allgemein sehr gefährlich wären, besonders aber in den Händen gewisser Regierungen.« Szilard legt seinem Kollegen Joliot nahe, seine Neutronenergebnisse vorläufig nicht zu veröffentlichen. In den Vereinigten Staaten sei eine Vereinbarung zur freiwilligen Selbstzensur wichtiger Forschungsergebnisse in Vorbereitung. Er werde Joliot auf dem laufenden halten.

Während er noch auf Joliots Antwort wartete, hatte Szilard sein eigenes Experiment vorbereitet. Am 3. März ist er soweit festzustellen, ob die Zahl der freigesetzten Neutronen ausreichen würde, eine Kettenreaktion auszulösen oder nicht. Eine Bildröhre, auf der Lichtzeichen auftauchen würden, soll ihm zeigen, ob »die Befreiung der Atomenergie noch zu (seinen) Lebzeiten möglich wäre«. Szilard beschreibt sein Experiment weiter. »Wir drückten auf den Knopf. Wir sahen Lichtzeichen. Wir beobachteten sie gebannt etwa zehn Minuten lang. Und dann drehten wir ab. In dieser Nacht war es mir klar, daß die Welt einen Weg voller Sorgen angetreten hatte . . .«

Szilard hofft noch auf Joliots Zustimmung zum Vorschlag der Selbstzensur. Wenn Szilard schon die Naturgesetze »im Stich« gelassen hatten, mußte er wenigstens versuchen, die Wissenschaftler der Deutschen abzuschirmen, ihnen Informationen vorzuenthalten, um sie nicht auf die Fährte zu locken.

Doch Joliot antwortet nicht. Sein Experiment ist vorbereitet. Er steht kurz davor, die erste Kettenreaktion zu messen und damit den Weg zur technischen Nutzung der Atomenergie zu betreten. Den Wettlauf um die Entdeckung der Uranspaltung hatte sein Institut verloren. Hier möchte er der erste sein. Denn mit der zu erwartenden wissenschaftlichen Sensation hofft er in der französischen Öffentlichkeit genügend Publizität aufzuwirbeln. Die Regierung soll veranlaßt werden, die Arbeiten in größerem Umfang als bisher zu fördern. Die Weiterentwicklung der Atomenergie wird sehr viel größere Summen erfordern als alle bisherige Forschung. Wirtschaftliche Interessen nicht nur seines Instituts, sondern der Nation stehen auf dem Spiel. Die Regeln der Internationale der Wissenschaftler, freier Austausch wissenschaftlicher Information, decken das ab. Wenn er veröffentlicht, befindet er sich in Übereinstimmung mit der Tradition seines Berufs. Szilards hinreichend bekannte Exzentrizität liefert ihm nur den Vorwand. Getrost kann Joliot darauf bauen, daß es sich bei den Zensuranregungen um die Aktion des Einzelgängers Szilard handelt. Anders ausgedrückt: Joliot sieht noch keinen Grund, die Regeln seines bisherigen Handelns außer Kraft zu setzen.

Anfang März reichen Joliot und seine Mitarbeiter, von Halban und Kowarski, eine Mitteilung bei der englischen Fachzeitschrift »Nature« ein. Sie bestätigen, daß bei der Spaltung überschüssige Neutronen entstehen. Eine Kettenreaktion ist daher wahrscheinlich. Einen Monat später veröffentlichen die drei in der gleichen Zeitschrift, daß es pro Spaltvorgang etwa 3,5 Neutronen sind. Die Arbeit erscheint am 22. April 1939.

Damit ist alles klar. Wissenschaftlich steht der Nutzung der Atomenergie nichts mehr im Weg. Wissenschaftlern wie Szilard, die nun wünschten, daß nur friedliche Anwendungen offen ständen, bleibt eine vage Hoffnung: daß nur langsame Neutronen Uran spalteten. In diesem Fall wäre eine »Atombombe« kaum wirksam. Die freiwerdende Energie der ersten Spaltvorgänge würde den Uranblock auseinandertreiben, bevor auch nur ein Bruchteil der verfügbaren Energiemengen freigesetzt werden könnte.

Doch darauf kann man sich nicht verlassen. Da umfangreichere Experimente durchgeführt werden müssen, bevor die Frage der Wirksamkeit einer Atomexplosion geklärt werden kann, wird bereits der nächste Schritt eingeleitet.

Für Szilard geht es darum, amerikanische Regierungsbehörden zu alarmieren. Die Regierung der Vereinigten Staaten darf keine Gelegenheit versäumen, in einem möglichen Wettrennen um die militärische Nutzung der Atomenergie nicht zu unterliegen. Dafür steht zuviel auf dem Spiel. Nachdem der eigene Neutronenversuch ein positives Ergebnis gebracht hatte – noch vor dem Erscheinen von Joliots zweiter Arbeit – entsteht in der von Szilard hergestellten Atmosphäre von Erregung und Furcht an der New Yorker Columbia Universität der Plan, Militärstellen auf die Entwicklung aufmerksam zu machen. Sie sollen die Arbeiten im großen Maßstab fördern.

Szilard, der nach den Worten der Historiker Hewlett und Anderson am »besten ist, wenn er andere zum Handeln anstacheln kann«, schickt den angesehenen und bekannteren Nobelpreisträger Fermi vor. Der Dekan Pegram kennt Admiral Hooper vom Marineministerium und leitet Fermis Besuch mit einem Brief vom 16. März 1939 ein, in dem behauptet wird, daß Atomsprengstoff »millionenfach mehr Energie pro Pfund freisetzen könnte als jeder andere bekannte Sprengstoff«. Im Marineministerium referiert Fermi vor dem Admiral und anderen hohen Militärs und Beamten. Man versichert Fermi des großen Interesses der Marine und stellt ein paar Tage später eintausendfünfhundert Dollar zur Unterstützung der Atomarbeit zur Verfügung.

Kurz nach Erscheinen von Joliots zweiter Arbeit über die freigesetzten Neutronen werden auch in Deutschland Regierungsbehörden alarmiert. In Göttingen erfährt der Physiker Joos durch den Vortrag seines Kollegen Hanle von den technischen Möglichkeiten der Uranspaltung. Für Joos, der Typus eines konservativen Beamten, bedarf es keiner weiteren Überlegung, seine Vorgesetzten zu informieren. Auch Hanle, in den Worten eines Beobachters, »immer geschäftig und in großer Eile, wahrscheinlich von seiner eigenen historischen Mission überzeugt«, zögert nicht lange: Gemeinsam berichten sie der vorgesetzten Regierungsbehörde, dem Reichserziehungsministerium.

Das Ministerium reagiert umgehend. Schon ein paar Tage später wird eine Konferenz einberufen. Vorsitz hat Professor Esau, ein renommierter Hochfrequenztechniker, mit einem bemerkenswerten Schmiß in der Wange, der es verstanden hatte, seinen Stern als Wissenschaftsadministrator auf das innigste mit dem Aufstieg der Nationalsozialisten zu verbinden. Kurz zuvor war er als Nachfolger von Johannes Stark zum Leiter der »Physikalisch-Technischen Reichsanstalt« ernannt worden. Außerdem leitete er im Reichsforschungsrat des Erziehungsministeriums die Fachsparte Physik. Sein Ehrgeiz sucht sich nun neue Befriedigung, indem er seinem Hoheitsbereich eine noch zu gründende Fachsparte »Kernphysik« eingliedern will.

In dieser ersten Sitzung wird der durch Professor Mattauch, dem Nachfolger der vertriebenen Lise Meitner, vertretene Otto Hahn heftig angegriffen. Hahn habe zum Nachteil Deutschlands entscheidende Ergebnisse veröffentlicht. Nachdem Hahns »Unschuld« von Mattauch bewiesen worden ist, referieren Joos und Hanle über den Stand und die Aussichten der Kernforschung. Die Konferenz, an der auch noch die Physiker Geiger, Bothe, Hoffmann und Dr. Dames, ein Beamter im Erziehungsministerium, teilnehmen, beschließt, die Arbeiten zu intensivieren. Esau empfiehlt, sämtliche Uranvorräte in Deutschland sicherzustellen und, unter seiner Aufsicht, die wichtigsten Kernphysiker in Deutschland zusammenzufassen.

Mattauch berichtet einen Tag später dem Herausgeber der »Naturwissenschaften«, Dr. Paul Rosbaud, einem Regimegegner und Vertrauten vieler kritisch denkender Wissenschaftler, über die Sitzung. Rosbaud, der während des ganzen Krieges Beziehungen zu alliierten Abwehrstellen aufrechterhält, ist alarmiert, obwohl er nicht an einen schnellen Erfolg der Uranarbeit glaubt. Eine Woche später vertraut er dem aus London kommenden Professor R. S. Hutton einen Bericht über das Gespräch mit Mattauch an, zur Weitergabe an den englischen Kernphysiker Cockroft.

In Deutschland drängt noch ein zweites Institut zur Aktion. Das Reichskriegsministerium erhält am 24. April einen Brief der Hamburger Physiker Professor Paul Harteck und seines Assistenten Dr. Wilhelm Groth. Harteck ist Nachfolger des vertriebenen Otto Stern. In der Uranforschung sieht er eine einmalige Gelegenheit, den seit der Machtübernahme durch die Nazis arg zusammengestrichenen Etat seines Instituts aufzubessern. In ihrem Brief an das Kriegsministerium schildern Harteck und Groth den Stand der Uranarbeiten und die möglichen Konsequenzen der Uranspaltung. Sie berichten, daß es möglich sei, atomare Sprengstoffe herzustellen, deren Wirkung um Größenordnungen über der konventioneller läge. Ein

Appell an das Nationalbewußtsein schließt sich an: Das Gewicht, das diesen Forschungen in England und den USA beigemessen würde, zeige, daß »das Land, das als erstes Gebrauch davon macht . . . den anderen gegenüber eine nicht einzuholende Überlegenheit besitzt«.

Auch in England versuchen Naturwissenschaftler um die gleiche Zeit, die Regierung auf die neuen kernphysikalischen Entwicklungen aufmerksam zu machen. Der Vorsitzende des Ausschusses für wissenschaftliche Planung der Luftverteidigung, Sir Henry Tizard, alarmiert das britische Schatzamt. Die großen, in Belgien lagernden Uranvorräte der belgischen Kolonialgesellschaft »Union Minière« dürfen nicht den Deutschen in die Hände fallen. Man solle mit den Belgiern über den Ankauf oder eine Verlagerung in ein sicheres Land verhandeln. Im Mai verfaßt Professor Tyndall einen Bericht für den Regierungsausschuß für chemische Kriegsführung. In ihm wird die Möglichkeit diskutiert, Bomben zu bauen. Doch hatten diese ersten Versuche keine unmittelbaren Folgen, da man Entwicklung von Atomwaffen als ein Ziel ansah, das in weiter Ferne zu liegen schien. Es gab wenig technisch-wissenschaftliche Anhaltspunkte anzunehmen, Atombomben könnten für den Ausgang des bevorstehenden Krieges bedeutsam werden. Durch seinen Wissenschaftsberater Lord Cherwell, den früheren Professor Lindemann, war Churchill informiert, sah jedoch keine Notwendigkeit, ein Forschungsprogramm einzuleiten. Es gab wichtigere Aufgaben für die Rüstungsforschung.

Zurück der Zukunft wegen

Von Wissenschaftlern werden im Frühjahr 1939, als Europa am Rand eines neuen Krieges balanciert, die Weichen zur Entwicklung der Atombombe gestellt. Was als wissenschaftliches Unternehmen gestartet war, gewinnt unter der Bedrohung eine politische und militärische Dimension, die zunächst nur von den unmittelbar Betroffenen begriffen wird. Während die *Regierungen* der demokratischen Staaten noch hoffen, die Katastrophe durch Nachgeben und Diplomatie zu vermeiden, versuchen in den USA und in Großbritannien *Wissenschaftler* die Regierungen für die Atombombe zu interessieren. Ihr ursprüngliches Motiv ist klar genug: die sich mit Zuspitzung der politischen Konfrontation verschärfende Angst, deutsche Wissenschaftler könnten ihnen, freiwillig oder unter Zwang, im Wettlauf um die Atombombe zuvorkommen. Auch in Deutschland suchen zwei Gruppen die Regierung für die Förderung des Atomprojekts zu gewinnen. Auch wenn in ihrem Brief von Atomsprengstoff die Rede war, haben Harteck und Groth kein unmittelbares politisches Ziel. Eher handeln sie in Übereinstimmung mit dem normalen politischen Selbstverständnis ihres Berufsstandes. Man mußte der Regierung etwas anbieten, um dafür etwas zu bekommen.

Nach dem Krieg werden einzelne Mitglieder der Internationale der Wissenschaftler räsonieren, ob die Entwicklung von Atombomben nicht durch eine stillschweigende Vereinbarung von ein paar Dutzend führender Köpfe hätte vermieden werden können. Einer von ihnen ist Heisenberg. Sein Bericht über die letzte Reise durch die USA kurz vor Kriegsausbruch zeigt, wie anders die Wirklichkeit bereits 1939 war.

Heisenberg hält in den Sommermonaten Gastvorlesungen an einigen amerikanischen Universitäten. In dieser Zeit trifft er auch Fermi wieder, den er seit der gemeinsamen Studienzeit in Göttingen kennt.

Fermi versucht, Heisenberg zu überzeugen, wie er in den USA zu bleiben. Beide beurteilen die Lage sehr pessimistisch. Fermi erklärt, daß Heisenbergs Rückkehr nach Deutschland nichts am Lauf der Dinge ändern könnte. Wenn also Krieg unvermeidbar ist, und Heisenberg sogar gezwungen werden kann, Dinge zu tun, die er nicht tun will, warum nicht emigrieren? Heisenberg erklärt Fermi, daß er in Deutschland ausharren wolle, um auf seine Weise und mit seinen Möglichkeiten zu helfen, die Folgen der bevorstehenden Katastrophe zu mildern. Besonders geht es ihm um das Schicksal der jungen Physiker, die im Gegensatz zu ihm nicht emigrieren können, da sie nirgends aufgenommen würden. Heisenberg will versuchen, diese Wissenschaftler über den Krieg zu retten. Vielleicht, so wägt er ab, wird es gar nicht zum Krieg kommen. Es ist ja möglich, daß das Regime gestürzt wird, wenn man in Deutschland erst die totale Verlogenheit und die Gefahren der Hitlerschen »Friedenspolitik« einsieht.

Fermi wird deutlicher. Er spricht von Hahns Entdeckung und davon, daß im Krieg die technische Entwicklung rasch genug vorangetrieben werden könnte, um Atombomben zu produzieren. Heisenberg und andere deutsche Physiker könnten gezwungen werden, auch gegen ihren Willen an einer Atombombe zu arbeiten.

Heisenberg erinnert sich, entgegnet zu haben, daß auch er sich davor fürchte. Er stimmt mit Fermi in der Frage der individuellen

Verantwortung bei der Waffenentwicklung überein. Aber ist man vor dieser Entscheidung geschützt, wenn man auswandert? Auch glaubt Heisenberg, daß Deutschland einen Krieg, wenn es doch soweit kommt, schnell verlieren würde. Sicher dauert die Entwicklung von Atombomben länger als der Krieg.

Ein zweites Gespräch mit Dekan Pegram von der Columbia Universität verläuft ähnlich. Heisenberg ist unglücklich, daß es ihm nicht gelungen ist, seinen Gesprächspartnern die Motive, die ihn zur Rückkehr drängen, verständlich zu machen. Anfang August kehrt er nach Deutschland zurück. Ihm fällt auf, daß das Schiff, im Gegensatz zur Hinreise, fast leer ist.

Deutschland überfällt Polen am 1. September 1939. Der Pakt mit Stalin hat Hitler bei seiner Erpressungspolitik den Rücken freigehalten. Nun meint er den Feldzug gegen Polen in kürzester Zeit abzuschließen, noch bevor Polens Schutzmächte Frankreich und England im Westen eine zweite Front schaffen könnten. England und Frankreich erklären Deutschland ein paar Tage nach dem Überfall auf Polen den Krieg. Doch Hitlers Strategie scheint aufzugehen. Polen ist in ein paar Wochen, Frankreich im Sommer des folgenden Jahres besiegt. Die englischen Truppen müssen sich vom Kontinent zurückziehen. Im Sommer 1941 überfällt Hitler auch seinen ehemaligen Komplizen, die Sowjetunion. Mit dem Angriff der Japaner auf Pearl Harbor und Deutschlands Kriegserklärung an die USA im Dezember 1941 weitet sich der europäische zum Weltkrieg aus.

Überleben als Wissenschaft

Die Kraft der alten Bilder

Niels Bohr war die Zentralfigur der »Internationale der Atomphysiker«, sein Institut in Kopenhagen das Mekka dieser Zunft. Es war Kristallisationspunkt einer Wissenschaft, die innerhalb zwei Jahrzehnten die verborgenen Strukturen der Materie aufdeckte und Antworten auf grundlegende philosophische Fragen suchte. Die Wissenschaft von den Atomen erlaubte keine eindimensionalen mechanistischen Erklärungen atomarer Vorgänge, in denen eine Formulierung die andere verbot. Bohr und seine wissenschaftliche »Familie« erschlossen jenen Grenzbereich menschlicher Erkenntnisfähigkeit, in dem scheinbar widersprüchliche Kategorien der Erfahrung sich nicht ausschließen mußten. Von Bohr ist der Satz: »Das Gegenteil einer richtigen Behauptung ist eine falsche Behauptung. Aber das Gegenteil einer tiefen Wahrheit kann wieder eine tiefe Wahrheit sein.«

Selbst ein hervorragender Wissenschaftler, der der Entwicklung entscheidende Impulse gegeben hatte, war er ebenso wichtig als Gesprächspartner einer Generation von Atomphysikern. Er war zugleich Anreger und Prüfstein der Gedanken anderer. Eine politische Überzeugung, 1924 in einem Gespräch mit dem jungen Werner Heisenberg formuliert, enthält Bohrs Bekenntnis zur Freiheit als Grundlage seiner wissenschaftlichen Gemeinschaft. Heisenberg hatte gesagt, daß er, obwohl in Süddeutschland aufgewachsen, die ursprünglichen preußischen Werte, »Unterordnung des einzelnen unter die gemeinsame Aufgabe, Bescheidenheit der privaten Lebensführung, Ehrlichkeit und Unbestechlichkeit, Ritterlichkeit, pünktliche Pflichterfüllung« sehr wohl verstehe und nicht so gering achte.

Wie Heisenberg überliefert, antwortete Bohr: »Ich glaube, wir können die Werte dieser preußischen Haltung sehr wohl erkennen. Aber wir wollen dem einzelnen, seinen Absichten und Plänen, mehr Spielraum lassen, als es die preußische Haltung tut. Wir können uns einer Gemeinschaft nur dann anschließen, wenn es eine Gemeinschaft von sehr freien Menschen ist, unter denen jeder die Rechte des anderen voll anerkennt. Die Freiheit und Unabhängigkeit des einzelnen ist uns wichtiger als die Macht, die man durch die Disziplin einer Gemeinschaft gewinnt.«

Die Freiheit an Bohrs Institut, die sich auch in vielen anderen wiederfand, hatte bei den meisten der Physiker zu einer entscheidenden Erfahrung beigetragen: Daß gerade diese Freiheit von äußeren organisatorischen Zwängen zu übergeordneten festen Bindungen geführt hatte. Diese Bindungen hatten sich aus der gemeinsamen Arbeit an der Sache entwickelt, dem geistigen Wagnis, zu den grundlegenden Fragen des Universums vorzustoßen. Was sie verband, waren, in den Worten eines Beteiligten, Carl Friedrich von Weizsäckers, »inhaltliche Wahrheiten, an deren Entdeckung sie zu anderen Menschen geworden waren«. Aus der gemeinsamen Arbeit, der Ergänzung und dem Widerspruch, dem Denken an der Grenze des Möglichen hatte sich, wie von Weizsäcker hinzufügt, eine »persönliche Beziehung mit überpersönlichem Fundament« entwickelt. Das Erlebnis der Gemeinschaft war zum zentralen Erlebnis geworden. Veröffentlichungen aus Bohrs Institut in Kopenhagen erschienen im übertragenen Sinn ohne die Namen einzelner Wissenschaftler unter dem Signum des Instituts. Seine Mitglieder verstanden sich als Teile einer Familie, die sehr viel mehr vereinigte als die biologischen Familien, aus denen sie stammten. Individuen unterschiedlichster Herkunft, Nationalität und Weltanschauung hatten sich so zusammengefunden. Was sie in der Zeit ihres großen geistigen Aufbruchs verband, schien sehr viel tiefer zu wurzeln als alles, was sie trennen konnte.

Wie stark jenes Verlangen war, in einer nach Idealen erschaffenen Welt zu leben, in der geistige Prinzipien und nicht die starren Regeln und materiellen Zwänge der politischen Wirklichkeit die Leben der Menschen bestimmten, belegt die Fortsetzung des Gesprächs zwischen Heisenberg und Bohr: Nachdem Bohr Heisenbergs Schilderung der preußischen Werte sein Bild einer freien Gemeinschaft entgegengestellt hatte, erklärt Heisenberg, was die Jugendbewegung für ihn bedeutet hatte. Bohr hört interessiert zu, begreift die Suche nach neuen gesellschaftlichen Leitbildern, die den jungen Heisenberg in die Romantik geführt hatte. Entscheidend wird Bohrs Frage nach festen Regeln oder Gelübden, denen sich die Anhänger unterwerfen mußten. Heisenberg sagt, daß es keine festen Regeln gegeben hätte, sondern nur stillschweigende Vereinbarungen, an die man sich freiwillig hielt. Die wirklich entscheidenden Bindungen entstanden aus übergeordneten Anschauungen. Bohr antwortet: »Ist es nicht unheimlich, vielleicht auch großartig, daß die alten Bilder eine solche Kraft besitzen, daß sie noch nach Jahrhunderten das Leben der Menschen gestalten?«

Diese von der Politik abgeschlossene Welt der Atomwissenschaftler wird von zwei Ereignissen gesprengt. Zuerst sind es politische Ereignisse der dreißiger Jahre, die die jüdischen Wissenschaftler aus Deutschland vertreiben. Die Mehrzahl ihrer deutschen Kollegen steht – aus der Sicht der Emigranten – unbetroffen abseits. Das zweite entscheidende Ereignis kommt aus der Welt der Wissenschaftler selbst: die Entdeckung von Otto Hahn und Fritz Straßmann. Ihre mögliche politische Konsequenz ist für die »Internationale« oder die »Familie« der Atomphysiker *die* Herausforderung. An ihr wird sich entscheiden, ob das, was sie verbindet, persönliche Beziehungen und noch tiefer gehende Prägung über inhaltliche Wahrheiten, stärker ist als die auf sie zukommenden Belastungen.

Auch nach der Vertreibung der jüdischen Wissenschaftler bestand die »Internationale« als geistiges Prinzip weiter. Gelegentlich gab es Mißtrauen gegenüber der politischen Haltung einzelner, gegenüber fehlender Solidarität. Aber das waren Einzelfälle. Das Prinzip schien unverletzt. Die Arierparagraphen hatten eine lediglich geographische Trennung gebracht.

Die Entdeckung des unschuldigen Otto Hahn löste etwas sehr viel Entscheidenderes aus. Sie führte den Beteiligten die politische Bedeutungslosigkeit ihrer bisherigen Anschauungen vor. Und nun schlugen die früheren Vorstellungen derjenigen, die zuerst betroffen waren, mit atemberaubender Geschwindigkeit um. Ereignisse, die weit zurücklagen und die sich auf einen ganz anderen Zusammenhang bezogen, erfüllten sich mit einer neuen, unheilschwangeren Bedeutung. Man begann die Belegstücke der eigenen Vorstellungen und Ängste in den Partner hinein zu projizieren, um aus dessen Verhalten, seinen Äußerungen, die eigenen Ängste und Wünsche zu bestätigen. In dem Maße, wie eine zunehmende Zahl von Wissenschaftlern von den Ereignissen betroffen wird, bröckeln zuerst die Fassaden, dann tragende Mauern, bis schließlich die Fiktion der Internationale der Atomphysiker in sich zusammenbricht.

Eine Vision mit Bedeutung

Eine Episode zwischen Carl Friedrich von Weizsäcker und Edward Teller zeigt, wie unter veränderten Bedingungen weit zurückliegende Ereignisse beängstigende Aktualität gewinnen und mit neuer Bedeutung erfüllt werden. Um die Wende zum Jahr 1934 trafen sich der damals zweiundzwanzig Jahre alte Carl Friedrich von Weizsäcker und der um vier Jahre ältere Edward Teller am Institut von Niels Bohr in Kopenhagen wieder. Sie kannten sich gut aus der Zeit, die sie gemeinsam an Heisenbergs Institut in Leipzig verbracht hatten. Als Jude war Teller aus Deutschland vertrieben worden. Bohr hatte ihn wie viele andere betroffene Physiker an sein Institut aufgenommen. Weizsäcker arbeitete aus freien Stücken in Kopenhagen. Sein Vater war hoher Beamter im Außenministerium.

Anders als viele seiner Altersgenossen gab sich Weizsäcker keinen Illusionen über die Natur und das Ende der »Bewegung der völkischen Erneuerung« hin. In Kopenhagen, so erinnert er sich, saß er in einem Cafe und hörte im Radio, daß Deutschland aus dem Völkerbund ausgetreten war. Eine Vision, die er als Schüler erlebt hatte, kam ihm ins Gedächtnis: An einem Wintertag des Jahres 1928 in Berlin träumte er in der Schule vor sich hin. Er blickte aus dem Fenster und beobachtete, wie große weiche Schneeflocken über der Stadt niedersanken und sie langsam zudeckten. Das Bild verwandelte sich und er sah, wie die ganze Stadt in sich zusammenfiel. Nun, sechs Jahre später, erfüllte sich die Vision mit Bedeutung. Er wußte, daß es Krieg geben würde, und Deutschland würde ihn verlieren. Er hatte das Gefühl, etwas vollziehe sich, was die Welt verändern würde, etwas, dem man sich nicht entziehen könnte.

Nun diskutierte er in Kopenhagen mit seinem Freund Teller. Teller war verbittert und klagte den Nationalsozialismus wegen des Unrechts der Arisierungskampagnen an, wegen Unterdrückung und Terror. Weizsäcker pflichtete ihm bei.

Aber Weizsäcker wollte Tellers durch persönliche Betroffenheit vorgezeichnetes Bild um eine politische Dimension erweitern. Er sagte, daß man nur einen Teil des Problems erfassen könne, wenn man die Rolle der Nationalsozialisten auf die verbrecherischer Narren beschränkte. Hitler, so meinte von Weizsäcker, sei auch das Medium eines politischen Prozesses, der außerhalb der Person liegende Entwicklungsmöglichkeiten umsetze, sie dramatisiere und den Ablauf der Geschichte beschleunige.

Von Weizsäcker versuchte, seinen Freund Teller von der Notwendigkeit eines objektiveren Bildes über die Vorgänge in Deutschland zu überzeugen. Nur so könne er begreifen, wie die gegenwärtig in Deutschland stattfindenden Veränderungen weit über Deutschland hinaus bedeutsam würden. Teller solle versuchen, die Dinge jenseits subjektiver Betroffenheit und persönlicher Gefühle auch objektiv zu erfassen, um sie zu verstehen. Es gelang nicht, Teller zu überzeugen. Die Standpunkte verhärteten sich. Teller mußte den Eindruck gewinnen, sein Gesprächspartner sei potentieller Nationalsozialist. Aber damals war es nur eine Diskussion unter Freunden, die unterschiedliche Auffassungen vertraten.

Fünf Jahre später wurde die Uranspaltung gefunden. Man wußte, daß es theoretisch möglich war, Atombomben zu bauen. Ein Krieg stand bevor. Nun hatte das Gespräch Folgen. Teller war von Weizsäckers Anfälligkeit für den Nationalsozialismus überzeugt. Weizsäckers Vater vertrat als Staatssekretär im Außenministerium die Hitlerregierung. Teller wußte, daß sein ehemaliger Freund im sogenannten Uranverein an den Entwicklungsarbeiten zur technischen Nutzung der Atomenergie beteiligt war. Er wußte auch, daß von Weizsäcker sich für angewandte Forschung nicht interessierte. Die einzige Erklärung war für Teller: Weizsäcker entwickelte im Auftrag der Nationalsozialisten Atombomben.

Sechsunddreißig Jahre später noch erklärte Teller, sein Freund von Weizsäcker »versuchte immer wieder an dem, was geschah, etwas Versöhnendes zu finden«. Ein Zug seines Charakters lasse von Weizsäcker »immer und zu jeder Zeit (versuchen) mit der Mehrheit zu sein, mit der momentanen Mehrheit seiner Umgebung«. Und das ließ ihn für Teller so gefährlich erscheinen, obwohl dieser zugab: »Er (v. Weizsäcker) betrachtete Hitler als ein Unglück . . .«

Von Weizsäckers Mitgliedschaft im Uranverein galt schließlich sogar als entscheidendes Indiz der deutschen Atomgefahr. Von Weizsäckers Name wurde in einem von jüdischen Emigranten verfaßten und von Einstein signierten Brief an den amerikanischen Präsidenten hervorgehoben. Der Brief verlangte, daß ein amerikanisches Atombombenprojekt zur Abwehr der deutschen Atomgefahr eingeleitet werden solle, einer Gefahr, die nicht bestand. Von Weizsäcker hatte andere Gründe, im Uranverein mitzuarbeiten.

Was verbindet sie noch?

Das Gespräch zwischen Heisenberg und Fermi, die früheren Mißverständnisse zwischen Weizsäcker und Teller, ein später stattfindendes Gespräch zwischen Heisenberg und seinem Freund Niels Bohr, in dem er Bohr von der Harmlosigkeit der deutschen Uranforschung überzeugen will und genau das Gegenteil erreicht, sind äußere Zeichen einer tiefer gehenden Spaltung. Sie tauchen in Joliots Unverständnis der Szilardschen Zensuranregung ebenso auf wie in Szilards Glauben, Zensur auf dieser Entwicklungsstufe könnte die Kollegen in Deutschland davon abhalten, vorgefaßte Ziele zu verfolgen. Mit der Dauer des Krieges wird sich der Verdacht der Wissenschaftler bei den Alliierten verstärken, die Mehrzahl ihrer in Deutschland zurückgebliebenen Kollegen kooperiere mit den Nazis und baue an der deutschen Atombombe. Jenen deutschen Wissenschaftlern, die nur formal zu kooperieren meinten, in Wirklichkeit aber gerade nichts weniger wünschten, als Hitler die Atombombe zu präsentieren, werden erst nach dem Krieg die Schuppen von den Augen fallen. Sie konnten nicht erkennen, daß ihr »passiver Widerstand« in den Augen ihrer Kollegen im gegnerischen Lager als höchst bedrohliche Unterstützung der Machthaber verstanden wurde.

Beunruhigen wird im Lager der Deutschen auch das gegenseitige Mißtrauen, nicht nur zwischen nationalsozialistischen Wissenschaftlern und ihren politischen Gegnern, sondern auch innerhalb der zweiten Gruppe. Dort ist die Verständigung fast noch schwieriger. Denn unter den Belastungen der vielfältigen Widersprüche zwischen politischer Ablehnung des Regimes, Vaterlandsliebe, wirklichen oder einander gegenseitig unterstellten Ambitionen blieb außer unter sehr guten Freunden die Aufrichtigkeit der Motive stets im Ungewissen. Das tradierte Wertsystem, das früher von allen verstanden wurde, war außer Kraft gesetzt worden. Das entstandene Vakuum wurde durch eine Vielzahl taktischer Verhaltensweisen überbrückt. Doch was ist aufrichtig und was nur taktisch gemeint? Trägt der Verkehr in den besseren Kreisen des Regimes nicht auch Züge von Arrangement; verbirgt sich hinter dem Gerede von Atomwaffen, die erst in ferner Zukunft zu entwickeln wären, nicht doch der geheime Wunsch es zu tun; ist der Versuch, das Projekt politisch zu kontrollieren nicht viel mehr Ausdruck von persönlichem Ehrgeiz; wann schlägt Taktik in Kooperation um?

Wie stark der Verlust des bisherigen Wertsystems, die klaren Grenzen zwischen dem als a priori richtig und falsch Verstandenen, dem Guten und dem Schlechten in das Leben einzelner dringt, zeigt eine Vision, über die Heisenberg in seinen Erinnerungen »Der Teil und das Ganze« berichtet: Im Januar 1937 hatte er in der Leipziger Innenstadt, an einem kalten Wintermorgen Abzeichen für das Winterhilfswerk verkaufen müssen. Die verlangte Geste der Unterordnung bedrückte ihn. Er empfand die Sinnlosigkeit und die Hoffnungslosigkeit seines eigenen Tuns, auch die des Geschehens um ihn, denn sie würde in der Katastrophe enden. Andererseits, sagte er sich, kann eine Geldsammlung für die Armen nichts Schlechtes sein. Und in diesem Konflikt subjektiven Handelns vor dem objektiven Hintergrund der Deutschland drohenden Katastrophe, im Konflikt zwischen Wohltätigkeit und Sinnlosigkeit, im erzwungenen Kompromiß lösen sich in seiner Vorstellung Gegenwart und Wirklichkeit auf. Hinter den Fassaden der Häuser meint Heisenberg Anzeichen ihrer beginnenden Unwirklichkeit zu erkennen, hinter den Körpern der Menschen, die aus der materiellen Welt herausgetreten zu sein schienen, ihre seelischen Strukturen als Vorboten der bevorstehenden Vernichtung. Das Lächeln von ein paar Menschen, die ihm freundlich begegneten, holt ihn zeitweilig aus seiner Entrückung in die Wirklichkeit zurück. Doch dann tritt die Wirklichkeit wieder weit zurück, und er beginnt sich zu fürchten, daß diese äußerste Einsamkeit seine Kräfte übersteigen könnte. Er hat die Orientierung zu dem verloren, was einst seine Mitte gewesen ist.

Die neuen Verhaltensweisen, in die sich viele Wissenschaftler durch den Zwang, politisch handeln zu müssen, gedrängt fühlten, bedeutete nicht, daß sie den Glauben an die tradierten Normen und Werte ihres Berufsstandes verloren hätten. Wie stark der neue Zwang empfunden wurde, zeigt, daß viele gehofft hatten, irgendein naturgesetzliches Hindernis – etwa eine ungenügende Neutronenvermehrung – verhindere die Kettenreaktion und nähme ihnen die Entscheidung ab. Nachdem sich die Vergeblichkeit dieser Hoffnung zunehmend offenbarte, hielten sie zwar weiter an den überkommenen Vorstellungen freier Forschung, von Wertfreiheit der Wissenschaft und von ihrer heilsbringenden gesellschaftlichen Rolle fest. Sie sahen sich nur durch die veränderte politische Lage gezwungen, sie außer Kraft zu setzen, sie höheren politischen Zielen unterzuordnen.

Da die politische Lage, die sie zum Handeln zwang, ohne ihr Zutun in die Wissenschaftsidylle der Vornazizeit getragen wurde, ist das Verhalten der anfangs führenden Köpfe, der Initiatoren der Entwicklung sowohl in England und den USA, im Grunde defensiv. Den Wissenschaftlern, überwiegend jüdische Emigranten, die die anfangs eher gleichgültigen einheimischen Kollegen und die Regierungen ihres Gastlandes in die Entwicklung von Atomwaffen drängten, schwebte die Schimäre der deutschen Atombombe vor.

Ihren Kollegen in Deutschland, zumindest denjenigen, die die Entwicklung von Anfang an bestimmten, fehlte es am Bild eines äußeren Feindes. Für sie kam die Gefahr nicht von außen, sondern lag innerhalb Deutschlands. Dagegen ließ sich keine Atomwaffe entwickeln. Atomforschung mit dem Ziel, während des Krieges Atomenergie für friedliche Zwecke nutzbar zu machen, war ihre »Waffe«, sich in einer feindlichen Umwelt zu behaupten: Ja, sie glaubten sich in Übereinstimmung mit ihren ausländischen Kollegen und kamen kaum ernsthaft auf den Gedanken, daß die Harmlosigkeit ihrer Forschung in der Vorstellung ihrer Kollegen äußerst bedrohlich wirkte.

Ein Mittel zum Zweck

In Deutschland hatte der ideologische Streit um die richtige Physik gerade die Atomphysiker in arge persönliche und berufliche Bedrängnis gebracht. Sie wußten zwar die Natur auf ihrer Seite, waren aber heftigen Angriffen von Wissenschaftlern ausgesetzt, die die Macht hinter sich hatten. Und ein wesentliches Motiv hinter den Angriffen der selbsternannten Vertreter der »Deutschen Physik« gegen die Statthalter des »Judentums« war ganz einfach der Kampf um persönliche Vorteile, um Besetzung von Lehrstühlen, um Karriere an den Universitäten. Selbst jene Physiker gerieten in Verdacht, die, ohne sich öffentlich zum Thema zu äußern, auf Gebieten arbeiteten, die auf den verfemten Theorien aufbauten. Spitzel wurden in die Institute geschleust, um etwaige »defaitistische« Äußerungen heimlich zu notieren und an die Gestapo zu melden.

Anhänger der sogenannten »Jüdischen Physik«, überwiegend Theoretiker, wurden systematisch bei der Vergabe von Lehrstühlen ausgeschlossen. Johannes Stark, der mit anderen Heisenbergs Berufung in die Nachfolge von Arnold Sommerfeld hintertrieben hatte, feierte die Amtseinsetzung seines Günstlings: Es sei der Sieg des »pragmatischen Theoretikers« W. Müller über die »judengeistigen Dogmatiker«, sagte er, die nun wissen müßten, daß für sie kein Platz mehr in der deutschen Physik wäre. Die Forschungsetats vieler Institute wurden bis auf kümmerliche Restposten zusammengestrichen. Der Brief, in dem die beiden Hamburger Physiker das Reichskriegsministerium aufforderten, die Uranforschung großzügig zu fördern, war wenig mehr als ein verschlüsselter Ruf nach Geld, der Hinweis auf den Atomsprengstoff der leichtfertig hingeworfene Köder.

Doch war der Religionsstreit um die richtige Auslegung von Physik nur ein Teil des Problems der Forschungsförderung im Dritten Reich. Hinter der ideologischen Narretei, zu deren Opfern sich Stark und seine Gefolgsleute machten, stand die ökonomische Frage: Sollte man in Erwartung einer sehr viel späteren Rendite die Grundlagenforschung ungeachtet momentan erwarteter Ergebnisse fördern oder den Schwerpunkt in anwendungsorientierte Gebiete setzen. Die Machthaber des »tausendjährigen Reichs« entschieden sich für letzteres. So war, trotz spektakulärer Entwicklungen etwa auf dem Gebiet der Flugtechnik oder der chemischen Verfahrenstechnik, und dem Nachkriegsmythos zum Trotz, der eine Blüteperiode deutschen Erfindergeistes betrauerte, das dritte Reich eine Dürreperiode der Wissenschaft, deren Folgen sich später offenbarten.

Im Gewirr der Machtkämpfe, in der Desorganisation und den Kabalen um Ämter und Einfluß wurde daher ein für diesen Dschungelkampf denkbar schlecht ausgerüsteter, fehlgeleiteter Idealist wie Johannes Stark bald fallengelassen, als sich das Ausmaß seiner Unfähigkeit erst zeigte. Der Mann, der Hitler seit dessen Anfängen treu ergeben war, der diesem Freßpakete in die Landsberger Haft geschickt hatte, verlor nach 1935 an Einfluß. Zu sachlichen Fehlern (Stark propagierte als Leiter der »Physikalisch Technischen Reichsanstalt« allen Ernstes ein Projekt »Moorgoldgewinnung im Voralpenland«) addierte sich Fehleinschätzung der Machtverhältnisse. 1936 scheiterte seine Bewerbung um die Nachfolge von Max Planck als Präsident der Kaiser-Wilhelm-Gesellschaft. Stark, der Kandidat der Partei, verlor gegenüber einer Koalition mächtiger Interessen: Der Generaldirektor des Chemiekonzerns der IG Farben, Carl Bosch, wurde vom Reichskriegsminister Blomberg, der die mit der Gesellschaft bisher gemachten »guten Erfahrungen« gesichert sehen wollte, unterstützt und gewann. Die Reinheit des »richtigen« Glaubens mußte dort, wo es um handfeste wirtschaftliche und militärische Interessen ging, unterliegen.

So boten die Entwicklungsarbeiten zur technischen Nutzung der Atomenergie nicht nur die Möglichkeit, in der lästigen ideologischen Auseinandersetzung mit der »deutschen« Physik Punkte zu sammeln, indem die praktischen Konsequenzen, wirtschaftlichen und militärischen Möglichkeiten der verfemten Theorien gezeigt werden konnten. Sie boten auch Gelegenheit, den unterschiedlichen persönlichen und politischen Ambitionen der Beteiligten Bedeutung zu sichern.

Der Kriegsausbruch hatte für viele Wissenschaftler die Gefahr beschworen, eingezogen zu werden und an der Front zu fallen. Die wissenschaftsfeindliche Haltung der Nationalsozialisten äußerte sich auch darin, daß eine Führerliste viele Vertreter von Nazikunst und Parteigrößen vom Kriegsdienst befreite, aber keinen Wissenschaftler. Professor von Wettstein, der Direktor des Kaiser-Wilhelm-Instituts für Biologie, hatte versucht, etwa 600 Wissenschaftler vom Kriegsdienst befreien zu lassen, doch mit dem Erfolg, des Defaitismus verdächtigt zu werden, sich »außerhalb jeder Volksgemeinschaft stellen« zu wollen. In wissenschaftlichen Kreisen meinte man zwar nicht, »besserer Volksgenosse« zu sein, wohl aber durch die besondere gesellschaftliche Rolle der Wissenschaft ausgezeichnet zu sein. Der Chemiker Kuhn beklagte den Tod eines jungen Kollegen, indem er zwischen dem Soldaten und dem Wissenschaftler unterschied: »Die Lücke hat sich hinter dem Soldaten Becker sofort geschlossen, die Lücke, die er in der Wissenschaft hinterläßt, wird noch lange offen bleiben.«

Einem anderen Typus Wissenschaftler bot die Mitarbeit am Uranprojekt Gelegenheit einer schnellen wissenschaftlichen oder administrativen Karriere. Exponent dieser Richtung war Kurt Diebner, der, obschon fähiger Experimentalphysiker, es vorgezogen hatte, die Ochsentour einer Karriere in der Wissenschaftshierarchie zu umgehen und seinen Stern an den der Partei und der von ihr durchsetzten Behörden zu binden. Ihn ließen die Kontroversen um den richtigen politischen und gesellschaftlichen Bezug der Physik kalt: Er entlehnte die im Sinn seines Aufstiegs »richtigen« Zugehörigkeiten beiden Lagern: der »deutschen« Physik die Orientierung nach der Macht, der »jüdischen« die Objektivität ihrer Methode. Vom Heereswaffenamt aus, das zeitweilig die Uranarbeiten in Deutschland kontrollierte, suchte er sich eine autonome Position als Administrator wie als Wissenschaftler zu sichern. Uranarbeit sollte als Vehikel seines persönlichen Aufstiegs dienen.

Sicher birgt die Rekonstruktion der Motive, die die einzelnen Wissenschaftler teilnehmen ließen, die Gefahr der Vereinfachung. Meist war es nicht nur ein Grund, sondern waren es mehrere, die sie veranlaßten, im Uranverein mitzuarbeiten. Doch stand meist ein Motiv im Vordergrund. Werner Heisenberg versuchte, seine Schüler und die deutsche Physik über den Krieg zu retten, um dann zum Wiederaufbau beizutragen.

Einer dieser Schüler, den Heisenberg zu schützen suchte, war der junge Hans Euler, der als ungewöhnliches wissenschaftliches Talent galt. Heisenberg berichtet in seinem Buch »Der Teil und das Ganze«, daß er versucht habe, Euler zur Mitarbeit im Uranverein zu gewinnen. Euler lehnte ab und meldete sich freiwillig zum Kriegsdienst.

Er war überzeugter Kommunist und Gegner des Nationalsozialismus. Der Pakt zwischen Hitler und Stalin hatte Euler gezwungen, sich von seiner Utopie einer kommunistischen Welt als Alternative zur bedrückenden Gegenwart zu lösen. Heisenberg berichtet, daß der Zynismus, mit dem Stalin Ideale verraten hatte, denen Euler anhing, diesen in tiefe Verzweiflung und Mutlosigkeit stürzte. Euler hatte sich bereits aufgegeben, als er sich freiwillig zum Kriegsdienst meldete. Zum Beobachtungsflieger ließ er sich ausbilden, um selbst nicht töten zu müssen, sondern sich der feindlichen Abwehr schutzlos auszusetzen. Mitarbeit an der technischen Nutzung der Atomenergie war für Euler kein Ziel. Welcher Welt hätte sie dienen können?

Die letzten Monate seines Lebens, berichtet Heisenberg, habe sich Euler aus seiner Verzweiflung befreit. Als Flieger war es ihm gelungen, die Gegenwart zu vergessen. Aus Griechenland schrieb er: »Nur wenig Zeit ist übrig, zwischen den alten Marmorsäulen zu träumen, aber hier unter den Bergen und bei den Wellen ist zwischen Vergangenheit und Gegenwart kaum ein Unterschied.«

Philosoph und Physiker

Einen anderen Weg wählte ein zweiter Schüler Heisenbergs, Carl Friedrich von Weizsäcker. Während Euler sich Heisenbergs Angebot entzog, im Uranverein mitzuarbeiten, und sich zum Kriegsdienst meldete, drängte sich Weizsäcker in die Uranarbeit sogar noch bevor Heisenberg selbst eingeschaltet worden war. Während Euler eine Mitarbeit ablehnte, die in keinem für ihn annehmbaren politischen Zusammenhang stand, wählte von Weizsäcker genau den entgegengesetzten Weg: er versuchte, die Uranarbeit zu benutzen, um in den Gang der Geschichte einzugreifen. Die mögliche technische Macht wollte er als Mittel zur Veränderung der Politik der Nationalsozialisten benutzen.

Im Frühherbst 1939 erhält der 27 Jahre alte Soldat von Weizsäcker Sonderurlaub zur Beerdigung seines in den ersten Kriegstagen gefallenen Bruders. Er nimmt seinen Aufenthalt in Berlin wahr zu Gesprächen mit Otto Hahn und den für das Uranprojekt verantwortlichen Administratoren Schumann und Esau. Es gelingt ihm, sich in die Uranarbeiten einzuschalten. Vom Kriegsdienst zugunsten einer weniger gefährlichen Beschäftigung befreit zu werden, oder wissenschaftliches Interesse an der Uranforschung sind, wie er sagt, keine vordringlichen Gründe für von Weizsäcker.

Seit der Entdeckung von Otto Hahn ist ein dreiviertel Jahr vergangen. Von Weizsäcker kennt die Konsequenzen. Atomenergie technisch zu nutzen erscheint möglich, sogar wahrscheinlich. Völlig ungewiß sind die Schwierigkeiten und der Aufwand zur Herstellung von Atomreaktoren und Atombomben. Es ist denkbar, daß Anwendungen für die naheliegende Zukunft ausgeschlossen sind, ebensogut aber, daß Reaktor und Bombe in relativ kurzer Zeit entwickelt werden können. Unvermeidbares will Carl Friedrich von Weizsäcker nicht aufhalten: Eine Atombombe, die mit geringem technischem und wirtschaftlichem Aufwand in relativ kurzer Zeit entwickelt werden könnte, wird hergestellt, gleichgültig, wie er sich dazu stellt. Als Wissenschaftler glaubt er, die Entwicklung weder wesentlich beschleunigen noch verzögern zu können. Es hat also keinen Sinn, den Lauf der Geschichte auf diese Weise beeinflussen zu wollen.

Aber er sieht eine Chance, als Wissenschaftler politischen Einfluß zu nehmen. Von Weizsäcker geht davon aus, daß Atombomben und -reaktoren neue Machtfaktoren sind. Eine machtorientierte Regierung wie die der Nationalsozialisten wäre bereit, Wissenschaftlern, die ihr in relativ kurzer Zeit ein so entscheidendes Machtmittel liefern könnten, politischen Einfluß zu gewähren. Die Wissenschaftler müßten sich in diesem Fall nur ihrer politischen Möglichkeiten bewußt sein und sie richtig nutzen. Von Weizsäcker will sich an der Uranforschung beteiligen, nicht weil er glaubt, die technische Entwicklung wesentlich beeinflussen zu können, sondern weil er sich zutraut, politisch weiter zu denken und präziser handeln zu können als seine Kollegen.

Er stammt aus dem konservativ-bürgerlichen Milieu einer Familie von Gelehrten und hohen Staatsbeamten. Sein Großvater hatte als Außenminister und später Ministerpräsident dem König von Württemberg gedient. Sein Vater, Ernst von Weizsäcker, war nach einer Marinelaufbahn, die durch die erzwungene Abrüstung nach dem Ersten Weltkrieg beendet wurde, in den diplomatischen Dienst eingetreten. Er stand den Nationalsozialisten kritisch gegenüber, erkannte aber die Legitimität einiger ihrer nationalen Ziele an, etwa die Revision der Ungerechtigkeit des Versailler Vertrags. 1938 nahm er den angebotenen Posten eines Staatssekretärs in Ribbentrops Auswärtigem Amt an, weil er glaubte, aus dieser Position Hitlers erpresserische Expansionspolitik mäßigen zu können. Ihre Folgen für Deutschland fürchtete er zu Recht. Dabei ging er so weit, Hitlers ausländische Gegner in diesem räuberischen Schacher zu einer härteren Haltung zu ermutigen.

Im Gegensatz zu seinem Vater, der scheiterte, weil er Hitlers Entschlossenheit zum Krieg unterschätzte, nimmt Carl Friedrich von Weizsäcker die Gefahr ernst. Seine Chance, über die Möglichkeit eines technischen Durchbruchs Politik zu beeinflussen, sieht er in der Stärkung der politischen Elemente innerhalb der Regierung, die auf Mäßigung drängen. So liegt für ihn im Wahnsinn des soeben begonnenen Krieges noch die Hoffnung, daß sich die Vernunft durchsetzen könnte, bevor es zur großen Katastrophe käme. In dieser Phase glaubt er wahrscheinlich auch noch, mit der Verständigungsbereitschaft der westlichen Demokratien rechnen zu können. Denn mit der totalen Niederwerfung Deutschlands ein machtpolitisches Vakuum in Mitteleuropa zu schaffen, kann nicht in ihrem Interesse liegen.

Ebensowenig, wie er sich der Uranforschung um ihrer selbst willen zugewandt hatte, hatte er Physik studiert, weil ihn Physik eigentlich interessiert hätte. Von Jugend an galt sein Interesse der Philosophie. Unter dem Einfluß von Heisenberg, den er schon im Jünglingsalter kennengelernt hatte, meinte er zu begreifen, daß die philosophischen Probleme nicht ohne Kenntnis der theoretischen Physik beantwortet werden könnten. Was hatte Heisenberg gemeint, als er dem vierzehn Jahre alten Schüler erklärt hatte, »die Unbestimmtheitsrelation bringt die Kausalität durcheinander«? Von Weizsäcker wurde Physiker, um seine philosophischen Probleme zu lösen. Er wollte Physik treiben, die sich im Grenzbereich zur Philosophie auflöste, den Weg der reinen Erkenntnis verfolgen. Uranforschung aber war angewandte Physik.

1939 fragt sich der 27 Jahre alte von Weizsäcker, ob es richtig sei, sich als Philosoph und Wissenschaftler seiner gesellschaftlichen Verpflichtung zu entziehen. Eine eher undeutliche Ahnung sagt ihm, daß dieselben Kräfte und Prinzipien, denen er im Grenzgebiet zwischen Physik und Philosophie nachspürt, auch für die Politik entscheidend seien. Er dürfe sich also der Verpflichtung nicht entziehen, seine Arbeit und seine Fähigkeiten an der politischen Wirklichkeit zu orientieren.

Seine Ziele verfolgt Weizsäcker konsequent. In der ersten Zeit des Uranvereins versucht er mit einigem Erfolg, teilweise über den als Wissenschaftler dominierenden Heisenberg, den politischen Teil der Arbeiten zu steuern. Man trifft Sprachregelungen für den Umgang mit offiziellen Stellen, beantwortet Versuche von Außenseitern oder Behörden, die Arbeiten zu kontrollieren, mit taktischen Manövern, Intrigen. Das Wort vom Politkommissar Heisenbergs taucht auf. WHW, die damals gebräuchliche Bezeichnung für Winterhilfswerk, wird zum ironischen Kürzel für den zwischen seinen Assistenen von Weizsäcker und Wirtz »eingehakten« Heisenberg.

Orpheus in der Unterwelt

Für einen anderen Wissenschaftler, Fritz Houtermans, wurde die Uranarbeit zu einer Möglichkeit des Überlebens: Houtermans hatte bald nach dem Machtwechsel Deutschland verlassen und war nach England geflohen, wo es ihn jedoch nicht lange hielt. England, so hatte er seinen Gastgebern erklärt, sei ein Mottennest, die Engländer lebten noch immer von den Abfällen der Wollproduktion aus der Anfangsphase der Industrialisierung. Das war witzig, trug aber nicht zu seiner Beliebtheit im Mutterland des Industriekapitalismus bei. Schließlich trennte sich Houtermans von seinem ersten Gastland ohne wechselseitigen Abschiedsschmerz. Er zog in die Sowjetunion, das Land, in dem er seine politische Utopie verwirklicht glaubte.

Der hervorragende Kernphysiker war dort zunächst herzlich willkommen, berichtet Robert Jungk in »Heller als Tausend Sonnen«. Noch 1937 hielt er einen Vortrag vor der sowjetischen Akademie der Wissenschaften: Kurz darauf geriet er in die Maschen des Staatssicherheitsdienstes. Es war die Zeit der stalinistischen Säuberungen. Houtermans galt 1937 als feindlicher Agent. Bei den Verhören und Folterungen im Gefängnis wurde ihm klar, daß er es mit braven Beamten und nicht mit Fanatikern zu tun hatte. Wie andere ihr Soll in der Fabrik hatten diese Beamte das ihre im Gefängnis zu produzieren. Und das hieß eine Mindestquote an Geständnissen. Houtermans begriff, daß es mit den Verhören und dem Foltern so lange weiterginge, bis er zusammenbrechen und aus Schwäche entweder »gestehen« oder krepieren würde. Eine ausweglose Situation. Ein »Geständnis« würde Liquidation bedeuten.

Ihm fiel eine List ein, Zeit zu gewinnen, andere Kollegen vielleicht, auf sein Schicksal aufmerksam zu machen. Er gestand. Ja, er habe Spionage gegen die Sowjetunion getrieben. Eine von ihm erfundene Apparatur habe ihm erlaubt, die Geschwindigkeit sowjetischer Flugzeuge zu messen. Nachdem jetzt alles entdeckt sei, wäre er bereit, das Geheimnis der Apparatur zu enthüllen. Er fertigte Konstruktionszeichnungen einer Apparatur an, deren Sinnlosigkeit jeder Fachmann begreifen mußte. Die List half. Ohne daß er die Hintergründe seiner »Befreiung« erfuhr, wurde er 1940 an die Deutschen ausgeliefert.

Die Gestapo empfing ihn und steckte ihn wieder ins Gefängnis. Einigen seiner deutschen Kollegen, darunter dem Nobelpreisträger Max von Laue, gelang es, Houtermans unter der Bedingung frei zu bekommen, daß er überwacht würde und auch an keinem offiziellen Forschungsprojekt teilnehmen dürfe.

Nach wenigen Tagen hatte Houtermans von der Tätigkeit des Uranvereins erfahren. Als er erschreckt Max von Laue auf die Gefahr einer deutschen Atombombe ansprach, soll ihm dieser erwidert haben, daß man eine Erfindung, die man nicht machen wolle, auch nicht mache. Durch Vermittlung von Laues wurde Houtermans im Labor des im Dienst des Reichspostministers Ohnesorge eigene Uranforschung betreibenden Barons von Ardenne untergebracht.

Nun kam er häufiger mit den Wissenschaftlern des Uranvereins zusammen. Carl Friedrich von Weizsäcker erinnert sich noch an Houtermans Berichte und Geschichten: Die Nazis sind Dilletanten, sagte Houtermans. Bei einem Verhör durch die Gestapo lag eine Akte offen auf dem Tisch, wenn auch nur verkehrt herum für ihn doch lesbar. Das aber war kein Problem. Die Russen waren da gründlicher vorgegangen, schließlich hatten sie eine noch aus der Zarenzeit stammende Polizeitradition. In der Sowjetunion war nie etwas offen herumgelegen. Auch sollte man sich nicht über die Korruption der führenden Nationalsozialisten aufregen. Das ist eine Form von Humanität. Stalins Sowjetunion ist Beispiel, wie grauenhaft die Abschaffung der Korruption ist, sagte Houtermans.

Houtermans entwickelte die Korruptionsidee schließlich zu einer politischen Theorie weiter. Nur die Chinesen, sagte er, verstanden, Beamte auszubilden. Sie unterrichteten sie in Lyrik. Denn nur eine korrupte ist eine humane Regierung. Anderersits, fügte er hinzu, hat Korruption die Tendenz, überhandzunehmen und so den Bestand des Staates zu gefährden. Sie muß ihr Maß kennen und halten. Lyrik ist dafür die beste Schulung.

Houtermans ist zufrieden, im Labor des Baron Manfred von Ardenne untergekommen zu sein. Der ehrgeizige und geschäftige Ardenne ist kein Kernphysiker, sondern Fachmann für Elektrotechnik. Darüber hinaus ist von Ardenne mit einem, ihn auch sein weiteres Leben nicht verlassenden Sinn ausgestattet: in Mode geratene Forschungsgebiete technisch auszuschöpfen. Sein Labor bietet dem fähigen Kernphysiker Houtermans die passende Umgebung. Die Symbiose zwischen zwei so unterschiedlichen Persönlichkeiten, Gegensätzen, wie sie kaum größer denkbar sind, entwickelt sich zu beider Zufriedenheit: Ardenne, der sich sowohl unter dem Nationalsozialismus wie auch nach dem Krieg beim Aufbau des Sozialismus in der Sowjetunion und in der DDR mit dem gleichen Enthusiasmus des »Nur-Technikers« Verdienste erwarb. Dazu der Außenseiter Houtermans, ein ungewöhnlich vielseitiger Wissenschaftler, der, von den Nationalsozialisten vertrieben, in die Sowjetunion emigrierte, dort ins Gefängnis kam, abgeschoben und von den Nationalsozialisten ins Gefängnis gesteckt wurde.

Beide haben Vorteile: Der in der Kernphysik dilletierende Ardenne verschafft sich mit Houtermans ein respektables Entree in sein neues Aufgabengebiet; Houtermans, der dem Lichtenfelder Labor Ardennes einen Mantel kernphysikalischer Respektabilität leiht, übersteht den Krieg. Aus der Verbindung entwickelt sich dank der Arbeit von Houtermans eine umfassende Theorie, die mehrere Wege von der Uranspaltung bis zur fertigen Bombe zeigt. Houtermans gibt sie frei, als sich zeigt, daß Atombomben in Deutschland während des Krieges nicht mehr entwickelt werden können.

Feindliche Ausländer

Henry DeWolfe Smyth, ein Physiker, der 1945 im Auftrag der Regierung der Vereinigten Staaten den ersten offiziellen Bericht über das amerikanische Atombombenprojekt verfaßte, beginnt den historischen Teil seines Buches mit der trockenen Feststellung: Nach der Entdeckung der Uranspaltung »gab es unmittelbares Interesse an der militärischen Nutzung der großen Energiemengen, die bei der Spaltung frei wurden. In dieser Zeit lag der Gedanke, ihre Wissenschaft für militärische Zwecke anzuwenden, den in Amerika geborenen Kernphysikern noch so fern, daß sie kaum wußten, was zu tun war. Daher gingen die frühen Bemühungen, sowohl Veröffentlichungen zu verhindern, als auch Regierungsunterstützung zu erhalten, hauptsächlich auf eine kleine Gruppe von im Ausland geborenen Wissenschaftlern um L. Szilard zurück, der E. Wigner, E. Teller, V. F. Weisskopf und E. Fermi angehörten.«

Mit Ausnahme von Fermi, der wegen seiner Frau Italien verlassen hatte, waren diese Emigranten selbst Opfer des Rassenhasses. Ihre persönlichen Erlebnisse und die Unmittelbarkeit, mit der die Ereignisse in Europa auf sie noch einwirkten, machten sie für die spezifische Kombination physikalischer Fakten und militärischer, und damit politischer Spekulationen der ersten Phase empfänglich. Nachdem offenkundig war, daß die Natur keine unüberwindbare Barriere vor die Nutzung der Atomenergie stellen würde, begannen diese Emigranten, wie unter Zwang zu handeln. Der Druck, unter dem sie sich fühlten, verstärkte sich durch die Gleichgültigkeit, auf die sie zunächst stießen, und ihre Einflußlosigkeit. Vielfach galten sie als Sicherheitsrisiken. Aber, sie setzten den schwerfälligen Apparat der politischen Entscheidungsmaschinerie langsam in Bewegung. Dann übernahmen andere die Regie. Schließlich wurde der Krieg zum wichtigsten beschleunigenden Faktor.

Schon bald nach der ersten großen Entlassungswelle von 1933 setzte sich der vertriebene Leo Szilard mit dem Engländer Lord Beveridge in Verbindung, um den am schlimmsten Betroffenen über eine Hilfsorganisation, dem »Academic Assistance Council«, zu helfen. Diese Organisation bezog Mittel aus einer freiwilligen Selbstbesteuerung englischer Universitätslehrer, die etwa zwei bis fünf Prozent ihres Gehalts abführten. Nutznießer waren besonders jüngere, weniger bekannte Wissenschaftler, für die es schwerer war als für ihre älteren Kollegen, eine Anstellung zu finden.

Während Fermi Angebote dreier amerikanischer Universitäten ausschlagen konnte, mußte der unbekannte Edward Teller nehmen, was sich ihm bot. Der außergewöhnlich fähige theoretische Physiker war schließlich froh, durch Vermittlung des Biochemikers Donnan ein Stipendium des Chemiekonzerns ICI für einen theoretischen Chemiker zu finden. Donnan, und vermutlich auch Szilard, der sich in dieser Übergangsphase um seine Schicksalsgefährten kümmerte, halfen auch Eugene Rabinowitch beim Wechsel aus Deutschland. Vorübergehend war Niels Bohrs Institut Refugium vieler junger Physiker, bis die Besetzung Dänemarks und schließlich die Vorbereitung der »Endlösung« auch diese Auffangstelle schloß. So waren Otto Robert Frisch und Felix Bloch zeitweilig bei Bohr untergekommen.

Schwerer war der Übergang für Klaus Fuchs. Fuchs war nach England geflohen und kam dort mittellos an. Bei dem ebenfalls vertriebenen Max Born konnte er seine Studien abschließen. Nach der Promotion gelang es ihm, ein Forschungsstipendium zu erhalten. Im Juli 1939 reichte er ein Gesuch ein, naturalisiert zu werden. Normalerweise wäre das nach sechs Jahren in England bewilligt worden. Doch England stand vor einem Krieg mit Deutschland, und Fuchs war zusätzlich belastet, seitdem er vom deutschen Konsul bei den englischen Behörden als Kommunist denunziert worden war. 1940 wurde er interniert, zuerst auf der Isle of Man, dann in Kanada. Nach fast einjähriger Internierung kam er auf Betreiben von Max Born im Frühjahr 1941 frei und stieß zur Arbeitsgruppe des ebenfalls vertriebenen Peierls. Dort war man dabei, die Entwicklung der Atombombe vorzubereiten und brauchte den theoretischen Physiker Fuchs dringend.

Selbst ein so vielseitiger und bekannter Wissenschaftler wie Szilard hatte Schwierigkeiten, an einer Universität in den USA unterzukommen. Die New Yorker Columbia Universität, für die er sich entschieden hatte, nicht zuletzt um mit Fermi zusammenzuarbeiten, nahm ihn nur als Gast. Er genoß den unsicheren Status eines wissenschaftlichen »Volontärs«, war ohne eigene Forschungsmittel und vom Wohlwollen seiner einflußreichen Gönner abhängig.

Ein weiteres Problem waren die Sicherheitsbestimmungen für »feindliche Ausländer«, als die die emigrierten Wissenschaftler eingestuft waren. So entstand die absurde Situation, daß Enrico Fermi noch während seiner Arbeit am amerikanischen Atomprojekt abends um acht Uhr zu Hause sein mußte. Die Landesgrenze zwischen New York und New Jersey, die er täglich zu passieren hatte, war ab acht Uhr abends für »feindliche Ausländer« gesperrt. Jede Reise mußte von der Staatsanwaltschaft genehmigt werden, was erhebliche Probleme aufwarf, als Fermi für ein halbes Jahr zwischen New York und Chicago hin und her pendeln mußte. Chicago war zum Zentrum der Arbeiten am Reaktor gemacht worden. Um die Entwicklung nicht zu verzögern, sollte sich der Übergang über diesen Zeitraum hin erstrecken. Das führte dazu, daß der führende Kopf des als kriegsentscheidend deklarierten Projekts sich die notwendigen Reisen bewilligen lassen mußte, da eine andere Behörde ihn als potentielles Sicherheitsrisiko ansah. Das Atomprojekt aber war so geheim, daß er dieser Behörde den wahren Grund seiner häufigen Reisen nicht angeben durfte.

In eine ähnlich absurde Lage kam Hans Bethe. Aus der Encyclopaedia Britannica hatte er sich Daten über die Panzerung von Kriegsschiffen besorgt. Mit ihrer Hilfe entwickelte er eine Theorie über die Wirkung von Druckwellen in Abhängigkeit von der Elastizität von Panzerplatten. Die Arbeit erwies sich für die Marine als wertvoll, so wertvoll, daß sie für geheim erklärt wurde, und man Bethe, der nicht die notwendige Sicherheitsfreigabe hatte, den weiteren Zugang zu dem verwehrte, was er angeregt hatte.

In England war der Besitz von genaueren Landkarten für Emigranten verboten, ebenso der von Autos. Sogar Fahrräder wurden zu verbotenen Transportmitteln erklärt. Reisen wurden beschränkt, was den Kontakt zwischen einzelnen Instituten, der für den Fortgang der Arbeiten wichtig war, sehr erschwerte. Auch nachdem die Arbeiten an der Vorbereitung des britischen Atomprojekts bereits in vollem Gang waren, zu denen die Betroffenen entscheidend beitrugen, wurden die Restriktionen zunächst beibehalten.

Das Gefühl von Bedrängnis, persönlicher Einengung und Ohnmacht dieser Emigranten wurde durch die Gleichgültigkeit der Umgebung verschärft. Die technischen Möglichkeiten der Uranspaltung waren von vielen Wissenschaftlern gleichzeitig erkannt worden. Doch waren es fast ausschließlich Emigranten, für die die militärische Gefahr akut genug war, zu sofortiger Aktion zu drängen. Ihnen mußte die Gleichgültigkeit ihrer einheimischen Kollegen, denen ja die gleichen wissenschaftlichen Prämissen zur Verfügung standen, völlig unbegreiflich sein. Warum sahen diese die Gefahr nicht? Was hielt sie davon ab, zu reagieren und die Ziele der Emigranten mit ihrem größeren Einfluß zu unterstützen? Sie mußten doch genausogut wissen, daß Atombomben die bisherigen Machtverhältnisse auf den Kopf stellen konnten und dann Unrecht, Unfreiheit und Terror triumphieren würden.

Die Emigranten bewegten sich daher in einer Welt übersteigerter Gefühle, in einer Welt, in der Vorstellung und Wirklichkeit ineinander übergingen und für sie ununterscheidbar wurden. Jedes noch so unbedeutende Zeichen, das ihre Ängste bestätigte, und damit ihr Mittel rechtfertigte, sich dieser Ängste zu entledigen, mußte zum eindeutigen Indiz werden. Die Bindungen und Anschauungen, die die »Internationale der Atomphysiker« geformt hatten, existierten für sie nicht mehr. Die äußeren Zwänge waren sehr viel stärker.

Der Uranverein

DIENSTWEGE

Im Frühjahr 1939 hatten die Hamburger Physiker Paul Harteck und Wilhelm Groth ihren Brief an das Reichskriegsministerium geschickt. Sie machten auf die militärische Nutzanwendung der Atomspaltung aufmerksam und drängten, die Uranforschung zu fördern. Ihr Hinweis, daß das Land, das als erstes diese Möglichkeit nutze, einen entscheidenden Vorteil gewonnen habe, war der leichtfertig verschlüsselte Ruf nach ein paar zehntausend Mark für ihr Institut, nach Kriegsdienstbefreiung und anderen persönlichen Vergünstigungen für seine Mitglieder.

Der Brief traf Ende April 1939 im Reichskriegsministerium ein. Die nächsten Monate verbrachte er auf verschiedenen Schreibtischen, in Rücksprachemappen, unter Stapeln von Papier, in Aktenordnern, vielleicht auch in dem einen oder anderen Panzerschrank. Kurz, er befand sich auf dem Dienstweg.

Wenn wir diesen Dienstweg zu rekonstruieren versuchen, so nicht, um ein historisch getreues Bild des tatsächlichen Weges eines wichtigen Briefes durch die Amtsstuben zu zeichnen. In diesem Fall spielt die Wirklichkeit gegenüber den vielfältigen Möglichkeiten eine nur untergeordnete Rolle. Dieser hypothetische Dienstweg wird aufgezeichnet, um einen tieferen Einblick in personalpolitische und organisatorische Prinzipien wichtiger Behörden des Dritten Reiches zu gewinnen. Es ist ein Dienstweg mit vielen möglichen Anlaufstellen, organisatorischen Schleifen, Rückkoppelungen, personellen Querverbindungen, Absicherungen, Kompetenzüberschneidungen etc. Das ist nicht nur der Grund dafür, daß mehrere Monate vergingen, bevor etwas geschah, sondern auch sonst unbegreifliche Verzögerungen, Unsicherheiten, Kompetenzstreitigkeiten des späteren Reaktorprojekts vorweg zu erklären.

Dem Reichskriegsministerium unterstellt war das Heereswaffenamt, das nicht nur für Prüfung und Beschaffung von Waffen zuständig war, sondern auch für selbständige Entwicklungsarbeiten. Es hatte daher auch eine eigene Forschungs- und Entwicklungsabteilung. Geleitet wurde das Heereswaffenamt von einem fähigen Militärtechniker, dem Artilleriegeneral Karl Becker. Er war als erster

General zum Mitglied der preußischen Akademie der Wissenschaften gewählt worden, was sowohl die Akademie als auch die Fähigkeiten des Generals bezeichnete.

In Personalunion – einem im Dritten Reich probaten Mittel, organisatorische Querverbindungen herzustellen und Posten, Macht und Titel auf verdiente Führernaturen zu konzentrieren – war General Becker auch Präsident des Reichsforschungsrats. Der nun war keine dem Reichskriegsministerium unterstellte Organisation, vielmehr 1937 vom schwächlichen Reichserziehungsminister Rust gegründet und seiner Behörde unterstellt worden, um Natur- und Technikwissenschaften besser unter Kontrolle und zu größerer Produktivität zu bringen. Becker, in seiner Eigenschaft als Präsident des Reichsforschungsrats, unterstanden vierzehn Fachsparten, die in der Regel von Hochschulprofessoren geleitet wurden, von denen zwei aber, Wehrforschung und Chemie, wiederum Becker unterstanden. Becker mußte gewissermaßen vor sich selbst strammstehen, wenn er, als Fachspartenleiter, mit sich als Präsident des Reichsforschungsrats verkehrte, und beim Dienstverkehr mit dem Becker des Heereswaffenamtes darauf achten, die Titel nicht zu verwechseln.

Im Reichsforschungsrat wurde die Fachsparte Physik von dem als Hochfrequenztechniker hervorgetretenen Abraham Esau geleitet, der, trotz einer gewissen Anrüchigkeit seines Namens, ein im dritten Reich erfolgreicher Karrieremann war. Ehrgeiz, treue Dienste und vermutlich auch die richtige Parteizugehörigkeit hatten ihm nebenbei zur Präsidentschaft der Physikalisch-Technischen Reichsanstalt verholfen. An Esau, den Fachspartenleiter des dem Reichserziehungsministerium unterstellten Reichsforschungsrats, war der zweite Brief gerichtet, in dem auf die Konsequenzen von Hahns Entdeckung hingewiesen wurde: der Brief der Physiker Joos und Hanle.

Karrieren

Der schnelle Esau reagierte zuerst, nicht zuletzt wegen des kürzeren Dienstwegs. Der an das Reichskriegsministerium gerichtete Brief von Harteck und Groth dagegen mußte im Heereswaffenamt des General Becker noch einige zusätzliche Stationen durchlaufen. Nachdem er den zentralen Verteiler passiert hatte, gelangte er an einen Abkömmling des großen Komponisten Robert Schumann, den Leiter der Forschungsabteilung im Heereswaffenamt, einen Professor Erich

Schumann. Professor Schumann war nicht nur Leiter der Forschungsabteilung im dem Reichskriegsministerium unterstellten Heereswaffenamt, sondern verband, auf einer niedrigeren Stufe als sein Vorgesetzter, General Becker, das Heereswaffenamt mit einer Dienststelle des Reichserziehungsministeriums: der Unterabteilung für wissenschaftliche Forschung und Technik, der er vorstand. Als bekannter Komponist von Marschmusik verwaltete er gewissermaßen in seiner Freizeit das heruntergewirtschaftete Erbe des musikalischen Talents in der Familie. Aus dem Reichserziehungsministerium hing ihm der Ruf nach, einer der unfähigsten Beamten dieser Behörde zu sein.

Walter Gerlach, der später die Uranarbeiten in Deutschland leitete und in dieser Funktion Kontakt zu Professor Schumann zu pflegen hatte, erinnert sich an eine Geburtstagseinladung bei Schumann: Es muß in der letzten Kriegsphase gewesen sein. Gefeiert wurde in Schumanns Räumen im physikalischen Institut der Universität Berlin. Die Gäste genossen das gute Essen und die Getränke. Nur das Geburtstagskind wurde durch wiederholte Telefonanrufe unterbrochen. Immer wieder eilte Schumann zum Telefon, nahm den Hörer ab, meldete sich mit Professor Schumann, lauschte in den Hörer und sagte dann: »Oh, das ist sehr freundlich, Herr Minister, daß Sie mir zum Geburtstag gratulieren.« Oder: »Vielen Dank, Herr General, sehr nett, daß Sie an meinen Geburtstag denken.« Einmal sagte er auch: »Welche Ehre, Herr Reichsmarschall, daß Sie mir Glückwünsche zu meinem Geburtstag übermitteln.« Schließlich bemerkte leise einer der Geburtstagsgäste, der neben Gerlach sitzende Hans Winkhaus: »Ich bin sicher, da ist jedesmal der Pförtner in der Leitung.« Gerlach weiß, daß es so war.

Wenn Schumann auch unfähig war, bewährte er sich doch als Leiter der Forschungsstelle im Heereswaffenamt in der Angelegenheit des Briefes von Harteck und Groth. Instinkt sagte ihm, daß er, da er von der Materie so gut wie nichts verstand, sich auf ein gefährliches Unternehmen einließ, wenn er selbst entscheiden würde. Wie das Schicksal des Nobelpreisträgers Johannes Stark gezeigt hatte, genügte ideologische Festigkeit in der späteren Phase des Nationalsozialismus allein nicht mehr, um eine sichere Karriere im braunen Machtapparat zu garantieren. Man mußte entweder Erfolg haben oder sich absichern. Also entschloß sich Schumann zum richtigen Schritt. Er leitete den Brief der beiden Wissenschaftler an seinen Untergebenen, Dr. Kurt Diebner, weiter, der im Heereswaffenamt zwar an Hohlladungssprengstoffen forschte, aber als Kernphysiker ausgebildet war und bereits eine ansehnliche Zahl wissenschaftlicher Arbeiten auf seinem Fachgebiet veröffentlicht hatte.

Da sich Diebner des Rückhalts seines Vorgesetzten Schumanns keineswegs so sicher sein konnte wie sonst in deutschen Behörden Brauch – es ist überliefert, daß Schumann später Diebner gebeten hat: »Ach hören Sie doch mit Ihrer Atomkackerei auf« –, mußte er sich seinerseits rückversichern: Er konsultierte einige Physiker seines Vertrauens, darunter auch den Miterfinder des Geiger-Müller-Zählrohrs für die Messung von Radioaktivität, Professor Geiger. Dessen positives Urteil, wie auch der in anderer Absicht veröffentlichte Artikel Flügges in der Deutschen Allgemeinen Zeitung halfen ihm, die Uransache weiterzutragen.

Wie sein Vorgesetzter war Diebner ehrgeizig und williger Diener der braunen Herren. Im Gegensatz zu Schumann verfügte er über wenig musisches Talent, war der trockene Typ des Nur-Technikers, aber klug und fähig. Er erkannte, daß die für seinen Vorgesetzten verwirrende und lästige »Atomkackerei« ihm auf zwei Gebieten die Chance seines Lebens bieten könnte: Erstens konnte sie den Weg in die freie Forschung an einer Hochschule ebnen, zweitens mit dem Erfolg ihm eine schnelle Karriere im braunen Machtapparat sichern. Im Sommer 1939 schaffte es Diebner, erste Geldmittel für Uranforschung aufzutreiben, ein Referat Kernphysik in der Forschungsabteilung des Heereswaffenamtes einzurichten und zu dessen Leiter ernannt zu werden: Nicht viel, aber ein Anfang.

Ein weiterer Außenseiter witterte seine Chance, noch schnell einen Fuß in die sich öffnende Tür zur Atomforschung zu klemmen. Es war der geniale Dilettant Manfred von Ardenne, eine schillernde Gestalt zwischen Forschung und Macht. Der zeitgenössische Betrachter Paul Rosbaud belegte ihn 1945 mit folgenden Eigenschaften: »jung, elegant, versnobt, stolz auf seinen Titel, ein Mann, der nie eine Universität oder Hochschule besuchte, sehr geschäftstüchtig, hochbegabt, sogar genial, die technischen und konstruktiven Aspekte wissenschaftlicher Probleme zu erfassen, furchtbar, manchmal sogar gefährlich ehrgeizig, Deutschlands einziger – und einer der weltbesten Kernphysiker zu werden.«

Ardenne hatte aus elektrotechnischen Basteleien in jungen Jahren einige kommerziell verwertbare Erfindungen abgeleitet und es verstanden, ein florierendes Unternehmen aufzubauen, das von Aufträgen der Großindustrie und von Hitlers Postminister Ohnesorge lebte. Außergewöhnliche technische Begabung, organisatorisches Talent, ein untrüglicher Sinn für lukrative Geschäfte und die Kunst, sich mit den rechten Leuten zur rechten Zeit zu arrangieren, hatten ihm in den dreißiger Jahren zu einem gesicherten Status verholfen.

Die fachlichen Leistungen, die Referenz eines großen Kompressor-Mercedes, in dem am 2. Februar 1940 ein Gespräch mit dem alten Max Planck über den Wahnsinn des von Hitlerdeutschland begonnenen Krieges stattfand, eine »Bekanntschaft mit einem häufigen Tennispartner, dem damaligen Chef des Ministeramts im Reichswehrministerium und späteren Generalfeldmarschall von Reichenau« vermitteln das Bild eines Mannes mit vielen Begabungen, Interessen und Beziehungen – eine Kombination, der auch im Dritten Reich der Erfolg nicht versagt bleiben konnte.

Kernforschung war für Baron von Ardenne ein gefundenes Fressen. Er erklärt in seiner Biographie den Einstieg in die Uranforschung mit »wissenschaftlicher Faszination über die Hahnsche Entdeckung, gepaart mit einer (ihm) heute schwer erklärbaren Leichtfertigkeit hinsichtlich der Einschätzung möglicher politischer Konsequenzen.« Denn, wie er heute weiß, »glaubten Hitler und seine Gefolgschaft« »in ihrem maßlosen Herrenmenschentum, mit ihrer antihumanen Ideologie und ihrer Ignoranz ... nicht auf die Ratschläge der Wissenschaftler, die einer vernünftigen Weiterentwicklung dienen sollten, angewiesen zu sein. Solche Hinweise«, so weiß er heute, »lagen auch nicht im Interesse der Konzerne und Großgrundbesitzer, die hinter diesem System standen.«

Wenn er auch jetzt dem Schicksal dankt, »daß es in Hitlerdeutschland nicht zu einer stärkeren Einflußnahme der Naturwissenschaftler kam«, half ihm seine damals nicht unvorteilhafte Ignoranz gesellschaftlicher Zusammenhänge zumindest seine Interessen wahrzunehmen. Im Sommer suchte er Professor Philipp aus dem Hahnschen Kaiser-Wilhelm-Institut auf und versuchte, ihn für sein Vorhaben zu begeistern. Ardenne wollte Philipp veranlassen, Mittel zum Bau von Kernumwandlungsanlagen zu beantragen, die Ardenne für ihn konstruieren könnte. Doch das Hahnsche Institut war nicht an Ausdehnung seines Aufgabenbereiches interessiert und auch nicht an Ardennes Hilfe. Ardenne mußte einen anderen Weg suchen, Forschungsgelder zu mobilisieren.

Er antichambrierte daher bei seinem Gönner, dem Reichspostminister Ohnesorge, jedoch auch dort zunächst erfolglos. 1940 erfuhr Ardenne gesprächsweise, nur wenige Kilogramm des seltenen Uranbestandteils, Uran 235, würden für Atomsprengstoff benötigt. Als kundiger Elektrotechniker konnte er ein Verfahren vorschlagen, das Material abzutrennen. Modifiziert wurde diese Methode in den USA im großen Maßstab eingesetzt: magnetische Massentrennung. Doch in Deutschland biß niemand an.

Ardenne jedoch blieb hartnäckig. Schließlich erhielt er doch Ohnesorges Unterstützung und damit die Möglichkeit, einen für die Kernforschung benötigten Teilchenbeschleuniger in der Rekordzeit von acht Monaten zu bauen. Später baute er noch ein Zyklotron in zwei Jahren, während die Fertigstellung des zweiten deutschen Zyklotrons in Heidelberg immerhin die dreifache Zeit benötigte. Doch trug er wenig zu den Arbeiten des Uranvereins bei, sein großer kernphysikalischer Beitrag gelang ihm erst unter veränderten gesellschaftlichen Verhältnissen, als er nach dem Krieg am russischen Atombombenprojekt beteiligt wurde. 1953 erhielt er den »Stalinpreis für die Lösung einer Spezialaufgabe der Regierung« der Sowjetunion.

Abraham Esaus Ehrgeiz

Das durch Kompetenzüberschneidungen, persönliche Ambitionen, divergierende Ziele und Interessenverfilzung vorbelastete deutsche Atomvorhaben beginnt im Stil einer großen Oper: Intrigen und Gegenintrigen hinter den Kulissen schaffen Spannung, die sich langsam aufbaut, sich anschließend in einem gewaltigen Blitzschlag entlädt und mit Donnergrollen abklingt.

Professor Abraham Esau hatte als erster geschaltet. Nachdem er den Brief der Physiker Joos und Hanle erhalten hatte, war die erste Sitzung von Wissenschaftlern einberufen worden. Esau sieht sich bereits als Leiter der deutschen Uranforschung an der Spitze einer zukunftsträchtigen Disziplin mit noch unabsehbaren technischen und militärischen Nutzanwendungen. Als er daher von der Konkurrenz erfährt, die ihm aus dem Heereswaffenamt droht, eilt er besorgt zum allmächtigen und allgegenwärtigen General Becker, um sich dessen Unterstützung zu sichern. Anschließend versucht er über das Reichswirtschaftsministerium, sich große Mengen an Uran und Radiumvorräten zu beschaffen. Doch dazu bedarf es einer Bewilligung durch das Heereswaffenamt. Esau soll sie sich auf Weisung von General Becker durch dessen Untergebenen Schumann ausstellen lassen. Den Entwurf der Bescheinigung bringt Esau am 4. September 1939 vorsichtshalber bereits in Schumanns Dienststelle mit. Aber er trifft Schumann nicht an. Statt mit Schumann verhandelt er mit Diebners unmittelbarem Vorgesetzten, Ministerialdirektor Dr. Basche. Der vertröstet ihn und verspricht, die Bescheinigung über den Dienstweg zu besorgen. Esau erfährt ein paar Tage später, daß ihm Schumann keine Bescheinigung ausstellen würde: Das Heereswaffenamt benötige die Rohstoffe für eigene Entwicklungsarbeiten.

Esaus Ehrgeiz sind vorläufig Grenzen gesetzt. Doch er gibt nicht auf. Bei seinem Vorgesetzten im Reichserziehungsministerium, Professor Mentzel, beschwert er sich. Mentzel wurde von Zeitgenossen als eine der »merkwürdigsten Figuren« auf wissenschaftlichem Gebiet beschrieben. (Als SS-Führer etwa hatte er dem Sicherheitsdienst die Namen aller ins Ausland berufenen deutschen Hochschullehrer und aller Austauschstudenten besorgt.) Doch auch Mentzel verfügt, ungeachtet seines Rufs, nicht besonders befähigt zu sein, über ein sicheres Orientierungsvermögen: Er erklärt Esau, das Heereswaffenamt habe verfügt, die Fachsparte Physik des Reichsforschungsrats solle die Uranforschung sofort beenden.

Esau gibt sich immer noch nicht geschlagen. Zwar beginnt das Heereswaffenamt im Verlauf des Herbstes eine eigene Uranforschung zu organisieren und die Trumpfkarten seines größeren Einflusses auszuspielen, indem es über Einberufungsbefehle sich der Mitarbeit der besseren Wissenschaftler versichert. Doch Esau hatte sich bereits in den Besitz des größten Teils der in Deutschland verfügbaren Uranverbindungen gesetzt. Wenn er schon keine Uranforschung betreiben könnte, dann das Heereswaffenamt erst recht nicht. Die Arbeiten im Heereswaffenamt wurden durch Materialmangel behindert.

Die nächste Runde beginnt mit einem Generalangriff des Heereswaffenamtes. Noch bevor Esau gemerkt hat, was geschieht, hat sich seine Gruppe aufgelöst. Ein Wissenschaftler nach dem anderen wird eingezogen. Eine Beschwerde bei seinem Vorgesetzten, Professor Mentzel, trägt dem verblüfften Esau nur einen Rüffel ein: Mentzel beschuldigt Esau, die Idee der Uranforschung usurpiert zu haben, das Heereswaffenamt arbeite bereits seit mehreren Jahren an diesen Problemen. Esau, der das Recht auf seiner Seite weiß und die Unhaltbarkeit dieser Behauptung kennt, schreibt darauf einen empörten Brief an den mächtigen General Becker: Das Heereswaffenamt kann sich noch nicht so lange in der Uranforschung betätigt haben, die Entdeckung Hahns ist weniger als ein Jahr alt. In Deutschland jedenfalls hat er als erster Uranforschung organisiert. Er protestiert gegen das brutale Vorgehen des Heereswaffenamtes. Beckers Antwort ist von militärischer Eindeutigkeit. Er läßt den so erbittert umkämpften Uranhort Esaus abtransportieren und dem Kaiser-Wilhelm-Institut für Physik in Berlin zur Verfügung stellen.

SUBTILE UNTERSCHEIDUNGEN

Auf der »Gegenseite« hatte das Heereswaffenamt einem jungen Physiker aus Heisenbergs Leipziger Gruppe einen Gestellungsbefehl zugesandt. Der so auf Fronteinsatz vorbereitete Dr. Erich Bagge war froh gewesen, in Berlin nicht auf Feldwebel, sondern auf seinen Kollegen Dr. Diebner zu treffen, der ihm erklärte, er solle die erste Urankonferenz des Heereswaffenamtes vorbereiten helfen. Unter Diebners Leitung fand die erste Sitzung des neuen Vereins am 16. September 1939 statt. Sie wurde von Diebners Vorgesetztem Dr. Basche eröffnet, der den Anwesenden – den Professoren Hahn, Bothe, Harteck, Geiger, Stetter, Hoffmann und Mattauch, den Doktoren Flügge, Diebner und Bagge – erklärte, auch im Lager der Alliierten betreibe man Uranforschung. Daher sei zunächst ein Gutachten notwendig, ob man Atombomben entwickeln könnte. Auch eine negative Antwort dieser Frage wäre willkommen, meinte Basche. Sie zeige, daß man Überraschungen nicht zu fürchten brauchte. Wichtig könne auch eine Energie liefernde Maschine werden, ein Uranmeiler.

Nach Diskussion der wissenschaftlichen und technischen Ausgangslage beschloß die Versammlung auf Bagges Anregung, den Theoretiker Werner Heisenberg hinzuzuziehen. Gegen die Berufung Heisenbergs stimmten die Experimentalphysiker Bothe und Hoffmann.

Zur zweiten Sitzung Anfang Oktober erweiterte sich der Kreis. Außer Heisenberg stießen von Weizsäcker, Joos, Clusius und Döpel dazu. Auf dieser zweiten Konferenz wurde ein von Diebner und Bagge ausgearbeitetes Programm zur Aufgabenverteilung vorgelegt und verabschiedet. Der ursprüngliche Plan, alle Beteiligten am Kaiser-Wilhelm-Institut für Physik in Berlin zu konzentrieren, scheiterte am Widerstand der regionalen Institutsleiter und ihrer einflußreicheren Mitarbeiter. (Das führte dazu, daß in Deutschland von fünf verschiedenen Instituten, teilweise in erbitterter Konkurrenz um das knappe Material und um Prioritäten, insgesamt zweiundzwanzig

Großversuche durchgeführt wurden. Die Institute waren: Physikalisch Chemisches Institut der Universität Hamburg, Physikalisches Institut der Universität Leipzig, Versuchsstelle Gottow des Heereswaffenamtes, Physikalische Abteilung des Kaiser-Wilhelm-Instituts für Medizinische Forschung in Heidelberg und Kaiser-Wilhelm-Institut für Physik in Berlin, dem eine gewisse zentrale Funktion zugedacht worden war.)

Obwohl sich die föderalistischen Bestrebungen der Direktoren der Provinzinstitute in Hamburg, Leipzig und Heidelberg durchsetzen konnten, wurde das Kaiser-Wilhelm-Institut in Berlin vom Heereswaffenamt schließlich doch requiriert und dessen Leiter, der Holländer Peter Debye, in die Emigration getrieben.

Peter Debye war gezwungen worden, entweder abzutreten oder die deutsche Staatsbürgerschaft anzunehmen. Er hatte sich für das erste entschieden und verließ Anfang 1940 sein Institut, um von einer Vortragsreise in die USA nicht mehr zurückzukehren.

Diebners große Chance war gekommen. Der Vorschlag aus dem Heereswaffenamt, ihn zum Nachfolger Debyes zu ernennen, stieß auf erbitterten Widerstand der Kaiser-Wilhelm-Gesellschaft. Immerhin erreichte Diebner, als kommissarischer Leiter mit dem Vorbehalt einer späteren endgültigen Regelung, sich im Direktorenzimmer von Peter Debye einrichten zu dürfen. Das aber rief die am meisten betroffenen Physiker des Instituts zum Widerstand auf: Die Doktoren Wirtz und von Weizsäcker verfielen auf die List, Diebner vorzuschlagen, Heisenberg als Berater an das Institut einzuladen, in der Hoffnung, Diebner langsam aber sicher zu verdrängen. Diebner, der meinte, sich mit dieser Konzession das Wohlwollen seiner »Mitarbeiter« zu sichern, willigte ein. Heisenberg reiste nun wöchentlich einmal von Leipzig nach Berlin, um dort als wissenschaftlicher Berater zur Verfügung zu stehen.

Ein Jahr später war Heisenberg faktisch Leiter des Instituts. Zwei Jahre später wurde er es auch offiziell, nachdem das Heereswaffenamt das Institut wieder der Kaiser-Wilhelm-Gesellschaft zurückgegeben hatte.

Die subtile Unterscheidung zwischen den Bezeichnungen Direktor des Instituts und Direktor am Institut, die Heisenberg wählte, sollte aufmerksam machen, daß er nach wie vor Debye als legitimen Direktor ansah und sich selbst nur als Statthalter Debyes. Obwohl Heisenberg auf Betreiben von Wirtz und von Weizsäcker damit dem »Spuk jener anderen Leute«, die das Institut durchsetzt hatten, ein

Ende bereitet hatte, gab es Kollegen, die jene feinen sprachlichen Nuancen und die dahinter stehende menschliche und politische Haltung nicht nachvollziehen konnten. Robert Jungk berichtet, daß einige hinter diesem Verhalten den Ehrgeiz Heisenbergs vermuteten. Sicher trug das nicht nur zu fast unverhüllter Gegnerschaft zwischen Heisenberg und Diebner und ihrer Sympathisanten bei, sondern vergrößerte auch den Abstand zwischen denjenigen, die zwar Gegner der Nationalsozialisten waren, jedoch radikalere Formen der Opposition befürworteten.

Fachliche Rivalität kam hinzu. Heisenberg war kraft seiner wissenschaftlichen Autorität und dank des Geschicks seiner Freunde von Weizsäcker und Wirtz sehr schnell zur dominierenden Figur des Uranvereins geworden. Das eigentliche Aufgabengebiet des Uranvereins lag jedoch mehr in der Experimentalphysik, von der Heisenberg nach Ansicht der Experimentalphysiker wenig verstand. Daß er sich nicht nur in ihr Fachgebiet zu drängen, sondern seinen Einflußbereich stetig auszudehnen schien, irritierte sie. Schließlich war Debye einer der ihren gewesen. Mit welchem Recht maßte sich der Theoretiker Heisenberg an, dieses wichtigste Institut zu usurpieren? Das verschärfte, wie Heisenberg heute meint, die Rivalität zur Heidelberger Gruppe. Er selbst betrachtete seine Übernahme des Berliner Instituts als politisch gerechtfertigt. Unter normalen Bedingungen hätte er sich dazu nicht hergegeben.

Heisenbergs Entscheidung trug nicht nur dazu bei, den Abstand zwischen Arbeitsgruppen und zwischen Persönlichkeiten ähnlicher politischer Grundhaltung in Deutschland zu vergrößern. Entscheidender noch war die Wirkung im Ausland, wo Heisenbergs »Direktorenschaft« an Debyes Institut das Gefühl von Bedrohung weiter steigen ließ. Denn was Heisenberg als eine bloße Statthalterschaft verstand, die Schlimmeres verhindern sollte, erschien dort als Dienst für die Nationalsozialisten. Sie schürte die Angst vor der deutschen Atombombe. Wenn ein Mann wie Heisenberg mitten im Krieg die Leitung eines Instituts übernahm, dessen Leiter abgesetzt worden war, weil er sich geweigert hatte, auf die Bedingungen der Nazis einzugehen – was konnte das anderes als Unheil bedeuten? Heisenberg mußte offensichtlich bereit sein, den Machthabern die Dienste zu leisten, die Debye verweigert hatte. Was konnte das anderes als die Atombombe sein?

Die Theorie von Reaktor und Bombe

Um die Jahreswende 1939/40 hatten zwei Sitzungen der wichtigsten Wissenschaftler des Uranvereins den Rahmen für den ersten Ansturm zur Nutzung der Atomenergie abgesteckt. Man hatte sich auf ein rohes Arbeitsprogramm geeinigt. Auch eine grobe Verteilung der einzelnen Arbeitsstufen war festgelegt worden. Uran stand, dank Esaus Widerstand, erst seit kurzem zur Verfügung, experimentell waren in Deutschland seit Hahns Veröffentlichungen im Januar so gut wie keine Fortschritte erzielt worden. Heisenberg, Deutschlands bekanntester theoretischer Physiker, war hinzugezogen worden, um das Terrain mit Bleistift und Papier zu sondieren. Im Spätherbst hatte er eine bemerkenswerte Arbeit abgeschlossen. Sie enthielt die Theorie der Vorgänge in einem Reaktor, diskutierte verschiedene Möglichkeiten, Uranreaktoren herzustellen und wies schließlich auf die Unterschiede zwischen Reaktor und Atomexplosion hin.

Die grundlegenden Vorgänge sollen hier auf dem heutigen Stand der Erkenntnis zum Verständnis des weiteren kurz skizziert werden:

In der Natur vorkommendes Uran besteht aus mehreren Isotopen: Das sind chemisch unterscheidbare Varianten ein und desselben Elements. Sie unterscheiden sich physikalisch in der Zahl der Neutronen. Die Zahl ihrer Protonen und, hier nicht interessierenden, Elektronen, die den chemischen Charakter bestimmen, ist gleich. Die beiden wichtigen Isotope Uran 235 und Uran 238 sind im Verhältnis von etwa 0,7 zu 99,3 Bestandteile natürlichen Urans.

Aus einer Theorie, die Niels Bohr und sein Schüler Wheeler noch im Sommer 1939 veröffentlicht hatten, ging hervor, daß nicht beide Isotope des Natururans von Neutronen gespalten werden. Nur das sehr viel seltenere Uran 235 ist der spaltbare Bestandteil. Jedoch auch Uran 238 reagiert mit Neutronen, allerdings ohne gespalten zu werden: Es absorbiert sie einfach. Da Uran 238 in natürlichem Uran etwa 140 mal häufiger enthalten ist, auf einen spaltbaren Urankern also 140 Kerne des störenden Isotops 238 kommen, ist eine Kettenreaktion in natürlichem Uran nicht möglich: Um jedes der pro Spaltung von Uran 235 freiwerdenden 2,5 Neutronen konkurrieren die beiden Isotopen im Verhältnis 140 zu 1 zugunsten des störenden Uran 238, das fast alle Neutronen einer möglichen Spaltung schluckt. Ein Kettenstart führt schon beim nächsten Glied mit größter Wahrscheinlichkeit zum Abbruch.

Die Reaktionsfähigkeit der beiden konkurrierenden Isotope für

Neutronen unterscheiden sich. Uran 235 ist so reaktiv, daß es sowohl mit energiereichen wie mit energiearmen, sogenannten »schnellen« oder »langsamen« Neutronen reagiert. Das weniger reaktive Uran 238 dagegen fängt nur schnelle Neutronen ein. Für eine Kettenreaktion müssen daher die bei der Spaltung von Uran 235 freiwerdenden Neutronen abgebremst werden, bevor die meisten von ihnen eine Chance haben, vom Uran 238 abgefangen zu werden.

Sie lassen sich abbremsen, indem man sie auf Atome oder Moleküle »leichter Substanzen« prallen läßt. Durch den Zusammenprall werden die schnellen Neutronen abgebremst, sie geben einen Teil ihrer Energie an die Atome oder Moleküle dieser »leichten Substanzen« ab. Das technische Problem, ein geeignetes Bremsmittel für »schnelle Neutronen«, einen sogenannten Moderator, zu finden, ist groß: Der Moderator darf selbst nicht mit Neutronen reagieren. Denn ein neutronenabsorbierender Moderator läßt keine Kettenreaktion zu, da er mit dem Uran 235 um die knappen Neutronen konkurriert. Als geeignete Substanzen kommen theoretisch Graphit, Schweres Wasser und Helium in Frage. Theoretisch läßt sich auch zeigen, daß nur geringe Spuren von Verunreinigungen im Moderator wegen ihrer neutronenabsorbierenden Eigenschaften den Erfolg gefährden.

Eine Anreicherung von Uran 235 auf nur wenige Prozent (selbst ein außergewöhnliches technisches Problem) erleichtert das Moderatorenproblem: Mit auf etwa drei Prozent angereichertem Uran 235 (und 97 Prozent Uran 238) genügt theoretisch bereits normales Wasser als Moderator. Es absorbiert zwar Neutronen (und ist daher für einen Reaktor aus Natururan ungeeignet), aber die relativ größere Häufigkeit von Uran 235 kompensiert diesen Effekt.

Eine Bombe läßt sich nicht mit Natururan konstruieren. Sie kann nur wirksam explodieren, wenn die gesamte verfügbare Energie des spaltbaren Anteils in einem fast unendlich kleinen Bruchteil einer Sekunde frei wird, die Kettenreaktion also nahezu unendlich schnell abläuft. Das aber geht nicht mit langsamen, sondern nur mit schnellen Neutronen, die in natürlichem Uran sofort vom Uran 238 abgefangen werden. Ein außer Kontrolle geratender Reaktor kann nur einen Bruchteil der verfügbaren Energie freisetzen. Er schmilzt durch, bevor ein wesentlicher Teil des vorhandenen Uran 235 reagiert hat. Daher setzt die Atombombe voraus, daß das Uran 235 aus Natururan in fast reiner Form isoliert wird. Gelingt das, so wird
– falls eine bestimmte Mindestmenge versammelt, die sogenannte

kritische Masse, erreicht ist – ein einziges Neutron genügen, in Sekundenbruchteilen die Kettenreaktion ablaufen zu lassen und einen Teil der verfügbaren Energie in einer gewaltigen Explosion freizusetzen.

Für die Isotopentrennung scheiden einfachere chemische Trennverfahren aus, da sich die Isotope chemisch nicht unterscheiden. Theoretisch kommen 1939 nur mehrere bekannte physikalische Trennverfahren in Frage, die sich winzige physikalische Unterschiede zwischen beiden Isotopen in der Größenordnung von einem Prozent zunutze machen. Doch schon aus der Theorie und der Tatsache, daß das zu 0,7 Prozent in natürlichem Uran vorkommende Isotop auf Reinheitsgrade von etwa 90 Prozent angereichert werden muß, lassen sich die Schwierigkeiten der Entwicklung von Atombomben abschätzen: Es würden Trennanlagen benötigt, die die damals bekannten größten Industriekomplexe in den Schatten stellen würden.

Der erste Schlag ins Wasser

Theoretisch ist mit Heisenbergs Arbeit von 1939 der Weg zum Reaktor vorgezeichnet. Es geht nun um exakte Messungen der benötigten Materialkonstanten von reinstem Uran, Schwerem Wasser und Graphit. Dann müssen die günstigste Anordnung und die richtigen Mengenverhältnisse zwischen Moderator und Uran bestimmt werden. Es liegt auf der Hand, daß eine Paste von Uran und Moderator andere Eigenschaften hat als zwei räumlich getrennte Blöcke. Dazwischen liegen unendlich viele mögliche Anordnungen: Schichten, Gitter etc. Auch muß der Reaktor eine bestimmte Mindestgröße haben. Bei ungenügender Größe entweicht sonst ein verhältnismäßig großer Anteil der freigesetzten Neutronen durch die Oberfläche und fällt damit für die Kettenreaktion aus. Vor dem Erfolg liegt ein langer und mühsamer Weg systematischer Versuchsreihen, eine langwierige aber notwendige Vorbereitung des spektakulären Zieles, Atomenergie technisch nutzbar zu machen.

Bevor auch nur einigermaßen ausreichende Daten vorlagen, versuchte der Leiter der Hamburger Gruppe, Professor Paul Harteck, das Problem mit einem »Geniestreich« zu lösen. Damit kündigte sich schon im Frühjahr 1940 einer der entscheidenden Mängel des deutschen Projekts an: Persönlicher Ehrgeiz, den anderen zuvorzukommen, läßt den Uranverein in mehrere miteinander konkurrierende Gruppen zerfallen. Mangelnde Systematik bei der Durchführung des Gesamtprojekts war die Folge.

Die Grenze des Gruppenegoismus war zugleich die eines Vorhabens, dessen Anforderungen die Möglichkeiten kleiner konkurrierender Gruppen weit überstiegen. Am Ende fragten einzelne der Beteiligten, ob die deutschen Wissenschaftler nicht prinzipiell vergleichbare Fortschritte gemacht hätten, wie die der Alliierten. Sie konstatierten mit einiger Selbstzufriedenheit, daß bei vergleichbarem wissenschaftlich-technologischem Niveau das größere Wirtschaftspotential der Vereinigten Staaten den Ausschlag gegeben habe, daß der Erfolg also vor allem eine Frage der Größenordnung gewesen sei.

Doch ließe sich mit gleicher Berechtigung behaupten, daß man in Deutschland überall dort mithalten konnte, wo die Größe der Aufgabe die Möglichkeiten kleiner Gruppen oder fähiger Individuen nicht überstieg. Waren übergeordnete Zusammenhänge herzustellen, fiel man hoffnungslos zurück. Das mag teilweise seinen Grund auch darin gehabt haben, daß kein einheitliches Ziel hinter den Anstrengungen der Gruppen oder Individuen stand. Daß Uranforschung ein Mittel war, mit dem divergierende außertechnische Ziele verfolgt wurden, und man Grund hatte, sich mißtrauisch und mißgünstig zu beobachten. Doch sicher spielten persönliche Ambitionen eine ebenso wichtige Rolle. Beides war schwer voneinander zu trennen. Die gegenseitigen Beziehungen wurden noch weiter dadurch verwirrt, daß der früher für alle verbindliche Regel- und Zielkodex stillschweigend außer Kraft gesetzt war. Daher gab es vielfachen Anlaß zu Mißverständnissen, ganz einfach, weil der eine nicht sehen konnte, daß der andere sein Verhalten anders auslegte, als der Urheber beabsichtigt hatte. Man war auf der höheren Ebene der Verständigung über Absichten, Handlungen und Zeichen »sprachlos« geworden.

Im Frühjahr 1940 will Harteck seinen Großversuch starten. Nachträglich ist schwer zu entscheiden, ob Überlegung oder Zufall den Ausschlag zum Beginn des Vorhabens gaben. Dokumentiert ist, daß Harteck von einem Angebot der Leunawerke Gebrauch macht, für seinen Versuch einen Waggon Trockeneis zu spendieren. Hinter dem Versuch stehen ernsthafte Überlegungen. Trockeneis ist eine relativ billige kohlenstoffhaltige Substanz. Es ist ein fester Stoff, der bei minus 78 Grad Celsius verdampft. Das erlaubt, die Kettenreaktion in einem günstigen niedrigen Temperaturbereich ablaufen zu lassen.

Obwohl ein energieliefernder Reaktor mit Trockeneis als Moderator nur schwer vorstellbar ist, kann der Versuch wichtige Hinweise für das weitere Vorgehen liefern. Doch bestimmt die Bedingung des Industrieunternehmens, das Trockeneis müsse vor dem Sommer 1940 abgerufen werden, Geschwindigkeit und Art von Hartecks Experiment. Die Vorbereitungen können bis zum Sommer nicht abgeschlossen werden.

Hartecks größtes Problem ist, schnell genügend Uran aufzutreiben. Daß es in Deutschland noch kein metallisches Uran gibt, weiß auch Harteck. Er hat sich daher für das weniger geeignete Uranoxyd entschieden. Harteck meint, daß es genügend große Mengen des Oxyds auch tun würden. Man muß sie nur beschaffen.

Er fordert möglichst reines Uranoxyd beim Heereswaffenamt an. Dessen Bestände um diese Zeit reichen jedoch bei weitem nicht aus. Etwa 150 Kilogramm sind vorhanden. Doch sollen es bis Ende Mai, wenn Harteck mit seinem Versuch spätestens anfangen muß, schon 600 Kilogramm sein. Im Heereswaffenamt läuft etwa gleichzeitig Heisenbergs Anforderung von Uranoxyd ein. Diebner schlägt vor, daß Heisenberg und Harteck sich über die Verteilung einigen. Eine Korrespondenz zwischen Heisenberg und Harteck folgt, die im Hamburger Institut das Gefühl nährt, Heisenberg versuche das Experiment zu verhindern. Heisenberg wiederum deutet an, Hartecks Versuch sei einigermaßen unvorbereitet.

Der Versuch wird schließlich mit viel zu geringen Mengen eines ungeeigneten und wahrscheinlich auch ungenügend gereinigten Materials durchgeführt. Er liefert nur unwesentliche Erkenntnisse. Harteck zieht sich aus der Reaktorforschung zurück, nach Ansicht seiner Anhänger verbittert über den Widerstand von Kollegen. Nach Ansicht anderer ist er, da er sie fallen läßt, ohnehin nicht sonderlich von seiner Idee überzeugt.

Schon vor Hartecks Versuch hatten andere Gruppen mit den vorbereitenden Messungen begonnen. Diese Messungen waren notwendig, wollte man nicht die Entwicklung des Reaktors zu einem Vabanquespiel mit dem Zufall machen. Von der Genauigkeit der Messungen hing nicht nur ab, welcher der Moderatoren in Frage kam (was angesichts der riesigen Kostenunterschiede zwischen Graphit und Schwerem Wasser ein zentrales Problem war), sondern auch der Zeitraum, in dem ein kritischer Reaktor hergestellt werden konnte. Denn mit der Genauigkeit dieser Daten verbesserte sich die Berechnungsgrundlage der späteren Großversuche, für die nicht nur wesentlich mehr Material benötigt wurde, sondern die auch sehr viel mehr Zeit in Anspruch nahmen.

Besonders wichtig war es, die Neutronen absorbierenden Eigenschaften der Moderatoren zu kennen. Es ging darum, alle Einflüsse auszuschalten, die mit dem Spaltmaterial Uran 235 im Reaktor um die knappen Neutronen konkurrieren konnten. Der Moderator durfte keine Neutronen absorbieren. Das mußte in gründlichen Vorversuchen gemessen werden, bevor man sich für die eine oder andere Moderatorsubstanz entschied. Es war verabredet worden, daß Heisenberg und Döpel in Leipzig die Eigenschaften von schwerem Wasser, Bothes Gruppe in Heidelberg die von Graphit messen sollten.

Die Ergebnisse aus Leipzig waren erfreulich, nicht jedoch die aus Heidelberg: Schweres Wasser absorbiert kaum Neutronen und eignet sich daher als Moderator. Graphit dagegen ist, entgegen der Theorie, ungeeignet. Es schlucke, stellte Bothe fest, zu viele Neutronen und fiele als Moderator aus. Das war bedauerlich, da es der weitaus billigere Moderator gewesen wäre.

Schweres Wasser wurde bisher nur in Grammengen benötigt. Insgesamt waren auf der ganzen Welt erst ein paar Liter produziert worden. Für einen Reaktor wurden jedoch Hunderte von Litern, wenn nicht Tonnen Schweres Wasser gebraucht. Die einzige Schwerwasseranlage, die überhaupt in Frage kam, lag in Norwegen.

Der Engpass

Die in Südnorwegen gelegene Norsk Hydro produzierte Wasserstoff für die Ammoniaksynthese, und diese wiederum lieferte das Ausgangsprodukt für die Herstellung von Düngemitteln. Ein Stausee und Turbinen sorgten für billigen elektrischen Strom, mit dem gewöhnliches Wasser in seine Bestandteile, Sauerstoff und Wasserstoff, zerlegt wurde. Das Elektrolyseverfahren war einfach. Man schickte Strom in sogenannten Elektrolysezellen durch Wasser. Am einen Pol entstand Wasserstoff, am anderen Sauerstoff, zwei Gase, die sich leicht abtrennen ließen.

Die Elektrolyserückstände enthielten leicht angereichertes Schweres Wasser. Dieses Schwere Wasser besteht aus Sauerstoff und Schwerem Wasserstoff, dem schwereren Isotop des normalen Wasserstoffs, sogenanntem Deuterium.

Durch verfahrenstechnische Verbesserungen war es zwei norwegischen Ingenieuren, Professor Leif Tronstad und Dr. Jomar Brun, gelungen, die Produktion von Schwerem Wasser entscheidend zu erhöhen. Die Anlage hatte bis 1938 etwa vierzig Kilogramm Schweres Wasser geliefert. Nun wurde die Monatsproduktion auf etwa zehn Kilogramm gesteigert.

Im Januar 1940 reisen Vertreter des deutschen Chemiekonzerns IG Farben im Auftrag der Regierung nach Norwegen. Sie sollen bei der Norsk Hydro, die durch geschäftliche Interessen mit den IG Farben verbunden ist, über den Ankauf von Schwerem Wasser verhandeln. Den über die plötzlich so große Nachfrage erstaunten Norwegern erklären sie, die gesamten Vorräte aufkaufen zu wollen. Darüber hinaus bitten die Emissäre, die Produktionskapazitäten soweit auszubauen, daß für Deutschland etwa das Zehnfache der gegenwärtigen Produktion geliefert werden könnte. Die Frage der Norweger, wofür dieser unvorstellbare Bedarf diene, bleibt unbeantwortet. Die Norweger werden stutzig.

Kurz nach den Deutschen trifft Monsieur Allier, ein französischer Geschäftsmann, bei der Norsk Hydro ein. Auch er will die Schwerwasservorräte der Norsk Hydro. Er ist leitender Angestellter einer französischen Bank, die Anteile der Norsk Hydro hält. Allier ist auch noch Leutnant im französischen Geheimdienst. Seine Mission ist erfolgreicher als die der Deutschen. Nachdem er seinen Gesprächspartnern angedeutet hat, daß das Schwere Wasser für Frankreichs Kriegsanstrengungen von größter Wichtigkeit sei, erhält er kostenlos den ganzen Vorrat und die Zusicherung, Frankreich werde bevorzugt beliefert. Großversuche Joliots und seiner Mitarbeiter Halban und Kowarski, die Alliers Reise veranlaßt hatten, sind damit gesichert.

Im Februar erhalten die Deutschen die endgültige Absage der Norsk Hydro. Doch schon drei Monate später haben die deutschen Armeen erreicht, was deutschen Kaufleuten versagt blieb. Bei der Besetzung Norwegens fällt die Schwerwasseranlage der Norsk Hydro unversehrt in ihre Hände. Zwar sind die Vorräte Schweren Wassers kurz zuvor nach Frankreich abtransportiert worden, doch kontrollieren die Deutschen nun die ausbaufähige einzige Schwerwasserfabrik der Welt. Zudem haben Harteck und sein Mitarbeiter Suess ein Verfahren zur Erhöhung der Schwerwasserausbeute entwickelt. Dieses Verfahren muß in die norwegische Fabrik integriert werden.

Im Auftrag des Heereswaffenamtes inspizieren Wirtz und Harteck die Schwerwasserfabrik noch im Frühjahr 1940. Zusammen mit dem leitenden Ingenieur, Dr. Jomar Brun, überlegen sie, wie die gegenwärtige Produktion von 10 Kilogramm im Monat gesteigert werden könnte. Diese Gespräche, die folgenden monatelangen Versuche und die Intensität, mit der der Ausbau vorangetrieben werden soll, bestätigen Bruns Vermutung, daß Schweres Wasser für die deutsche Rüstungsforschung von größter Wichtigkeit sein müsse. Den eigentlichen Grund des plötzlichen Interesses wird er erst 1942 erfahren. Umfangreiche Sicherungsmaßnahmen und der ständige Druck, mehr Schweres Wasser herzustellen, erhärten seinen Verdacht, daß es sich um ein möglicherweise kriegsentscheidendes Projekt handelt. Das gleiche befürchtet auch die informierte englische Abwehr.

Der Ausbau der Produktion in Vemork verzögert sich. Im Sommer 1941 sind erst 150 Kilogramm Schweres Wasser in Deutschland verfügbar. Bis zum Jahresende hat sich diese Menge auf 360 Kilogramm erhöht. Jetzt erst wirken sich die Verbesserungen des Harteck-Suess-Verfahrens aus: Die Monatsproduktion kann auf 140 Kilogramm gesteigert werden. Seit Kriegsbeginn ist sie mehr als verzehnfacht worden. Doch ist das immer noch zu wenig. Denn inzwischen haben Berechnungen gezeigt, daß mehrere tausend Kilogramm benötigt werden. Die Ergebnisse eines Vorversuchs lassen Heisenberg und Döpel die Mindestmenge auf fünf Tonnen festlegen. Bei einer Monatsproduktion von 140 Kilogramm würde das drei Jahre bedeuten, bevor man den Moderator für einen Reaktor hätte.

Um die Wende zum Jahr 1942 liegt der Engpaß der deutschen Reaktorforschung bei der Schwerwasserproduktion. Die benötigten 10 Tonnen reinstes Uran sind zwar noch nicht vorhanden, werden jedoch keine grundsätzlichen Schwierigkeiten bereiten. Um das Gelingen des Gesamtprojektes nicht zu gefährden, werden zusätzlich zwei kleinere Anlagen der Norsk Hydro zur Schwerwassererzeugung umgerüstet. Bevor Produktionssteigerungen zu erwarten sind, wird jedoch noch einige Zeit vergehen. In Deutschland eine Produktion nach norwegischem Muster aufzubauen, kommt wegen der Luftangriffe, Stromkosten und der Stromknappheit nicht in Frage.

Da Ende Juni 1942 erst 800 Kilogramm Schweres Wasser in Deutschland vorhanden sind und der Engpaß immer drückender wird, sucht man nach neuen Schwerwasser»quellen« im deutschen Machtbereich. Eine Elektrolyseanlage in Meran wird auf Eignung untersucht. Zum wiederholten Mal wird der Plan aufgegriffen, Produktionen nach anderen Verfahren in Deutschland aufzubauen. Wirtschaftliche Schwierigkeiten, technische Probleme und Kompetenzschwierigkeiten lassen diese Versuche nie für das Reaktorprogramm bedeutsam werden. Man ist nach wie vor auf Vemork angewiesen. Dort sollen weitere Verbesserungen die Monatsproduktion auf etwa 400 Kilogramm steigern, eine Menge, die in der Praxis nie auch nur annähernd erzeugt werden konnte.

Seit dem Frühjahr 1942 hat die britische Abwehr Verbindung zur südnorwegischen Stadt Rjukan, nahe bei den Anlagen von Vemork. Einer Gruppe norwegischer Widerstandskämpfer, angeführt von einem britischen Agenten, war es gelungen, eine Küstenfähre zu kapern und mit ihr nach Schottland zu fliehen. Einer der Partisanen, Einar Skinnarland, kam aus Rjukan. Er hatte sich bereit erklärt, den Kontakt zwischen Vemork und der britischen Abwehrgruppe unter Leif Tronstad herzustellen. Dieser hatte sich abgesetzt und leitete nun die Aktionen gegen die Anlage, die er im Frieden mit aufgebaut hatte. Skinnarland wurde in Eilkursen zum Agenten ausgebildet. Noch bevor seine Abwesenheit entdeckt werden konnte, wurde er Ende März 1942 mit dem Fallschirm über Südnorwegen wieder abgesetzt.

Er nimmt Kontakt mit Jomar Brun auf, dem leitenden Ingenieur der Schwerwasseranlage. Brun berichtet, mit welchem Nachdruck die Anlagen ausgebaut würden. Skinnarland gibt seine Informationen nach England an Leif Tronstad weiter. Von Brun besorgte Pläne der Anlagen gelangen auf dem gleichen Weg nach England.

Die britische Abwehr entschließt sich, die Anlage in Vemork durch ein Kommandounternehmen zerstören zu lassen. Ein Trupp von vier Norwegern soll den entscheidenden Schlag vorbereiten und wird im Oktober 1942 in der Felswüste des Hochplateaus nördlich Vemork abgesetzt. Der erste Funkspruch berichtet von einer starken deutschen Garnison zur Bewachung der Fabrik. Um die gleiche Zeit verschwindet auch Jomar Brun, der wie kein zweiter die Anlagen in Vemork kennt.

ZWEIDEUTIGE SPIELE

Zu Beginn des Jahres 1940 war den Physikern des Uranvereins der prinzipielle Unterschied zwischen Atomreaktor und Atomsprengstoff bekannt. Sie wußten, daß ein Reaktor mit natürlichem Uran zu betreiben war, für Atomsprengstoffe aber reines Uran 235 isoliert werden müßte. Die Gewinnung des Sprengstoffs würde große technische und wirtschaftliche Schwierigkeiten bereiten. Je weiter sie in die Materie eindrangen, desto sicherer wurden sie, daß es generell unmöglich sei, während des Krieges ausreichende Mengen Uran 235 zu isolieren. Einige Gruppen beschäftigten sich zwar intensiv mit Verfahren zur Anreicherung von Uran 235, doch war das unmittelbare Ziel dieser Bemühungen ebenfalls der Reaktor. Anstelle des Schweren Wassers würden sie normales Wasser als Moderator verwenden können. Das wichtigste dieser deutschen Isotopentrennverfahren war Groths Ultrazentrifuge. Bagge arbeitete an einer Isotopenschleuse, und Ardenne versuchte sich an elektromagnetischen Verfahren.

Viele deutsche Atomphysiker hatten sich davor gefürchtet, einen leichten Weg zur Atombombe zu finden. Spätestens ein Jahr nach Gründung des Uranvereins durch das Heereswaffenamt war ihnen klar, daß ihnen die Natur die Entscheidung abgenommen hatte: Sie konnten nun mit ganz offenen Karten spielen. Eine Sprachregelung etwa zwischen Heisenberg und seinen Assistenten von Weizsäcker und Wirtz vereinbarte, gegenüber der Regierung ganz offen zu sein: Langfristig wäre es möglich, Atombomben zu bauen, aber nicht während des Krieges. Die Rede vom Atomsprengstoff diente als Lockmittel, das genügend Interesse wachhalten sollte, nicht aber Druck erzeugen durfte, in einem Gewaltakt Atombomben entwickeln zu müssen.

Das erforderte eine ziemlich genaue Dosierung der Argumente. So war es wohl auch zu verstehen, daß das Eindringen des ehrgeizigen Baron von Ardenne die »Atompolitik« der drei stören konnte. Weniger, weil sie befürchten mußten, daß von Ardenne schließlich doch genügend Sprengstoff isolieren könnte. Vielmehr drohten seine Versuche, bei Hitlers Reichspostminister wegen Unterstützung für sein elektromagnetisches Trennverfahren zu antichambrieren, das delikate Gleichgewicht zwischen zuviel und zuwenig Regierungsinteresse zu stören, das die anderen zu kontrollieren versuchten. Wenn von Ardenne behauptete, mit seinem Verfahren die benötigten paar Kilogramm Uran 235 isolieren zu können, falls man ihn nur ausreichend unterstützte, war das gefährlich. Immerhin hatte er, wie er selbst berichtet, 1940 gegenüber Hahn und Heisenberg behauptet, »es sei technisch durchaus möglich, mit Hilfe hochgezüchteter magnetischer Massentrenner (die wir damals gedanklich vorbereitet hatten), Uran-235-Mengen von einigen Kilogramm zu erhalten, wenn man dafür die großen Elektrokonzerne einsetzen würde«.

Das Problem Ardenne mußte gelöst werden, bevor die Gefahr bestand, durch unvorsichtige Äußerungen unter Druck zu geraten. Da zu erwarten war, daß der Techniker von Ardenne ein technisches Argument besonders gut verstehen würde, ging von Weizsäcker zu ihm, um deutlich zu erklären, daß Atombomben eine naturgesetzliche Unmöglichkeit seien: Der schnelle Temperaturanstieg zu Beginn der Kettenreaktion bräche die Kette schnell ab, so daß eine wirksame Explosion nicht zustande käme. Auch Heisenberg sei dieser Ansicht, sagte von Weizsäcker. Das war ein Fingerzeig des »lieben Gottes«, die Hände von Dingen zu lassen, von denen von Ardenne zu wenig verstand. Es gab schließlich noch andere Aufgaben in der Kernphysik.

Von Weizsäcker hatte im Sommer 1940 mit einer theoretischen Arbeit einen einfacheren Weg zur Energiegewinnung aus Uran gesucht und gefunden. Ausgangspunkt war die Überlegung, daß im natürlichen Uran das im Überschuß vorhandene Isotop Uran 238 für den eigentlich energieerzeugenden Prozeß nicht nur ausfällt, sondern ihn behindert. Seinen störenden Einfluß auszuschalten, ist die eigentliche Ursache eines immensen technischen Aufwands: entweder Schweres Wasser herstellen zu müssen, oder riesige Isotopentrennanlagen zu bauen und zu betreiben.

Theoretische Erwägungen, zu denen ihn die Theorie von Bohr und Wheeler und ein noch 1940 in der amerikanischen Fachzeitschrift »Physical Review« erschienener Artikel angeregt hatten, zeigten einen Weg, aus Uran 238 einen »Brennstoff« zu machen. Die lästige Eigenschaft des Uran 238, schnelle Neutronen zu absorbieren, mußte man sich nur zunutze machen. Denn dieses mit schnellen Neutronen beschossene Uran 238 lagert sich in das folgende Element um. Es entsteht ein Transuran, das sich theoretisch ebenso spalten lassen muß wie das Uran 235. Man kann also aus Natururan über einen Reaktor, in dem nur ein Teil der schnellen Neutronen abgebremst wird (der die Kettenreaktion im Uran 235 aufrechterhält), aus Uran 238 spaltbares Material erzeugen. Dieses neue und chemisch zu isolierende Element, so schlug von Weizsäcker vor, kann sowohl zum Bau kleinerer Reaktoren, als auch als Sprengstoff verwendet werden.

Die »Möglichkeit der Energiegewinnung aus 238 U«, wie von Weizsäcker seinen Bericht für das Heereswaffenamt überschrieb, wies somit einen zweiten, einfacheren Weg zu Bombe und Reaktor.

Denn der neue »Brennstoff«, das Transuran, unterscheidet sich chemisch von Uran 238 und ist sehr viel leichter abzutrennen. Die Fertigstellung des Reaktors mußte daher noch einmal die Weichen zur Bombe stellen.

Seine Theorie dem Heereswaffenamt anzubieten, widersprach von Weizsäckers politischen Überzeugungen nicht. Eine wissenschaftliche bzw. technische Entwicklung würde vollzogen, wenn sie einfach genug war. Das grundlegende Wissen und Können war Allgemeingut vieler fähiger Forscher. Innerhalb eines weiten Bereichs war jeder ersetzbar. Ein einzelner konnte Unvermeidbares daher nicht aufhalten. Es galt eine unvermeidbare Entwicklung mit politischem Sinn zu erfüllen. Deswegen war von Weizsäcker in den Uranverein »eingetreten«.

Sein damaliges Verhalten war, wie er sich heute eingesteht, ein gefährliches Spiel, und seine Vorstellung, eine technische Entwicklung als Mittel zu einem politischen Zweck zu benutzen, naiv. Aber immerhin illustriert die Episode, wie für diejenigen, die das Projekt politisch zu kontrollieren versuchten, entscheidend wurde, wer etwas machte und mit welcher Absicht. Im »Nur-Techniker« sahen sie vermutlich die größte Gefahr. Später, als ihnen deutlich wurde, daß die Entwicklung von Atomwaffen während des Krieges unmöglich sein würde, spielten diese Überlegungen keine Rolle mehr. Von Weizsäcker zog sich nach Straßburg zurück und beschäftigte sich mit Uranforschung nur noch am Rande. Den anderen mußten derartige Ansprüche als reine Anmaßung erscheinen. Die Gegensätze verschärften sich.

Eine bessere Lösung

Bevor die Norsk Hydro nicht ausreichende Mengen von Schwerem Wasser produziert hatte, bestand für die Gruppen, die Reaktorforschung betrieben, keine Aussicht auf Erfolg. Alle anderen Moderatoren, mit denen man versuchsweise experimentierte, mußten Provisorien sein, die man nahm, um überhaupt Reaktorversuche anstellen zu können. Der andere Weg zum Reaktor, Uran anzureichern, schied vorläufig aus, da weder Ultrazentrifuge, noch Isotopenschleuse oder Ardennes Massentrenner ein Stadium erreicht hatten, in dem schnelle technische Anwendung zu erwarten war.

Ein dreiviertel Jahr experimentieren mehrere Gruppen in Heidelberg, Berlin und Leipzig an grundsätzlich ähnlichen Versuchsanordnungen. Das Ergebnis ist in allen Fällen gleich: keine Kettenreaktion. Damit ist die theoretische Voraussage, daß Paraffin und normales Wasser keine geeigneten Moderatoren und Uran besser als Uranoxyd seien, von mehreren Gruppen unabhängig voneinander und überzeugend bestätigt. Bestätigt ist auch die Neigung zum spekulativ Spektakulären. Die sehr viel wichtigeren, allerdings weniger aufregenden vorbereitenden Messungen der Wirkungsquerschnitte am Graphit und am Schweren Wasser waren nur an jeweils einem Institut durchgeführt worden.

Die erste Lieferung von hundertfünfzig Kilogramm Schwerem Wasser aus Norwegen geht im Sommer 1941 zu Heisenberg und Döpel nach Leipzig. Im folgenden Versuch, dem ersten mit Schwerem Wasser, ordnen sie Moderator und Uranoxyd, das sie mangels metallischem Uran noch verwenden, in konzentrischen Schichten um die Neutronenquelle an. Die einzelnen Schichten werden durch dünne Aluminiumwände voneinander getrennt. Die kugelförmige Apparatur hängt in einem Behälter mit normalem Wasser, das nach außen entwichene Neutronen in das Reaktionsgefäß reflektieren soll.

Der erste Versuch ist vielversprechend: Eine schwache Neutronenvermehrung scheint stattgefunden zu haben. Doch sind die Materialmengen zu gering. Ein zu großer Anteil der in der Apparatur erzeugten Neutronen wandert nach außen ab, bevor er Gelegenheit gehabt hat, mit weiteren Kernen von Uran 235 zu reagieren. Heisenberg und Döpel errechnen, daß eine einfache Vergrößerung der Apparatur auf etwa 5 Tonnen Schweres Wasser und 10 Tonnen Uran zu einem kritischen Reaktor führen müßte. Bei dieser Größe sind die Neutronenverluste im Verhältnis zur Neutronenerzeugung klein genug.

Unabhängig von anderen Gruppen hatte Kurt Diebner begonnen, selbst Reaktorversuche durchzuführen. Um diese Zeit war er Leiter des Referats Kernphysik im Heereswaffenamt und damit zumindest formell für die Koordinierung der Arbeiten des Uranvereins zuständig. Er war auch noch kommissarischer Leiter des Berliner Kaiser-Wilhelm-Instituts. Doch in Wirklichkeit hatte er weder den Uranverein noch das Kaiser-Wilhelm-Institut unter Kontrolle. Im Uranverein bestimmten die Institutsleiter nicht nur über ihr eigenes wissenschaftliches Programm, sondern übernahmen auch die Kompetenzen der zentralen Koordinationsstelle. Diebners Referat war zur reinen Beschaffungsstelle degradiert. Im Berliner Kaiser-Wilhelm-Institut waren Diebners Ehrgeiz schon seit dem Beginn von

Heisenbergs Tätigkeit als Berater Grenzen gesetzt worden. Um sich für so viel erlittene Unbill zu entschädigen, beginnt Kurt Diebner in Gottow, der Forschungsstelle des Heereswaffenamtes, in aller Stille mit eigenen Experimenten zum Uranreaktor.

Da er zunächst weder mit Schwerem Wasser noch mit Uranmetall rechnen kann, muß er mit den vorhandenen Materialien vorlieb nehmen. Im Gegensatz zu den anderen Gruppen, die Schichten von Moderator und Uran oder Uranoxyd aufbauen, kommt Diebner auf die Idee, Würfel der Uranverbindung gitterförmig im provisorischen Moderator Paraffin zu verteilen. Das ist ein entscheidender Vorteil gegenüber den schichtenförmigen Anordnungen. Mit gleichen Materialmengen werden weitaus bessere Ergebnisse erzielt.

Mehr als nur ein Missverständnis

Im Sommer 1941, nach dem relativen Erfolg von Heisenbergs und Döpels erstem Reaktorversuch, wissen die Wissenschaftler des Uranvereins, daß es möglich ist, Reaktoren und Atombomben herzustellen. In Berlin finden sich einige von ihnen zu informellen Gesprächsrunden zusammen, um über die Konsequenzen zu diskutieren. Heisenberg, Wirtz, von Weizsäcker, Houtermans und Jensen sind die Teilnehmer. Sie alle beunruhigt der Gedanke, daß amerikanische oder englische Kollegen ihren Regierungen empfehlen könnten, Atombomben zu entwickeln, nur aus der Furcht, deutsche Wissenschaftler würden das gleiche tun. Der Gedanke ist naheliegend, und die fünf beraten, was sie dagegen unternehmen können. Sie glauben, daß ihre aus den zwanziger und frühen dreißiger Jahren stammenden Ideale sie mit ihren Kollegen im Ausland mehr verbinden, als die politischen Gegensätze, die sie in zwei Lager verschlagen haben, sie trennen.

Heisenberg meint, daß in diesem Stadium der Entwicklung der Einfluß der Wissenschaftler auf die Regierungen besonders groß sei. Prinzipielle Hindernisse blockieren den Weg zur Atombombe nicht. Wohl aber sind große technische und wissenschaftliche Schwierigkeiten vorauszusehen. Die Unsicherheit der Regierungen, die neuen Möglichkeiten zu beurteilen, macht sie vom Urteil der Wissenschaftler abhängig. Der Aufwand und sein Verhältnis zu anderen kriegswichtigen Ausgaben läßt es keiner Regierung ratsam erscheinen, die Entwicklung von Atombomben gegen den Rat der entscheidenden Spezialisten zu fordern. Umgekehrt kann es sich keine Regierung leisten, auf eine noch so kostspielige Entwicklung zu verzichten, wenn ihr kompetent mitgeteilt wird, sie riskiere dann, den Krieg zu verlieren. In dieser Lage können etwa dreißig führende Köpfe in beiden Lagern sehr wohl den Ausschlag geben, ob Atomwaffen entwickelt werden oder nicht. Ein Weg der Verständigung muß gefunden werden. Wenn sich erst die Wissenschaftler einig sind, was sie verwirklichen wollen, kann die Entwicklung von Atomwaffen im Krieg verhindert werden.

Heisenberg beschließt, mit seinem Freund Niels Bohr zu sprechen. Er meint, Bohrs Vertrauen zu besitzen und hofft, über das Ansehen, das Bohr genießt, sich mit Wissenschaftlern im anderen Lager zu verständigen.

Im Oktober 1941 reist Heisenberg zu einem Vortrag nach Kopenhagen. Dänemark ist von deutschen Truppen besetzt. Auf einem Spaziergang mit Bohr beginnt Heisenberg seine Idee vorzutragen. Er macht nur vage Andeutungen, aus Angst, Bohrs Bericht könnte ungewollt den Nationalsozialisten zugetragen werden. Heisenberg leitet das Gespräch mit der Nachricht ein, deutsche Wissenschaftler hätten einen Weg entdeckt, Atomenergie zu nutzen, der auch militärische Konsequenzen haben könnte. Erschreckt fragt Bohr, ob Heisenberg denn glaube, daß man die Uranspaltung zum Bau von Waffen ausnützen könne.

Von der Antwort, Physiker in Deutschland hielten das für eine realistische Erwartung, würden aber auch den großen Aufwand kennen, der ihre Haltung entscheidend mache, nimmt Bohr nur den ersten Teil wahr. Auch Heisenbergs Versuch, das sich abzeichnende Mißverständnis zu korrigieren, bestärkt Bohrs Widerstand, auf Heisenbergs Absichten einzugehen. Vielleicht verschweigt ihm Heisenberg einen Teil der Wahrheit? Ist man in Deutschland, unter Mitwirkung seines Lieblingsschülers, schon dabei, Atombomben zu entwickeln? Was will Heisenberg mit seinen Anspielungen erreichen? Auch ein zweiter Versuch, Bohr zu überzeugen, den später der Physiker Jensen unternimmt, schlägt fehl. Bohr hält ihn für einen agent provocateur.

Über die Ursachen des Mißverständnisses ist nach dem Krieg viel gerätselt worden. Es schien jene entscheidende Stelle zu sein, an der ein belangloser Zufall den Lauf der Geschichte ändern konnte. Hätte Heisenberg nur ein wenig deutlicher gesprochen und Bohr besser hingehört! Hörte Bohr schlecht? Wie konnte es zu einem so entsetzlichen Mißverständnis kommen? Die beiden waren wie Vater und Sohn zueinander. Heisenberg erklärte später, Bohr sei so über den ersten Teil der Nachricht erschrocken, daß er den Rest der Mitteilung nicht mehr verstand. Heisenberg räumt ein, daß Bohr auch über die Besetzung Dänemarks verbittert gewesen sein mochte, daß daher eine Verständigung unter den Physikern nicht möglich war.

Heisenberg hätte noch andere Gründe anführen können. Die Vertreibung von Peter Debye und die Mißverständnisse über Heisenbergs Statthalterschaft an einem Institut, das für die deutsche Uranforschung requiriert worden war. Im besetzten Paris war das Institut von Joliot mit seinem Cyclotron für die deutsche Kriegsforschung requiriert worden. (Daß der als Leiter eingesetzte Physiker Wolfgang Gentner ein heimliches Abkommen mit Joliot getroffen hatte, das Gerät nicht für Kriegszwecke zu benutzen und auch Joliots Untergrundtätigkeit deckte, war nicht publik.) Heisenbergs Andeutungen mußten Bohrs Bild endgültig abgerundet haben: Heisenberg war guter Deutscher; vielleicht wollte er die Wissenschaftler der Alliierten nur in trügerischer Sicherheit wiegen.

Die Belanglosigkeit der äußeren Umstände – daß Bohr nur Bruchstücke verstand, vielleicht auch glaubte, Heisenberg mißtrauen zu müssen, daß Bohr die Verständigung mit Deutschen ablehnte, Heisenberg nicht deutlich genug wurde – das sind einleuchtende Gründe. Doch treffen sie den Kern der Sache nicht. Von der persönlichen Freundschaft abgesehen, die die beiden seit der Zeit empfanden, als sie 1922 in Göttingen auf den Hügeln über dem Leinetal über die Wirklichkeit der Atome sprachen, verband sie, was von Weizsäcker »eine überpersönliche Wahrheit« nennt. Das war mehr als nur Freundschaft: Den engeren Kreis der »Familie der Atomphysiker« vereinigte der Anschauung, Mitglieder einer Gemeinschaft zu sein, die von Weizsäcker, der dazugehörte, mit einem auf »inhaltliche Wahrheiten« gegründeten »Orden« vergleicht. Es war das Bewußtsein, von der Suche nach einem geistigen Prinzip geleitet zu werden.

Dennoch kam es zwischen Heisenberg und Bohr, die zum Kern dieses engeren Kreises gehörten, zu keiner Verständigung, während Joliot und der von den Militärbehörden eingesetzte Wolfgang Gentner, die sich weniger gut kannten, sogar ein schriftliches Abkommen entwarfen, dieses Institut nicht für Kriegsforschung zu benutzen. Also lag es doch an Heisenberg und Bohr, an Personen und am Zufall.

Natürlich hätte Heisenberg deutlicher werden und Bohr besser hinhören können. Aber wäre es dann zu einer Verständigung gekommen? Heisenberg hätte vielleicht »ja«, Bohr »nein« geantwortet. Vielleicht realisierten die beiden, ohne es zu wissen, etwas anderes: Nämlich, daß das, was sie verband, und für sie bisher stärker zu sein schien als die politische Wirklichkeit, doch sehr viel schwächer war. Während sich Gentner und Joliot über die Benutzung eines Instituts einigen konnten, eine für sie wichtige, aber keinesfalls übergeordnete Frage, ging es zwischen Heisenberg und Bohr um etwas sehr viel Entscheidenderes, nämlich um eine Vereinbarung über eine kriegsentscheidende Waffe. Ohne daß sie sich dessen bewußt wurden, mußten sie erfahren, daß jene Beziehung, die sie als Wissenschaftler verband, nur bis zu einer gewissen Grenze belastbar war, jenseits derer andere Wirklichkeiten – etwa die nationale Zugehörigkeit, die unmenschliche Wirklichkeit der Hitlerepoche – weit stärker wurden. Daß die Wahrheit sie verband, eine spezielle Wahrheit war und der politischen Wirklichkeit untergeordnet. Ihre überpersönliche Beziehung wurzelte in der »Mechanik der Atome«, wie es von Weizsäcker nennt, und war nur beschränkt in politische Dimensionen übertragbar.

Das Verhalten der beiden an jenem Abend im Oktober 1941 belegt das. Heisenberg beschreibt die Szene in »Der Teil und das Ganze«: »Ich besuchte also Niels in seiner Wohnung in Carlsberg, schnitt aber das gefährliche Thema erst auf einem Spaziergang an, den wir am Abend in der Nähe seines Hauses unternahmen. Da ich fürchten mußte, daß Niels von deutschen Stellen überwacht würde, sprach ich mit äußerster Vorsicht, um nicht später auf irgendeine bestimmte Äußerung festgelegt werden zu können. Ich versuchte Niels anzudeuten, daß man grundsätzlich Atombomben machen könne, daß dazu ein enormer technischer Aufwand nötig sei und daß man sich als Physiker wohl fragen müsse, ob man an diesem Problem arbeiten dürfe. Leider war Niels nach meinen ersten Andeutungen über die grundsätzliche Möglichkeit, Atombomben zu bauen, so erschrocken, daß er den wichtigsten Teil meiner Information, daß nämlich dazu ein ganz enormer technischer Aufwand nötig sei, nicht mehr recht aufnahm.«

Warum sprach Heisenberg so vorsichtig zu einem Mann, dem er vertrauen konnte? Er schreibt, »um nicht später auf irgendeine bestimmte Äußerung festgelegt zu werden«. Doch war das wirklich der Grund? Angesichts der früheren Beziehung der beiden ist das nicht überzeugend. Konnte »Vorsicht« nicht nur Vorwand für eine tiefergehende Unsicherheit sein? Nämlich die unbestimmte Ahnung, daß das, was sie verbunden hatte, und was Heisenberg zur Lösung des Atomproblems einzusetzen hoffte, doch schwächer war als die Realität von Krieg und Nationalsozialismus. Realisierte Heisenberg nicht auch, daß er Deutscher war, ebenso wie seine Freunde auf der Gegenseite an ihre Nationalität und an ihre politischen Überzeugungen gebunden waren? Fürchtete er diese Einsicht nicht schon, als er zu Bohr reiste?

So wie Heisenberg das Gespräch überliefert hat, schiebt er die Initiative, deutlich zu werden, eindeutig Bohr zu. Er ahnte, daß Verständigung in dieser wichtigen Frage nicht mehr möglich war, wünschte aber zugleich, sein Gesprächspartner würde seine Ängste zerstreuen und einen klaren Vorschlag machen. Heisenberg hoffte noch, daß Bohr ihn aus seiner Isolierung befreien würde. Daß Bohr ihm über die Atombombenvereinbarung mitteilen würde, seine Befürchtungen seien grundlos und die Bindungen in der »Familie der Atomphysiker« stärker als die politischen Gegensätze, die die Atomphysiker in verschiedene Lager gespalten hatte.

Heisenberg, der sich in Deutschland als Ausgeschlossener fühlte und ahnte, daß seine Freunde ihn dennoch als Deutschen und damit als Gegner ansehen würden, mußte sich orientieren. Da er nicht wußte, wie Bohr reagieren würde, konnte er die eine Bindung nicht aufgeben, bevor ihm Bohr die Sicherheit gab, daß die andere fortbestand. Die »Freisprechung vom Deutschsein«, die er sich nicht selbst erteilen konnte, mußte er sich von Bohr holen.

Einer der deutschen Physiker, Paul Jensen, kommentierte Heisenbergs Reise sarkastisch mit dem Vergleich vom Hohenpriester der deutschen theoretischen Physik, der zum Papst führe, um Absolution zu erhalten. Nur, Bohr konnte ihm keine Absolution erteilen, weil er keiner Organisation wie der katholischen Kirche vorstand, sondern der Doyen eines Vereins zu Erforschung der »Mechanik der Atome«, und Däne, wie Heisenberg Deutscher war. Als der hoffnungslose Versuch mißlang, registrierte Heisenberg traurig und verbittert: »Es war für mich sehr schmerzlich zu sehen, wie vollständig die Isolierung war, in die unsere Politik uns Deutsche geführt hatte, und zu erkennen, daß die Wirklichkeit des Krieges auch jahrzehnte alte menschliche Beziehungen zeitweise zu unterbrechen vermag.«

DER WENDEPUNKT

Hitlers Strategie, den Krieg zu gewinnen, baute auf eine Folge kurzer Feldzüge gegen isolierte Gegner mit längeren Ruhepausen. Diese Blitzkriege sollten der deutschen Kriegsmaschinerie erlauben, die große Übermacht ihrer Gegner durch taktische und strategische Überlegenheit zu kompensieren. Eingeplante Intervalle zwischen den Feldzügen mußten die wirtschaftliche Unterlegenheit des Dritten Reiches ausgleichen helfen und den ausgebrannten Truppen Zeit zur Regeneration geben. Das Ende der Blitzkriegs- und -siegesphase war der Wendepunkt des deutschen Kriegsglücks: Im Zermürbungskrieg kam die wirtschaftliche und militärische Überlegenheit der Alliierten zur Geltung. Die deutsche Kriegswirtschaft war auf diese Möglichkeit nicht vorbereitet.

Der Reichsminister für Rüstung und Munition, Todt, erklärte im Dezember 1941, die deutsche Kriegswirtschaft sei an die Grenzen ihrer Leistungsfähigkeit gestoßen. Expansion sei ausgeschlossen, zusätzliche Mittel könnten nicht bereitgestellt werden, allenfalls wäre es möglich, umzuverteilen. Daraufhin ordnete Hitler an, die Gesamtwirtschaft habe sich den Belangen der Rüstungswirtschaft unterzuordnen.

Das ist für Professor Schumann, den Leiter der Forschungsabteilung im Heereswaffenamt, und damit auch für den Uranverein zuständig, Anlaß, auch seinen Instituten neue Anweisungen zu geben. Nur noch solche Projekte sollen verfolgt werden, die in absehbarer Zeit praktisch verwertbare Ergebnisse erwarten lassen.

Unter Schumanns Vorsitz treffen sich die Institutsleiter im Dezember 1941, um über den Stand der Arbeiten und die zukünftigen Aussichten zu sprechen. Der Bericht wird Schumanns neuem Vorgesetzten, General Leeb, vorgelegt, der das Heereswaffenamt leitet, seitdem General Becker nach Kriegsbeginn Selbstmord begangen hatte. General Leeb entscheidet, daß seine Behörde die Leitung des deutschen Uranprojekts langsam dem Reichsforschungsrat übertragen solle. Nach Beckers Tod war der Reichsforschungsrat unmittelbar dem schwachen Reichserziehungsminister unterstellt worden und bis Ende 1941 fast bis zur Bedeutungslosigkeit herabgesunken. Mit dem Reichsforschungsrat kam auch Professor Abraham Esau wieder ins Spiel, der darin die Fachsparte Kernphysik leitete.

Ende Februar 1942 laden Reichsforschungsrat und Heereswaffenamt zu zwei parallelen Veranstaltungen ein, auf denen über den

Stand der Uranarbeiten referiert und diskutiert werden soll. Die Einladungskarte zur Veranstaltung des Reichsforschungsrats erwähnt Schumann als Referenten für »Kernphysik als Waffe«, Hahn spricht über die Spaltung des Urankerns, Heisenberg über die Theorie der Energiegewinnung aus Uran. Bothe, Geiger, Clusius, Harteck und Esau stehen mit verschiedenen Themen auf der Referentenliste. Dazu war ein »Versuchsessen« angekündigt worden, dessen Speisefolge wohl kaum Anlaß zu kulinarischer Erregung geben konnte, der damaligen Versorgungslage jedoch entsprach und wohl den hohen Stand der deutschen Nahrungsmittelchemie demonstrieren sollte: »Vorgericht: Verschiedene Wurstarten, mit Roggen und Soja angereichert – Zwischengericht: Brühe mit Brätlingsklößchen und Salzstangen, Brätlingspulver mit Hefe angereichert mit synth. Fett gebacken . . .«

Heisenberg spricht in seinem Referat auch von Atombomben, schildert jedoch den Aufwand zu ihrer Herstellung als so groß, daß man sie während des Krieges nicht mehr entwickeln könne. Otto Hahn notiert in sein Tagebuch, daß der Eindruck, den die Vorträge auf die Teilnehmer der Konferenz machten, gut war. Reichserziehungsminister Rust ist bereit, die Uranforschung weiter zu unterstützen. Doch Rust bedeutete wenig.

Schon im Februar 1940 hatte Reichsmarschall Göring angeordnet, daß mit »allen Mitteln« nur noch Forschungsprojekte der Wehrmacht verfolgt werden sollten, »die im Jahre 1940 bzw. bis zum Frühjahr 1941 zur Auswirkung kommen können«. Das hatte die Forschung wenig beeinflußt. Im Frühjahr verfügt Göring einen neuen Erlaß, daß Förderung von Projekten verboten sei, die keine Bedeutung für den Krieg haben können. Damit ist auch das Uranprojekt in Gefahr, nachdem es schon durch Unterstellung unter den Reichsforschungsrat in der Prioritätenskala deutlich herabgestuft worden war. Doch es kam unerwartete Hilfe von außen.

Regelmäßig pflegte sich, in einem Séparée des Berliner Luxusrestaurants Horcher, der neueingesetzte Rüstungsminister Albert Speer mit dem Chef des Ersatzheeres, Generaloberst Fromm, zu sogenannten »Arbeitsessen« zu treffen. Im April hatte Fromm ihm anvertraut, so erinnert sich Speer, daß der Krieg nur noch mit einer neuartigen Waffe gewonnen werden könnte. Diese Waffe sollte ganze Städte, vielleicht sogar die britische Insel vernichten können. Fromm hatte von Kontakten zu einer Gruppe von Wissenschaftlern berichtet, die einer solchen Waffe »auf der Spur« seien.

Ein zweiter Kontakt lief über Albert Vögler, den früheren treuen Förderer Hitlers, der seit 1942 den Vorstandsvorsitz des größten deutschen Stahlkonzerns mit der Präsidentschaft der Kaiser-Wilhelm-Gesellschaft verband. Vögler versuchte, die Grundlagenforschung über den Rüstungsminister Speer so fördern zu lassen, wie es über den inkompetenten, aber zuständigen Erziehungsminister Rust nicht möglich war. Uranforschung war der für Speer ausgeworfene Köder.

Am 4. Juni treffen sich Speer und einige seiner hohen Beamten mit jenen, so Speer, »sagenhaften Männern..., die uns ihre Erkenntnisse über die kriegsentscheidende Waffe unterbreiten wollten«. Die in Speers Erinnerung überdimensionierten Gestalten sind: Otto Hahn (der selbst zwar keine angewandte Forschung betrieb und daher weder mit dem Reaktor noch anderen technischen Anwendungen zu tun hatte, aber kaum eine Gelegenheit ausließ, auf Konferenzen in Erscheinung zu treten), Heisenberg, Diebner, Harteck und Wirtz. Außer Speer und Vögler sind noch Beamte aus Speers Ministerium, ein weiterer Wissenschaftler und die Generäle Fromm, Leeb, Milch und Witzell anwesend.

In seinem Vortrag diskutiert Heisenberg die militärischen Anwendungen der Kernenergie ausführlich. Schließlich sind der Rüstungsminister und hohe Generäle anwesend. Man steht unter dem Eindruck der Verheerungen, die britische Bombergeschwader in deutschen Städten angerichtet hatten. Auf die Frage des Generalfeldmarschalls Milch, wie groß denn eine Bombe sein müsse, antwortet Heisenberg, etwa so groß wie eine Ananas. Er beeilt sich aber hinzuzufügen, daß sie in Deutschland unter den gegenwärtigen Bedingungen nicht herstellbar sei. Er verweist darauf, daß die Amerikaner, möglicherweise mit großer Intensität, versuchten, Atombomben zu entwickeln, und damit frühestens in zwei Jahren Erfolg haben könnten.

Speer, der sich nach dem Vortrag ausführlich mit Heisenberg unterhält, begreift, daß eine deutsche Atombombe erst fertig sein könnte, wenn der Krieg aus wirtschaftlichen Gründen schon längst beendet sein mußte: Also zu spät. Immerhin wird er sich in der Spandauer Haft noch einmal fragen, ob es nicht doch möglich gewesen wäre, »im Jahre 1945 die Atombombe einsatzbereit zu haben«. Man hätte rechtzeitig alle Mittel für diese Entwicklung und nicht für das vergleichsweise nutzlose Raketenprojekt einsetzen müssen. Doch im Sommer 1942 ist diese Möglichkeit bereits verpaßt.

In seinem Vortrag berichtet Heisenberg auch über die friedliche Anwendung der Kernenergie. Er und die anderen Wissenschaftler beklagen die ungenügende Unterstützung durch das Erziehungsministerium, die die Arbeit behindert. Generaloberst Fromm verspricht, einige hundert Wissenschaftler und Techniker für das Projekt freizustellen. Speer fordert die Wissenschaftler auf, ihm die Geldbeträge und Materialmengen zu nennen, die für die weiteren Arbeiten benötigt werden. Als einige Wochen später ein paar hunderttausend Mark und unbedeutende Materialmengen angefordert werden, ist Speer, wie er schreibt, »eher befremdet über die Geringfügigkeit der Forderungen in einer so entscheidenden Angelegenheit«. Vermutlich hatte er mit Größenordnungen von hundert Millionen gerechnet. Großzügig erhöht er das »Taschengeld«, um das man ihn gebeten hatte, auf ein bis zwei Millionen. Mehr kann, so sein Eindruck, »augenscheinlich nicht verarbeitet werden«.

Zwei Wochen später berichtet Speer seinem Gönner Hitler von der Kernspaltung. Speer meint zu bemerken, daß Hitler durch weitaus optimistischere Berichte als den seinen bereits informiert gewesen ist. Wahrscheinlich waren Goebbels und Hitlers Fotograf, Heinrich Hoffmann, der mit dem Reichspostminister Ohnesorge befreundet war und daher aus dem Ardenne-Labor kolportieren konnte, die Informanten. Jedenfalls war Hitler nicht sonderlich interessiert; Speer vermutet, weil er »von der Möglichkeit, daß sich die Erde unter seiner Herrschaft in einen glühenden Stern verwandeln könnte, offensichtlich nicht entzückt« war.

Vöglers Beschwerde über die unzureichende Förderung unter Rust hat noch keine andere Konsequenz. Speer schlägt Hitler vor, den Reichsforschungsrat Rust zu entziehen und ihm den starken Göring als »Repräsentativfigur« beizugeben. Am 9. Juni 1942 wird der Reichsforschungsrat und damit die deutsche Uranforschung Göring unterstellt. Görings umfangreiche Titelsammlung wird um den Titel des Präsidenten des Reichsforschungsrats erweitert.

Ernannt, vielmehr bestätigt in seinem bisher eher fiktiven Amt, wird Professor Abraham Esau, der Leiter der »Fachsparte Kernphysik im Reichsforschungsrat«. Damit ist Dr. Kurt Diebner, der bisher das Referat Kernphysik des Heereswaffenamtes geleitet und der 1939 beigetragen hatte, Esau kaltzustellen, nun unmittelbarer Untergebener seines früheren Gegners. Esau hatte die zweite Runde gewonnen. Doch sein Triumph dauerte nur kurz.

Im November 1942 schlägt Esau seinem Vorgesetzten Mentzel

vor, die Uranarbeiten zu zentralisieren und ihnen höhere Priorität zu verleihen. Mentzel schafft die Voraussetzung: einen neuen Titel. Er bewegt Göring, Esau zum »Bevollmächtigten des Reichsmarschalls für Kernphysik« zu ernennen, um diesem so die persönliche Autorität des zweitmächtigsten Mannes im Hitlerstaat zu leihen. Esau hatte Stärkung dringend nötig. Denn die Kaiser-Wilhelm-Gesellschaft unter Anführung von Generaldirektor Vögler begann sofort, gegen Esaus Plan zu intrigieren, das Uranprojekt zu zentralisieren und damit in einen Teil ihrer Zuständigkeiten einzugreifen. Die Gunst der Institutsfürsten hatte sich Esau schon mit der Ankündigung verscherzt, die Arbeit zu straffen. Das kollidierte mit ihren Interessen und ihrer Unabhängigkeit. Gegen die Koalition der Institutsinteressen, der Gesellschaft und des Ministeriums Speer, das die Arbeiten weiter unterstützte, half Esau auch der Titel des Bevollmächtigten des Reichsmarschalls wenig. Er wurde ein Jahr später gestürzt.

Ende 1942 versucht der Reichspostminister Ohnesorge bei Hitler vorzusprechen. Himmler, den er um Vermittlung bittet, berichtet er über Anzeichen eines Atomprojekts in den USA, das mit äußerster Dringlichkeit vorangetrieben würde. Der erste konkrete Hinweis auf das amerikanische Atombombenprojekt dringt nicht über Ohnesorge hinaus. So konnte der Uranverein mit den bisherigen Vorstellungen und Zielen weiter experimentieren, ohne zu wissen, was die Gegenseite vorhatte.

Eine Gouvernante aus Kent

Angst vor der deutschen Superbombe

Mehr Anlaß als die englische Regierung hatte im Frühjahr der sogenannte »Mann auf der Straße«, sich über Atombomben aus Deutschland zu sorgen. Nach dem Erscheinen von Joliots Artikeln in der britischen Fachzeitschrift »Nature« wertete die Sensationspresse die kernphysikalischen Neuheiten des Winters aus und bot sie für ein paar Pence feil. Doch im gleichen Maß, wie sich der Sensationswert der Nachrichten abgriff, wurden die unheilschwangeren Vorahnungen von Superbomben schwerer verkäuflich, bis schließlich die unbegründete Angst gar nicht mehr an den Mann zu bringen war. Außerdem gab es in jenem Frühjahr 1939 konkrete Anlässe für schlimme Befürchtungen.

Churchill war vor dem Kriegsausbruch über die Möglichkeiten und Schwierigkeiten informiert, Atombomben zu entwickeln. Er schätzte das Gerede von deutschen Superwaffen als Unfug ein. Sein Wissenschaftsberater, Professor Lindemann, hatte ihn informiert, daß es theoretisch zwar möglich sei, Atomwaffen zu entwickeln, daß aber Ergebnisse frühestens in einigen Jahren zu erwarten seien. Also Zeit genug, sich vorläufig nicht weiter mit dem Problem beschäftigen zu müssen. Es gab wichtigere Aufgaben für die Rüstungsforschung.

So waren die Berichte von Professor Tyndall, der das Chemical Defense Committee im Mai 1939 über die theoretische Möglichkeit von Atombomben informierte, und von Sir Henry Tizard, der versucht hatte, die belgischen Uranvorräte vor dem Zugriff der Deutschen zu sichern, nur Episoden ohne nennenswerte Konsequenzen gewesen: Unbestimmbare Vorahnung, vorwissenschaftlich begründete Angst, die keine konkreten Ergebnisse produzierte, da ihr die Grundlage fehlte.

In wissenschaftlichen Kreisen stand man der Idee der Superbombe skeptisch gegenüber. Einige der kompetenteren Wissenschaftler meinten, die Entwicklung von Atombomben stoße auf grundsätzliche Schwierigkeiten. Andere sahen technische Probleme voraus, die die Entwicklung um Jahre, vielleicht Jahrzehnte, hinauszögern würden. Man konnte schließlich auf die allgemeine Erfahrung verweisen, daß zwischen Entdeckung und Entwicklung derartig neuer Apparate viele Jahre, meist Jahrzehnte vergingen. Manche Wissenschaftler glaubten, es wäre zwar möglich, Atombomben zu entwickeln, doch sei der Effekt zu gering, als daß der Aufwand lohnte. Es gab viele Gründe zur Skepsis und nur wenige, sich mit dem Problem ernsthaft zu befassen.

Otto Robert Frisch, der zusammen mit seiner Tante Lise Meitner den Hahnschen Befund physikalisch interpretiert hatte, lebte im Herbst 1939 in Großbritannien. Nachdem ihn die Rassengesetze schon 1933 aus Hamburg vertrieben hatten, veranlaßte ihn der drohende Ausbruch des Krieges, sich nach einer sichereren Bleibe als Dänemark umzusehen. Er war nach England gereist, um sich einen neuen Arbeitsplatz zu suchen. Dort überraschte ihn der Ausbruch des Krieges. Sein Hab und Gut, darunter ein teilweise bezahltes Klavier, eine Viola und eine Violine, hatte er in Dänemark lassen müssen. Frisch blieb in Großbritannien.

Seine und seiner Tante Entdeckung, daß bei der Uranspaltung um Größenordnungen mehr Energie frei würde als bei chemischen Reaktionen, war eine wissenschaftliche Offenbarung gewesen. Aber mehr auch nicht. An technische Anwendungen hatten die beiden Physiker nicht gedacht. Das änderte sich. Joliots Artikel in »Nature« hatten die Frage der technischen Nutzung der Atomenergie einen entscheidenden Schritt weitergebracht. Die Theorie von Bohr und Wheeler machte es nahezu sicher, daß nur das seltenere Uranisotop 235 spaltbar sei. Da Bohr außerdem vorausgesagt hatte, daß Uran 235 nur von langsamen Neutronen gespalten würde, war Frisch (wie auch Bohr) sicher, daß Atombomben nicht hergestellt werden könnten. Denn eine Kettenreaktion mit langsamen Neutronen würde die Energie der »Bombe« nur langsam freisetzen, eine wirksame Explosion käme nicht zustande. Das veröffentlichte Frisch in einem Jahresbericht über die Fortschritte der Chemie, der Anfang 1940 erschien.

Um Bohrs Theorie experimentell zu überprüfen, beschäftigt sich Frisch mit Verfahren zur Trennung der Uranisotope. Er schätzt die Mindestmenge von Uran 235, die für eine Kettenreaktion notwendig ist. Hitlers Erfolge im Krieg lassen ihn wieder an militärische Anwendungen denken. Er stellt fest, daß die von ihm (viel zu niedrig) geschätzten Kosten einer Isotopentrennfabrik »im Vergleich zu den Kriegskosten unbedeutend sein würden«. Seine Einstellung ändert sich, nicht zuletzt wegen dieser Fehleinschätzung. Er glaubt nun, daß es doch möglich sei, Atombomben zu entwickeln. Da er nun die technischen Schwierigkeiten und Möglichkeiten anders beurteilt, wird die Gefahr sehr akut. Er unterschätzt die Schwierigkeiten. Er weiß, daß nicht nur er die neuen Möglichkeiten realisiert, sondern auch Deutschland über fähige Physiker verfügt, die zu ähnlichen Schlußfolgerungen kommen können wie er. Und da Krieg ist, vermutet er, daß es für Physiker nur selbstverständlich wäre, zu den Kriegsanstrengungen ihres Landes beizutragen.

Zusammen mit seinem Kollegen Peierls, einem ebenfalls durch die Arierparagraphen vertriebenen deutschen Juden, beginnt Frisch an der Theorie der Atombombe zu arbeiten. Bis zum Frühjahr 1940 haben die beiden ihre Arbeit in einem Memorandum abgeschlossen: »Über die Konstruktion einer ›Superbombe‹, die auf der nuklearen Kettenreaktion in Uran basiert«.

Frisch und Peierls beginnen ihre theoretische Untersuchung mit den Sätzen: »Die Möglichkeit, ›Superbomben‹ aufgrund der Kettenreaktion in Uran zu entwickeln, ist ausführlich diskutiert worden und Argumente sind vorgebracht worden, die diese Möglichkeit auszuschließen scheinen. Wir möchten hier eine Möglichkeit aufzeigen und diskutieren, die in den früheren Diskussionen scheinbar übersehen worden ist.« Ausführlich wird das wissenschaftliche und technische Problem der Atombombe diskutiert.

Frisch und Peierls schätzen die »kritische Größe« der Bombe, also die Mindestmenge von Uran 235 recht genau und berechnen die bei der Explosion freigesetzten Energiemengen. Sie kennen bereits den richtigen Zündmechanismus, Zusammenprall zweier unterkritischer Massen von Uran 235: »Es ist wichtig, daß das Zusammenbringen der Teile so schnell wie möglich erfolgt, um zu vermeiden, daß die Reaktion in dem Moment eingeleitet wird, in dem der kritische Zustand erst gerade erreicht ist. Wenn das eintreten würde, würde die Reaktion sehr viel langsamer ablaufen und die Freisetzung von Energie wäre sehr viel geringer.«

Da Frisch und Peierls als Ausländer keine Möglichkeit sehen, selbst auf die Regierung einzuwirken, geben sie ihr Memorandum einem britischen Kollegen. Professor Marcus Oliphant soll es an die richtige Stelle vermitteln. Über Oliphant und Sir Henry Tizard erreicht es Professor G. P. Thomson, dem das Committee of Scientific Survey on Air Defense and Air Warfare die Koordinierung der Uranarbeiten übertragen hatte. Das Memorandum von Frisch und Peierls trifft bei Thomson mit geheimen Informationen eines französischen Agenten, Leutnant Allier, zusammen. Allier hatte über das große deutsche Interesse an der norwegischen Schwerwasserproduktion und an den Einrichtungen des Instituts von Joliot berichtet. Nun scheint die Gefahr wirklich und greifbar. Man beschließt, über Agenten mehr über den Verbleib und die Tätigkeit führender deutscher Wissenschaftler zu erfahren.

Etwa Mitte 1941 stellen britische Wissenschaftler und ihre emigrierten Kollegen eine Liste der deutschen Physiker auf, die sie für wichtig genug halten, überwacht zu werden, um Näheres über das deutsche Uranprojekt zu erfahren. Die Liste enthält sechzehn Namen: Heisenberg, Hoffmann, Hahn, Straßmann, Flügge, von Weizsäcker, Mattauch, Wirtz, Geiger, Bothe, Fleischmann, Clusius, Dikkel, Hertz, Harteck und Stetter. Im Frühjahr 1941 beschließt man auch, das Problem der belgischen Uranerze, die den Deutschen nicht in die Hände fallen sollen, wiederaufzugreifen. Und schließlich wird auch Kontakt mit Wissenschaftlern in den Vereinigten Staaten aufgenommen.

Die Antwort aus den USA ist beruhigend, aber kann die Sorgen der beunruhigten Engländer nicht ausräumen: Wissenschaftler der New Yorker Carnegie Institution berichten, ihnen sei bekannt, daß deutsche Wissenschaftler Uranforschung betrieben. Sie glauben jedoch, daß es diesen deutschen Kollegen gelungen sei, die nationalsozialistischen Machthaber über die praktischen Konsequenzen zu täuschen. Außerdem sei nicht zu erwarten, daß die Arbeiten schnell genug abgeschlossen werden könnten, um noch kriegswichtige Ergebnisse zu liefern. Die Amerikaner empfehlen, sich nicht mit diesen Atombomben-Sorgen und -Problemen aufzuhalten, sondern sich wichtigeren Arbeiten zuzuwenden.

Dennoch wird in Großbritannien ein Ausschuß zur Koordinierung und Entwicklung der vorbereitenden Arbeiten an der Atombombe gegründet. Der Name dieser Selbstorganisation der Wissenschaftler, M.A.U.D. Committee, wirft ein Licht auf die fast krankhafte Suche nach Indizien für die deutsche Atomgefahr. Auch noch der harmloseste Hinweis läßt sich in ein Bild apokalyptischer Düsternis einpassen:

Im April 1940 hatten die deutschen Armeen Kopenhagen besetzt. Das Institut von Niels Bohr war in die Hand des Feindes geraten. Einige Tage später traf bei Otto Robert Frisch ein Telegramm von Bohr ein, das den merkwürdigen Satz enthielt, »tell Cockroft and Maud Ray at Kent«. Was »tell Cockroft« bedeutete, war klar. Frisch sollte dem berühmten englischen Physiker etwas mitteilen. Aber was? »Maud Ray at Kent«, was konnte das bedeuten? Niemand kannte den Namen. War es ein Begriff? Einiges Nachdenken produzierte schließlich doch ein sinnvolles Ergebnis. »Maud Ray at Kent« konnte nichts anderes sein als die verschlüsselte Nachricht: »radium taken«. Und daß Cockroft erfahren sollte, Bohrs Radiumvorräte seien von den Deutschen weggenommen worden, mußte wiederum höchste Gefahr signalisieren. Denn Radium, das für Neutronenquellen benötigt wurde, hieß Uranspaltung, ein Hinweis auf die Gefahr, die von der deutschen Uranforschung drohe. Was Bohr wirklich gemeint hatte, wurde erst später bekannt: »Maud Ray« war eine ehemalige Gouvernante der Bohrschen Kinder, die in »Kent« lebte.

Obwohl die Emigranten Frisch und Peierls den wohl entscheidenden Anstoß zum englischen Projekt gegeben hatten, waren sie im vorbereitenden Ausschuß nicht vertreten. M.A.U.D. setzte sich ausschließlich aus Engländern zusammen: Thomson Vorsitzender, Chadwick, Cockroft, Oliphant, Moon, Blackett, Ellis und Haworth. Frisch und Peierls blieb vorerst nur die Möglichkeit, ihre englischen Kollegen indirekt zu beeinflussen. Frisch galt als »feindlicher Ausländer«, Peierls, der schon länger im Land war, hatte soeben erst die Staatsbürgerschaft erhalten. Nachdem sich die beiden beklagt hatten, erreichten sie immerhin, daß der Ausschuß sie in wichtigen Fragen zu konsultieren beschloß. Sie schlugen außerdem vor, einen weiteren Emigranten, Professor Simon hinzuzuziehen, einen Spezialisten für den wichtigsten Komplex des Projekts, die Isotopentrennung.

Der englische »Uranverein« war organisatorisch weitaus unabhängiger als sein deutsches Gegenstück. Die Arbeiten wurden größtenteils an Universitätsinstituten über Kontrakte mit dem Ministerium für Flugzeugproduktion finanziert. Den Beteiligten wurde ein Maximum an Unabhängigkeit und Beweglichkeit zugestanden, das in der Vorbereitungsphase den Arbeiten sehr zugute kam. Denn das Ministerium selbst durfte keine Ausländer beschäftigen. Da viele qualifizierte Wissenschaftler und Techniker für Kriegsforschung benötigt wurden, gleichzeitig ausländische Wissenschaftler Arbeit suchten, konnte über unbürokratische Kontrakte mit den Universitäten das Reservoir dieser Flüchtlinge stillschweigend ausgeschöpft werden. Das erlaubte, außer Frisch, Peierls und Simon auch die aus Frankreich geflüchteten Mitarbeiter Joliots, Halban und Kowarski, einzubeziehen. Auf diese Weise wurden auch die deutschen Wissenschaftler Freundlich, Rotblat, Kuhn, Kurti, Kemmer, Fuchs und der Schweizer Bretcher in der englischen Kriegsforschung beschäftigt.

Die französischen Flüchtlinge Halban und Kowarski sind die einzigen Uranforscher in England, die sich auf die Arbeit am Reaktor konzentrieren. Die beiden glauben nicht, daß Atombomben noch im Krieg entwickelt werden könnten. Sie wollen zu Kriegsanstrengungen beitragen, indem sie mit dem Reaktor radioaktive Kampfstoffe zu produzieren hoffen. Sie hatten zwar die damaligen Weltvorräte an Schwerem Wasser mitgebracht, insgesamt weniger als zweihundert Kilogramm, waren aber gegenüber ihren »Konkurrenten« in Deutschland, die nun die Fabrik in Norwegen kontrollierten, bereits im Nachteil. Denn vorläufig hatten Halban und Kowarski keine Aussicht, ihre Bestände zu vergrößern. Wie Heisenberg in Deutschland hatten sie auch an Graphit als Moderator gedacht, ihre Messung führte aber zum gleichen Ergebnis wie die von Bothe: nämlich, daß Graphit zuviele Neutronen absorbierte und damit als Moderator ausschied.

So waren Halban und Kowarski in ihren Möglichkeiten, aktiv zu den Kriegsanstrengungen der Briten beizutragen, beschränkt. Alles was sie machen konnten, waren Vorversuche zum Reaktor.

Die anderen Gruppen in Großbritannien arbeiten an der Atombombe. Das vordringlichste Problem ist das Verfahren zur Isotopentrennung. Denn nur über eine Trennfabrik bestand Aussicht, Uran 235, den Sprengstoff für die Atombombe, in reiner Form zu isolieren.

Frisch und Peierls hatten in ihrem Memorandum vom Frühjahr 1940 mit der Thermodiffusion ein einfaches Verfahren vorgeschlagen, das sie jedoch bald als ungeeignet verwarfen. Nun sucht man nach anderen Verfahren. Von den denkbaren Trennmethoden erscheint die Gasdiffusion durch poröse Trennwände am aussichtsreichsten zu sein. Eine gasförmige Uranverbindung, das Uranhexafluorid, wird durch eine »Membran« mit winzigen Poren von fast gleicher »Größe« gepreßt. Das auf der anderen Seite austretende Gas enthält das leichtere Isotop Uran 235, geringfügig angereichert, während auf der Eingangsseite etwas mehr Uran 238 als im Natururan zurückbleibt. Wenn einige tausend dieser Trennwände in einer Art Kaskade hintereinander geschlossen würden, so ließe sich in der letzten Stufe reines Uran 235-hexafluorid abziehen. Simon, der Spezialist für die Isotopentrennung, hat bereits 1940 genaue Pläne für eine Trennfabrik ausgearbeitet. Er rechnet mit einem großen Aufwand, der jedoch noch immer im Bereich des wirtschaftlich Möglichen liegt. Eine Trennanlage ist nach Simons Vorstellungen in ein bis eineinhalb Jahren zu entwickeln und kann etwa ein Kilogramm Uran 235 täglich produzieren.

Um die gleiche Zeit wie in Deutschland Carl Friedrich von Weizsäcker entdecken Bretcher und Feather in Großbritannien den zweiten Weg zu einer Atombombe, die Plutoniumbombe. Da man in Großbritannien jedoch nicht genügend Schweres Wasser für einen Reaktor herstellen kann, erscheint dieser Weg für die eigenen Kriegsanstrengungen weniger aussichtsreich als die Gasdiffusion. Man verfolgt ihn nicht weiter. Aber, die Theorie von Bretcher und Feather hat eine wichtige Konsequenz. Sie erklärt die außergewöhnlichen Anstrengungen der deutschen Kernphysiker, die Schwerwasserproduktion zu erhöhen, den scheinbaren Widersinn, daß sich die führenden Wissenschaftler mitten im Krieg auf den Reaktor konzentrieren. Damit nimmt auch die friedliche Reaktorforschung in Deutschland bedrohliche militärische Züge an.

Da die britischen Kernphysiker die Gefahr am unmittelbarsten empfinden, sind sie über amerikanische Veröffentlichungen besorgt, die etwa zur gleichen Zeit den experimentellen Beweis der Umlagerung von harmlosem Uran 238 in den Bombenrohstoff Plutonium bringen. Selbst wenn man unterstellte, daß die deutschen Theoretiker diese Möglichkeit bereits erkannt hätten (was man in England nicht wissen konnte), lieferten die auch in Deutschland verfügbaren ausländischen Publikationen wichtiges experimentelles Material, das die Deutschen sich selbst nicht beschaffen konnten. Ihnen fehlten die notwendigen Anlagen. Besorgt und verärgert über so viel gefährlich-naiven amerikanischen Ehrgeiz, veranlaßt Chadwick, daß englische Behörden in den USA protestieren, um zu erreichen, daß auch in den USA strengere Zensurmaßstäbe angelegt werden.

Im Sirup schwimmen

Einstein wird ins Spiel gebracht

Fermis Vorstoß im Frühjahr 1939, das Marineministerium zur Förderung der Atomarbeiten zu gewinnen, war ein Mißerfolg gewesen. Zwar hatte man dem italienischen Wissenschaftler versichert, daß die Marine an Atomreaktoren zum Antrieb von Unterseebooten sehr interessiert sei. Doch die Überweisung von fünfzehnhundert Dollar, mit denen man die Arbeiten unterstützen wollte, war ein schäbiges Trinkgeld. Szilard sprach im Sommer 1939 auf einem Treffen der American Physical Society mit Ross Gunn, dem technischen Berater des Marineforschungslabors, und erfuhr, daß die Vorschriften ohne Genehmigung der vorgesetzten Regierungsbehörden keine weitergehende Übereinkunft erlaubten. Man muß einen offiziellen Weg gehen.

Nun berät Szilard mit seinem Landsmann Eugene Wigner, was zu tun sei. Er ist fest überzeugt, daß die Uranexperimente an der New Yorker Columbia Universität bald zu Ergebnissen führen könnten. Es fehlt nur an Geld. Im Gegensatz zu ihren amerikanischen Kollegen sind die Flüchtlinge Szilard und Wigner überzeugt, daß Hitlers Erfolg in einem kommenden Krieg sehr wohl von den Ergebnissen der Uranforschung abhängen könnte. Die Befürchtungen werden durch Nachrichten aus Deutschland bestärkt. Szilard weiß von der ersten Veranstaltung des Reichserziehungsministeriums im Frühjahr 1939, in dem Esau die Uranforschung zu organisieren versucht hatte. Nach dem Einmarsch der deutschen Truppen waren die Uranlieferungen aus der Tschechoslowakei gestoppt worden.

In New York überlegt sich Szilard, daß es in dieser Lage richtig wäre, eine Verbindung zur amerikanischen Regierung herzustellen, am besten mit Präsident Roosevelt persönlich zu reden. Von Freunden wird er an Dr. Alexander Sachs, einen Wirtschaftswissenschaftler verwiesen, der mit dem Präsidenten befreundet ist und Einfluß hat. Sachs ist einverstanden, Kontakt zu Roosevelt herzustellen und verspricht, einen Brief an Roosevelt zu überbringen.

Von Sachs erfährt Szilard auch, daß der Präsident offensichtlich über Fermis Kontakt mit dem Marineministerium unterrichtet ist. Roosevelt steht, wie Szilard hört, unter dem Eindruck, mit technischen und militärischen Anwendungen sei erst nach einer langen

Entwicklungszeit zu rechnen. Szilard sieht, daß die wissenschaftliche Zurückhaltung des kühl argumentierenden Fermi den gefährlichen Eindruck hinterlassen hat, man könnte abwarten, bis konkrete Anhaltspunkte vorlägen. Das beunruhigt Szilard. Denn selbst wenn nur geringe Wahrscheinlichkeit besteht, in absehbarer Zeit erfolgreich zu sein, können sich nach Szilards Meinung die Vereinigten Staaten nicht leisten, auch Möglichkeiten mit geringer Erfolgsaussicht nicht mit allen Mitteln zu verfolgen. Die Bedrohung durch den deutschen Faschismus ist sehr konkret und kann durch die Atombombe abgesichert werden.

Wissenschaftliche Phantasie, verbunden mit politischer Weitsicht, unterscheidet Szilard von den meisten seiner Kollegen. Szilard ist einen Schritt voraus. Es genügt ihm, Ideen zu haben, Entwicklungen anzuregen, um anderen die Durchführung zu überlassen, sie auch die Früchte des Erfolgs ernten zu lassen. Wo andere schrittweise vorgehen, den nächsten Schritt erst planen, wenn der erste vollzogen ist, denkt Szilard weiter. Er erfaßt die politischen Dimensionen technischer Entwicklungen schneller, reagiert politisch präziser als die meisten anderen Physiker. Seinen konservativeren Kollegen ist Szilards Drang, unablässig neue Ideen zu produzieren und durchzusetzen, mehr als einmal lästig. Sie lenken sie von den drängenden Fragen ihres technisch-wissenschaftlichen Alltags ab, haben offenbar nichts mit den unmittelbaren Problemen zu tun, die sie beschäftigen. Später, in der Phase des kalten Krieges, wird das Wort umgehen, der beste Weg, die Forschung der Russen zu behindern, sei, Szilard mit dem Fallschirm über Rußland abzusetzen.

Szilard erkennt, daß seine Autorität als Wissenschaftler nicht ausreicht, den Eindruck zu verwischen, den Fermis wissenschaftliche Solidität hinterlassen hat. Einen Nobelpreisträger kann man nur durch einen zweiten, berühmteren übertrumpfen. Und wer ist schon berühmter als Einstein? Szilard weiß zwar, daß Einstein von Kernphysik herzlich wenig versteht, sich in Princeton aufs wissenschaftliche Altenteil zurückgezogen hat und die aktuelle Fachliteratur nicht mehr überblickt. Statt dessen grübelt Einstein über einer einheitlichen Feldtheorie, der Ordnung hinter der Welt der Erscheinungen. Doch gerade das kommt Szilard zugute. Er beansprucht den Strahlenkranz des großen alten Mannes, die Argumente will er schon selbst besorgen.

Einstein ist mit Szilards Vorschlag einverstanden, einen von diesem entworfenen Brief an den Präsidenten zu unterzeichnen. Den

Entwurf will Szilard in New York ausarbeiten. Doch Einstein bittet Szilard, zu einem zweiten Gespräch nach Long Island zu kommen. Da dieser nicht Auto fahren kann und Wigner nicht greifbar ist, verhilft der Notstand Szilards jungem Landsmann Edward Teller zu seinem ersten Einsatz im Dienst der amerikanischen Atombombe: Er chauffiert Szilard zu Einstein.

Zunächst haben sie Schwierigkeiten, den Weg zu finden. Ein kleines Mädchen kann ihnen weiterhelfen. Der Name »Einstein« sagt ihm zwar nichts, aber als Szilard Einstein beschreibt, weiß es sofort: »Ach ja, *der* mit den langen Haaren, *der* wohnt dort drüben.« Die Besucher treffen Einstein in Pantoffeln an.

Szilard legt Entwürfe zweier Briefe an Roosevelt vor. Einstein darf sich entscheiden. In der endgültigen Fassung, die, von Einstein unterzeichnet, dem Präsidenten überbracht wird, wird über die Kettenreaktion und ihre militärischen Konsequenzen berichtet. Einstein hebt das große Interesse der deutschen Wissenschaftler hervor. Er betont, daß der Sohn des Staatssekretärs im Auswärtigen Amt, Carl Friedrich von Weizsäcker, dem Stab des Berliner Kaiser-Wilhelm-Instituts angehöre, wo (eine Referenz Szilards an seine Gastgeber) »ein Teil der amerikanischen Arbeiten am Uran gerade wiederholt« wird. Einstein, der Unterzeichner, empfiehlt über eine Vertrauensperson Roosevelts, ständigen Kontakt zu den am Problem arbeitenden Wissenschaftlern herzustellen. Die weitere Arbeit soll finanziell gefördert werden.

In Europa überfällt Deutschland Polen. Mit der Einbeziehung Englands und Frankreichs weitet sich der Krieg aus, ohne daß Einsteins Brief Roosevelt überbracht worden wäre. Der Brief liegt bei Dr. Alexander Sachs. Szilard kommen Zweifel an dessen Brauchbarkeit. Der deutsche Einmarsch in Belgien steht bevor, ohne daß die USA die letzte Gelegenheit ergriffen hätten, sich die Uranvorräte der Union Minière zu sichern. Kostbare Zeit verrinnt, ohne daß etwas geschieht.

Doch Sachs weiß, daß der Präsident mit anderen Entscheidungen überlastet ist und es sinnlos wäre, ihn in dieser Lage mit dem vergleichsweise unbedeutenden Atomprojekt zu behelligen. Erst am 11. Oktober 1939 spricht er bei Roosevelt vor. Dort trifft er außer auf den Präsidenten auch auf einige hohe Offiziere, die informiert werden müssen. Anschließend legt er Einsteins Brief vor und erklärt Roosevelt die Dringlichkeit des Projekts. Roosevelt soll gesagt haben: »Alex, worauf Sie aus sind, ist sicherzustellen, daß die Nazis uns nicht in die Luft jagen.« Der Präsident ruft seinen Sekretär, einen General, der auf den Namen »Pa« Watson hört, und erklärt: »Es muß gehandelt werden.«

Der Trumpf sticht nicht

Es wurde gehandelt. Ein »Beratendes Komitee über Uran« wird gegründet. Den Vorsitz erhält ein Wissenschaftler, der sich in mehreren Jahrzehnten Dienst für Regierungsbehörden Verdienste erworben hatte. Lyman J. Briggs hatte 1896 als Bodenphysiker im Landwirtschaftsministerium angefangen und war jetzt bis zum Direktor des National Bureau of Standards aufgestiegen, einer der deutschen Physikalisch-Technischen-Reichsanstalt vergleichbaren Behörde. Außer Briggs werden mit Kapitän Hoover und Oberst Adamson zwei Offiziere mittlerer Rangordnung in den Uranausschuß berufen.

Auf Vorschlag von Sachs werden zur ersten Sitzung des Ausschusses die drei Ungarn Szilard, Wigner und Teller als wissenschaftliche Berater zugezogen. Einstein, der ebenfalls eingeladen worden war, hatte abgelehnt. Er vertiefte sich wieder in seine Theorie der Elementarteilchen.

Szilard trägt auf der ersten Sitzung des ersten amerikanischen Atomkomitees seine und Fermis theoretische Arbeiten über die Reaktion langsamer Neutronen im Uran-Graphit-Reaktor vor. Er sagt, die weitere Entwicklung sei davon abhängig, ob sich eine Kettenreaktion in diesem System technisch verwirklichen ließe. Doch die Gespräche gleiten bald in die Grundsätzlichkeit kriegsphilosophischer Erkenntnisse der Militärs über. Oberst Adamson äußert Skepsis hinsichtlich der Bedeutung neuer Techniken für die Kriegsführung. Die Erfahrung zeige, so doziert er, daß es normalerweise zweier Kriege bedürfe, um eine neue Waffe bis zur Einsatzreife zu entwickeln. Das muß auch für die Atomenergie gelten. Außerdem, ergänzt der Oberst seine Überlegungen, sei es die Moral der kämpfenden Truppe, die Kriege entscheide, und nicht neue Waffen. Wigner wird ungeduldig. Schließlich unterbricht er den Offizier. Das sei ja sehr interessant, wendet er höflich ein. Wenn nicht Waffen, sondern die Moral der Truppe entscheide, könnte man doch das Budget der Armee um ein Drittel kürzen. Adamson ist verblüfft. »Gut, was diese sechstausend Dollar angeht, können Sie sie haben.«

Im Frühsommer 1940 häufen sich in den USA günstige experimentelle Zwischenergebnisse: Wie nach der Bohr-Wheeler-Theorie vermutet werden konnte, bestätigt sich, daß Uran 235 von Neutronen gespalten wird. Zwar ist noch zweifelhaft, ob daraus eine Bombe entwickelt werden kann, da noch ungewiß ist, ob Uran 235 auch durch schnelle Neutronen gespalten wird. Besser sieht es beim Atomreaktor aus. In Graphit hatten Fermi und Szilard einen geeigneten und relativ billigen Moderator gefunden. Wenn auch Entwicklungszeit und der Aufwand noch nicht genau abschätzbar sind, so wissen die beiden Physiker doch, daß ein Atomreaktor in absehbarer Zeit entwickelt werden kann.

Hitlers Sieg über Frankreich und die Vertreibung der englischen Armeen vom Kontinent lassen im Sommer 1940 auch die Amerikaner wach werden. Der Krieg wird sich ausdehnen. Damit setzt sich der Gedanke durch, daß das Briggs-Komitee der veränderten Lage weder organisatorisch noch fachlich gewachsen sei. Zentrale Organisation und Steuerung der amerikanischen Kriegsforschung müsse auch die Uranforschung einbeziehen. Der Briggs-Ausschuß wird dem National Defense Research Committee (NDRC) unterstellt.

Ein Yankee organisiert

Die Gründung des National Defense Research Committee geht auf Vannevar Bush zurück, einen 1940 etwa 50 Jahre alten Wissenschaftler vom Yankee-Typus. Bush hatte in jungen Jahren als Mathematiker und Elektrotechniker reüssiert, sich Verdienste um die Organisation von Wissenschaft im Universitätsbereich erworben und war in die Vizepräsidentschaft des berühmten Massachusetts Institute of Technology aufgestiegen. Diesen angesehenen Posten gab er auf, um Präsident der Carnegie Foundation zu werden. Dort erwarb er sich Verdienste bei der Organisation von Forschung im Dienst der Rüstung. Außergewöhnliches taktisches Geschick, verbunden mit Prinzipientreue, und organisatorische Fähigkeiten verlängerten seine Karriere. Er wurde zum Präsidenten eines wissenschaftlichen Beratungskomitees für die Luftfahrt ernannt.

Im Juni 1940 trägt er Präsident Roosevelt seinen Plan vor, die Kriegsforschung zentral zu organisieren. Er wird zum Leiter der übergeordneten Organisation ernannt, des National Defense Research Committee (NDRC), dem das Briggsche National Bureau of Standards, die National Academy, der National Research Council, und andere nationale Forschungsbehörden beratend zugeordnet sind. Das Urankomitee von Briggs wird Bush direkt unterstellt, der damit die Möglichkeit hat, die Uranforschung nach Ermessen zu fördern. Damit ist die Uranforschung von Marine oder Armee, ihren bisher eher skeptischen Förderern, unabhängig geworden.

Zuerst wird das Briggsche Urankomitee im Herbst 1940 durch Bush umorganisiert. Briggs bleibt auf Wunsch des Präsidenten Vorsitzender, doch werden die beiden Militärs ausgeschlossen. Das gleiche Los trifft die im Ausland geborenen Wissenschaftler, auf die die Organisation der Uranarbeiten erst zurückging. Neu hinzu kommen die amerikanischen Wissenschaftler Tuve, Pegram, Beams, Gunn und Urey. Gleichzeitig wird die von Szilard 1939 angeregte Publikationssperre für alle Uranarbeiten im Sommer 1940 inkraft gesetzt.

Mit diesen organisatorischen Veränderungen sind die Anreger des amerikanischen Atomprogramms vorläufig aus dem Entscheidungsprozeß verdrängt. Sie haben sich auf die Laborarbeit zu beschränken und können nur noch hoffen, ihre einflußreicheren amerikanischen Kollegen zu beeinflussen. Das mußte für sie bitter sein, denn sie hatten unter dem Eindruck der Bedrohung erst das Interesse der Regierung und ihrer Kollegen geweckt. Diese historische Rolle bestätigt ihnen sowohl der offizielle Bericht über das Atombombenprogramm wie auch das Urteil der meisten ihrer amerikanischen Kollegen.

Oppenheimer, der später als »Vater« der Atombombe galt, betont, »die früheren Versuche der Publikationssperre und Regierungsunterstützung zu erhalten, wurden hauptsächlich durch eine kleine Gruppe ausländischer Physiker um Leo Szilard gefördert unter Mithilfe von E. Wigner, E. Teller, V. F. Weißkopf und E. Fermi.« Während die eigentliche Entscheidung um ein großzügiges Programm zur Entwicklung der Atombombe weiter hinausgezögert wird, meinen die Anreger, in den Worten Eugene Wigners, »in Sirup zu schwimmen«.

Ein Phantom wird greifbar

Die wohl wichtigste Entdeckung des Frühjahrs 1940 machten McMillan und Abelson. Ihre Arbeit führte später zu einem zweiten Atombombentyp, der Plutoniumbombe. Die Veröffentlichung der beiden war es auch, die in Deutschland von Weizsäcker zu seinen Spekulationen über einen zweiten Atomsprengstoff anregte.

Um die Geschichte dieser Entdeckung und ihre Konsequenzen zu verstehen, ist es notwendig, zu der Zeit zurückzukehren, in der die Uranspaltung noch nicht entdeckt war. Philip Abelson arbeitete seit 1935 im Strahlungslabor von Berkeley. Die ersten, weitgehend falschen Publikationen von Hahn und Meitner weckten auch das Interesse der Wissenschaftler in Kalifornien. Vom Leiter des Strahlungslabors, Lawrence, wurde der junge Abelson 1936 auf das Problem angesetzt. Mit den überlegenen apparativen Möglichkeiten des Berkeleyer Labors rechnete man sich eine gute Chance aus, zu entdecken, was bei der Bestrahlung von Uran mit langsamen Neutronen geschah. Auch Abelson war sich der Widersprüche zwischen den Ergebnissen der Experimente und ihrer Deutung bewußt und arbeitete sich mehrere Jahre durch die radioaktiven Zerfallsketten. Schließlich realisierte er, daß er etwa fünf Kilogramm Uran für eine neue Versuchsserie benötigte. Da alle Mittel des Labors in die Verbesserung der Apparaturen gesteckt wurden und sein Stipendium gerade ausreichte, um davon zu leben, verhalf ihm erst Geld, das seine Eltern für einen neuen Anzug geschickt hatten, zu größeren Uranmengen. Nach einigen Schwierigkeiten, die Uranverbindung zu reinigen, stand er vor dem Beginn seiner neuen Versuche.

Er erinnert sich, wie im Januar 1939 sein Kollege Alvarez ins Labor gestürmt kam. Beim Friseur hatte Alvarez die Nachricht der Uranspaltung und ihrer Interpretation durch Frisch und Meitner in einer Zeitung gelesen und war aus dem Sessel gesprungen, um Abelson sofort zu benachrichtigen. Abelson weiß noch von seiner grenzenlosen Enttäuschung: »Als Alvarez mir die Neuigkeit erzählte, war ich wie betäubt, als ich entdeckte, wie nahe ich einer großen Entdeckung gekommen war, die ich dennoch verfehlte.« Es dauerte einen Tag, bis er sich wieder gefangen hatte. Dann machte er sich an die Arbeit und entdeckte ein zweites Spaltprodukt, radioaktives Jod. Sein Ergebnis sandte er bereits am 3. Februar 1939 an die Fachzeitschrift »Physical Review« zur Veröffentlichung. In den nächsten Monaten schloß Abelson seine Doktorarbeit mit der Identifikation weiterer Spaltprodukte ab.

Die Transurane beschäftigten ihn auch noch, als er nach der Promotion eine Stelle in der Carnegie Institution, einer Forschungsorganisation in Washington, annahm. Das Problem war nur, daß nun die Transurane, denen die Wissenschaft jahrelang vergeblich nachgespürt hatte, wie Abelson sagt, in einen »schlechten Ruf« gekommen waren. Inzwischen hatte sich das Dogma umgekehrt: Es konnte keine Transurane, nur noch Spaltprodukte geben. Doch eine Substanz paßte nicht in das Bild der »Spalttheorie«. Eine aus seiner Sicht falsche Interpretation von Segrè ließ in Abelsons Gehirn »die Glocken klingen«. Bei einem Besuch in Berkeley stellte Abelson fest, daß McMillan ähnliche Vorstellungen hatte. Die beiden beschlossen, das Problem zusammen anzugehen.

In einer Woche hatten sie das Produkt identifiziert. Es war das erste wirkliche Transuran. Sie stellten fest, daß das im natürlichen Uran im Überfluß vorhandene Isotop 238 schnelle Neutronen absorbiert und sich anschließend in das folgende künstliche Element »Neptunium«, das erste Transuran, umlagert. Sie vermuteten bereits, daß auch Neptunium nicht stabil sei, sondern sich seinerseits in das folgende Element »Plutonium«, das zweite Transuran, umlagern würde.

Diese Entdeckung war für den Kriegsausgang fast ebenso wichtig wie die von Otto Hahn und Fritz Straßmann. Aber McMillan und Abelson ahnten die Konsequenzen ebensowenig wie die beiden Deutschen. Unmittelbar nachdem die Experimente abgeschlossen waren, sandten sie ihre Ergebnisse und Interpretationen an die »Physical Review« zur Veröffentlichung. An den Krieg dachten sie erst später.

Kurz danach griff der Chemiker Glenn Seaborg das Plutoniumproblem auf. Seine Gruppe, zu der auch Segrè gestoßen war, zeigt bis zum Sommer 1940, daß das Umlagerungsprodukt aus Neptunium, Plutonium, doppelt so leicht durch langsame Neutronen gespalten wird wie Uran 235. Das war nach der Bohr-Wheeler-Theorie zu erwarten gewesen. Auch Seaborgs Gruppe veröffentlichte ihre Ergebnisse unmittelbar. Die sorgfältigen experimentellen Arbeiten in Kalifornien bestätigten eine Theorie, die unabhängig in Deutschland von Weizsäcker und später Houtermans aufgestellt hatten. Über Uran 238 führte ein Weg zu einem Transuran, das wie Uran 235 spaltbar ist, und zur Gewinnung von Atomenergie benutzt werden kann. Im Gegensatz zu den deutschen Theoretikern, die die Eignung des neuen Elements als »Sprengstoff« erwähnt hatten, waren sich die amerikanischen Physiker dieser Anwendungsmöglichkeiten zunächst kaum bewußt. Sie betrieben 1940 noch Forschung wie im Frieden.

Die amerikanischen Wissenschaftler realisierten weniger als ihre emigrierten Kollegen oder die Wissenschaftler in England und Deutschland, daß Krieg herrschte. Das äußerte sich nicht nur in der Sorglosigkeit vor allem der Kalifornier, Ergebnisse von kriegsentscheidender Bedeutung bedenkenlos zu veröffentlichen. Während sich die führenden Physiker in Deutschland und noch mehr in Großbritannien des entscheidenden Unterschieds zwischen schnellen und langsamen Neutronen sehr deutlich bewußt waren, nämlich des Unterschieds zwischen Bombe und Reaktor, schienen sich viele ihrer amerikanischen Kollegen für nichts weniger zu interessieren. Wenn man in den Vereinigten Staaten in dieser Zeit über die Wirkung schneller Neutronen experimentierte, so um ihr Verhalten in natürlichem Uran zu erfahren. Und das ist kein Weg, der zur Atombombe führt.

Im Juli 1940 noch folgerte der Theoretiker Teller aus den Meßergebnissen, daß in natürlichem (!) Uran doch eine Explosion mit schnellen Neutronen zu erzielen wäre. Aber, so schätzte Teller, eine solche »Bombe« müsse ein Unding von dreißig Tonnen sein, das seinen Namen kaum verdiene. Und derartige Erwägungen dienten nicht der Beschleunigung der Entwicklungsarbeiten an der amerikanischen Atombombe. Die Historiker der amerikanischen Atomenergiekommission, Hewlett und Anderson, bestätigen in ihrem Bericht des Atomprojekts: »Studien über schnelle Spaltung erhielten sehr wenig Aufmerksamkeit und wurden von größter Geheimhaltung umgeben. Sie hatten keinen direkten Einfluß auf das amerikanische Uranprogramm.«

Entweder sah man zu dieser Zeit die unterschiedliche Wirkung schneller oder langsamer Neutronen nicht, also nicht die Differenz zwischen Bombe und Reaktor. Oder theoretische Überlegungen, die diese Unterscheidung machten, hatten keinen Einfluß auf ein Programm, das weitgehend auf Basis experimentell gesicherter Fakten gesteuert wurde. Das Briggs-Komitee und damit der NDRC gingen langsam und methodisch voran. Solange die technische Basis der Atombombe nicht gesichert war, bestand für die Organisatoren der amerikanischen Kriegsforschung, Bush und seinen Stellvertreter James B. Conant, kein Anlaß, das Projekt so zu beschleunigen, wie es die theoretisch orientierten Emigranten um Szilard für notwendig hielten. Mit dem Ziel, Möglichkeiten zu erkunden, Atombomben zu entwickeln, betrieb man kurz vor Kriegsausbruch noch systematische Forschung wie im Frieden.

Es geht auch ohne Schweres Wasser

Seit dem Sommer 1940 konzentrierte sich Fermi auf die Arbeit am Uranreaktor. Es ging um Demonstration der Kettenreaktion in natürlichem Uran. Obwohl auch in den USA bekannt ist, daß sich Schweres Wasser als Moderator eignet, haben sich Fermi und Szilard, der die Arbeiten als Theoretiker unterstützt, für Graphit als weitaus einfachere Methode entschieden. Sie untersuchen zunächst die störende Neutronenabsorption in Graphit sehr gründlich. Nach einer langen Reihe von Messungen, nach anfänglichen Mißerfolgen, Korrekturen, Wiederholungen mit höher gereinigten Graphitqualitäten sind sie sicher, in Graphit einen geeigneten Moderator gefunden zu haben.

Nun werden die Wirkungsquerschnitte von hochgereinigtem Uranmetall bestimmt. Es zeigt sich, daß nicht alle der 2,5 pro Spaltprozeß entstehenden Neutronen für die Fortsetzung der Kettenreaktion wirksam werden können, sondern nur 1,73. Ein Teil der entstehenden Neutronen löst keine neuen Spaltprozesse aus, bleibt also wirkungslos. Das zeigt, daß Kettenreaktion zwar möglich ist, unterstreicht aber die Notwendigkeit, neutronenabsorbierende Störungen zu vermeiden, da auch geringste Verunreinigungen die Kette abbrechen könnten.

Ein weiteres Ergebnis dieser vorbereitenden Messungen ist Szilards Vorschlag, Uranbrocken im Moderator zu verteilen, und den Reaktor nicht schichtenweise aufzubauen, oder pulverisierte, feinverteilte Mischungen zu verwenden. Diese »Gitteranordnung« läßt die größte Zahl energiereicher, schneller Neutronen erst durch ausreichende dicke Moderatorschichten wandern, die sie abbremsen. Das verringert die Wahrscheinlichkeit der störenden Absorption durch Uran 238.

Bis zum Frühjahr 1941 wird mit geringem Aufwand in sehr gründlichen Vorversuchen das Fundament für den Reaktor gelegt. Die auf einfache Weise gewonnenen und in nur wenigen Großversuchen ergänzten Erkenntnisse erlauben so genaue Berechnungen, daß der erste wirkliche Versuch, einen kritischen Reaktor aufzubauen, bereits erfolgreich ist. Der größte Teil der Zeit zwischen dem Abschluß der Vorversuche im Frühjahr 1941 und dem kritischen Reaktor anderthalb Jahre später dient der Beschaffung ausreichender Mengen von reinstem Uran und Graphit.

Zweiter Schwerpunkt des amerikanischen Uranprojekts sind

Trennverfahren zur Isolierung von Uran 235. Der offizielle Bericht der Atomenergiekommission betont, daß zunächst im Vordergrund die Gewinnung von Reaktorbrennstoff stand. Die Atombombe war nur ein Fernziel.

Beide Teilprojekte, der Reaktor aus Natururan und Graphit, und die Isolierung von reinem Uran 235 sollen in erster Linie der Energieerzeugung dienen. Daß nachher beide Wege zur Atombombe führten, nämlich zur Plutonium- und zur Uranbombe, ist fast unbeabsichtigtes Nebenprodukt einer zufällig richtigen Weichenstellung in dieser frühen Phase. Da jedoch noch nicht die Bombe im Vordergrund steht und ihre Theorie in dieser Phase ungenügend durchdacht ist, besteht kein besonderer Anlaß für Vannevar Bush, James Conant und die Physiker des Briggs-Ausschusses, das Projekt sonderlich zu beschleunigen. Es gilt als wichtig, aber nicht als kriegsentscheidend. Außerdem befinden sich die Vereinigten Staaten noch nicht im Krieg.

Die naheliegenden Trennverfahren, Gasdiffusion durch poröse Membranen, die in England Simon bearbeitete, und die Gaszentrifuge, die in Deutschland die Hamburger Physiker Groth und Harteck entwickelten, werden auch in den USA zunächst als aussichtsreiche Verfahren angesehen. Beide gehen von Uranhexafluid aus, einem Gas von ungewöhnlicher chemischer Aggressivität, dem nur wenige Materialien widerstehen können. Die Diffusionsmethode macht sich die sehr geringen Unterschiede zunutze, mit der die beiden Isotope des Gases durch die Membrane wandern.

Der Trenneffekt der Gaszentrifuge beruht auf den winzigen Masseunterschieden: Das schwerere Isotop wird bei hohen Umdrehungsgeschwindigkeiten durch Fliehkraft geringfügig stärker an die äußere Wand gedrückt, das leichtere Isotop im Inneren angereichert. Beide Trennverfahren erlauben in jeder einzelnen Stufe nur verschwindend geringe Konzentrierung und verlangen daher eine große Zahl einzelner Trennstufen hintereinanderzuschalten, bevor man hoffen kann, am Ende einer mehrere tausend Stufen umfassenden Anlage das seltenere Isotop zu isolieren.

Ein »grosser« Plan

Ein drittes Verfahren zur Isolierung der Uranisotope wird vorgestellt: Elektromagnetische Trennung, etwa dem Vorschlag Ardennes in Deutschland vergleichbar. Nur aus der Sicht verfahrenstechnischer

Praktikabilität betrachtet, muß es wie der Versuch eines größenwahnsinnig gewordenen Außenseiters anmuten. Doch sein Urheber, der in Kalifornien lebende Experimentalphysiker Ernest Orlando Lawrence, ist das Gegenteil eines Außenseiters. Im weiteren Verlauf des Atomprojekts wird er zeigen, daß sich sachlich ein hoffnungslos erscheinendes Vorhaben gegenüber scheinbar aussichtsreicheren und geeigneteren Verfahren durchsetzen und zum Erfolg führen läßt, wenn nur ein Mann wie er dahinter steht. Sein Vorschlag bedeutet wenig mehr als Modifizierung, Überdimensionierung und Vervielfältigung eines nützlichen Laborgeräts, des Cyclotrons, dessen Erfinder er ist. Was er will, gleicht dem Vorschlag, in umgebauten Puppenküchen Essen für eine Kompanie hungriger Soldaten zu kochen.

Bei Ausbruch des Krieges ist Lawrence der in den USA wohl einflußreichste Experimentalphysiker. 1939 hatte er den Nobelpreis für die Entwicklung des Cyclotrons erhalten, einem Laborgerät zur Beschleunigung leichter Atomkerne, der »Geschosse« der Kernphysik. Das Cyclotron hatte die raschen Fortschritte in den dreißiger Jahren erst möglich gemacht. Es war die schon in jungen Jahren gemachte Erfindung, deren Vervollkommnung, Vergrößerung und schließlich Überdimensionierung zum Inhalt von Lawrences Leben wurde.

Lawrence ließ von nun an keine Chance aus, selbst wenn sie anderen noch so aussichtslos erscheinen mochte, die Nützlichkeit des Cyclotrons und seiner Abwandlungen zur Lösung von Problemen anzubieten, von physikalischen Untersuchungsmethoden, über Krebstherapie, Fabrikation reiner Isotope für Bomben, bis zur Erzeugung radioaktiver Kampfstoffe. Mit seinem Einfluß wuchsen auch seine Möglichkeiten, Gelder zu mobilisieren, und damit die Gigantomanie seiner Pläne. Er wurde zum Schöpfer kernphysikalischer Dinosaurier und war schließlich mehr Organisator, Maschinist, Propagandist und Vertreter seines Geräts als ein noch ernstzunehmender Wissenschaftler.

Lawrence stellt auf dem Höhepunkt seines Erfolgs die Versöhnung der amerikanischen Mittelklasse mit der Wissenschaft dar, die gewünschte Mischung der Typen »Selfmademan« und »Eierkopf«. Sein Erfolg in der Öffentlichkeit, wie auch bei Stiftungen, Behörden und reichen Geschäftsleuten, bei denen er die Summen für den Bau seiner riesigen Apparate mobilisieren kann, leitet sich aus seiner Fähigkeit ab, im Gegensatz zum eher philosophisch introvertierten Prototyp der Spezies »theoretischer Kernphysiker«, einem eher scheuen

Wesen, etwas Konkretes anzubieten. Was er vertritt, erscheint nicht nur verständlich, sondern ist auch sehr greifbar: größere Maschinen für mehr Geld und mehr Erfolg; keine Theorie, sondern echten amerikanischen Fortschritt. Zweifel an der Seriosität seiner späteren Vorschläge läßt er nicht nach außen dringen, selbst wenn er sie hätte.

1939 ist Lawrence auf Propagandatour, um Stimmung und Geld für ein neues Projekt zu machen, die vorläufige Krönung seines wissenschaftlichen Lebens: ein gigantisches Hundertmillionen-Elektronenvolt-Cyclotron. Vorläufig scheinen ihn die Bedenken seiner theoretisch versierteren Kollegen, darunter Bethe und Chadwick, wenig anzufechten, dieses Projekt gerate mit einem grundlegenden Naturgesetz in Konflikt: Einsteins Relativitätstheorie erkläre, warum bei den gewünschten Geschwindigkeiten die Teilchen außer Takt geraten würden. Das Gerät könnte seinen Zweck nicht erfüllen. Doch Lawrence will seine Zweihunderttonnen-Apparatur bauen und braucht mehr als eine Million Dollar.

Der Kriegsausbruch interessiert ihn wenig, berührt er seine Pläne doch nicht. Während das Uranprojekt in seiner ersten Phase mit Größenordnungen von ein paar tausend Dollar unterstützt werden soll, hat Lawrence soeben, mit Bushs und Conants Unterstützung, die Zusage der Rockefeller-Stiftung über eine Million Dollar erhalten. Die Bauarbeiten für das geplante Monstrum haben bereits 1940 begonnen.

Der zurückhaltende erste offizielle Bericht über das amerikanische Bombenprojekt berichtet, das Urankomitee habe Lawrence im Sommer 1940 »drängen« müssen, die Möglichkeiten seines Instituts in den Dienst der Kriegsforschung zu stellen. Bush gelingt es unter großen Mühen, Lawrence die Bedeutung seines Labors für die amerikanische Kriegsforschung klarzumachen, und ihm die neuen Möglichkeiten von Großforschung im Dienste des Vaterlandes schmackhaft zu machen. Fast über Nacht wird aus dem bislang uninteressierten Lawrence eine der treibenden Kräfte des amerikanischen Atombombenprojekts.

Während die Anhänger der Gasdiffusion und der Gaszentrifuge noch über technischen Problemen grübeln, wie ihre Methoden nur im Labormaßstab realisiert werden könnten, entwirft Lawrence in Gedanken bereits eine Fabrik mit in die Hunderte gehenden Serien umgebauter Riesencyclotrons, mit denen er das Isotop Uran 235 elektromagnetisch abtrennen will. Innerhalb kurzer Zeit stellt er sein Labor auf den Kopf, um Geräte, die allenfalls Teilchenströme von einigen Millionstel Gramm erzeugen konnten, in Apparaturen zu verwandeln, mit denen er milliardenmal mehr Uran 235 für die Bombe erzeugen will.

Es war ein weitaus ehrgeizigerer Plan, als eine Mücke in einen Elefanten zu verwandeln. Und noch lange bevor sich Erfolg auch nur im Kleinen abzeichnet, verbreitet Lawrence Optimismus. Wie kein zweiter Projektleiter scheint er von Skrupeln an der grundlegenden Richtigkeit seiner Ideen, der Belastbarkeit seiner Apparate und seiner Mitarbeiter nicht befallen. Wissenschaftler, die nicht den gewünschten Optimismus verbreiteten, seien schnell auf die Abschußliste geraten, berichten ehemalige Mitarbeiter.

Entwicklungshilfe

Die großen Vorstellungen von Lawrence werden jedoch von einer Kommission unter dem methodischen und konservativen Lyman Briggs begutachtet. Es ist nur zu verständlich, daß es zu Spannungen kommt, da sich neben Lawrence' grenzenlosem Optimismus wenig konkrete Anhaltspunkte finden lassen, die den gewünschten schnellen Aufbau einer Produktionsanlage rechtfertigen würden. Auch ist die grundlegende Idee verfahrenstechnisch fragwürdig. Es müssen viele hundert, vielleicht tausend der Trennanlagen gebaut werden. Die Anlage erlaubt im Gegensatz zu den anderen Trennverfahren keine kontinuierliche Produktion. Jedes einzelne Trenngerät muß stückweise beschickt, betrieben, entladen, gereinigt und wieder beschickt werden. Angesichts der Komplexität der Apparaturen und der Betriebsprobleme ein fast unvorstellbarer Aufwand. Aber auch die anderen Teile des Uranprojekts kommen bis zum Frühjahr 1941 nicht recht voran. Man sucht die Ursache in der Arbeitsweise von Briggs und seinem Ausschuß.

Das Arbeitsziel ist noch nicht eindeutig definiert. Die Uranforschung soll im National Defense Research Council zwar zu den amerikanischen Rüstungsanstrengungen beitragen, doch auf welche Weise? Was steht im Vordergrund? Energiegewinnung oder Bomben? In welchem Verhältnis stehen diese beiden Teilziele zueinander? Welche Prioritäten sind zu setzen? Um diese Fragen zu klären, setzt Bush eine Gutachterkommission unter der Leitung von Arthur Holly Compton ein, die die einzelnen Projektteile untersuchen und beitragen soll, die Ziele und Möglichkeiten der einzelnen

Gruppen besser zu verstehen und zu definieren. Mitte Mai empfiehlt der Compton-Ausschuß einstimmig, die Arbeiten zu intensivieren. Das Prinzip der Bombe bleibt jedoch weiter unklar.

In dieser verfahrenen Lage kommt Hilfe und Anregung aus England. Dort verfügte man zwar nicht über die apparativen und finanziellen Möglichkeiten wie in den USA, hatte unter dem Eindruck des Krieges jedoch sehr viel klarere Vorstellungen zum Problem der Atombombe entwickelt. Das Terrain war vom M.A.U.D. Komitee theoretisch abgesteckt worden. Der Bericht von 1941 beschrieb einen Weg zur Atombombe.

Aus der Arbeit der Briten ging das Prinzip der Atombombe klar hervor. Eine wirksame Atomexplosion ist nur zu erwarten, wenn eine kritische Masse von reinem Uran 235 in Bruchteilen einer Sekunde versammelt wird. Es ist der Weg, den Frisch und Peierls erstmals im Mai 1940 beschrieben hatten.

SEELENFORSCHUNG

Bush bereitet um diese Zeit bereits den nächsten Schritt vor. Das National Defense Research Committee, das er erst ein Jahr zuvor gegründet hatte, erwies sich als Mantel, der zu klein zu werden drohte. Die Kriegsforschung war auf mehreren Gebieten soweit fortgeschritten, daß Bush an die Umsetzung in großtechnische und industrielle Maßstäbe denken mußte. Dazu war das NDRC nicht geplant gewesen, und auch nicht geeignet, da es eine reine Wissenschaftsorganisation war. Daher wird durch einen Akt des Präsidenten Ende Juni 1941 das Office of Scientific Research and Development ins Leben gerufen (OSRD). Bush, der dem OSRD vorsteht, ist unmittelbar dem Präsidenten verantwortlich. Er soll über seine neue Organisation die technischen und wissenschaftlichen Ressourcen der Nation im Dienst der Rüstung mobilisieren. Das National Defense Research Committee bleibt unter Conants Leitung als beratendes Organ weiter Teil des OSRD. Es ist für Fragen der Forschung zuständig, während das OSRD technische Anwendungen vorzubereiten hat. Das bisherige Briggs-Komitee wird zur OSRD-Sparte für Uranarbeiten und erhält die neue Bezeichnung S-1 Abteilung.

Die organisatorischen Veränderungen stärken Bushs Autorität und Unabhängigkeit gegenüber konkurrierenden Behörden und Militärstellen. Da er direkten Zugang zum Präsidenten hat, kann er dessen

Unterstützung dort einsetzen, wo er es für notwendig und gerechtfertigt hält. Damit ist das OSRD aus der strengen Hierarchie der Verwaltung herausgekommen und kann die so gewonnene Beweglichkeit nutzen, seine außergewöhnlichen Entwicklungsaufgaben mit allen Mitteln zum Erfolg zu führen.

Im Oktober 1941 berichtet Vannevar Bush dem Präsidenten über den Fortschritt des Uranprojekts. Seit dem ersten Vorstoß von Alexander Sachs bei Roosevelt sind zwei Jahre vergangen. Viel Zeit wurde verloren, aber nun erlauben die Ergebnisse der eigenen Forschung und die Erkenntnisse der Engländer einen ersten, umfassenden Überblick.

Mit dem Rückhalt des Präsidenten der Vereinigten Staaten beginnt Bush, seine »wissenschaftliche Streitmacht« für den Sturm auf die letzte Bastion zu rüsten. Steuerung über Ausschüsse und lose Kontakte hatten sich nur in der Vorbereitungsphase einigermaßen bewährt, als es noch um Sondierung des Terrains ging. Nun ist organisatorische Systematik und straffe Gliederung der Arbeitsgebiete unter einer zentralen Leitung die Voraussetzung des Erfolgs der nächsten Stufe. Der Erfolg kann nicht mehr von der Intuition und dem guten Willen einzelner abhängig gemacht werden, da Verzahnungen die einzelnen Projektteile ineinander übergreifen lassen und Fortschritte in einem Gebiet zunehmend von Ergebnissen in einem anderen abhängig sind. Schließlich muß die Verfahrenstechnik gestärkt und gegenüber der reinen Wissenschaft verselbständigt werden. Es geht nicht mehr um ausschließlich wissenschaftliche Erkenntnisse, sondern um Realisierung dieser Erkenntnisse. Die Atombombe kann nicht im Labor gebaut werden.

Damit wird auch die bisher noch relativ große Freiheit wissenschaftlicher Forschung eingeschränkt. Die Beteiligten müssen sich einem organisatorischen Gesamtplan fügen, der die individuellen Handlungs- und Entscheidungsmöglichkeiten drastisch einengt. Wichtige oder interessante Entdeckungen haben aufgehört, Ziel nur wissenschaftlicher Neugier zu sein. Sie müssen aufgegeben werden, wenn sie nichts mit dem Ausgang des Atombombenprojekts zu tun haben. Das verstößt gegen die jahrhundertealte Tradition der Freiheit der Wissenschaft, aber diese Freiheit glaubt man sich unter dem Zwang der politischen Ereignisse nicht mehr leisten zu können.

Die düstere Vorahnung des bevorstehenden Kriegseintritts der USA und der auf Pearl Harbor folgende Schock einer Weltmacht, die mit der Vernichtung der pazifischen Flotte in wenigen Stunden

den scheinbar unverwundbaren Garanten ihrer pazifischen Überlegenheit verloren hatte, vor allem der im Bombenhagel aufgeschreckter Patriotismus erleichtern Bushs Vorhaben. Plötzlich erscheint es nicht mehr so legitim wie früher, nur reine Forschung zu betreiben. Als Wissenschaftler Entscheidendes zu den Kriegsanstrengungen des Landes beitragen, die Faszination, Teil einer forschenden Armee zu sein, wird für viele zum neuen Ziel. Bei manchen jüngeren Wissenschaftlern addiert sich Angst vor dem drohenden Einsatz an der Front mit dem Gefühl, ein Forscher diene seinem Land mehr als ein kämpfender Soldat. Mit der deutschen Kriegserklärung an die Vereinigten Staaten erfüllt sich auch die Tätigkeit der Kollegen in Deutschland mit unheilvoller Bedeutung und erzeugt nicht geringe Ängste.

So veränderte sich im Lauf des Jahres 1941 die Einstellung vieler amerikanischer Atomphysiker und brachte sie dazu, sich am Atomprojekt zu beteiligen. Kenneth T. Bainbridge war einer von ihnen. Er schreibt, daß seine Eindrücke in England, als er 1933 und 1934 die Ankunft der Emigranten erlebte nun, 1941, seine »Seelenforschung vor der Zustimmung, an Atomwaffen zu arbeiten«, beschleunigten. Seine Abscheu vor dem Totalitarismus verstärkte sich, als er von einem Kollegen erfuhr, wie dessen Eltern in Deutschland ermordet wurden. »Hitlers Verkündigung, daß Nazideutschland die Welt für die nächsten tausend Jahre beherrschen würde«, schreibt Bainbridge, »beeinflußte meinen Entschluß ebenso wie den vieler anderer sehr stark«. Er hörte von den Kämpfen um Kreta, Guadalcanal, und von der Schlacht um England. Bainbridge erklärt: »Aus diesen Erzählungen war offensichtlich, daß der Krieg im Zeitraum von wenigen Jahren schmutziger wurde, und Hitlers Drohungen und Taten gaben mir eine etwas blutrünstige Ansicht über den Krieg, und ich war froh, mein mögliches zu tun, beizutragen, daß wir zuerst Atomwaffen entwickeln würden.«

Nach der Reorganisation des Atombombenprojekts werden die drei wissenschaftlichen Teilprojekte unter Leitung der Nobelpreisträger Arthur Holly Compton, Harold Urey und Ernest Orlando Lawrence gestellt. Ein technischer Planungsausschuß ergänzt die Organisation. Dieser Planungsausschuß hat die technische Anwendung der wissenschaftlichen Erkenntnisse vorzubereiten. Die wissenschaftlichen Zuständigkeiten der einzelnen Projekte sind streng gegliedert: Doppelarbeit soll ebenso vermieden werden wie das Liegenbleiben wichtiger Arbeit, nur weil sich niemand für zuständig hält. Ureys Leute bearbeiten die Isotopentrennung nach der Diffusions- und Zentrifugenmethode, die Comptons grundlegende Kernphysik, den Reaktor und die Physik der Bombe, die von Lawrence schließlich alle elektromagnetischen Trennverfahren und die Chemie des Bombenrohstoffs Plutonium. Daneben bleibt als selbständige Organisation die S-1 Abteilung von Briggs als Koordinationsstelle bestehen. An der Spitze der Gesamtorganisation steht Bush, mit Conant als Zwischenstufe und Filter, um Fragen untergeordneter Bedeutung mit den Projektleitern und der S-1 Abteilung zu regulieren.

Gott und die Atombombe

Arthur Holly Compton fällt der komplexeste Teil des Gesamtvorhabens zu. Außerdem sind seine Wissenschaftler, auf dem Höhepunkt der Arbeit etwa fünftausend, über das ganze Land verstreut. Er selbst residiert mit dem größeren Teil seines Mitarbeiterstabs, darunter einigen Nobelpreisträgern, in Chicago.

Arthur Holly Compton hat in seinem Buch »Die Atombombe und ich« über seine Tätigkeit in der amerikanischen Kriegsforschung und seine Motive berichtet. Damit will er dazu beitragen, »daß die Bürger Amerikas und anderer Nationen neuen Grund zur Hoffnung (sehen), wenn ein typischer Amerikaner aus ehrlichem Herzen berichtet, wie er die Stellung seines Volkes innerhalb des Atomzeitalters einschätzt«. Compton ist fromm bis zur Bigotterie. Einzelnen Kapiteln seines Atombombenbuches stellt er Bibelzitate voran. Denn er meint, daß die Menschheit, »die mit dem Besitz solcher Zerstörungskräfte fortleben will ... sehr bald an menschlicher Größe gewinnen« muß.

Der Vater, ein Geistlicher, so berichtet Arthur Holly Compton, habe ihm sehr früh gesagt, daß es keine höhere Berufung gäbe als die seine. Aber da der Sohn ein offensichtlich naturwissenschaftliches Talent war, sollte er dieser Berufung nachgehen: »Wenn ich mich nicht irre, wirst du in dieser Wissenschaft das besitzen, was du suchst und worin du am meisten leisten kannst. Was du auf diesem Gebiet leistest, kann für das Christentum nützlicher sein, als wenn du Missionar, Lehrer oder Geistlicher würdest.« So wurde der fromme Arthur Holly Compton Naturwissenschaftler, um Gott zu dienen. Mit Gottes Segen wurde er sogar ein guter Wissenschaftler. Für eine nach ihm benannte Entdeckung erhielt er 1927 den Nobelpreis.

In Compton mischen sich religiöser Eifer, naturwissenschaftliche Objektivität und gesellschaftspolitische Hausbackenheit zu einer sozialdarwinistisch gewürzten Gesellschaftstheorie. Später philosophierte er über den Abwurf der Atombombe: »Meiner Ansicht nach entgleiten solche Entwicklungen jeder menschlichen Kontrolle. Sie sind ein Teil des Lebens der menschlichen Gesellschaft, eine zwangsläufige Folge der Gabe, die der Mensch von seinem Schöpfer erhalten hat. Es scheint so, daß wir dazu bestimmt sind, neue Dinge, neue Ideen und neue Lebensformen auszuprobieren. Einige dieser neuen Wege sind gangbarer als andere. Hier zeigt sich der Wettbewerb ums bessere Überleben. Versäumen wir es, das Beste aus unseren Möglichkeiten zu machen, dann müssen wir es damit bezahlen, daß wir einfach durch andere ersetzt werden, anderen Platz machen müssen.«

»Zerstörung durch Menschenhand« wirkt »auf die Seele dessen, der nach den Wahrheiten der Natur sucht, genau so abstoßend, wie auf den Künstler, der nach dem Schönen strebt.« Daher war Compton erst recht spät in den »Wettbewerb ums bessere Überleben« mit Hilfe der Atombombe eingetreten. Zwar hatte auch er das wissenschaftliche Gemurmel über die Atombombe frühzeitig gehört, aber die Dringlichkeit dieser Entwicklung noch nicht recht begriffen.

Im September 1941 erreicht ihn ein Anruf von Lawrence. Schon eine Woche später treffen Lawrence und Conant in Comptons Chicagoer Heim ein. Wie uns der Gastgeber überliefert hat, gibt es Kaffee und Kuchen. Lawrence berichtet, bei den Nazis beschäftigen sich Wissenschaftler mit der Isolierung der Uranisotope. Wahrscheinlich arbeiten sie an der Atombombe. Conant entgegnet, daß die Atombombe weder für die Deutschen noch für die Alliierten kriegsentscheidend werden könnte. Die Entwicklung würde zu lange dauern. Conant plädiert dafür, Wissenschaftler für wichtigere Projekte einzusetzen, wie Arbeit am Radar. Dem Atomprojekt will er die Regierungsunterstützung entziehen lassen. Doch nun widerspricht Compton. Die Nazis, meint er, hielten ganz offensichtlich die Atomgeschichte für so wichtig, daß sie sie noch im Krieg großzügig förderten. Man fordere die Niederlage heraus, versuche Gott, wenn man versäume, mit allen Mitteln Atombomben herzustellen. Das Gespräch endet, indem sich die drei einigen, die Entwicklung mit allen Mitteln voranzutreiben.

Die Milliarde wird denkbar

Compton ist ein effizienter Forschungsmanager. Nachdem er zum Projektleiter ernannt worden ist, versammelt er seine wichtigsten Leute zu zwei koordinierenden Sitzungen in Chicago und in New York. Es ist Januar 1942. Die Forschungsprogramme der durch tausende von Kilometern getrennten Institute werden aufeinander abgestimmt, so daß die Zusammenarbeit trotz der großen Entfernung vorzüglich funktioniert. Im Lauf der ersten Jahreshälfte 1942 wird dann ein Teil der Arbeiten in Chicago konzentriert.

Nachdem Bush die Vergrößerung von Comptons Forschungsapparat auf hundertfünfzig Mann und für das nächste halbe Jahr über eine Million Dollar bewilligt hat, stellt Compton einen Zeitplan auf. Bis zum Juli 1942 muß geklärt sein, ob der Graphitreaktor funktionieren wird. Der Beginn der folgenden Jahre ist dann jeweils der Termin für die Vollendung des Reaktors, der Produktion von Plutonium und für die Herstellung der Bombe.

Noch scheint die Verwirklichung der letzten beiden Stufen ein Vabanquespiel zu sein. Völlig neue Verfahrenstechniken müssen entwickelt werden. Sowohl die Plutoniumchemie als auch die Arbeit an schnellen Neutronen muß sich lange Zeit mit Materialmengen von ein paar tausendstel Gramm beschränken. Doch um den Zeitplan einzuhalten, soll schon jetzt die industrielle Produktion vorbereitet werden. Die Verfahrenstechnik kann sich daher nur auf Erfahrungen im Mikromaßstab beziehen.

Wieviel Sprengstoff für eine Bombe benötigt wird, ist innerhalb weiter Grenzen ungewiß, die Schätzungen schwanken zwischen fünf und hundert Kilogramm. Kritische Mengen des Sprengstoffs sind erst zu erwarten, wenn alle Produktionsanlagen bereits fertiggestellt sein werden und die Physik der Bombe geklärt ist. Alles muß von Anfang an auf die richtige Größenordnung zugeschnitten sein. Nachträgliche Korrekturen sind kaum möglich. Für den Reaktor werden in kürzester Zeit große Mengen von Graphit und Uran in einer Reinheit benötigt, für die es bisher kein technisch ausgearbeitetes Verfahren gibt. Falls sich Graphit wider Erwarten doch als ungeeigneter Moderator erweisen sollte, muß eine Schwerwasserfabrik den dann benötigten Ersatzmoderator tonnenweise produzieren können. Diese Anlage muß unverzüglich gebaut werden.

Ende Mai 1942 treffen sich die Projektleiter. Unter Conants Vorsitz sollen der Stand der Entwicklung besprochen und weitere Schritte vorbereitet werden. Conant, Briggs, Murphree, Compton, Urey und Lawrence sind sich einig, daß in dieser Phase der Entwicklung noch keine der diskutierten Entwicklungslinien zur Atombombe zugunsten der restlichen aufgegeben werden kann. Weder hat sich ein Weg als absolut sicher noch einer als vollkommen ungeeignet erwiesen. Also müssen alle Möglichkeiten parallel weiter verfolgt werden. Das wird sehr teuer, da alle Verfahren nun in technische Dimensionen übertragen werden müssen, läßt sich aber nicht vermeiden. Insgesamt sei wohl mit mindestens einer halben Milliarde Dollar zu rechnen, meinen die Teilnehmer. Selbst auf die Gefahr, sich erheblicher öffentlicher Kritik auszusetzen, wenn es nicht gelingen sollte, die Waffe im Krieg zu entwickeln, ist das ein notwendiges Risiko, das eingegangen werden muß. Da die Deutschen offensichtlich noch im Vorsprung sind, können es sich die Vereinigten Staaten nicht leisten, auch die geringste Chance auszulassen.

Daher beschließt die Versammlung, das Projekt in voller Breite weiter zu fördern: 38 Millionen Dollar werden für eine Gaszentrifugenfabrik eingeplant, die täglich 100 Gramm Uran 235 liefern kann. Zwei Millionen Dollar für eine Versuchsanlage zur Diffusionsfabrik, die im folgenden Jahr gebaut werden soll, und danach einen unbegrenzten Betrag für die endgültige Diffusionsfabrik. 12 Millionen Dollar für eine aus Calutrons bestehende Fabrik, die täglich 100 g Uran 235 produziert. 25 Millionen Dollar für Kernreaktoren zur Erzeugung von Plutonium. 3 Millionen Dollar für eine Schwerwasserfabrik mit einer Monatskapazität von 450 Kilogramm. Die ersten Atombomben könnten, nach Meinung der Projektleiter, in etwa zwei Jahren, im Juli 1944, bereitstehen.

DIE BOMBENINDUSTRIE

Im Sommer und Frühherbst 1942 stagniert Ureys Teilprojekt. Weder die Diffusionsanlage noch die Gaszentrifuge machen Fortschritte. Unüberwindbare technische Schwierigkeiten blockieren die Arbeit der unter dem Decknamen »Substitute Alloy Materials« (SAM) firmierenden Gruppen. Das Herzstück der Diffusionsfabrik, geeignete Membranen, Hochgeschwindigkeitspumpen und Ventile, sind noch nicht entwickelt. Die Forscher hängen völlig in der Luft, da sich ihnen vorläufig auch nicht das geringste Anzeichen einer Lösung anbietet. Als sich herausstellt, daß die Trennleistung der Gaszentrifuge nur bei 60 Prozent des erwarteten Wertes liegt, muß die ursprünglich geplante Zahl der Zentrifugen von neuntausend auf fünfundzwanzigtausend nahezu verdreifacht werden. Die Erfolgsaussichten sind für jedes der beiden Verfahren auf ein Minimum gesunken. Urey beginnt erstmals am Erfolg zu zweifeln.

Lawrence' riesiges Labor in Berkeley gleicht in dieser Zeit einer Fabrik. Der Geist des Chefs scheint hinter jeder Ecke zu lauern, allgegenwärtig und stets bereit einzugreifen, anzutreiben, zu drohen und für jenen zwanghaften Optimismus zu sorgen, mit dem Lawrence den Erfolg des Unternehmens sichern will. Und er hat Erfolg. Im Rahmen des technisch Möglichen macht Berkeley die größten Fortschritte. Die Leistung der Ionenquellen in den Calutrons wird verbessert. Mehrere Ionenquellen werden in einen Apparat eingeführt, was die Trennleistung abermals erhöht.

Nun müssen eine genauere Strahlenführung für die Calutrons entwickelt, die Magneten verändert und neue Empfängertaschen konstruiert werden. Im Herbst sind die Vorbereitungen soweit abgeschlossen, daß das von Lawrence' Optimismus infizierte S-1 Komitee beschließt, eine größere Versuchsanlage mit fünf Calutrons und eine aus zweihundert Calutrons bestehende Fabrik zu genehmigen. Der Bau der Anlagen soll sofort beginnen.

Das Chicagoer »Metallurgical Labratory«, kurz MET Lab genannt, war von Compton schnell für seine neue Aufgabe umgerüstet worden. Die Zahl der wissenschaftlichen Mitarbeiter mitsamt der notwendigen Hilfskräfte hatte sich von fünfundvierzig, die es noch im März 1942 waren, auf über tausend im Juni erhöht. Ein großer Teil dieser Kräfte mußte neu eingestellt werden, was angesichts konkurrierender Kriegsprojekte, wie Radar und neuartige Zündmechanismen für Bomben, nicht einfach war. Ein Teil der Vergrößerung des Arbeitsstabes des Met Lab kam durch Konzentrierung der über das ganze Land verstreuten Forschungsgruppen zustande. So zog Fermi mit seiner Gruppe in dieser Zeit nach Chicago, wo die Arbeiten am Reaktor zusammengefaßt werden mußten.

Von den schon erwähnten Wissenschaftlern vereinigt die Arbeit im Met Lab außer Fermi auch Szilard, Eugene Wigner und den ebenfalls aus Deutschland vertriebenen James Franck, der bereits an Habers Giftgasentwicklung im Ersten Weltkrieg beteiligt gewesen war.

Vordringlich war nun die Vollendung des Kernreaktors. Unter Fermis Leitung wurden bis Ende 1941 die Vorarbeiten soweit abgeschlossen, daß mit dem entscheidenden Experiment begonnen werden konnte, sobald ausreichende Mengen Graphit und Uran in der gewünschten Reinheit zur Verfügung standen. Seaborgs Team, das Trennverfahren für die Plutoniumgewinnung aus dem Reaktor auszuarbeiten hatte, wäre bis nach Fermis entscheidendem Experiment blockiert gewesen, hätte man in den USA nicht über Cyclotrons verfügt, die zumindest ein paar tausendstel Gramm Plutonium produzieren konnten. Das war Seaborgs Arbeitsmaterial. Bis zum August 1942 gelang es seiner Gruppe, erste Mikromengen des neuen Elements unter dem Mikroskop zu betrachten. Mit dieser Menge wurden chemische Trennverfahren entwickelt, die die wissenschaftliche Grundlage der späteren Plutoniumproduktion in Fabriken sein sollten.

Der Versammlung der Projektleiter unter Conants Leitung war inzwischen klar geworden, daß die Isolierung von Plutonium aus einem teilweise »abgebrannten« Reaktor ein größeres industrielles Unternehmen erforderte. Auch war es wieder fraglich, ob Fermis erster Reaktor je genügend Plutonium für eine Bombe produzieren könnte. Eine Gruppe von Theoretikern unter Oppenheimers Leitung mußte die bisher zu optimistischen Annahmen über die Mindestmengen an Atomsprengstoffen korrigieren. Sie hatten sich verdoppelt. Plötzlich wurde klar, daß für die Plutoniumbombe eine eigene Fabrik erforderlich wäre, die aus mehreren gigantischen Reaktoren und einer eigenen chemischen Fabrik zur Abtrennung von Plutonium aus deren Abbrand zusammengesetzt sein würde. Konstruktion und Betrieb dieser Anlagen wiederum sprengten die bisherige Konzeption des Gesamtprojekts und setzten das Potential und das know how eines fortschrittlichen chemischen Großunternehmens voraus. Die Verantwortlichen waren sich einig, daß der Chemiekonzern DuPont der geeignete Partner sei. Man mußte nun nur noch Aktionäre und Management von DuPont für das Vorhaben gewinnen. Der Chemiekonzern aber war mit herkömmlicher Kriegsproduktion voll ausgelastet.

Angesichts der vielen Ungewißheiten im Projekt und der Gefahr, DuPont nicht für die Plutoniumfabrik zu gewinnen, wird die neue Kommission im November 1942 beauftragt, das Gesamtvorhaben auszuwerten. Ihr Vorsitzender ist der Doyen der chemischen Verfahrenstechnik in den USA, Warren K. Lewis. Die übrigen Mitglieder des Ausschusses, darunter drei DuPont-Ingenieure, hatten als Studenten Vorlesungen bei Warren gehört.

Die Untersuchung beginnt in New York. Dort treffen sich die Ausschußmitglieder, um die Ergebnisse des SAM Projektes unter Urey zu begutachten. Obwohl noch keine praktisch verwertbaren Ergebnisse vorliegen, die Probleme der alles entscheidenden Membranen und der Pumpen für die Diffusionsfabrik noch ungelöst sind, schätzen die Ausschußmitglieder die verfahrenstechnischen Vorteile. Das ist eine Produktion, die sie lieben, ein klassisches Verfahren der Großchemie: eine riesige Anlage ohne allzuviele bewegliche Teile, kontinuierlich arbeitend und weitgehend automatisierbar.

Drei Tage später besteigen die Ausschußmitglieder den Schnellzug nach Chicago. Dort beschäftigt Fermi seine Gruppe mit dem Aufbau des Reaktors aus zehntausenden von »Bausteinen« aus Uran und Graphit. Keine sehr elegante Arbeit ist das, wochenlang Block für Block zu einem Meiler aufhäufen, der anschließend wieder abgerissen werden muß, um das Plutonium zu isolieren. Das ist die Arbeit von Köhlern. Der ganze Raum ist schwarz durch den Graphitstaub. Schwarz sind die Gesichter der arbeitenden Wissenschaftler und ihrer Gehilfen, an Händen, Arbeitskleidung, an allen Gegenständen klebt schwarzer Graphit. Vorläufig wird sich in Chicago wenig Entscheidendes ereignen, der Versuch steht erst in ein paar Tagen bevor. Die Mitglieder des Lewis-Ausschusses setzen sich in den Transkontinentalexpreß, um durch den amerikanischen Kontinent nach Westen zu Lawrence im fernen Kalifornien zu reisen.

Müde von der langen Bahnfahrt erreichen die Ausschußmitglieder Berkeley. Dort empfängt sie Lawrence. Zum Auftakt ihrer Untersuchungen bewirtet er sie in einem der besten Restaurants der Gegend. Am nächsten Morgen, einem Sonntag, werden die Calutrons des Strahlenlabors vorgeführt. Lawrence' ungebrochener Optimismus, die Disziplin und der Arbeitseifer in seinem Labor beeindrucken. Doch entgehen den nüchternen Ingenieuren die Nachteile des elektromagnetischen Trennverfahrens nicht. Es ist im Prinzip für industrielle Herstellung wenig geeignet, vielmehr ein überdimensioniertes Laborverfahren.

Auch wenn es ohne Rücksicht auf die Kosten gelänge, Lawrence' Apparate weiter aufzublasen und die notwendige Zahl davon zu bauen, bliebe immer noch das Problem, sie zu bedienen. Erstens ist es ein reiner Chargenbetrieb. Zweitens hat man an Ort und Stelle gesehen, daß die Bedienung der komplizierten Elektronik eher eine Kunst als ein standardisierbares Verfahren ist. Auf der langen Rückreise überschlagen die Kritiker weniger optimistisch als

Ernest Orlando Lawrence, daß an die zwanzigtausend dieser komplizierten Apparate benötigt würden. Das aber ist nicht vertretbar. Selbst wenn man die Geräte noch herstellen könnte, würde ihr Betrieb die größten Schwierigkeiten aufwerfen. Das Lawrence-Verfahren, so resümiert der Ausschuß, könnte sich als nützlich erweisen, halbtechnische Mengen Uran 235 für Testzwecke zu gewinnen, eigne sich aber nicht für industrielle Herstellung.

Der zweite Columbus

Auf dem Rückweg zur Ostküste, dem Ausgangspunkt der Rundreise durch die Hochburgen des amerikanischen Atomprojekts, treffen die Ausschußmitglieder am 2. Dezember 1942 wieder in Chicago ein. Fermi hat dort die Vorbereitungen für seinen kritischen Reaktorversuch gerade abgeschlossen.

Eines der Ausschußmitglieder, Crawford H. Greenewalt, darf Zeuge des entscheidenden Experiments sein. In einer Halle unter den Tribünen des Fußballstadions der Universität hat Fermis Team einen riesigen Atommeiler aus etwa vierzigtausend großen Graphitblöcken aufgebaut. In einem Teil dieser Blöcke stecken in Löchern die Uranzylinder. Insgesamt sind es vierhundert Tonnen reinsten Graphits, sechs Tonnen Uranmetall und weitere fünfzig Tonnen Uranoxyd, letzteres nur, weil es nicht gelungen war, ausreichende Mengen des Metalls herzustellen. In den Seiten des Meilers stecken in Schächten noch Cadmiumstäbe, die als starke Neutronenabsorber die Kettenreaktion unterbrechen.

Auf einer Plattform über dem Reaktor steht eine Gruppe von drei Männern, das sogenannte Himmelfahrtskommando. Falls der Reaktor durchgehen sollte, müssen sie die in Eimern bereitstehende Lösung eines Kadmiumsalzes über den Reaktor gießen. Das würde die Kettenreaktion schlagartig abbrechen. Norman Hilberry steht mit einer Axt in der Hand bereit, ein Seil zu kappen, an dem über dem Reaktor ein weiterer Kadmium-Kontrollstab hängt, der im Notfall in den Reaktor fallen würde. Um die Sicherheitsvorkehrungen zu vervollständigen, wartet in einem Nebenraum eine weitere Gruppe, die im Fall einer Katastrophe auch noch über Fernsteuerung eingreifen könnte.

Fermi ist ruhig und gelassen, sicher, daß sich der Reaktor wie vorausberechnet verhalten wird. Die umfangreichen Sicherheitsvorkehrungen wurden getroffen, weil der Reaktor mitten in einem dichtbesiedelten Gebiet Chicagos steht. Arthur Holly Compton, der Projektleiter, hatte den Versuch ohne Wissen seiner Vorgesetzten genehmigt. Nichts durfte schief gehen.

Compton steht wie die meisten Anwesenden auf einer Empore, die sich auf gleicher Höhe mit dem oberen Drittel des Reaktorblocks befindet. Vielleicht meint er, als Fermi den Befehl gibt, langsam die Kadmiumstäbe aus dem Reaktor zu ziehen, daß es besser wäre, im Fall einer Katastrophe zu den ersten Opfern zu zählen. Fermi denkt daran gewiß nicht. Er ist sich seiner Sache absolut sicher, vergleicht von Zeit zu Zeit die Meßdaten mit seinen Berechnungen, und stellt zufrieden fest, daß die Neutronenwerte im Reaktor steigen wie erwartet. Nachdem er den Reaktor langsam und vorsichtig bis an die kritische Grenze gesteuert hat, läuft die Kettenreaktion selbständig. Der Reaktor produziert Energie. Doch bald beginnt die Radioaktivität im Raum rasch anzusteigen. Fermi ordnet den Abbruch des Versuchs an. Der Reaktor hat seinen Zweck erfüllt: Er sollte demonstrieren, daß Atomenergie technisch gewonnen werden kann. Für die Erzeugung von Plutonium war er nicht gedacht; er war viel zu klein.

Während im Reaktorraum noch gearbeitet wird, eilt Compton in sein Büro, um James Conant in Harvard anzurufen: »Jim, du wirst vielleicht wissen wollen, daß der italienische Navigator soeben in der neuen Welt gelandet ist.«

Der Reaktor hatte die Amerikaner ein gutes Stück auf dem Weg zur Plutoniumbombe vorangebracht. Doch er scheint die Angst vor den Erfolgen der Deutschen vergrößert zu haben, statt zu beruhigen. Wenn man selbst einen Reaktor entwickeln konnte, dann sicher auch die Deutschen. Wahrscheinlich waren sie, so nahm man an, sehr viel zielstrebiger ans Werk gegangen und befanden sich nun im Vorsprung. Und es gab genügend Indizien, diese Furcht zu stützen. Dagegen sprach die Aussage des geflüchteten Jomar Brun, der in England berichtet hatte, die deutschen Wissenschaftler würden das norwegische Schwere Wasser nur für friedliche Vorhaben benötigen. Aber konnte es im Krieg überhaupt friedliche Anwendungen der Atomenergie geben?

Schon ein Jahr früher hatte eine amerikanische Studiengruppe mit Eugene Wigner und Henry DeWolfe Smyth die Möglichkeit untersucht, in einem Reaktor radioaktive Kampfstoffe herzustellen. Das wurde »selbstverständlich« nicht erforscht, weil man selbst derart heimtückische Waffen anwenden wollte, beeilt sich deWolf Smyth zu erklären, sondern um zu erkunden, ob die Deutschen dazu in der Lage sein könnten. Nun schien Fermis Reaktor zu beweisen, daß es möglich war. In Chicago beginnen sich Wissenschaftler vor einem Angriff mit radioaktiven Giftstoffen zu fürchten. Einige Physiker evakuieren ihre Familien. Die Militärbehörden verteilen Geigerzähler. Weihnachten und Neujahr vergehen, ohne daß etwas passiert.

Das Ende im Weinkeller

RIVALITÄTEN

Im Sommer 1941 arbeiteten in Deutschland drei Gruppen nach einem Prinzip am Schwerwasser-Reaktor: die der beiden Kaiser-Wilhelm-Institute in Berlin und Heidelberg unter Heisenberg und Bothe, und in Leipzig Döpel und Heisenberg, der neben seiner Direktorenschaft am Berliner Kaiser-Wilhelm-Institut für Physik seinen Posten an der Universität Leipzig beibehalten hatte. Bei ihren Versuchen variierten diese drei Gruppen im wesentlichen die Dicke abwechselnder Schichten von Uran und Schwerem Wasser.

Dagegen hatte in Gottow die Forschungsgruppe des Heereswaffenamts unter Dr. Kurt Diebner in Vorversuchen erkundet, daß gitterförmige Verteilungen von Uranwürfeln in Schwerem Wasser günstiger waren. Mit gleichen Materialmengen würden mehr Neutronen an der Kettenreaktion beteiligt. Angesichts des Engpasses an Schwerem Wasser war dies ein wichtiges Resultat. Die folgenden Versuche Diebners hatten es bestätigt. Etwas später wurden die Vorteile der Gitteranordnungen auch theoretisch durch Arbeiten von Pose und Rexer untermauert. Obwohl die Ergebnisse den anderen Gruppen mitgeteilt worden waren, hielten diese bis Ende 1944 an ihren Schichtenanordnungen fest.

Heisenberg, der führende Theoretiker, hatte in der ersten Phase der Uranarbeiten auf einer seiner häufigen Fahrten zwischen Leipzig und Berlin berechnet, daß nur geringe Unterschiede zwischen gitter- und schichtenförmigen Anordnungen zu erwarten waren. Daher hatten er, und mit ihm die anderen Gruppen mit Ausnahme Diebners, die experimentell einfacheren Schichtenanordnungen bevorzugt. Denn sie erlaubten, mit vergleichsweise weniger Aufwand systematisch Schichtabstände zu verändern und die Neutronnenvermehrung zu messen und auszuwerten.

Später mußte Heisenberg bei genaueren Rechnungen feststellen, daß der Geometrie des Reaktors eine doch größere Bedeutung zukäme als zuerst angenommen. Die günstigste Anordnung wäre ein durch Urankugeln gebildetes Gitter in Schwerem Wasser gewesen. Dies schnell zu verwirklichen, erschien ihm aber aus Zeitgründen unmöglich. Die Experimente waren von langer Hand vorbereitet, schnelles Umschalten erschien undenkbar.

Immerhin vergingen zwischen Diebners frühen Erfolgen mit Gitteranordnungen und Heisenbergs und Wirtz erstem und zugleich letztem Versuch nach eben diesem Prinzip fast drei Jahre. In diesen Jahren hielten die beiden Gruppen der Kaiser-Wilhelm-Gesellschaft und die von Heisenberg und Döpel hartnäckig an einem bereits überholten Prinzip fest. In der gleichen Zeit demonstrierte Diebner mit relativ geringen Materialmengen und Uranwürfeln die Überlegenheit seiner Anordnung.

Die mangelnde Kooperation war mehr ein persönliches als ein politisches und organisatorisches Problem. War es früher darum gegangen, den ehrgeizigen Karrieremann des Heereswaffenamtes niederzuhalten, um zu verhindern, daß Diebner doch den Versuch machen würde, Atombomben zu bauen, bestand diese Gefahr seit 1942 nicht mehr. Das Heereswaffenamt war aus dem Uranprojekt ausgeschieden. Die Kaiser-Wilhelm-Gesellschaft war wieder im Besitz des Debye-Instituts, das nun von Heisenberg geleitet wurde. Die Zeit war vorbei, in der ein Parteibuch Führungsanspruch im Uranverein begründen konnte. Die Reaktorforschung, und damit der wesentlichere Teil der Arbeiten des Uranvereins, wurde inzwischen eindeutig von Heisenberg dominiert.

Für seinen ersten Versuch mit den richtigen Materialien, Schwerem Wasser und Uranmetall, hat sich Diebner Würfel aus Uranplatten schneiden lassen, die nach Angaben des Kaiser-Wilhelm-Instituts geformt worden waren. Um den störenden Einfluß jedes Fremdkörpers auszuschalten, bettet er die Würfel in gefrorenes Schweres Wasser. Mit seinen geringen Materialmengen, jeweils nur etwa zweihundert Kilogramm Uran und Moderator, erhält er bessere Werte, als jeder vor ihm in Deutschland. Weitere Verbesserungen bringt sein nächster Versuch mit jeweils sechshundert Kilogramm beider Materialien. Die im Innern des Reaktors erzeugten Neutronen seiner Neutronenquelle verdoppeln sich auf dem Weg bis zur Außenwand.

Im Berliner Kaiser-Wilhelm-Institut wird währenddessen die nächste große Versuchsreihe geplant. Dort ist man auf die Idee gekommen, Graphit, wenn es auch nicht als Moderator geeignet zu sein scheint, doch als Neutronenreflektor zu verwenden. Dieser Reflektor, der den Reaktor wie ein dicker Mantel umhüllt, soll die in den Außenraum dringenden Neutronen in den Reaktor zurückwerfen, und so die Neutronenausbeute vergrößern. Die Versuche werden im Winter 1943–1944 von der Berliner und der Heidelberger

Gruppe gemeinsam durchgeführt. Es sind die bisher größten Reaktorversuche in Deutschland.

Systematisch wird die Schichtdicke zwischen den beiden Hauptkomponenten des Reaktors variiert. Nach mehreren Monaten geduldigen Experimentierens wird die früher schon in Heidelberg gemachte Erkenntnis bestätigt, daß ein Abstand von achtzehn Zentimetern zwischen den Uranplatten am günstigsten ist. Die Zeitverluste überfordern die Geduld sogar des Präsidenten der Kaiser-Wilhelm-Gesellschaft, der im Mai 1944 Unmut äußert. Immerhin gelingt es beim besten dieser Versuche, mit jeweils 1,5 Tonnen Uran und Schwerem Wasser die von der Quelle erzeugten Neutronen um den Faktor 2,36 zu vermehren. Damit haben die Gruppen der Kaiser-Wilhelm-Gesellschaft wieder einen kleinen Vorsprung gegenüber Diebner gewonnen, allerdings mit der zweieinhalbfachen Materialmenge.

Das Reaktorprojekt steckte seit dem Sommer 1943 in einer Krise. Es gab in Deutschland noch nicht genügend Schweres Wasser, um den Bedarf auch nur für einen Reaktor zu decken. Ob die Norsk Hydro in der Lage sein würde, je ausreichende Mengen des Produkts herzustellen, war nach Produktionsschwierigkeiten und -ausfällen mehr als fraglich. Diese Krise hätte sich allenfalls überwinden lassen, wenn alles Material, auf eine Gruppe konzentriert und, ungeachtet aller Divergenzen versucht worden wäre, die sachlich beste Lösung durchzusetzen. Diesem Versuch standen die persönlichen Gegensätze und die Interessenkonflikte innerhalb des Uranvereins im Weg. Heisenberg sah keinen Grund, Diebner als wissenschaftlichen Partner zu akzeptieren. Diebner hatte keinen Anlaß, zugunsten Heisenbergs auf seine Versuche zu verzichten. Denn erstens hatte er die bessere Reaktorgeometrie entwickelt, zweitens war der Reaktor für ihn zu einem Mittel des Überlebens geworden. Seine politischen Ambitionen hatte er schon längst aufgeben müssen. Der Reaktor war seine einzige Hoffnung zumindest beruflicher Rehabilitierung.

So konkurrieren in Deutschland zunächst noch vier, später gegen Kriegsende zwei Arbeitsgruppen um das knappe Schwere Wasser.

Jomar Brun, der leitende norwegische Ingenieur der Schwerwasseranlage, verschwand am 24. Oktober 1942 aus Vemork. Mit sich nahm er eine große Zahl geheimer Pläne und Konstruktionszeichnungen. Für die deutsche Abwehr konnte kein Zweifel am Hintergrund von Bruns Flucht und dem Wert seiner Mitbringsel für die Alliierten bestehen.

In der Nacht des 19. November meldet die deutsche Luftabwehr, daß feindliche Flugzeuge in den Felshängen der Südwestküste Norwegens abgestürzt seien. Ein deutscher Suchtrupp stößt im Morgengrauen auf Trümmer eines englischen Halifax Bombers. Im Wrack liegen die Leichen von sechs Besatzungsmitgliedern. Ein paar Kilometer von der Absturzstelle entfernt findet das Suchkommando die Überreste eines zerschellten Lastenseglers und weitere Leichen englischer Soldaten. Die im weiten Umkreis verstreute Ladung des Lastenseglers, Zelte, Skier, Proviant, Maschinenpistolen, Funkgeräte und große Mengen Sprengstoffs deuten auf ein Sabotageunternehmen hin. Spuren im Schnee führen zum Versteck einer kleinen Gruppe von Überlebenden, von denen einige schwer verletzt sind.

Ein aus Stavanger angeforderter Abwehroffizier bestätigt, daß die Engländer Saboteure seien. Doch geben sie über das Ziel ihres Unternehmens keine Auskunft. Für die deutsche Militärbehörde ist der Fall ohnehin klar: Es handelt sich um Saboteure, die nach einem unlängst erlassenen Führerbefehl erschossen werden müssen. Noch am gleichen Abend werden die Überlebenden vor ein Exekutionspeloton gestellt, die Verletzten auf Bahren ins Freie geschleppt und erschossen.

Gegen die unüberlegte Aktion der Militärbehörden protestiert die Abwehr. Einige der Engländer hätte man am Leben lassen müssen, um sie zu verhören. General von Falkenhorst, der militärische Oberbefehlshaber in Norwegen, rügt seine verantwortlichen Offiziere und erläßt eine Anweisung, gefangene Mitglieder feindlicher Kommandounternehmen vor der Exekution der Abwehr und dem Sicherheitsdienst zu überlassen.

Am nächsten Tag wird ein zweiter abgestürzter Lastensegler mit mehreren Toten am Nordufer des Lyse Fjords gefunden. Norwegische Polizisten haben drei Engländer in der Nähe gefangen und der deutschen Abwehr überstellt. Die Engländer berichten, daß ihr Lastensegler abgestürzt sei. Das Zugseil zur Schleppmaschine sei gerissen. Nachdem man die Engländer gründlich verhört hat, werden auch sie erschossen. Dem Bericht des Generals Falkenhorst zufolge haben die Verhöre »wertvolle Erkenntnisse« über die Absichten des Feindes gebracht. Die Bewachung von Vemork wird verstärkt und in der benachbarten Stadt Rjukan nach Saboteuren gefahndet.

In der Nacht des 28. Februar 1943 zerreißt eine Kette von Explosionen das monotone Summen der Turbinen in Vemork. Sirenen heulen auf. Die Soldaten der Wachmannschaft rennen durch die Nacht. In der allgemeinen Verwirrung dauert es eine Weile, bis die große Scheinwerferanlage angeschaltet und die Schlucht erleuchtet wird. Die Wachmannschaften suchen nach den Saboteuren. Doch das Sprengkommando ist unbemerkt im Dunkel der Nacht verschwunden.

Ein Arbeiter berichtet, in der Schwerwasseranlage von zwei Männern überrascht worden zu sein. Offensichtlich waren die Feinde aus einem Tunnel in seinem Rücken aufgetaucht. Der eine hielt ihn mit vorgehaltener Pistole in Schach, während der zweite die Sprengladungen an den Elektrolysezellen anbrachte. Ein dritter stieg durch ein Fenster ein.

Der Schaden wird untersucht. Betroffen ist nur die Schwerwasseranlage. Der Boden jeder der achtzehn Elektrolysezellen ist zertrümmert. Etwa eine halbe Tonne des kostbaren Schweren Wassers ist durch die Kanalisation in den Fluß geschwemmt worden. Man findet Abzeichen britischer Fallschirmjäger, im Raum verstreute Signaturen der vollendeten Arbeit.

Trupps der Wachmannschaft nehmen die Jagd auf die Saboteure auf. Die Spur führt in die Schlucht und in den gegenüberliegenden Steilhang. Dort verliert sie sich in der Dunkelheit der von den Scheinwerfern nicht mehr erreichbaren Zone. Das Sprengkommando ist entkommen. Ein Schneesturm erschwert die Suche an den nächsten Tagen. General Falkenhorst wird informiert und überzeugt sich persönlich vom Versäumnis der Wachmannschaften. Er bestätigt den Gegnern, das beste Bravourstück geleistet zu haben, das er je gesehen habe.

Der Schaden in der Fabrik ist geringer als befürchtet. Eine halbe Tonne Schweren Wassers ist zwar verloren, doch ist die Anlage relativ leicht zu reparieren. In weniger als zwei Monaten beginnt die Produktion wieder. Doch dauert es bis Ende Juni 1943, bevor den Endstufen das erste Produkt entnommen werden kann. Durch den Anschlag haben die Deutschen fast ein halbes Jahr verloren.

Wenige Monate später wurde die Anlage in Vemork endgültig zerstört. Am 16. November 1943 griffen 140 »fliegende Festungen« eines amerikanischen Bombergeschwaders die Anlage der Norsk Hydro an. Die Schwerwasseranlage blieb, nicht zuletzt wegen der besseren Abwehrmaßnahmen, nahezu unversehrt, doch war die Stromversorgung schwer getroffen und so gründlich zerstört worden, daß an die Wiederaufnahme der Produktion nicht zu denken war. Nun sollte die Schwerwasserherstellung nach Deutschland verlagert werden.

Das kostbare Produkt wird aus den Elektrolysezellen in 39 Stahlbehälter umgefüllt. Insgesamt ist es über eine halbe Tonne. Zur Tarnung steht auf den Behältern »Kalilauge«. Am 20. Februar 1944 werden die Behälter in zwei Eisenbahnwaggons auf die Fähre »Hydro« verladen. Mit dreiundfünfzig Menschen an Bord überquert die Fähre den Tinnsjö See. An der tiefsten Stelle zerreißt eine heftige Explosion den Bug unterhalb der Wasserlinie. Die Fähre beginnt nach vorn abzusacken. Über den Bug rollen die Waggons mit ihrer Ladung ins Wasser und verschwinden in der Tiefe. Einige der Trommeln tauchen später wieder auf und können geborgen werden. Mit der Fähre versinken sechsundzwanzig Menschen im eisigen Wasser des Sees beim letzten Versuch, die Deutschen zu hindern, Atomwaffen herzustellen.

Ein verhängnisvoller Irrtum

Etwa achtzig Menschen kostete das Schwerwasserabenteuer das Leben. War die Schwerwasseranlage diesen Einsatz wert? Es gab zwei Anhaltspunkte, sie zu zerstören. Ein Reaktor konnte Plutonium und als Sprengstoff für Atombomben außerdem radioaktive Kampfstoffe produzieren. Da die britische Abwehr recht genau über die Kapazität der Anlage in Vemork informiert war, mußte ihr bewußt sein, daß eine Plutoniumbombe mit derart geringen Mengen Schwerwasser nicht herzustellen war. Blieben radioaktive Kampfstoffe. Zwar wurden die Engländer durch Dr. Jomar Brun, den ein freundschaftliches Verhältnis mit dem deutschen Wissenschaftler Dr. Suess verband, informiert, militärische Anwendungen seien ausgeschlossen. Doch warum wurde die Anlage mit solcher Dringlichkeit ausgebaut, und, verglichen mit der Kunstdüngerfabrik, soviel schärfer bewacht?

Es waren vor allem Amerikaner, die sich in die Angstvorstellung steigerten, der Gegner könnte Reaktoren zur Herstellung radioaktiver Gifte benutzen. Conant hatte dem neuen Leiter des amerikanischen Atomprojekts, General Groves, im Juli 1943 mitgeteilt, daß die Deutschen 1944 soweit sein könnten. Groves, zu dessen Arbeitsprinzipien gehörte, nichts dem Zufall oder gutem Glauben zu überlassen, war es, der die Anlage in Vemork durch amerikanische Bomber endgültig ausschalten ließ. Nachdem dies geschehen war, und die Deutschen ihre einzige größere Produktionsmöglichkeit für Schwerwasser verloren hatten, war die Versenkung der Fähre mit der letzten halben Tonne Schwerwasser eine kostspielige Agentenklamotte. Selbst wenn das Schwere Wasser zur Herstellung von Kampfstoffen dienen sollte, hätten die Deutschen nicht mehr genügend produzieren können, um »erfolgreich« zu sein.

Vor dem Hintergrund ihrer wissenschaftlichen Ursachen übersteigert sich die Schwerwassertragödie ins Absurde. Heisenberg hatte in seiner Theorie des Reaktors vom Herbst 1939 vorausgesagt, daß als »Bremsmittel« im Reaktor Schweres Wasser und Graphit in Frage kämen. Er hatte auch auf die Notwendigkeit extremer Reinheit beider Substanzen hingewiesen. Auch nur Spuren von Fremdstoffen könnten die Meßwerte verfälschen.

Die Wissenschaftler des Uranvereins hatten sich 1940 die vorbereitenden Messungen aufgeteilt. Heisenberg und Döpel prüften, ob sich Schweres Wasser als Moderator eignete, Bothe und Jensen maßen die gleiche Eigenschaft von Graphit. Schweres Wasser erwies sich als geeignet, Graphit nicht.

Bothes Messung war einfach falsch. Da die Autorität des am meisten respektierten Experimentalphysikers in Deutschland genügte, die der Theorie widersprechende Messung unangefochten gelten zu lassen, schied Graphit bereits in einem frühen Stadium der Entwicklung aus. Nun begann der »Kampf« um das ungleich schwerer zu beschaffende Schwere Wasser, ein Kampf, der jenen Druck zum Ausbau der Anlage in Norwegen erzeugte, der den Alliierten verdächtig erscheinen konnte. Diese Dringlichkeit zog die Zerstörung von Vemork nach sich.

Deutschland hatte bis dahin in Vemork etwa zweieinhalb Tonnen Schweres Wasser herstellen lassen. Fraglich war, ob diese Menge genügen würde. Daher stand Esau, der Bevollmächtigte des Reichsmarschalls für Kernphysik nun vor der Entscheidung, neue Möglichkeiten zu erschließen: entweder eine neue Schwerwasserfabrik zu errichten, oder zu versuchen, den Reaktor mit angereichertem Uran

235 zu bauen. In diesem Fall würde als Moderator normales Wasser genügen. Mehrere Wege standen also noch offen. Esau, wollte er »sein« Projekt noch zum Erfolg führen, mußte sich jetzt für einen der verschiedenen Wege entscheiden, um seine beschränkten personellen und wirtschaftlichen Ressourcen zu konzentrieren.

Mit dem riesigen Bedarf der Rüstungsproduktion und den Zerstörungen der Bomberangriffe war das Reich am Ende seiner wirtschaftlichen Kraft. Mehrere Großprojekte zu unterstützen war unmöglich.

Die Technik der Schwerwassererzeugung stellte kein Problem dar: Es gab mehrere ausgearbeitete Verfahren. Man wäre sogar ohne den billigen Strom ausgekommen, der die Herstellung in Norwegen begünstigt hatte. Aber nun etwa fünfundzwanzig Millionen Reichsmark, zehntausend Tonnen hochwertigen Stahl, die in der Rüstungsproduktion dringend benötigt wurden, große Mengen anderer, noch knapperer Metalle für ein Vorhaben zu riskieren, das für Esau eher als Abenteuer galt, das war zuviel für einen Mann seiner Statur. Wie stünde er da, falls sich der Reaktor als Hirngespinst verrückt gewordener Physiker entpuppen würde. Also lieber auf Nummer sicher gehen, und statt eines großen Projektes drei kleine fördern.

Esau weicht aus. Inzwischen waren durch Bagge und Groth zwei Verfahren zur Isotopentrennung im Labormaßstab entwickelt worden: Isotopenschleuse und Gaszentrifuge. Esau fördert beide Verfahren im kleinen Maßstab in der Hoffnung, über angereichertes Uran 235 mit weniger Schwerem Wasser oder mit normalem Wasser auszukommen. Gleichzeitig beginnt sein halbherziger Versuch, in Deutschland eine eigene Schwerwasserproduktion aufzubauen, die jedoch nie Ersatz für den Ausfall der Anlage in Vemork bieten kann.

Der Reichsmarschall für Kernphysik

Alles auf eine Karte zu setzen, widerstrebte Esau. Es wäre der einzige Weg zum Erfolg gewesen. Obwohl er die beschränkten Mittel gleichmäßig verteilte, wo er sie hätte konzentrieren müssen, viele Wege an vielen Instituten verfolgen ließ, hatte er bald nur noch Gegner. Zu widersprüchlich waren die Interessen innerhalb seines Vereins. Die Institutsfürsten waren gegen jede Lenkung. Die Kaiser-Wilhelm-Gesellschaft wehrte sich gegen Eingriffe in ihre Souveränität. Zum Unglück von Esau fand noch Hitlers Günstling, der zum

Rüstungsminister beförderte Großbaumeister, Albert Speer, Gefallen an der kernphysikalischen Forschung. Daß aus den Uranarbeiten angesichts des bevorstehenden Zusammenbruchs, noch etwas Verwertbares zu erwarten wäre, darüber gab sich Speer keinen Illusionen hin.

Esaus Vorgesetzter, Professor Mentzel, deutete sicher die ersten Anzeichen bevorstehender Ungnade richtig, als er aus den Wolken, die sich über seinem »Schützling« zusammenbrauten, schloß, es sei an der Zeit, nach einem Ersatzmann zu suchen. Mentzel wählte den angesehenen Physiker Professor Walther Gerlach.

Gerlach ist erstaunt, als er von Mentzels Antrag hört. Denn er ist, wie er selbst sagt, »in nichts drin« gewesen, worin man in dieser Zeit sein mußte, um Karriere zu machen. Karriere will Gerlach ohnehin nicht machen. Mit Politik will er als Wissenschaftler nichts zu tun haben. Er weiß, daß er über diese neue Aufgabe Gefahr läuft, sich in den vielfachen Verstrickungen der Kriegsforschung mit der Politik zu verfangen. Er meint, daß derartige Verbindungen die Wissenschaft nicht nur im speziellen Fall politisch kompromittieren, sondern daß die Verbindung mit Politik der Wissenschaft grundsätzlich schadet. Der Krieg ist verloren. Wozu also noch in den letzten Monaten neue Risiken eingehen.

Wenn Gerlach in der Aufgabe überhaupt einen Sinn sehen kann, so für die Kontinuität der Wissenschaft zu sorgen. Forschungsprojekte sollen Wissenschaftler über die letzte Phase des Krieges retten. Es gilt zu verhindern, daß Wissenschaftler sinnlos an der Front geopfert werden. Dazu ist für Gerlach jedes Forschungsvorhaben gleich gut. Große Erfolge, etwa beim Reaktor, können mehr schaden als nützen. Das Interesse der Machthaber würde noch einmal auf Anwendungen gelenkt.

Außerdem überlegt sich Gerlach, wäre es für die Wissenschaft schädlich, wenn die Alliierten nach dem Zusammenbruch zwar intakte Institute vorfänden, aber feststellen würden, daß deren Auftraggeber am Krieg beteiligte Ämter und Ministerien waren. Heereswaffenamt, Rüstungsministerium, Luftwaffe, Marine sind belastende Partner. Gerlach will so viele Forschungsprojekte wie möglich auf den zivilen Reichsforschungsrat umschreiben lassen.

Gerlach ist ein zu kluger Taktiker, um sich nicht zuvor mit seinen zukünftigen Mitarbeitern zu besprechen. Er geht zu Hahn und Heisenberg. Beide drängen ihn, das Amt anzunehmen. Wenn jemand geeignet sei, die schwierige Aufgabe zu übernehmen, dann Gerlach. Heisenberg bestätigt Gerlach, daß die Unranforschung wie wenige andere Projekte die Möglichkeit biete, Wissenschaftler über das Kriegsende hinwegzuretten. Man muß, darin sind sich die beiden Physiker einig, schon jetzt den Wiederaufbau vorbereiten. Die Wissenschaft wird eine zentrale Aufgabe übernehmen können. Heisenberg redet Gerlach zu. Fast noch besser stimmen Otto Hahn und Walther Gerlach überein. Hahn hatte sich während des ganzen Krieges aus angewandter Forschung herausgehalten, wie sie die anderen betrieben. Systematisch und mit ungeheurer Akribie waren im Hahnschen Institut die vielen Zerfallsprodukte des mit Neutronen bestrahlten Urans untersucht worden: reine Forschung ohne jede militärische Bedeutung. Das ist Arbeit, die auch Gerlach schätzt.

Er hat das Vertrauen der angesehensten Wissenschaftler seines zukünftigen »Vereins«. Doch Vertrauen allein genügt nicht. Gute Wünsche nützen wenig, wenn es um handfeste Interessen geht. Wie Paul Rosbaud, ein enger Freund Gerlachs, berichtet, muß es »nicht einfach gewesen« sein, übergeordnete Ziele gegenüber den zentrifugalen Interessen der Institute durchzusetzen. Rosbaud schreibt kurz nach dem Zusammenbruch 1945: »Ich weiß nicht, ob es sehr einfach für Gerlach war, mit Heisenberg zusammenzuarbeiten, da der letztere sehr ehrgeizig war und den Richtlinien seiner eigenen Politik folgte.« Das Schicksal Esaus, der sich zwischen widersprüchlichen Interessen hatte zerreiben lassen, ist noch in Erinnerung.

Gerlach bekommt von seinen Vorgesetzten vollkommene Handlungsfreiheit zugesichert. Innerhalb seines Aufgabenbereichs kann er frei entscheiden. Am ersten Januar 1944 wird er zum »Beauftragten des Reichsmarschalls für Kernphysik« ernannt, ein Titel, der ihn heute noch schmunzeln läßt. Auf den Briefbögen und Formularen seines Amts war das »Beauftragte« so unscheinbar geschrieben, daß Gerlach bald überall nur noch »Reichsmarschall für Kernphysik« hieß. Außerdem stand er der Fachsparte Physik im Reichsforschungsrat vor und hatte damit einen weiteren Aufgabenbereich als nur das Uranprojekt.

Kurz darauf erhält Gerlach Gelegenheit, sich als Retter in der Not zu bewähren. Während Esaus Amtszeit hatte Houtermans die Idee gehabt, den offiziellen Slogan »Die Forschung im Dienste des Krieges« auf seine Weise auszulegen. Allerdings mußte er ihn zuvor umdrehen: »Der Krieg im Dienste der Forschung«. Das im Sinn, hatte er Esau berichtet, es gäbe Anzeichen, mazedonischer Tabak enthalte Anreicherungen von Schwerem Wasser. Houtermans wollte das untersuchen. Esau, der wenig von Schwerem Wasser verstand, sich aber unter Druck fühlte, hoffte auf einen Ausweg. Dankbar griff er nach dem Strohhalm, den ihm Houtermans zuwarf und unterzeichnete den Antrag bedenkenlos. Houtermans kam zu seinem mazedonischen Tabak. Da er jedoch den Witz für zu gut hielt, um ihn für sich zu behalten, machte die Geschichte schnell die Runde. Es gab Leute, die das weniger komisch fanden. Houtermans kam in Schwierigkeiten. Die nächste Verhaftung stand bevor. In einer seiner ersten Amtshandlungen mußte Gerlach dem bedrängten Houtermans aus der Klemme helfen. Der Streich blieb ohne Folgen, nur ein Zweizeiler erinnert an ihn:

»Erst hat Esau die Reise bescheinigt,
dann Gerlach die Scheiße bereinigt.«

Gerlach ist Leiter der Fachsparte Physik im Reichsforschungsrat und Beauftragter des Reichsmarschalls für Kernphysik. In den traditionell unklaren organisatorischen Verhältnissen sind er und die ihm unterstellten Bereiche sowohl vom Ministerium Speer als auch von Göring, der als Galionsfigur dient, abhängig. Die Geschäfte werden vom Ministerium Speer aus finanziert und überwacht.

Nur für den Dienstgebrauch

Schon vor dem Jahr 1944 hatten mehrere Erlasse verlangt, alle nicht kriegswichtigen Forschungsarbeiten einzustellen. Einer dieser periodisch auftauchenden Erlasse hatte auch dazu geführt, daß die Uranforschung 1942 wieder vom Heereswaffenamt abgegeben worden war. Speers Interesse hatte dann verhindert, daß die Arbeiten eingestellt oder mit wesentlich geringerem Aufwand weitergeführt wurden. Speer wäre sogar bereit gewesen, die Uranforschung wesentlich auszudehnen, hätten ihm die Wissenschaftler das nahegelegt.

Nun taucht das alte Problem wieder auf: Die Uranforschung soll eingestellt werden. Speers Ministerium fragt bei Gerlach an, ob Uranforschung noch kriegsentscheidend sein kann. Jede Antwort ist gefährlich. Ein »Ja« könnte Gerlach zwingen, mit dem Wort von der »Forschung im Dienst des Krieges« ernst zu machen. Das will er unbedingt vermeiden. Ein »Nein« kann für sein Ziel, Forschung und Wissenschaftler über das Kriegsende hinweg zu retten, verhängnisvoll werden.

Trotz dieser Gefahr antwortet Gerlach mit »Nein«. Er sagt deutlich, Uranforschung könne nichts Kriegswichtiges mehr hervorbringen. Sie dürfe dennoch nicht eingestellt werden. Denn eine Regierung, die den Krieg gewinnen will, darf den Frieden nicht verlieren. Die wirtschaftliche und technologische Entwicklung der Nachkriegszeit wird stark von der Kerntechnologie bestimmt werden. Daher muß die Regierung, die den Krieg zu gewinnen beansprucht, bereits während des Krieges die Fundamente ihrer zukünftigen wirtschaftlichen und technologischen Überlegenheit legen. Das gilt nicht nur für die Uranforschung, sondern generell für naturwissenschaftliche Forschung. Eine Gruppe qualifizierter Wissenschaftler muß erhalten bleiben, die die technologische Überlegenheit Deutschlands in der Nachkriegszeit begründen wird.

Es ist fraglich, ob Gerlachs Dialektik bei anderen Adressaten gewirkt hätte. Speer aber, dem Zyniker an der Spitze des Rüstungsministeriums, der sich wohl kaum größeren Illusionen als Gerlach hingab, mußten solche Argumente gefallen. Er ließ sie mit einem Augenzwinkern gelten und unterstützte die Arbeiten weiter.

Nun hat Gerlach den Rückhalt, den er benötigt, um seine eigentlichen Ziele zu verfolgen: Forschung aus der Verpflichtung zu den Militärs zu lösen, Forschungsaufträge militärischer Stellen auf den Reichsforschungsrat zu überschreiben, Wissenschaftler vom Kriegsdienst zurückstellen zu lassen, jüdische Wissenschaftler vor dem Konzentrationslager zu bewahren, und eine Vielzahl von Forschungsprojekten zu initiieren oder weiterzutreiben, die ohne jede Beziehung zum Krieg stehen. Er sorgt dafür, daß Forscher sich mitten im Krieg zu Symposien treffen können, und gründet eine eigene Zeitschrift für die Fachsparte Physik. Da die meisten Fachzeitschriften wegen des Papiermangels eingestellt worden waren, hatten die Wissenschaftler keine Publikationsmöglichkeit. Gerlach wird Herausgeber einer Physikalischen Zeitschrift, mit dem Untertitel »Nur für den Dienstgebrauch«. Gerlach berichtet heute, daß ihm dieser Untertitel Kritik eingetragen habe, da er so offensichtlich dem Prinzip der Öffentlichkeit widersprach, der Grundlage des freien Austausches wissenschaftlicher Information. Die Erklärung war einfach: Der Begriff »Dienstgebrauch« war das Schlüsselwort, das die Tür zum Papierhort geöffnet hatte.

Geplante Erfolglosigkeit

Sein Ziel, Grundlagenforschung auf breiter Basis zu fördern, Kriegsanwendungen zu vermeiden, verfolgt Gerlach auch bei der Uranforschung konsequent. Gegenüber der breitangelegten Arbeit an vielen verschiedenen Projekten tritt das Ziel des kritischen Reaktors vorerst in den Hintergrund. Was Esau aus Unfähigkeit zuließ, betreibt Gerlach mit Systematik. Er läßt verschiedene Verfahren zur Schwerwasserherstellung bearbeiten. Alle bisherigen Ansätze der Reaktorforschung werden zunächst weiter verfolgt. Harteck will mit Diebners Hilfe seine alte Idee des Kohlensäurereaktors wiederaufgreifen. Das ist Gerlach nur recht. Mit der Isotopenschleuse und der Gaszentrifuge treten zwei Verfahren in das aufwendige technische Versuchsstadium, die ohne jede Bedeutung für die Kriegsforschung sind. Das weiß Gerlach. Deswegen fördert er sie. Sie versprechen, wenn auch erst in ferner Zukunft, einen zweiten Weg zum Reaktor zu eröffnen: Mit angereichertem Uran 235 genügt gewöhnliches Wasser als Moderator.

Schwieriger ist für Gerlach schon, das gestörte Gleichgewicht innerhalb seines »Vereins« wiederherzustellen. Vordringlich ist das Problem Diebner. Diebner hatte sich in der ersten Phase des Uranprojekts zum Direktor des Berliner Kaiser-Wilhelm-Instituts aufschwingen wollen. Seit dem Ausscheiden des Heereswaffenamts fristete er ein kümmerliches Dasein. Er bekam die Folgen seiner Anmaßung deutlich zu spüren. Da Diebner für Veränderungen des politischen Klimas empfänglich genug war, um nicht den Durchhalte- und Endsiegparolen seiner früheren politischen Freunde gründlich zu mißtrauen, begann er, beim wohlmeinenden Gerlach Absolution für seine politischen Jugendsünden zu suchen.

Diebner war kein schlechter Physiker. Er hatte frühzeitig eine Verbesserung zum Reaktor vorgeschlagen, die sehr gut hätte entscheidend sein können, aber kaum beachtet worden war. Gerlach setzt sich nicht nur dafür ein, daß Diebner mit Arbeitsmaterial und Geldmitteln versorgt wird, er versucht ihn auch persönlich zu fördern. Man solle einem jungen Mann, der zu Kriegsbeginn der allgemeinen Hysterie erlegen war, seine Torheiten nicht ewig nachtragen, meint Gerlach. Diebner hofft sich mit einer Schrift über Reaktoranordnungen unter Gerlachs Schirmherrschaft zu habilitieren. Die Arbeit hatte bei Sachverständigen eine gute Kritik gefunden. Diebners Habilitation scheitert hauptsächlich am Widerstand Heisenbergs.

Obwohl er weiß, daß die in Deutschland verfügbaren Materialmengen allenfalls erlauben, einen kritischen Reaktor zu bauen, läßt Gerlach weiter Konkurrenz zwischen den einzelnen Gruppen zu. An der Überlegenheit von Diebners Gitteranordnung gegenüber den Schichtenanordnungen der anderen Gruppen besteht für ihn kein Zweifel. Doch trifft er keine eindeutige Entscheidung zugunsten einer Anordnung oder gar einer Gruppe. Er sorgt dafür, daß der Materialbedarf der einzelnen Gruppen befriedigt wird, soweit es die beschränkten Mittel erlauben. So sehr auch persönliche Rücksichten eine Rolle spielen, paßt die Lage in Gerlachs Konzept. Ein spektakulärer Erfolg könnte das Interesse der Machthaber auf das Projekt leiten, das sie bereits aus den Augen verloren hatten. Man geriete in Gefahr, unter Druck alles auf eine Karte setzen und Kriegsforschung betreiben zu müssen.

Phönix aus der Asche

Den Wiederaufbau vorzubereiten wird nun, da der Krieg zu Ende geht, auch für Heisenberg und andere Wissenschaftler immer wichtiger. Die Anzeichen des bevorstehenden Zusammenbruchs sind überdeutlich.

Im März 1943 hatte Heisenberg mit anderen Wissenschaftlern im Gebäude des Berliner Luftfahrtministeriums an einer Konferenz über Grenzfragen der Biologie und Atomphysik teilgenommen. Obwohl das Thema eher philosophisch-ontologische Exkurse erwarten ließ, war auch über die physiologische Wirkung moderner Sprengbomben gesprochen worden. Der Mediziner Schardin hatte vorgetragen, daß der Tod durch die Druckwelle einer in der Nähe explodierenden Bombe schnell und schmerzlos sei. Die Sitzung wurde vom Aufheulen der Luftschutzsirenen unterbrochen. Die Wissenschaftler flüchteten in die Keller des Ministeriums. Bomben explodierten über den Eingeschlossenen. Angst und Schrecken verbreiteten sich, bis Otto Hahns Stimme aus dem Dunkel die Situation rettete: »Der Schardin, der Schuft, der glaubt seine eigene Theorie nicht mehr.«

Nach der Entwarnung kriechen die Eingeschlossenen durch den verschütteten Bunkereingang ins Freie. Es ist Nacht, doch der Platz und große Teile Berlins sind durch brennende Gebäude hell erleuchtet. Heisenberg und der Biochemiker Adolf Butenandt wandern durch die zerstörte Stadt zu ihren Instituten nach Dahlem. In seinem

Buch »Der Teil und das Ganze« berichtet uns Heisenberg über das denkwürdige Gespräch, das zwei Nobelpreisträger über den Wiederaufbau Deutschlands führten, als sie sich ihren Weg durch das Chaos der brennenden Reichshauptstadt suchten: über Trümmer hinweg, um brennende Phosphorpfützen herum und an eingestürzten Häusern vorbei, unter denen Verschüttete lagen.

Die Wurzel des Übels, sagt Heisenberg, liegt in der verhängnisvollen Neigung des deutschen Volkes zum Irrationalismus, in der Übersteigerung der Philosophie des »Alles oder Nichts«. Die Wirklichkeit wird von der Illusion verdrängt. Schicksalsglaube und Anspruch auf absolute Werte erschweren das friedliche Zusammenleben mit anderen Völkern. Heisenberg will einen Weg, der dem deutschen Volk helfen könnte, in die Wirklichkeit zurückzufinden, in der Wissenschaft sehen. Er fragt sich, »könnte dann, wenn die Illusion durch die Wirklichkeit restlos und gnadenlos zerstört ist, die Beschäftigung mit der Wissenschaft ein Weg für uns sein, der zu einer mehr nüchternen und kritischen Beurteilung der Welt und unserer Lage in ihr führt?« Er, so teilt er Butenand und seinen Lesern mit, hoffe mehr auf die pädagogische als auf die wirtschaftliche Wirkung der Wissenschaft beim Wiederaufbau. Dank des traditionell hohen Ansehens des Wissenschaftlers in Deutschland, kann er einen maßgeblichen Einfluß bei der Bewußtseinsbildung nach dem Krieg ausüben. Butenand pflichtet Heisenberg bei: der Krieg muß den Menschen die Augen geöffnet haben. Der Glaube an den Führer kann keine fehlenden Rohstoffe ersetzen, Illusionen keinen technischen und wirtschaftlichen Fortschritt bringen.

Heisenberg erklärt Butenand auch, daß er nicht glaube, die Atomenergie könnte noch während des Krieges militärisch wichtig werden. Dazu ist der Aufwand zu groß, und die technischen Schwierigkeiten lassen schnelle Lösungen nicht zu. Daher bieten für Heisenberg gerade die unvorstellbaren wirtschaftlichen Vorteile der friedlichen Nutzung nach dem Krieg die Chance einer internationalen Zusammenarbeit, ein Modell friedlichen Wettbewerbs und gegenseitiger Ergänzung. Die Internationale der Physiker kann zum Kristallisationspunkt dieser segensreichen Bemühungen werden.

Atombomben auf Deutschland?

1944 verschärft sich der Terror der Luftangriffe auf die Reichshauptstadt. Berlin liegt nun fast schutzlos unter den regelmäßig anfliegenden alliierten Bombergeschwadern. Die verheerende Wirkung der Angriffe und die besondere Größe einzelner Bombentrichter läßt einige Wissenschaftler, darunter auch Gerlach und Bothe, an primitive Vorläufer von »Wasserstoffbomben« denken. Das große Interesse der Engländer an der Zerstörung der Schwerwasserfabrik in Vemork, schreibt Gerlach an Göring, könnte als zusätzliches Indiz für den Verdacht gewertet werden, daß alliierte Wissenschaftler bereits in der Lage seien, primitive Wasserstoffbomben zu bauen. Denn dafür wird Schwerer Wasserstoff benötigt. Eigene Versuche in dieser Richtung waren zwar fehlgeschlagen, doch vielleicht waren die Kollegen im Ausland erfolgreicher gewesen. Um das nachzuprüfen, beginnt man die großen Bombkrater auf Radioaktivität zu untersuchen. Doch erfolglos. Es handelt sich um ganz gewöhnliche, wenn auch besonders brisante Bomben aus chemischem Sprengstoff.

Gegen Kriegsende verdichten sich die Hinweise auf Bemühungen der Amerikaner, Atombomben zu entwickeln. Schon 1942 hatte Postminister Ohnesorge vergeblich versucht, Hitler auf die Gefahr hinzuweisen. Die Akten eines der letzten Organisatoren deutscher Wissenschaft im Dienst des Krieges, Professor Werner Osenberg, enthalten einen deutlichen Hinweis: Zumindest einigen Wissenschaftlern mußte die Arbeit ihrer angelsächsischen Kollegen andeutungsweise bekannt gewesen sein. Professor Henry Albers, ein Danziger Chemiker, der an der Isotopentrennung arbeitete, war im Frühjahr 1943 von einem Vertreter der SS aufgesucht worden. Der vermutlich in Osenbergs Auftrag handelnde SS-Mann wollte Albers Meinung über Geheimdienstberichte hören, die auf amerikanische Atombomben hinwiesen. Im Juli 1944 wurde Heisenberg von einem Adjutanten Görings befragt, was er zu einem Bericht der deutschen Botschaft in Lissabon meine. Dort hatte man etwas über eine Drohung erfahren, Dresden mit einer Atombombe zu vernichten, wenn Deutschland nicht innerhalb von sechs Wochen kapituliere. Bevor er antwortet, berät sich Heisenberg mit anderen Wissenschaftlern. Sie schätzen die Schwierigkeiten als zu groß ein, um an diese Möglichkeit zu glauben. Die Drohung sei, wenn man alle wissenschaftlichen und technischen Argumente abwäge, nicht ernst zu nehmen. Der Zufall gab Heisenberg und seinen Kollegen recht.

Nur, fragt man weiter, welche Faktoren die deutschen Wissenschaftler mit ihrer Prognose recht behalten ließen, so erscheint die objektive Grundlage eher brüchig. Hiroshima kam etwa ein halbes Jahr nach der Kapitulation der deutschen Wehrmacht. Mehr als ein Jahr wurde in den Vereinigten Staaten nur durch den zögernden Beginn des Projekts verloren. Das aber konnten die deutschen Wissenschaftler nicht wissen.

Heisenberg und andere erkannten nach Kriegsende, daß sie die Schwierigkeiten des Bombenbaus ebenso überschätzt, wie sie die Fähigkeit der Vereinigten Staaten unterschätzt hatten, ihr Wirtschaftspotential für Kriegsforschung zu mobilisieren. Sichere Urteile über ein so komplexes und ungewisses Problem sind nicht möglich. Dennoch scheinen sich zur sachlichen Ungewißheit persönliche Wunschvorstellungen addiert zu haben. Jedes andere als das abgegebene Urteil über die Fähigkeit der Vereinigten Staaten, im Krieg Atombomben zu entwickeln, hätte die führenden Wissenschaftler in Deutschland in eine fast ausweglose Entscheidungskrise gebracht. Denn mit einer anderen, der objektiv »richtigen« Beurteilung der Lage hätte sich ihnen das Problem einer Entscheidung eindeutiger gestellt, als ihnen lieb war: Sie hätten entscheiden müssen, ob sie trotz ihrer Ablehnung des Regimes, den Nationalsozialisten nicht doch die kriegsentscheidende Waffe hätten bauen müssen, und sei es nur, um die amerikanische Atomgefahr abzuwehren.

So wünschenswert vielen das Ende des Nationalsozialismus erschien – konnte man das um den Preis von atomar verwüsteten deutschen Städten und Hunderttausenden unschuldigen Zivilisten hinnehmen? Der Gedanke an eine amerikanische Atombombe hätte jenes Taktieren verboten, das die Wissenschaftler glaubten sich leisten zu können. Nur die Vorstellung von der Harmlosigkeit ihrer »Kriegsforschung« hatte diesen Wissenschaftlern erlaubt, mit offenen Karten zu spielen. Mit Andeutungen weit entfernter militärischer und näher liegender wirtschaftlicher Nutzanwendungen versuchten sie, das Interesse der Machthaber soweit wachzuhalten, daß sie ihre persönlichen und politischen Ziele während des Krieges offen verfolgen konnten. Die Arbeit würde ja in der Zeit, die den Nationalsozialisten noch blieb, folgenlos bleiben. Man hatte sich politischen Dispens erteilt und konnte innerhalb des gewonnenen Spielraums frei arbeiten.

Die Alternative, jede auch friedliche eigene Uranforschung aufzugeben in der Hoffnung, die Gegenseite möge das Zeichen verstehen, lag aus mehreren Gründen fern. Erstens wäre man nicht sicher gewesen, daß das Zeichen auch verstanden oder honoriert worden wäre. Zweitens wäre mit der Uranforschung jede Möglichkeit aufgegeben worden, sich Unabhängigkeit und Einfluß zu sichern, die benötigt wurden, um die sachlichen und persönlichen Ziele zu verfolgen, die hinter der Arbeit standen.

Die dritte Möglichkeit, die von Heisenberg einst angestrebte Verständigung der »Internationale der Wissenschaftler«, mußte um so fragwürdiger werden, je größer die Wahrscheinlichkeit war, mit der Atombombe eine kriegsentscheidende Waffe zu entwickeln. Die Interessengegensätze wären unüberbrückbar geworden. Was, wenn eine Seite nur zum Schein so weitreichende Abmachungen einging? Oder, hätten solche Abmachungen nicht auch Vaterlandsverrat bedeutet? Für die Wissenschaftler der Alliierten, die für eine gerechte Sache kämpften, sogar noch mehr: Verrat an Menschenrechten, Unterstützung von Terror und Völkermord!

Die Rote Armee ist schneller

Gerlach, der Bevollmächtigte des Reichsmarschalls für Kernphysik, ist von den Vorzügen der Diebnerschen Anordnung von Moderator und Uran überzeugt. In einem seiner Berichte schreibt er, »eine Würfelanordnung ist besser als eine Plattenanordnung. Die erstere ergab bei nur einer Halbtonne Uranmetall eine Vermehrung (der Neutronen) um 2,06, letztere beim Optimum der Plattendicke bei 1,5 Tonnen eine Vermehrung um 2,36, also in Anbetracht der sehr viel größeren Materialmengen relativ weniger.« In diesem Vergleich sei außerdem noch nicht die bis dahin unbekannte optimale Würfelgröße berücksichtigt.

Doch das Berliner Kaiser-Wilhelm-Institut für Physik hält noch bis Ende 1944 an den überholten Plattenanordnungen fest. In seinem letzten Versuch, im Bunkerlabor in Berlin Dahlem umgibt Karl Wirtz, der die Experimente der Heisenberg Gruppe durchführt, seine, von Gerlach erwähnte Konstruktion zusätzlich mit einem Mantel von 10 Tonnen Graphit. Dieser Mantel soll die nach außen entweichenden Neutronen in den Reaktor reflektieren. Das verbessert die Neutronenvermehrung von 2,36 auf 3,37.

Dieser bisher erste Neutronenwert hätte bereits auf die mehrere Jahre zurückliegende Fehlmessung am Graphit hinweisen können, die diesen Moderator frühzeitig ausgeschieden hatte. Doch immer noch genügte die Autorität Bothes, eine Überprüfung als überflüssig erscheinen zu lassen.

Die Arbeiten können in Berlin nur mit Mühe fortgesetzt werden. Die täglichen Bombenangriffe erlauben kaum noch systematisches Experimentieren. Zwar hält das eigens für die Uranforschung gebaute Bunkerlabor den Bombenangriffen stand, doch wird die Arbeit durch Ausfälle der Strom- und Wasserversorgung und des Telefonnetzes immer schwieriger. Außerdem zeichnet sich im Januar 1945 ab, daß die Stadt bald von der rasch vorrückenden Roten Armee eingeschlossen sein wird.

Die wichtigen Kaiser-Wilhelm-Institute für Physik und Chemie waren bereits im Sommer 1944 nach Süddeutschland in kleine Städte am Rand der schwäbischen Alb verlagert worden. Im Bunkerlabor in Berlin hält nur Karl Wirtz die Stellung. Er versucht noch in Berlin, den Reaktor kritisch zu machen. Nur bleibt wenig Zeit.

Während vom Himmel Bomben fallen, die Alliierten im Westen rasch durch Frankreich zum Rhein vorstoßen, die Rote Armee im Osten durch deutsches Territorium auf Berlin zumarschiert, baut Karl Wirtz in seinem Berliner Bunkerlabor an einem neuen Reaktor. Nun plötzlich, kurz vor dem Zusammenbruch, sollen alle bisher gemachten Erkenntnisse in einem letzten verzweifelten Versuch zusammengefaßt werden, mit knappen Materialmengen einen kritischen Reaktor zu bauen. Es soll der erste Versuch einer Gruppe der Kaiser-Wilhelm-Gesellschaft nach Diebners Vorschlag mit gitterförmig angeordneten Uranwürfeln werden. Es wird auch der letzte sein.

Fast der ganze Januar des Jahres 1945 vergeht über den Vorbereitungen. Als Wirtz vor den entscheidenden Messungen steht, wird klar, daß er seinen Wettlauf mit der Roten Armee verloren hat. Der Ring um Berlin beginnt sich zu schließen. Keine Zeit darf verloren werden, will man nicht riskieren, daß das deutsche »Atomgeheimnis« den Russen in die Hände fällt, die Vorräte Schweren Wassers und Urans von den Russen und nicht den Amerikanern erobert werden. In Süddeutschland hofft Gerlach, der Abbau und sofortige Verlagerung anordnet, noch ein paar Wochen Zeit für das entscheidene Experiment zu gewinnen. Mit der Trumpfkarte eines Energie liefernden Reaktors für die Friedensverhandlungen Deutschlands in der Hand, will sich der Uranverein von den Armeen der westlichen Alliierten überrollen lassen. Inzwischen scheinen die Proportionen für die wissenschaftlichen und technischen Möglichkeiten der Alliierten völlig verloren gegangen zu sein. Man wähnt sich im Vorsprung! Der deutsche Reaktor soll die Brücke in eine bessere Zukunft bauen helfen.

Idylle mit Teufel

Eine malerische ländliche Gegend am Rand der Schwäbischen Alb war Zentrum der deutschen Uranforschung geworden. Das Institut von Otto Hahn und das Heisenbergsche Kaiser-Wilhelm-Institut für Physik kamen in zwei benachbarten Kleinstädten, Tailfingen und Hechingen, unter. Der Reaktor sollte in Haigerloch, in einer von Pionieren umgebauten Felshöhle aufgebaut werden. Früher diente sie als Weinkeller für die darüber liegende Wirtschaft »Zum Schwanen«. Der »Schwan«, der im Frieden der Wissenschaft allenfalls als Ausflugsziel hungriger und durstiger Studenten und Professoren aus der nahegelegenen Universitätsstadt Tübingen gedient hatte, wurde beschlagnahmt. Er sollte das letzte Labor des Uranvereins sein.

Die Institute liegen im Umkreis von zwanzig Kilometern. Fahrräder sind auf den kleinen Straßen das bevorzugte Transportmittel. Die Bauern der Umgebung erhalten, ohne sich des Vorzugs bewußt zu sein, Gelegenheit, der Elite der deutschen Physik beim Radeln zuzuschauen, vielleicht einem Nobelpreisträger beim Pilzesammeln zu begegnen. Bleibende Eindrücke haben wenig mit Wissenschaft zu tun. Lange nach dem Krieg wurde Walther Gerlach von einem der Einheimischen wiedererkannt. Man frischte Erinnerungen auf. Der Bauer fragte auch nach Otto Hahn. Mit dem sei er einmal im Wirtshaus gesessen. Beim Fliegeralarm, erinnerte sich der Bauer, habe Hahn sich geweigert in den Keller zu gehen. »Den Teufel holt keiner«, habe er gesagt und sei sitzengeblieben.

Melancholie schleicht sich ein. Die Zeit scheint aufgehoben zu sein. Am Rand der Idylle wird der letzte Ansturm der deutschen Wissenschaftler auf den Atomreaktor vorbereitet. Heisenberg fährt regelmäßig auf einem alten Fahrrad von Hechingen, dem Sitz des Instituts, nach Haigerloch in die »Höhlenforschungsstelle«. Der Weg führt an Obstgärten und Feldern vorbei, durch Wälder und kleine Bauerndörfer. Für Heisenberg ist fast dreißig Jahre später die Erinnerung an diese Landschaft so »gegenwärtig, wie es die Wellen in der Bucht von Eleusis für Hans Euler gewesen waren, und wir konnten für Tage Vergangenheit und Zukunft vergessen«.

Die Wirkung auf den Gegner war anders: Die Abwehr der Alliierten hatte erfahren, daß Geheimprojekte der Deutschen in die Gegend Hechingens verlagert worden waren. Das Gebiet von Hechingen-Bisingen wurde von der Luftaufklärung überwacht. Lange Zeit ließ sich nichts Verdächtiges entdecken. Wie der Leiter des amerikanischen Atombombenprojekts, General Groves, berichtet, erschien die Idylle, in der sich Heisenberg und seine Kollegen bewegen, mit einem Mal verändert. Gefahr war im Verzug. Groves schreibt: »Im Herbst 1944 dann mußten wir unseren größten Schock erleben. Nach einem Bildaufklärungsflug wurde festgestellt, daß in der Nähe des Dörfchens Bisingen unglaublich schnell Zwangsarbeitslager gebaut worden waren. Grund war ausgehoben worden, und binnen zwei Wochen war ein Komplex von Industriebauplätzen entstanden. Bahnkörper waren gebaut worden; Berge von Materialien waren herangebracht worden; Stromleitungen waren gelegt worden; und alles deutete auf ein Vorhaben, dem höchste Priorität erteilt war. Luftbildauswerter, Nachrichtenoffiziere, unsere eigenen Techniker und Wissenschaftler, sie alle waren verwirrt, als sie die Luftbilder studiert hatten. Wir alle wußten, daß während des ganzen vergangenen Jahres Berichte eingelaufen waren, wonach in dieser Gegend die führenden Atomforscher Deutschlands wohnten. In einem Punkt stimmten wir überein, darin nämlich, daß die Anlage, an der hier gebaut wurde, welchem Zweck sie auch dienen mochte, in ihrer Art einzig war. Natürlich drängte sich uns sofort die Frage auf, ob hier Deutschlands Oak Ridge entstehe.«

Schon wird erwogen, das Gebiet zu bombardieren. Doch man würde riskieren, die Anlagen der Deutschen damit nur unter die Erde zu treiben. Aber irgend etwas muß geschehen. Nach einiger Zeit löst sich das Problem von selbst. Britische Bergbausachverständige untersuchen die Bilder des deutschen »Oak Ridges« genau. Es handelt sich um eine Raffinerie für Schieferöl.

Physiker und Diplomat

Zu den aus Berlin und anderen gefährdeten Städten evakuierten Wissenschaftlern war auch wieder Carl Friedrich von Weizsäcker gestoßen. Der damals Siebenundzwanzigjährige hatte sich 1939 für die Teilnahme am Uranprojekt beworben. Nachdem sich etwa 1941 abzuzeichnen begann, daß aus der Uranforschung vorerst wenig politisch Verwertbares zu erwarten war, sah von Weizsäcker keinen Grund mehr, sich in diesem Forschungsgebiet sonderlich zu engagieren. Ein Ruf an die Universität Straßburg bot dem neunundzwanzig Jahre alten Wissenschaftler die Möglichkeit, seine Beziehungen zum Uranverein zu lockern und sich in interessanteren und wichtigeren Aufgaben zu engagieren. Ihn beschäftigte eine Theorie über die Entstehung des Planetensystems, die er, mit einer Widmung an den verfemten »Herrn Geheimrat Sommerfeld« zu dessen fünfundsiebzigsten Geburtstag 1943 in der »Zeitschrift für Astrophysik« veröffentlichte. Uranforschung betrieb der theoretische Physiker von Weizsäcker nur soviel wie notwendig, um an einem »kriegswichtigen« Projekt beteiligt zu sein, gelegentlich nach Berlin reisen zu können und die Kontakte zu pflegen, die er für seine Art politischer Einflußnahme benötigte.

Nebenher erwarb er sich Verdienste um die endgültige Beilegung jener Religionsdisputen vergleichbaren Streitereien um die richtige Auslegung der Physik. Die von Weizsäcker mitorganisierten Streitgespräche endeten mit einem Sieg der objektiven über die »deutsche« Physik. Von Weizsäcker formulierte das Ergebnis der Auseinandersetzungen in einer Weise, die ihm später Kritik einbrachte. Daß er schrieb: »Die Relativitätstheorie wäre auch ohne Einstein entstanden, sie ist aber nicht ohne ihn entstanden«, trug ihm den Vorwurf von Goudsmit ein, ein wirklicher Diplomat zu sein, der es verstünde, die Dinge so hinzustellen, daß sie für beide Seiten annehmbar seien. Reisen und Vorträge mit dem inoffiziellen Auftrag deutscher Geistesrepräsentanz im befreundeten oder besetzten Ausland hatten ihn in den Augen diplomatisch weniger geschickter Regimegegner belastet, ohne daß ihn der Vorwurf hätte treffen können. Denn für ihn, den Sohn eines hohen politischen Beamten, war Politik nicht die Sache des Wünschbaren, sondern die Kunst des Möglichen. Und um Einfluß auszuüben, mußte er für diejenigen, die Macht hatten, annehmbarer Gesprächspartner bleiben. Es machte für ihn keinen Sinn, sie vor den Kopf zu stoßen.

Wie er 1941, ohne großes Aufsehen zu erregen, die Bindungen zum Uranverein gelockert hatte, um in Straßburg seinen eigentlichen Interessen als Wissenschaftler nachzugehen, entschied er 1944, als die Armeen der Alliierten rasch zum Rhein vorrückten, daß nun die Zeit gekommen sei, sich wieder dem Uranverein anzuschließen. Ein Luftangriff, der einen Teil seiner Straßburger Wohnung zerstört hatte, wurde zum Vorwand, die Möbel abzutransportieren. Arbeit für den Uranverein lieferte die Erklärung für Ausflüge nach Hechingen, die er ausdehnte und von denen er schließlich nicht mehr zurückkehrte. Seine Akten ließ er in Straßburg. Erstens erschienen sie ihm ziemlich unwichtig, zweitens hätte ihr Abtransport Verdacht erregen können.

Im November 1944 fielen diese Akten von Weizsäckers dem Alsos genannten Spionagetrupp des Oberst Pash in die Hände, der zusammen mit seinem wissenschaftlichen Chefberater, Sam Goudsmit, kreuz und quer durch Mitteleuropa hetzte; erst um die Schimäre der deutschen Atombombe zu jagen, dann um zu verhindern, daß Forschungsergebnisse und Material befreundeten Mächten in die Hände fielen. Von Goudsmit ausgewertet, überzeugten die Akten von Weizsäckers die Amerikaner erstmals von der Harmlosigkeit und Rückständigkeit der deutschen Uranforschung. Alle Ängste über die deutsche Atombombengefahr waren grundlos gewesen.

Ein sprachbegabter Herr

Einige Wochen, nachdem in den Wäldern um Hechingen die letzten Pilze des Jahres 1944 geerntet werden konnten, nimmt Heisenberg eine Einladung zu einem Vortrag in der neutralen Schweiz an. Ein alter Bekannter, der an der Eidgenössischen Technischen Hochschule lehrende Physiker Scherrer, hatte ihn nach Zürich gebeten. Heisenberg hatte gern angenommen, jedoch verlangt, sich nicht zu politischen Fragen äußern zu müssen. Denn vor Naziagenten war man auch in der Schweiz nicht sicher.

So kommt es, daß der gefürchtete Kopf des deutschen »Atombombenprojekts« an einem Nachmittag des 18. Dezember 1944 vor einem kleinen Auditorium von Professoren und Studenten höherer Semester spricht. Thema vermutlich: Quantentheorie.

In der ersten Reihe sitzt ein großer, kräftig gebauter Mann mit energischen Gesichtszügen. Obwohl schon in Heisenbergs Alter, ist er als Student Scherrers eingeführt worden. Einem weniger ahnungslosen Beobachter als Heisenberg wäre eine deutliche Ausbuchtung unter der linken Achselhöhle des sonst tadellos sitzenden Zweireihers des Mannes aufgefallen. Doch der Referent merkt nichts. Zu sehr hat er sich in die philosophischen Strukturen der Quantentheorie vertieft.

Heisenberg wird erst dreißig Jahre später aus einer Biographie des Agenten erfahren, daß er in Lebensgefahr geschwebt hat. Denn der Agent, im Zivilberuf der amerikanische Baseballspieler Moe Berg, der von Quantentheorie soviel versteht wie Heisenberg von Baseball, hat an Ort und Stelle zu entscheiden, ob Heisenberg erschossen werden soll oder nicht. Er ist unruhig. Sein Auftraggeber in den Vereinigten Staaten, General Groves, hat dem Agenten gesagt, von seiner Entscheidung könnte sehr wohl das Überleben der Welt abhängen. Glaubhaft oder nicht, zumindest wird es so berichtet. Und der vermeintliche Student, ein Genie, das nicht nur Baseball spielen kann, sondern auch mehr als ein Dutzend Sprachen fließend spricht, muß offenbar versucht haben, Heisenbergs philosophierende Physik auf semantische Aspekte zu untersuchen, die das Geheimnis der deutschen Atombombe hätten enthüllen können – wenn es eines gegeben hätte. Doch zum Schluß, als sich Groves' Agent auch noch beim zwanglosen Beisammensein der Teilnehmer umhört, das derartige wissenschaftliche Veranstaltungen abzuschließen pflegt, ist er ganz sicher: Heisenberg wird das Schicksal der Welt nicht entscheiden. Er ist harmlos. Heisenberg darf weiterleben und wird dreißig Jahre später die Biographie des Mannes lesen, der ihn fast ermordet hätte.

Geschäfte in letzter Minute

Walther Gerlach, der noch in Berlin geblieben ist, ruft Ende Januar 1945 seinen Freund Paul Rosbaud an. Er sagt, daß er bald mit dem »schweren Zeug« Berlin verlassen wolle. Rosbaud will wissen, wohin es denn ginge. Etwa zu Heisenberg? Gerlach antwortet auf Rosbauds Frage, was Heisenberg mit dem Uran und dem Schweren Wasser denn vorhabe: »vielleicht Geschäfte.«

Am nächsten Tag sucht Rosbaud Gerlach noch persönlich auf. Heisenbergs »Geschäfte« lassen ihm keine Ruhe. Er bleibt mehrere Stunden, da ihn Gerlach nicht gehen lassen will. Rosbaud meint, für Gerlach sei es ein Abschied fürs Leben. Im Institut herrscht großes Durcheinander. Geräte werden verpackt und auf Lastwagen verladen. Das Gespräch wird häufig von Assistenten gestört, die genauere Anweisungen von Gerlach haben wollen.

Rosbaud erzählt Gerlach von seiner Furcht, in letzter Minute könnte noch etwas mit dem »Zeug« geschehen. Es könnte von den Nazis in die Luft gesprengt werden. Er bittet Gerlach dringend, dafür zu sorgen, daß das Schwere Wasser nicht in falsche Hände gerät, sondern nach dem Krieg der friedlichen Forschung vorbehalten bleibt. Überdies, so gibt Rosbaud zu bedenken, ist es ja nicht in Deutschland, sondern, unter falschem Vorwand, in Norwegen produziert worden. Auch Gerlach scheint besorgt zu sein, daß das Schwere Wasser und das Uran in die falschen Hände geraten könnten. Er berichtet, daß sich Heisenberg verpflichtet habe, jeden Versuch zu verhindern, es zu vernichten. Doch Rosbaud grübelt immer noch, was Gerlachs »vielleicht Geschäfte« bedeuten könnte. Rosbaud traut Heisenberg nicht. Wirtz erscheint. Wie Rosbaud zu erkennen meint, ist Wirtz nicht gerade zufrieden mit Rosbauds Einfluß auf Gerlach.

Am 31. Januar bricht die Lastwagenkolonne mit dem Schweren Wasser, dem Uran und vielen Ausrüstungsgegenständen aus Berlin auf. Gerlach, Wirtz und Diebner begleiten den Konvoi. Im thüringischen Städtchen Stadtilm, wohin Diebners Gruppe verlagert worden war, wird Station gemacht. Gerlach meint, hier seien die Vorbereitungen weiter als in Haigerloch bei Heisenberg gediehen und gibt Befehl zum Entladen der Lastwagen. Wirtz protestiert, schließlich sollte der alles entscheidende Versuch von der Gruppe des Kaiser-Wilhelm-Instituts in Haigerloch durchgeführt werden. So sei es verabredet worden. Nun sollte man sich daran halten. Doch reicht sein Einfluß nicht aus. Gerlach bleibt bei der Entscheidung.

Bis zum letzten Tropfen

Schließlich gelingt es Heisenberg und von Weizsäcker, Gerlach umzustimmen. Man schafft neue Lastwagen für den Transport der Materialien und Ausrüstungsgegenstände heran. Ende Februar macht sich der Lastwagenkonvoi auf die Reise quer durch das zusammenbrechende Deutsche Reich nach Haigerloch.

Einen Monat später sind die Wissenschaftler dort mit den Vorbereitungen fertig. Nun kann das Schwere Wasser in den Reaktor eingefüllt werden. Etwa 1,5 Tonnen Uranwürfel hängen im Reaktorgefäß, das mit einem Mantel von 10 Tonnen Graphit umgeben ist. Alles spricht dafür, daß es diesmal klappen könnte. Die Wissenschaftler beginnen, das Schwere Wasser langsam einzulassen.

Gerlach ist nach einer Inspektionsfahrt, die ihn über Haigerloch zurück nach Berlin geführt hatte, dabei, seine dortige Dienststelle aufzulösen. In Berlin erreichen ihn die ersten günstigen Vorberichte über den letzten Versuch. Er ruft noch einmal Rosbaud an, und bittet ihn zu sich.

Rosbaud trifft den sonst nüchternen und abwägenden Gerlach in Siegesstimmung. Gerlach platzt sofort mit der Nachricht heraus: »Die Maschine geht.« Rosbaud will Einzelheiten wissen. Nun erfährt er, daß die Maschine zwar noch nicht »geht«, aber alles darauf hinweise, daß der letzte Versuch erfolgreich sein würde. Rosbaud versucht Gerlachs Euphorie zu dämpfen. Er sagt ihm, der endgültige Beweis stehe noch aus. Doch Gerlach ist zu erregt, um noch richtig hinzuhören oder gar für Rosbauds Zweifel empfänglich zu sein. Rosbaud berichtet ein halbes Jahr später über dieses Gespräch: Gerlach »war begeistert von der Tatsache (des »kritischen« Reaktors) und so unkontrolliert wie ein kleines Kind, das nicht möchte, daß man ihm sein Spielzeug wegnimmt, so daß etwas in seinem Verstand aussetzte; er mochte keine Kriege, er wünschte, daß die Alliierten blieben wo sie waren und die Nazis zum Teufel. Ich beobachtete diesen merkwürdigen psychologischen Effekt schon einige Male bei Wissenschaftlern und auch bei Künstlern; wenn sie von einer Idee besessen sind, vergessen sie die Wirklichkeit. Er (Gerlach) fuhr fort: ›Dies ist ein großer Triumph, denken Sie an die Folgen, man braucht kein Radium oder Erdöl mehr.‹ Ich sagte, ›Gott sei Dank zu spät‹. ›Nein‹, er wurde immer aufgeregter, ›eine kluge Regierung, die ihrer Verantwortung bewußt ist, könnte vielleicht bessere (Kapitulations-)Bedingungen aushandeln.‹ ›Wie und warum?‹ ›Weil wir etwas von größter Wichtigkeit wissen, und die anderen nicht. Aber‹, fügte er traurig hinzu, ›wir haben weder eine kluge Regierung noch hatte sie jemals ein Gefühl von Verantwortung.‹«

Rosbaud versucht seinen Freund auf den Boden der Wirklichkeit zurückzuholen. Die Alliierten, damit könne Gerlach sicher rechnen, würden sich auf keine Bedingungen einlassen. Entweder würden sie die Physiker umbringen, oder so lange in ein Konzentrationslager einsperren, bis diese ihr Wissen preisgegeben hätten. Aber das ist ohnehin nur eine hypothetische Alternative. Rosbaud kann sich vorstellen, daß die Alliierten wesentlich weiter sind.

In der Haigerlocher Höhlenforschungsstelle ist der Reaktor fast fertig. Das Schwere Wasser ist nahezu eingefüllt und die Neutronenvermehrung unerwartet hoch. Einigen der Beteiligten wird die Gefahr bewußt, ohne ausreichende Sicherheitsvorkehrungen zu arbeiten. Sie haben nur einen Kadmiumstab, den sie in den Reaktor werfen können, wenn dieser durchzugehen drohe. Aber würde das genügen? Doch die Zeit drängt. Nachdem der letzte Tropfen Schweren Wasses eingefüllt ist, haben sich die von der Quelle ausgesandten Neutronen im Reaktor zwar versechsfacht, doch die kritische Schwelle ist noch nicht erreicht. Die Meßergebnisse werden überprüft. Man rechnet aus, daß noch jeweils etwa 750 Kilogramm Uran und Schweres Wasser fehlen. Diese Mengen müßten noch bei Diebner in Stadtilm aufzutreiben sein.

Gerlach versucht Diebner telefonisch zu erreichen. Doch die Verbindungen sind schon unterbrochen. Amerikanische Truppen räumen deutsche Widerstandsnester vor der Stadt aus. Nach Stadtilm zu reisen, ist nicht mehr möglich. Am 8. April 1945 ist auch über die Wehrmacht kein Kontakt mehr herzustellen.

In Stadtilm war inzwischen eine SS-Einheit auf der Suche nach Diebners Wissenschaftlern gewesen. Sie hatte Diebner und seine Leute gefunden und dem erschreckten Physiker aus dem Heereswaffenamt erklärt, als Geheimnisträger würden er und seine Leute in die Alpenfestung nach Süddeutschland evakuiert. Wer sich weigere, würde erschossen.

Diebner läßt das verbliebene Uran, das Schwere Wasser und die restlichen Ausrüstungsgegenstände wieder auf Lastwagen verladen. Unter SS-Schutz setzt sich die Kolonne am 8. April 1945 nach Süden ab. Diebners Mitarbeiter Berkei schickt einen Funkspruch an Gerlach, um ihm Diebners Verschwinden anzuzeigen. Offen bleibt, ob Diebner mehr Angst hat, von der SS erschossen zu werden oder auch noch sein letztes Uran und Schweres Wasser an Heisenberg abtreten zu müssen. Mit Diebner und seinen Lastwagen verschwindet für die Wissenschaftler in Haigerloch die letzte Möglichkeit, es doch noch zu schaffen. Vielleicht hätte es mit Diebners Material gerade noch gereicht. Als Gerlach seinen Schützling einige Wochen später in einem oberbayerischen Dorf zwischen Tölz und Tegernsee wiederfindet, ist es für weitere Versuche zu spät.

DAS ATOMGEHEIMNIS IM ABORT

Am Rande der Schwäbischen Alb war die Uranforschung inzwischen abgeschlossen. Man konnte Versuche auswerten, kam noch in letzter Minute darauf, daß Graphit als Moderator geeignet gewesen wäre, aber zu verbessern gab es nichts mehr. Heisenberg zog sich in die

Schloßkirche zurück und spielte in den länger werdenden Stunden der Muße Orgelwerke von Bach. Ein paar Jahre hatte man sich im Kreise gedreht. Nun blieb nur noch übrig, das Ende abzuwarten.

Da die letzten deutschen Truppen im April durch Hechingen nach Osten abziehen, kommt die Zeit, sich auf den Einmarsch der alliierten Truppen vorzubereiten. Das Uran und das noch wertvollere Schwere Wasser werden versteckt. Auch die Versuchsunterlagen werden, in Zinkkisten verlötet, verborgen. Das deutsche Atomgeheimnis soll nicht marodierenden nordafrikanischen Truppen in französischem Sold in die Hände fallen.

Als die Franzosen Hechingen im Süden passiert haben, bricht von Weizsäcker zu einer Erkundungsfahrt ins nördlich gelegene Reutlingen auf. Gegen Mitternacht kommt er zurück. Sein Lagebericht zeigt Heisenberg die Stunde an, Abschied zu nehmen. Denn während die anderen in Hechingen auf den Einmarsch der siegreichen französischen Truppen warten, will Heisenberg zu seiner Familie im bayerischen Urfeld zurückkehren. Die durch den Krieg zusammengeführten Wissenschaftler feiern im Bunker des Instituts Abschied, bevor Heisenberg nachts um drei Uhr sein Fahrrad besteigt. Mit ihm will er die dreihundert Kilometer lange Reise nach Osten bewältigen.

Otto Hahn ist in Tailfingen geblieben. Den Befehl, sein Institut zu sprengen, ignoriert er. Als er hört, daß eine Abordnung Tailfinger Bürger vor dem Rathaus gegen die von der Obrigkeit angeordnete Schließung der Panzersperren protestiert, fährt er sofort zum Bürgermeister des Städtchens. Der war, wie sich Hahn erinnert, zwar Nationalsozialist, aber ein »guter Mensch«. Hahn bittet, die Sperren nicht zu schließen, um zu verhindern, daß der Ort im Sturmangriff genommen würde. Aber der Führer habe doch Widerstand bis zum letzten Mann befohlen. Hahn entgegnet, daß der Führer, wie andere Nazis auch, sich längst selbst in Sicherheit begeben haben könnte: »Retten Sie Ihre Stadt, so wird man Sie preisen; leisten Sie sinnlosen Widerstand, so wird man Sie verfluchen.« Die Sperren bleiben offen. – Zwei Tage nach dem Einmarsch der Franzosen besetzt das amerikanische Alsos Kommando von Oberst Pash auch Haigerloch.

Zunächst hatte Pash das Zentrum der deutschen Atomphysik durch einen Überraschungsangriff von Fallschirmjägern erobern wollen. Doch Goudsmit, der besser als Pash weiß, wie weit seine Kollegen sind, rät ab. Das deutsche Atomprojekt sei auch nicht einen einzigen verstauchten Fuß eines amerikanischen Fallschirmjägers wert. Es geht nur darum, die Franzosen zu hindern, sich des Schweren Wassers und der deutschen Unterlagen zu bemächtigen. Man kann nicht wissen, was ein Mann wie Joliot damit anfangen würde: Ist er nicht Kommunist?

Der Felsenkeller in Haigerloch ist bald gefunden. Er ist leer. Mit ein paar Panzern und einigen Lastwagen dringen die Amerikaner schnell nach Hechingen vor. Doch die französischen Truppen interessieren sich mehr für Hühner, Frauen und Wertsachen als für das Institut. Pash und seine Leute finden Carl Friedrich von Weizsäcker, Karl Wirtz, Bagge und einen jungen Physiker, Korsching. Heisenberg, der gesuchte Kopf des deutschen Atomprojekts, ist verschwunden. Die Amerikaner verhören ihre Gefangenen, erfahren zunächst aber wenig. Wo das Uran und das Schwere Wasser versteckt sind, wird nicht verraten. Goudsmit erklärt seinen Kollegen, das alles könnte man gut in den Vereinigten Staaten gebrauchen. Wahrscheinlich würden dort die Versuche fortgesetzt.

Die deutschen Wissenschaftler sehen nach einigen Tagen ein, daß es eigentlich sinnlos ist, ihr Material den Amerikanern vorzuenthalten. Was können sie schließlich selbst noch damit anfangen? Also sagen sie, wo sie die Materialien versteckt haben. Die Uranwürfel werden aus einem Acker geborgen, das Schwere Wasser ist in Benzinkanistern in einer alten Mühle versteckt. Goudsmit zeigt sich dankbar. Doch wo sind die Forschungsberichte? Wirtz und von Weizsäcker schauen sich an. Eigentlich gibt es keinen Grund, sie zu verbergen. Sie verraten auch dieses Versteck. Kurz darauf wird das einst so gefürchtete deutsche Atomgeheimnis aus einer Abortgrube geborgen.

Heisenberg hatte sich nachts mit dem Fahrrad auf die dreihundert Kilometer lange Fahrt nach Urfeld am oberbayerischen Walchensee aufgemacht. Der Anblick der Allgäuer Berge, die er von früheren Klettertouren gut kannte, und blühende Kirschbäume ließen ihn unterwegs an Frieden und eine hoffnungsvollere Zukunft denken. Der Lärm eines Fliegerangriffs auf die Kasernen von Memmingen rissen ihn aus seinen Träumen.

Auch in Urfeld, wo er seine Familie wohlbehalten antraf, wurde noch gekämpft. So erschien ihm der Tag seiner Gefangennahme wie eine Erlösung. Und auch der Soldat, der ihn abführte, bestätigte Heisenberg, daß der See, der Himmel und die Berge um den See, die Schneefall in der Nacht zuvor noch einmal mit einer weißen Schicht überzogen hatte, das »schönste Fleckchen Erde« seien, das er je gesehen habe.

Gerlach fand Diebner mit seinem Schweren Wasser und dem Uran in einem oberbayerischen Dorf erst, als es schon zu spät war. Er kehrte nach München zurück, um dort den Umsturz zu erwarten. Den erstaunten amerikanischen Soldaten, die mit entsicherter Waffe die Universität auf der Suche nach dem verschwundenen Organisator der deutschen Atomforschung durchkämmten, bot sich das Bild einer Gruppe von Wissenschaftlern, die sich heftig über die Richtigkeit einer physikalischen Formel stritten, während draußen das tausendjährige Reich zusammenbrach.

Wettlauf gegen die Zeit

EIN ORGANISATIONSGENIE

Ein Oberst der amerikanischen Armee wird im Herbst 1942 beauftragt, Atombomben zu bauen. Als Ingenieur ist er Mitglied des Pionierkorps. Sein außergewöhnliches organisatorisches Talent hatte er bisher bei großen Bauvorhaben bewiesen, so bei dem des Pentagon in Washington. Von Atomphysik versteht er nicht mehr als jeder Student der Ingenieurwissenschaften.

Als er hört, daß er wieder einmal für ein Bauprojekt in der Heimat eingesetzt werden soll, anstatt die Chance zu bekommen, sich in Übersee im Kampf gegen Japaner oder Deutsche auszeichnen zu dürfen, ist er tief enttäuscht. Sein Vorgesetzter, General Styer, tröstet ihn, daß gerade seine neue Aufgabe für die Verteidigung des Vaterlandes wichtiger werden könnte, als alle Schlachten in Übersee. Die grundlegenden Arbeiten eines Atombombenprojekts sind abgeschlossen. Alles, was noch zu tun bleibt, ist Rohentwürfen endgültige Gestalt zu geben, ein paar Produktionsanlagen zu bauen und Mannschaften für den Betrieb zusammenzustellen. Dann ist der Krieg vorbei. Die neue Waffe wird ihn beenden. Dem Oberst wird baldige Beförderung versprochen.

Oberst Leslie R. Groves, der seine Enttäuschung halbwegs verdaut hat, bittet den General, die Leitung des Vorhabens offiziell erst nach seiner Beförderung übernehmen zu dürfen. Er nimmt an, daß es für einen General einfacher ist, mit den Akademikern fertig zu werden, als für einen Oberst, der zum General befördert wird. Später berichtet er, die Erfahrungen mit seinen neuen Untergebenen hätten seine frühe Einschätzung bestätigt: »Ich hatte oft den Eindruck, daß merkwürdigerweise in der akademischen Welt die Vorrechte des Ranges wichtiger waren als unter Soldaten.«

Wenn Groves auch überzeugter Militär war, die Erscheinung wirkte alles andere als militärisch. Er ist groß, jedoch von durchwachsener Fleischigkeit, die von Vorliebe für kohlehydrathaltige Nahrung, Pfannkuchen mit Sirup, Süßigkeiten zeugt. Man sieht ihn in Khakihosen, die er bis an die Grenzen der Dehnbarkeit ausfüllt. Alte Fotos, die ihn neben seinem kleinen, schmächtigen »Schützling« Oppenheimer zeigen, scheinen wie von einem boshaften Fotografen gestellt. Menschen, die sich durch ihre Gegensätzlichkeit unterstreichen.

Wo er sich unterlegen fühlt, bei militärischen Vorgesetzten und seinen Wissenschaftlern, die ihm an Fachwissen überlegen sind, da kompensiert Groves durch Selbstbewußtsein und forsches Auftreten. In seinen Erinnerungen »Jetzt darf ich sprechen« berichtet er, Kriegsminister Stimson habe ihm verboten zu fliegen. Auf Groves Entgegnung, der Kriegsminister und der Oberbefehlshaber der Streitkräfte benutzten selbst Flugzeuge, antwortete der Minister: »Sie sind nicht zu ersetzen, aber wir. Wer nähme Ihren Platz ein, wenn Sie ums Leben kämen?« Groves berichtet, erwidert zu haben: »Das wäre Ihr Problem, nicht meines, aber ich gebe zu, daß Sie vor einem Problem stünden.«

Bei der Mehrzahl der Wissenschaftler kommt Groves schlecht an. Anstatt sich auf Organisation und Technik zu beschränken, Gebiete, für die er zuständig ist und die er so meisterhaft beherrscht, daß ihn einer der Wissenschaftler, der Nobelpreisträger Rabi, ein administratives Genie nannte, beginnt er über Atomphysik zu dozieren, um durch Fachwissen Eindruck zu hinterlassen. Außerdem hat Groves eine andere, wenig bequeme Auffassung vom notwendigen Arbeitsstil: Den Wissenschaftlern, die an freies Arbeiten und Austausch von Informationen als Voraussetzung ihres Forschens gewöhnt sind, will er militärische Reglementierung und strikte Beschränkung der verfügbaren Informationen auf das jeweilige Arbeitsgebiet aufzwingen. Die einzige Person mit vollem Überblick über das Gesamtprojekt bleibt er.

Besser als die meisten seiner Kollegen fühlt sich Arthur Holly Compton in die Geisteswelt des Generals ein. Für Compton wird die innere Übereinstimmung mit Groves verständlich, als er erfährt, daß auch dessen Vater Geistlicher war. Er fragt sich ein gutes Dutzend Jahre nach den Ereignissen, »ob es nicht dieser gemeinsame Aspekt unseres kulturellen Erbes war, daß jeder des anderen Sprache und Einstellung so gut verstand«.

Viele der Wissenschaftler zeigten bemerkenswerte Naivität, als sie die technischen und organisatorischen Probleme zur Herstellung der Atombombe beurteilen sollten. Einige meinten anfangs, mit einem Team von ein paar Dutzend ausgesuchter, hochqualifizierter Kräfte umfangreiche Teilprobleme in ein paar Monaten lösen zu können. Sie sahen in Groves organisatorischen Vorbereitungen der Produktionsphase, dem Bau riesiger Fabriken, der strikten Aufgliederung der Arbeiten, den Sicherheitsmaßnahmen, der Parallelarbeit, nur umständliche und ärgerliche Verzögerungsmaßnahmen eines ehrgeizigen Militärs. Doch in der allgemeinen Unsicherheit über den Weg und die zu erwartenden Schwierigkeiten ist Groves den meisten seiner Wissenschaftler in einem voraus: die Schwierigkeiten weniger als sie zu unterschätzen.

Dazu kommen gegenteilige Auffassungen der grundlegenden Aufgabe. Die meisten Wissenschaftler wollten die Atombombe zur Verteidigung gegen die deutsche Atombombe bauen. Es ging ihnen darum, der Bedrohung aus Deutschland wirksam zu begegnen. Viele der Beteiligten hatten gemeint, der Besitz von ein bis zwei handgefertigten Bomben würde genügen, ihre Anwendung zu verhindern. Die potentiellen Wirkungen erschienen ihnen schrecklich genug, das Atomproblem bereits mit Entwicklung der Prototypen zu erledigen. Im Kontakt mit den Militärs erfahren sie nun, daß sie dabei sind, nur eine andere, stärkere Waffe zu entwickeln: Norman Hilberry, Comptons rechte Hand, äußert gegenüber Groves Assistenten, Oberst Marshall und Major Nichols, man müsse eine oder zwei Bomben anfertigen. Zu seinem grenzenlosen Erstaunen hört er von den Militärs, das Prinzip einer jeden Waffe sei, in beliebig großer Stückzahl hergestellt zu werden. Eine Waffe, von der nur zwei Stück gebaut werden, ist ohne militärischen Sinn. Sie kann nicht eingesetzt werden. Man muß jede Waffe massenweise gebrauchen können. Das hatten die meisten Wissenschaftler weder vorausgesehen noch gewollt.

Mit Groves Amtsantritt fällt der Übergang von Laborversuchen in großtechnische Dimensionen zusammen. Groves besteht auf strikter Trennung des wissenschaftlichen vom technischen Teil des Projekts. In den meisten Fällen übernehmen nun Ingenieure und Industriefirmen die Regie und weisen den Labors, die die Entdeckungen gemacht hatten, nur noch beratende Funktionen zu. Vielen Wissenschaftlern erscheint das als Kidnapping ihrer geistigen Kinder. In Chicago kommt es zu einer regelrechten Rebellion der Wissenschaftler, als der Chemiekonzern DuPont Entwicklung und Konstruktion der Plutonium produzierenden Reaktoren übernehmen soll. Viele, vor allem jüngere Wissenschaftler hatten gemeint, bis in die letzten Stufen der Großproduktion für ›ihre‹ Entdeckungen zuständig zu sein.

Groves wiederum, der in den Dimensionen der Organisation von Großprojekten und der militärischen Glaubenssätze zu denken gewohnt ist, ist für das subjektive Empfinden und Wollen seiner Wissenschaftler unzugänglich. Er hat einen Job, mehr nicht. Er weiß den Wert seiner Wissenschaftler zu schätzen, erkennt aber die Gefahr für sein Projekt, wenn er sie nicht auf den engeren Bereich ihrer fachlichen Kompetenz beschränkt. Halb verärgert und halb anerkennend nennt er die wissenschaftliche Belegschaft der Atombombenlabors in Los-Alamos die größte Versammlung von Spinnern, die die Welt jemals gesehen habe. Er sieht seine Aufgabe darin, diese Spinner nutzbringend einzusetzen. Warum aber war die Armee überhaupt ins Spiel gebracht worden?

Etwa um die Mitte des Jahres 1942 wurde den Programmchefs klar, daß mit dem Übergang aus der wissenschaftlichen Vorbereitungsphase in industrielle Größenordnungen der bisherige Planungsrahmen nicht mehr ausreichte. Darüber hinaus war deutlich geworden, daß es trotz Vannevar Bushs starker Stellung als Leiter des OSRD zunehmend schwieriger würde, innerhalb der angespannten Kriegswirtschaft, in der Vergabe von Prioritäten bald ebenso wichtig wie die von Geldern wurde, mit den unmittelbar militärischen Anforderungen zu konkurrieren. So war es nur konsequent, eine der Waffengattungen mit der Verwirklichung des Projektes zu betrauen, den Konflikt zu einem militärinternen zu machen. Nachdem sich Bush mit dem Präsidenten besprochen hatte, auf dessen Wunsch die Marine nicht infrage kam, blieb die Armee.

In einer Besprechung zwischen Vannevar Bush und dem für den Armeenachschub verantwortlichen General Sommervell hatte dieser einen Oberst Groves erwähnt, in dessen Fähigkeiten er großes Vertrauen habe. Bush, der zunächst annahm, daß Groves durch den zuständigen Ausschuß bestätigt werden müßte, war nicht wenig erstaunt, als sich Groves am 17. September 1942 ohne weitere Formalitäten bei ihm anmeldete und sich als neuen Leiter des Projekts vorstellte.

Am 23. September 1942 wurde Groves zum Leiter des Vorhabens ernannt, das zur Tarnung unter dem Namen »Manhattan Engineer District« firmierte. Am gleichen Tag referierte Groves nachmittags vor Kriegsminister Stimson, dem Generalstabschef der Streitkräfte, General Marshall, Vannevar Bush und anderen hochgestellten Persönlichkeiten über seine Pläne. Die Versammlung beschloß, zur Kontrolle des Manhattan Engineer Districts das sogenannte »Military Policy Committee« einzurichten. Bush wurde Vorsitzender, Conant Stellvertreter, Admiral Purnell vertrat die Marine und General Styer die Armee. Einer Vergrößerung des Ausschusses widersetzte sich Groves mit Erfolg. Er meinte, das würde die Handlungsfähigkeit des Ausschusses einschränken.

Nun bat Groves die Anwesenden, ihn zu entschuldigen. Er wisse zwar, daß sich das nicht gehöre, denn er sei der jüngste und rangniedrigste unter den Anwesenden, aber dringende Geschäfte riefen ihn nach Tennessee. Er müsse noch den Nachtzug erreichen. Zufrieden vermerkt er in seinen Erinnerungen, daß das zugleich das Signal zum allgemeinen Aufbruch war.

Tausend Familien werden enteignet

General Groves richtete seine Dienststelle in zwei kleineren Räumen des Washingtoner Kriegsministeriums ein. Stolz berichtet der Leiter eines Projektes, das über hunderttausend Menschen beschäftigte, über die Einrichtung seiner Zentrale: Den einen Raum teilte er mit seiner Sekretärin, Mrs. O'Leary, die bald seine »erste Gehilfin in Verwaltungsdingen« wurde. Der andere Raum nahm drei Hilfssekretärinnen auf. Der Mann, der sich anschickte, in drei Jahren zwei Milliarden Dollar auszugeben, von denen ein großer Teil nur aus Zeitgründen »verschwendet« werden mußte, richtete sich mit gebrauchten Büromöbeln ein, die sich auf einem Speicher des Pentagon fanden. Ein schwerer Panzerschrank komplettierte die Einrichtung seines Büros.
Doch viel Zeit will Groves ohnehin nicht an seinem Schreibtisch verbringen. Einen großen Teil seiner Arbeit erledigt Groves auf seinen tage- und wochenlangen, und nur von kurzen Aufenthalten unterbrochenen, Reisen durch den nordamerikanischen Kontinent. Die Zeit drängt, die Wege zwischen den Atomzentren sind lang. In Zugabteilen arbeitet Groves Pläne aus. Er studiert Akten, konferiert mit Mitarbeitern, die nicht selten, nur um mit dem vielbeschäftigten General reden zu können, ihn für ein paar hundert Kilometer im Zug begleiten.

Die erste Reise im neuen Amt führt Groves nach Tennessee. Aus der Konferenz mit dem Kriegsminister und den anderen war er entlassen worden, um noch den Nachtzug zu erreichen. In Knoxville wird Groves von Oberst Marshall empfangen und zu einem Gelände gefahren, das für den Bau der Fabriken zur Gewinnung von Uran 235 vorgesehen war.

Von Knoxville aus geht die etwa 25 Kilometer lange Autofahrt durch eine Landschaft, in der verlassene Dörfer, aufgegebene und verfallende Farmen noch von der großen Depression der dreißiger Jahre zeugen. Das vorgesehene Gelände ist ein etwa 10 mal 20 Kilometer großes Areal, das von mehreren parallel verlaufenden Hügelketten durchzogen wird. Nach Osten wird es von dem in Mäandern träge dahin fließenden Clinch River abgegrenzt. Die zwischen den Hügelketten verlaufenden Täler hatten als Ackerland gedient, sind nun durch intensive Nutzung abgewirtschaftet und teilweise aufgegeben. Ein großes Gebiet dient nur noch etwa tausend Familien als Lebensgrundlage. Das ist ein Vorteil.

Die anderen Vorzüge des Geländes, die Groves schnell erfaßt, sind: Seine Nähe zu ausgebauten Verkehrsnetzen, die ausreichenden Wassermengen des Clinch Rivers und die Entfernung von der amerikanischen Atlantikküste, die es gegen Überraschungsangriffe des Feindes absichert. Auch erlaubt ein mildes Klima das ganze Jahr über zu bauen, was angesichts der Dringlichkeit des Vorhabens besonders wichtig ist. Da zu diesem Zeitpunkt noch erwogen wird, auch die Produktionsanlagen für Plutonium, also die Reaktoren, in Oak Ridge zu bauen, bieten die Hügel, die die Täler voneinander trennen, Schutz vor radioaktiver Verseuchung des ganzen Geländes, sollte es zur Katastrophe kommen. Groves stimmt dem Ankauf des Geländes und der Enteignung seiner Besitzer zu.

Teure Ernte

Anfang Oktober 1942 hatte der Chemiekonzern DuPont eingewilligt, für einen symbolischen Gewinn von einem Dollar das Plutonium-Projekt zu übernehmen. Den Ingenieuren der Firma war klar geworden, daß mehrere Großreaktoren und mehrere Trennfabriken für die Gewinnung von Plutonium aus dem Reaktorabbrand notwendig waren. Diese mußten in großen Abständen voneinander errichtet werden, um zu verhindern, daß die Katastrophe einer Anlage die anderen in Mitleidenschaft zog, und so das ganze Plutoniumprojekt lahmlegte. Dieser Plan aber ließ sich nicht mehr auf dem zu engen Gelände in Oak Ridge verwirklichen. Auch war, so rechneten die Ingenieure von DuPont aus, die Kühlkapazität des vergleichsweise kleinen Clinch Rivers nicht ausreichend für eine derartige Ansammlung von Energieerzeugungsanlagen. Daher sollte in Oak

Ridge nur noch ein größerer Versuchsreaktor mit Luftkühlung errichtet werden, aus dem später die ersten Grammengen von Plutonium für Versuche gewonnen werden konnten. Man mußte für die Plutoniumproduktion ein zweites, größeres Stück Land erwerben.

In den USA kamen nur wenige Gebiete in Frage, die den Anforderungen der Plutoniumfabrik entsprachen. Sie mußten abgeschieden und von einem großen Fluß durchzogen sein. Eine weitere Bedingung war, sie schnell am Versorgungsnetz eines großen Elektrizitätswerks mit ausreichenden freien Kapazitäten anschließen zu können. Das Klima sollte den Bau der Anlagen auch im Winter erlauben. Ein von Groves ausgesandter Suchtrupp mußte einige Zeit die Vereinigten Staaten durchstreifen, bis ein geeignetes Stück Land im äußersten Nordwesten gefunden wurde.

Im Januar 1943 besichtigt Groves das vorgesehene Gelände im Staat Washington. Auf einem Areal von etwa fünfzig Kilometern Durchmesser liegen ein paar Obstplantagen, auf denen Kirschen und Aprikosen angebaut werden. Auf einer Farm wird Minze gepflanzt, andere Farmer leben von der Truthahnzucht. Groves bemerkt, daß die meisten Farmen den »bestimmten Eindruck« hinterlassen, als müßten die Besitzer »ziemlich hart arbeiten..., um sie rentabel zu machen.« Mitten durch das Gelände fließt der mächtige Columbiastrom, dessen Wasser noch so klar wie das eines Gebirgsbaches ist, und durch den die Lachse zu ihren Laichgründen ziehen. Die Hochebene am Rande des Flusses erweist sich als idealer Baugrund für die riesigen Reaktoren, kleine Täler in der Nähe eignen sich als Standort für die abzuschirmenden Trennfabriken für Plutonium. Am Rand des riesigen Geländes warten in Hanford, einem halbaufgegebenen kleinen Nest, noch ein paar Händler auf Farmer aus der Umgebung, die den weiten Weg in die nächste größere Stadt Richmond scheuen.

Groves erwirbt das Gelände. Ein Teil der Farmer muß enteignet werden. Ein anderer Teil verkauft freiwillig. Bei den Verkaufsverhandlungen gesteht Groves den Farmern zu, noch die laufende Ernte einzubringen. Das wird er sich später als unverzeihlichen Fehler vorwerfen. Denn die Berechnung der Abfindungssumme beruhte auf dem Ertrag der letzten Ernte. Und die war in diesem Jahr besonders gut. Zwanzig Jahre später will sich der wackere General noch nicht verzeihen, daß die Regierung »für das Land Preise zu zahlen hatte, die ich immer für maßlos hoch gehalten« habe. Der Preis für das riesige Gelände betrug fünf Millionen Dollar.

DAS BOMBENLABOR

Noch für einen dritten Programmteil muß Groves in den ersten Monaten seiner Amtszeit Land kaufen: Für die Waffenlabors. Die Idee zu diesen abzugrenzenden, eigenen Labors hatte in Groves und Oppenheimer zwei Männer zusammengeführt, die in Denken und Herkunft – vom Äußeren ganz abgesehen – Gegensätze verkörperten, wie sie kaum größer vorstellbar sind. Und dennoch vereinte sie das gemeinsame Vorhaben, Groves Auftrag und Oppenheimers Ehrgeiz, zu einer Symbiose, die mehr als alles andere zum Gelingen des Vorhabens beitrug. Die Ausgangssituation war: Groves hatte gerade die Leitung des Manhattan Projekts übernommen. Oppenheimer war fast ohne Einfluß. Seit kurzem rechnet er mit einer Gruppe auserlesener Theoretiker an der Physik der Bombe. Er arbeitete mit seiner kleinen Gruppe am Rand des Compton Projekts. Mit den theoretischen Problemen der Waffe war er jedoch besser als andere vertraut.

Arthur Holly Compton, zu dessen Projekt Oppenheimer anfangs gehörte, hatte ihm außerdem noch die Aufgabe gestellt, die über das ganze Land verstreute Arbeit an der Physik der Bombe zu koordinieren. So kannte Oppenheimer nicht nur besser als andere die wissenschaftlichen Probleme, sondern wußte auch, daß die bisherige Organisation völlig unzureichend war. Mit der bisher geleisteten Arbeit war er unzufrieden. Die räumliche Zerrissenheit wirkte sich auch auf die Qualität der Arbeit aus. Weder gab es für die einzelnen Forschungsgruppen verbindliche Richtlinien, noch vergleichbare Standards für die Messungen. Für die alles entscheidenden Wirkungsquerschnitte lagen annähernd soviele widersprüchliche Meßwerte vor, wie es Arbeitsgruppen gab, die sie bestimmten. Schließlich schwebte Oppenheimer vor, die Arbeit an der eigentlichen Bombe aus dem Programm des von Compton geleiteten MET Labs auszugliedern, da dort die Arbeit der einzelnen Gruppen zu stark gegeneinander abgegrenzt wurde. Der entscheidende Überblick über das Gesamtvorhaben fehlte. Der Fluß der Informationen zur gegenseitigen Ergänzung der einzelnen Teilvorhaben blieb aus. Man verließ sich auf die Arbeit der anderen, die Aufgabenstellung war vielfach unklar und das Scheitern des Projekts unter diesen Bedingungen schon abzusehen.

Mit diesen Vorstellungen trifft Oppenheimer, der nicht mehr als einer von vielen wissenschaftlichen Beratern ist, bei Groves auf offene Ohren. Auch Groves ist unzufrieden, weniger weil er, wie Oppenheimer, bereits die Unzulänglichkeit dieses Teilbereiches durchschaut, vielmehr weil ihm sein organisatorischer Instinkt die Fragwürdigkeit der Vorstellungen im MET Lab offenbart. Dort meinte man noch, die eigentlichen Schwierigkeiten beschränkten sich auf die Herstellung der Sprengstoffe, die Bombe dagegen könnte innerhalb kurzer Zeit von einem Team von zwanzig bis dreißig hervorragenden Spezialisten erledigt werden. Und bei aller Unkenntnis über die Physik der Bombe wußte Groves, daß das ein Wunschtraum war.

Er lädt daher Oppenheimer ein, ihm über seine Sicht der Probleme zu berichten und Verbesserungsvorschläge zu machen. Auf einer der vielen Fahrten quer durch die Vereinigten Staaten nehmen die Pläne konkretere Formen an. Oppenheimer meint, Groves sollte ein von den anderen Labors unabhängiges Waffenlabor schaffen. In ihm könnten die Wissenschaftler kaserniert werden, und, so von Geheimhaltungsvorschriften ungestört, sich frei untereinander austauschen. Oppenheimer hatte andeutungsweise von Plänen erfahren, dem Wirrwarr von Oak Ridge noch ein paar Labors anzuhängen, in denen die Waffe gebaut werden sollte. Man könne kaum eine schlechtere Lösung finden, erläutert er Groves.

Oppenheimers Argumente leuchten Groves ein. Besonders stimmt Oppenheimers Gedanke, sachlich aufeinanderfolgende Arbeitsstufen aus Zeitgründen parallel zu bearbeiten, mit Groves Arbeitsstil überein. Auch die Abschirmung des Waffenlabors sagt Groves zu. Die Idee, Wissenschaftler zu kasernieren, gefällt dem Sicherheitsfanatiker. Er bespricht die Idee mit Bush und Conant. Beide sind einverstanden. Uneinigkeit besteht nur über die Frage, wer das neue Labor leiten solle. Oppenheimer ist weder erste noch zweite Wahl. Schließlich wird er als Verlegenheitslösung ins Spiel gebracht und von Groves gegen den Widerstand der anderen durchgesetzt.

Nicht einmal zweite Wahl

Denn Oppenheimer ist trotz seiner ungewöhnlichen Fähigkeiten und des Rufs, der begabteste amerikanische Theoretiker seiner Generation zu sein, weder beliebt, noch ein sonderlich erfolgreicher Wissenschaftler. Was der Experimentator Lawrence im Übermaß besaß, die von Zweifeln unbelastete Fähigkeit, eine ihm aussichtsreich erscheinende Sache gegen alle Widerstände durchzusetzen, scheint Oppenheimer zu fehlen. Sein Freund, Isadore Rabi, nannte es ein »sich Abwenden von den harten, rohen Methoden der theoretischen Physik in das mystische Reich weiter Intuition«, das Oppenheimer behinderte, in der Wissenschaft weiter zu gehen als andere. Vor dem geistigen Abgrund, der überwunden werden mußte, um das Weltbild seiner Wissenschaft zu revolutionieren, scheute er zurück.

Auf seine Umgebung wirkt Oppenheimer daher nicht als Idealtypus des großen Organisators. Schon John Manley, der von Compton beauftragt worden war, als Experimentalphysiker Oppenheimers ersten Koordinierungsauftrag zu unterstützen, hatte Bedenken angemeldet. Manley schrieb später: »Ich hatte Oppenheimer nur kurz bei einem Seminarvortrag kennengelernt, den ich in Berkeley einige Jahre zuvor gehalten hatte; aber ich erinnerte mich noch an den Eindruck seiner scharfen Fragen, seiner offensichtlichen Gelehrsamkeit und seiner Art, sich von den Angelegenheiten gewöhnlicher Sterblicher abzusondern. Ich war unsicher, daß ich die schwierige Aufgabe, die verstreuten Versuche am Waffenproblem zu koordinieren, zur Zufriedenheit dieses abstrakten Theoretikers erledigen könnte.«

Im geplanten Waffenlabor geht es aber nicht nur darum, Arbeiten zu koordinieren, sondern ein eigenes Arbeitsprogramm aufzustellen und eine Vielzahl hervorragender Wissenschaftler an der Arbeit zur Atombombe zu vereinigen. Das ist weitaus schwieriger. Und für diese Aufgabe erscheint Oppenheimer den meisten seiner Kollegen eben eine denkbar ungünstige Wahl zu sein. Seine Verschlossenheit und intellektuelle Überlegenheit hatten ihm zudem in wissenschaftlichen Kreisen den Ruf der Arroganz eingetragen, kaum eine Empfehlung für die Leitung eines Teams wissenschaftlicher Primadonnen. Unerfahrenheit in Verwaltungsdingen spricht ebenfalls gegen ihn. Seine früheren Beziehungen zur kommunistischen Partei Kaliforniens und fortbestehende persönliche Freundschaften zu verdächtigen Intellektuellen sind weitere Argumente gegen Oppenheimer.

Ein Sicherheitsrisiko

Für Oppenheimer selbst, der über seine Verbindung zu einzelnen Kommunisten und seine Unterstützung »linker« Aktionen in den Ruf eines Mitläufers der Kommunisten geraten war, ist die Trennung einfach. Denn ein großer Teil seines politischen Engagements hatte ebenso private, eher psychische als politische Ursachen. Mit seinem Engagement hatte er versucht, wie er später berichtete, »Teil des Lebens« seiner Zeit und seines Landes zu werden, den Elfenbeinturm seines Intellekts zu verlassen, um einen neuen »Sinn von Kameradschaft« zu finden. Nun wird ihm die Verteidigung seines Landes zum persönlichen Ziel, das er mit politischen Inhalten füllen kann.

Durch seine Freundschaft mit drei Physikern, die einige Zeit in Rußland gelebt hatten, Weisskopf, Placzek und Schein, erfuhr er etwa 1938 über den Widerspruch zwischen der kommunistischen Theorie und der politischen Praxis im Staat Stalins. Er war ernüchtert. »Was sie berichteten«, schrieb Oppenheimer später, »schien mir so begründet zu sein, so wenig fanatisch, so wahr, daß es einen großen Eindruck hinterließ; und es stellte Rußland, selbst aus dem Blickwinkel ihrer begrenzten Erfahrungen, als ein Land der Säuberung und des Terrors dar, einer grotesk schlechten Verwaltung und eines lange leidenden Volkes.« In den Berichten über die stalinistischen Säuberungsaktionen, die Oppenheimer las, fand er nichts, »was das sowjetische System nicht verdammte«.

Über den weiteren Verlauf seines Abfalls schrieb er: »Ich muß nicht (näher) erklären, daß dieser Meinungswechsel über Rußland, der noch verstärkt wurde durch den Pakt zwischen den Nazis und den Sowjets (August 1939 bis Juni 1941, der Hitler Rückendeckung zum Angriff auf Polen gab; die Rote Armee verpflichtete sich sogar zur »Vernichtung polnischer Truppenteile«), das Verhalten der Sowjetunion in Polen und Finnland, keine scharfe Trennung mit denen bedeutete, die andere Ansichten vertraten. Zu dieser Zeit wußte ich noch nicht so genau wie später, wie vollständig die kommunistische Partei dieses Landes von Rußland aus kontrolliert wurde. Jedoch während und nach der Schlacht um Frankreich und im nächsten Herbst während der Schlacht um England empfand ich immer weniger Sympathie für die Politik des sich Heraushaltens und der Neutralität, die die kommunistische Presse befürwortete.«

Oppenheimer, der lange Zeit Geld für Projekte gespendet hatte, die auch von Kommunisten unterstützt wurden, beendete diese Verbindungen am Tag nach Pearl Harbor im Dezember 1941. Noch am Abend zuvor war er auf einer Spanienhilfe-Veranstaltung gewesen. Am nächsten Tag, als er vom Angriff der Japaner hörte, entschied er, genug von der »spanischen Sache« zu haben, und »daß es andere und dringendere Krisen auf der Welt gab«. Doch endgültig brach er erst seine Verbindung zu Kommunisten ab, als er 1943 nach Los Alamos zog: »Als Ergebnis meiner veränderten Ansichten und des großen Drucks der Kriegsarbeit wegen, hörte meine Teilnahme in linken Organisationen und meine Verbindung zu linken Kreisen auf und wurden nie wieder aufgenommen.«

Doch bevor er selbst von Compton in die Kriegsforschung einbezogen wurde, beobachtete Oppenheimer »nicht ohne Neid«, wie viele seiner Kollegen bereits für Kriegsprojekte rekrutiert wurden. Die Beziehungen zu linken Kreisen, die ihm im Verlauf der dreißiger Jahre geholfen hatten, seine Isolation zu durchbrechen, erschienen ihm nicht mehr tragfähig. Er suchte nach einem neuen Lebensinhalt. Äußerlich ging es ihm gut. Im August 1941 hatte er sich zusammen mit seiner Frau in Berkeley ein Haus gekauft, die erste Wohnung, die ihnen gehörte. »Wir ließen uns nieder um in ihm mit unserem neuen Baby zu wohnen.« Zufrieden war er aber nicht. »Erst die sich anbahnenden Beziehungen zum rudimentären Atomenergieprojekt ließen mich einen Weg sehen, von direktem Nutzen zu sein.«

Als er 1942 von Arthur Holly Compton in das Atombombenprojekt einbezogen wurde, sagte er nach Comptons Erinnerung: »Jetzt ist nur noch die Verteidigung der Nation von Wichtigkeit. Ich löse alle meine kommunistischen Verbindungen. Tue ich es nicht, wird die Regierung Schwierigkeiten haben, mich zu verwenden. Ich möchte nicht, daß irgend etwas meinen Dienst am Volk beeinträchtigt.«

Andere Wissenschaftler, die Groves' und des Military Policy Committee uneingeschränkte Zustimmung gefunden hätten, standen nicht zur Verfügung. Sie arbeiteten schon in anderen Bereichen der Kriegsforschung. Oppenheimer war noch frei. Mangels eines »Besseren« wurde er Groves' Favorit. Doch immer noch schienen die Bedenken gegen Oppenheimer im Military Policy Committee überwogen zu haben. Groves setzt die Nominierung seines Schützlings durch, indem er jedes der Mitglieder aufforderte, ihm eine Alternative zu Oppenheimer zu nennen. So kam mit Oppenheimer der richtige Mann an die wohl schwierigste Aufgabe des Manhattan Projekts, nur weil die Verantwortlichen niemanden finden konnten, der ihr uneingeschränktes Vertrauen gefunden hätte.

Oppenheimer und sein Vorgesetzter Groves haben zwar ähnliche Vorstellungen über das neue Waffenlabor, jedoch aus unterschiedlichen Gründen. Wenn Groves das Labor in »die Wüste« setzen will, um die Wissenschaftler besser abschirmen zu können, verbindet Oppenheimer damit den Gedanken, innerhalb der »Umzäunung« frei forschen zu können. Er will Groves Arbeitsprinzip der strikten Arbeitsteilung hier durchbrechen, weil sie die Arbeit behindern würde. Über diesem Problem kommt es zu den ersten Schwierigkeiten. Groves genügen Stacheldraht und Elektrozaun, Postzensur und die Beschattung seiner Wissenschaftler nicht. Ihn beunruhigt, daß einzelne Wissenschaftler einen größeren Überblick gewinnen könnten, als er für die Erfüllung der jeweiligen Aufgabe für notwendig hält. Oppenheimer setzt sich teilweise, jedoch mehr als jeder andere Projektleiter durch. Hans Bethe bestätigt, daß Oppenheimer »hart für die freie Diskussion unter allen qualifizierten Mitarbeitern des Labors kämpfen mußte« und sich durchgesetzt habe. Der »freie Informationsfluß und Oppenheimers Persönlichkeit« waren nach Bethes Meinung die Ursache, daß das Projekt überhaupt erfolgreich sein konnte und daß »die Moral während des ganzen Krieges« nicht sank. Die offene Führung des Labors informierte jeden über den Fortschritt und die Probleme der anderen. Jeder verstand sich als Teil eines Ganzen und konnte so mit seiner Arbeit zum Fortschritt des Projektes beitragen. Bethe erinnert sich, daß häufig ein Problem, das »in einem dieser Treffen diskutiert wurde, einen Wissenschaftler aus einem ganz anderen Bereich des Labors zu einer völlig unerwarteten Lösung anregte.«

Groves will das neue Labor isolieren. Einsamkeit, Stacheldraht, Elektrozäune, militärische Überwachung und Zensur sind seine Mittel, den Bruch der Geheimhaltung oder Sabotage durch Agenten und durch unvorsichtiges Gerede unter Kollegen zu verhindern. Oppenheimer sucht noch eine andere Art der Abschirmung, für die die Verwirklichung von Groves' Plänen ideale Voraussetzungen bietet. Innerhalb eines abgeschlossenen Militärbezirks will er seine Vorstellungen von freier Forschung verwirklichen. Aber Oppenheimer erkennt noch mehr. Er ahnt, daß die äußere Abschirmung nur ein Teil der notwendigen Sicherungsmaßnahmen ist. Er weiß, daß er seine Wissenschaftler vor Gewissenskonflikten bewahren muß, in die sie ihr Fortschrittsverständnis stürzen könnte. Denn schließlich geht es nicht nur um »superbe Physik«, wie es Oppenheimer später nannte, sondern auch um ein »Ding«, das Zehntausenden von Menschen Tod und Siechtum bringen würde.

Vor dem Hintergrund der großartigen Wüstenlandschaft des Hochplateaus von Neu-Mexiko will er jene Atmosphäre von Unwirklichkeit schaffen, in der sich die Arbeit an der Sache von ihrer Bedeutung löst. Oppenheimer ahnt, daß Skrupel, eine Art innerer Sabotage, die Arbeit mindestens ebenso behindern könnten wie jeder Sabotageversuch von außen. Er will den hier offensichtlichen Widerspruch zum traditionellen Fortschrittsideal der Wissenschaftler gar nicht erst aufkommen lassen, nachdem technisches Wissen und Können unabhängig vom Gebrauch, den die Gesellschaft davon macht, an sich gut sind.

Oppenheimers Freund Rabi hat später darüber geschrieben: »Er schuf das Labor von Grund auf und machte es zum wirksamsten und tödlichsten Instrument für die Anwendung der Wissenschaft von der Zerstörung. Gleichzeitig, ohne von seinem schrecklichen Vorhaben abzulenken, die Atombombe zu machen, schuf er eine Atmosphäre von Erregung, Begeisterung und hohen intellektuellen und moralischen Zielen, die noch heute in denen, die daran teilnahmen, als eines der großen Erlebnisse ihres Lebens verblieben ist.«

Oppenheimer kannte das Hochland von Neu-Mexiko. Um seine schwächliche Konstitution zu stärken, hatte er früher viele Monate auf den rötlichen, von tiefen Cañons durchzogenen Mesas verbracht. Ihm war die Landschaft vertraut wie keine andere. Ihre Ausstrahlung entsprach seiner Art zu denken, dem sich »Abwenden von den harten, rohen Methoden der theoretischen Physik in das mystische Reich weiter Intuition«, wie es Rabi ausdrückte. Es war die Landschaft des amerikanischen Südwestens, die Oppenheimer so anzog. In ihr hält sich noch heute die magische Ausstrahlung jener mythischen Kultur prähistorischer Puebloindianer, an die in den Cañons versteckte, seit Jahrhunderten aus unerklärbaren Gründen verlassene Höhlendörfer und in die Felsabstürze gehauene Behausungen erinnern. Sicher war es diese kulturelle Unbestimmtheit der Region, der Gegensatz zur urbanen Tradition westlicher Kultur, die den Städter Szilard bei seinen Chicagoer Kollegen gegen den Ort des neuen Waffenlabors in Neu-Mexico Stimmung machen ließ: An einem solchen Ort könne doch keiner klar denken, sagte er. Da wird doch jeder, der hingeht, verrückt. Otto Robert Frisch, der gegen Ende des Jahres 1943 nach Los Alamos ging, schrieb an seine Eltern, »er lebe in einem idealen Ferienort sogar mit Arbeitsmöglichkeiten. Gewiß«, fügte Frisch hinzu, »fand ich nie eine solche Konzentration interessanter Menschen an einem Ort. Abends hätte ich in jedes beliebige Haus gehen und kongeniale Menschen finden können, die gerade musizierten oder in eine anregende Debatte vertieft waren.«

Von solchen Gedanken ist Groves unbelastet, als er sich an einem Novembertag des Jahres 1942 mit Oppenheimer in der Gegend der alten spanischen Provinzhauptstadt Santa Fe auf die Suche nach einem geeigneten Gelände macht. Ihn interessierten Sicherheitsvorkehrungen, die Möglichkeit ganzjährig zu bauen, die Wasserversorgung und spätere Erweiterungsmöglichkeiten.

Pferde waren an diesem Morgen das Transportmittel, mit dem Oppenheimer, ein Offizier aus Groves Stab und der junge Physiker McMillan die Gegend südlich von Santa Fe durchstreiften. Groves war mit dem Auto nachgekommen. Das erste Gelände bei Jemez Springs erschien allen Beteiligten wenig geeignet zu sein. Groves störte die Enge des Tals und die Gefahr, daß das Atombombendorf von oben eingesehen werden konnte. Außerdem war denkbar, daß Labors bei Hochwasser überschwemmt würden. Oppenheimer fand die Atmosphäre im Tal bedrückend, der Blick reichte nicht über die Talkessel hinaus.

Am Nachmittag fahren sie in Groves' Auto nach Los Alamos. Sie stehen auf dem ausgedehnten Kegelstumpf eines verwitterten Vulkans. Das Gelände ist von einer Hochebene aus rötlichem Tuff umgeben. Einzelne Cañons durchschneiden die Mesa, die nach Osten zum Rio Grande hin abfällt. Im Hintergrund trifft der Blick auf das schneebedeckte Sangre des Cristo Massivs.

Oppenheimer und Groves sind überzeugt, das richtige Gelände gefunden zu haben. Groves hat sofort erfaßt, daß die steilen Wände des Vulkankegels einfach zu kontrollieren und die Labors leicht abzuschirmen sind. Eine alte Schule und ein paar Wirtschaftsgebäude, die auf dem Gelände stehen, können in der Anfangsphase als Quartier dienen und so mehrere Monate Zeitgewinn bringen. Oppenheimer empfindet die Ausstrahlung des Ortes. Hier wird er das einrichten, was einer der Beteiligten als einen der Höhepunkte der abendländischen Zivilisation empfunden hat.

Unmittelbar nach dem Kauf begann auf jedem der drei Areale, Oak Ridge, Los Alamos und Hanford eine fieberhafte Bautätigkeit. Innerhalb von zwei Jahren mußten in fast unerschlossenen Gebieten von Hanford und Oak Ridge die größten industriellen Komplexe der Vereinigten Staaten errichtet werden. Zunächst ging es darum, für die Bauarbeiter Unterbringungsmöglichkeiten zu schaffen. In Hanford etwa waren zeitweilig fünfzigtausend Menschen beschäftigt. Für das in die Zehntausende gehende Personal zur Bedienung der Fabriken in Oak Ridge und Hanford mußten dauerhafte Wohnungen gebaut werden. Selbst in der kleinsten der drei Atombombenstädte, Los Alamos, lebten 1944 etwa fünftausend Wissenschaftler und Techniker mit ihren Familien. Für jede der drei Städte mußten innerhalb kürzester Zeit Versorgungseinrichtungen gebaut werden, Kinos, Wäschereien, Kirchen, Schulen, Postämter, Verwaltungsgebäude, mehrspurige Autoschnellstraßen, Krankenhäuser und so weiter. Jede der drei Städte blieb bis Kriegsende eine riesige Baustelle, da fortwährend erweitert und ausgebaut werden mußte. Jeder Regenguß ließ die neuen Städte in tiefem Morast versinken. Groves sparte an asphaltierten Straßen.

Die Diffusionsfabrik

Im Gutachten vom Spätherbst 1942 hatte der Lewis-Ausschuß Diffusion als aussichtsreichstes Verfahren zur Abtrennung des Sprengstoffs Uran 235 beurteilt. Zu diesem Zeitpunkt war bekannt, daß diese Anlage aus Tausenden hintereinandergeschalteter Konverter bestehen würde. Poröse Membranen, die die beiden Hälften des zylinderförmigen Konverters trennen, würden die eigentliche Aufgabe lösen, die Isotopen zu trennen. Da das gasförmige Hexafluorid von Uran 235 geringfügig schneller durch die Millionen winziger Poren der Trennwand diffundiert als das Hexafluorid des hundertvierzigmal häufigeren Uran 238, muß in jedem der vielen tausend hintereinander geschalteten Konverter mit ihren Membranen eine verschwindend geringe, aber entscheidende Anreicherung von Uran 235 stattfinden. Am einen Ende der Kaskade werden winzige Mengen fast reines Uran 235, am anderen riesige Mengen fast reines, wertloses Uran 238 abgezogen. Zur Verbesserung des Verfahrens muß aus jeder Stufe der Kaskade das zurückbleibende, noch nicht durch die jeweilige Membran diffundierte Uranhexafluoridgas in eine niedrigere Stufe der Kaskade zurückgeführt werden. Denn es enthält gegenüber Natururan bereits angereichertes Uran 235. Würde es nicht wieder in eine niedrigere Stufe des Prozesses eingeführt, wäre dieser Teil der bereits geleisteten Trennarbeit verloren. Die Kaskade wird also nicht nur aus Tausenden hintereinandergeschalteter Konverter mit ihren trennwandähnlichen porösen Membranen aufgebaut, sondern diese Konverter müssen zusätzlich durch Tausende von Kilometer Rohrleitungen, Hochleistungspumpen, die das Gas mit großem Druck durch das Röhrensystem und die Membranen drücken, Ventilen und dem dazugehörenden komplizierten Steuersystem rückgekoppelt werden. Doch ist die Konzeption dieser komplizierten Anlage das geringste Problem. Die Konstruktionsprinzipien der Anlage, und die Berechnung des Materialflusses, die Einstellung der richtigen Mischungsverhältnisse lassen sich theoretisch lösen.

Zum entscheidenden Hindernis wird ein Materialproblem; die außergewöhnliche chemische Aggressivität der einzigen in Frage kommenden gasförmigen Uranverbindung: das Uranhexafluorid, dem nur wenige Materialien widerstehen. Als Membranenmaterial sind nur Nickel oder nickelhaltige Legierungen geeignet. Doch wie kann man Nickel zu einer Membran mit winzigen und fast völlig gleichmäßigen Poren verarbeiten? Eine Membran, die zugleich fest und elastisch genug sein muß, die Spannungen beim Einbau in die Konverter und die großen Druckunterschiede beim Betrieb der Anlage auszuhalten. Eine Membran, die nicht verstopfen darf, da das die ganze riesige Kaskade für Monate blockieren würde. Rohrleitungen und Konverter können wiederum nicht aus reinem Nickel gebaut werden, da dazu selbst die riesigen Nickelvorräte der Vereinigten Staaten nicht ausreichen. Sie müssen vernickelt werden. Es gibt jedoch noch kein Verfahren zur Vernickelung, das absolut porenfreie Überzüge herzustellen erlaubt. Auch nur eine geringe Zahl von Poren gefährdet den Erfolg des Trennverfahrens. Der Stahlmantel der Konverter und Rohre würde korrodieren. Die Anlage muß absolut dicht sein, da selbst geringe, in der Luft enthaltene Feuchtigkeitsspuren das Urangas zersetzen und die entstehenden Produkte die Poren der Membranen verstopfen würden. Sämtliche Schweißnähte müssen daher extremen Anforderungen genügen. Abdichtung und Schmierung der Hochgeschwindigkeitspumpen stellen ein weiteres, neuartiges Problem dar. Auch die besten bis dahin bekannten Schmier- und Abdichtmittel sind ungeeignet, da sie mit Uranhexafluorid reagieren.

Die Lösung jedes dieser Probleme ist völlig ungewiß, als auf dem Gelände in Oak Ridge mit dem Bau der Diffusionsfabrik begonnen wird. Um den riesigen Energiebedarf der Anlage zu decken, und um sie von der Versorgung des öffentlichen Stromnetzes unabhängig zu machen, wird ein eigenes Kohlekraftwerk gebaut. Ein nur kurzer Ausfall der Stromversorgung hätte die Anlage auf Monate blockiert. Da die Pumpenkonstruktion und damit die Frequenz des benötigten Wechselstroms noch ungewiß ist, wird das neue Kraftwerk für fünf verschiedene Frequenzen ausgelegt. Der erste Kessel wird im März 1944 nach nur neunmonatiger Bauzeit in Betrieb genommen. Anderthalb Monate später ist der vollständige Ausbau des Kraftwerks beendet. Inzwischen arbeiten zwanzigtausend Menschen an der Diffusionsfabrik, deren entscheidendes Teil, die Membran, noch nicht existiert. Eine Lösung dieses Problems zeichnet sich auch nicht ab.

Die Schätzungen der Kosten für die Diffusionsfabrik erreichen mittlerweile die Schwelle von dreihundert Millionen Dollar. Eine Vielzahl von Industrieunternehmen fabriziert in großen Mengen Einzelteile für die Anlage. Sie können nicht eingebaut werden und stapeln sich in Fabrikhallen, da zuerst die Konverter mit den Membranen eingebaut werden müssen. Der Chrysler Konzern hat für die Herstellung der Konverter eine eigene Fabrik eingerichtet. Dort wartet man darauf, die bereits halbfertigen großen Konverter mit Membranen zu versehen, um sie nach Oak Ridge zu schicken. Doch es gibt keine Membranen. Nachdem endlich das schwierige Pumpenproblem gelöst worden ist, produziert eine eigens gebaute Fabrik von Allis Chalmers in Milwaukee diese Hochgeschwindigkeitspumpen in großen Mengen. Massenweise fertiggestellte Anlagen zur Abkühlung des durch Kompression erhitzten Uranhexafluorids liegen nutzlos herum. Eine Million Meter vernickelter Stahlrohre ist nach einem neuen Verfahren hergestellt worden. Die Crane Company hat eine halbe Million Schieber und Ventile für eine Anlage angefertigt, von der mehr denn je ungewiß ist, ob sie ihren Zweck erfüllen wird. Von der Elektroindustrie sind Zehntausende elektronischer Geräte hergestellt worden, Steuer- und Meßinstrumente, Strömungsmesser, Druckmesser, Thermometer, Massenspektrometer etc. Längst sind alle Termine überschritten, ohne daß das alles entscheidende Problem der Membran gelöst ist. Woran lag das?

Ein einziger Alptraum

Der wissenschaftliche und halbtechnische Teil des Membranenprogramms fiel in den Aufgabenbereich des von Harold Urey geleiteten Diffusionsprojekts. Die Membran selbst sollte von einer Arbeitsgruppe unter Leitung von John R. Dunning entwickelt werden.

In umfangreichen Vorversuchen hatte sich das sogenannte »Norris-Adler-Verfahren« als bestes erwiesen. Im Labor konnte die Dunning Gruppe aus Nickelpulver eine Membran mit annehmbaren Trenneigenschaften und halbwegs gleichbleibender Qualität herstellen. Das entscheidende Problem der Membran, die Einheitlichkeit der Porengröße, schien prinzipiell lösbar. Problematisch blieb die große Sprödigkeit und Brüchigkeit der Norris-Adler-Membran. Denn in der Fabrik würde die Membran weitaus größeren Belastungen ausgesetzt sein als im Labor. Und diesen Produktionsanforderungen genügte die Membran vorerst nicht. Doch waren die Beteiligten optimistisch, das Problem beim Übergang zum halbtechnischen Verfahren zu lösen. Diese Stufe war etwa Anfang 1943 erreicht, zur gleichen Zeit, in der in Oak Ridge mit dem Bau der großen Diffusionsfabrik begonnen wurde.

Ein paar Monate später war die technische Versuchsanlage fertig. Die Experimente entwickelten sich zum Alptraum für die beteiligten Verfahrenstechniker und Wissenschaftler. Denn weder ließ sich das Problem der Gleichmäßigkeit der Poren, noch das der Festigkeit der Membran lösen. Zudem verstopften die Poren schnell. Die Membran war korrosionsanfällig. Manche Versuche brachten annehmbare Ergebnisse, andere führten unter scheinbar gleichen Bedingungen zu vollkommenen Mißerfolgen. Immerhin blieb eine Hoffnung. Denn, wenn einzelne Chargen gut waren, erschien es den Mitgliedern der Dunning-Gruppe denkbar, den Fehler bei den schlechten zu finden und diese auszuschließen.

Der Projektleiter Urey hatte schon sehr viel früher Skepsis geäußert. Das ganze Verfahren erschien ihm suspekt. Viel lieber hätte er an der Gaszentrifuge weitergearbeitet oder am Schwerwasserreaktor. Schließlich war er der Entdecker des Schweren Wassers und hatte dafür den Nobelpreis bekommen. Für die Diffusion hatte er sich in den vorbereitenden Sitzungen des S-1 Komitees nie sonderlich eingesetzt, mit dem Erfolg, daß dieser entscheidende Projektteil hinter anderen, etwa Lawrence' verrückter Idee der Calutronfabrik, weit zurückhing. Urey setzte sich weitaus stärker als Lawrence Zweifeln aus. Er schwankte zwischen extremen Stimmungen und ließ seine Zweifel ebenso wie Lawrence seinen Optimismus sichtbar werden. Da jeder der anfänglichen Mißerfolge der Dunning-Gruppe seine Voreingenommenheit gegen die Diffusionsfabrik bestärkt hatte, war das Prinzip wissenschaftlich schon in den Vorstufen der Entwicklung ins Hintertreffen geraten.

Die Geschwindigkeit, mit der die Mauern der Diffusionsfabrik wachsen, aus allen Teilen der USA massenweise bereits fertige Teile für die Anlage in Oak Ridge eintreffen, der immer größer werdende Zeitdruck, während sich für die alles entscheidende Membran noch nicht einmal die Idee einer Lösung anbietet, all das wird zuviel für den sensiblen und temperamentvollen Urey. Die Arbeitsgruppe Dunnings arbeitet fieberhaft an der Lösung des Barrierenproblems. Währenddessen läßt der Programmleiter Urey seinem Pessimismus freien Lauf. Im Sommer 1943 setzt er seinen Mitarbeitern eine Frist von sechs Wochen, in der die Schwierigkeiten überwunden sein müßten. Gelänge das nicht, droht Urey, würde er sich dafür einsetzen, daß das ganze Diffusionsprojekt abgeblasen würde. Im Herbst 1943 ist man immer noch nicht weitergekommen. Während der drängende Lawrence, dessen Probleme in Wirklichkeit kaum geringer als die Ureys sind, voller Zuversicht einfach weiterarbeitet, wird Urey nun immer niedergeschlagener. Er glaubt nicht mehr, mit der Diffusionsfabrik in absehbarer Zeit Uran 235 in ausreichender Reinheit herstellen zu können. Unter diesem Eindruck entscheidet sich Groves für den Ausbau der scheinbar sichereren Calutronanlage. Es scheint die einzige Möglichkeit zu sein, genügend Uran 235 für die Bombe zu gewinnen.

Die Versuche an der Norris-Adler-Membran gehen im Herbst 1943 weiter und führen allmählich zu besseren, aber noch immer ungeeigneten Produkten. Gleichzeitig wird ein zweites Verfahren im Labor ausgearbeitet. Diese sogenannte Johnson-Membran hat überraschend gute Eigenschaften. Selbst Urey meint, daß dieses Verfahren später die endgültige Lösung des leidigen Membran-Problems bringen könnte. Es ist jedoch noch weit davon entfernt, ein auch industriell brauchbares Produkt zu liefern und muß erst im kleinen weiterentwickelt werden. Aber wenn das Diffusionsprojekt nicht vorläufig ganz eingestellt werden sollte, meint Urey nun, sei die Norris-Adler-Membran mit all ihren Nachteilen die bessere Lösung. Unter diesen Umständen will er sie weiterentwickeln lassen. Jetzt alle Kräfte auf das neue Verfahren zu vereinigen, stört nach Ureys Ansicht die Arbeitsmoral des Labors. Zwischen Urey und Percival C. Keith, dem verantwortlichen Ingenieur der mit der Verfahrenstechnik beauftragten Firma Kellex, kommt es zu erheblichen Auseinandersetzungen. Keith weigert sich, Ureys Entscheidung zu akzeptieren.

Die einsame Entscheidung

Nun wird das strittige Problem Groves vorgetragen. Dieser entscheidet, daß die Norris-Adler-Membran vorrangig weiterentwickelt werden solle. Gleichzeitig, ordnet der General an, müsse die Johnson-Membran bis zur Produktionsreife gebracht werden. Sie wäre Ersatz, falls es mit der anderen Membran zu unüberwindbaren Schwierigkeiten kommen würde. Doch damit sind weder Keith noch Urey zufrieden.

Groves fordert daher im November 1943 ein Team britischer Diffusionsexperten an, die ein Gutachten zum Problem der Membran abgeben sollen. Zuerst machen sich diese Fachleute mit den vorgeschlagenen Verfahren vertraut. Ihr Urteil ist so abgewogen, daß es Groves' Entscheidungsproblem nicht löst.

Nun schlägt Groves' Stunde. Mitte Januar 1944 setzt er sich in den Zug nach Indianapolis. Um Mitternacht kommt er dort an, steigt in ein bereitstehendes Armeeauto und läßt sich für den Rest der Nacht über die holprigen Straßen des westlichen Indiana nach Decatur, dem Sitz der Membranenfabrik chauffieren. An einem Sonntagmorgen kommt er an. Nach einem hastig verschlungenen Frühstück ordnet er vor den versammelten Ingenieuren von Houdaille-Hershey an, daß die mit großen Kosten installierten Anlagen abgebaut und die Fabrik für die Herstellung der neuen Membranen umgerüstet werden müsse. Die Verantwortung übernähme er.

In einer Versuchsanlage zur Herstellung von Johnson-Membranen waren bisher etwa fünf Prozent der fabrizierten Muster zufriedenstellend ausgefallen. Besseres Nickelpulver läßt im Frühjahr 1944 den brauchbaren Anteil auf etwa vierzig Prozent steigen. Das ist ermutigend.

Doch die anschließend aufgenommene industrielle Fabrikation der Johnson Barrieren endet in einem verheerenden Rückschlag. Die ersten Membranen entsprechen den Anforderungen auch nicht nur annähernd. Im Juli 1944 gibt es keine Hoffnung mehr, nach dem neuen Verfahren die benötigten zehntausend Quadratmeter herzustellen. Einziger Ausweg bleibt nun tatsächlich die Vervielfältigung des handwerklichen halbtechnischen Verfahrens der Versuchsanlage.

Mit dieser Membran werden im September 1944 die ersten zwei – von ein paar tausend – Konverter der Diffusionsfabrik ausgerüstet. Sie arbeiten zufriedenstellend. Doch nun ist der Termin für den Produktionsbeginn in der Diffusionsfabrik, der 1. Januar 1945, nicht mehr einzuhalten. Daher muß im Oktober 1944 das gegenüber dem ursprünglichen Plan schon herabgesetzte Ziel, Uran 235 nur gering anzureichern, anstatt es rein zu isolieren, bereits auf Anfang März 1945 verschoben werden. Diese erste Ausbaustufe der Diffusionsfabrik soll nur die ersten Stufen umfassen und kann daher nur leicht angereichertes Produkt liefern, das nach anderen Verfahren gereinigt werden soll.

Erst im Dezember erhält Chrysler, das die fertigen Konverter liefern soll, ausreichende Mengen der Membran. Noch im Januar 1945 kommt es in Oak Ridge zu vorübergehenden Schwierigkeiten, als die ersten Stufen der Diffusionskaskade nicht den Erwartungen entsprechen. Schließlich, im März 1945, beginnt die Fabrik, Uran 235 anzureichern. Vorläufig können nur die unteren Stufen betrieben werden, da der Ausbau der oberen Stufen noch in vollem Gang ist.

Nachdem die Anlage jedoch fertig ist, wird sie ohne Unterbrechung zwanzig Jahre in Betrieb sein. Diffusion ist bis heute das verbreiteteste Verfahren zur industriellen Anreicherung von Uran 235.

Rennbahnen für Atomsprengstoff

Der Nobelpreisträger Lawrence hatte vorgeschlagen, den Atomsprengstoff Uran 235 in elektromagnetischen Trennanlagen zu gewinnen, die er Calutrons nannte. Diesem Vorschlag war das Lewis Committee gefolgt und hatte in seinem Bericht vom Herbst 1942 empfohlen, eine aus hundertzehn Calutrons bestehende Anlage zu bauen. Die erfahrenen Verfahrenstechniker dieses Ausschusses hatten die Aussicht, mit Calutrons mehr als Grammengen von Uran 235 für Versuche zu produzieren, ziemlich ungünstig beurteilt. Das Military Policy Committee, Groves Aufsichtsgremium, in dem sich Lawrence' Einfluß schon stärker bemerkbar machte, hatte sich über die Empfehlung des beratenden Lewis Committees hinweggesetzt, und einen Ausbau der Calutronfabrik auf fünfhundert bis sechshundert Einheiten vorgesehen. Mit einer derartigen Anlage versprach

Lawrence, bereits ausreichende Mengen Uran 235 für die Bombe gewinnen zu können. Die Kosten wurden auf etwa hundert Millionen Dollar geschätzt. Die fertige Anlage wird fast das Zehnfache des Voranschlags kosten und aus mehreren Tausend Calutrons unterschiedlichster Bautypen bestehen.

Die Calutrons wurden im Verlauf der Konstruktion der Fabrik mehrfach geändert. In einer dieser Versionen bestand der eigentliche Trennapparat aus einem wie ein C gebogenen Stahltank, der etwa vierzehn Tonnen wog. Dieser riesige Tank mußte mit Vakuumpumpen evakuiert werden: Im Inneren durften auch nicht die geringsten Luftspuren zurückbleiben. Im Innenraum, am einen Ende des C, befand sich die sogenannte Ionenquelle, ein elektrischer Heizer, der festes Uranchlorid verdampfte. Dieser Uranchloriddampf strömte dann an einer Kathode vorbei, die ihn ionisierte, d. h. elektrisch positiv geladene Uranionen entstehen ließ. Diese Uranionen traten durch einen Schlitz, und wurden anschließend in einem starken elektrischen Feld auf hohe Geschwindigkeiten beschleunigt. Dies allein hätte noch keine Trennung geben können: Die Ionen der Uranatome wären ganz einfach geradeaus weitergeflogen und irgendwo an die Wand des C-förmig gebogenen Tanks geprallt. Der »Trick« bestand, wie im Cyclotron, darin, senkrecht zur Bahn des Ionenstrahls ein starkes Magnetfeld wirken zu lassen. Dadurch wurde der Ionenstrahl halbkreisförmig gebogen und gelangte erst ans andere Ende des C. Auf ihrem halbkreisförmigen Weg durch das C, wurden die mit hoher Geschwindigkeit fliegenden Ionen starken Fliehkräften ausgesetzt, die für die schwereren Ionen des Uran 238 geringfügig größer waren als für die leichteren des Uran 235. Bei richtiger Einstellung der Apparatur wurden die Bahnen von Uran 235 Ionen etwas stärker im Magnetfeld abgelenkt als die von Uran 238: Beide Isotope kamen am Ende der Apparatur an verschiedenen Stellen an und wurden in zwei Empfängertaschen aufgefangen. Nach jedem »Lauf« mußten die Apparaturen geöffnet und umständlich gereinigt werden. Anschließend mußten sie stundenlang evakuiert werden, bevor ein neuer »Lauf« beginnen konnte.

Die C-förmigen Vakuumtanks steckten zwischen den Polen gigantischer Elektromagneten, größer als alle bis dahin gebauten: ein mehrere Tonnen schwerer Block mit einer Abmessung von $6 \times 6 \times 0{,}6$ Metern. Das Magnetfeld war so stark, daß die vierzehn Tonnen schweren Tanks mit Stahlbändern verankert werden mußten, da sie sonst aus ihren Halterungen gerückt worden wären.

Jeweils sechsundneunzig Calutrons mitsamt ihren Magneten waren in Form eines riesigen Ovals zusammengefaßt, das von den Wissenschaftlern »Rennbahn« bezeichnet wurde. Verschiedene Typen von Calutrons sollten verschiedene Stufen der Anreicherung übernehmen: Die alpha-Typen waren für die Grobanreicherung gedacht, die kleineren beta-Modelle für die Reingewinnung von Uran 235. In jeder der schließlich fertiggestellten riesigen Fabrikhallen mit alpha Calutrons befanden sich neun »Rennbahnen«. In weiteren drei Hallen waren insgesamt vierundzwanzig beta »Rennbahnen« mit jeweils sechsunddreißig Calutrons aufgebaut. Insgesamt vierundzwanzigtausend Menschen wurden in der letzten Ausbauphase der Fabrik für den Betrieb der Anlagen benötigt. Da die Steuerung der komplizierten Geräte mehr Kunst als standardisierbares Verfahren war, mußten die eigentlichen Operateure in Spezialkursen geschult werden. Dies ist ein Überblick über die Calutronfabrik, wie sie Anfang 1945 aussah.

Daß sie in dieser Größenordnung überhaupt gebaut wurde, dann für kurze Zeit mithalf, den benötigten Sprengstoff zu gewinnen, und schließlich, mit dem Ausbau der Diffusionsfabrik, wenig mehr als Schrottwert hatte, ist das Verdienst von Lawrence. Er verstand es wie kein anderer Projektleiter, dem Unternehmen seinen Stempel aufzudrücken. Fermi soll Lawrences Idee mit ein paar tausend Calutrons Atomsprengstoff zu gewinnen, anfangs als eher humoristischen Beitrag denn als ernsthaften Vorschlag verstanden haben. Von Wigner wird berichtet, er habe Lawrences Programm für das einzig erfolglose gehalten.

Die Arbeit an der Calutronfabrik beginnt, nach Lawrences Vorversuchen in Kalifornien, Anfang 1943. Um den Fortgang zu beschleunigen, einigt man sich unter dem Eindruck von Lawrences Optimismus, gleich mit der eigentlichen Fabrik zu beginnen. Die Versuchsanlage scheint nach den Ergebnissen aus Berkeley überflüssig zu sein. Die Konstruktion der Fabrik übernimmt die Ingenieurfirma Stone and Webster. Betrieben werden soll die Anlage später vom Chemiekonzern Tennessee Eastman. Das Gebäude für die ersten alpha »Rennbahnen« wird auf dem Gelände in Oak Ridge, etwa zehn Kilometer nördlich der Diffusionsfabrik errichtet.

Nach einigen Schwierigkeiten gelingt es Groves im Januar 1943, den Elektrokonzern Westinghouse für die Herstellung der Tanks, Ionenquellen und der Empfängertaschen zu gewinnen. General Electric wird die elektrische Ausrüstung und die Steuerungsvorrichtungen fabrizieren, Allis Chalmers die Magneten. Da für die Wicklung der riesigen Magnete so große Mengen Kupfer benötigt würden, wie sie die angespannte Kriegswirtschaft nicht abzweigen kann, verfällt man auf Silber als Ausweg. Das Schatzamt leiht dem Manhattan Engineer District für die Dauer des Krieges Silber im Wert von dreihundert Millionen Dollar. Das bereitet den besorgten Währungshütern und Edelmetallhortern des Schatzamtes einige schlaflose Nächte. Doch Groves setzt sich auch hier durch. Er läßt das Silber während der Fabrikation und später bei der Demontage der Magnete nach Kriegsende so gut bewachen, daß er stolz melden kann, nur ein verschwindender Bruchteil sei verlorengegangen.

Weitere Schwierigkeiten entstehen durch das anfängliche Zögern der zur Lieferung der Teile aufgeforderten Firmen. Sie sind bereits mit konventioneller Kriegsproduktion ausgelastet. Da in Europa und im Pazifik Kriegsmaterial schneller zerstört wird, als nachgeliefert werden kann, sind die Firmen über neue Aufträge wenig begeistert. Zudem sind die Spezifikationen der herzustellenden Teile und Anlagen noch offen, so daß mit laufenden Konstruktionsänderungen zu rechnen ist. Doch Groves drängt.

Er füllt mehrere Zugabteile des Transkontinentalexpress nach Kalifornien mit Ingenieuren der Kontraktfirmen. Im Strahlungslabor von Berkeley werden sie von Lawrence über den Stand der Entwicklungsarbeiten informiert. Erstaunt hören sie Lawrences gigantische Pläne. Nach seiner Einführung ist Groves an der Reihe. Er setzt einen Termin: Man befände sich im Januar, habe also ein »ganzes« halbes Jahr Zeit, bis zum Juli 1943 die erste alpha »Rennbahn« fertigzustellen. Von da an müssen weitere Tanks und Magnete mit einer Rate von monatlich fünfzig Stück angeliefert werden, so daß die ganze, fünfhundert Calutrons umfassende Anlage bis Jahresende fertig sein müsse.

Nachdem sich die verblüfften Techniker wieder gefaßt haben, geben sie zu bedenken, daß das unmöglich sei. Allein zehn Tage würden gebraucht, um die erforderlichen Unterlagen in Berkeley zu-zusammenzustellen. Und inzwischen ist Mitte Januar. Dann müssen die Entwürfe ausgearbeitet, mit den Kontraktoren besprochen und wahrscheinlich wieder umgearbeitet werden. Planung der Produktion und der Liefermodalitäten wird weitere Zeit beanspruchen. Erst dann kann man mit der Herstellung der Teile beginnen. Wahrscheinlich ist außerdem noch mit Modelländerungen in der Produktionsphase zu rechnen.

Doch Groves beharrt auf seinen Forderungen. Lawrence unterstützt ihn. Prinzipielle Änderungen sind ausgeschlossen. Besser als kostbare Zeit zu verlieren ist es, einige Fehler in Kauf zu nehmen. Zeit kann sehr wohl über den Ausgang des Krieges entscheiden. Das sollen die Herren Ingenieure berücksichtigen. Der Auftrag muß termingerecht erfüllt werden.

Doch die schlimmsten Befürchtungen werden von der Wirklichkeit noch übertroffen. Aus dem Strahlungslabor kommen laufend Änderungsvorschläge. Obwohl es sich meist nur um Detailverbesserungen handelt, ziehen diese wieder eine Kette weiterer Veränderungen nach sich. Lawrence will statt eines Ionenstrahls nun zwei durch jedes Calutron schicken, deutet aber bereits an, daß man auch mit vier oder gar acht Ionenstrahlen arbeiten würde. Dann will er die Tanks vergrößern, schlägt vor, die ursprünglich vorgesehenen alpha-Calutrons durch den beta-Typ zu ergänzen. In diesem Stil geht es laufend weiter.

Im März 1943 muß die Konstruktion der alpha-Calutrons endgültig eingefroren werden, da die ständig neu einfließenden Verbesserungsvorschläge aus Berkeley systematisches Arbeiten unmöglich machen. Gleichzeitig werden schon beta-Calutrons in Auftrag gegeben. Lawrences neuer Plan sieht vor, mit den alpha-Modellen nur die Grobanreicherung zu leisten und mit den kleineren beta-Typen aus diesem Vorprodukt fast reines Uran 235 zu gewinnen.

Groves geht auf Lawrences Vorschläge ein, ständig neue und verbesserte »Rennbahnen« zu bauen. Nachdem das erste Calutron in Oak Ridge im August 1943 seinen Test erfolgreich bestanden hat, beantragt er die Programmerweiterung bei seiner Aufsichtsbehörde, dem Military Policy Committee. Im September wird beschlossen: 1. die Diffusionsfabrik als Vorstufe der Calutronfabrik zu benutzen; 2. eine zweite Anlage mit den verbesserten alpha-2-Calutrons zu bauen; 3. die bisher für die Calutronfabrik bewilligten hundert Millionen Dollar um weitere hundertfünfzig Millionen aufzustocken.

Um diese Zeit muß sich jene Episode ereignet haben, von der Groves' Legende berichtet. Der Ort der Handlung ist das Büro des Generalstabschefs, General Marshall. Groves tritt ein, um sich eine Erweiterung eines Projektteils bewilligen zu lassen. General Marshall bittet Groves, sich eine Minute zu gedulden. Er sei beschäftigt. Nachdem er seine Arbeit erledigt hat, läßt Marshall sich Groves Memorandum vorlegen, studiert es und bewilligt die geforderten hundert Millionen Dollar. Groves verabschiedet sich und will gerade Marshalls Büro mit dem unterzeichneten Dokument verlassen. Marshall ruft ihn zurück und sagt freundlich lächelnd: »Übrigens, General, vielleicht interessiert es Sie zu erfahren, warum ich Sie warten ließ. Ich schrieb gerade einen Scheck über drei Dollar und zweiundfünfzig Cents für den Grassamen meines Rasens aus.«

Der Frieden droht

Inzwischen hatte sich der Zeitpunkt des geplanten Produktionsbeginns der ersten Anlage von Juli auf November 1943 verschoben. Als Ende Oktober die Magnete in Betrieb genommen werden sollen, bahnt sich die Katastrophe auch dieses Programmteils an: Sie geben nur einen Bruchteil der geplanten Leistung ab. Fieberhaft wird der Fehler gesucht. Ist Feuchtigkeit in die Spulen gedrungen und hat Kurzschlüsse verursacht? Das wäre kein großes Problem, denn diese Feuchtigkeit würde durch die Betriebswärme verdampfen. Doch die Leistung steigt auch nicht, nachdem die Magnete für längere Zeit angeschaltet worden waren. Einige der Kästen, in denen die Magnete liegen, werden geöffnet. Ursache der Kurzschlüsse sind Roststückchen und Metallflitter, die mit dem Kühlungsmittel umgepumpt werden. Groves reist an.

Am 15. Dezember entscheidet er, daß alle Magnete der mittlerweile fertiggestellten ersten »Rennbahn« wieder ausgebaut und zur Reinigung zum Hersteller Allis Chalmers geschickt werden müssen. Außerdem müssen in diese und in alle zukünftigen Magnete Filter für das Kühlmittel eingebaut werden. Auch die Vakuumtanks der Calutrons bereiten Schwierigkeiten. Schweißnähte sind nicht dicht, und daher ist das erforderliche Hochvakuum nicht erreichbar. Geringe Verunreinigungen in den Schweißnähten sind die Ursache der Fehler. Auch hier sind technische Änderungen notwendig.

Mitte Januar 1944 wird die zweite »Rennbahn« in Betrieb genommen. Doch auch hier verzögern die Anfangsschwierigkeiten den Produktionsbeginn um mehrere Wochen. Auch wenn sie weniger gravierend sind als die bei der ersten, bereiten die Pannen erheblichen Verdruß. Elektrische Teile versagen zu Hunderten. In vielen Tanks verzögern Korrosionsstellen den Betrieb. Der Zeitverlust nur durch Unterbrechen des Vakuums beträgt bei jedem Tank mindestens dreißig Stunden. In zwei Monaten haben die sechsundneunzig großen Calutrons der zweiten »Rennbahn« erst zweihundert Gramm Uran 235 leicht angereichert, dessen Reinheit von zwölf Prozent jedoch weit unter »Bombenqualität« ist.

Im Juli 1944 arbeiten die fünf alpha-1-Rennbahnen mehr schlecht als recht. Sie erfüllen nur einen Bruchteil der Erwartungen. Der Versuch, die verbesserten alpha-2-Rennbahnen zu betreiben, endet im Fiasko ständiger Unterbrechungen und Ausfälle. Die Probleme mit den beta-Anlagen sind nicht geringer, da in ihnen bereits das mühsam angereicherte wertvolle Uran 235 verarbeitet wird und Verluste hier ein Vielfaches derer bei den alpha-Modellen bedeuten.

Dieses anfangs unterschätzte Problem wird nun zum zentralen der beta-Anlage. Da nur fünf Prozent des von den Ionenquellen der beta-Calutrons ausgesandten angereicherten Uran 235 die Empfänger erreicht, wären fünfundneunzig Prozent der Trennleistung der alpha-Anlagen vergeudet, gelänge es nicht, den größten Teil wiederzugewinnen. Dieses Material überzieht nach jedem Lauf der beta-Calutrons die Wände der Vakuumtanks. Daher müssen die Tanks immer wieder chemisch ausgewaschen und die kostbare Waschlauge wiederaufbereitet werden, um das wiedergewonnene, angereicherte Uran 235 neu in die beta-Calutrons einzuführen.

Angesichts dieser verfahrenstechnischen Unzulänglichkeiten, ist die Ausbeute der riesigen Calutronfabrik bis zum Juni 1944, ganze fünfzig Gramm *reines* Uran 235, schon ein schönes Ergebnis. Nur würde, wie inzwischen immer deutlicher wird, dieses Verfahren allein niemals die für eine Bombe benötigten Mengen liefern können. Selbst nicht, wenn ständig neue Anlagen dazukämen, sich die Störungen verringern und die Ausbeute der Wiedergewinnung des angereicherten Uran 235 verbessern ließen.

Das Gesamtprojekt steckte im Sommer 1944 in einer tiefen Krise. Technische Probleme in allen Programmen, von den Calutrons bis zum Plutoniumprojekt rückten die Atombombe immer mehr in den Hintergrund der Rüstungsforschung. Der Krieg würde, das zeichnete sich seit dem Vormarsch der Alliierten in Frankreich und den Erfolgen der Amerikaner im Pazifik immer deutlicher ab, auch ohne die Atombombe entschieden. Sie wurde auch um so weniger benötigt, als sich inzwischen zeigte, daß der eigentliche Anlaß, die Angst vor der deutschen Atombombe, nur ein Alptraum gewesen war, den man mit der Wirklichkeit verwechselt hatte. Nach der Eroberung von Straßburg, als Goudsmit im November 1944 die Akten von Weizsäckers ausgewertet hatte, war der endgültige Beweis erbracht.

Fortan ging es nicht mehr darum, das vermeintliche Wettrennen um die Atombombe zu gewinnen, sondern nur noch darum, Atombomben herzustellen, bevor der Krieg zu Ende war. Die Technik begann sich zu verselbständigen.

ZUSAMMENGESCHUSTERT

Der letzte Teil des Uranprojekts ist technische »Durchwurstelei« mit dem einzigen Ziel, dem Kriegsende mit fertigen Atomwaffen zuvorzukommen. Mehr als alles andere zeigt der »Verfahrensmix« der sich anschließenden Produktion von Uran 235 in Bombenreinheit den blinden Drang der Beteiligten, es schnell noch zu »schaffen«, ganz gleich wie. Diese Blindheit setzt sich konsequent in der politischen Entscheidung über die Verwendung der Atombomben fort. In dieser Phase zum Jahresende 1944 werden die einzelnen Verfahren kombiniert, von denen jedes für sich noch untauglich ist. Da selbst das noch nicht ausreicht, wird in letzter Minute noch eine zusätzliche Fabrik zur Anreicherung von Uran 235 gebaut.

Unter Philip Abelson war in den Labors der Marine an einem theoretisch und technisch sehr einfachen Verfahren zur Isotopentrennung gearbeitet worden. Abelsons Verfahren benötigte zwar riesige Energiemengen und würde nie reines Uran 235 in nennenswerten Mengen liefern können. Aber leicht angereichertes Uran 235 war mit vertretbarem Aufwand und ohne die technischen Probleme der anderen Programme schon herzustellen.

Das Verfahren bediente sich des einfachen Effekts, daß das Hexafluorid von Uran 235 an der einen erhitzten inneren Wand zweier ineinandergeschobenen Rohre aufstieg, während das von Uran 238 an der äußeren kalten Fläche leicht absank. Das innere Rohr mußte mit überhitztem Dampf geheizt, das äußere mit warmem Wasser gekühlt werden. Der Trenneffekt jedes einzelnen Rohrs war gering. Abelson hatte hundert hintereinandergeschaltete Rohre von jeweils fünfzehn Metern Länge verwendet und täglich nur fünf Gramm leicht angereichertes Uran 235 erhalten.

Oppenheimer schlägt im Juni 1944 vor, das aus einer derartigen vergrößerten Thermodiffusionsanlage gewonnene, gering angereicherte Uran 235 in die Calutronfabrik zu speisen. Das könnte die Leistung der Calutrons um Größenordnungen erhöhen. So wäre es noch möglich, die Bombe fristgemäß herzustellen.

Groves legt dem Military Policy Committee bereits am Ende des gleichen Monats ausgearbeitete Pläne für eine Thermodiffusionsfabrik vor, die täglich etwa fünfzig Kilogramm angereichertes Uran 235 produzieren sollte. Er meint, diese Anlage innerhalb kürzester Zeit entwickeln und noch vor dem Beginn des Jahres 1945 in Betrieb nehmen zu können. Die riesigen Mengen überhitzten Dampfes, die benötigt werden, will er dem eigens für die Diffusionsanlage gebauten Kohlekraftwerk entnehmen, das noch nicht ausgelastet ist. Die Thermodiffusion, so fügt er hinzu, ist nur eine Übergangslösung. Sobald die Diffusionsanlage voll betriebsfertig wäre, müßte sie die Produktion übernehmen. So kostspielig das ist, eine andere Möglichkeit sieht Groves nicht, das für die Bombe benötigte Uran 235 noch im Krieg herzustellen.

Kurz darauf hat Groves auch die Zustimmung der Unternehmensleitung von Massey Ferguson. Die Firma verpflichtet sich, sowohl die außerordentlich kurzen Lieferfristen einzuhalten als auch die ungewöhnlichen Bedingungen zu erfüllen, die an die Präzision der Großanlage gestellt werden. Der Querschnitt jedes der fünfzehn Meter langen Trennrohre muß mit einer Toleranz von fünfhundertstel Millimetern einem perfekten Kreis entsprechen. Die aus zweitausendeinhundert Rohren bestehende Anlage soll innerhalb von hundertzwanzig Tagen fertiggestellt sein. Aber Groves schafft es, das mutige Management wirklich zu verblüffen, als er in seiner vollkommenen Bürokratensprache erklärt: »Unter Berücksichtigung aller eingeschlossenen Faktoren meine ich, daß meine Mitteilung an Sie hinsichtlich des Zeitplanes der Vollendung der unter ihrer Verantwortung stehenden Arbeit sinnvoll ist ... Ich glaube, Sie können schneller sein.«

Zwar bleibt Massey Ferguson das übliche Geschick der am Manhattan Projekt beteiligten Firmen nicht erspart, schneller Fortschritt, Rückschläge, kleinere und größere Katastrophen und das ständige Drängen des besorgten Generals. Doch wird der äußerst knappe Zeitplan eingehalten. Nach neunundsechzig Tagen kann ein Drittel der Anlage in Betrieb genommen werden. Am 1. Oktober 1944 liefert die Thermodiffusionsfabrik das erste leicht angereicherte Produkt. Im Dezember ist die ganze Anlage fast fertig und kann das Vorprodukt für die Calutronfabrik liefern.

Zum Jahresbeginn 1945 sind drei gigantische Fabriken mit einem Aufwand, der die Milliarden-Dollar-Grenze bereits übersteigt, teilweise betriebsfertig. Vorläufig ist keine für sich in der Lage, ausreichende Mengen Uran 235 in der benötigten »Bombenqualität« herzustellen. Das einzige Verfahren, das in seiner letzten Ausbaustufe dazu in der Lage wäre, die Diffusion, befindet sich noch in der ersten Ausbaustufe. Vorerst kann sie zwar Uran 235 anreichern, nicht aber rein gewinnen. Das können in dieser Zeit nur Lawrences beta-Calutrons. Die alpha-Calutrons wiederum können nicht genügend Uran 235 anreichern, um die Calutronfabrik allein den Bombenrohstoff produzieren zu lassen.

Inzwischen drängt Anfang 1945 die Zeit so, daß Groves und seine Verfahrenstechniker beschließen, alle drei Verfahren miteinander zu koppeln. Obwohl die deutsche Atomgefahr sich inzwischen als haltlos erwiesen hatte, wird nun in den Vereinigten Staaten versucht, mit allen Mitteln noch das Ziel des Gesamtvorhabens zu erreichen: im Krieg Atombomben herzustellen.

Unter extremem Zeitdruck versucht Groves, noch schnell seine Atombombe »zusammenschustern« zu lassen. Und es ist ein »Schustern«, wie die Pläne zur Herstellung der paar Kilogramm Uran 235 in der erforderlichen Reinheit von über neunzig Prozent zeigen. Die im Februar verabschiedete Produktionsplanung sieht folgende Kombinationen vor:

Die Thermodiffusionsanlage sollte zunächst mit voller Kapazität gefahren werden, um möglichst viel Uran 235 von 0,70, seinem Anteil in natürlichem Uran, auf 0,90 Prozent anzureichern. Dieses Produkt würde in die alpha-Calutrons eingeführt, weiter angereichert und anschließend in beta-Calutrons gefüttert. Diese würden reines Uran 235 herstellen. Sobald die Diffusionsfabrik Uran 235 anreichern könnte, sollte das leicht angereicherte Produkt aus der Thermodiffusionsanlage in die Diffusionsfabrik eingeführt und dort von 0,90 auf 1,1 Prozent veredelt werden. Dieses Erzeugnis sollte dann in die Calutronfabrik überführt werden und dort die alpha- und beta-Stufen bis zur »Bombenqualität« durchlaufen. Wenn aber der Ausbau der Diffusionsfabrik soweit gediehen sei, daß sie zwanzigprozentiges Uran 235 liefern könnte, sollten die alpha-Calutrons ganz stillgelegt werden und nur noch die beta-Anlage die Endstufen des Reinigungsprozesses darstellen. Zwischen einzelnen Trennstufen standen meist noch chemische Reinigungsstufen.

Eine Firma mit Tradition

Sicher ahnte das Management des Chemiekonzerns DuPont nicht das Los anderer von Groves beauftragter Firmen, als es hartnäckig darauf bestand, daß ein Grundsatz der Firma eingehalten werden müßte: Entweder man übertrage DuPont die volle Verantwortung für alle Arbeiten am Plutoniumprojekt oder verzichte ganz auf die Dienste der Firma. Man sollte sich von Anfang an klar sein, daß DuPont die Aufgabe nur übernähme, wenn auch ein Teil der Zuständigkeiten des Chicagoer Metallurgical Laboratory (MET Lab) in den eigenen Verantwortungsbereich eingegliedert würde.

Wie bei primitiven Stämmen häufig nicht mehr recht einsehbar ist, warum überlieferte Bräuche beibehalten werden, obwohl sie keine sinnvolle Funktion mehr haben, schien sich auch hier ein Widerspruch zwischen dem sachlich Vernünftigen und einer veralteten Firmentradition aufzutun. Denn schließlich versammelte um diese Zeit kein anderes Projekt so viele außergewöhnliche Wissenschaftler wie das MET Lab. Außerdem kamen die entscheidenden Entdeckungen und Entwicklungen zum Plutoniumprojekt just dorther. Was wäre also naheliegender gewesen, als den Wissenschaftlern die Führung und die Verantwortung zu überlassen und die Ingenieure und Angestellten des Chemiekonzerns nur mit der Verwirklichung der Ideen und Pläne der Chicagoer Wissenschaftler zu beauftragen. Doch DuPont bestand auf seinen Grundsätzen. Da die Hilfe des Unternehmens dringend benötigt wurde, konnte es sich durchsetzen.

Doch das können die Wissenschaftler des MET Labs vorläufig noch nicht wissen. Die Auseinandersetzungen entzünden sich schon über der Frage des Standorts und der Zuständigkeiten für den Versuchsreaktor. Obwohl der Versuchsreaktor und die riesigen Produktionsreaktoren für Hanford fast gleichzeitig geplant und gebaut werden müssen, besteht DuPont darauf, einen weiteren größeren Versuchsreaktor und eine halbindustrielle chemische Trennanlage zur Isolierung von Plutonium aus Reaktorabbrand auf dem Gelände in Oak Ridge zu errichten. Da beides etwas früher fertig würde als die Produktionsanlagen in Hanford, will DuPont hier schon später verwertbare Erfahrungen sammeln. Auch sollten hier schon geringe Mengen Plutonium für die wissenschaftlichen Vorarbeiten an der Bombe gewonnen werden.

Diese Versuchsanlage soll ursprünglich von DuPont in Oak Ridge gebaut werden. Die Wissenschaftler wollen selbst einen weiteren kleinen Reaktor für Chicago konstruieren, der mit den Produktionsreaktoren nur wenige Gemeinsamkeiten haben sollte. Damit ist das Industrieunternehmen nicht einverstanden. Es vertritt die für die Wissenschaftler in Chicago schockierende Ansicht, daß das MET Lab für die neugegründete Firmensparte »Plutonium« etwa die gleiche Funktion zu übernehmen habe wie firmeneigene Labors für die ihnen übergeordneten Produktionssparten. Und wenn DuPont es für richtig hielte, trotz der Einwendungen aus Chicago einen Versuchsreaktor in Oak Ridge zu planen und zu bauen, müsse sich das Labor eben fügen und dürfe keinen unabhängigen Kurs verfolgen.

Das ist zuviel. In Chicago brodelt es. Ein Aufstand der Wissenschaftler gegen diese plumpen Versuche, sie zu bevormunden, steht bevor. Wer hatte schließlich den Reaktor entwickelt? Wer Plutonium entdeckt? Wer mit Plutonium einen zweiten Weg zur Atombombe gewiesen? Die Ingenieure von DuPont oder die Wissenschaftler des MET Labs? Was maßte sich die Firma an, einem exquisiten Zirkel von Wissenschaftlern den weiteren Kurs ihrer Forschungsaufgaben vorzuschreiben.

Groves schickt seine rechte Hand, Oberst Nichols, nach Chicago, um zu schlichten. Nach langen Hin und Her erklärt man sich in Chicago schließlich einverstanden, daß DuPont den weiteren Kurs bestimmt. Aber dann soll es mit eigenen Leuten weitermachen und auf eigenes Risiko. Selbst will man damit nichts zu tun haben. Den Versuchsreaktor in Oak Ridge will man auf keinen Fall betreiben, wie die Firma es verlangt hat. Schließlich, nach weiteren Monaten, erklärt sich der Leiter des MET Labs, Arthur Holly Compton, doch einverstanden, mit seinen Leuten den Versuchsreaktor in Oak Ridge zu betreiben. DuPont hat sich durchgesetzt.

Noch bevor Fermis erster Reaktor im Dezember 1942 kritisch geworden war, hatte man sich geeinigt, die Produktionsreaktoren mit Helium zu kühlen. Denn das weitaus einfacher zu handhabende Kühlmittel Wasser schien ungeeignet, da es selbst Neutronen absorbierte und somit die Kettenreaktion gefährdete. Die unerwartet gute Neutronenvermehrung im ersten Reaktor bestätigte jedoch Wigners frühere Vorstellung, daß Wasser doch als Kühlmittel geeignet und anderen Systemen vorzuziehen war. DuPont hatte vorgeschlagen, den Versuchsreaktor in Oak Ridge statt mit Helium mit Luft zu kühlen. Die Produktionsreaktoren könnten entweder mit Helium oder Luft gekühlt werden.

Anfang 1943 beginnen bei DuPont die Planungsarbeiten an luftgekühlten Reaktoren. In Chicago arbeitet gleichzeitig eine Gruppe unter Wigner am Entwurf eines wassergekühlten Versuchsreaktors. Dann wird man bei DuPont wieder skeptisch über die Erfolgsaussichten gasgekühlter Produktionsreaktoren: Luft oder Helium wären als schlechte Wärmeleiter vielleicht doch nicht in der Lage, die in den großen Reaktoren entstehenden riesigen Wärmemengen abzuführen. Im Februar erklärt DuPont dem MET Lab, daß es doch zu Wasserkühlung übergehen wollte.

Nun werden die Wissenschaftler in Chicago, darunter Fermi und Wigner, böse. Nach drei Monaten planerischem Hin und Her kam DuPont endlich dazu, die ein dreiviertel Jahr früher gemachten Vorschläge der Wissenschaftler zu akzeptieren. Viel Zeit wurde durch den Eigensinn der Ingenieure aus Wilmington verloren. Für die Wissenschaftler bestätigte sich, daß das Unternehmen, wie sie vorausgesehen hatten, dieser Aufgabe nicht gewachsen war. Einen Atomreaktor zu bauen, bedeutet eben doch mehr als die Produktion von Chemikalien. Aber man will nicht rechthaberisch sein, die Differenzen der Vergangenheit vergessen und DuPont gerne helfen, seine Schwierigkeiten zu überwinden. Doch DuPont lehnt jede Einmischung freundlich dankend ab.

Episode ohne Bedeutung

Wigner wird immer ungeduldiger. Sein Chef Compton schlägt ihm vor, einen Monat Urlaub zu machen. Die Stimmung in den Labors ist explosiv. Viele Wissenschaftler fühlen sich unterbeschäftigt und in einer Lage ohne Plan und Ziel, wo doch jeder fähige Kopf zu den Kriegsanstrengungen seines Landes beitragen müßte.

Dazu kommt, daß DuPont alle Entwürfe und Pläne für die Produktionsreaktoren in Hanford zur Prüfung nach Chicago schickt: Und dort meint man, viele Fehler entdecken zu können. Die Wissenschaftler sind entsetzt über soviel scheinbar fruchtlose Gründlichkeit. Die Sicherheitssysteme erscheinen ihnen als viel zu aufwendig, zu viele Reserven sind eingeplant. Die ganze Anlage wird unnötig verkompliziert. Alles ist von umständlicher Aufwendigkeit. Offenbar ist DuPont viel zu wenig flexibel und hat das eigentliche Ziel aus den Augen verloren: schnell einen Reaktor für die Bombe zu bauen.

Im MET Lab kumulieren sich die Ängste einzelner zu einem neuen Höhepunkt. Vielleicht hat man schon kostbare Zeit vertan, die der Gegner besser zu nützen wußte. Vielleicht sind alle bisherigen Bemühungen vergeblich, wenn DuPont das Projekt verzögert anstatt es zu beschleunigen.

Der Präsident der Vereinigten Staaten persönlich ruft in dieser Situation James Conant an, um ihn zu bitten, sich eines »menschlichen Problems« anzunehmen. Ein junger Physiker aus Chicago, ein Freund der Frau des Präsidenten, war in Washington aufgekreuzt und verbreitete Unruhe. Er behauptete, das Versagen der Führung des Manhattan Projekts beschwöre die Gefahr eines deutschen Sieges im Wettlauf um die Atombombe herauf.

Conant empfängt den jungen Mann. Es ist ein Physiker aus Wigners Gruppe. Conant erfährt, die Versäumnisse, schnell eine Bombe zu bauen, hätten erschreckende Ausmaße angenommen. Viele aussichtsreiche Spuren würden einfach nicht verfolgt. Die Chicagoer Arbeit würde von DuPont usurpiert, und diesem Unternehmen gehe es weniger um nationale Kriegsanstrengungen als um die Ausbeutung der kommerziellen Aspekte des Vorhabens. Groves Haltung könne man bestenfalls als ambivalent bezeichnen. Man wisse ja, daß sich die Militärs an die Kapitalisten halten. Compton sei sicher ein netter Mann, aber seiner Aufgabe nicht gewachsen. Man müsse daher den Präsidenten der Vereinigten Staaten auf die Mißstände aufmerksam machen und ihn zum Eingreifen zwingen. Und ginge es über Comptons Leiche.

Conant versucht den Mann zu beruhigen. Aber der nutzt seine gesellschaftlichen Verbindungen in Washington aus, um auch nicht in das Projekt eingeweihte einflußreiche Persönlichkeiten anzugehen. Schließlich wird erwogen, ihn für geistesgestört zu erklären und so aus dem Verkehr zu ziehen. Doch die Frau des Präsidenten, Eleanor Roosevelt, hält ihre schützende Hand über ihn und erklärt, der junge Wissenschaftler sei völlig normal.

Die Episode hatte keine Bedeutung. Der amerikanische Präsident hielt es nicht für angemessen einzugreifen. Er konnte sich auf seinen Apparat verlassen, der unter Anführung von Groves und unter Aufsicht von Bush, Conant und anderen besser als er mit den Problemen vertraut war. Weder wurde Compton abgesetzt, noch änderten die Pressionen des Physikers, der mit den Regeln der Washingtoner Gesellschaft offensichtlich besser vertraut war als mit den Gesetzen moderner Großtechnologie, etwas am Lauf der Dinge. Wir wissen noch nicht einmal seinen Namen. Sein Verhalten zeigt vielmehr den Druck, unter dem sich viele Wissenschaftler befanden, die mit dem großen Ziel vor Augen und der Angst im Nacken wenig mehr zum Erfolg beitragen konnten, als das zu tun, was ihnen der Apparat diktierte: Die Funktion eines kleinen Rädchens oder Hebelchens in der Maschinerie zu übernehmen, das ohne Einfluß auf den Gang der Dinge blieb. Und das bedeutete, seitdem DuPont Regie führte, für viele wenig mehr als ihnen belanglos erscheinende Dinge zu tun.

Wohl mehr zur Beschäftigung, und damit zur Beruhigung seiner aufgeregten Wissenschaftler, beschließt Arthur Holly Compton nun, den Schwerwasserreaktor weiterzubringen. Inzwischen waren mehrere Schwerwasserfabriken im Bau, die ab Oktober 1943 eine Monatsproduktion von drei Tonnen erwarten ließen. Dieser Brocken, den Compton fallen läßt, ist für die ausgehungerten Chicagoer Wissenschaftler ein gefundenes Fressen. Mehr noch, die Nachricht gelangt bis nach New York, wo Urey mit seinen eigenen Problemen, der Diffusionsfabrik, nicht fertig wird und dieses Projekt am liebsten hinwerfen möchte. Außerdem ist Urey der Entdecker des Schweren Wasserstoffs.

Er bombardiert Conant, den wissenschaftlichen Berater von Groves, mit ganzen Serien von Briefen, in denen er versucht, nun den Schwerwasserreaktor als aussichtsreichsten Weg zur Bombe zu forcieren. Die von Urey aufgerührten Schwerwasserwellen schwappen wieder ins Labor nach Chicago zurück. Dort verdichtet sich die Aufregung vorübergehend in der Meinung, die Plutoniumbombe sei nur über den Schwerwasser- und nicht den Fermischen Graphitreaktor zu verwirklichen. Der Rückstau erreicht Groves, der zum einzigen in dieser Lage noch wirksamen Beruhigungsmittel greift. Er setzt eine Kommission unter Leitung des bewährten Warren K. Lewis ein. Sie soll die beiden Möglichkeiten gegeneinander abwägen: den wassergekühlten Graphitreaktor von DuPont gegen den Schwerwasserreaktor, für den immer mehr Wissenschaftler plädieren.

Das Ergebnis ist eindeutig. Die Kommission setzt auf DuPont. Aber immerhin bewilligt Groves dem Chicagoer MET Lab den Bau eines Versuchsreaktors mit Schwerem Wasser. Das erscheint ihm vermutlich ein geringer Preis zu sein, die aufgebrachten Gemüter abzulenken und zu beschäftigen.

Ein halbes Gramm

Vor dem Hintergrund dieser Unruhe über den richtigen Weg zur Plutoniumfabrik, sind die Bauarbeiten zum Versuchsreaktor in Oak Ridge in vollem Gang. In der entgegengesetzten Ecke der Vereinigten Staaten hat die Konstruktion der gigantischen eigentlichen Produktionsanlagen begonnen. Inzwischen war auch entschieden worden, den Versuchsreaktor mit Luft, die Produktionsreaktoren aber mit dem Wasser des Columbia-Stroms zu kühlen.

In Tennessee läuft zunächst alles nach Plan. Im Juni 1943 treten dann die ersten Schwierigkeiten auf. Die Uranzylinder müssen gegen Korrosion geschützt werden. Die resistente Schutzhülle darf jedoch kaum Neutronen absorbieren. Das einfachste Verfahren, sie mit einem lackartigen Überzug zu versehen, war aus diesem Grund ausgeschieden. Man mußte die Zylinder wohl oder übel in möglichst dünnwandige Leichtmetalldosen einschließen. Das aber bereitete die größten Schwierigkeiten, da die Dosen nicht dicht zu kriegen waren. Von sechzigtausend Dosen, die im Sommer 1943 produziert wurden, war gut die Hälfte unbrauchbar. Nun mußten in aller Eile neue Verfahren zum Eindosen entwickelt werden. DuPont verstärkte sein technisches Personal für den Versuchsreaktor, um der Schwierigkeiten Herr zu werden. Im Sommer waren es noch vierundsechzig, zum Jahreswechsel arbeiteten bereits etwa tausend DuPont-Leute in Oak Ridge. Gegen Ende des Jahres 1943 war es soweit. Der Reaktor lief. Aus fünf Tonnen bestrahltem Uran konnte ein halbes Gramm Plutonium gewonnen werden. Für die Bombe wurden mehrere Kilogramm benötigt.

Die Lachse im Columbia-Strom

Diese Mengen konnten nur in den sehr viel größeren Produktionsreaktoren hergestellt werden. Auf dem dafür vorgesehenen Gelände in Hanford sind um die Wende zum Jahr 1944 fünfundzwanzigtausend Menschen beschäftigt. Sie verwandeln eine bis dahin fast unbesiedelte Landschaft am Columbiastrom in einen riesigen Industriekomplex. Hier sollen die ersten größeren Mengen eines künstlich von Menschen geschaffenen Elements der Herstellung von Bomben dienen, von denen jede Zehntausende von Menschen töten kann.

Zunächst war auch in Hanford eine eigene Stadt im kriegsüblichen Armeestil errichtet worden. Wohnbaracken, Häuser, Kirchen, Kegelbahnen, Kneipen, Camps für Wohnwagen, riesige Kantinen, Friseursalons, Säle zum Tanzen und für die übliche Armeeunterhaltung durch Entertainer, Kinos, Sporthallen und so weiter. Es gab zwar Improvisation und Unbequemlichkeit, aber niemand sollte einen wesentlichen Teil des American way of life entbehren. Für die in dieser gottverlassenen Gegend dringend benötigten Facharbeiter gab es vom hervorragenden Kantinenessen soviel, wie sie nur essen wollten. Man hatte sich alle Mühe zu geben, daß die Spezialkräfte, die man über Rekrutierungsbüros in den ganzen USA angeworben hatte, nicht gleich am nächsten Tag wieder abreisten. Ja, es wurde sogar für extra Schuhrationen gesorgt, da das Schuhwerk im scharfkantigen Bauschutt der felsigen Einöde schneller als andernorts verschliß. Eine hundertsiebzig Kilometer entfernt stationierte Fliegerstaffel in Pasco organisierte einen eigenen Zubringerdienst, um sich der in Hanford unerfüllbaren Wünsche und Träume der jüngeren weiblichen Angestellten anzunehmen. Auch auf die Fische im Columbia-Strom mußte Rücksicht genommen werden. Groves hatte von einem ortskundigen Sportangler erfahren, daß er sich die ewige Feindschaft des ganzen Nordwestens zuzöge, wenn er nur »einer einzigen Schuppe eines einzigen Lachses Schaden zufügen« würde. Groves trifft Schutzvorkehrungen in der Reihenfolge: »etwaige schädliche Wirkungen auf die Fische im Columbia River zu verhüten und die stromabwärts siedelnde Bevölkerung unbedingt zu schützen.«

Neben den drei Reaktoren werden auf dem riesigen Areal von Hanford die Trennfabriken für Plutonium errichtet. Sie müssen im weiten Abstand voneinander und von den anderen Produktionsstätten stehen, da verhindert werden soll, daß ein einziger größerer Unfall den ganzen Komplex stillegen könnte. Die Trennanlagen für Plutonium müssen wegen der großen Radioaktivität des Reaktorabbrands ferngesteuert sein. Das setzt die Entwicklung völlig neuer Technologien voraus. Ergänzt werden diese Anlagen durch eine eigene Fabrik zur Herstellung der riesigen Mengen extrem gereinigten Graphits und eine weitere Anlage zum Eindosen der benötigten Uranzylinder. Ein kleinerer Versuchsreaktor ist eigens errichtet worden, um die laufende Produktion von Graphit stichprobenartig auf Neutronenabsorption zu überprüfen helfen.

Dennoch bahnt sich im Sommer 1944 die große Krise an. Der erste Reaktor ist bereit, mit den eingedosten Uranzylindern gefüllt zu werden. Schwierigkeiten der Eindosung waren bereits früher in Oak Ridge am Versuchsreaktor aufgetreten. Man hatte jedoch geglaubt, sie überwunden zu haben. Ein Jahr hatte sich ein Arbeitsteam nur mit diesem Problem beschäftigt. Dennoch bleiben die nun dringend benötigten Uranzylinder aus, da es neue Probleme gegeben hatte.

Immer tiefer hatte man sich seit dem März 1944 in das Problem der Eindosung verrannt. In einem mehrstufigen, komplexen Verfahren gelang es, täglich etwa zwei bis drei brauchbare Dosen neben riesigen Mengen Ausschuß zu produzieren. Im April war man soweit, den Wochenausstoß auf einige hundert Dosen zu steigern. Das war ein schöner Erfolg. Nur konnte man sich ausrechnen, ohne entscheidende Verbesserungen jahrelang Dosen nur für einen einzigen Reaktor herstellen zu müssen. In letzter Minute erst, im August 1944, gelingt es, das Verfahren soweit zu verbessern, daß man hoffen kann, den ersten Reaktor in absehbarer Zeit zu füllen.

In dieser Zeit hielten sich die Reaktorspezialisten des MET Labs häufig in Hanfort auf. Um ihre Identität zu verbergen, hatte man sie mit auf falsche Namen lautenden Pässen versehen, Fermi hieß Farmer, Wigner Wagner und Compton Comas. Auch sie durften das Werk nur betreten, wenn sie ihre Pässe vorzeigten. Eines Tages hatte Wigner Schwierigkeiten, offenbar weil er seinen Paß vergessen hatte. Compton hatte das Werkstor bereits passiert, als er feststellte, daß der Posten Wigner nicht durchlassen wollte. Bevor er selbst eingreifen konnte, hörte er, wie der dem Posten bekannte Fermi sich für Wigner verbürgte: »Sein Name ist Wagner, so wahr ich Farmer heiße.« Wigner durfte eintreten.

Am 13. September kann endlich mit einer großen Zeremonie die Füllung des ersten Reaktors beginnen. Kaum haben die letzten Arbeitskolonnen das Gebäude verlassen, treffen ein: Compton, Fermi, die verantwortlichen DuPont-Leute Williams und Greenwalt und, als Vertreter des Generals, Oberst Matthias.

Um 17 Uhr 43 schiebt Enrico Fermi den ersten Uranzylinder in den Reaktor. Das weitere, von häufigen Messungen unterbrochene Laden des Reaktors wird mehrere Tage dauern. Der erste kritische Punkt ist zwei Tage später erreicht. Nun werden Kontrollstäbe in den Reaktor geschoben, die die Kettenreaktion unterbrechen, und der

Ladevorgang wird fortgesetzt. Befriedigt notieren die kontrollierenden Physiker, daß sich der Reaktor genau ihren Berechnungen entsprechend verhält. Nun beginnen sie, Wasser durch das Kühlsystem zu pumpen. Immer noch alles in Ordnung! Zwei Wochen nach Fermis symbolischer Handlung ist der Reaktor geladen. Die Kontrollstäbe können langsam und vorsichtig herausgezogen werden. Der Reaktor reagiert vorbildlich. Langsam aber stetig nimmt die Energieproduktion zu. Im Inneren beginnt sich Uran 238 in den begehrten Bombenrohstoff Plutonium umzuwandeln.

Nach ein paar Stunden jedoch geschieht etwas Unerwartetes. Die Zeiger der Meßgeräte für die Energieerzeugung fallen langsam wieder ab. Der Vorgang beschleunigt sich. Nach einer Stunde läuft der Reaktor nur noch mit halber Kraft. Zwei Stunden später hat die Kettenreaktion ganz aufgehört. Die Instrumente sind auf Null gefallen.

Die Wissenschaftler und Ingenieure vermuten, das Kühlsystem könnte ein Leck haben. Wasser würde in den Reaktor eindringen und die Kettenreaktion abbrechen. Doch das Kühlsystem ist dicht. Am nächsten Morgen versuchen sie, den Reaktor wieder in Gang zu bringen. Er funktioniert. Die Energieerzeugung wird erhöht. Auch das geht. Doch nach ein paar Stunden beginnt sie wieder abzufallen. Die Ereignisse des Vortags wiederholen sich.

Die Physiker beraten, was passiert sein könnte. Fermi, der Bohr-Schüler Wheeler und Greenwalt vermuten, daß bei der Uranspaltung im Reaktor ein bisher übersehenes Spaltprodukt entstehe, das stark Neutronen absorbiere und für die ganze Misere verantwortlich wäre. Nach einer gewissen Zeit zerfiele es und mache den Reaktor wieder funktionsfähig.

Das scheint eine plausible Hypothese zu sein. Doch was tun? Der Verdacht konzentriert sich auf Xenon 135. Allison ruft seinen Kollegen Zinn in Chicago an, der die Arbeiten am inzwischen fertiggestellten Schwerwasserreaktor leitet. Zinn hat zwar derartiges nie beobachtet, verspricht aber, sich sofort an die Untersuchung zu machen. Eine Rückfrage in Oak Ridge, wo der eigentliche Versuchsreaktor steht, ergibt ebenfalls Fehlanzeige. Auch Doan, der diesen Reaktor betreibt, hat so etwas noch nie erlebt.

Nun läßt Zinn seinen Schwerwasserreaktor erstmals mehrere Tage mit voller Leistung laufen. Nach ein paar Tagen meldet er sich in Hanford. Auch bei ihm war das gleiche Phänomen aufgetreten. Das störende Produkt ist tatsächlich radioaktives Xenon.

Am 3. Oktober fährt Groves selbst nach Chicago. Er ist wütend. Hatte er nicht ausdrücklich angeordnet, den Schwerwasserreaktor so lange wie möglich mit voller Kapazität laufen zu lassen? Spiele man eigentlich nur so herum oder ginge es um die Atombombe? Hätte man seine Anweisung befolgt, wäre der Xenon-Effekt schon früher aufgefallen. Compton antwortet kleinlaut. Der Fehler ist tatsächlich passiert und allenfalls dadurch entschuldbar, daß es sich um ein völlig neues Problem handelt. Er will am nächsten Tag selbst nach Hanford fliegen, um retten zu helfen, was noch zu retten ist.

In Hanford angekommen, stellt Arthur Holly Compton fest, daß seine Kollegen die Lösung bereits gefunden haben. Sie hatten einfach zusätzliche Uranzylinder in den Reaktor geschoben. Wieviele notwendig wären, um den Xenon-Effekt zu kompensieren, sei noch unklar, wurde Compton erklärt. Aber glücklicherweise hatten die Ingenieure von DuPont trotz der heftigen Proteste der Wissenschaftler des MET Labs sicherheitshalber noch eine große Zahl von Löchern für zusätzliche Uranzylinder eingeplant. Aus Firmentradition, ohne wissenschaftliche Begründung, selbstverständlich. Ein dreihundertfünfzig Millionen Dollar Fehlschlag war so vermieden worden.

Compton bleibt wenig mehr übrig, als seinem Schöpfer zu danken. Für den weltlichen Teil der Mission stellt er in seinen Erinnerungen fest: »Daß der Krieg gegen Japan so schnell beendet werden konnte, hing also an der Entscheidung eines Ingenieurs, die zwei Jahre zuvor getroffen worden war.«

Die paar Hundert zusätzlicher Uranzylinder, die in den Reaktor geschoben werden, lösen das Xenon-Problem tatsächlich. Endlich gelingt es, die Kettenreaktion bei hohen Energieumsätzen aufrecht zu erhalten, also Plutonium in größeren Mengen zu produzieren. Im November 1944 wird die erste Ladung bestrahlten und teilweise umgewandelten Urans entnommen. Nach ein paar Wochen, die es in großen Wassertanks verbringen muß, um einen Teil der Radioaktivität abklingen zu lassen, kommt es in die Fabrik zur Aufbereitung von Plutonium.

Das schleimige Zeug

In den Cañons des Geländes von Hanford verborgen, in sicherer Entfernung zu den Reaktoren und voneinander, lagen die Trennfabriken. Wo noch zwei Jahre früher ein paar kleine Farmer versucht hatten, ihren Lebensunterhalt mit der Aufzucht von Puten zu verdienen, Kernobst anbauten, um es mit geringem Verdienst bei Nahrungsmittelfabriken oder Großhändlern abzusetzen, war mit riesigem Aufwand die gespenstische neue Welt der Kerntechnologie errichtet worden.

Wegen der großen Radioaktivität des Reaktorabbrands mußte die eigentliche Trennarbeit für Plutonium, ein vielstufiges chemisches Verfahren, hinter schützenden dicken Beton- oder Bleiwänden geleistet werden. Menschen durften sich der tödlichen Strahlung nicht aussetzen. Der ganze Prozeß wurde über Periskope und Kontrollgeräte ferngesteuert und hatte die Entwicklung einer völlig neuen ferngesteuerten Technologie vorausgesetzt. Da alle Geräte und Teile, die mit der Radioaktivität in Berührung kamen, selbst zu starken Strahlern wurden, war es notwendig gewesen, für alle nur denkbaren Störungsfälle ferngesteuerte Reparaturvorrichtungen einzubauen. Das ganze Trennverfahren aber, die großen chemischen Fabriken waren aufgrund von Erfahrungen gebaut worden, die die Chemiker unter Seaborgs Leitung an Mengen gewonnen hatten, die so gering waren, daß sie kaum unter dem Mikroskop sichtbar wurden. Erst später, nachdem der Versuchsreaktor in Oak Ridge die ersten Grammengen Plutonium produziert hatte, konnte das Verfahren im halbtechnischen Maßstab überprüft werden. Doch da waren die Fabriken bereits im Bau.

Ende Januar hatte die erste Charge aus Reaktor B die Trennfabrik durchlaufen. Eine Motorkavalkade brachte die Gefäße mit ein paar hundert Gramm des schleimigen Plutoniumsalzes nach Los Alamos. Dort sollte es zu Metall reduziert und mit dem Produkt weiterer Chargen zum ersten Atomsprengsatz verarbeitet werden.

OPPENHEIMERS UNIFORM

Vier Monate waren vergangen, seitdem Oppenheimer und Groves sich im November 1942 für das Gelände in Los Alamos in der Nähe der früheren spanischen Provinzhauptstadt Santa Fe entschieden hatten. Am 15. März 1943 bereits traf Oppenheimer mit den ersten Mitgliedern seines Teams in Los Alamos ein, um die Arbeit aufzunehmen. In den folgenden Wochen vergrößert sich der Stab rasch, schneller als die organisatorischen Vorbereitungen abgeschlossen waren. Weder waren die Labors eingerichtet, noch gab es ausreichende Unterbringungsmöglichkeiten für die rasch in größerer Zahl eintreffenden Wissenschaftler. Zwar standen noch die Gebäude eines ehemaligen Internats auf dem »der Hügel« genannten flachen Kegelstumpf eines verwitterten Vulkans, doch stellten sie wenig mehr dar als den Anfang einer Siedlung, die zwei Jahre später mehrere tausend Menschen beherbergte.

Diese vier Monate waren für Oppenheimer und John Manley, der ihn seit einiger Zeit unterstützte, voller Hektik. Manley fand noch nicht einmal Zeit, Fermis historischem Reaktorexperiment beizuwohnen, obwohl er sich in Chicago aufhielt. Er hatte sich um die Arbeiten zur Errichtung der Laborgebäude zu kümmern, prüfte Pläne und stimmte sie mit den Spezifikationen der großen Experimentiergeräte ab, die in den verschiedensten Universitäten demontiert und in Los Alamos wiederaufgebaut werden sollten. Gleichzeitig mußten Verhandlungen geführt werden, damit die Universitäten diese wertvollen Geräte überhaupt freigaben: Van de Graaff Maschinen der Universität von Wisconsin, ein Cockroft Walton Beschleuniger der Universität von Illinois, das Cyclotron von Harvard etc.

In dieser Zeit mußten sich Oppenheimer und Manley auch über die Organisation ihres Labors klarwerden. Manley erinnert sich, daß es nicht einfach war, Oppenheimer dazu zu bringen, einen Plan aufzustellen, wer für was verantwortlich war: Theorie, die experimentellen Gruppen, Dienstleistungen, Personal, Materialwirtschaft etc.: »Jedesmal erschien es für derartig weltliche Dinge so unaufgeschlossen, wie ein Experimentalphysiker sich einen Theoretiker vorstellt, vielleicht sogar noch mehr.« Aber irgendwann im Januar 1943 hatte Manley, noch ganz taub von einem Flug voller Unannehmlichkeiten, die Treppen zu Oppenheimers Büro in Berkeley erstiegen und wurde von Oppenheimer verblüfft: »Ich hatte kaum die Tür geöffnet, als er mir ein Stück Papier hinschob und sagte, ›hier ist Ihr verdammter Organisationsplan!‹«

Der schwierigste Teil der Vorbereitungen war Oppenheimer zugefallen. Der wenig populäre Theoretiker mußte eine große Zahl von Physikern überzeugen – darunter nicht wenige, die als Wissenschaftler bekannter und bedeutender als er waren –, nach Los Alamos zu kommen und unter ihm zu arbeiten. Groves Bemerkung, niemand, mit dem er über Oppenheimers Berufung gesprochen habe, sei sonderlich begeistert gewesen, deutet die Schwierigkeiten und Widerstände nur an, die sein Schützling zu überwinden hatte.

Dazu kam, daß Oppenheimer in der ersten Zeit allzu bedenkenlos dem Druck nachgab, der von Groves ausging. Er war bereit, das Waffenlabor zu einer Militärbehörde zu machen, in der auch die Wissenschaftler in die strenge Hierarchie einer Armee-Rangordnung eingefügt werden sollten. Er hatte bereits erste Schritte unternommen, selbst Offizier zu werden. Die Uniform eines Oberstleutnants der amerikanischen Armee in seinem Schrank führte er einzelnen Besuchern vor. Die durch Oppenheimer unterstützten Wünsche von Groves scheiterten am Widerstand wichtiger Wissenschaftler, vor allem von Bacher und Rabi. Sie mußten Oppenheimer darauf aufmerksam machen, daß es schlecht mit der Freiheit wissenschaftlicher Forschung zu vereinbaren war, wenn die imaginäre Zahl der Sterne auf dem Laborkittel, der »Uniform« des Wissenschaftlers, und nicht die Qualität der Idee entscheide. Man einigte sich dann auf den Kompromiß, das Unternehmen zivil zu beginnen und es in einer späteren Phase als militärische Organisation weiterzuführen. Daher fügte Bacher seiner Zustimmung einen Passus hinzu, in dem er seinen Rücktritt für den Fall erklärte, daß die Labors unter militärische Kontrolle gerieten. Doch der Plan wurde schließlich nicht ausgeführt. Es ging auch so. Oppenheimer aber schienen derartige Einwände wenig zu scheren.

Er erinnerte sich, daß seine erste Aufgabe, eine große Zahl fähiger Wissenschaftler zu rekrutieren, zu den schwierigsten gezählt habe. Die Aussicht, für einige Jahre an einem geheimgehaltenen Ort in der Einöde des Hochlands von Neu-Mexico zu verschwinden, unter militärischer Aufsicht zu stehen, war nicht gerade verlockend. Doch es gab, wie Oppenheimer berichtete, auch eine andere Seite:

»Fast jeder erkannte, daß dies ein großes Unternehmen war. Fast jeder wußte, daß, wenn es erfolgreich und schnell abgeschlossen würde, es den Ausgang des Krieges beeinflussen würde. Fast jeder wußte, daß es eine beispiellose Möglichkeit war, das grundlegende Wissen und die Kunst der Wissenschaft zum Wohl seines Landes wirksam werden zu lassen. Fast jeder wußte, daß diese Arbeit, würde sie erfolgreich sein, in die Geschichte einginge.«

Die Arbeit auf dem Hügel begann im Frühjahr 1943 in dem auch für die anderen Atombombenstädte üblichen Chaos. Der Übergang von »Natur« zu »Kultur« war abrupt und verlangte von den Beteiligten beträchtlichen und zuweilen nicht ohne Murren erbrachten Pioniergeist. Da noch nicht genügend Wohnungen im eigentlichen Areal von Los Alamos vorhanden waren, mußte eine große Zahl von

Wissenschaftlern und Technikern in der weiteren Umgebung untergebracht werden. Viele erinnern sich noch heute mit Schrecken der Fahrten in schlecht gefederten Autos oder Omnibussen über Schotterstraßen. Besonders das letzte Stück, der Anstieg an den steilen Wänden des Kegelstumpfes, machte seinem Namen »Rutschbahn« bei jedem Regenfall alle Ehre. Und General Groves, der »bedenkenlos« Hunderte Millionen Dollar für Produktionsanlagen ausgab, lieber immense Mittel vergeudete als Zeit verlor, sparte an ein paar tausend Dollar für asphaltierte Gehwege oder Straßen. Da er wußte, daß seine Ausgaben später vom Kongreß kontrolliert und die Abgeordneten, in Unkenntnis der Materie, sich an überprüfbaren Details wie Gehwegen ihr Urteil über die Haushaltsführung bilden würden, sparte er mit Vorliebe bei Straßen.

Der Geist von Los Alamos

Unter diesen Bedingungen geschah das, was niemand für möglich gehalten hatte. Der weltfremde philosophierende Theoretiker, den jeder als Außenseiter kannte, war nicht nur formell wissenschaftlicher Direktor der Atombombenlabors, Oppenheimer entwickelte sich zu einer Persönlichkeit, die alle, die in Los Alamos lebten und arbeiteten, als die zentrale Gestalt ihrer Gemeinde achteten und zu lieben begannen. John Manley erzählte: »Von meinen vielen Erinnerungen über die ersten Monate von Los Alamos, die so durch Entbehrungen, Verwirrung und Komplikationen bestimmt waren, ist eine der stärksten und hellsten, die der erstaunlich raschen Verwandlung dieses Theoretikers Oppenheimer in einen höchst wirkungsvollen Führer und Organisator.«

Oppenheimer verstand, die Phantasie der Menschen anzuregen, in ihnen ruhende Wünsche zu Fähigkeiten werden zu lassen. Er konnte sie zu einer Klarheit des Denkens führen, die die Betroffenen selbst am meisten verblüffte. Was einer aus Oppenheimers Umgebung »intellektuellen Sex-Appeal« nannte, wurde durch das Äußere unterstrichen. Die Unscheinbarkeit eines grauen ausgebeulten Tweedanzuges, den er selbst in der Sommerhitze auf der Mesa trug, erwies sich bei näherem Hinsehen, als kunstvoll zugeschnittene Maßarbeit. Ein flacher Flanellhut mit ungewöhnlich breiter Krempe unterstrich die Schmalheit des Kopfes. Wenn Groves berichtete, er habe sich gegen Ende des Jahres 1944 ernsthaft Sorgen um den Gesundheitszustand seines Laborleiters machen müssen, so nicht nur, weil, wie der sich rauh gebende Groves glaubte ergänzen zu müssen, es keinen gleichwertigen Ersatzmann gab. Der große, fleischige General sorgte sich wie eine Mutter um den kleinen Oppenheimer, der unter der Arbeit und in der heißen Sonne Neu-Mexicos vollends auszutrocknen schien.

Über Oppenheimers spezifischen Beitrag wurde oft gerätselt. Häufig lief das Gedankenspiel auf die Frage hinaus, ob nicht ein anderer, etwa Bethe oder Fermi, den »Job« hätte ebensogut erledigen können. Selbst, wenn nicht nur hypothetische Antworten möglich wären, verrät schon die Frage Unverständnis der spezifischen Rolle Oppenheimers: Das, was ihm als Wissenschaftler bisher den großen Erfolg versagt hatte, in Rabis Worten, »das sich Abwenden von den harten rohen Methoden der theoretischen Physik in das mystische Reich weiter Intuition«, zeichnete ihn hier vor anderen aus.

In seinem Nachruf auf Oppenheimer meinte Hans Bethe mehr als zwanzig Jahre später, daß Los Alamos vielleicht auch ohne ihn Erfolg gehabt hätte. Aber, so fuhr Bethe fort, »sicher mit sehr viel größeren Spannungen, weniger Enthusiasmus und langsamer. So wie es war, war es für alle Mitglieder des Labors eine unvergeßliche Erfahrung. Da waren andere sehr erfolgreiche Kriegslabors, wie das Metallurgische Labor in Chicago, das Strahlungslabor im M. I. T. und andere sowohl hier als auch im Ausland. Aber ich habe nie in irgendeiner dieser anderen Gruppen den gleichen Geist der Zusammengehörigkeit beobachtet, das gleiche Verlangen, sich an die Zeit im Labor zu erinnern, und das gleiche Gefühl, daß dies wirklich die große Zeit im eigenen Leben gewesen sei.«

Oppenheimer hatte die historische Einmaligkeit seines Auftrags begriffen. Er durfte ein Labor leiten, das Waffen entwickeln sollte. Aber es ging um mehr. Auch die Entwicklung des Radar oder neuartiger Zünder für gewöhnliche Bomben und Artilleriegeschosse bedeutete für den Krieg zu forschen. Doch umgab die Atombombe bereits bevor sie existierte, die Aura der neuen gesellschaftlichen Rolle des Wissenschaftlers. Die Suche nach der reinen Erkenntnis ließ ihn auf Wahrheiten stoßen, die ihn zum Herren über Leben und Tod machten.

Und sicher half Oppenheimer die Erfahrung seines eigenen Lebens, diese Rolle zu verstehen und mit Sinn zu erfüllen. Seine Biographie war ein Abklatsch jenes Wandels vom philosophierenden Theoretikers zum handelnden politischen Laiendarsteller: Die erste

Phase der Abschirmung von der äußeren Welt, in einer inneren Welt des Suchens nach der reinen Erkenntnis; das Eindringen der äußeren Welt, die politischen Ereignisse, die auch ihn erreichten und das Verlangen nach sich zogen, die selbstgewählte Isolation zu durchbrechen, Teil der politischen Umwelt zu werden. Die kurze Mesalliance mit den Kommunisten war eher ein Abtasten der Möglichkeiten des politisch handelnden Individuums. Das Ergebnis war Resignation. Oppenheimer erkannte, daß sein Engagement nichts veränderte, daß Mächte, die außerhalb seines Einflußbereiches lagen, das Verhalten der kommunistischen Partei in Kalifornien steuerten, daß er sich für Dinge engagierte, deren eigentliche Bedeutung ihm verschlossen blieb. Hahns Entdeckung erschloß dem Wissenschaftler eine neue Dimension politischer Wirkung, die die jeder anderen gesellschaftlichen Gruppe überstieg. Das erkannte Oppenheimer als seine Chance. Er nutzte sie. Den Krieg zu gewinnen war nur eine Vorstufe. Er wußte, daß die Welt nachher nicht mehr sein würde wie früher.

Denn in Los Alamos ging es darum, den hier mehr als in anderen Atombombenstädten aufbrechenden Widerspruch des abendländischen Fortschrittideals zu verwischen: Die Kluft zwischen segensreichen und mörderischen Konsequenzen des Vorhabens mit einer Brücke zu überspannen, deren Pfeiler Idealismus und Weltabgeschiedenheit waren. Während in den anderen Atomstädten nur Vorprodukte hergestellt wurden, die auch friedlichen Zielen dienen konnten, etwa der Energieerzeugung, mußte hier das materielle Ding fabriziert werden, das Tod und Vernichtung bringen würde. Der Stoff, mit dem man Experimente durchführte, die beziehungsreich »den Drachen am Schwanz kitzeln« hießen, war der gleiche, der zum Kern der Bomben umgeformt wurde. In Los Alamos mußte Oppenheimer mehr als nur einige Labors leiten. Hier wurde Seelsorge verlangt. Menschen, die es liebten, ihre Abende mit anregenden Gesprächen oder Musizieren zu verbringen, mußten das Ding fabrizieren, das andere Menschen zu Zehntausenden vernichten würde. Oppenheimers Rolle war die eines Schamanen der Atombombe, der zu verhindern hatte, daß die Mitglieder seiner Gemeinde geistig Kontakt mit der Wirklichkeit aufnahmen.

Das Geschöpf des Generals

Oppenheimer war zugleich der Leiter von Los Alamos und der Gefangene seiner Ambitionen. Die Ironie des Schicksals lieferte ihn bereits zu Beginn seiner elf Jahre währenden Tätigkeit »für das Vaterland« der Erpressung jener politischen Kräfte aus, in deren Dienst er sich ohnehin gestellt hätte. Er wurde die Schatten seiner linken Vergangenheit nicht mehr los. Oppenheimers Ernennung wäre fast am Widerstand der Sicherheitsbehörden gescheitert. Die wiederausgekramten Verbindungen zu Kommunisten sprachen dagegen, ihn zum Leiter des geheimsten aller geheimen Projekte der amerikanischen Kriegsforschung zu machen. Oppenheimer stand von Anfang an unter strenger Aufsicht. Er galt für den Sicherheitsdienst als potentieller Verräter. Während er etwa eine Nacht bei seiner früheren Geliebten Jean Tatlock verbrachte, trieben sich in den Büschen vor dem Haus Sicherheitsbeamte herum, die ausführliche Berichte über Oppenheimers Eskapade verfaßten. Sie wußten, daß Jean Tatlock eine Kommunistin war. Gleichgültig war ihnen, daß Oppenheimer vergeblich versuchte, ihr aus einer Lebenskrise zu helfen. Und Oppenheimer ahnte nichts von der Bedeutung, die sein Verhalten bekam.

Nach seinem Abfall genügte es schon, daß er sich für ehemalige Studenten mit linken Neigungen einsetzte und versuchte, sie in die Atomarbeiten einzubeziehen, um den Verdacht gegen ihn weiter zu schüren. In diesem Konflikt stellte sich Groves vor Oppenheimer. Er brauchte ihn und damit basta. Im Sommer 1943 befahl der General, Oppenheimer die Sicherheitsfreigabe nicht länger zu verweigern.

Doch waren damit die roten Flecken in Oppenheimers Vergangenheit für den Sicherheitsdienst nicht abgewaschen. Und das spürte Oppenheimer. Es mußte wohl dieser Druck gewesen sein, und die Furcht, weiteres Material könnte gegen ihn produziert werden, die Oppenheimer veranlaßten, den verhängnisvollen Schritt selbst zu tun, ohne einen zwingenden Grund zu haben. Bei einem Besuch in Lawrences Labor suchte Oppenheimer Gelegenheit, sich kooperativ zu zeigen: Im Gespräch mit einem Sicherheitsagenten Johnson, in dem es eigentlich um einen Schüler Oppenheimers ging, der als Kommunist und Pazifist aus dem Projekt ausgeschlossen werden sollte, offenbarte sich Oppenheimer. Später bezeichnete er sein Verhalten als das eines Idioten.

Er schrieb über den Hintergrund dieser Situation:

»Bevor ich nach Los Alamos ging, besuchte uns mein Freund Haakon Chevalier (in Berkeley) wahrscheinlich Anfang 1943. Während des Besuchs kam er in die Küche und erzählte mir, daß George Eltenton (ein Mitglied der als »kommunistisch unterwandert« bezeichneten Federation of Architects, Engineers, Chemists and Technicians) mit ihm darüber gesprochen hatte, technische Informationen sowjetischen Wissenschaftlern zu übermitteln. Ich brachte einige starke Argumente vor, daß mir das schrecklich falsch erschien. Das Gespräch hörte an dieser Stelle auf. Nichts in unserer langen Freundschaft hätte mich glauben lassen, daß Chevalier wirklich Information suchte; und ich bin sicher, daß er keine Ahnung über die Arbeit hatte, an der ich beteiligt war.«

Im Sommer 1943 hatte der oberste Sicherheitsoffizier des Atombombenprojekts in Los Alamos, Colonel Lansdale, Oppenheimer seine Besorgnis über die Sicherheitssituation in Berkeley mitgeteilt, die durch die Federation of Architects, Engineers, Chemists and Technicians gefährdet sei. Oppenheimer erinnerte sich an diesem Tag wieder, daß Eltenton Mitglied der Organisation war, sagte aber noch nichts. Die Gelegenheit dazu ergriff er erst wenig später in Berkeley.

Hier berichtete er jenem kleinen Rädchen in der Sicherheitsmaschinerie namens Johnson eher beiläufig und daher besonders geheimnisvoll von kommunistischen Spionageversuchen, die schon einige Monate zurücklägen. Über einen Mittelsmann, den Oppenheimer nicht nennen wollte, hätten die Russen versucht, Kontakt mit Physikern aufzunehmen, die am Manhattan-Projekt arbeiteten. Das habe keine Folgen gehabt, da sich die so Angegangenen geweigert hätten zu kooperieren. Mehr wollte er nicht sagen.

Später wurde er von einem höheren Abwehroffizier, Boris Pash, verhört, der später in Europa als militärischer Leiter des Alsos-Kommandos auch die deutschen Atomwissenschaftler jagte. In diesem Gespräch gab Oppenheimer ein wenig mehr Information. Er sagte, daß es zwei oder drei Physiker gewesen wären, die man angegangen habe. Den Mittelsmann wollte er nicht verraten. Das sei nicht nötig, versicherte Oppenheimer, denn die Sache hätte sich bereits erledigt. Es sei zu keinen weiteren Versuchen gekommen.

Oppenheimers Geheimniskrämerei führte ihn bis zur Spitze der Hierarchie im Sicherheitssystem des Manhattan Project. Nachdem Johnson und Pash keinen Erfolg gehabt hatten, schaltete sich wieder jener Rechtsanwalt ein, der oberste Sicherheitsoffizier des Atombombenprojekts geworden war: Colonel Lansdale. Doch immer noch weigerte sich Oppenheimer, mehr zu verraten. Damit machte er den Mittelsmann und sich weiter verdächtig.

Schließlich versuchte General Groves, Oppenheimer zu zwingen, den Namen des Mannes zu nennen. Und vor der Alternative, einen Freund, den er verdächtig gemacht hatte, zu verraten oder die Konsequenz des Rücktritts auf sich zu nehmen, entschloß sich Oppenheimer gegen das letztere. Er sagte Groves, der Mann, der die Kontakte herzustellen versucht habe, sei ein alter Freund von ihm, Haakon Chevalier. Die eher halbherzig begonnene Sache hätte sich aber inzwischen schon erledigt. Oppenheimer verschwieg, daß Chevalier nicht zwei oder drei Physiker zur Spionage aufgefordert hatte, sondern ihm nur von Versuchen eines Kommunisten, George Eltenton, berichtet hatte, Kontakt aufzunehmen.

In Groves Schublade lag eine Charakterstudie des Abwehragenten de Silva über den Leiter des Waffenlabors: Oppenheimer bemühe sich, so vermutet de Silva, mit Hilfe des Projekts um einen Platz in der Geschichte. Der Agent empfahl, sich diesen Ehrgeiz Oppenheimers dienstbar zu machen, Oppenheimers freien Willen zu brechen. Man brauchte ihm nur zu zeigen, daß es im Belieben der Armee stände, seine Karriere zu fördern oder zu zerstören: »Sollte aber diese Alternative ihm mit aller Entschiedenheit vor Augen geführt werden, so könnte dies ihm eine ganz andere Ansicht bezüglich seiner Stellung zur Armee eröffnen.« Und Groves machte sich diesen Rat zunutze.

Chevalier behauptete später, der Sicherheitsapparat und Groves hätten die ganze Zeit über von Oppenheimers Lügengespinst gewußt. Für sie wäre nie zweifelhaft gewesen, daß Oppenheimers Darstellung des harmlosen Chevalier als eines gefährlichen Mittelsmannes einer kommunistischen Spionagezelle und der drei Physiker, die er in Versuchung geführt hätte, eine Fiktion Oppenheimers waren. Chevalier glaubte, daß Groves sein Wissen um die Wahrheit benutze, Oppenheimer zur Marionette seiner Wünsche zu machen. Groves eigene Aussage ließ diese Deutung zu, wenn man berücksichtigte, daß er vorsichtig formulierte. 1954 berichtete der General, wie er Oppenheimer zwang, Chevalier zu verraten. Nach langem Hin und Her habe ihm sein Protegé das gegeben, was Groves »als endgültige Geschichte« erschienen sei. Groves kommentierte Oppenheimers Verhalten: »Ich glaube, er hat damit einen großen Fehler begangen. Ich dachte nicht, daß das etwas Besonderes vom Standpunkt des Projektes sei, da ich fühlte, ich bekam, was ich wollte; schließlich wußte ich schon, daß diese Gruppe (Eltentons Organisation) eine Gefahrenquelle für uns war. Was mich betraf, obwohl es mir nicht gefiel, war es schließlich nicht mein Job, alles zu mögen, was meine Untergebenen taten. Ich fühlte, daß ich bekommen hatte, was ich da rausholen mußte, und ich wollte keine große Sache daraus machen, weil ich dachte, es würde seine (Oppenheimers) Nützlichkeit im Projekt beeinträchtigen.«

Wenn man annimmt, daß Groves ebenso starke Gründe hatte, die Wahrheit seiner Manipulation Oppenheimer zu verschweigen, wie Oppenheimer, Chevalier zu mißbrauchen, erscheint sowohl die offizielle, als auch die inoffizielle Geschichte glaubwürdig. Und die Glaubwürdigkeit dieser Ambivalenz wirft zugleich ein Licht auf den schillernden Perlmutterglanz der Persönlichkeit Oppenheimers. Seine Ausstrahlung und sein Verhalten ließen die einen glauben, er sei eine Marionette in Groves Händen, die anderen genau das Gegenteil behaupten. Der konservative Chemiker Latimer, ein erbitterter Gegner, wird 1954 aussagen, daß Groves bis zur Hörigkeit von dieser außergewöhnlichen Persönlichkeit gefangen war. Und vielleicht war, jedoch in einem anderen Sinn, als es der einfache Latimer verstehen konnte, jeder der beiden des anderen Geschöpft.

No Problem

Die technischen und wissenschaftlichen Probleme zu Beginn der Arbeit in Los Alamos waren nicht geringer als in den anderen Teilprojekten des Manhattan Engineer District. Das wußten Oppenheimer und seine Berater. Dennoch meinten sie ursprünglich, die ersten Atombomben mit etwa hundert hochqualifizierten Wissenschaftlern und einem gleich großen Stab von technischem Personal und Hilfskräften bauen zu können. Diese im Vergleich zu anderen Programmteilen geringe Zahl schien gerechtfertigt, da in Los Alamos, mit Ausnahme der handwerklichen Anfertigung weniger Bomben, deren Rohstoffe aus Oak Ridge und Hanford angeliefert werden sollten, nichts produziert werden mußte. Die zu lösenden Aufgaben waren wissenschaftlich.

Wie auch in den anderen Teilprojekten mußten die technischen und wissenschaftlichen Details beider Bombentypen, der Plutonium- und der Uranbombe, weitgehend ausgearbeitet sein, bevor die ersten größeren Mengen des Sprengstoffs eintrafen. Das Material aus Hanford und Oak Ridge mußte in bereits fertige Bomben eingesetzt werden. Die Konstruktion der Bomben setzte genaue Kenntnis des Verhaltens von Plutonium und von Uran 235 im Augenblick der Explosion voraus. Dies wiederum verlangte exakte Messung der Materialeigenschaften, für die nicht mehr als Mikromengen zur Verfügung standen. Und diese Daten konnten vielfach nur Anhaltspunkte für die theoretische Berechnung der Verhältnisse in den Bomben geben.

Bis zum Jahresende 1943 war noch nicht einmal gemessen worden, ob bei der Spaltung von Plutonium tatsächlich Neutronen in ausreichender Zahl frei wurden, um eine Kettenreaktion und damit die Bombe möglich zu machen. Theoretisch war es wahrscheinlich, aber die Unsicherheiten doch recht groß. Nachdem die Kettenreaktion in Plutonium gemessen worden war, tauchten im Plutoniumprojekt andere Schwierigkeiten auf, die alles wieder in Frage stellten. Inzwischen aber war die riesige Anlage in Hanford im Bau. Eine gigantische Fehlinvestition drohte, würde es Los Alamos nicht gelingen, die Schwierigkeiten zu überwinden. Das aber verlangte eine beträchtliche Erweiterung des Programms. Eine Vielzahl neuer Spezialisten wurde gebraucht. Schließlich kamen auf Empfehlung des Lewis-Committees ganze Abteilungen hinzu, die sich nur mit der Chemie und der Technologie der Reinigung und Bearbeitung der beiden atomaren Sprengstoffarten zu befassen hatten. Was ursprünglich als Unternehmen von etwa hundert fähigen Physikern und Technikern begonnen hatte, entwickelte sich schließlich zu einem Mammutprogramm für mehrere tausend Beteiligte.

Ob aus Plutonium oder Uran 235 überhaupt wirksame Bomben hergestellt werden können, hängt nicht nur von den theoretisch freizusetzenden Energiemengen ab, sondern von der Geschwindigkeit der Explosion. Ist die Geschwindigkeit der Kettenreaktion nicht groß genug, würde die freigesetzte Energie der ersten Glieder der Kette submikroskopischer »Explosionen« einzelner Atomkerne ausreichen, die gesamte Sprengstoffmasse auseinanderzutreiben, bevor ein nennenswerter Teil des Sprengstoffs reagiert hätte. Die Bombe müßte »explodieren«, bevor auch nur ein Bruchteil der Atome die Chance gehabt hätte, durch freiwerdende Neutronen gespalten zu werden und Energie abzugeben. Der Schaden wäre nur wenig größer als der einer chemischen Sprengbombe.

Es gilt also zunächst die Geschwindigkeit zu messen, mit der die

Kettenreaktion abläuft. Das Zeitintervall zwischen den Spaltungen zweier aufeinanderfolgender Generationen in der Kettenreaktion muß kleiner als der hundertmillionste Bruchteil einer Sekunde sein. Wäre es größer, könnte alle technische Experimentierkunst keine Bombe herstellen, die den Aufwand rechtfertigen würde.

Nachdem sicher ist, daß die Kettenreaktion schnell genug abläuft, müssen Zündmechanismen entwickelt werden. Eine Masse von Atomsprengstoff, die groß genug, also kritisch ist, zündet innerhalb von Sekundenbruchteilen »automatisch«. Denn, ein einziges Neutron, wie sie millionenfach aus dem Weltraum die Erde erreichen, genügt, die Kettenreaktion auszulösen. Nachdem die kritische Masse von einem dieser kosmischen Neutronen getroffen ist, löst die erste Spaltung die nächsten aus, und diese setzen die Kettenreaktion bis zum Auseinanderfliegen der Gesamtmasse lawinenartig fort. Eine kritische Masse ist daher nicht stabil, sondern muß aus zwei »unterkritischen« Massen kurz vor der Explosion »hergestellt« werden. Das unterscheidet die Atombombe von einer chemischen, in der ein Zünder die Explosion des bereits versammelten Sprengstoffs auslöst. Die Zündung in der Atombombe ist in diesem Sinn nicht regulierbar, da sie durch kosmische Strahlung erfolgt. Daher müssen zwei unterkritische Massen möglichst rasch zu einer kritischen Masse vereinigt werden.

Die Geschwindigkeit dieses »Zünd«-Vorgangs ist entscheidend. Denn wenn die beiden unterkritischen Massen zu langsam aufeinanderstoßen, wird schon bei einer relativ geringen Annäherung die Kettenreaktion beginnen und die dabei freiwerdende Energie den ganzen Block schon auseinandertreiben, bevor auch nur ein Bruchteil der möglichen Reaktionen stattgefunden hat. Die Bombe würde ohne besondere Wirkung explodieren.

Das scheint zunächst keine besonderen technischen Schwierigkeiten zu bereiten. Man will eine Bombe mit Hilfe eines umgebauten Artilleriegeschützes konstruieren. In eine größere, jedoch subkritische Masse Uran 235 soll eine kleinere zweite, ebenfalls subkritische Masse regelrecht hineingeschossen werden. Innerhalb eines winzigen Bruchteils einer Sekunde vereinigen sich beide Massen zur kritischen Masse und lösen eine heftige Atomexplosion aus. Die Wirksamkeit dieser Reaktion erhöht sich noch, wenn sie innerhalb eines neutronenreflektierenden und das Auseinanderfliegen der Bombe verzögernden Mantels aus einem Schwermetall stattfindet.

Dieser Zündmechanismus nach der Geschoßmethode erscheint den

Theoretikern plausibel und einfach genug, keine größeren Schwierigkeiten in diesem Programmteil erwarten zu lassen. Die Technologie der Artilleriegeschosse ist gründlich erforscht. Selbst die ungewöhnliche Brisanz der benötigten chemischen Sprengstoffe, mit deren Hilfe das »Geschoß« in die subkritische größere Masse hineingetrieben werden soll, scheint keine besonderen Materialprobleme zu stellen. Denn schließlich muß das Geschütz nur einen Schuß aushalten, bevor es in der Atomexplosion atomisiert wird. In Los Alamos meint man, die Vorbereitungen vor dem Eintreffen des ersten Sprengstoffs leicht abschließen zu können.

APOKALYPSE

Im Sommer 1942, ungefähr ein Jahr bevor die Arbeit in Los Alamos begann, war eine kleine Gruppe ausgezeichneter Theoretiker, mit Oppenheimer an der Spitze, von Arthur Holly Compton beauftragt worden, über die Theorie der Atomexplosion zu arbeiten. Im Verlauf dieser Arbeit hatte einer der Teilnehmer dieser Gesprächsrunden, Edward Teller, die Frage gestellt, ob eine Uranexplosion nicht eine viel größere Explosion auslösen könnte. Eine Uranexplosion, so argumentierte Teller, würde Temperaturen erzeugen, die denen im Sonneninneren nahekämen. Die Energieerzeugung in der Sonne aber beruhte, wie man seit den Arbeiten von Bethe, einem anderen Teilnehmer, wußte, im Prinzip auf der Verschmelzung von Wasserstoffkernen zu Heliumkernen. Die freigesetzten Energiemengen, wie sich nach Einsteins Masse-Energie Beziehung leicht errechnen ließ, waren ein Vielfaches größer als die bei der Uran- oder Plutoniumspaltung. Teller hielt es daher für durchaus möglich, daß die erste Atomexplosion den Weltuntergang auslösen würde. Sie könnte den in der Atmosphäre vorhandenen Wasserdampf entzünden, dieser Brand müßte auf die Erde und die Weltmeere übergreifen und die ganze Welt in einer riesigen Katastrophe verglühen lassen. Tellers Gedanke erschien einleuchtend. Die anderen fanden wenig Argumente, ihn zu widerlegen.

Oppenheimer und die anderen Mitglieder der Gruppe verbrachten einige aufgeregte Wochen, die wissenschaftliche Haltbarkeit von Tellers Theorie zu untersuchen. Was sie an Gegenargumenten produzieren konnten, wurde von Teller widerlegt. Schließlich glaubte auch Oppenheimer an Tellers apokalyptische Vision. Er setzte sich in den Zug nach dem nördlichen Michigan, um seinen Vorgesetzten, Compton, aus den Ferien aufzuscheuchen. Denn Tellers Theorie schien das Ende der Arbeiten an der Atombombe zu verlangen. Eine Weltuntergangsmaschine durfte man nicht herstellen.

Wochen verbrachten die Theoretiker mit der Überprüfung des Problems. Dann waren sie sicher: Tellers Theorie ließ sich nicht aufrechterhalten. Eine Atombombe würde nicht die Atmosphäre in Brand setzen. Wohl aber könnte eine Uranexplosion eine Wasserstoffbombe zünden. Diese hätte jedoch eigens konstruiert werden müssen.* Das war eine weitere, ungleich schwierigere Aufgabe, als Atombomben zu bauen. Zuerst kam ohnehin die Atombombe, da sie für eine Wasserstoffbombe als Zünder gebraucht würde. Im Krieg hatte man alle Hände voll mit der Atombombe zu tun. Die Wasserstoffbombe würde später kommen.

Nur Teller gab nicht auf. Die Wasserstoffbombe wurde zur Idee seines Lebens. Auch in Los Alamos, wo er in Bethes Abteilung für theoretische Physik für dringendere Aufgaben gebraucht wurde, als seinen Zukunftsträumen nachzuhängen, war er kaum noch bereit, sich der Arbeitsdisziplin zu fügen. Zwar wußte auch er, daß er zur Verwirklichung seiner Idee erst eine Atombombe haben mußte. Aber dieses Problem erschien ihm als im Prinzip bereits gelöst. Es

---

* 1975, mehr als drei Jahrzehnte nach diesen beruhigenden Ergebnissen, berichtete der amerikanische Strahlenphysiker H. C. Dudley, die Möglichkeit einer Katastrophe sei damals nicht mit *Sicherheit* ausgeschlossen worden. Mit drei zu einer Million sei sie nur als ausreichend unwahrscheinlich erschienen, um Compton – der die Sklaverei unter den Nazis dem Weltuntergang vorgezogen hätte – die Verantwortung übernehmen zu lassen.
Nun bezweifelt Dudley die Gültigkeit der damaligen Berechnungen. Erstens war das Wissen über die Theorie der Kernvorgänge in den frühen vierziger Jahren und in den fünfziger Jahren, als die Berechnungen überprüft wurden, relativ dürftig. Zweitens wurden später, mit der Wasserstoffbombe, tausendmal stärkere »Zünder des Weltbrands« entwickelt, die heute zu Tausenden durch Lüfte und Meere transportiert werden. Da es sich bei diesen Zündvorgängen nicht um kausale sondern um Wahrscheinlichkeitsvorgänge handelt, kann der katastrophenfreie Test einiger Dutzend Wasserstoffbomben bis heute nicht als erfolgreich bestandene Probe gewertet werden. Jeder neue Test ist ein Spiel mit dem Zufall. Solange nicht eine Überprüfung der früheren Berechnungen deren Stichhaltigkeit auch nach dem neuesten Erkenntnisstand ergibt, muß die Menschheit in Ungewißheit leben.
Selbst wenn ein Atmosphärenbrand praktisch ausgeschlossen werden könnte, wäre denkbar, daß die in der Tiefe der Ozeane herrschenden hohen Druckbedingungen ausreichen, eine dort explodierende Wasserstoffbombe zum »Streichholz« eines Brands werden zu lassen, der die Erde zu einer zweiten, wenn auch kleineren Sonne werden ließe.
Die Katastrophe könnte durch einen Unglücksfall ausgelöst werden. Gegenwärtig werden Wasserstoffbomben in großer Zahl in strategischen Bombenflugzeugen, auf Schiffen und Atomunterseebooten transportiert. In den sechziger Jahren versanken mindestens zwei derartige Unterseeboote in der Tiefsee. Beim Absturz eines amerikanischen Fernstreckenbombers 1966 vor der spanischen Küste lösten sich bei einer der später wieder geborgenen Wasserstoffbomben vier der sechs Zündsicherungen.

ging nur noch um Detailaufgaben. Dafür waren andere gut genug. Er beschäftigte sich auf eigene Faust mit der Theorie der Wasserstoffbombe. Es kam zu Schwierigkeiten in der theoretischen Abteilung. Tellers Chef Bethe mußte ihn schließlich von der laufenden Arbeit dispensieren. Er war zum Hindernis geworden. Entlassen wollte man ihn nicht, da Teller, selbst wenn er sich nur mit einem Bruchteil seines Verstandes und seiner ungewöhnlichen Phantasie mit der Atombombe beschäftigte, immer noch wertvoll genug war.

Bethe sagte später: »Dr. Teller hat einen ganz anderen Verstand als ich. Ich glaube, daß man beide Arten von Verstand für ein erfolgreiches Projekt braucht. Ich glaube, daß Dr. Tellers Verstand besonders darauf abzielt, brillante Erfindungen zu machen, aber was er braucht, ist Kontrolle ... eine andere Person, die die schlechten aus den guten Ideen ausjätet.« Ein anderer Kollege Tellers soll gesagt haben, um Teller zu verstehen, müßte man ein Dutzend Psychiater beschäftigen.

Vorschläge eines Dilettanten

Die Idee eines zweiten Einzelgängers sollte sich für die Arbeit in Los Alamos weitaus fruchtbarer erweisen, obwohl auch sie anfangs, zwar von faszinierender Eleganz, zu schwierig zu sein schien, um noch im Krieg verwirklicht zu werden. Schon bei den ersten Diskussionen in Los Alamos um die Zündung der Atombombe, schlägt Seth Neddermeyer einen anderen Weg vor als die Geschoßmethode. Neddermeyer meint, man sollte eine hohlkugelförmige Masse Uran 235 oder Plutonium mit einer Schicht konventionellen Sprengstoffs umgeben. Die Zündung dieses chemischen Sprengstoffs wird den Atomsprengstoff in Sekundenbruchteilen zusammendrücken, so daß sich aus der unter Normaldruck unterkritischen hohlkugelförmigen Anordnung eine unter hohem Druck stehende kritische Anordnung bildet und die Atomexplosion auslöst.

Bei der sogenannten Implosion (dem Eindrücken des hohlkugelförmigen Atomsprengstoffs durch den Überdruck einer von außen wirkenden chemischen Explosion), wird eine kritische Masse in sehr viel kürzerer Zeit als bei der Geschützmethode zusammengestellt. Die durch ein Neutron ausgelöste Atomexplosion ist noch heftiger, da ein größerer Teil der Atomenergie freigesetzt wird, bevor die Bombe auseinanderfliegt.

Die Idee der sogenannten »Implosionszündung« verblüfft. Das Konzept ist neuartig und theoretisch so einleuchtend, daß man es von dem Außenseiter Neddermeyer kaum erwartet hätte. Doch stehen vorerst technische Bedenken im Vordergrund. Implosion konnte ein wichtiger Beitrag für die langfristige Weiterentwicklung von Atomwaffen sein. Die technischen Schwierigkeiten, eine völlig gleichmäßige und kontrollierte Implosion zu erzielen, waren jedoch zu groß und mit zu vielen Unbekannten behaftet, um eine Implosionsbombe in der gebotenen Eile fertigstellen zu können. Außerdem gab es mit der Geschützmethode ein vielleicht weniger wirksames, aber dafür um so sichereres Verfahren, Atomexplosionen auszulösen.

Immerhin wird beschlossen, die Implosionsmethode durch eine kleine Gruppe unter Neddermeyers Leitung weiter bearbeiten zu lassen. Schwerpunkt soll aber eindeutig die Geschützmethode sein.

Die Entscheidung scheint ursprünglich eher ein Akt unverbindlicher Großzügigkeit gegenüber Neddermeyer gewesen zu sein, ohne rechten Glauben an verwertbare Ergebnisse oder gar an die Notwendigkeit dieser Methode. Hauptmann Parsons, ein erfahrener Artillerist und Leiter der waffentechnischen Entwicklung, behauptet ganz offen, die Versuche der Neddermeyer Gruppe seien wissenschaftliche Spielereien ohne Aussicht auf Erfolg. Implosion würde sich nie für die Zündung einer Atomwaffe eignen, da sie viel zu unzuverlässig sei. Um die Abstrusität dieses Vorhabens zu ermessen, müsse man sich die Schwierigkeiten vorstellen, den chemischen Sprengstoff so um den Atomsprengstoff anzuordnen, daß von allen Seiten ein sich gleichmäßig aufbauender Druck in Bruchteilen von ein paar hundertmillionstel Sekunden entsteht: Wer das versucht, versteht eben nichts von den chemischen Sprengstoffen. Denn nur die geringsten Unregelmäßigkeiten im Ablauf der Implosion würden die Atombombe verpuffen lassen.

Nachdem er einen Kurs im Umgang mit chemischen Sprengstoffen absolviert hat, beginnt Neddermeyer schon im Sommer 1943 mit seinen Implosionsversuchen. Am Rande der Atombombenstadt Los Alamos zündet er ganze Serien von chemischen Sprengbomben. Er packt unterschiedliche chemische Sprengstoffe in wechselnder Anordnung um Stahlkörper, die den Atomsprengstoff vertreten, zündet sie und mißt anschließend die Verformung des Stahls. Ist Neddermeyer schon nicht in der Lage, die Umwelt mit Enthusiasmus über seine Idee zu infizieren, gelingt es ihm immerhin, seine Umgebung mit Serien von Explosionen so zu terrorisieren, daß er auf einen abgelegenen Teil des Geländes verbannt wird.

Die Ankunft des genialen Mathematikers John von Neumann, eines aus Deutschland vertriebenen gebürtigen Ungarn, in Los Alamos, verbessert die Erfolgsaussichten von Seth Neddermeyer. Denn die Implosion, das absolut gleichzeitige konzentrische Eindrücken der Hohlkugel aus Atomsprengstoff, setzt eine genaue mathematische Analyse der Vorgänge bei der Explosion des chemischen Sprengstoffs voraus.

Von Neumann, der bereits über Druckwellen gearbeitet hat, schlägt vor, höhere Implosionsdrucke anzuwenden, um die Gefahr frühzeitiger Detonationen des Atomsprengsatzes auszuschließen. Ein zusätzlicher Geistesblitz, so nebenher von dem hauptsächlich mit seiner Lieblingsidee beschäftigten Edward Teller fallengelassen, gibt einen weiteren Impuls. Für die Atomexplosion würde sogar eine noch geringere, nämlich unterkritische Masse genügen, wenn es nur gelänge, sie durch die Implosion extrem und gleichmäßig schnell auf eine überkritische Dichte zu komprimieren. Dann würden die Atomkerne des Uran 235 oder Plutonium durch die Implosion einander so weit genähert, daß unter Normaldruck unterkritische Sprengstoffmengen kritisch würden. Das war eine deutliche Verbesserung gegenüber Neddermeyers Konzept. Denn Neddermeyer hatte ursprünglich daran gedacht, mit kritischen Mengen zu arbeiten, ihnen eine hohlkugelförmige Gestalt zu geben, und sie so wieder unterkritisch zu machen.

Nun war die Implosionszündung, trotz aller Probleme, sehr viel attraktiver geworden: Inzwischen zeichneten sich auch in den anderen Programmen Schwierigkeiten ab, die vielleicht nur über Neddermeyers Idee zu überwinden waren. Sicher war auch nicht mehr, ob schnell genug ausreichende Mengen von Uran 235 oder Plutonium aus den Sprengstoffanlagen gewonnen werden konnten. Da die Implosionsbombe mit weniger Atomsprengstoff größere Wirkung erzielte, schien sich hier ein Ausweg abzuzeichnen.

Die Arbeiten an der Implosionsmethode werden intensiviert. Aus einem Nebenprogramm wird ein gleichberechtigtes Projektteil. Da weiterer Fortschritt bei der Implosionszündung von der Untersuchung konventioneller Sprengladungen abhängt, versucht Oppenheimer, Amerikas Sprengstoffexperten Nummer eins, den in Rußland geborenen George B. Kistiakowski, zu gewinnen. Doch der arbeitet in Harvard an anderen Kriegsaufträgen und scheint unabkömmlich.

Schließlich gelingt es doch, ihn für die Arbeit in Los Alamos zu gewinnen.

Obwohl sich nun eine zunehmende Zahl von Wissenschaftlern mit den Problemen befaßt, kommt die Implosionstechnik im Winter 1943/44 nicht sehr viel weiter. Symmetrie und Gleichzeitigkeit der Implosion bereiten unüberwindbare Schwierigkeiten. Eine eigene Anlage zur Bearbeitung und für den Guß chemischer Sprengstoffe wird in Los Alamos errichtet. Ausgeklügelte Apparaturen müssen entworfen und konstruiert werden, mit denen die Sprengvorgänge untersucht werden sollen. Das ist schwierig, da hochempfindliche Geräte starken Explosionsdrücken standhalten müssen. Doch je mehr die Wissenschaftler über die Vorgänge bei der Implosion erfahren, um so weiter entfernt sich die Hoffnung auf eine schnelle Lösung. Der gewünschte Ablauf scheint kaum kontrollierbar zu sein. Kistiakowski trägt in sein Labortagebuch ein, er sei dabei, überzuschnappen. Und Neddermeyer »schießt« monatelang mit seinen Versuchsladungen in der Wüste herum, ohne weiterzukommen.

Die Lage wird im Sommer 1944, als die ersten Plutoniumproben aus dem Versuchsreaktor in Tennessee kommen, verzweifelt. Denn dieses Plutonium hat andere Eigenschaften als erwartet. Konnte bisher die Implosion für die Plutoniumbombe als eine von zwei Zündmöglichkeiten angesehen werden, da die Geschoßmethode ein zwar weniger wirksamer, aber doch ausreichender Zündmechanismus zu sein schien, zeigt sich nun, daß diese Hoffnung getrogen hatte.

Die bisher verfügbaren Plutoniumproben waren mit Hilfe von Cyclotronen gewonnen worden. Man hatte Uran kurz mit Neutronen beschossen, und ein Plutoniumisotop erhalten, das für beide Zündmechanismen geeignet war. Das nun im Reaktor produzierte Plutonium aber war mehrere Wochen der Einwirkung von Neutronen ausgesetzt gewesen und bestand aus einer ganz anderen Isotopenmischung. Im Gegensatz zu den Cyclotronproben enthielt es größere Anteile eines Isotops, das zur vorzeitigen Detonation neigte und nicht nach der Geschützmethode zu zünden war. Denn diese Zündung war einfach zu langsam. Das aus den Reaktoren gewonnene Plutonium würde lediglich schwach explodieren, die Wirkung würde den Aufwand nicht rechtfertigen. Der einzig verbleibende Zündmechanismus für dieses Plutonium war die Implosion. Von ihrem Erfolg hing ab, ob die Produktionsanlagen in Hanford zu Fehlinvestitionen von mehreren hundert Millionen Dollar würden oder nicht.

Den um diese Zeit in Los Alamos herrschenden Pessimismus dokumentierte Oppenheimer: Er bestellte für den ersten Versuch einer Implosionsbombe einen riesigen Stahlbehälter. In diesem Stahltank sollte der erste Versuch stattfinden. Der Tank mußte stark genug sein, vom chemischen Sprengsatz nicht zerstört zu werden. Würde der atomare Sprengstoff Plutonium nicht zünden, so hoffte man das kostbare Plutonium noch von den Wänden des Behälters abkratzen zu können.

Der einzige Ausweg

Im Frühjahr 1944 hatte man begonnen, die äußerst komplexen Vorgänge bei der Implosion mit Hilfe der neuesten Rechenanlagen der Firma IBM mathematisch zu simulieren. Aus der Berechnung von Druckwellen bei der Implosion hatte sich ergeben, daß eine Bombe zwar denkbar war, doch schienen die technischen Schwierigkeiten nach wie vor unüberwindbar zu sein.

Das Konzept der sogenannten Explosionslinsen, das von John von Neumann und dem hinzugezogenen Rudolf Peierls ausgearbeitet wird, scheint die Entwicklung voranzubringen. Mit diesen Explosionslinsen sollen die Druckwellen auf das Zentrum der Implosion, die Plutoniumsphäre, konzentriert werden wie Lichtstrahlen durch optische Linsen auf einen Brennpunkt. Damit hätte man das Problem der Gleichmäßigkeit des Implosionsdrucks unter Kontrolle, gelänge es auch, das der Gleichzeitigkeit zu lösen. Jedoch ist die Anordnung des chemischen Sprengstoffs und die gleichzeitige Zündung in Millionstel Bruchteilen einer Sekunde, trotz fieberhafter Arbeit der Gruppe unter Kistiakowski noch immer offen.

Im Dezember 1944 werden weitere Fortschritte gemacht. Der aus Lawrences Labor stammende Physiker Luis Alvarez hat mit seiner Gruppe einen elektrischen Zündmechanismus entwickelt, der einigermaßen zuverlässig gute Ergebnisse liefert und sich weiter verbessern läßt. Pausenlos werden nun Versuchsimplosionen auf der Mesa um Los Alamos gezündet. Im Januar und Februar 1945 liegt der Engpaß dieses Programmteils in der zu geringen Kapazität der Fabrik für die Sprengsätze: Weit mehr als die Produktionskapazität von zweihundert Sprengsätzen werden täglich benötigt.

Die Zeit drängt nun immer mehr. Die Arbeiten, besonders an der Plutoniumbombe, drohen durch immer weitere Verbesserungen und

Verzweigungen auszuufern und so außer Kontrolle zu geraten. Um sie zu koordinieren und den ersten Versuch mit einem Plutoniumsprengsatz vorzubereiten, wird ein eigener Ausschuß ins Leben gerufen: das aus Allison, Bacher, Kistiakowski, Lauritsen, Parsons und Rowe bestehende sogenannte »Viehtreiber-Komitee«. Als erstes bereitet es einen Versuch vor, in dem hundert Tonnen chemischer Sprengstoff, zusammen mit radioaktivem Staub, gezündet werden. Dieser Test soll helfen, die Meßmethoden für den ersten Atomsprengsatz, der im Sommer gezündet werden soll, zu kontrollieren.

Der Geschmack der Arbeit

Einer der vielen Techniker, die als Hilfspersonal bei der Lösung des Implosionsproblems eingesetzt wurden, hieß Val L. Fitch. Im Sommer 1944 hatte man ihn angewiesen, Stromkreise zu bauen, mit denen der Grad von Gleichzeitigkeit von Schockwellen gemessen werden konnte, die bei der unabhängigen Zündung von Sprengladungen ausgelöst wurden. Es war eine Teilaufgabe des Zündmechanismus der Implosion. Dreißig Jahre später beschrieb der zum Professor avancierte Fitch die Erlebnisse des jungen, namenlosen Technikers unter dem Titel »The View From the Bottom«, etwa: »Von unten her gesehen«.

Fitch gehörte zu jenem Drittel des wissenschaftlichen Personals, das die Armee zum Bombenprojekt in Los Alamos beisteuerte, wie es hieß, um den »Mangel an geschulten Technikern und jungen Wissenschaftlern zu beheben«. Hier fand sich der junge Physiker plötzlich in der Welt der »Großen« seines Fachs. Obwohl man ihm nicht gesagt hatte, worum es eigentlich in Los Alamos ging, denn »ein Armeeangehöriger ist ein Bauer im Schach, der gezogen wird«, und er sich daran gewöhnt hatte, herumgeschoben zu werden, konnte er sich das Ziel ausrechnen: »Obwohl mir nichts explizit erklärt wurde, war es nicht schwer, ziemlich schnell zu entschlüsseln, was sich in Los Alamos ausdünstete.«

Mit seinen Kameraden lebte er, zu sechzig Mann die Einheit, in Baracken. Für diese Männer gab es einen strengen Dienstplan: Sechs Uhr Wecken etc.; frische Wäsche einmal die Woche, ebenfalls wöchentliche Inspektion, zu der *angetreten* werden mußte. Manche seiner Kameraden fühlten sich »durch das System elend ausgebeutet«.

Er selbst fand mit anderen zusammen die Arbeit im Labor »intellektuell stimulierend«. Sie arbeiteten Stunden noch über den Dienstplan hinaus und hatten das Gefühl, viel zu lernen. Von den Berühmtheiten, die sie umgaben, wurden sie weitgehend ignoriert. Fitch erinnert sich, wie er »alles sah, alles hörte, die bekannten Leute, die auf der Szene erschienen«, beurteilte. »Dennoch, in der Uniform des Soldaten steckend, wurde ich weitgehend von eben diesen Leuten ignoriert: Meine Anwesenheit hätte diese ankommenden Würdenträger kaum weniger berührt haben können.«

Abgesehen von der Arbeit, sind seine Erinnerungen: Wandern in der Umgebung, Volkstänze, Schlittschuhlaufen und Skifahren. Da viele der bekannten Physiker in Los Alamos Ski fuhren, lernte Fitch sie am Hang besser kennen als im Labor.

Und er lernte auch, »daß Physiker im großen und ganzen außergewöhnliche Menschen waren. Die vollständige intellektuelle Integrität, die zum Betreiben von Physik notwendig war, übertrug sich in die persönlichen Beziehungen der Physiker.«

Ein anderer mit Fitch etwa gleichaltriger Physiker, Boyce McDaniel, war auf Vorschlag seines Lehrers, Robert Bacher, nach Los Alamos geraten. Obwohl auch er eher an der Basis des Forschungsapparats arbeitete, hatte er doch schon direkteren Kontakt mit den Großen. Als Zivilist unterstand er keiner militärischen Reglementierung. Nach einer Zeit anfänglicher Ungewißheit über das geheimnisvolle Labor im Westen wurde ihm sogar gesagt, worum es ging. In der ersten Zeit half er bei der Vorbereitung und dann der Durchführung der Versuche mit dem Cyclotron. Zuerst hatte er einige Schwierigkeiten, akzeptiert zu werden, da er als Bachers Protegé in der kompletten Cyclotronmannschaft aus Princeton unter R. R. Wilson Außenseiter war. Doch nach einiger Zeit erlaubte ihm Wilson, das Cyclotron für seine Messungen der Wirkungsquerschnitte für Neutronen in Uran 235 zu benutzen. McDaniels Ergebnisse der Spaltung durch Resonanzabsorption im Uran verursachten, wie er sich erinnert, »eine ziemliche Aufregung. Ich erinnere mich noch genau«, schreibt er, »wie Fermi abends immer ins Labor kam, um die Informationen aus dem Datenbuch zu kopieren und in sein Büro zurückging, um sie zu studieren. Ich fand das natürlich sehr schmeichelhaft, im Mittelpunkt des Interesses zu stehen.«

Dieses Gefühl aus gemeinsamer Arbeit entstandener Zusammengehörigkeit, das sich selbst noch dem »Befehlsempfänger« Fitch übermittelte, war ein durchgehendes Erlebnis der meisten Teilnehmer des Abenteuers von Los Alamos. Ein anderer junger Physiker, Frederic de Hoffmann, sah das aus der Perspektive eines niedrigen, aber immerhin als selbständig respektierten Mitglieds jener Gemeinde. »Eine Stimmung wissenschaftlicher Erregung durchdrang alles in Los Alamos – etwas Ähnliches habe ich seitdem nicht mehr erlebt. Im Grunde gab es einen Sinn einer gemeinsamen Mission, die so ziemlich alles überlagerte, was uns hätte trennen können.«

Von weiter oben, an der Spitze der Hierarchie, schrieb John Manley, der Oppenheimer bei der Organisation von Los Alamos geholfen hatte: »Für mich war die starke Gemeinschaft des beruflichen und gesellschaftlichen Lebens am wichtigsten. Da war die Einzigartigkeit des technischen Ziels, das sich aus vielen Problemen zusammensetzte, die so leicht mit liebenswerten und verständnisvollen Kollegen geteilt werden konnte, denn persönliche Wünsche wurden bereitwillig der gemeinsamen Anstrengung untergeordnet. Da gab es das Wissen um die ungeheure Anstrengung in allen anderen Teilen des Manhattan Projekts, die Los Alamos mit Hilfsmitteln für seine Aufgabe belieferten. Da gab es die Führerschaft von Oppie, abgewandelt und verstärkt durch die Leistung vieler Individuen, die alle wegen ihrer Fähigkeit, ihres Verstandes und ihrer Hingabe an rationale Vorgänge geachtet wurden. Da gab es entzückende Menschen mit verschiedenen Erfahrungen und Interessen. Dauerhafte Freundschaften wurden geschlossen. Gruppen bildeten sich und brachten ihre eigenen Fähigkeiten in örtliche Kultur- und Erholungsprogramme ein, um einige der Frustrationen und Begrenzungen dieses isolierten Armee-Postens zu kompensieren.«

In einer Kritik von Robert Jungks »Heller als Tausend Sonnen« schreibt Hans Bethe vom »Geschmack der technischen Arbeit selbst«, der in Los Alamos geherrscht hatte, »vom außergewöhnlichen Gefühl von Dringlichkeit, der ungewöhnlichen Komplexität der vielfältigen Aufgaben, der Frage, ob wir *alle* diese Probleme rechtzeitig lösen würden, das Gefühl von Vollendung beim Abschluß jedes größeren Schritts«. Oppenheimer selbst kann als Kronzeuge dafür dienen, daß an wenig anderes als an die Lösung der technischen Probleme gedacht wurde: »In diesen frühen Tagen, als der Erfolg noch wenig gewiß und der Zeitplan unsicher war, und der Krieg mit Deutschland und Japan sich in einem verzweifelten Stadium befand, war es für uns genug zu denken, daß wir einen Job zu erledigen hatten.«

So kommt es, daß John Manley die zwei »wundervollen Hemisphären« des Plutoniumsprengsatzes voller Erregung in der Hand hält. »Es war aufregend, dieses Objekt in die Hand zu nehmen, seine von der alpha-Aktivität herrührende Wärme zu empfinden und daran zu denken, was alles in seine Herstellung gegangen war – die Reinigung von Graphit und Uran, das für den Reaktor gebraucht wurde, in dem die Kettenreaktion stattfand; die Umwandlung von Uran in Plutonium, Atom für Atom, Neutron für Neutron, beta-Zerfall für beta-Zerfall; die chemischen Schritte zur Abtrennung und Isolierung. Unter dem Druck eines Kriegsvorhabens war wenig Neigung für mehr als einen flüchtigen Gedanken an das, was der Mensch (!) mit dieser neuen elementaren Energie(!)quelle im Konstruktiven wie im Destruktiven tun würde.«

DEN DRACHEN AM SCHWANZ KITZELN

Im Frühsommer 1945 steht in Los Alamos erstmals genügend Uran 235 zur Verfügung, um eine kritische Masse zu versammeln und die erste Atomexplosion auszulösen. Obwohl aus Vorversuchen und theoretischen Berechnungen diese Größe einigermaßen genau bekannt ist, muß sie überprüft werden. Die Experimente werden von einer Gruppe junger Physiker unter Leitung von Otto Robert Frisch in einer Baracke am Rand der Mesa durchgeführt.

Diese Gruppe arbeitet mit kleinen »Briketts« aus Uran 235, die zu sphärischen Anordnungen zusammengefügt werden. Ein Neutronenzähler zeigt den kritischen Punkt an. Die Zahl der Impulse nimmt an dieser Stelle mit einer kleinen Verzögerung rasch zu. Diese Verzögerung muß benutzt werden, um schnell ein paar Uranstückchen wegzuschieben, da in Sekunden eine tödliche Strahlendosis ausgesandt würde.

Die Experimente sind lebensgefährlich und deshalb von einer Faszination, die noch heute in den Berichten der Teilnehmer fortlebt. Frisch schreibt, wie er bei einem dieser Experimente, als er die kritische Masse schon fast zusammengestellt hatte, von einem Studenten aufmerksam gemacht wurde, daß der Neutronenzähler offensichtlich nicht in Ordnung sei. Frisch beugte sich über den Tisch, sah am Rande seines Gesichtsfelds, wie die Neonlampen auf dem Zähler zu flackern aufgehört hatten, und kontinuierlich glühten. Sofort schob er ein paar Uranstückchen beiseite, und die Neonröhren fingen wieder zu flackern an. Es war noch einmal gut gegangen. In zwei Sekunden hatte er eine hohe Standarddosis abbekommen. Noch zwei Sekunden länger wäre sie tödlich gewesen.

Ähnliches Glück hatte auch Frederic de Hoffmann, als er noch rechtzeitig bemerkte, daß andere den Meßbereich auf seinem Zählinstrument um zwei Zehnerpotenzen unempfindlicher geschaltet hatten. Weniger Glück hatte der Student Harry Daghlian, der einen Neutronenreflektor im falschen Augenblick in eine fast kritische Anordnung fallen ließ. Er erhielt eine Strahlendosis, an der er zwei Wochen später unter Qualen starb.

Die nächsten Experimente waren noch gefährlicher. Durch eine Sphäre aus Uran 235-hydrid wurde ein zylinderförmiger Schacht gebohrt. Die Größen waren so bemessen, daß die Füllung dieses Schachts mit Uranhydrid gerade eine kritische Masse ergab. Mit Hilfe einer besonderen Vorrichtung wurde durch diesen Schacht das zur kritischen Masse fehlende Uranhydridstück fallengelassen. Für Sekundenbruchteile versammelte sich eine kritische Masse, die momentan einen Neutronenschwall produzierte, der gemessen werden mußte. Wie Frisch berichtete, »war es so nah an einer Atombombe wie irgend möglich, ohne in die Luft geblasen zu werden«. Einer der Beteiligten nannte es »einen schlafenden Drachen am Schwanz kitzeln«. Die jungen Physiker ergötzten sich um so mehr, je kritischer die Experimente wurden; de Hoffmann berichtet von einem »Fall«, der »wirklich ein Heuler« war. Die Jungen gaben sich ein Gefühl »imaginärer Sicherheit«, indem sie draußen ein paar Wagen abfahrbereit in Richtung Canyon hinstellten. Diese Wagen standen da, wie de Hoffmann schreibt, um etwas zu haben, wonach sie rennen konnten, wenn der Drache zubiß.

Fermi arbeitete in der gleichen Baracke. In ihr befand sich ein »Wasserkocher« genannter Leichtwasserreaktor, der ihm als Neutronenquelle diente. Der erfahrene Fermi war über die Art, in der seine jüngeren Kollegen mit dem Drachen spielten, eher beunruhigt. Er machte ihnen klar, wie gefährlich es war, nach jedem Drachenversuch das durchgefallene Uranstück durch die Öffnung wieder nach oben zu ziehen und sich gegen die Katastrophe, die eintreten würde, wenn das Stück in der Mitte stecken blieb, nur durch eine automatische Sicherheitsvorrichtung zu schützen. Diese Vorrichtung könnte versagen. Er erklärte ihnen, daß das Risiko geringer sei, wenn ein einzelner sich der Gefahr aussetzte. Das Wissen um eine sichtbare Gefahr würde ihn zu äußerster Vorsicht erziehen. Es wäre also besser, die Apparatur nach jedem Versuch auseinanderzunehmen, und den Zylinder mit der Hand wieder in die Ausgangsposition zu bringen. De Hoffmann bestätigt, daß Fermi Recht hatte: »Wenn Gefahr so sichtbar ist, paßt man auf und macht keine Fehler. Nur wenn man sich auf Apparaturen verläßt, begibt man sich in Gefahr.«

WIR HURENSÖHNE

Die Arbeit in Los Alamos war im Sommer 1945 im wesentlichen abgeschlossen. Die Uranbombe würde in absehbarer Zeit fertiggestellt werden. Sie mußte nicht getestet werden, da der Zündmechanismus sicher genug zu sein schien, und die »Drachenexperimente« genügend Informationen über die Explosion gegeben hatten. Anders war es bei der Plutoniumbombe. Hier war der Zündvorgang weitaus komplizierter und mit sehr viel größeren Unsicherheiten behaftet. Ein Test war notwendig.

Eine Arbeitsgruppe unter Leitung von Kenneth T. Bainbridge hatte ihn seit dem Winter vorbereitet. Nichts sollte dem Zufall überlassen werden. Um die Meßgeräte für den eigentlichen Test zu prüfen, wurde eigens eine Versuchsexplosion von hundert Tonnen chemischem Sprengstoff durchgeführt. Groves hatte sogar vierzig Kilometer asphaltierte Straße genehmigt, da der von den vielen hin- und herfahrenden Lastwagen aufgewirbelte Staub die Meßgeräte zerstörte und Kilometer eigens verlegter elektrischer Leitungen zwischen Reifen und scharfkantigen Steinen zerrieben wurden. Es ging darum, soviel Information wie nur möglich aus diesem einen Vorversuch zu gewinnen. Jedes Versagen mußte vermieden werden. Ja, Bainbridge stellte zu seinem Entsetzen fest, daß verirrte Bomberpiloten, die in der Gegend Übungsflüge absolvierten, mit ihren Abwürfen sein Experiment gefährdeten. Er schlug Oppenheimer vor, diese Eindringlinge mit Rauchraketen zu beschießen, um ihnen zu zeigen, was »Sperrgebiet« eigentlich bedeutete. Zu seinem Verdruß wurde der Vorschlag abgelehnt.

Mitte Juni werden der Plutoniumkern und der Initiator von Philip Morrison zum Ort der Versuchsexplosion gebracht. Morrison reizt seine mitfahrenden jüngeren Kollegen noch mit einem Spielchen. Man hatte einen echten Initiator und eine Initiatorattrappe angefertigt, die äußerlich nicht voneinander zu unterscheiden waren. Morrison hat beide dabei. Es sind zwei Kugeln. Morrison spielt mit ihnen. Seine Begleiter sind entsetzt. Wie wird er sie je wieder unterscheiden können. Riskierte er mit seiner Leichtfertigkeit nicht, das ganze riesige Unternehmen in einem Fehlschlag enden zu lassen. Nämlich dann, wenn die Attrappe eingesetzt würde. Sie wissen nicht, daß der wirkliche Initiator sich wegen seiner Radioaktivität warm anfühlt, nicht aber die Attrappe.

In der Wüste von Alamogordo im südlichen Neu-Mexiko ist inzwischen eine riesige Apparatur aufgebaut worden, ein in keinem Flugzeug der Welt transportierbarer Sprengapparat. Meßapparate umgeben die Anlage. Sie wurden konstruiert, um zerstört zu werden. Nur in jenem unendlich kleinen Augenblick zwischen dem Zündsignal und ihrer Atomisierung, werden sie ihre Aufgabe erfüllen: die Vorgänge bei der Explosion aufzunehmen und an die in sicherer Entfernung aufgebauten Registriergeräte zu übermitteln. Nachdem als letzter Teil der Plutoniumsprengsatz in die Anlage eingebaut worden ist, werden während mehrerer Tage hektischer Arbeit, die einzelnen Teile der komplizierten Anlage durchgeprüft, um jedes Versagen auszuschließen. Oppenheimers Stahlbehälter liegt abseits. Er wird nicht mehr gebraucht, da der Erfolg fast sicher ist.

Kurz vor Beginn des alles entscheidenden Versuchs trifft Groves mit Bush und Conant ein. Sie besichtigen die komplizierte, auf ihrem dreißig Meter hohen Gerüst montierte Sprengapparatur. Groves notiert allgemeine Nervosität. Eine heraufziehende Schlechtwetterfront droht den Wissenschaftlern eine Verschiebung aufzuzwingen. Die entstehende radioaktive Wolke durfte nicht über besiedelte Gebiete abgetrieben und mit dem Regen auf die Erde gespült werden. Verschiebung aber hätte Neuaufbau bedeutet und Wiederholung der endlosen Überprüfungen. Die Beteiligten waren müde und abgespannt. Gleichzeitig wartete, ein paar tausend Kilometer östlich, der Präsident der Vereinigten Staaten in Potsdam auf Nachricht aus Alamogordo. Das Ergebnis dieses Versuchs sollte Trumans Verhandlungstaktik gegenüber Churchill und Stalin beeinflussen. Kenneth Bainbridge, der den Versuch leitet, war von Oppenheimer informiert worden, daß ein erfolgreicher Test »eine Trumpfkarte war, die Truman in der Hand haben mußte.«

Obwohl er selbst voller Ungeduld ist, versucht Groves, Oppenheimer gegen die »vibrierende Aufregung« auf dem Versuchsgelände abzuschirmen, gegen die Überreiztheit der abgespannten Wissenschaftler. Denn Groves sagt sich, daß der Ausgang des Versuchs davon abhängt, ob Oppenheimer die sachlich richtige Entscheidung über den Zeitpunkt der Zündung trifft. Deswegen ärgert Groves sich besonders über Fermi, der mit seinen Kollegen Wetten abschließt, ob die Bombe die Atmosphäre in Brand setzen, ob sie nur Neu-Mexico oder die ganze Welt vernichten würde. Außerdem sagt Fermi, daß ein Mißerfolg auch ein Erfolg sei. Dann sei man ein für allemal das politische Problem einer Welt mit Atombomben los. Das verstimmt Groves noch mehr. Doch Fermi ist sich sicher, daß der Apparat explodieren und weder Neu-Mexiko noch die Welt vernichten wird. Er hat sich ein einfaches Experiment ausgedacht, die Stärke der Explosion noch an Ort und Stelle zu messen.

Auch Bainbridge ist über das Gerede vom Atmosphärenbrand wütend: »Es war gedankenlose Angeberei, die Angelegenheit als Tisch- und Barackenthema vor Soldaten vorzutragen, die keine Ahnung von Kernphysik und Bethes Untersuchungen hatten.« Er vertraut Bethe, der gezeigt hatte, daß die Befürchtung grundlos wäre. Seine größte Sorge, ein persönlicher »Alptraum« ist, daß die Bombe nicht oder verzögert losgehen könnte und er als Versuchsleiter als erster auf den Turm klettern müßte, um herauszufinden, was schief gegangen war.

Am 16. Juli 1945 abends erreicht den amerikanischen Kriegsminister in Potsdam folgendes Telegramm: »Diesen Morgen operiert. Diagnose noch nicht vollständig, aber Ergebnis erscheint zufriedenstellend und übertrifft bereits Erwartungen. Örtliche Pressemitteilung notwendig, da Interesse große Entfernung überbrückt. Dr. Groves zufrieden. Er kommt morgen zurück. Ich werde Sie auf dem laufenden halten.«

Ein paar Tage später kommt ein von Groves geschickter Kurier nach Potsdam, um dem Kriegsminister Berichte über den Verlauf des Versuchs zu überbringen. Groves hatte seiner eigenen Analyse die Beobachtungen eines seiner Stellvertreter, des Generals Farell, hinzugefügt, der die Ereignisse im Unterstand, etwa neun Kilometer vom Explosionszentrum entfernt, beobachtet hatte:

»Die Szene im Unterstand war über jede Beschreibung hinaus dramatisch. Im Unterstand und um ihn herum waren etwa zwanzig Leute mit den allerletzten Vorbereitungen kurz vor der Zündung der Bombe beschäftigt. Darunter befanden sich: Dr. Oppenheimer, der Direktor, der die schwere wissenschaftliche Last getragen hatte, aus den in Tennessee und Washington hergestellten Rohstoffen die Waffe zu entwickeln, und ein Dutzend seiner wichtigsten Mitarbeiter . . .

Zwei hektische Stunden lang vor der Explosion blieb General Groves beim Direktor (Oppenheimer) und beschwichtigte den innerlich fieberhaft Erregten. Jedesmal, wenn der Direktor wegen irgendeines unerwarteten Vorkommnisses in die Luft gehen wollte, nahm ihn General Groves mit hinaus, wanderte mit ihm im Regen umher, besprach sich mit ihm und versicherte ihm, daß alles klappen werde. Zwanzig Minuten vor der Stunde Null begab sich General Groves auf seinen Posten im Lager...

Kurz nachdem General Groves abgefahren war, begann über Funk und Lautsprecher die Ansage der Zeiten bis zur Auslösung der Explosion an alle Gruppen, die an dem Versuch beteiligt waren oder ihn beobachteten. Als die Zeitspanne immer kürzer wurde und die Ansage von Minuten zu Sekunden überging, wuchs die Spannung gewaltig. Jeder in diesem Raum kannte die schrecklichen Möglichkeiten dessen, was sich jetzt ereignen würde. Die wissenschaftlichen Forscher sagten sich, daß ihre Berechnungen stimmen mußten, also die Bombe explodieren mußte, und doch hegte jeder ein nicht geringes Maß von Zweifeln. Was viele fühlten, ließe sich mit den Worten ausdrücken: ›Herr, ich glaube, hilf mir von meinem Unglauben!‹ Wir drangen ins Unbekannte ein und wußten nicht, was daraus entstehen würde. Es ist sicher, daß die meisten hier – Christen, Juden und Atheisten – beteten, inbrünstiger beteten, als sie je gebetet hatten...

Die Spannung Dr. Oppenheimers, auf dem eine so schwere Bürde gelastet hatte, wuchs mit jeder Sekunde. Er atmete kaum. Er hielt sich an einem Pfosten fest, um sich zu beruhigen. Während der letzten Sekunden starrte er geradeaus, und dann als der Zähler ›Jetzt!‹ schrie und dieses mächtige Licht hervorbrach und der tiefe grollende Donner der Explosion folgte, da entspannte sich sein Gesicht in dem Ausdruck ungeheurer Erleichterung...

Die Spannung im Unterstand wich, und alle begannen einander zu beglückwünschen. Was auch jetzt kommen mochte – jeder wußte, daß die schier unmögliche wissenschaftliche Arbeit getan war. Die Atomenergie würde nicht mehr in den Träumen der theoretischen Physiker eingeschlossen bleiben. Sie war bei ihrer Geburt fast schon erwachsen. Sie war eine neue Kraft zum Guten oder zum Bösen. Und in diesem Raum war der Wunsch zu spüren, daß die Männer, die der neuen Kraft zur Geburt verholfen hatten, ihr Leben dem neuen Auftrag widmen möchten, daß sie immer zum Guten, nie zum Bösen benutzt werde...«

Als er sich an den von General Farell beschriebenen Pfosten klammerte, soll Oppenheimer an jene oft zitierten Zeilen aus dem alten indischen Epos »Bhagavadgita« gedacht haben, die beginnen »Wenn das Licht von tausend Sonnen am Himmel plötzlich bräch' hervor«, und enden mit »ich bin der Tod, der alles raubt, Erschütterer der Welten.«

Wahrscheinlich trifft das schon zu. Vielleicht dachte Oppenheimer auch an jene Sitzungen, die nur wenige Tage zurücklagen, in denen er als Wissenschaftler die Regierung über die Verwendung der Atombomben beraten hatte. Wissenschaftlich hatte er keine Alternative zu dem Plan gesehen, sie über japanischen Städten abzuwerfen. Nun konnte er ahnen, was das bedeuten würde.

Sicher hatte Fermi, der zusammen mit Oppenheimer geholfen hatte, die vorweggenommene Entscheidung der Militärs wissenschaftlich abzusichern, keine Poesie im Kopf, als ihn die Druckwelle erreichte. Er ließ ein paar Papierschnitzel fallen. Aus ihrer Ablenkung und der Entfernung zum Explosionszentrum berechnete er die Stärke der Explosion. Es wird berichtet, seine grobe Schätzung habe bemerkenswert mit den später ermittelten genauen Ergebnissen übereingestimmt. Die paar Kilogramm Plutonium hatten eine Sprengkraft von etwa fünfzehntausend Tonnen Trinitrotoluol gehabt.

Vielleicht war Bainbridge mehr als alle anderen erleichtert. Nun war er sicher, nicht mehr auf den Turm klettern zu müssen. Auf dem Boden liegend beobachtete er durch eine Schweißerbrille, wie der grelle Widerschein der Explosion die Hügel ringsum in ein fahles Licht tauchte. Es war, so erklärte ein anderer, Otto Robert Frisch, als ob jemand die Sonne angeknipst hätte.

Und eine blendende, hellrote Sonne war auch zu erkennen, als es zwei Sekunden später möglich wurde, kurz in das Explosionszentrum zu blicken. Aber mitten in der Sonne steckte ein noch hellerer, kleiner Stern, der grell weiß brennende Kern des Atomsprengsatzes.

Es dauerte noch Sekunden, bis es möglich war, genauer hinzuschauen, ohne geblendet zu werden. Der Stern war verschwunden, der rotglühende Feuerball erhob sich langsam in die Luft, nur noch durch einen grauen Stamm mit der Erde verbunden. Eine riesige purpurfarbene Wolke umgab ihn. »Niemand, der es gesehen hat, konnte es vergessen«, schrieb Bainbridge dreißig Jahre später, »ein ruchloses und furchteinflößendes Schauspiel.«

Er überlegte sich, während die Druckwelle, die dem ersten Blitz mit einiger Verzögerung folgte, über ihn strich, ob alle Meßgeräte richtig funktioniert hätten, sich ein »lausiger Kontakt« gelöst haben könnte, oder ein Stromkreis durch den Regen geerdet worden sei.

Dann stand er auf, um Oppenheimer zu beglückwünschen. Er sagte, »jetzt sind wir alle Hurensöhne«, ein Satz, den er noch heute für so bemerkenswert hält, daß er berichtet, Oppenheimer habe seiner Tochter 1966 gestanden, es sei das Beste gewesen, das jemand zum Test von Alamogordo bemerkt hätte.

Wovon hat er geredet? Von Physik oder Politik?

ALIAS NICHOLAS BAKER

Der Mann, der sich als erster aus der Kriegspsychose löste, erschien gegen Ende des Jahres 1943 in Los Alamos. Er hieß Nicholas Baker. Wie zuerst nur Eingeweihte, bald aber jeder auf der Mesa wußte, verbarg sich hinter dem Namen dieses Unbekannten Niels Bohr, der Lehrmeister einer Generation von Kernphysikern. Viele von Bohrs Schülern waren in Oppenheimers Waffenschmiede versammelt, ein anderer Teil arbeitete für den Uranverein.

Durch Ferdinand Duckwitz, einen Beamten der deutschen Botschaft in Kopenhagen, war der Halbjude Bohr 1943 vor einer Aktion gegen dänische Juden gewarnt worden. Eine Massenflucht gefährdeter Personen wurde vorbereitet. Duckwitz und andere mutige »Vaterlandsverräter« hatten dafür gesorgt, daß deutsche Patrouillenboote nicht eingreifen würden. Bei Nacht und Nebel war Niels Bohr in einem überfüllten Fischerboot über den Öre Sund nach Schweden übergesetzt, dort von einem englischen Flugzeug aufgenommen und nach London gebracht worden. Die Legende berichtet, Bohr, der in den Bombenschacht gesetzt worden war, sollte eher über der Nordsee abgeworfen werden, als den Deutschen in die Hände fallen. Ohnmächtig sei er geworden, da er sich auf dem Flug in großer Höhe so in ein physikalisches Problem vertiefte, daß er versäumt habe, die Sauerstoffmaske anzulegen.

Obwohl Bohr zur eigentlichen Arbeit nur am Rand beisteuert, wird er in Los Alamos zu einer wichtigen Gestalt. Oppenheimer meint, Bohrs Persönlichkeit habe den Wissenschaftlern neuen Auftrieb gegeben: »Er ließ das so oft makaber wirkende Unternehmen hoffnungsvoll erscheinen; er sprach mit Verachtung über Hitler, der mit ein paar hundert Panzern und Flugzeugen Europa zu versklaven gehofft hatte. Er sagte, nichts dergleichen würde je wieder eintreten; und seine eigene feste Hoffnung über das gute Ende, und daß dabei Objektivität, Freundlichkeit und Zusammenarbeit, die in der Wissenschaft verwirklicht seien, helfen würden: All das war etwas, was wir sehr zu glauben wünschten.«

In Los Alamos berichtete Bohr auch über sein zwei Jahre zurückliegendes Gespräch mit Heisenberg. Aus Heisenbergs Andeutungen hatte er verstanden, daß deutsche Wissenschaftler einen Weg erkannt hätten, Atombomben zu bauen. Heisenbergs Versuch, Rat über das weitere Vorgehen einzuholen und über Bohr eine Vereinbarung zwischen Wissenschaftlern beider Lager herzustellen, um die Entwicklung von Atombomben zu verzögern, hatte Bohr mißtrauisch gegenüber seinem Schüler und Freund gemacht: Nicht daß Heisenberg Nazi geworden wäre. Aber er war ein so guter Deutscher, daß ihm schon zuzutrauen wäre, vielleicht doch Deutschlands Niederlage verhindern zu wollen.

Das Mißtrauen saß so fest, daß Bohr auch nach dem Krieg noch Erklärungen deutscher Wissenschaftler, ihn von der Aufrichtigkeit ihrer früheren Haltung zu überzeugen, als nachgeschobene Verdrehungen der Wahrheit wertete. Von Weizsäcker berichtet, Bohr habe es abgelehnt, seine Erklärungen anzunehmen. Bohr habe als legitim betrachtet, daß Kollegen versucht hätten, die Niederlage ihres Vaterlandes zu verhindern. Aber jetzt die Wahrheit verdrehen? Nein. Diese Wahrheit anzunehmen, hätte auch Bohrs früheren Glauben als Irrglauben erscheinen lassen. Das durfte nicht sein. Also lieber nicht mehr darüber reden, keine Erklärungen abgeben, keine annehmen. Man versöhnte sich zwar wieder und bemühte sich, die Vergangenheit zu verdrängen. Aber Bohr wollte nichts mehr von dem hören, was ihm als Lüge erscheinen oder ihn als Opfer seiner Vorstellungen hinstellen mußte.

Von den Ereignissen ist Bohr tief betroffen. Dem Schicksal von Millionen von Juden ist er mit knapper Not entgangen. Sein Institut, eines der besten in der Welt, ist beschlagnahmt, der größte Teil der Wissenschaftler, mit denen er zusammengearbeitet hatte, in alle Winde zerstreut worden. Er hätte Grund genug, Terror mit blindem Gegenterror der Atombomben zu bekämpfen, ein für allemal mit dem deutschen Militarismus abzurechnen.

Doch Bohr ordnet seine Gefühle dem Verstand unter. Nicht lange nach seiner Vertreibung beginnt er über die politischen Konsequenzen der neuen Technik nachzudenken. Wie muß eine friedliche Welt nach dem Krieg aussehen, die mit dem »Prinzip der Atombombe« zu leben hat? Denn Bohr weiß, daß das amerikanische Atomwaffenmonopol nicht dauerhaft sein kann. Das »Geheimnis der Atombombe« kann nur für kurze Zeit gewahrt bleiben. Jede Nation, die die riesigen Entwicklungskosten zu tragen bereit wäre und über ein ausreichendes wissenschaftliches und technologisches Potential verfügt, müßte über kurz oder lang nachziehen können. Das amerikanische Monopol würde andere Mächte herausfordern. Eine so entscheidende Waffe in der Hand einer Macht stellte eine Bedrohung der Unabhängigkeit der anderen dar. Wollte etwa die Sowjetunion nicht zur Zweitrangigkeit herabsinken, vom Wohlwollen der Vereinigten Staaten abhängig werden, müßte sie eigene Atomwaffen entwickeln. Bohr sieht die Gefahren eines atomaren Wettrüstens voraus. Er fürchtet einen atomar geführten Krieg.

Er beginnt mit einem kleinen Kreis von Wissenschaftlern über seine Befürchtungen zu sprechen. Noch vorsichtig und undeutlich das fremde Gebiet internationaler Atompolitik abtastend, versucht er seinen Partnern zu erklären, daß eine revolutionäre technische Entwicklung wie die Atomenergie revolutionäre politische Lösungen erfordere. Die Alternative globaler Katastrophen erzwinge sie. Ebenso wie nationale Lösungen des Atomproblems noch kaum vorstellbare Gefahren heraufbeschwören könnten, würde die wünschbare Kontrolle und Verständigung, wie er später formulierte, die Möglichkeit bieten, »die Probleme der internationalen Beziehungen neu anzupacken.« Und dabei, fügt Bohr hinzu, »könnte vielleicht Hilfe aus der weltweiten wissenschaftlichen Zusammenarbeit kommen, die seit Jahren die leuchtenden Verheißungen gemeinsamer humaner Bemühungen verkörpert hat.«

Doch ist die Zeit noch nicht gekommen, in der die Saat von Bohrs Gedanken in seinen Gesprächspartnern aufgehen wird. Sie sind von der Persönlichkeit des großen Gelehrten beeindruckt, doch die technischen Probleme ihres Alltags im Waffenlabor erscheinen noch zu groß, um sie über das »Danach« ernsthaft nachdenken zu lassen. Erst wollen sie die Atombombe entwickelt haben, dann können sie sich den großen Fragen der Zukunft zuwenden.

Zwei Audienzen

Bohr will mit Roosevelt und Churchill sprechen, die über den Einsatz der gemeinsam entwickelten Waffe entscheiden. Er hofft die beiden Regierungschefs zu überzeugen, daß eine wünschbare politische Entwicklung nach dem Krieg noch vor Kriegsende grundlegende Entscheidungen über die zukünftige Atomphysik verlange. Er will Roosevelt und Churchill veranlassen, die Sowjetunion vor dem Gebrauch der Atombomben zu konsultieren, und schon frühzeitig internationale Kooperation und Kontrolle der Atomenergie vorzuschlagen. Denn mit dem eigenmächtigen Abwurf der Atombomben würden die Vereinigten Staaten ein fait accomplit schaffen, die Sowjetunion herausfordern, eigene Atombomben zu entwickeln. Dies zu versäumen, könnte den ersten verhängnisvollen Schritt zu einem nuklearen Wettrüsten bedeuten.

Doch wie kann Bohr Kontakt zu den beiden Staatsmännern herstellen? Auf der Suche nach einem Verbindungsmann begeht er einen verhängnisvollen Fehler. Er kennt in Richter Felix Frankfurter eine im politischen Vorfeld des Weißen Hauses einflußreiche Persönlichkeit. Doch Frankfurter ist offiziell nicht in das Atomprojekt eingeweiht. Bohr berichtet über seine Vorstellungen und Befürchtungen und bittet Frankfurter, Kontakt mit dem Präsidenten herzustellen. Über Frankfurter erhält Bohr Erlaubnis, diese Fragen mit »Freunden« in London zu besprechen.

So kehrt Bohr im April 1944 nach England zurück. Sein erster Gesprächspartner ist der für Forschung zuständige Minister Sir John Anderson. Ihn bittet Bohr, eine Audienz beim Premierminister Sir Winston Churchill zu vermitteln.

Bohr wartet darauf, vom vielbeschäftigten Premierminister empfangen zu werden. In dieser Zeit wird ihm von der sowjetischen Botschaft ein Brief übermittelt. Peter Kapitza, ein guter Bekannter Bohrs und einer der führenden sowjetischen Kernphysiker, schreibt, er habe von Bohrs Flucht erfahren, und lade ihn ein, in die Sowjetunion zu kommen. Nicht ohne zuvor das Einverständnis der Sicherheitsbehörden geholt zu haben, antwortet Bohr, sobald die Umstände es erlaubten, würde er Kapitzas Einladung gern folgen.

Später, im Mai 1944, hat Churchill endlich Zeit für ein Gespräch mit Bohr. Churchill läßt Bohr etwa eine halbe Stunde reden. Er hört anscheinend aufmerksam zu. Noch bevor Bohr mit seinem langen Vortrag fertig ist, beendet Churchill die Audienz. Nachdem sich Bohr etwas verwirrt verabschiedet hatte, fragt Churchill seinen Wissenschaftsberater, Lord Cherwell: »Wovon hat er nun eigentlich gesprochen? Von Physik oder von Politik?«

Bohr begreift, daß ihn Churchill nicht verstanden hat. Er ist unglücklich über das Mißverständnis. Doch er gibt die Hoffnung nicht auf und versucht, seine Vorstellungen zu präzisieren. In die Vereinigten Staaten zurückgekehrt, erreicht er über Richter Frankfurter, von Präsident Roosevelt empfangen zu werden. Seine Gedanken hat er in einem Memorandum zusammengefaßt, das er bei Roosevelt hinterlegt. Dieses Memorandum beginnt mit den Sätzen:

»Es übersteigt gewiß die Vorstellungskraft jedes Menschen, wenn er sich ausmalen wollte, welche Folgen die Entwicklung des Atomprojekts in den kommenden Jahren haben wird... Wenn nicht so bald wie möglich ein Abkommen geschlossen wird, das eine Kontrolle über die Verwendung dieser neuen, radioaktiven Elemente garantiert, könnte jeder gegenwärtig noch so große Vorteil durch eine ständige Bedrohung der allgemeinen Sicherheit aufgehoben werden...«

Als er Roosevelt verläßt, hat Bohr das Gefühl, besser verstanden worden zu sein als von Churchill. Er meint, der Präsident habe begriffen, daß eine Verständigung mit der Sowjetunion *vor* der Entscheidung über den Gebrauch der Waffen notwendig sei.

Sein Gefühl war vielleicht richtig. Doch scheint Roosevelt vor allem Geheimnisbruch gefürchtet zu haben. Ihn beeindruckt der missionarische Eifer des Gelehrten. Aber wie kommt Bohr dazu, den unbeteiligten Felix Frankfurter hineinzuziehen? Was für ein Zufall verbindet die Einladung Kapitzas mit Bohrs Wunsch, die Russen zu konsultieren? Steht nicht ausdrücklich in Bohrs Memorandum, »die persönlichen Beziehungen zwischen den Wissenschaftlern einzelner Nationen böten sogar die günstige Gelegenheit, bereits einen vorläufigen und inoffiziellen Kontakt anzubahnen«? Zugegeben, Bohr war bisher loyal. Aber ein Sicherheitsrisiko ist er dennoch. Denn, wie würde sich Bohr verhalten, wenn die Regierungen Großbritanniens und der Vereinigten Staaten einen ihm verhängnisvoll erscheinenden Kurs verfolgten? Bestände nicht Gefahr, daß er dann seine Loyalität gegenüber den Vereinigten Staaten nicht der »Verpflichtung« gegenüber der Menschheit unterordnen würde?

So einigen sich Churchill und Roosevelt am Ende der zweiten Quebeck-Konferenz, am 18. September 1944, Bohr vom Geheimdienst überwachen zu lassen. Ein aide memoire hält fest, die Atombombe – nachdem der Krieg gegen Deutschland so gut wie gewonnen wäre – nach reiflicher Überlegung gegen Japan einzusetzen. Japan sollte gewarnt werden, die Bombardierung würde bis zur Kapitulation fortgesetzt. Die Regierungschefs meinten, die Welt sei noch nicht reif, das Geheimnis der Atombombe zu erfahren.

Noch einmal versucht Niels Bohr, die Entscheidung des amerikanischen Präsidenten zu beeinflussen. Die Gründungskonferenz der Vereinten Nationen im April 1945 wird ihm zum Anlaß, Roosevelt an die Möglichkeiten internationaler Kooperation zur Kontrolle der Atomenergie zu erinnern: Die Atomkraft zeige exemplarisch die

Möglichkeiten von Völkerverständigung und gegenseitigem Vertrauen zum Nutzen aller. Bohr sucht noch einmal nach einer Gelegenheit zu einem Gespräch mit dem Präsidenten. Doch Roosevelt stirbt am 12. April 1945. Sein Nachfolger Truman ist nicht einmal oberflächlich in das Atombombenprojekt eingeweiht.

Eine plötzliche Leere

Seit dem Frühjahr 1944 hielt sich im MET Lab das Gerücht, bis zum nächsten Sommer würde der größere Teil der Belegschaft entlassen. DuPont kontrollierte die Arbeiten an den Großreaktoren und schien immer weniger auf die Mitarbeit der Wissenschaftler aus den MET Labors angewiesen. Im Comptons Teilprojekt waren inzwischen etwa fünftausend wissenschaftliche Mitarbeiter beschäftigt, davon allein zweitausend, die in Chicago arbeiteten.

Diese Menschen sahen voraus, daß ihr Auftrag mit den Reaktoren und den Trennanlagen in Hanford abgeschlossen sein würde. Viele von ihnen fühlten sich schon jetzt unterbeschäftigt. Allgemeine Gedanken über die Weiterentwicklung der Atomenergie nach dem Kriege, die hier wie in anderen Projekten die Wissenschaftler zu beschäftigen begannen, überschatteten bei der Belegschaft des MET Labs die Sorge um die eigene berufliche Zukunft. Nicht nur, daß viele damit rechnen mußten, nun, da sie nicht mehr benötigt würden, entlassen zu werden. Vielmehr hatten sie im Verlauf ihrer Arbeit neue fachliche Qualifikationen entwickelt, für die es außerhalb des Kontrollbereichs der Armee keine Verwendungsmöglichkeit gab. Wollten sie ihre Mitarbeit an der Entwicklung der Atomenergie nicht als bloße biographische Episode betrachten, betraf die Entscheidung über die Weiterentwicklung der Atomenergie unmittelbar ihre persönliche Zukunft.

Diesen sehr akuten Sorgen begegnete Groves mit Gleichgültigkeit. Er hatte den Job zu erledigen, vor Kriegsende Atomwaffen zu entwickeln; über die Zukunft seiner Mitarbeiter, über die der Atomenergie, konnte er sich vorläufig keine Gedanken machen.

Dank DuPonts energischer Führung war so beim Compton Projekt ein Vakuum entstanden. Diese Leere machte die betroffenen Wissenschaftler früher für Fragen nach der Zukunft empfänglich als in anderen Projektteilen. Dort hatten die Beteiligten noch alle Hände voll zu tun, ihre technischen Probleme zu lösen.

In Chicago wurde früher als anderswo klar, daß man Gefahr lief, die Geister, die man selbst auf den Plan gerufen hatte, nicht mehr loszuwerden: nämlich die Kontrolle über das Projekt zu verlieren, das man erst eingeleitet hatte und das sich nun in den Händen der Industriefirmen und der Armee zu verselbständigen schien. Zunächst waren die Chicagoer Wissenschaftler durch die Einschaltung des Industriegiganten DuPont aus dem Zentrum der Entwicklung an die Peripherie verdrängt worden. Man hatte ihnen die Rolle abhängiger hochqualifizierter Sachbearbeiter zugewiesen. Dann erfuhren sie über Groves und seine militärischen Mitarbeiter, daß eine Atombombe in erster Linie Waffe und nicht Instrument zur Beschwichtigung hysterischer Wissenschaftler ist. Er gab ihnen Gelegenheit, darüber nachzudenken, daß Furcht bei Wissenschaftlern für die »Verteidigung« des Vaterlandes nützlich sein könne, eine so ernste Sache, wie die Verwendung der fertigen Waffe, aber nicht vom wechselnden Zustand ihres Gemüts abhängig gemacht werden dürfe. Was die Militärs einmal hatten, behielten sie auch.

Im gleichen Maß, wie sich die ursprünglichen Befürchtungen über eine deutsche Atombombe als haltlos erweisen, wie die zur Verteidigung gebaute Waffe sich zur fürchterlichen Angriffswaffe zu entwickeln droht, wächst die Unruhe in den Labors. Ein Ventil muß geschaffen werden, durch das der Überdruck der angestauten Befürchtungen über den Mißbrauch der Waffe entweichen kann. Die darauf von den Projektleitern teilweise selbst initiierten, zumindest aber tolerierten Komitees und informellen Gesprächsrunden tragen ebenso zur Beschwichtigung bei, wie zur Erkundung eines neuen Terrains. Es geht darum, die aufgeregten Geister während des Krieges noch bei der Stange zu halten, zu verhindern, daß die Auseinandersetzungen, und damit das Geheimnis um die Atombombe nach außen dringen. Das drohende Chaos der Argumente, Sorgen und Vorstellungen muß in offizielle, und damit in regulierbare Kanäle gelenkt werden. Eine Fülle neuer Ausschüsse wird gegründet und offiziell mit der Aufgabe betraut, über die Entwicklung der Kernenergie und die politischen und gesellschaftlichen Folgen nachzudenken, technische und politische Anregungen zu geben, Berichte zu verfassen.

Arthur Holly Compton versuchte, die Krisenstimmung aktiv zu überwinden, die sich unter der Belegschaft seines Labors auszubreiten drohte. Er schlug General Groves vor, über die unmittelbaren Kriegsziele hinausgehende Grundlagenforschung auf dem Gebiet der Atomenergie zu fördern. So hoffte er, nicht nur das Auseinanderfallen seiner Gruppe hochqualifizierter Wissenschaftler zu verhindern, sondern auch dazu beizutragen, daß nach dem Krieg die Fundamente der wissenschaftlichen und technologischen Überlegenheit der USA gesichert blieben. Und diese Überlegenheit sei notwendig, um die Vereinigten Staaten an der Spitze des wirtschaftlichen und militärischen Fortschritts in der Welt zu halten.

Doch das erscheint Groves nicht opportun. Schließlich ist der Krieg noch nicht beendet. Es könnte sein, daß ein großer Teil des wissenschaftlichen Personals in Chicago noch für andere Arbeiten im Manhattan Projekt benötigt würde, etwa in Hanford oder in Los Alamos. Bevor sich die Wissenschaftler in langfristig angelegter Grundlagenforschung verlören, sollten sie für eine Weile in den Wartestand versetzt werden. Zeigte sich bis zum Frühherbst 1944, daß sie nicht für die anderen Projekte benötigt würden, könnte man einen großen Teil von ihnen, zwischen 25 und 75 Prozent, dann entlassen.

Diese unbefriedigende Nachricht gibt Compton am 5. Juli 1944 seinen leitenden Mitarbeitern weiter. Sie reagieren wie zu erwarten war. Sie erklären, warten könnte sich verhängnisvoll auf die Stimmung in den Labors auswirken. Es müßten Ziele gesetzt werden, die über den Krieg hinauswiesen. Einer von ihnen, Zay Jeffries, schlägt vor, zunächst theoretisch den wissenschaftlichen, politischen und gesellschaftlichen Rahmen der neuen Kerntechnologie abzustecken, die Zukunftsaussichten zu erforschen und daraus Empfehlungen zu entwickeln. Für die neue Welt der Kerntechnologie schlägt Jeffries den modernistischen, an »Elektronik« angelehnten Begriff »Nukleonik« (nucleonics) vor. In einem »Prospectus on Nucleonics« will Jeffries die Ansicht der Wissenschaftler zusammenfassen. Compton ernennt ihn zum Vorsitzenden des neuen Ausschusses, an dem Fermi, James Franck, Hogness, Stone und Mulliken maßgeblich mitarbeiten wollen. Die Arbeit beginnt im Spätsommer 1944.

Am 18. November 1944 erhält Compton den fertigen Bericht. Die Arbeit umfaßt sieben Abschnitte, deren fünf erste sich mit technischen und wissenschaftlichen Aspekten der Entwicklung der Atomenergie befassen. Der sechste Abschnitt behandelt die sozialen und politischen Folgen und der letzte schließlich das Problem der Kontrolle der Kerntechnologie in der Nachkriegswelt.

Bemerkenswert am »Prospectus on Nucleonics« ist vor allem der Einblick in das Denken seiner Urheber. Politisch blieb er ohne Wirkung. Gefordert wird, die politischen und gesellschaftlichen Strukturen den durch die neue Technologie geschaffenen Realitäten anzupassen: Als Nahziel, eine internationale Behörde mit Polizeibefugnissen einzurichten, die den Mißbrauch der neuen Waffe verhindern kann; gleichzeitig den Bewußtseinswandel in der Öffentlichkeit herbeizuführen, also die »notwendige moralische Entwicklung«, die für sie so offensichtlich hinter der der Technik, insbesondere der der Waffentechnik, zurückgeblieben sei.

Das klingt plausibel: Es wurde so plausibel, daß das Argument vom Aufholen des moralisch-politischen Rückstands gegenüber dem technisch-militärischen Fortschritt noch den größten Teil des ethischen Subbereichs der Nachkriegsatomdebatte bestritt. Man forderte, die politischen Strukturen den durch die technische Entwicklung veränderten Realitäten anzupassen, was die »moralische Entwicklung« der Bevölkerung voraussetzte. Doch konnten hohe Ideale nicht über den Denkfehler hinweghelfen, daß Anpassung der politischen Moral an den Entwicklungsstand der Technik zu fordern, keine wirkliche, sondern nur eine fiktive Lösung des Problems der Atombombe versprach. Das Scheitern der politischen Mission der Wissenschaftler war vorprogrammiert. Schließlich war die Atombombe das Produkt jener gesellschaftlichen und politischen Verhältnisse, zu deren Überwindung sie nun beitragen sollte.

Das gefährliche Monopol

Wenn Compton mit seinem Auftrag an die Jeffrey Kommission die Debatte in seinen Labors, in der es auch um die Moral des Waffeneinsatzes ging, auf das Niveau fachlicher Auseinandersetzungen heben wollte, um sie so besser kontrollieren zu können, so hatte der Bericht sein Ziel verfehlt. Vor allem die jüngeren Wissenschaftler scherten sich vorläufig wenig um die technischen Zukunftsaussichten. Statt dessen wurde über die militärischen und politischen Folgen debattiert. In einer Serie von Seminaren setzen sich die Wissenschaftler um die Jahreswende mit der Frage auseinander, ob die gegen Deutschland entwickelte Bombe nun gegen Japan eingesetzt werden dürfe; müßten nicht die Verbündeten der Vereinigten Staaten, vor allem Rußland, konsultiert werden; würde ein unangekündigter Abwurf über schutz- und ahnungslosen Zivilisten in Japan nicht die moralische Position der Vereinigten Staaten schwächen und damit die Nachkriegspolitik bereits verhängnisvoll festlegen; blockierte man damit nicht den Versuch internationaler Kontrolle; wäre es nicht möglich, den Japanern die neue Superwaffe erst vorzuführen, um ihnen die Sinnlosigkeit weiteren Widerstands zu zeigen?

Auch Vannevar Bush drängt, unter differenzierteren Gesichtspunkten über den Gebrauch der Atomwaffen zu entscheiden, als dies aus den Vereinbarungen zwischen Roosevelt und Churchill nach dem Quebeck-Treffen geschehen war. Zusammen mit James Conant nimmt Bush Fragen auf, die Niels Bohr im Frühjahr gestellt hatte. Bush und Conant wollen nun diese Probleme mit Kriegsminister Stimson besprechen.

In der zweiten Septemberhälfte 1944 trägt Bush dem Kriegsminister seine Befürchtung vor, der Präsident meine, das Gebiet der Atomenergie nach dem Krieg für die USA monopolisieren zu können, um den Weltfrieden zu amerikanischen Bedingungen zu garantieren. Das aber ist ein Irrtum. Denn das fordert die Sowjetunion heraus, zur Wiedererlangung ihrer vollen Unabhängigkeit Atombomben in aller Stille zu entwickeln. Anstatt den Frieden zu sichern, würde ihn eine solche Politik gefährden. Ein Atomgeheimnis gibt es auf Dauer nicht. Sollten die USA daher nicht versuchen, regt Bush an, als erstes Zeichen guten Willens freien Austausch wissenschaftlicher Informationen mit anderen Staaten zu fördern? In einer zweiten Stufe könnten sie dann Internationalisierung und Kontrolle der Atomenergie anstreben. In jedem Fall muß diese Frage untersucht werden, bevor die Nachkriegspolitik durch unüberlegte Anwendung der neuen Waffen festgelegt wird.

Bush meint, der 78 Jahre alte Kriegsminister Stimson habe die Bedeutung politischer Entscheidungen vor militärischen Aktionen verstanden. Stimson befürchtet nur, daß Roosevelt in dieser Zeit zu sehr unter Druck steht, um bis zum Grund dieser Fragen durchzudringen. Er schlägt Bush und Conant vor, eine kurze Erklärung auszuarbeiten, die er dem Präsidenten übermitteln will. Den Bericht erhält Stimson schon kurz nach dem Gespräch, am 30. September 1944. Bis Mitte Dezember bleibt Bushs Memorandum jedoch bei

Stimson liegen. Als er Bush wiedersieht, ist Stimson noch nicht dazu gekommen, die Angelegenheit beim Präsidenten vorzutragen. Auch einen halben Monat später ist noch nichts geschehen. Die Entscheidung aber drängt. Inzwischen übt ein von Groves eigens aufgestellter Fliegerverband den Abwurf von Atombomben.

Anfang Februar sucht Bush Stimsons Berater Bundy auf, um ihm vorzuschlagen, ein Komitee zur Beratung des Kriegsministers zu gründen. Vorsitzender könnte ein Vertrauter Stimsons sein, George L. Harrison, der Präsident der New York Life Insurance Company. Außerdem sollten im Ausschuß Wissenschaftler vertreten sein, jedoch nur solche, die wie Tolman und Smyth nicht unmittelbar am Projekt arbeiteten. Nun sei wirklich Eile geboten, erklärt Bush, da das Ende der Atomwaffenentwicklung bevorstehe und bald entschieden werden müsse. Zwei Wochen später hat Stimson Bushs Vorschlag zugestimmt.

Nachdem Bush vom Erfolg der Konferenz in Yalta gehört hat, auf der sich die drei Regierungschefs, Stalin, Churchill und Roosevelt geeinigt hatten, im April die Gründungskonferenz für die Vereinigten Nationen einzuberufen, unternimmt er einen neuen Vorstoß. Ihm scheint die Zeit gekommen, die Frage internationalen Austauschs wissenschaftlicher Informationen, besonders von Informationen militärischer Bedeutung, in die Charta der neuen Organisation aufzunehmen. Er zeigt Stimson einen Brief an Roosevelt, in dem er das vorschlägt. Doch Stimson meint, die Atomenergie sollte vorerst ausgelassen werden.

Am 15. März endlich findet Stimson Gelegenheit, dem aus Yalta zurückgekehrten Präsidenten über die anstehenden Entscheidungen auf dem Gebiet der Atomenergie vorzutragen. Stimson hat den Eindruck, als habe Roosevelt die Priorität politischer Entscheidungen vor der militärischen Anwendung der Atombomben verstanden. Doch in den letzten vier Wochen von Roosevelts Leben geschieht nichts.

EIN WELTBÜRGER REIST IN DIE PROVINZ

Unabhängig von Bush, und nur mit den Möglichkeiten des Außenseiters ausgestattet, nahm sich Szilard des Problems an. Während des Krieges arbeitete er im MET Lab in Chicago. Dort hätte er, wie sein Freund Wigner bemerkte, die Atombombe alleine entwickelt, wäre es nur um Ideen gegangen.

Szilard ist Einzelkämpfer. Wie er schon 1939 versucht hatte, das amerikanische Atombombenprojekt über persönliche Kontakte zur politischen Führungsspitze einzuleiten, sucht er nun Mittel und Wege, zu denjenigen vorzudringen, die nach seiner Ansicht den Mißbrauch der Atomtechnologie verhindern können. Wer aber kann das für einen Mann von Szilards Format anders sein als der Präsident der Vereinigten Staaten. Und obwohl man sich in Chicago redlich bemüht hatte, Szilard wie die anderen über das Jeffries Committee im Glauben an den Dienstweg und an den Sieg der politischen »Vernunft« anzuketten, half das wenig. Szilard ist kein Mann der Institutionen. Er bedient sich ihrer.

Von ihm ist der Sarkasmus überliefert, er halte viel vom demokratischen Prinzip, daß ein Idiot soviel wert sei wie ein Genie. Die Grenze ziehe er jedoch dort, wo man folgere, zwei Idioten hätten mehr zu sagen als ein Genie.

Ohne selbst offiziellen Status zu haben oder einen anderen Auftrag als den seiner Gedanken, hofft Szilard, die politischen Führer der Nation mit Vernunft zu infizieren. Und wer könnte besser geeignet sein, Szilards Plänen die notwendige Aufmerksamkeit zu verleihen als Einstein, der noch einmal seinen Mythos herleihen soll. Der alte Einstein ist einverstanden und schreibt am 25. März 1945 in einer Empfehlung an den Präsidenten, Szilard sei »sehr besorgt über den mangelnden Kontakt zwischen Wissenschaftlern, die diese Arbeit machen, und den Kabinettsmitgliedern, die für den Entwurf der Politik verantwortlich sind. Unter diesen Bedingungen«, fährt Einstein fort, »halte ich es für meine Pflicht, Dr. Szilard diese Einführung zu geben und ich hoffe, daß Sie seiner Darstellung des Sachverhalts Ihre persönliche Aufmerksamkeit schenken.«

Szilards Anregung, die Wissenschaftler sollten sich mit den politischen Konsequenzen ihrer Arbeit auseinandersetzen, geht bis zum Herbst 1942 zurück. Dann schrieb er Anfang 1944 an Vannevar Bush, um diesen zu drängen, die Arbeiten zu beschleunigen. Szilard meinte, die Bomben müßten noch vor Kriegsende fertiggestellt werden. Für ihn konnte nur die Anschauung ihrer ungeheuren Zerstörungskraft die Öffentlichkeit zu einer politisch neuartigen Vorstellung bewegen: Nicht mehr nationales Monopol, sondern Internationalisierung der Kontrolle war für Szilard die Gewähr für einen dauerhaften Frieden.

Im Frühjahr 1945 faßt Szilard seine Gedanken in einem Memorandum zusammen, das als Unterlage für das Gespräch mit Präsident

Roosevelt dienen soll. Er geht von der besonderen Verwundbarkeit der Vereinigten Staaten gegen Atomangriffe aus. Deren dichtbesiedelte Industriegebiete lassen es geboten erscheinen, daß gerade die Vereinigten Staaten die Verbreitung von Atomwaffen zu verhindern suchten. Daher muß vor der militärischen Entscheidung über den Gebrauch der Atombomben die weiterreichende Nachkriegspolitik internationaler Kontrolle festgelegt sein. Für Szilard scheint der günstigste Augenblick zu Verhandlungen mit der Sowjetunion nach der Demonstration der neuen Waffe zu kommen. Daher muß die gegenwärtige technische Entwicklung schnell abgeschlossen werden. Wenn die Verhandlungen mit der Sowjetunion ergebnislos blieben, können die Vereinigten Staaten ihr nationales Atomwaffenarsenal weiterentwickeln. Ohne daß Szilard es ausdrücklich erwähnt, bedeutet das die Wasserstoffbombe.

Szilards Gespräch mit dem Präsidenten kommt nicht zustande. Der Präsident stirbt am 12. April 1945. Sein Nachfolger Harry S. Truman ist nicht in das Atombombenprojekt eingeweiht.

Doch Szilard gibt nicht auf. Von Chicago aus sucht er neue Beziehungen anzuknüpfen. Ein junger Mathematiker, der in Trumans »Wahlkampfapparat« mitgearbeitet hatte, wird nach Kansas geschickt. Er muß Trumans politische Berater überzeugen, jemand aus dem Chicagoer Labor habe mit dem Präsidenten über eine Angelegenheit größter politischer Tragweite zu reden. Die Nachricht gelangt bis zu Truman, der auf seinen Sekretär verweist. Als Szilard mit einem stellvertretenden Dekan der Universität Chicago in Washington aufkreuzt, wird er an einen engen politischen Freund Trumans verwiesen, den Provinzpolitiker James F. Byrnes. Der hält sich gerade in Spartansburg in Südkarolina auf. Szilard ruft noch Harold Urey in New York an, der ähnliche Vorstellungen wie er hat, und bittet ihn mitzukommen. So durch einen stellvertretenden Dekan und einen Nobelpreisträger aufgewertet, begibt sich Szilards Expedition nach Südkarolina in die Provinz.

Der zukünftige Außenminister Byrnes war oberflächlich über das Atombombenprojekt informiert. Szilard stellt erschreckt fest, daß ein so einflußreicher Politiker in der Atombombe offensichtlich nichts anderes als eine schöne neue Waffe sieht. Szilard berichtete später über dieses Gespräch vom 26. Mai 1945: »Russische Truppen waren in Ungarn und in Rumänien einmarschiert; Byrnes dachte, daß es sehr schwierig sein würde, Rußland zu überzeugen, diese Truppen wieder aus diesen Ländern zurückzuziehen, und daß man

Rußland eher beeinflussen könnte, wenn es durch die amerikanische Militärmacht beeindruckt sei.« Szilards Gefühl für »politische Proportion« ist verletzt. Byrnes führt ihm bereits vor, wie Atomwaffen zu einem der konventionellen Rüstung gleichrangigen Machtmittel werden, dessen Gebrauch besonders verlockend ist, da es absolute Macht zu versprechen scheint. Szilard fährt fort: »Zu diesem Zeitpunkt war ich besorgt, daß wir einen Rüstungswettlauf zwischen Amerika und Rußland einleiteten, der in der Zerstörung beider Länder enden könnte, wenn wir die Bombe im Krieg gegen Japan demonstrierten und benutzten. Ich war zu dieser Zeit *nicht* bereit, mich damit zu befassen, was mit Ungarn geschehen würde.«

Szilard referiert nun über die technischen und damit die politischen Besonderheiten der Atomenergie, was Byrnes zu dem Kommentar veranlaßt, heutzutage benötige offensichtlich jedermann seinen eigenen Physiker. Auch Byrnes scheint nicht überzeugt zu sein, daß es Atombomben bedürfe, um den Krieg mit Japan militärisch zu beenden. Für ihn sind sie Machtmittel in der sich abzeichnenden Auseinandersetzung mit Rußland. Und er hat den Eindruck, als verständen Szilard und seine Begleiter die Regierungspolitik über den Gebrauch der Bombe nicht genügend. Byrnes hält Szilards Vorschlag, »Wissenschaftler, er selbst eingeschlossen, sollten die Angelegenheit mit Kabinettsmitgliedern besprechen, für nicht wünschenswert.« Byrnes fügt seinen persönlichen Eindruck hinzu. »Sein (Szilards) allgemeines Benehmen und sein Wunsch, bei der Formulierung der Politik mitzuwirken, machten auf mich einen ungünstigen Eindruck, aber seine Begleiter waren weder so aggressiv noch offensichtlich so unzufrieden wie er.«

So trügt Szilards Eindruck, bei Byrnes nichts erreicht zu haben, wirklich nicht. Obwohl seine Begleiter auf Byrnes einen besseren Eindruck machten, ist es einer von ihnen, Bartsky, der anschließend von Groves wegen Szilards Eigenmächtigkeit zur Rede gestellt wird. Wahrscheinlich weiß Groves, daß er keine Chance hat, Szilard zu beeindrucken.

General Groves und der Kriegsminister hatten inzwischen den neuen Präsidenten über die Entwicklung im Manhattan Projekt informiert: Bis zum 1. August 1945 plante man die Uranbombe fertigzustellen; die Plutoniumbombe, deren Prototyp noch getestet werden mußte, sollte einen Monat später bereitstehen. Japan ist Ziel beider Bomben.

Zur Beratung der Exekutive in Fragen der Atompolitik schlägt

Stimson dem Präsidenten vor, einen Ausschuß zu berufen, der bis zur Verabschiedung eines Atomenergiegesetzes durch die Volksvertretung im Amt bleiben soll. Der Präsident stimmt zu. Anfang Mai werden die Mitglieder des sogenannten »Interim Committee« ernannt. Stimson ist Vorsitzender, der Versicherungsmanager Harrison sein Stellvertreter, Bush, Conant und Karl T. Compton, der ältere Bruder von Arthur Holly, sind Mitglieder. Dazu kommen zwei hohe politische Beamte des Marine- und des Außenministeriums, Ralph A. Bard und William L. Clayton. Byrnes ist persönlicher Vertreter des Präsidenten im Ausschuß.

In die Beratungen des Ausschusses sollen auch die Stimmen der Wissenschaftler einfließen. Conant und Bush meinen, als Administratoren liefen sie Gefahr, einseitige Interessen zu vertreten. Sie schlagen daher vor, dem Ausschuß einen »wissenschaftlichen Beirat«, den sogenannten »Scientific Panel« zuzuordnen. Durch Oppenheimer, Fermi, Arthur Holly Compton und Lawrence sollten in diesem Beirat die Meinungen der Wissenschaftler zur Geltung gebracht werden.

DICKER MANN UND DÜNNER MANN

General Leslie R. Groves wäre ein schlechter Projektleiter gewesen, hätte er eine so entscheidende Sache wie den Transport und den Abwurf der beiden Bomben zwei beliebigen Piloten überlassen. Schon lange bevor der Höhepunkt der technischen Schwierigkeiten überwunden war, auf dem sich das Projekt im Sommer 1944 befand, hatte er im Frühjahr den Fliegergeneral Arnold aufgesucht, um mit ihm die fliegerischen Probleme der sogenannten »Lieferung« zu besprechen. Groves konnte sich, in seinen eigenen Worten, nicht den »Luxus leisten, den Beweis für die Richtigkeit eines Schrittes abzuwarten, bevor (er) den nächsten tat«. Mit Umsicht bereitete er den Einsatz der neuen Waffe vor, »die im Grad oder der Plötzlichkeit ihrer Wirkung« unvergleichbar sein würde, ein Jahr »bevor (er) wußte, daß (die USA) eine Atomexplosion herbeizuführen vermochten«.

Bei der Uranbombe, dem Geschoßtyp, die liebevoll auch »dünner Mann« oder auch »kleiner Junge« genannt wurde, waren Abmessungen und Gewicht schon lange vorher bekannt. Nicht so bei der Plutoniumbombe, dem »dicken Mann«, deren Zündungsmechanismus und damit Spezifikationen erst in letzter Minute feststanden.

Vorauszusehen war jedoch, daß sie nicht in herkömmliche Bomber passen würde. Nach Beratung mit seinen Wissenschaftlern entschließt sich Groves, umgebaute B-29 Bomber als Trägerflugzeuge zu nehmen. Als der Fliegergeneral Arnold fragt, was geschehe, wenn sich die B-29 als zu klein erweisen würde, meint Groves, dann würde Churchill britische Maschinen »sicherlich mit Freuden zur Verfügung stellen«. Er trifft Arnolds amerikanisches Fliegerherz an seiner empfindlichsten Stelle. Patriotismus hatte Groves, wie er behauptet, auch als taktischen Bestandteil seiner Beziehung zur Luftwaffe eingeplant. Arnold habe unverzüglich geantwortet, »er wünsche, daß ein amerikanisches Flugzeug die Bombe abwerfe; die Air Force würde keine Anstrengungen scheuen, dafür zu sorgen, daß wir eine B-29 bekämen, die den Angriff zu führen imstande sein würde.«

General Arnold ernennt Generalmajor Oliver P. Echols als Verbindungsmann zum Luftwaffenstab, und Echols zieht wiederum Oberst Roscoe C. Wilson zu seinem Stellvertreter heran. Wie sich Groves erinnert, war Roscoe C. Wilson eine höchst »glückliche Wahl; seine persönliche und berufliche Kompetenz verbürgte die für unseren Erfolg so wichtige reibungslose Zusammenarbeit«.

Dank des Ehrgeizes der Luftwaffe, Maschinen und Personal für die »Lieferung« der entscheidenden und so neuartigen Waffe zu stellen, entwickelt sich auch die sachliche Zusammenarbeit zu aller Zufriedenheit. Trotz der angespannten Lage auf dem pazifischen Schauplatz, in der die Luftwaffe mit pausenlosem Bombardement der japanischen Inseln nun einen größeren Anteil an den Kriegslasten zu tragen hat, wird eine eigene, aus annähernd zweitausend Mann bestehende Staffel nur für den Atombombenangriff vorbereitet. Bis Ende September sollen drei, bis zum Jahresbeginn 1945 vierzehn der umgebauten B-29 verfügbar sein. Ab Januar wird eine ganze Serie stark verbesserter B-29 mit Einspritzmotoren und elektrisch umstellbaren Propellern ausgeliefert, weitere vierzehn Ersatzmaschinen werden gerade hergestellt. Groves' Hinweis auf die britischen Maschinen hatte genügt, die Luftwaffe nicht mehr kleinlich an Beschaffungsprobleme denken zu lassen.

Im Herbst 1944 wird auch begonnen, den eigentlichen Bombenabwurf im Südwesten der Vereinigten Staaten zu üben. Trainiert wird mit großen Sprengbomben, die dem »dicken Mann« ähneln. Besonders wird auf die für den Atombombenabwurf notwendige spezielle Boden- und Lufttechnik geachtet. Das entscheidende Manöver, das unmittelbar nach dem Abwurf eingeleitet werden muß, um die Maschine der Explosionswirkung der Atombombe zu entziehen, wird in aller fliegerischen Gründlichkeit erprobt.

Mit Oberst Paul W. Tibbets bekommt der Verband einen Kommandeur, über den sich Groves noch zwanzig Jahre nach den Ereignissen in Superlativen äußert, die Oppenheimer und seine Kollegen als Randfiguren erscheinen lassen. Und doch meint Groves mit der Auswahl der anderen Offiziere einen schweren Fehler begangen zu haben. Es seien zuwenig aktive Offiziere dabei gewesen. Denn mit dem Übergang ins Zivilleben seien die meisten Träger der Atombombentradition der amerikanischen Luftwaffe verloren gegangen. Sechzehn Jahre nach Hiroshima waren nur noch Tibbets, der Bombenschärfer Ashword und zwei Bombenschützen im aktiven Dienst. Auch wenn der Abwurf über Nagasaki der letzte Kriegseinsatz einer Atombombe gewesen war, war es nach Groves »doch ein höchst unglücklicher Umstand, daß (die USA) in den Nachkriegsjahren nicht über so viel Männer wie möglich verfügten, die mit Atombomben im Ernstfall Erfahrung besaßen«.

Nachdem im Südwesten der Vereinigten Staaten mit Übungsbomben nichts mehr zu lernen ist, wird die 393. Bomberstaffel auf das »Battista Field« nach Kuba verlegt, um dort das Training durch Bombenabwürfe nach Sicht und nach Radar zu ergänzen. Um die Ausbildung zu verschärfen, werden die Besatzungen an Einzelflüge gewöhnt. Wie Groves ausdrücklich betont, geschieht das nicht, um die spätere Einsatztaktik vorwegzunehmen, sondern aus Unsicherheit, ob die Begleitflugzeuge später in Japan das Bombenflugzeug auch über die ganze Strecke eskortieren könnten. Das hat sich, in Groves' Worten, später als »außerordentlich glückliche Maßnahme« erwiesen. Denn sie hat den für den Einsatz verantwortlichen General Curtis LeMay in die Lage versetzt, von seiner üblichen Taktik abzuweichen. Statt wie üblich in Geschwadern flogen die beiden Atombombenflugzeuge einzeln an und narrten so die Abwehr: Es gab noch nicht einmal Fliegeralarm, da niemand Gefahr vermutete.

Der Retter Kiotos

Am 2. Mai 1945 tagt ein Ausschuß, der die Bombenziele in Japan auszuwählen hat. Er besteht aus drei Vertretern der Arnoldschen Dienststelle und vier Angehörigen des Manhattan Engineer Districts, darunter die Wissenschaftler John von Neumann, Penney und Wilson. Groves, der die Sitzung einberufen hat, sagt, daß für »little boy« und »fat man« Ziele ausgesucht werden müßten. Das ist komplizierter als es zunächst den Anschein hat. Eine Reihe technischer Faktoren müssen berücksichtigt werden: Langstreckenleistung der bis an die Grenzen ihrer Leistungsfähigkeit beladenen B-29, Rückflugmöglichkeiten zur Basis, Sichtbedingungen beim Abwurf, Wetterbedingungen über dem Ziel, Topographie des Ziels, damit sich die Wirkung der Bombe optimal entfalten kann. Die Ziele müssen so liegen, daß bei schlechten Wetterverhältnissen über einem Ziel, noch zwei Ersatzziele angeflogen werden können. Die Ziele sollen wichtige Militärbasen enthalten, und für die Rüstungsproduktion wichtig sein. Außerdem, so ergänzt Groves, dürften die Ziele noch nicht zu sehr durch die Spreng- und Brandbombengeschwader LeMays zerstört sein. Das verringert den Eindruck von Zerstörung. Schließlich müssen die Ziele eine bestimmte Mindestgröße haben, damit die Wirkung der Atombomben noch innerhalb des Stadtbereiches bis auf Null absinken und damit voll vermessen werden kann. Nach Beratungen, die der Schwierigkeit der Aufgabenstellung entsprechend gründlich sind, einigt sich der Ausschuß auf vier Ziele: 1. Das Gebiet von Kokura, 2. Hiroshima, 3. Niigata und 4. Kioto. Die Auswahl jedes dieser Ziele und die Angriffsbedingungen werden schriftlich begründet.

Groves will nun mit Generalstabschef Marshall einen Verfahrensplan aufstellen, der sich auf die Empfehlungen des »Bomben«-Beratungskomitees stützt. Als er Kriegsminister Stimson in einer anderen Angelegenheit aufsucht, fragt der Minister nach den Zielen. Groves antwortet, der Bericht für den Generalstabschef sei fertig. Er hoffe, ihn am nächsten Morgen General Marshall vorlegen zu können. Doch Stimson will den Bericht sofort sehen. Groves versucht sich herauszuwinden: Wie nach dem Dienstweg üblich, will er den Bericht erst Marshall vorlegen und mit diesem besprechen. Schließlich handle es sich um eine militärisch operative Angelegenheit und nicht um eine politische. Stimson bleibt hartnäckig: Das sei nicht Marshalls, sondern seine Entscheidung. Groves solle endlich den Bericht herausgeben. Groves sagt, es würde aber einige Zeit dauern, bis er den Bericht holen könne. Stimson beruhigt ihn: Er habe den ganzen Vormittag Zeit, außerdem könnte Groves ja sein Telefon benutzen und den Bericht bringen lassen.

Als der Bericht endlich da ist, und Stimson ihn überflogen hat, spricht er sich sofort gegen Kioto aus. Groves erwidert, der Minister möge sich doch erst einmal in der Begründung ansehen, wieso Kioto auf die Liste gekommen wäre. Das sei nicht nötig, entgegnet Stimson, seine Weigerung Kioto freizugeben, stehe fest: Es handelt sich um eine historische Stadt, die für die Japaner große religiöse Bedeutung hat. Ihre Zerstörung ist ein Verbrechen gegen die alte japanische Kultur.

Groves läßt nicht locker. Kioto hat über eine Million Einwohner, ist praktisch unzerstört und enthält wahrscheinlich eine große Zahl kleiner Rüstungsbetriebe. Sämtliche Friedensindustrien Kiotos wurden auf Kriegsproduktion umgestellt und erzeugen riesige Mengen kriegswichtiger Güter. Außerdem macht die große Ausdehnung Kioto zu einem geradezu idealen Objekt, an dem man das Absinken der Bombenwirkung vom Explosionszentrum bis zu den Rändern genau verfolgen kann. Das soll der Minister auch bedenken.

Stimson beharrt auf seiner Weigerung. Groves geht in Marshalls Büro, um diesen zur Unterstützung seines Anliegens heranzuziehen. Doch Marshall verhält sich vorsichtig. Er widerspricht dem Kriegsminister nicht, äußert sich jedoch auch nicht »zugunsten« Kiotos. Groves ist von Marshalls Gleichgültigkeit enttäuscht. Marshall meine wohl, »Kioto oder nicht, das bedeute keinen wesentlichen Unterschied«.

Nun versucht der Kriegsminister seinen Generälen klarzumachen, daß auch bei sachlich gerechtfertigter Auswahl der Objekte die »geschichtliche Stellung bestimmend ist, die die Vereinigten Staaten nach dem Krieg einnehmen« würden; es dürfe keine Entscheidung getroffen werden, die dieser Position irgendwie schaden könnte.

Doch Groves möchte Kioto immer noch nicht von seiner Liste streichen. Er wiederholt, daß diese Stadt ein ideales Demonstrationsobjekt sei; ausgedehnt, weitgehend unzerstört, mit vielen Rüstungsbetrieben. In dieser Hinsicht, meint er, sei Hiroshima nicht »annähernd so befriedigend«. Mehrfach dringt er später darauf, Kioto doch nicht einfach so früh zu streichen. Doch Stimson beharrt auf seinem Standpunkt. Als der Kriegsminister in Potsdam ist, versucht es Groves mit dessen Stellvertreter Harrison. Doch Stimson läßt kabeln, er mißbillige Groves Hartnäckigkeit, außerdem stütze der Präsident Stimsons Auffassung.

Damit war die Angelegenheit erledigt. Anstelle Kiotos kam Nagasaki auf die Liste. Die Ziele wurden nun von den systematischen Verwüstungsangriffen der amerikanischen Bomberflotten ausgenommen. Man wollte die Wirkung der Atombomben an unzerstörten Zielen eindrucksvoller demonstrieren. Und etwa sechs Wochen nach Stimsons Entscheidung fiel Groves ein Grund ein, Kioto doch wieder auf seine Liste zu setzen. Es würde andernfalls durch herkömmliche Spreng- und Brandbomben der Geschwader LeMays vernichtet, was der Kriegsminister ja ausdrücklich unterbinden wollte. Ob es Groves' letzte Hoffnung war oder nicht: Er wurde zum »Retter Kiotos«.

Fachberater des Todes

Am 8. Mai 1945 kapitulierte das Oberkommando der deutschen Wehrmacht. Der Krieg in Europa war zu Ende. Doch der Krieg im Pazifik wurde zum Alptraum für die Amerikaner. Japan erlitt nun zwar eine Niederlage nach der anderen, doch waren die Sieger noch weit entfernt, außer durch Bombenangriffe, den Krieg in das Zentrum des Widerstands, das japanische Mutterland hineinzutragen. Der Krieg zog sich über Tausende von Kilometern leerer, nur von Inselgruppen durchbrochener Wasserfläche hin. Beide Seiten kämpften unter großen Verlusten um winzige Inseln, ohne andere Bedeutung als eine geographische Lage, die ihren Besetzern erlaubte, einen kleinen Sektor der pazifischen Weiten zu kontrollieren. Im Februar 1945 hatte General McArthur Manila erobert, Iwo Jima war im März gefallen. Die Eroberung von Okinawa, der Pforte zu den japanischen Inseln, hatte 120 000 Japanern und 80 000 Amerikanern das Leben gekostet. Die Städte Japans lagen nun fast offen unter den Visieren der amerikanischen Bombenschützen.

Sie werden systematisch mit Brand- und Sprengbomben verwüstet, jedoch ohne den Widerstandswillen der Bevölkerung zu brechen. Anfang März werden große Teile Tokios von einem Brandbombenangriff vernichtet. In der Innenstadt wird ein Areal von 25 Quadratkilometern in einer Feuersbrunst zerstört, die hunderttausend Menschen das Leben kostet und eine Million obdachlos macht.

Die japanische Kriegsmarine ist zu offensiven Aktionen unfähig. Die Seeblockade schneidet Japan von seinen lebenswichtigen Versorgungslinien ab. In der Luft und auf dem Wasser ist die Überlegenheit der Amerikaner absolut.

Im Frühjahr befindet sich die Versorgung Japans mit Nahrungsmitteln vor dem Zusammenbruch. Doch auf den Inseln stehen noch etwa zwei Millionen unbesiegter Soldaten bereit. Die Todesbereitschaft und den Kampfeswillen der Japaner hatten die amerikanischen Truppen bei den Kämpfen auf den pazifischen Inseln unter großen Verlusten fürchten gelernt. In letzter verzweifelter Gegenwehr bedrohen Kamikazeflieger die amerikanische Flotte. Die militärische Führung Japans scheint entschlossen, den Kampf bis zum letzten Mann fortzusetzen, obwohl Japan nach traditionellen militärischen Maßstäben so gut wie besiegt ist.

Am 31. Mai und 1. Juni 1945 trifft sich das »Interim Committee«, das die Regierung der Vereinigten Staaten in Fragen der Atompolitik zu beraten hat, im Kriegsministerium in Washington. Anwesend sind alle Mitglieder des Ausschusses, Stimson, Harrison, Byrnes, Bard, Clayton, Bush, Conant und Karl T. Compton, und die des wissenschaftlichen Beirats, des »scientific panel«, Oppenheimer, Lawrence, Fermi, und A. H. Compton. Außerdem sind noch die Generäle Groves und Marshall und mit Bundy und Page zwei Beamte des Kriegsministeriums vertreten.

Es geht zunächst um die Formulierung der amerikanischen Atompolitik. Wie lange kann das Atombombenmonopol aufrechterhalten werden und welche Konsequenzen ergeben sich daraus für die Beziehungen zu Rußland? Wie soll man nach dem Krieg mit der Entwicklung der Atomenergie verfahren? Wieweit wird die Sicherheit der Vereinigten Staaten bei einem Austausch wissenschaftlicher Informationen mit anderen Ländern beeinträchtigt? Soll Rußland vor einem Abwurf der Atombomben informiert werden oder nicht? Über diese Fragen wird zunächst ausführlich beraten. Arthur Holly Compton schreibt später zur naheliegenderen und entscheidenderen Frage der Verwendung der Atombombe: »Während der ganzen Vormittagssitzung schien es bereits festzustehen, daß die Bombe eingesetzt werden würde. Unterschiedliche Ansichten wurden nur über Einzelheiten der einzuschlagenden Strategie und Taktik geäußert.«

Der Abwurf ist beschlossene Sache. Am Nachmittag geht es mit der Klärung der technischen Fragen weiter. Ein Referat Oppenheimers beschreibt, wie ein gutes Ziel aussehen sollte. Die größte Wirkung hat eine Höhenexplosion. Damit die Wirkung der Bombe gut zur Geltung kommt, muß das Ziel aus möglichst vielen verschiedenen Gebäudetypen bestehen, von massiven Stein- und Betonhäusern der Zentren bis zu den sich anschließenden leicht brennbaren Wohnhäusern aus Holz. Die unmittelbare Wirkung der Bombe, die Explosion, wird dann durch die Hitzewelle ergänzt, eine Feuersbrunst verstärkt die Zerstörung, und schließlich kommt noch die Wirkung der Radioaktivität auf Menschen, die erst nach Stunden, Tagen oder Wochen zu Siechtum und Tod führen wird. Vom Kriegsminister wird Oppenheimer gefragt, wieviele Menschen etwa bei einem Angriff ums Leben kommen würden. Der Wissenschaftler meint, mit etwa zwanzigtausend Toten pro Bombe rechnen zu müssen. Das ist nicht mehr als bei einem der häufigen Großangriffe mit gewöhnlichen Spreng- und Brandbomben. Oppenheimer gibt damit, wie Arthur Holly Compton betont, auf eine technische Frage eine technische Antwort.

Auch Oppenheimer sieht später seine Rolle nicht anders. Er empfand zwar entsetzliche Skrupel, daß siebzigtausend Menschen in Hiroshima umgekommen sind, doch sei die Mission nötig und ein voller »technischer« Erfolg gewesen. Der Kriegsminister fragte ihn nach den Argumenten der Wissenschaftler. Und Oppenheimer trug Argumente vor, die für den Abwurf der Bomben sprachen und solche, die dagegen sprachen. Seine eigentliche Aufgabe, so betont er, war ein Abwägen der sachlichen Faktoren, und nicht, in einer subjektiven Meinung einen ethischen Standpunkt zu vertreten.

Später wurde von Arthur Holly Compton behauptet, es sei auch kurz über die Möglichkeit einer unblutigen Demonstration der Atombombe gesprochen worden, der Plan jedoch fallengelassen worden, als sachliche Gründe dagegen sprachen. Der Historiker Arthur Steiner hat Gründe dafür zusammengetragen, daß sich Compton irrte. Die Frage der Demonstration tauchte erst später auf. So berichtet das offizielle Protokoll:

»Nach einer ausgedehnten Diskussion über die verschiedenen Ziele und die darin erzeugten Wirkungen, faßte der Kriegsminister zusammen, daß allgemeine Übereinstimmung bestand, daß wir die Japaner nicht warnen könnten; daß wir uns nicht auf ein ziviles Gebiet konzentrieren sollten; aber daß wir einen gründlichen psychologischen Eindruck (!) auf so viele Einwohner wie nur möglich machen sollten. Auf Vorschlag von Dr. Conant stimmte der Kriegsminister zu, daß das beste Ziel eine entscheidende Kriegsfabrik sei, die viele Arbeiter beschäftige und von einer großen Zahl von Arbeiterwohnungen umgeben sei.«

Nur ein Schuss vor den Bug?

Von den Beratungen des Interim Committee kehrte Arthur Holly Compton nach Chicago zurück. Wie im Protokoll steht, durften er, wie auch Oppenheimer, Lawrence und Fermi, »ihren Leuten erzählen, daß ein Interim Committee vom Kriegsminister bestimmt worden war, . . . das die Probleme der Kontrolle, Organisation, Gesetzgebung und Öffentlichkeit behandelte. Die Identität der Mitglieder dieses Committees sollte nicht enthüllt werden. Die Wissenschaftler (Fermi, Oppenheimer, Lawrence und Compton) durften erklären, daß sie mit dem Komitee zusammengetroffen seien und vollkommen unbehindert ihre Ansichten zu jedem Teil der Angelegenheit vortragen konnten.« Im Protokoll ist festgehalten, daß »sie bei ihren Leuten den deutlichen Eindruck hinterlassen sollten, die Regierung zeige das größte Interesse an diesem Projekt.«

Das tat Arthur Holly Compton im MET Lab in Chicago. Soweit es ihm die Geheimhaltungsvorschriften erlaubten, berichtete er über die Empfehlungen des Ausschusses. In den Chicagoer Labors herrschten, angeregt durch Szilards Berichte vom Treffen mit Byrnes, Unruhe und Sorge über die so offensichtlich falsche Regierungspolitik. Diese Besorgnis verstärkte sich durch Comptons Beschwichtigung, die Ansichten der Wissenschaftler würden durch Oppenheimer, Fermi, Lawrence und ihn selbst vertreten. Also durch Repräsentanten der Wissenschaft, die nicht von den Wissenschaftlern gewählt, sondern von Regierungsbeauftragten dazu bestimmt worden waren. Ehrenwerte Leute zwar, deren Position als Projektleiter und deren Stellung zu militärischen Vorgesetzten sie jedoch in zweifelhafte Abhängigkeiten brachten. Um diese Unruhe unter seinen Chicagoer Wissenschaftlern zu besänftigen, schlägt Compton vor, sie sollten ihre Meinungen zur Atompolitik zusammenfassen, deren Ergebnisse dann in die offiziellen Beratungen der Regierung einfließen würden.

Sofort bilden sich mehrere Gruppen, die über verschiedene Aspekte der Atomenergie arbeiten. Die wichtigste dieser Gruppen wird von dem aus Deutschland vertriebenen Nobelpreisträger James Franck geleitet. Unter Mitarbeit von Hughes, Nickson, Rabinowitch, Seaborg, Sterns und Szilard befaßt sich Francks Gruppe mit den politischen und gesellschaftlichen Problemen der Atomenergie.

Spezifisch für die Argumentation des innerhalb einer Woche entstandenen »Franck Reports« ist die Abwägung langfristiger politischer Nachteile gegenüber kurzfristigen militärischen Vorteilen der Anwendung von Atombomben. Das im wissenschaftlichen Beirat und im Interim Committee stillschweigend als »gelöst« behandelte Problem des Bombeneinsatzes wird wieder aufgerollt und um die Frage seiner Konsequenzen für die Nachkriegszeit erweitert.

Die Autoren gehen davon aus, daß Amerikas Atomwaffenmonopol nicht dauerhaft sein kann. Es folgt die Liste der bekannten, den Vereinigten Staaten aus einem nuklearen Wettrüsten entstehenden Nachteile. Amerikanische Sicherheitsinteressen sprechen dafür, ein solches Wettrüsten zu vermeiden. »Der einzige Schutz« vor Atomwaffen, erklärt der »Franck Report«, kann aus der politischen Organisation der Welt kommen. Unter allen Argumenten für eine wirksame internationale Organisation zur Sicherung des Friedens ist die Existenz von Atomwaffen das zwingendste.« Wenn die Vereinigten Staaten langfristige Sicherheit wollen, kann der unangekündigte Einsatz von Atomwaffen »leicht alle unsere Erfolgschancen zerstören«. Daher sollen die Vereinigten Staaten die neue Waffe vor Vertretern aller Mitgliedsländer der Vereinten Nationen in einer Wüste oder auf einer unbewohnten Insel demonstrieren. Diese eindrucksvolle Demonstration kann den Vorschlag zu internationaler Kontrolle unterstützen. Nach einem vergeblichen Ultimatum an Japan, den Krieg sofort zu beenden, könnte sogar die Unterstützung der Weltöffentlichkeit für den Abwurf über Japan gewonnen werden.

Falls jedoch die Regierung die Möglichkeiten internationaler Kontrolle pessimistisch einschätzen würde, sehen die Autoren des »Franck Reports« noch stärkere Argumente« gegen den Einsatz der neuen Waffe. Da ein Rüstungswettlauf mit Atomwaffen dann unvermeidbar wäre, läge es im Interesse der Vereinigten Staaten, den Zeitpunkt, an dem dieses Wettrüsten eingeleitet würde, so weit als möglich herauszuschieben. »Ganz unabhängig von irgendwelchen humanitären Überlegungen«, ist es für die Vereinigten Staaten dann wichtig, ihren Kernwaffenvorsprung weiter unter dem Schutz des Geheimnisses um die Existenz von Atomwaffen auszubauen. Über Japan abgeworfene Atomwaffen werden die anderen Länder, vor allem die Sowjetunion, nur unnötig alarmieren und den Zeitpunkt dieses Wettrüstens zu Ungunsten der Vereinigten Staaten vorverlegen. Insgesamt überwiegen die langfristigen politischen Nachteile eines unangekündigten Atomwaffeneinsatzes über Japan die kurzfristigen Vorteile bei weitem.

Das Mißtrauen gegenüber den von ihnen nicht gewählten »Vertretern der Wissenschaftler« ist in Chicago weit gediehen. Der »Franck Report« ist nicht an das Interim Committee oder seinen wissenschaftlichen Beirat adressiert, sondern trägt den Titel: »Ein Bericht für den Kriegsminister – Juni 1945.« Die Chicagoer Wissenschaftler mißtrauen dem wissenschaftlichen Beirat zu Recht. Zugleich täuschen sie sich jedoch in der Bereitschaft der politischen Führung des Kriegsministeriums, auf ihre Überlegungen einzugehen.

Der »Franck Report« wird am 12. Juni 1945 von Franck, Compton und Hillberry, einem stellvertretenden Leiter des Chicagoer Labors, bei George L. Harrison, dem Vertrauten des abwesenden Kriegsministers, hinterlegt.

MIT DEM SEGEN DER WISSENSCHAFT

Der Bericht gelangte zunächst nicht an den Kriegsminister oder an das Interim Committee, sondern wurde von Harrison an den wissenschaftlichen Beirat geschickt. Hier sollten sich die Wissenschaftler, Compton, Fermi, Oppenheimer und Lawrence mit den Argumenten ihrer Kollegen in Chicago auseinandersetzen. Erst mit deren Kommentar versehen, wissenschaftlich gefiltert also, sollte der »Franck Report« dem Interim Committee vorgelegt werden. Am 16. Juni 1945 setzen sich, wie der amerikanische Historiker Arthur Steiner nachgewiesen hat, die vier Mitglieder des Beirats erstmals ausführlich mit dem Gedanken einer unblutigen Alternative des geplanten Atomwaffeneinsatzes über Japan auseinander. Der Ort der Beratung ist Los Alamos, die Stadt, in der gerade die Vorbereitungen zum ersten Test eines atomaren Sprengsatzes abgeschlossen werden.

Oppenheimer, Fermi, Lawrence und Compton beraten über Alternativen. Für sie stehen die ihnen naheliegenden technischen Probleme im Vordergrund. Eigentlich ist das selbstverständlich. Denn sie sind wissenschaftliche Berater, und nicht ein Komitee, das über die politischen Konsequenzen zu beraten hat. Die politische Behandlung des Problems ist Aufgabe des Interim Committee, die letzte politische Entscheidung liegt beim Präsidenten. In ihrem Bericht weisen sie ausdrücklich auf ihre mangelnde Kompetenz hin, politische Argumente zu berücksichtigen, wie es der »Franck Report« forderte. »Wir haben jedoch«, schreiben sie, »keinen Anspruch auf eine besondere Kompetenz in der Lösung der politischen, gesellschaftlichen und militärischen Probleme, die durch die bevorstehende (Entwicklung der) Atomenergie gestellt werden.«

Was veranlaßt sie, aus technischen Gründen auf dem vorgefaßten Plan zu beharren, die Atombomben unangekündigt über zwei japanischen Städten abzuwerfen? Die vier diskutieren eine Demonstration oder den Abwurf über einer japanischen Stadt, deren Bewohner vorgewarnt sind und somit Zeit zur Flucht erhalten. Aus wissenschaftlicher Sicht spricht das technische Risiko gegen diesen Plan. Der Test des ersten Plutoniumsprengsatzes wird erst in vier Wochen stattfinden. Selbst wenn er erfolgreich sein würde, wären die Unsicherheiten noch so groß, daß mit einem Versagen im Ernstfall zu rechnen ist. Das aber bedeute, den Japanern die Möglichkeit eines Propagandaerfolgs einzuräumen. Eine Demonstration in der Wüste könnte nicht die besondere Wirkung der Waffe entfalten, die ja auf der Kombination von Druck- und Hitzewelle und der radioaktiven Strahlung beruht. Militärisch spricht gegen die Ankündigung das Risiko, daß das Flugzeug abgeschossen oder daß amerikanische Kriegsgefangene an den Zielort gebracht würden. Außerdem ist die Wirkung der Bombe noch nicht erprobt. Denkbar, daß sie kleiner als erwartet sein wird. Auch das wäre ein Propagandaerfolg, der den Durchhaltewillen der Militaristen in Japan stärken kann. Daher lautet die Empfehlung:

»Wir können keine technische Demonstration vorschlagen, die den Krieg wahrscheinlich beenden wird; wir sehen keine akzeptierbare Alternative zu unmittelbarem militärischen Einsatz.«

Vor welchem Hintergrund gaben die vier diese umfassende Empfehlung ab, selbst unter dem Vorbehalt ihrer politischen und militärischen Inkompetenz?

Die vier Wissenschaftler wurden gefragt, ob sie eine andere und sichere Möglichkeit sähen, den Krieg rasch und ohne größere Verluste als die überschaubare Zahl der einkalkulierten Opfer zu beenden. Auf eine technische Frage wurde eine technische Antwort verlangt. Auch wenn man nicht nach anderen als technisch-militärischen Kriterien fragen wollte, war die Antwort schon durch die Auswahl der den vier zugänglichen Informationen festgelegt. Oppenheimer wird in seinem Prozeß fast zehn Jahre später zugeben, damals keine Ahnung über die tatsächliche militärische Lage auf dem pazifischen Kriegsschauplatz gehabt zu haben. Als Alternative zum Atombombenabwurf war den Beteiligten eine Invasion Japans geschildert worden, die nicht wie die eingeplante Zahl der Bombenopfer vierzigtausend, sondern über einer Million Menschen das Leben kosten würde. Eine einfache Rechnung also, aus der die Wissenschaftler und ein Teil der ebenfalls ahnungslosen Mitglieder des Interim Committee ihre Empfehlungen abzuleiten hatten!

Daß die militärische Lage nicht so eindeutig war, zeigt die etwa gleichzeitig entstandene Kontroverse unter den Stabschefs der Waffengattungen. Am 14. Juni konferierten sie über Pläne, Japan, das faktisch am Ende seiner wirtschaftlichen Durchhaltekraft und strategisch besiegt war, auch zur Kapitulation zu zwingen.

Luftwaffe und Marine meinten, daß man Japan nur durch Fortsetzung der Blockade und Verschärfung des Luftkrieges kapitulationsbereit machen könnte. Der bevorstehende Eintritt Rußlands in den Krieg gegen Japan würde den Druck weiter verschärfen. Invasion des Mutterlandes sei nicht nötig, politisch und militärisch sogar falsch. Denn damit würden die Hunderttausenden kriegsmüder Arbeiter und Bauern, ein großer Teil der Armee, wieder in die Arme der Militaristen getrieben werden. Man sollte es dem größeren kriegsmüden Teil der Bevölkerung möglichst einfach machen, den verlorenen Krieg aufzugeben und die kriegslüsterne Fraktion innerhalb der politischen und militärischen Führungsspitze zu entmachten. In den Kapitulationsbedingungen müsse allerdings der traditionelle Ehrbegriff des japanischen Volkes respektiert werden: Die nationale Integrität und die Souveränität des Kaisers seien die Bedingungen. Beharre man auf bedingungsloser Unterwerfung, ohne selbst diese minimalen Zusicherungen, gäbe man Militaristen in Japan einen Vorwand, den sinnlosen Kampf fortzusetzen. Der Krieg würde verlängert, die Zahl der Opfer vervielfacht.

Doch setzte sich die Armee mit dem Beharren auf einer Invasion Japans durch. Ziel ist die bedingungslose Kapitulation. Der japanische Militarismus muß ein für allemal zerschlagen werden.

Ein Dreistufenplan, der Truman vorgelegt wurde, sah vor, daß zunächst die Blockade und die Luftangriffe verschärft werden müßten. Im November 1945 sollte General McArthur mit der Invasion der südlichen Insel Kyushu beginnen, um von dort die Hauptinsel Honshu im Frühjahr 1946 zu erobern. Bis Ende 1946 sollte Japan zur bedingungslosen Kapitulation gezwungen worden sein. Der Plan rechnete mit mehreren hunderttausend amerikanischer und einem Vielfachen japanischer Opfer.

In Japan selbst hatte sich gegen Kriegsende die Position der »Friedenspartei« in der politischen Führung verbessert. Sie gewann, trotz Repressalien durch die Militaristen und der ambivalenten Haltung des Premierministers Kantaro Suzuki, an Einfluß. Zur bedingungslosen Kapitulation war auch sie nicht bereit, wohl aber zu einer Kapitulation, die die Position des Herrscherhauses und die nationale Einheit garantiert hätte. Seit Anfang Juni versuchten Emissäre des friedenswilligen Außenministers Togo, über Rußland das Terrain für eine Kapitulation zu sondieren. Am 12. Juli 1945 wird von den Amerikanern eine Geheimbotschaft des japanischen Außenministers an seinen Moskauer Botschafter abgefangen, aus der sie eben dies entnehmen können. Weiter erfahren sie, daß Japan, sollten diese zwei Minimalforderungen nicht erfüllt werden, bis zum letzten Mann kämpfen werde, bevor es kapituliere. Der Botschafter sollte versuchen, den sowjetischen Außenminister zur Vermittlung zu bewegen.

Die Frage, für welchen der Pläne zur Beendigung des Krieges sich die militärische und politische Führung der Vereinigten Staaten entschieden hätte, wäre nicht die Atombombe der entscheidende Trumpf gewesen, ist hypothetisch. Sie hellt jedoch den psychologischen Hintergrund der getroffenen Entscheidung auf. Es ist unwahrscheinlich, daß die Friedensbereitschaft der japanischen Friedenspartei und die Alternativvorschläge von Marine und Luftwaffe so wenig beachtet worden wären, wenn man nicht in der Atombombe über die kriegsentscheidende Waffe verfügt hätte. Denn welche Regierung hätte verantworten wollen, ein paar hunderttausend Amerikaner zu opfern, nur zweier Bedingungen in den Kapitulationsverhandlungen wegen, die sie später doch zugestand. Es ist zumindest wahrscheinlich, daß Hunderttausende von potentiellen amerikanischen und vielleicht über eine Million japanischer Opfer einer Invasion nur in den Kriegsspielen zur Entscheidungsfindung Realität hatten.

Man mußte in Wirklichkeit nicht mit ihnen rechnen, da man ja in den Atombomben ein »todsicheres« Mittel besaß, die Japaner zur Kapitulation zu zwingen. Die amerikanische Öffentlichkeit war über die Grausamkeiten des von den Japanern entfesselten Krieges empört. Gleichzeitig hatte die Regierung in der Atombombe eine absolute Waffe, den Krieg ohne eigenes Risiko zu beenden. Und in jener psychologischen Verfassung von gerechter Empörung und ungerechter, auf die Atombombe gegründeter Hybris war es nur »billig«, Friedensbedingungen aus Japan, selbst wenn sie an noch so geringe Minimalforderungen gekoppelt waren, als unzumutbar zu empfinden. Zeigte dieses Beharren des Feindes auf zwei Kapitulationsbedingungen nicht, daß der japanische Militarismus noch ungebrochen war? Nun hatte man Mittel, ihn gründlich auszurotten.

Doch von alledem hatten die vier Wissenschaftler keine Ahnung. Oppenheimer berichtete später, so gut wie nichts über die militärische Lage der Japaner gewußt zu haben. »Wir wußten nicht«, erinnert er sich, »ob sie durch andere Mittel zur Kapitulation gezwungen werden konnten oder ob die Invasion wirklich unvermeidlich war. Aber in unserem Unterbewußtsein hatten wir die Vorstellung, die Invasion Japans sei unvermeidlich, weil man uns das so dargestellt hatte.«

Die unter dem Vorbehalt der politischen und militärischen Inkompetenz abgegebene Empfehlung des Wissenschaftlichen Beirats geht an das Interim Committee. Dort wird sie jedoch nicht um die fehlenden Aspekte erweitert, wie es Aufgabe dieses Ausschusses gewesen wäre. Sie dient lediglich zur Widerlegung des »Franck Reports«, dessen Inhalt politisch ist. Ausgangspunkt der Empfehlung des Interim Committee war, wie das Sitzungsprotokoll ausdrücklich festhält, daß sein wissenschaftlicher Beirat »keine annehmbare Alternative zu einem direkten militärischen Einsatz sah«. »Das Komitee *bestätigte* die auf den Sitzungen am 31. Mai und 1. Juni eingenommene Haltung, daß die Waffe bei der ersten Gelegenheit gegen Japan eingesetzt werden soll, und zwar auf ein Ziel mit zwei Eigenschaften eingesetzt, nämlich, eine militärische Einrichtung oder Kriegsfabrik, die umgeben ist von oder benachbart zu Wohnungen oder anderen Gebäuden, die für Beschädigung am empfänglichsten sind.«

Nur eines der Mitglieder des Ausschusses ist vom »Franck Report« beeindruckt: der stellvertretende Staatssekretär im Marineministerium Ralph Bard. Er schreibt Stimson Ende Juni, daß man den Japanern eine Vorwarnzeit von zwei bis drei Tagen einräumen solle. Bard hat den Eindruck, die Japaner seien kapitulationsbereit und suchten nur nach einem Vorwand, ohne Gesichtsverlust die Waffen strecken zu können. Ist es nicht möglich, eine geheime Zusammenkunft zu arrangieren, um japanische Delegierte vor Rußlands Kriegseintritt und der amerikanischen Atombombe zu warnen? Die Regierung der Vereinigten Staaten soll zusichern, daß die japanische Nation erhalten bleibt und die Position des Herrschers nicht angetastet wird. Damit will Bard die Militaristen ihrer beiden stärksten Argumente berauben. Er räumt ein, daß diese Taktik nicht unbedingt erfolgreich sein müßte. Aber um das festzustellen, käme es zumindest auf einen Versuch an. Er bittet den Kriegsminister zur Kenntnis zu nehmen, daß die Empfehlung des Interim Committees vom 21. Juni 1945 jedenfalls nicht einstimmig gewesen sei.

Als Bard sieht, daß Stimson nicht bereit ist, auf seine Argumente einzugehen, reicht er seinen Rücktritt ein. In einem Abschiedsgespräch bei Präsident Truman erhält er noch einmal Gelegenheit, seine Bedenken vorzutragen und diesen zu größerer Konzilianz gegenüber Japan zu ermutigen. Truman versichert, er wolle Bards Argumente bei seiner Entscheidung wohl berücksichtigen. Alles was er jedoch unternimmt, ist, Stalin auf der Potsdamer Konferenz eher beiläufig zu sagen, die Vereinigten Staaten hätten eine neue Waffe von ungeheurer Zerstörungskraft. Und Stalin antwortet nicht weniger beiläufig, er hoffe, daß sie guten Gebrauch davon gegen Japan machten.

Die vier Wissenschaftler des Wissenschaftlichen Beirats des Interim Committee scheinen eine tragische Rolle gespielt zu haben. Sie werden zu Werkzeugen in den Händen anderer. Oppenheimer, Fermi, Lawrence und Compton sind alles andere als sachkundige Individuen, die eine freie Entscheidung fällen. Über ihre fachliche Kompetenz werden sie in eine Entscheidungshierarchie eingespannt, deren Absicht ist, sie zu mißbrauchen. Die für ihre Entscheidung wesentliche Information über die militärische und politische Lage Japans wird ihnen vorenthalten, ihr diesbezüglicher Vorbehalt wird ignoriert. Ein Fehler, in diesem Fall überhaupt eine Empfehlung abzugeben, die mehr ist als nur ein Abwägen der rein technischen Argumente; also etwa nur die Wahrscheinlichkeit eines Versagens anzugeben, anstatt sich zu so weitreichenden und verhängnisvollen Schlußfolgerungen zu entschließen wie: »Wir sehen keine akzeptierbare Alternative zu direktem militärischen Einsatz.« Denn diese Antwort enthält ja bereits eine politische und militärische Wertung, zu der ihnen, wie sie selbst betonen, die Kompetenz fehlt.

Ihre Funktion ist eine doppelte: Der vorweggenommenen Entscheidung später vor der Öffentlichkeit das Feigenblatt wissenschaftlicher Legitimität vorzuhalten. Diese Entscheidung gegenüber den anderen am Projekt beteiligten Wissenschaftlern durch die Prominenz ihrer Namen abzudecken. Wie Stimsons Biograph Morrison feststellt, handelt es sich um einen »symbolischen Akt«, die ungeheure Sorgfalt, mit der eine so weitreichende Entscheidung begründet werden soll, vorzuspielen. Den vier Wissenschaftlern ist die Rolle von Schamanen zugedacht, die die blutige Wirklichkeit der beiden nuklearen Friedensargumente der Vereinigten Staaten mit humaner amerikanischer Ideologie versöhnen sollen. Die Entscheidung wird wissenschaftlich neutralisiert: Die vier haben zu bezeugen, daß alle wissenschaftlichen und technischen Fakten für den Einsatz der Bomben sprechen und es keine andere Möglichkeit gibt, den Krieg zu beenden. Doch was ist das Testat wert?

Und so bleibt die Frage, inwieweit die vier jenes Spiel nicht in dem Wissen mitmachten, daß ihr Vorbehalt, der sich auf dem Instanzenweg verlieren würde, sie dennoch gegenüber der Nachwelt entschuldigen müßte. Wenn Oppenheimers Lehrmeister Max Born später von den »Toren der Hölle« schrieb, durch die Männer getreten seien, »die tüchtig und klug, aber nicht edel und weise waren und später führend in der Wissenschaft und ihrer Anwendung in der Politik und im Krieg wurden«, brauchte er keine Namen hinzuzufügen, um zu benennen, wen genau er meinte.

NUR ATTRAPPEN

Henry Lewis Stimson, der Kriegsminister der Vereinigten Staaten, ist achtundsiebzig Jahre alt. Hinter ihm liegt eine lange Karriere im Dienst mehrerer amerikanischer Regierungen. Bereits vor dem Ersten Weltkrieg war er Kriegsminister gewesen. Gegen Ende der zwanziger Jahre wurde er Generalgouverneur der Philippinen, anschließend bis 1933 Außenminister seines Landes. Erst 1940 holte ihn Roosevelt, der die Vereinigten Staaten auf den Eintritt in den Krieg vorzubereiten begann, wieder als Kriegsminister in sein Kabinett.

Auch Stimson fürchtet die Gefahren eines nuklearen Wettrüstens, eines der wesentlichen Argumente, auf das sich alle Gegner eines unangekündigten Abwurfs der Bomben stützten. Auch er sieht in einer internationalen Nachkriegsvereinbarung über die Kontrolle der neuen Waffe die einzig dauerhafte Lösung des Atomwaffenproblems. Aber im Gegensatz zu den Verfassern des »Franck Reports« verbindet er die Erfolgsaussichten internationaler Vereinbarungen nicht mit dem Gebrauch, den die Vereinigten Staaten von der neuen Waffe machen wollen. Für Stimson ist klar, daß dieses Wettrüsten auch ohne den Atombombeneinsatz stattfinden wird, ganz einfach, weil es mehrere Nationen gibt, die das Potential haben, eigene Atomwaffen zu entwickeln. Die einzige Möglichkeit, ein Wettrüsten zu verhindern, ist für Stimson eine Politik der Vereinigten Staaten, die die anderen potentiellen Atomwaffenländer überzeugen kann, daß es vorteilhafter ist, sich internationalen Vereinbarungen anzuschließen. Und für Stimson gibt es wenig Zweifel daran, daß dies vor allem eine Machtfrage ist: Die absolute technologische, wissenschaftliche und militärische Überlegenheit, an ein gigantisches Wirtschaftspotential gekoppelt, gibt den Vereinigten Staaten eine führende Rolle in diesem machtpolitischen Nachkriegsspiel zur Sicherung des Friedens. Zunächst aber geht es für den Kriegsminister darum, den Krieg schnell und mit möglichst wenig amerikanischen Opfern zu beenden. Dazu sind die Atombomben ein willkommenes Mittel.

In den Empfehlungen des Interim Committees verfügt Stimson über die sachlichen und organisatorischen Voraussetzungen seines Vorschlags an den Präsidenten. Ein Vorschlag, der für ihn wohl noch nie in Frage gestanden hatte und zu dem er sicher nicht das Urteil des Wissenschaftlichen Beirats oder des Interim Committees gebraucht hätte. Aber immerhin findet so alles seine Ordnung.

Schließlich hatte Japan den Vereinigten Staaten den Krieg aufgezwungen und mit ungewöhnlicher Grausamkeit und Zähigkeit geführt. Für den Kriegsminister gibt es nur eine Entscheidung: diesen Krieg so bald wie möglich und ohne unnötige amerikanische Opfer abzuschließen. Das Problem ist nicht die Atombombe, sondern der Krieg. Eine alte Kultur zu achten, ihre Relikte vor der Zerstörung zu bewahren, das erscheint dem gebildeten alten Herren legitim und notwendig. Ebenso notwendig ist für den Kriegsminister, die Träger der verhängnisvollen Ideologie hart zu treffen und den Militarismus in Japan ein für allemal auszurotten.

Außerdem sind für die Regierung die zwei Milliarden Dollar, die das Projekt am Ende kosten würde, vor der amerikanischen Öffentlichkeit nur zu rechtfertigen, wenn das Produkt dieser Ausgaben und aller Mühen auch eingesetzt wird. Es kann ein ökonomisches Grundprinzip demonstrieren: Investition als Grundlage späterer Rendite; momentaner Verzicht, der sich mit ansehnlichem Gewinn verzinst.

Bisher war nicht ein Cent der Mittel für das Manhattan Projekt von Senat oder Kongreß bewilligt worden. Das war 1942, in einem Jahr, als das ganze Projekt nur sechzehn Millionen Dollar gekostet hatte, kein Problem gewesen. Doch schon 1943 stiegen die Ausgaben auf dreihundertfünfzig Millionen Dollar, und 1944 wurde eine

Milliarde ausgegeben. 1945 sollten es sechshundert Millionen sein, und auch für 1946 würden mehrere hundert Millionen auszugeben sein. Also über zwei Milliarden für zwei »Attrappen«?

Ende 1943 begannen die Schwierigkeiten mit einzelnen findigen Kongreßabgeordneten. Einer von ihnen hatte von den riesigen Anlagen in Oak Ridge erfahren und verlangte Erklärungen. Anfragen anderer Parlamentarier folgten. Im Februar 1944 hatten die Verantwortlichen eingesehen, daß sie ein paar Abgeordnete informieren mußten, um weiteren Nachforschungen zu entgehen. Das hatte den Druck aus dem Kongreß etwas gelockert. Wenn es um eine derartig wichtige und entscheidende Sache ging, wollte man vorübergehend stillhalten.

Doch der potentielle Vorwurf, Staatsgelder unautorisiert verschwendet zu haben, lastete weiter auf den Verantwortlichen. Groves zitiert einen der Kontrolleure, der zu einem von Stimsons Beamten gesagt hatte: »Wenn das Projekt Erfolg hat, wird es überhaupt keine Untersuchung geben, wenn nicht, wird der Kongreß nichts anderes untersuchen.« Und welch bessere Möglichkeit gab es, Erfolg zu demonstrieren, als den Krieg mit dem Fanal der beiden Bomben zu beenden. Die Öffentlichkeit würde der politischen Führung nie verzeihen, eine mit so großem Aufwand entwickelte Superwaffe nicht zum frühesten Zeitpunkt einzusetzen. Schließlich hatten die Japaner und nicht die USA den Krieg gewollt. Man würde, wie Groves es tat, die Opfer von Hiroshima und Nagasaki gegen die von den Japanern im Todesmarsch von Bataan umgebrachten Amerikaner aufrechnen können.

TÖDLICHE FÜRSORGE

In Chicago setzt nun Szilard alles in Bewegung, um gegen den unangekündigten Bombenabwurf zu protestieren. Er verfaßt mehrere Petitionen an den Präsidenten, die von einer großen Zahl von Wissenschaftlern unterschrieben wurden, bevor Groves sie, angeblich aus »Sicherheitsgründen«, kassieren ließ.

Die Gegenreaktion ist ebenso heftig. Es folgen Gegenpetitionen von Wissenschaftlern, die fordern, die Bomben rasch abzuwerfen, um den Krieg zu beenden. Arthur Holly Compton berichtet von den Tränen eines jungen Wissenschaftlers, der ihn bat, alles zu unternehmen, um die Soldaten an der Front mit den Atombomben durch die besten verfügbaren Waffen zu unterstützen. Compton läßt eine regelrechte Meinungsumfrage in seinem Labor durchführen; allerdings mit so unpräzisen Fragen, daß das Ergebnis sowohl zugunsten der einen wie der anderen Auffassung interpretierbar ist. Die Entscheidung ist gefallen.

Rabinowitch, wie Szilard einer der Verfasser des »Franck Reports«, findet Szilards abschließenden Aktionismus nun nur noch ärgerlich, wenigstens überflüssig. Denn er meint, wegen einer schon entschiedenen Sache nun die Beziehungen zur Armee zu strapazieren, sei unklug. Szilards Petition an den Präsidenten, in der erstmals von moralischer Verantwortung die Rede ist und nicht nur von politischen Nachteilen, ist nach Rabinowitchs Ansicht ungerechtfertigt. Innerhalb der den Wissenschaftlern zugewiesenen Grenzen ist durch den »Franck Report« alles Menschenmögliche getan. Wenn man schon einen Bruch mit der Armee riskieren will, so wegen einer aussichtsreicheren Sache, und nicht nur, um, wie Rabinowitch meint, »in die Chronik aufgenommen zu werden«.

In Los Alamos zeigt eine mit Szilards Petition verbundene Episode die umgekehrte Ausgangsposition der beiden späteren Kontrahenten Oppenheimer und Teller. Szilard hatte Edward Teller gebeten, ihn bei der Zirkulation seiner Petition in Los Alamos zu unterstützen. Teller verspricht das zu tun, da auch er meint, die beiden Bomben dürften nicht ohne Vorwarnung abgeworfen werden. Doch aus Loyalität wendet er sich zunächst an seinen Projektleiter Oppenheimer. Nach Tellers Erinnerung entgegnete Oppenheimer, er halte es für unangemessen, wenn Wissenschaftler ihr Prestige zur Basis politischer Äußerungen machten. Er überzeugt Teller von der »tiefen Fürsorge, der Gründlichkeit und der Weisheit, mit der diese Fragen in Washington« behandelt würden.

NICHTS ALS BLINDGÄNGER

Ausgangsbasis für die Mission der umgebauten B-29 sollte die zur Marianengruppe gehörende Insel Tinian sein. Die Auswahl Tinians stellte einen Kompromiß dar. Die Entfernung durfte nicht größer sein als die Reichweite der schwerbeladenen B-29 für den Hinflug und den Rückflug, durfte aber auch nicht so klein sein, daß japanische Überraschungsangriffe befürchtet werden mußten. Die Vorbereitungen auf Tinian begannen im Februar. Mitte Mai traf die erste

Staffel von achthundert Mann ein. Im Juli war die gesamte Gruppe auf der Insel versammelt. Sie wird als 509. Gruppe Generalmajor Curtis LeMay, dem großen Strategen der mit Brand- und Sprengbomben geführten Vernichtungskampagne des Bomberkommandos der 20. Luftflotte, unmittelbar unterstellt.

Nachdem Groves LeMay in die Einzelheiten des Auftrags der 509. Gruppe eingewiesen hat, macht LeMay den folgenschweren Vorschlag, die Angriffe von einzeln anfliegenden Bombern ohne den üblichen Geleitschutz ausführen zu lassen. Die japanische Luftabwehr würde einzelne Flugzeuge nicht ernst nehmen, da sie in ihnen Wetter- oder Beobachtungsflugzeuge vermute. Die Begleitflugzeuge sollten im weiteren Angriffsraum kreisen, bis das Bombenflugzeug seinen Auftrag erledigt hätte.

Nach einer kurzen, ergänzenden Schulung auf dem pazifischen Kriegsschauplatz beginnen die Bomber mit ihren Übungsflügen über Japan. Einzelne Maschinen fliegen zu den ausgewählten Städten, werfen je eine dem »dicken Mann« ähnliche Sprengbombe und kehren nach Tausenden von Kilometern zu ihrer Basis zurück. Mit den Bomben, sogenannten »Kürbissen«, sollen die Ballistik des »dicken Mannes« erprobt werden und der für die Atomexplosion in größerer Höhe erforderliche Abstandszünder. Die Navigatoren machen sich mit aller Gründlichkeit über die Anflugsrouten zum Ziel vertraut. Ein besonders kritischer Teil der Mission ist der Abwurf. Um der Druckwelle der Höhenexplosion zu entkommen, muß der Pilot unmittelbar nach dem Abwurf aus zwölf Kilometer Höhe seine Maschine im Sturzflug schräg nach unten wegziehen. Mit der so gewonnenen Beschleunigung, darf er sich erst in fünfzehn Kilometer Entfernung von der Druckwelle der Explosion einholen lassen.

Mehrere Wochen proben die Bombenflugzeuge der 509. Gruppe den Atombombenabwurf über japanischen Städten. Stets zeigt sich von unten das gleiche Bild: Drei in großer Höhe anfliegende Maschinen, zwei bleiben zurück, aus der vorderen Maschine löst sich eine Bombe, explodiert weit über dem Erdboden, während das Bombenflugzeug im Sturzflug abdreht. Schaden wird kaum angerichtet. Eine für amerikanische Soldaten bestimmte Propagandasendung von Radio Tokio höhnt: »Ihr könnt nur noch kleine Einsätze mit drei Flugzeugen fliegen. Und die Bomben, die sie abwerfen, sind nichts als Blindgänger.«

Am 14. Juli 1945, noch zwei Tage vor dem Test des Plutoniumsprengsatzes in der Wüste von Alamogordo, wird der größere Teil der Uranbombe von Los Alamos nach Tinian verschickt. Ein Lastwagenkonvoi bringt die Teile, mit Ausnahme des letzten kleinen Uranstückchens, nach Albuquerque. Von dort werden die Teile nach San Franzisco geflogen und in Hunters Point auf den Kreuzer Indianapolis verladen. Die Indianapolis überquert den Pazifik ohne besondere Zwischenfälle in zehn Tagen. Nachdem sie ihre Fracht in Tinian gelöscht hat, sticht sie wieder in See. Vier Tage später wird sie von einem japanischen U-Boot angegriffen. Sie sinkt mit neunhundert Mann an Bord. Doch ihre Mission ist erfüllt. Das kleinere, entscheidende Uranstückchen erreicht Tinian auf dem Luftweg.

ALS WISSENSCHAFTLER BEDAUERN WIR ...

Mitte Juli beraten in Potsdam die Regierungschefs der Sowjetunion, Großbritanniens und der Vereinigten Staaten über die Besatzungspolitik in Europa und über eine gemeinsame Strategie gegenüber Japan. Die Nachricht über den erfolgreichen Test von Alamogordo und darüber, daß die erste Atombombe ab 1. August verfügbar wäre, erscheint Churchill und Truman als große Hoffnung, den Krieg bald beenden zu können. Die Friedensbemühungen aus Japan werden noch weniger als zuvor ernst genommen: Man konnte in ihnen einen Trick der Japaner vermuten, Rußland vom Kriegseintritt abzuhalten. Das Kriegsziel, Japan zur bedingungslosen Kapitulation zu zwingen, ist nun greifbar. Churchill hofft auf die Schockwirkung dieser übernatürlich erscheinenden Waffe. Er meint, sie würde den Japanern einen Vorwand liefern, ohne Gesichtsverlust zu kapitulieren.

Am 26. Juli fordern die kriegsführenden Nationen, USA, Sowjetunion, Großbritannien und China die japanische Regierung ultimativ auf, bedingungslos zu kapitulieren. Ein Hinweis auf die Konservierung des Herrscherhauses, der die Ziele der japanischen Friedenspartei unterstützt hätte, bleibt aus. Auch fehlt jede konkrete Warnung vor dem neuen Machtfaktor, der Atombombe. Als Alternative zur bedingungslosen Kapitulation wird Japan lediglich mit »vollständiger und äußerster Zerstörung« gedroht.

Während der folgenden Tage berät die japanische Regierung das Ultimatum. Haupthindernis für die Friedenswilligkeit bleibt die Unsicherheit über die Zukunft des Herrscherhauses. Das wird von der Kriegspartei im Kabinett als Indiz gewertet, daß die Alliierten die nationale Einheit des japanischen Volkes zerstören wollten. Sie setzen sich durch. Auf einer Pressekonferenz erklärt Premier Suzuki, Japan wolle das Ultimatum ignorieren. Die letzte Kapitulationsfrist verstreicht.

Am 2. August ist die Potsdamer Konferenz beendet. Präsident Truman befindet sich an Bord der U.S.S. Augusta bereits auf der Heimreise, als er den Einsatz der ersten Bombe anordnet.

Nach einer Schlechtwetterperiode beginnt sich über Japan am 5. August das Wetter zu bessern. General LeMay setzt den folgenden Tag zum Termin des Abwurfs. Am Nachmittag des 5. August ist der »kleine Junge« in die Einsatzmaschine verladen. Nach abschließender Instruktion der Besatzung wird gefrühstückt. Ein Gottesdienst verabschiedet die Besatzung zu ihrem Einsatz in Japan.

Als die Maschine kurz vor drei Uhr in der Nacht zum 6. August vom Flugplatz in Tinian abhebt, ist es in Washington zwölf Uhr mittag. Datum ist der 5. August. Groves sitzt an diesem Sonntagmorgen in seinem Washingtoner Büro und arbeitet Akten auf. Er wartet auf Nachricht aus Tinian. Als er seine Arbeit gegen 14 Uhr beendet hat, ohne etwas über den Start der Maschine erfahren zu haben, gibt er das nervenaufreibende Warten auf. Er beschließt, eine Partie Tennis zu spielen. Am Tennisplatz ist ein Telefon installiert. Ein Offizier sitzt daneben. Er hat Anweisung, das Spiel seines Vorgesetzten nur zu unterbrechen, wenn die entscheidende Nachricht durchkommt. Der General spielt zwei Stunden, bevor er schwitzend und ermüdet das Match abbricht. Doch aus Tinian ist noch immer keine Nachricht gekommen. Ins Büro zurückgekehrt, erfährt Groves, daß inzwischen General Marshall angerufen hätte – ungeduldig, Neues zu hören. Als ihn der diensthabende Offizier mit General Groves verbinden wollte, habe der Stabschef jedoch taktvoll gesagt: »Ich möchte nicht, daß Sie General Groves behelligen. Er hat mehr zu tun als unnötige Fragen zu beantworten.«

Abends hat sich Groves mit seiner Frau und George Harrison im Army-Navy-Club verabredet. Beim Essen erreicht ihn ein Anruf. Er springt auf, um zum Telefon zu eilen. Er bemerkt noch, wie auch Harrison erwartungsvoll Messer und Gabel hinlegt. Groves erfährt aber nur, daß das Bombenflugzeug sechs Stunden zuvor planmäßig vom Boden abgehoben hat.

Nach dem Essen verabschiedet er sich von seiner Frau und kehrt in seine Dienststelle zurück. Es ist das erste Mal, daß er während des Krieges eine Nacht im Büro verbringt. Dankbar denkt er an seine Frau, die darüber kein Wort verliert. Sie weiß immer noch nicht, woran ihr Mann arbeitet, und als gute Soldatenfrau fragt sie auch nicht.

In Groves' Büro haben sich mehrere seiner Mitarbeiter versammelt. Die Spannung ist fast unerträglich. Um sie zu lindern, lockert der General erstmals die strenge Etikette. Er bindet seinen Schlips los, öffnet den Kragen und krempelt die Ärmel hoch.

Kurz nach 23 Uhr ruft General Marshall noch einmal an. Ob Groves schon etwas Neues wisse: »Nein.« Endlich, knapp eine Viertelstunde später, kommt ein verschlüsselter Funkspruch aus Tinian: »Klares Ergebnis, erfolgreich in jeder Beziehung. Sichtbare Wirkungen größer als Test in Neu-Mexiko. Verhältnisse im Flugzeug nach Abwurf normal.«

Eigentlich solle die zweite Bombe, der »dicke Mann«, erst am 20. August einsatzbereit sein. Jetzt konnte man sie schon für den 11. August einplanen. Nach Hiroshima war klargeworden, daß sie noch früher fertig sein würde. Und das sollte man ausnutzen, meinte Groves. Denn je eher der zweite Schock dem ersten folge, desto größer sein psychologische Wirkung.

Nun droht sich das Wetter zu verschlechtern. Obwohl der wissenschaftliche Stab Bedenken wegen einer weiteren Vorverlegung hat, die den Einsatz mit einiger Unsicherheit befrachten würde, entscheidet sich Groves, das Risiko auf sich zu nehmen. Die zweite Atombombe soll schon am 9. August fallen.

Ziel ist Kokura. Nagasaki steht ersatzweise bereit, falls das Wetter über Kokura keinen Sichtabwurf erlauben würde. Die Zeit drängt. Selbst ein so schwerer technischer Defekt an der Einsatzmaschine wie die ausgefallene Treibstoffpumpe eines der Tanks kann aus Zeitgründen nicht mehr behoben werden. Vor dem Start findet Admiral Purnell noch Gelegenheit, den Piloten Sweeny zu fragen: »Junger Mann, wissen Sie, wieviel diese Bombe kostet?« – »Ungefähr fünfundzwanzig Millionen Dollar.« – »Dann sehen Sie zu, daß wir dafür das Entsprechende bekommen.« Diesen Rat im Bewußtsein, startet Major Sweeny seine Maschine sicher und nimmt Kurs auf Japan.

Über Kokura hat sich das Wetter weiter verschlechtert. Das Bombenflugzeug überfliegt die Stadt dreimal, ohne ein Loch in der Wolkendecke zu finden, durch das Sweeny die Bombe hätte werfen können. Weiteres Kreisen ist riskant, da mit der Pumpe auch einer der Treibstofftanks ausgeschaltet ist und der Rückflug an Benzinmangel zu scheitern droht. Sweeny entschließt sich, nach Nagasaki auszuweichen. Auf dem Flug dorthin rechnet er sich aus, daß ihm nur dann ein Flug über Nagasaki bliebe, wenn er mit dem restlichen Treibstoff noch Okinawa, und nicht das weiter entfernte Tinian erreichen wolle. Aber auch Nagasaki liegt unter einer dicken Wolkendecke. Der Pilot will, entgegen seinen Instruktionen, nur nach Sicht zu werfen, schon mit Hilfe von Radarortung angreifen, als plötzlich beim Anflug ein Loch in der Wolkendecke aufreißt. Und durch dieses Loch wirft Sweeny seine Bombe, zieht die Maschine in einer steilen Kurve nach unten weg und entkommt der Druckwelle. Mit dem letzten Tropfen Benzin erreicht er einen amerikanischen Flughafen.

Über Nagasaki folgt dem Blitz der Explosion ein Feuerball. Aus diesem Feuerball entwickelt sich brodelnd eine riesige weiße Wolke, die pilzartig bis zu zwölftausend Meter Höhe wächst. Und mit dem feinen, aus der Wolke niedersinkenden Giftstaub schweben an Fallschirmen mehrere Instrumentenkästen nieder, die aus nachfolgenden Beobachtungsflugzeugen abgeworfen worden sind. Außer Meßgeräten enthalten die Kästen Kopien eines Briefes dreier amerikanischer Physiker. Luis Alvarez, Robert Serber und Philip Morrison, die auf Tinian die Bombe zusammengesetzt und scharf gemacht haben, ermahnen ihren japanischen Kollegen, Professor Ryokichi Sagane, er solle seine Regierung zur Kapitulation auffordern. Er als Wissenschaftler könne ermessen, mit welcher furchtbaren Waffe sonst eine japanische Stadt nach der anderen zerstört würde. Alvarez, Serber und Morrison schreiben: »Als Wissenschaftler bedauern wir diese Verwendung einer so schönen Entdeckung. Aber wir versichern, daß sich die Schrecken dieses Atombombenregens vervielfachen werden, wenn sich Japan nicht sofort ergibt.« Für mehr als hunderttausend Menschen gab es nichts mehr zu bedauern.

Danach

Das Gute an der Sache

Zwei Tage nach dem Abwurf der ersten Atombombe auf Hiroshima, einen Tag vor dem der zweiten auf Nagasaki, erklärte die Sowjetunion Japan den Krieg. Zwei Tage später stimmte die japanische Regierung dem Potsdamer Ultimatum zu, unter der Bedingung, daß die »Vorrechte seiner Majestät als souveräner Führer« erhalten blieben. Die Alliierten bestätigten, den Kaiser nur der Autorität des obersten alliierten Befehlshabers zu unterstellen. Japan kapitulierte am 14. August 1945.

Der Jubel über das Ende des Krieges hielt bei den Wissenschaftlern in Los Alamos nicht lange vor. Der Höhepunkt ihrer Arbeit war die unter wissenschaftlich kontrollierten Bedingungen durchgeführte Versuchsexplosion in der Wüste bei Alamogordo gewesen: als Allison in der Morgendämmerung des 16. Juli 1945 eine künstliche »Sonne anknipste« (O. R. Frisch). Mit der Herstellung der beiden wirklichen Bomben hatten die meisten nur noch wenig zu tun. Man räumte auf und wartete auf Nachrichten aus Japan. Als die Japaner dann kapitulationsbereit waren, gab es ein kleines Feuerwerk, das Kistiakowski, der Sprengstoffexperte Nummer eins, voreilig am Rand der Mesa hochgehen ließ. Die wirklichen Siegesfeiern folgten dann ein paar Tage später, als der Krieg endgültig aus war. Und schon in den Kater dieser Parties mischte sich die Frage nach dem »Danach«. Die Atombombe war zur Hypothek auf die Zukunft geworden.

Einer der Wissenschaftler von Los Alamos, Herbert Anderson, schrieb später: Die Bomben »brachten den Krieg zu einem abrupten Ende. Plötzlich verloren wir alles Interesse an Bomben. Unsere Gedanken wandten sich den Universitäten zu und der Forschung und Lehre«.

Doch das Forschungsgebiet stand unter Aufsicht. Die Atomwissenschaftler hatten sich zu Spezialisten einer neuen Disziplin entwickelt, die durch Geheimhaltungsvorschriften blockiert wurde. Die Universitäten standen ihnen schon offen. Auch weniger bekannte Teilnehmer des Manhattan Projekts erhielten gute Angebote. Vom Mythos der Atombombe ließ sich in jener Zeit gut leben. Nur, der

Freiheit der Forschung stand eben der Mythos der Superwaffe im Weg. Das erschien vielen Betroffenen um so ärgerlicher, als sie wußten, daß das größte Geheimnis der Atombombe bereits enthüllt war: nämlich, daß man sie herstellen konnte.

Die Atomwissenschaftler mußten jedoch feststellen, daß General Groves keinerlei Anstalten machte, sich ihren Einsichten anzuschließen. Er verwaltete seinen Bereich wie im Krieg und kontrollierte über einen wissenschaftlichen Ausschuß, den er fest in der Hand hatte, die Freigabe der Atominformationen.

»Freier Austausch wissenschaftlicher Information wird von einer großen Mehrheit von Wissenschaftlern als nicht nur für ihre Karriere unumgänglich betrachtet«, schrieb Eugene Rabinowitch, der Herausgeber des später gegründeten Bulletin of the Atomic Scientists, »... sondern auch für den Fortschritt der Wissenschaft und so für die Wohlfahrt der Nation.« Die Verbindung der Interessen ihres Berufsstands mit denen der Öffentlichkeit verhalf vielen der politisch aktiven Atomwissenschaftler zu jenem Selbstbewußtsein, das sie für ihre Kampagne zur Wiederherstellung der Freiheit ihrer Forschung benötigten. Das große Ansehen, das in jenen Tagen nach Hiroshima und Nagasaki Atomwissenschaftler in der Öffentlichkeit genossen, sollte ihnen helfen, ihren Zielen eine breite Unterstützung zu sichern.

Persönliche Betroffenheit, die sich mit einem objektiven Nützlichkeitspostulat umgibt, findet sich auch in jener Hoffnung Einsteins von 1945 wieder, daß die Atombombe »die menschliche Rasse einschüchtern könnte, ihre internationalen Beziehungen zu ordnen, was sie ohne den Druck der Angst nicht tun würde«. Politische Konsequenz der Atombombe war für viele, die sie hergestellt hatten, die Neuordnung der politischen Beziehungen. Politische, ideologische Gegensätze mußten sich in dem Maß aufheben, wie die sachlichen Mittel der Kriegsführung eine bestimmte Größenordnung der Zerstörungsgewalt überschritten hatten.

Nach seinem Rücktritt als Direktor von Los Alamos drückte Oppenheimer dies in einer Rede vor fünfhundert Atomwissenschaftlern im November 1945 aus: »Es ist ein neues Gebiet, dessen technische Besonderheiten... uns dazu bringen müßten, eine Interessengemeinschaft zu bilden, die fast als Versuchsanlage für eine neue Art internationaler Zusammenarbeit betrachtet werden könnte. Ich spreche von einer Versuchsanlage, weil offenkundig ist, daß die Kontrolle von Atomwaffen selbst nicht das letzte Ziel eines solchen Vorhabens sein kann. Das einzige Ziel muß eine vereinigte Welt sein, in der es keine Kriege mehr geben kann.« Ähnlich dachte Niels Bohr. Und Heisenberg hatte 1943 in einem Gespräch mit dem Biochemiker Adolf Butenand gehofft, daß die Entwicklung der Atomenergie die Völker zu einer friedlichen Zusammenarbeit vereinigen könnte. »Die Atomphysiker haben eigentlich immer über die Landesgrenzen hinweg freundschaftlich zusammengearbeitet.«

Rabinowitch schrieb, es ginge darum, »den Völkern dieses Landes und anderer Länder verständlich zu machen, daß ›Nukleonik‹ nur dann nicht unsere Zivilisation zerstören wird, wenn wir unser globales politisches System so wandeln, daß eine wirksame Verhinderung nukleonischer Kriegsführung möglich wird.« Er regte Diskussionen im Kollegenkreis an, ob Wissenschaftler »als solche eine aktive Rolle in der Nachkriegsorganisation der Welt übernehmen sollten« und man den »Versuch machen müßte, Wissenschaftler zu diesem Zweck zu organisieren«. Die Revolutionierung der politischen Beziehungen zwischen den Staaten stellte sich ihm als Einsicht in sachlich gegebene Notwendigkeiten dar.

Triumph sachlich gebotener Vernunft und zugleich Ohnmacht politischen Denkens! Nachdem die Hoffnung getrogen hatte, die eigene Regierung würde auf den Einsatz der Superwaffe verzichten, sollte die Atombombe doch noch ihr Gutes bewirken: Die Völker in die Neuordnung ihrer politischen Beziehungen, in den ewigen Frieden schrecken. Die sachliche Einsicht schien zwingend zu sein. Es ging nun darum, sie anderen zu vermitteln.

Nach dem Krieg erschien die Lösung des Atomwaffenproblems im Sinn der Wissenschaftler noch möglich. Den Bestrebungen, Freiheit der Forschung wiederherzustellen und den gesamten Atomkomplex einer internationalen Behörde zu unterstellen, schien nur die Kurzsichtigkeit der militärischen Leitung des Manhattan Projekts entgegenzustehen. Groves führte sich weiter wie im Krieg auf.

S<small>AMS</small> S<small>CHMETTERLINGSREDE</small>

Die latenten Spannungen zwischen Armee und Wissenschaftlern entluden sich Anfang September 1945. Anlaß war die Einweihung eines Instituts für Kernforschung an der Universität von Chicago. Siebzehn Atomwissenschaftler, darunter die Nobelpreisträger Urey und Fermi, versammelten sich im »Shoreland Hotel«, um in Gegenwart von Zeitungsreportern offen über ihre Probleme zu reden.

Sam Allison, einer der führenden Köpfe des Chicagoer MET Labs, der Mann, der die erste Atomexplosion in der Wüste von Alamogordo ausgelöst hatte, hielt eine Rede. Sie machte als »Sams Schmetterlingsrede« Geschichte. Allison warnte, daß sich die Wissenschaftler der Erforschung der Farbe von Schmetterlingsflügeln zuwenden würden, wenn der Austausch wissenschaftlicher Information weiter durch militärische Geheimhaltungsvorschriften behindert würde. Fermi erläuterte, daß das nicht hieße, die Wissenschaftler wollten nicht mehr für die Regierung arbeiten, sondern sie könnten es nicht mehr. »Wenn die Wissenschaft nicht frei und von Kontrollen unbehindert ist, werden die Vereinigten Staaten ihre wissenschaftliche Überlegenheit verlieren.« Am nächsten Tag berichtete die »Chicago Tribune« ausführlich über das Treffen.

General Groves war wütend, als er davon erfuhr. Er schickte sofort einen seiner Stellvertreter, Oberst Nichols, um die Rädelsführer zur Rede zu stellen. Allison erinnert sich, daß Urey »geflattert« und Fermi sich »gewunden« habe, als Nichols ausrichtete, Groves wolle nichts mehr über Schmetterlingsflügel hören. Noch beunruhigender war Nichols Begründung: Die Wissenschaftler erfuhren, daß ein Gesetzesentwurf über die nationale Verwaltung und Kontrolle der Atomenergie vorbereitet werde. Reden wie die von Allison und Bemerkungen wie die von Fermi könnten die schnelle und glatte Verabschiedung in Senat und Kongreß gefährden.

Das war ein Schock. Keiner der anwesenden Wissenschaftler, auch Fermi nicht, der als Mitglied des wissenschaftlichen Beirats des Interim Committees über Entscheidungen um die zukünftige Atompolitik hätte informiert sein müssen, wußte etwas von einem Gesetzesentwurf. Beunruhigend war auch, von Nichols zu hören, daß Conant, Bush und vor allem Oppenheimer den Entwurf gesehen und ihn gebilligt hätten, wieder einmal stellvertretend für die Wissenschaftler des Projekts. Deren Haltung war nach der Behandlung des »Franck Reports« im Interim Committee und der Empfehlung des wissenschaftlichen Beirats suspekt. Sicher hielt man sie nicht für befugt, stellvertretend für die Wissenschaftler zu reden. Das alles bekräftigte den Verdacht, daß die Urheber des Entwurfs allen Grund hatten, Diskussionen mit den am Projekt beteiligten Wissenschaftlern zu vermeiden, die die Probleme besser kannten als die Politiker und nicht wie Oppenheimer und seine Kollegen angepaßte Administratoren waren.

Was in den folgenden Tagen und Wochen an Gerüchten über eine

Vielzahl hastig eingebrachter Gesetzentwürfe durchdrang, bestätigte den Verdacht. Die Atomgesetzgebung lief Gefahr, dilettierenden Abgeordneten als politisches Sprungbrett zu dienen. Die schlimmsten Befürchtungen schienen sich zu bewahrheiten. Wiederherstellung von Freiheit der Forschung und Internationalisierung der Atomenergie durften nicht durch eine kurzsichtige nationale Gesetzgebung verhindert werden. Die Wissenschaftler versuchten, Regierung und Öffentlichkeit zu warnen.

In Chicago protestierten Atomwissenschaftler. Eine am 10. September 1945 von fünfundsechzig Mitgliedern des MET Labs unterzeichnete Resolution forderte den Präsidenten der Vereinigten Staaten auf, das Atomgeheimnis mit anderen Nationen zu teilen. Nur durch Internationalisierung der Atomenergie könnte ein atomares Wettrüsten vermieden werden.

Um die gleiche Zeit begannen die Wissenschaftler in Chicago, ihren informellen Diskussionsrunden einen dauerhafteren Charakter zu geben. Sie organisierten sich in einem Verband, den »Atomic Scientists of Chicago«. Im Rahmen dieser Organisation wollten sie ihre Vorstellungen zu Fragen der gesellschaftlichen und politischen Konsequenzen ihrer Wissenschaft formulieren, Öffentlichkeitsarbeit leisten und schließlich Gesetzgebung und Verwaltung für ihre politischen Ziele einnehmen. Ähnliche Organisationen bildeten sich auch in anderen Atomforschungszentren, in Los Alamos und in Oak Ridge.

Auf seine Weise versuchte auch General Groves, den Manhattan Engineer District vom Ballast der Kriegsverpflichtungen zu befreien. Er hatte Reserveoffiziere, die im militärischen Teil des Projekts beschäftigt waren, wieder ins Zivilleben entlassen und durch junge Berufsoffiziere ersetzt. Das war, wie er feststellte, notwendig, um den »Wissenschaftlern, die, wie die Erfahrung gezeigt hatte, jedem äußerst kritisch gegenüberstanden, der ihnen an geistiger Beweglichkeit nicht gleichkam oder sie darin nicht übertraf«, gleichwertige und ideologisch gefestigte Kontrahenten gegenüberzustellen. Erst wählte er unter ausgezeichneten Absolventen der Militärakademie von West Point aus, lockerte später aber die Standards, als für die Bombenmontagegruppen junge Offiziere in größerer Zahl benötigt wurden.

In der Auseinandersetzung um die Atompolitik ging die Armee dazu über, auch die Freiheit der Meinungsäußerung einzuschränken. Unterstützt wurde dieses Vorhaben durch Firmen, die am Projekt beteiligt waren, etwa die Carbide and Carbon Chemicals Corporation.

Ihren in der Diffusionsanlage beschäftigten Angestellten war verboten, über entscheidende Fragen der Atomenergie zu diskutieren oder zu spekulieren, so über: internationale Vereinbarungen, die über Verlautbarungen des Präsidenten hinausgingen; Nachkriegsanwendungen des Prinzips; Nachkriegsanwendungen der gegenwärtigen Anlagen; medizinische Fragen; relative Bedeutung unterschiedlicher Methoden, Pläne und ihre Wirksamkeit. Kurz, die Diskussionen sollten wohl auf die Resultate der Baseball-Ligen beschränkt bleiben. Ein Armeeoffizier hatte die Direktive des Industrieunternehmens gegengezeichnet.

Die Postzensur wurde ausgedehnt und benutzt, die Verbindung zwischen den einzelnen politischen Organisationen der Atomwissenschaftler in den verschiedenen Projektteilen zu unterbrechen. Öffentliche politische Äußerungen von Wissenschaftlern, die am Projekt beteiligt waren, wurden, sofern sie Groves bzw. des Pentagon offizieller Meinung widersprachen, unter dem Hinweis auf die Sicherheitsbestimmungen unterdrückt, wo es nur ging. Währenddessen ließ Groves kaum eine Gelegenheit aus, seine Meinung öffentlich als für das Projekt verbindlich darzustellen. Die Schlußfolgerung von Wissenschaftlern, die Armee versuchte absolute Kontrolle über die Atomenergie und Atomforschung zu behalten, wurde von Groves mit der Entrüstung des ertappten Biedermannes zurückgewiesen: »Diese Propaganda hat einen wahrhaft außerordentlichen Erfolg erzielt, trotz der Tatsache, daß sie völlig der Wahrheit widersprach, daß dies denen sehr wohl bekannt war, die sie in Gang gesetzt hatten, und daß dies viele von denen wußten, die die falschen Behauptungen ständig wiederholten. Wie oft wir ihnen auch ins Gesicht sagten, daß sie Lügen verbreiteten oder sie brieflich korrigierten – sie setzten ihre Propaganda unbeirrt fort. Selbst heute noch halten viele diesen Trug aufrecht und werden es wahrscheinlich bis an ihr Lebensende tun. Von heute gesehen, scheint es eine der vollkommensten Gehirnwäschen der modernen Zeit gewesen zu sein, und sie war besonders wirksam unter gebildeten Amerikanern.«

Ein Nazi-Gesetz

Die May Johnson Bill, der umstrittene Gesetzentwurf, sah vor, einer nationalen Behörde die Kontrolle über den gesamten Atomenergiebereich zu übertragen: von der Verwaltung der Rohstoffe über die

Produktionsstätten bis zur Verfügung über wissenschaftliche Information sollte es nichts geben, was dem zukünftigen Atom-Moloch nicht unterstand. An die Spitze der Behörde sollten eine neunköpfige Kommission und ein Geschäftsführer gesetzt werden, die vom Präsidenten ernannt und ihm verantwortlich waren. Er sollte jedes Mitglied der Kommission ohne einen anderen Grund abberufen können als »nationales Interesse«. Die Behörde war so jeder demokratischen Kontrolle entzogen.

»Ältere Herren«, deren Demission aus dem Atomprojekt Groves so begrüßte, wurden zu Zentren des Widerstands gegen die May Johnson Bill: Szilard in Chicago und Urey in New York. Unter der Mithilfe von Szilard wurde der Rechtsgelehrte Professor Levi von der Chicago School of Law in die elementaren Kenntnisse der Atomphysik eingewiesen. Er sollte den Gesetzentwurf rechtlich prüfen. Das Ergebnis war verheerend. Levi kritisierte die Machtfülle der geplanten Kommission, ihre Unabhängigkeit von parlamentarischer Kontrolle und die Abhängigkeit von der Exekutive. Die Kommission könne die Richtung der Forschung bestimmen und damit ihre Vorstellung über wissenschaftliche Forschung durchsetzen. Grundrechte der Verfassung seien in Gefahr.

In New York griff Urey den Gesetzentwurf noch heftiger an: »Es ist der erste totalitäre Gesetzentwurf, den der Kongreß je geschrieben hat. Man kann ihn entweder einen kommunistischen Entwurf oder einen Nazientwurf nennen, je nachdem, was man für schlimmer hält«, zitierte ihn die New York Times am 31. Oktober 1945.

So wichtig der Widerstand der älteren und bekannteren Wissenschaftler war, so trug zur Niederlage des Gesetzentwurfs die Masse der politisch engagierten jüngeren Wissenschaftler bei. Die Mehrheit der »Atomic Scientists« von Chicago, Oak Ridge und Los Alamos setzte sich aus Naturwissenschaftlern und Ingenieuren zusammen, die zwischen fünfundzwanzig und fünfunddreißig Jahre alt waren. Sie standen erst am Anfang einer akademischen Laufbahn, die der Krieg unterbrochen hatte. Was sie ihren älteren Kollegen an Reputation und Erfahrung nachstanden, machten sie durch ihr Engagement und die Begeisterung wett, mit der sie ihren Vorstellungen politische Resonanz verschafften.

Zunächst sah es so aus, als stießen die Versuche namens- und einflußloser Projektwissenschaftler in Washington ins Leere. Nach dem schon beim »Franck Report« bewährten Schema, einen Wissenschaftler durch einen anderen zu neutralisieren, zerpflückte auf einem Senatshearing Oppenheimer die Argumentation eines Deligierten der Atomic Scientists of Oak Ridge, Howard Curtis. Oppenheimer kommentierte Curtis' Vorschlag, Atomwaffen einer internationalen Kommission zu unterstellen, damit, daß es keine Polizeiwaffen seien, die diese Kommission glaubwürdig gegen Dissidenten einsetzen könne. Außerdem glaube er im Gegensatz zu Curtis, daß man sehr wohl gewisse entscheidende Produktionstechniken geheimhalten könne, ohne den allgemeinen wissenschaftlichen Fortschritt aufzuhalten. Schließlich sagte Oppenheimer, Wissenschaftler würden die Probleme nicht lösen, indem sie sie bagatellisierten. Die von Curtis vorgetragene Erklärung der Atomic Scientists of Oak Ridge erschien ihm als ganz einfach naiv.

Das war sie auch. Doch Oppenheimers Einwände gegen die Kritik an der May Johnson Bill unterstützten einen Gesetzentwurf, dessen Unzulänglichkeit immer offenkundiger wurde. Wie er schon in den letzten Kriegstagen Petitionen gegen den Bombenabwurf abzublocken versucht hatte, indem er Teller auf die »Weisheit« verwies, mit der in Washington entschieden würde, so verhielt er sich auch diesmal. Er meinte, daß es besser sei, schnell ein Atomgesetz zu haben. Es müßte möglich sein, genügend qualifizierte Männer für die Spitze der Kommission zu finden, deren persönliches Format die Nachteile des Gesetzes wettmache. Die May Johnson Bill war für Oppenheimer nicht das Problem. Sie zeigte, daß es existierte.

In jener Zeit unterstützte Oppenheimer die May Johnson Bill trotz ihrer offenkundigen sachlichen Unzulänglichkeiten. Er vertraute dem korrigierenden Einfluß unabhängiger Persönlichkeiten, die, wie er meinte, die eigentliche Politik der Kommission formulieren würden. Politische Agitation von Gruppen von Wissenschaftlern erschien ihm unangemessen. Er befürwortete die persönliche, wenn auch vorsichtige Einflußnahme von Wissenschaftlern innerhalb der dafür vorgesehenen Institutionen: In Beratungskomitees, Regierungsausschüssen, Behörden usw. Nur so hatten für ihn sachlich begründete Forderungen eine Chance, sich durchzusetzen.

Doch die Mehrzahl seiner jüngeren Kollegen hielt sich nicht an Oppenheimers Ratschläge. Für sie mußte sich Oppenheimer im Umgang mit der Macht korrumpiert haben. Sie setzten ihre Kampagnen gegen den Gesetzentwurf fort.

Die Solidarität der Laien

Der Kampf gegen die May Johnson Bill vereinigte schließlich lokale Organisationen der »Atomic Scientists«, die bis dahin ihre Ziele unabhängig voneinander verfochten hatten. Es begann damit, daß die Behandlung des Entwurfs einzelne der jüngeren Mitglieder der lokalen Organisationen überzeugte, daß es nicht genüge, den Protest aus der Distanz zu äußern. Die Gesetze wurden in Washington gemacht, und in Washingtoner politischen Kreisen verkehrten auch die einflußreicheren Wissenschaftsadministratoren, die dem Entwurf weniger kritisch gegenüberstanden oder ihn, wie Oppenheimer, befürworteten.

John A. Simpson, der Leiter der Chicagoer Organisation, ein neunundzwanzig Jahre alter Physiker, beschloß, nach Washington überzusiedeln. Dort wollte er versuchen, Einfluß auf die Atomenergiegesetzgebung zu nehmen. Das verlangte persönliche Opfer. Er mußte eine vielversprechende Karriere unterbrechen und mit geringen Mitteln längere Zeit in Washington leben.

Simpson stellte fest, daß er nicht der einzige war. In Washington traf er Kollegen aus anderen Labors, die das gleiche versuchten. Zuerst begannen die Wissenschaftler mit einigem Erfolg, Beziehungen anzuknüpfen. Sie sprachen mit Zeitungsreportern über ihre Probleme, gingen zu Empfängen und zu Cocktailparties, um dort Senatoren oder Regierungsbeamte kennenzulernen. Diese Wissenschaftler stellten fest, daß ihre Gesprächspartner wenig über das wußten, worüber sie zu entscheiden hatten.

Am 31. Oktober trafen sich in Washington Delegierte aus den einzelnen Atomforschungslabors von Chicago, Los Alamos, Oak Ridge und New York. Sie beschlossen, eine Dachorganisation der lokalen politischen Gruppen zu bilden, die »Federation of Atomic Scientists« (FAS). Dieser Verband sollte als Plattform für politische Einflußnahme dienen, Öffentlichkeitsarbeit leisten und Kontaktstelle zu sympatisierenden Gruppen sein. Der Beschluß über die Gründung des neuen Verbands, obwohl er erst noch von den lokalen Organisationen bestätigt werden mußte, fand in der Presse ein großes Echo. Eine Vielzahl politischer Interessengruppen nahm spontan Kontakt mit der zukünftigen Federation of Atomic Scientists auf.

So kam es bereits zwei Wochen später, am 16. November 1945, dem Tag der offiziellen Gründung der Federation of Atomic Scientists, zu einem Treffen mit Delegierten einer großen Anzahl politischer Gruppen, die begierig waren, die »Federation« zu unterstützen. Insgesamt vertraten siebenundvierzig Vereinigungen eine Mitgliederzahl von zehn Millionen Amerikanern. Darunter waren so verschiedenartige Gruppen wie: National Education Association, National Farmers Union, United Steelworkers, Disabled American Veterans und verschiedene religiöse – katholische, protestantische und jüdische – Organisationen.

Diese Gruppen von Nichtwissenschaftlern, die an den Zielen der FAS interessiert und sie zu unterstützen bereit waren, wurden in einer eigenen Organisation zusammengefaßt, dem »National Committee on Atomic Information« (NCAI). Es wurde von der FAS mit Informationen und Pressemitteilungen versorgt, die an die Mitgliederorganisationen weitergeleitet, der Arbeit und den Zielen der FAS nationales Echo verleihen sollten. Zugleich bot diese organisatorische Lösung, wie die Historiker der Atomenergiekommission hervorheben, der FAS den Vorteil, »nicht durch den naiven Enthusiasmus« der Mitgliederorganisationen des NCAI kompromittiert zu werden. Die FAS verfügte somit für ihre Ziele über eine breite politische Basis, ohne daß sie durch die Vielfalt der Meinungen der in den Mitgliederorganisationen vertretenen zehn Millionen Amerikaner behindert wurde. Die Vorstellungen der FAS bekamen politisches Gewicht.

Groves in der Falle

Ein Senatsausschuß unter Vorsitz von Senator McMahon bereitete im Kontakt mit Wissenschaftlern die Niederlage der vom Kriegsministerium ungeschickt gehandhabten May Johnson Bill vor. Atomphysiker, darunter Henry de Wolfe Smyth, der den ersten offiziellen Bericht über das amerikanische Atombombenprojekt geschrieben hatte, und Edward U. Condon, der Leiter des National Bureau of Standards, wiesen die Senatoren in die Grundbegriffe der Kernphysik ein. Nachdem die Politiker ihren Anfängerkurs absolviert hatten, reisten sie nach Oak Ridge, um sich an Ort und Stelle einen Eindruck über das Diffusionsprogramm zu verschaffen.

Der Wissensdurst der Senatoren wurde von Condon, ihrem Lehrmeister, geschickt benutzt, sich eine Vorstellung über die Gefahren einer allmächtigen und jeder parlamentarischen Kontrolle unzugänglichen Atombehörde zu bilden. Senator McMahon forderte von Groves Unterlagen über den Stand der nuklearen Rüstung, über

Produktionsanlagen usw. an. Die Auswahl der Informationswünsche verriet Groves, daß der Fragesteller ein Fachmann sein mußte, daß die Fragen von Condon formuliert waren.

McMahons Wünsche brachten Groves in Verlegenheit. Denn den Wissensdurst der Parlamentarier zu befriedigen, hätte sich gegen ein Grundprinzip von Groves' Amtsführung gerichtet. Nur er durfte vollen Überblick über den Stand der nuklearen Rüstung haben. Andererseits konnte er den Politikern schlecht Einblick in Unterlagen verwehren, die sie für ihre gesetzgeberische Arbeit offensichtlich benötigten. Der General war klug genug, die Falle zu sehen. Er verstand, daß er im Begriff war, in eine prinzipielle Auseinandersetzung um die Rechte der Gesetzgeber hineinzuschliddern. Und obwohl er das wußte, war die Falle so geschickt gelegt, daß er sich darin verfangen mußte: Verweigerte er die Herausgabe der Daten, lieferte er den um Lockerung der Geheimhaltungsvorschriften bemühten Wissenschaftlern und Abgeordneten eine eindrucksvolle Demonstration. Er führte die Machtfülle und Unabhängigkeit einer Atombehörde vor, die keiner zivilen Kontrolle unterstand. Darum ging es schließlich in der Auseinandersetzung um die May Johnson Bill. Gab er die Daten heraus, hatte er einen Präzedenzfall für die Möglichkeit einer zivilen Kontrolle geschaffen. Groves befand sich in einer ausweglosen Situation. Im Wissen, daß er damit die Auseinandersetzung um die Information zu einer Machtfrage werden ließ, verweigerte er die Herausgabe.

Auch ein Gespräch der Senatoren mit Groves' Vorgesetztem, Kriegsminister Patterson, führte nicht weiter. Patterson, der diese Geheimnisse selbst nicht kannte, unterstützte den General. Inzwischen wurde den Senatoren bewußt, daß es hier um ihr parlamentarisches Recht ging, sich gegenüber einer Behörde der Regierung durchzusetzen.

Denn auch die Einschaltung des Präsidenten, der diplomatisch den Senatoren das Recht zur Einsichtnahme nicht absprechen wollte, aber an ihre Einsicht appellierte, nicht auf Herausgabe der Unterlagen zu bestehen, war für sie unbefriedigend. Die Episode festigte die Interessengemeinschaft zwischen den Wissenschaftlern und den Senatoren.

Die Gefahren des Entwurfs lagen nun offen zutage. Die Haltung des Präsidenten, der das Kriegsministerium deckte, widersprach der demokratischen Tradition parlamentarischer Kontrolle. Die Exekutive wollte sich unabhängig machen.

Einen weiteren Auslöser, der die öffentliche Meinung gegen das Kriegsministerium mobilisierte, lieferte eine unbedeutende Aktion der amerikanischen Armee in Japan: Im Gegensatz zur Vernichtung von Hiroshima und Nagasaki, die in der Öffentlichkeit als kriegsnotwendig verstanden wurde, löste die Zerstörung mehrerer japanischer Cyclotrons durch die amerikanische Armee eine Welle öffentlicher Empörung aus. Geschürt wurde sie von den Wissenschaftlern, die diese militärisch völlig ungerechtfertigte Aktion gegen wissenschaftliches Gerät als einen Akt wildester Barbarei bezeichneten. Auch hier spielte der Kriegsminister eine unglückliche Rolle. Er stellte sich vor seine Untergebenen und erklärte, die Zerstörung sei in Übereinstimmung mit der offiziellen Politik des Pentagon. Die Cyclotrons könnten zu Atomforschung benutzt werden, die beim Feind zu verhindern sei. Damit hatte die Armee einen neuen Beweis geliefert, daß sie erstens die Freiheit der Wissenschaft nicht respektierte, zweitens nicht nur Atomenergie und -forschung monopolisieren wollte, sondern bereits die Grundlagenforschung ohne praktische Anwendungen behinderte.

Die öffentliche Meinung richtete sich nun noch entschiedener als zuvor gegen die Versuche des Kriegsministeriums, Atomenergie zu kontrollieren, und damit auch gegen die von ihm propagierte May Johnson Bill. Ab Dezember 1945 zeichnete sich ab, daß der Entwurf nicht mehr mit der notwendigen parlamentarischen Mehrheit rechnen konnte. Und das ist, wie Alice Kimball Smith in ihrer Würdigung des Verdiensts der Wissenschaftler feststellt, ein wesentlicher Erfolg der Federation of Atomic Scientists.

Gefangene Seiner Majestät

C'EST LA GUERRE, MONSIEUR

Dank der Beweglichkeit des Alsos-Kommandos und der Verlagerung der wichtigen Atomforschungszentren aus den von der Roten Armee bedrohten Teilen Deutschlands, fiel die Mehrzahl der deutschen Atomforscher den angelsächsischen Verbündeten in die Hände. Die Franzosen gingen leer aus. Der Sowjetunion blieb ein Rest der in Berlin und Mitteldeutschland zurückgebliebenen Forscher und Institute.

Wie die Russen hatten auch die Amerikaner keine Bedenken, den von ihnen »beschlagnahmten« Wissenschaftlern und Technikern ihre Staatsangehörigkeit vorzuwerfen, wenn sie sich als nützlich erweisen konnten. Das waren für die Amerikaner die deutschen Raketenforscher. Zum Glück – oder Unglück – der Atomwissenschaftler war ihr Wissen längst überholt. Sie wußten es nur nicht und wurden auch von Sam Goudsmit im Glauben an ihren vermeintlichen Vorsprung gelassen. Vom amerikanischen Atombombenprojekt hatten sie, die in den letzten Apriltagen und Anfang Mai 1945 gefangen wurden, keine Ahnung. Nachdem sich die Gerüchte von der deutschen Atombombe gegen Ende 1944 als haltlos erwiesen hatten, ging es für Goudsmit und Pash lediglich darum, die führenden Köpfe des Uranvereins festzunehmen, um zu verhindern, daß sie anderen Mächten in die Hände fielen. Sie sollten weder den Franzosen noch den Russen beim Bau eigener Atomwaffen helfen können. Außerdem mußte verborgen bleiben, daß solche Waffen entwickelt werden konnten.

Nachdem die Alsos-Truppe ihre Wissenschaftler in Hechingen und anderen Orten aufgestöbert hatte, wurden ihre Forschungsberichte und das wichtige Arbeitsmaterial verpackt und in die Vereinigten Staaten geschickt. Im Gegensatz zu Ardenne, der seine Geräte wieder in der Sowjetunion auspacken und in Betrieb nehmen durfte, wurden die von Alsos kassierten Wissenschaftler in eine andere Richtung als ihr Gerät geschickt. Auf einem langen Treck wurden sie durch Deutschland, Frankreich und Belgien schließlich nach England geschleust. Da half auch die Beteuerung des armen Erich Bagge nichts, daß er nichts mehr mit Atomforschung zu tun haben wolle, wenn man ihm nur seine Freiheit ließe. Als er unter Aufsicht deprimiert seine Isotopenschleuse für den Abtransport auseinandernehmen mußte, sagte ihm einer seiner Bewacher, dem das offensichtlich auch ans Herz ging: »C'est la guerre, Monsieur.«

Nach ihrer Verhaftung in den Ausweichquartieren am Rande der Schwäbischen Alb, werden Hahn, von Laue, von Weizsäcker, Wirtz, Bagge und Korsching nach Heidelberg gebracht. Das Haus, in dem sie gefangengehalten werden, liegt am Philosophenweg. Dort haben die Gefangenen Gelegenheit, durchs Fenster am Horizont die Türme des mittelalterlichen Doms von Speyer zu betrachten. Nach ein paar Tagen Befragung durch Goudsmit, der sich für den Verbleib anderer Wissenschaftler, besonders von Diebner, interessiert, werden sie nach Frankreich gebracht. In Reims wohnen sie in der Rue Gambetta. Auch hier fällt ihr Blick auf eine berühmte Kathedrale. Nur der Anblick von Maschinenpistolen erinnert sie an ihre Wirklichkeit, gefangen zu sein.

Am Donnerstag, dem dritten Mai, notiert Erich Bagge in sein Tagebuch: »Nichts Besonderes, Skatabend.« Am folgenden Tag ist es kalt, wie wir durch Bagges Aufzeichnungen wissen. Am sechsten Mai diskutieren die Gefangenen lange über die Zukunft Deutschlands. Dann geht es nach Versailles.

Die Ankunft von Heisenberg und Diebner bringt Abwechslung. Alle dürfen nun in den Park zu »Vierhundertmeterlauf, Weitsprung und Weitwurf«. Ein paar Tage später werden die Wissenschaftler umquartiert in die »Villa Argentinia« in Le Vésinet, westlich von Paris. Hier stößt auch Harteck hinzu. Am 21. Mai notiert Bagge, daß sie erstmals wieder an einem Tisch sitzen und er sich wie im Märchen vorkommt. Aus der Soldatenzeitung »Stars and Stripes« erfahren die Internierten, daß die Russen in Berlin wieder die Staatsoper eröffnen wollen und, wie Bagge aufzeichnet, »Furtwängler-Konzerte abgehalten werden«, jedoch »im gleichen Blatt das ›Not Fraternizing‹ des Herrn Eisenhower so stark betont wird«.

Am Pfingstsonntag spielt Heisenberg die ›Apassionata‹, auswendig. Die »Stars and Stripes« bringen ein paar Tage später eine »fünfzehnzeilige Notiz über die fehlgeschlagenen Versuche der Deutschen, eine Atombombe zu bauen«. »Na also, warum hält man uns dann noch gefangen?« fragt sich Bagge. Am 30. Mai hat Bagge Geburtstag. Der die Wachmannschaften befehlende Major schenkt ihm ein Täfelchen Schokolade. Die Gefangenen werden nach Belgien verschickt, wo sie in einem kleinen Jagdschloß unterkommen.

Jetzt wird auch Gerlach gebracht. Am Sonnabend, dem 23. Juni, bringt ein Faustball Abwechslung, den der Major seinen Gefangenen schenkt. Die Wissenschaftler, von denen allein Heisenberg, nach Groves Schätzungen, einmal zehn Divisionen wert war, spielen nun stundenlang Faustball. Alle bemühen sich nun, durch Unkrautjäten und Gießen, »auch noch die letzte Rosenknospe zum Blühen« zu bringen. Aber die Langeweile ist unerträglich, ebenso die Ungewißheit über das Schicksal der Familien. Heisenberg empört sich und muß von Hahn und von von Laue beruhigt werden.

Am Abend des 29. Juni 1945 trägt von Weizsäcker unter dem Titel »Kosmogonie« ein Ergebnis seiner »Kriegsforschung« in Straßburg vor, eine Theorie über die Entstehung des Sonnensystems. Er erklärt seinem erlesenen Auditorium, daß sich das Planetensystem vor Milliarden Jahren aus einer riesigen um die Sonne rotierenden abgeplatteten Gashülle entwickelt haben muß. Der größere Teil dieser gasförmigen Materie, der den interplanetarischen Raum zwischen Sonne und der Bahn des heutigen äußersten Planeten Pluto erfüllte, entwich in den Weltraum und nahm seinen Drehimpuls mit. Übrig blieb wenig mehr als ein Prozent der ursprünglichen Materie, hauptsächlich aus schweren Elementen und ihren Verbindungen mit Gasen bestehend. Im Zeitraum von Milliarden Jahren, so erklärt von Weizsäcker, verbanden sich diese feinsten Materiepartikel zu größeren Teilchen, schließlich zu Klumpen, die sich über weitere Aggregations- und Verschmelzungsprozesse zu den heutigen Planeten vereinigten.

Wie Bagge führt auch Otto Hahn Tagebuch. In seinen Aufzeichnungen wird von Weizsäcker als einziger beschrieben, der »wirklich ausgeglichen« war. Mochte das auch mit den zeitlichen und räumlichen Dimensionen zu tun haben, in denen Weizsäcker zu denken gewohnt war, Hahn erklärte es sich anders: »Er wußte, daß seinen Angehörigen in der Schweiz nichts passieren konnte.«

Am 23. Juli ist auch der Aufenthalt in Belgien zu Ende. Die Wissenschaftler werden nach Lüttich zum Flughafen gebracht. Dort wartet eine Dakota, die sie nach England bringen soll. Bagge hält fest, »Herr Harteck sagt zu Professor Hahn: Na, Herr Hahn, welche Gefühle haben Sie, wenn Sie dieses Flugzeug besteigen?« Auch Bagge bekundet, ein flaues Gefühl gehabt zu haben. Er fürchtet sich, als menschliche Bombe über dem Ärmelkanal abgeworfen zu werden. Er beruhigt sich, als er feststellt, daß auch die amerikanischen Wachoffiziere mit einsteigen.

Bagges Furcht war grundlos. Die Wissenschaftler erreichen die britische Insel nicht nur unversehrt, sie werden dort sogar fürstlich untergebracht und verpflegt. Die Ambiente eines alten englischen Landhauses mit seinem parkähnlichen Garten, »Farm Hall«, einem fünfköpfigen, aus deutschen Kriegsgefangenen bestehenden Bedienungspersonal wird von den Internierten als luxuriös empfunden.

Das Frühstück ist englisch, »englischer«, als es sich die meisten Einwohner des Landes nach dem Krieg leisten können: Cornflakes oder Porridge, Ham and Eggs, Marmelade, Toast und Butter. Mittags gibt es Rumpsteak oder Braten. Abends gibt es wieder Fleisch. Sehr oft Pommes frites. Otto Hahn berichtet von Gewichtsproblemen. Und das, obwohl alle viel Sport treiben. Der deutsche Koch erzählt, ein Hauptmann der britischen Wachmannschaft habe ihn angewiesen, im Sommer den Gasherd zu benutzen. Im Winter sei jedoch ein Kohleofen vorteilhafter. Das erschreckt die Gefangenen. Denn den Winter in Farm Hall zu verbringen, hatten sie nicht erwartet. Trotz der hervorragenden Verpflegung, sportlichen Übungen im Garten, viel Zeit zu wissenschaftlicher Arbeit, Heisenbergs vorzüglichem Klavierspiel, Bridgepartien, Billard und einer Bibliothek erscheint ihnen ihr Dasein immer bedrückender.

Die aufgestauten Spannungen beginnen sich zu entladen. Der Antrittsbesuch des neuen britischen Kommandanten löst einen Eklat aus. Bei der Begrüßung legt er ein Verhalten an den Tag, das von seinen Gefangenen als patzig empfunden wird. Mit Ausnahme von Hahn und Gerlach verlassen alle das Zimmer. Hahn, der Doyen der Internierten, sagt dem Kommandanten die Meinung: »Hat es in der Geschichte je eine Entführung von Wissenschaftlern gegeben? Ist das mit dem Völkerrecht vereinbar? Was heißt denn überhaupt ›detained at his majestys pleasure‹ rechtlich?«

Am 6. August endlich passiert etwas. Am nächsten Morgen vertraut Bagge seinem Tagebuch an: »Das war ein aufregender Abend gestern. Der englische Rundfunk gibt bekannt, daß auf einen Ort in Japan eine Atombombe abgeworfen wurde. Wir sitzen schon am Abendbrottisch, als diese Sensationsmeldung unsere Tafelrunde in Erstaunen setzt. Es entwickelt sich sofort eine lebhafte Diskussion, ob das überhaupt möglich sei und ob hier nicht ein Hörfehler vorliege.«

Hahn schreibt: »Montag vor dem Abendbrot kommt plötzlich die große Sensation. Der Major klopft an mein Zimmer, hat eine Flasche Gin in der Hand und zwei Gläser und teilt mit: Präsident Truman hat soeben im Rundfunk mitteilen lassen, daß die Amerikaner eine Atombombe auf eine japanische Stadt haben fallen lassen. Ich will es nicht glauben, aber der Major betont, dies sei keine Reporternachricht, sondern eine amtliche Nachricht des Präsidenten der Vereinigten Staaten. Ich verliere fast wieder etwas die Nerven bei dem Gedanken an das neue große Elend; bin aber andererseits sehr froh, daß nicht wir Deutsche, sondern die alliierten Anglo-Amerikaner dieses neue Kriegsmittel gemacht und angewandt haben.«

Heisenberg, der von Karl Wirtz mit der Nachricht überrascht wird, will es zunächst nicht glauben. Später erklärt er: »Ich war sicher, daß zur Herstellung von Atombomben ein ganz enormer technischer Aufwand nötig gewesen wäre, der vielleicht viele Milliarden Dollar gekostet hätte. Ich fand es auch psychologisch unplausibel, daß die mir so gut bekannten Atomphysiker in Amerika alle Kräfte für ein solches Projekt eingesetzt haben sollten, und ich war daher geneigt, lieber den amerikanischen Physikern zu glauben, die mich verhört hatten, als einem Radioansager, der irgendeine Art Propaganda zu verbreiten hatte.«

Also meint der große Physiker Heisenberg beim Abendessen, die einzige Erklärung müsse ein »neuer Sprengstoff mit atomarem Wasserstoff oder Sauerstoff oder so etwas Ähnliches« sein. Harteck bringt ihn schnell auf den Boden der Realität, als er Heisenberg vorrechnet, daß eine derartige Mischung nie die Wirkung von zwanzigtausend Tonnen Sprengstoff besitzen kann. Von Weizsäcker fragt Heisenberg noch einmal nach seiner Erklärung. Hahn unterstützt Hartecks Meinung; Diebner hält die Nachricht für wahr; Korsching tippt bereits auf die Diffusion als Methode zur Anreicherung von Uran235-Sprengstoff; Gerlach meint, wie Bagge berichtet, es falle ihm schwer, die Nachricht zu glauben. Man beschließt, die nächsten Nachrichten abzuwarten.

Die Bestätigung in den Abendnachrichten bringt, wie Gerlach überliefert, »die einzige tiefergehende Störung der Ausgewogenheit der Gruppe«. Die Internierung hatte Wissenschaftler vereint, die während des Krieges zwar am gleichen Projekt arbeiteten, jedoch von höchst unterschiedlichen Vorstellungen und Zielen angetrieben wurden. Diese Unterschiede waren in den letzten drei Monaten überbrückt worden.

Die Gefangenen mußten erstens einen modus vivendi finden, auf engem Raum miteinander zu leben, zweitens ging es für sie nicht mehr um etwas, was wichtig genug war, daß sich die Gegensätze daran hätten entzünden können. Die Vergangenheit war abgeschlossen, die Gefangenen hatten sich abgefunden, die Gegenwart mit ›Belanglosigkeiten‹ überbrücken zu müssen.

In die Bedeutungslosigkeit der Gefangenenidylle platzt die Nachricht von der Zerstörung Hiroshimas. Eine ganze Stadt wurde durch eine Waffe vernichtet, von der die Wissenschaftler annahmen, sie sei während des Krieges nicht herstellbar. Gespenster schon begrabener Hoffnungen, Zweifel, Ängste, Rivalitäten tauchen auf. Die einen beschäftigt der Gedanke an versäumte Möglichkeiten, sich innerhalb der Familie der Atomphysiker zu verständigen, die anderen trauern der wohl endgültig verpaßten großen Physik nach, vergebenen wissenschaftlichen Prioritäten. Begraben werden muß die schöne Hoffnung, nach den Belastungen der Kriegszeit könnte die gemeinsame Entwicklung der Atomenergie in zivilen Zwecken das Ziel sein, das die Atomwissenschaftler ehemals verfeindeter Länder zu konstruktiven Zielen vereinigen würde. Die Spaltung ist vorläufig besiegelt.

Bevor die Gefühle nüchternen Reflektionen weichen können, kommen für einen Augenblick die ursprünglichen Motive und Ziele wieder zum Vorschein. An ihnen entzünden sich die alten Gegensätze. Heisenberg versucht sich an die wissenschaftlich absurde Erklärung zu klammern, es müsse sich um einen anderen als atomaren Sprengstoff handeln: Die Erschütterung von Otto Hahn, daß seine Entdeckung so viel menschliches Elend ausgelöst habe; Gerlachs Widerstand, das Schreckliche zu glauben.

Vertraut man Groves' Wiedergabe der von den Bewachern heimlich mitgehörten Gespräche, so war Wirtz froh, daß man in Deutschland keine Atombomben bauen konnte. Von Weizsäcker sagte: »Ich meine, es ist schrecklich von den Amerikanern, das getan zu haben. Ich meine, es ist Wahnsinn.« Demgegenüber steht die realistischere Betrachtung von Harteck, der Heisenberg in die Schranken der physikalischen Realität zurückverweist. Diebner glaubt die Nachricht, Korsching ebenfalls, der bereits über Wege zu spekulieren beginnt, wie die Kollegen den Sprengstoff isolieren konnten. Bagge vergleicht die unterschiedlichen finanziellen Möglichkeiten der deutschen und der amerikanischen Atomwissenschaftler.

Während die deutschen Physiker voller Aufregung und Betroffenheit über das Ereignis debattieren, läuft, von ihnen unbemerkt, in einem der Nebenräume ein Tonbandgerät, das über ein verstecktes Mikrophon ihre Gespräche aufnimmt. Die Bänder wurden nie offiziell freigegeben, inzwischen vermutlich sogar als kompromittierende Beweisstücke der Praktiken in einem »Gästehaus« seiner Majestät vernichtet. Groves, der offenbar Kenntnis von diesen Bändern hat, zitiert die Gespräche auszugsweise in seinem Buch. Zitate verbindet er durch zweifelhafte Inhaltsangaben der fehlenden Gesprächspassagen. Die Collage soll den Eindruck erwecken, die deutschen Wissenschaftler hätten Atombomben bauen wollen, seien aber an ihrer Unfähigkeit gescheitert. Ähnliches hat Goudsmit in seinem Buch »Alsos« versucht. In ihm zitiert er Dokumente der deutschen Atomphysiker, in denen von Atombomben oder -sprengstoffen die Rede ist, ohne den politischen Stellenwert dieser Aussagen zu berücksichtigen. Beider Absicht ist klar. Auch wenn die Deutschen keine Atombomben entwickelt hatten, ging es darum, die der Amerikaner nachträglich aus den bösen Absichten der deutschen Atomwissenschaftler zu rechtfertigen, gleichzeitig Physikern des ehemaligen »Herrenvolks« ihre wissenschaftliche Inferiorität vorzuhalten.

Unter den Gefangenen gehen die Auseinandersetzungen weiter. Für Bagge verbindet sich Erstaunen mit Bewunderung für die technische Leistung. Selbstrechtfertigung des gescheiterten Technikers schleicht sich ein. In seinem Tagebuch vergleicht er die in Deutschland ausgegebenen fünfzehn Millionen Mark mit den zwei Milliarden Dollar der Amerikaner: »Eine Leistung, fünfhundert Millionen Pfund Sterling hat die Entwicklung gekostet. Du liebe Zeit, was sind unsere 15 Millionen RM dagegen? Und jetzt ist die Bombe in Japan bereits eingesetzt. Angeblich soll man noch viele Stunden nach dem Abwurf vor lauter Rauch und Staub die betroffene Stadt nicht sehen können. Von 300 000 toten Japanern ist die Rede. Der beklagenswerte Professor Hahn! Er erzählte uns, daß er schon damals, als er zum ersten Male erkannte, welche furchtbaren Wirkungen die Uranspaltung haben könnte, mehrere Nächte nicht geschlafen und erwogen habe, sich das Leben zu nehmen. Eine Zeitlang sei sogar der Plan aufgetaucht, ob man zur Verhütung der Katastrophe nicht alles Uran ins Meer versenken sollte. Aber kann man gleichzeitig die Menschheit um all die segensreichen Wirkungen bringen, die das Uran andererseits auslöst? Und nun ist sie da, diese furchtbare Bombe. Die Amerikaner und Engländer haben in Amerika gewaltige Fabriken aufgezogen und ungestört in pausenloser Arbeit das reine

Uran 235 hergestellt. Währenddessen mußten wir in Deutschland um ein paar tausend Mark riesige Kämpfe ausfechten und zusehen, wie unsere Arbeiten immer wieder zerbombt wurden, freilich auch feststellen, wie einige unserer maßgebenden Männer die Isotopentrennung (Bagges Spezialgebiet) abschlägig beurteilten und sie nur so am Rande duldeten.«

Doch hat die Sache auch ihr Gutes für Bagge. Er räsoniert, daß die Uranbombe wohl »viel Unglück über die Menschheit bringen« kann, hofft aber, daß sie auf der anderen Seite dazu beitragen wird, »das Leben der Menschen angenehmer, schöner und vielleicht auch glücklicher zu gestalten als bisher. Kein Zweifel, daß dies möglich ist. Es ist dazu nur nötig, daß sich die Menschen auch in moralischer Hinsicht dieser Entwicklung gewachsen zeigen.«

Dem von Groves zitierten Tonband zufolge, sagt von Weizsäcker zur Frage, warum in Deutschland keine Atombombe gebaut wurde: »Ich glaube, es ist uns nicht gelungen, weil alle Physiker aus Prinzip gar nicht wollten, daß es gelang. Wenn wir alle gewollt hätten, daß Deutschland den Krieg gewinnt, hätte es uns gelingen können.«

In Groves Bericht entgegnet Bagge: »Ich meine, es ist absurd von Weizsäcker, so etwas zu sagen. Das mag für ihn zutreffen, aber nicht für uns alle.«

Auch Korsching, ein junger Experimentalphysiker, ist unzufrieden. Er äußert sich über die Unzulänglichkeit und die Eifersüchteleien der maßgeblichen Herren des deutschen Uranvereins: Zusammenarbeit, wie sie die Wissenschaftler der Alliierten offensichtlich im großen praktiziert hätten, sei in Deutschland unmöglich gewesen: »Das beweist jedenfalls, daß die Amerikaner zu wirklicher Zusammenarbeit in ungeheurem Ausmaß fähig sind. In Deutschland wäre das unmöglich gewesen. Jeder sagte, der andere ist unwichtig.«

Das regt Gerlach auf. Schließlich war er der letzte Leiter der Uranarbeiten in Deutschland und hatte mit seiner Forschungspolitik das Ziel verfolgt, die Wissenschaft aus ihren Kriegsverbindungen zu lösen, Breitenarbeit ohne militärische Konsequenzen zu fördern. Davon hatte Korsching keine Ahnung, und wenn, er hätte es vermutlich nicht verstanden. Nach einer zweiten, ähnlichen Äußerung Korschings verläßt Gerlach wütend den Raum. Die anderen versuchen, Korsching zu überreden, sich bei Gerlach zu entschuldigen. Doch Gerlach ist so aufgebracht, daß er Korsching aus dem Zimmer wirft.

Gerlach ist nicht nur zornig, er hat auch Angst. Er meint, Repressalien in Deutschland befürchten zu müssen, wenn bekannt würde, daß Physiker des Uranvereins gar keine Bombe bauen wollten. Vielleicht drohe ihnen die Rache des »Wehrwolf«, einer faschistischen Femeorganisation.

Die aufgebrachten Gemüter beruhigen sich mit der Zeit. Otto Hahn begeht nicht Selbstmord, wie seine Freunde befürchtet hatten. Er ist traurig und deprimiert über das Schicksal der unschuldigen Opfer des Bombenangriffs, fühlt sich aber nicht mitschuldig. Als er seine Entdeckung veröffentlichte, waren ihm die technischen Konsequenzen nicht bewußt. Ihm wäre nie in den Sinn gekommen, seine Veröffentlichung zurückzuhalten. Nun ist er froh, in Deutschland nicht vor dem Problem der Atomwaffenentwicklung gestanden zu haben. Denn sicher wären die Wissenschaftler sonst dazu gezwungen worden. Er sieht, daß die Wissenschaftler der Alliierten unter dem Zwang politischer Ereignisse handelten, keine andere Wahl hatten, als die Waffe gegen Hitlerdeutschland zu entwickeln. Für Hahn ist nur unverständlich, »daß die deutschen Emigranten Peierls und Simon, daß der Meldung nach auch Bohr mitgemacht haben«. Letzteres zu glauben, fällt ihm besonders schwer.

Gespräche am Rosenbeet

Am nächsten Morgen treffen sich Heisenberg und von Weizsäcker am Rosenbeet, das zwischen der großen Rasenfläche und der efeubewachsenen Mauer liegt, die die Grenze zur Freiheit markiert. Um dieses Beet führt ein Weg, auf dem sie ungestört von dritten über die Folgen der amerikanischen Atombombe sprechen können. In seinem Buch »Der Teil und das Ganze« hat Heisenberg den Inhalt dieses Gesprächs berichtet: Die beiden beschäftigt die Frage nach der Verantwortung des Wissenschaftlers.

Der traditionelle Fortschrittsglaube des neunzehnten Jahrhunderts erscheint ihnen durch die neuere Entwicklung der Naturwissenschaft und Technik in Frage gestellt. Vor dem Bau der Atombomben standen die Wissenschaftler noch in der Tradition, nach der dieser Fortschritt an sich gut war. Ein Weg zur Atombombe zeichnete sich vor der Hahnschen Entdeckung nicht ab. Daher kann, wie sie meinen, »am Lebensprozeß der Entwicklung der Wissenschaft teilzunehmen, (in diesem speziellen Fall) ... nicht als Schuld angesehen werden«. Von Weizsäcker fügt hinzu, die politischen, ökonomischen und militärischen Konsequenzen der Atomenergie machten die nach Hiroshima auftauchende Forderung radikaler Geister, den wissenschaftlichen und technischen Fortschritt auf diesem Gebiet einzudämmen, ohnehin utopisch. Denn, so erläutert er, ein wesentliches Fortschrittsmoment sind die machtpolitischen Konsequenzen. Vielleicht würde unter einer zentralen Regierungsgewalt auf der Erde, einer Weltregierung, die machtpolitische Komponente zur Förderung von Wissenschaft und Technik an Bedeutung verlieren. Vorläufig ist man von diesem Zustand weit entfernt. Daher füllt der Wissenschaftler in der Entwicklung der Gesellschaft – (Heisenberg spricht von einem Lebensprozeß der Menschheit), nichts anderes als eine öffentliche Funktion aus. Er muß nur versuchen, diesen »Entwicklungsprozeß zum Guten zu lenken, die Erweiterung des Wissens nur zum Wohl der Menschen auszunutzen, nicht aber diese Entwicklung selbst zu verhindern«. Heisenberg ergänzt das durch den Hinweis auf die funktionelle Austauschbarkeit des einzelnen Wissenschaftlers: »Wenn Einstein nicht die Relativitätstheorie entdeckt hätte, so wäre sie früher oder später von anderen, vielleicht von Poincaré oder Lorentz formuliert worden. Wenn Hahn nicht die Uranspaltung gefunden hätte, so wären einige Jahre später Fermi oder Joliot auf dieses Phänomen gestoßen.«

Unterschieden werden muß jedoch zwischen Entdeckung und Entwicklung. Während der Entdecker nur den Wahrheiten der Natur auf der Spur ist, handelt der Erfinder im direkten oder vorweggenommenen Auftrag der Gesellschaft: Die Atomphysiker in den Vereinigten Staaten reagierten als »Erfinder auf die vermutete Gefahr aus Deutschland«. Das ist verständlich. Den deutschen Wissenschaftlern stände, betonen Heisenberg und von Weizsäcker, kein Recht zur Kritik zu. Da die Naturgesetze unabhängig von menschlichem Wollen und politischen oder gesellschaftlichen Interessen sind, bleibt nur übrig, die Entwicklung in einen übergeordneten Zusammenhang zu stellen: »Was verlangt wird, ist also im Grunde nur die sorgfältige und gewissenhafte Berücksichtigung des großen Zusammenhangs, in dem sich der technisch-wissenschaftliche Fortschritt vollzieht.«

Nun wenden sich die Gesprächspartner der Frage nach den politischen Konsequenzen der Atombombe zu. Von Weizsäcker sieht voraus, daß die Atombombe das politische Gewicht kleinerer und mittlerer Staaten abnehmen läßt: »Die Existenz der Atombombe an sich ist kein Unglück. Denn sie wird in Zukunft die volle politische Unabhängigkeit auf einige wenige Großmächte mit einer riesigen

Wirtschaftskraft beschränken.« Der Verzicht auf nationale Unabhängigkeit der kleineren Staaten »braucht keine Einschränkung für die Freiheit des einzelnen zu bedeuten und kann als Preis für die allgemeine Verbesserung der Lebensbedingungen hingenommen werden.«

Und noch eine Konsequenz des technisch-wissenschaftlichen Fortschritts für die Entwicklung menschlicher Gesellschaften erkennen die Freunde in ihrem Gespräch. Der Einfluß der Wissenschaftler auf das öffentliche Leben wird sich vergrößern. Wissenschaftler können in »die Arbeit der Politiker ein konstruktives Element von logischer Präzision, von Weitblick und von sachlicher Unbestechlichkeit bringen.« Aus dieser Perspektive allerdings glauben die beiden, ihren amerikanischen Kollegen den Vorwurf nicht ersparen zu können, sich nicht um ausreichenden Einfluß bemüht und die Entscheidung über die Verwendung der Bombe zu früh aus der Hand gegeben zu haben. Daß diese »Arbeitsteilung« überhaupt die Voraussetzung des Erfolgs war, davon können von Weizsäcker und Heisenberg noch nichts ahnen. Einstweilen sind sie froh, das Glück gehabt zu haben, in Deutschland nicht vor das gleiche Problem gestellt worden zu sein.

Hackordnung

Wie Bagge berichtet, »brach sich« einige Tage später »bei einigen älteren Herren, der Gedanke Bahn, daß es doch wichtig sei, ein Schreiben zu verfassen und dem Major zu überreichen«, das klarstellte, daß man in Deutschland nicht an der Atombombe, sondern an einem Reaktor gearbeitet habe. Weniger als die Formulierung bereitet die Reihenfolge der Unterschriften Schwierigkeiten. Erster Plan: Hahn, von Laue, Gerlach, Heisenberg, von Weizsäcker, Wirtz, Bagge, Korsching und Diebner. Doch Wirtz ist nicht einverstanden, daß sich der am Uranprojekt völlig unbeteiligte von Laue an zweiter Stelle einträgt. Diebner ist gekränkt, die letzte Stelle einzunehmen. Um diese Rangordnungsprobleme zu verdrängen, wird vorgeschlagen, daß nur die Institutsleiter unterzeichnen. Zweiter Plan: Hahn, Heisenberg, Gerlach und Harteck. Doch der Kommandant des Gefangenenlagers weigert sich, diese Version entgegenzunehmen. Das gäbe Anlaß zu dem Mißverständnis, nur die vier Unterzeichner hätten keine Atombomben bauen wollen, wohl aber die anderen. Die Wissenschaftler beschließen, das Problem zu überschlafen.

Am nächsten Morgen schlägt von Laue vor, dem Kommandanten einen ergänzenden Brief zu überreichen. Darin will er klarstellen, daß er selbst sich nicht an den Arbeiten beteiligt hatte, jedoch das Memorandum mitunterzeichnete, um die Richtigkeit der Angaben der anderen zu bezeugen. Das stellt die Verhältnisse klar. Man einigt sich auf den dritten Plan. Nur Diebner frißt seinen Groll in sich hinein. Noch hinter Bagge und Korsching zu rangieren, fällt ihm schwer. Aber er hat sich damit abgefunden, für seine Jugendsünden büßen zu müssen. Er selbst ist überzeugt, daß seine wissenschaftliche Leistung höher zu bewerten sei als die von Bagge und Korsching. Und das teilt er einigen seiner Kollegen mit.

Eine späte Erkenntnis

Nach diesen erregenden Tagen versinkt die Belegschaft von Farm Hall wieder in die langweilige Routine ihres luxuriösen Gefangenendaseins: 8 Uhr Wecken. 8 Uhr 30 Aufstehen, Waschen. 9 Uhr Frühstück. 9 Uhr 45 bis 11 Uhr Beschäftigung auf dem Zimmer. 11 Uhr bis 12 Uhr 30 Faustball. 12 Uhr 30 bis 13 Uhr Waschen und Umkleiden. Dinner 13 Uhr: Fleisch, Gemüse, Kartoffeln, Nachspeise, Käsebrot, Tee. 14–16 Uhr auf dem Zimmer. 16 Uhr bis 16 Uhr 45 Kaffee mit Gebäck. 16 Uhr 45 bis 19 Uhr 45 auf dem Zimmer, Kolloquium, Radio, Konzert (Beethoven-Sonaten von Heisenberg gespielt). 19 Uhr 45 bis 20 Uhr 30 Supper, Speisefolge etwa auf der Ebene des Dinners. 20 Uhr 30 bis 24 Uhr Klavier, Skat, Bridge. Das alles überliefert Bagges Tagebuch.

Am 27. September schließlich berechnet Bagge die kritischen Dimensionen von Kugel, Würfel und Zylinder beim Uranreaktor. Er folgert, daß der Haigerlocher Versuch einen kritischen Reaktor ergeben hätte, wenn gitterförmig angeordnete Urankugeln verwendet worden wären. Diebner liest im »Graf von Montecristo«. Gelegentlich spielt er mit Korsching ein neuerfundenes Spiel: »Hochping«. Der Ball darf die Tischtennisplatte nicht berühren. Bagge beobachtet Gerlach beim Blumenschneiden: »Mit geradezu fanatischer Konsequenz wird auch noch das letzte Rosenknöspchen, das im Garten ans Licht der Welt zu kommen wagt, abgeschnitten und in eine Vase gesteckt. So 20 Vasen werden jeden Tag neu geleert und gefüllt. So eine Arbeit, richtig ernstgenommen, füllt einen großen Physiker immerhin halb aus.«

So geht es den Spätsommer weiter. Hahn beobachtet, daß Heisenberg, von Laue und von Weizsäcker Arbeiten zu Niels Bohrs sechzigstem Geburtstag schreiben. Sie meinen, daß er, entgegen den Zeitungsmeldungen, sich nicht am Bau der Atombombe beteiligt hätte. Hahn überlegt, daß er selbst Hemmungen hätte, Bohr eine Arbeit zum Geburtstag zu widmen, wenn er wüßte, daß Bohr doch dabei gewesen wäre. Über einen Artikel in der »angesehenen Zeitschrift Life« kann er nur den Kopf schütteln. Lise Meitner wird darin als Direktorin des Berliner Kaiser-Wilhelm-Instituts geschildert, die die Arbeit an der Atombombe begonnen hätte.

Später ärgert er sich zu erfahren, Lise Meitner habe 1938 aus dem Kaiser-Wilhelm-Institut fliehen müssen, weil Hahn ein »wütender Nazi gewesen sei«. Andere Gerüchte machen aus ihm einen schwedischen Juden.

Ende September erhält Otto Hahn einen Brief von Max Planck. Planck berichtet, Albert Vögler, der bisherige Präsident der Kaiser-Wilhelm-Gesellschaft, habe Selbstmord begangen. Planck bittet Hahn, die Nachfolge anzutreten, um seine Person beim Wiederaufbau der deutschen Wissenschaft einzusetzen. Nachdem ihm Max von Laue, Heisenberg und Weizsäcker gut zureden, ist Hahn bereit, seine Selbstzweifel zu überwinden. Einige Tage später liest er in einem Zeitungsartikel, daß er bisher für tot gehalten wurde, nun aber in einer Atombombenfabrik in Tennessee gesehen worden sei. Seiner Frau vertraut er später an: »Wie kindlich kommen einem ... die Gerüchte vor, daß wir für die Amerikaner Atombomben machten.« Schließlich erreichen die Internierten auch noch Gerüchte aus Deutschland, in denen sie als Verräter an der deutschen Atombombe erscheinen.

Für ein paar Tage weicht die Trostlosigkeit der komfortablen Internierung der Erregung einer erfreulichen Nachricht. Otto Hahn war für seine Entdeckung der Uranspaltung der Nobelpreis für Chemie verliehen worden. Auch wenn der neue Nobelpreisträger weder nach Stockholm zur Preisverleihung reisen noch den Grund seiner Verhinderung angeben darf, gibt es genügend Anlaß für eine ausgelassene Feier. Selbst der Lagerkommandant beteiligt sich mit Gin, Rotwein und Torten, die er seinen Gefangenen stiftet. Zur Feier läßt sich jeder etwas Lustiges einfallen. Heisenberg verliest erfundene Zeitungskommentare über Otto Hahn, von Weizsäcker zitiert aus einer fiktiven Laudatio der Frankfurter Zeitung, Schlagzeile »Von Goethe bis Otto Hahn – zwei große Frankfurter«, Diebner und Wirtz singen ein vielstrophiges Lied mit dem Refrain ». . . und fragt man, wer ist schuld daran, so ist die Antwort Otto Hahn«.

Der bescheidene Otto Hahn ist erstaunt, im Zentrum der Bewunderung zu stehen. Die Bedeutung seiner Entdeckung unterschätzt er natürlich nicht, kommt sich aber, wie er schreibt, als »recht primitiver Nobelpreisträger« vor, dessen Kenntnisse sich auf präparative Chemie beschränkten. »Als Student«, erklärt er, »hatte ich nicht genügend Physik und Mathematik gelernt und mich später nur mit dem Radium und der Radiochemie befaßt.« Er bewundert von Weizsäcker: Er »arbeitete offenbar über alles mögliche, las auch politische und historische Beiträge, Shakespeare und andere englische Dichter. Für mich war sein Wissen unfaßlich. Ich selbst fühlte mich mit meinen speziellen, nur auf das Präparative eingestellten Kenntnissen immer nur als Außenseiter.«

Zu Beginn dieses Jahres 1946 wurden die Gefangenen wieder nach Deutschland gebracht. Mit Billigung der Besatzungsmächte USA und Großbritannien durften sie sich an den Wiederaufbau der deutschen Naturforschung machen. Bedingung war, sich nicht in der französischen oder der russischen Besatzungszone anzusiedeln. Auch das war ihnen verständlich. Sie hielten sich daran. Die alte Kaiser-Wilhelm-Gesellschaft wurde unter dem neuen Namen »Max-Planck-Gesellschaft« weitergeführt. Otto Hahn war ihr erster Präsident.

Das Urteil des Paris

Das war das Ende der Gefangenschaft der deutschen Atomwissenschaftler in England. Doch war ihre geistige Internierung damit noch nicht vorüber. Ihnen konnte besonders von in Amerika lebenden Kollegen nicht verziehen werden, sich am Bau von Hitlers Atombombe versucht zu haben. Selbst wenn Goudsmits Berichte nun bewiesen, daß die deutschen Atomwissenschaftler in Wirklichkeit nicht an einer Atombombe gearbeitet hatten, mußte nun der Glaube, sie hätten es gewollt, seien aber gescheitert, der nachträglichen Rechtfertigung der eigenen Arbeit dienen. Denn nur anzunehmen, sich in Amerika zum Opfer der eigenen Vorstellungen und Ängste gemacht zu haben, konnte nicht ausreichen, um eine Entwicklung zu rechtfertigen, die sich so offensichtlich gegen das Fortschrittsideal der Wissenschaft richtete. Militärische Gegnerschaft wurde durch moralische Entrüstung ersetzt.

Die Darstellung der militärischen Harmlosigkeit der Ziele führender Physiker des Uranvereins wurde von dem amerikanischen Physiker Philip Morrison als Märchen bezeichnet, das während der Gefangenschaft erfunden worden sei. Goudsmit bezeichnete Heisenbergs Erklärung, nie den Bau von Atombomben beabsichtigt zu haben, als für »den deutschen Hausgebrauch und die deutsche Beschwichtigung« bestimmte Verdrehung der Wahrheit. Selbst dreizehn Jahre nach Kriegsende gibt Bethe zwar zu, die führenden Wissenschaftler im ehemals feindlichen Lager hätten nur deshalb keine Atombomben bauen wollen, weil ihnen das Projekt technisch nicht aussichtsreich erschienen sei. »Wäre ihnen das Projekt als ›technisch süß‹ erschienen, hätten die deutschen Wissenschaftler eine ganz andere Haltung einnehmen können.«

Der Zorn Goudsmits auf seine Kollegen mag berechtigt sein, nämlich »Hitlers Verbrechen gegen die Menschheit« unterstützt zu haben, wie er ihnen nach dem Krieg vorwarf, »oder zumindest nicht viel dagegen zu unternehmen, als Opposition noch möglich war«. Geglaubt zu haben, daß sie »ihren vollen Anteil« erfüllt hätten, »indem sie nur diesem Eingriff in ihr Fachgebiet widerstanden haben«, genüge nicht zur Rechtfertigung der deutschen Atomphysiker. Der Vorwurf richtete sich gegen die Ambivalenz ihres politischen Taktierens, das einen Schein von Zusammenarbeit aufrechterhielt. Auch Morrison war nicht bereit, das zu verzeihen: »Aber der Unterschied, der nie vergeben werden kann, ist, daß sie für die Sache Himmlers und Auschwitz arbeiteten, für die Bücherverbrenner und Geiselnehmer. Die Gemeinschaft der Wissenschaft wird lange zögern, die Bewaffner der Nazis wiederaufzunehmen, selbst wenn ihre Arbeit nicht erfolgreich war.« Was Morrison nicht begriff, versuchte der von ihm wegen seines offenen Eintretens für Einstein gelobte von Laue zu erklären. Nämlich, daß die Kriegsforschung eine Möglichkeit bot, wissenschaftspolitische Ziele zu verfolgen, die den Vorhaben der Nationalsozialisten widersprachen. Vergeblich.

Die moralische Entrüstung führte sich selbst ad absurdum. Denn zur gleichen Zeit, 1947, argumentierten Goudsmit und Bethe für, oder zumindest nicht gegen die Beschäftigung deutscher Raketenforscher im Dienst der amerikanischen Rüstung. Andeutungsweise war durchgesickert, daß die amerikanische Armee deutsche Wissenschaftler und Techniker an geheimen Projekten beteilige. Bethe und Goudsmit sahen es zwar nicht gern, doch waren sie bereit, dem Kriegsministerium zuzubilligen, feindliche Wissenschaftler dort zu beschäftigen, wo sie von Nutzen waren. Pech für die Atomwissenschaftler, daß sie nur überholtes Wissen zu bieten hatten. Glück für die deutschen Raketenforscher, die einen wirklichen Kriegsbeitrag für die Nationalsozialisten geliefert hatten. Goudsmit meinte: »Einige dieser Wissenschaftler, besonders die Techniker, haben wirklich etwas zu liefern ... Es ist natürlich, daß das Militär sich (um diese Leute) kümmert, damit solch wertvolle Ressourcen nicht gegen uns verwendet werden.« Zwar ist es nach Goudsmits Meinung falsch, »moralisch falsch, mit diesen importierten Kollegen zusammenzuarbeiten«, doch könnte man zumindest die Mitläufer unter ihnen »allmählich an Stellen absorbieren, gemäß ihren wirklichen Fähigkeiten und ihrer Persönlichkeit«. Dort »können sie einen Bedarf decken«.

Den Kernphysikern wirft Goudsmit vor, »die Übel des totalitären Regimes« nicht erkannt zu haben, »bevor seine Dogmen mit den Lehren der Wissenschaft in Konflikt« geraten seien.

Auch Bethe zog eine Grenze zwischen Moral und politischer Opportunität. »Wir mögen bedauern, daß eine solche Zusammenarbeit (mit Raketenspezialisten) notwendig ist, aber da die Armee verantwortlich dafür ist, mit modernen technischen Entwicklungen Schritt zu halten, kann man keine ernsthaften Einwände dagegen erheben.«

Fast ein Erfolg

Ein Spion zur rechten Zeit

Nach dem Scheitern der May Johnson Bill war der zweite große Erfolg der »zurückhaltenden Lobby«, wie das Nachrichtenmagazin »Newsweek« die Interessenvertretung der Atomwissenschaftler nannte, ein neuer Gesetzentwurf, die sogenannte McMahon Bill, der entscheidende Argumente der FAS berücksichtigte. Die McMahon Bill sah eine zivile Atombehörde vor, die parlamentarischer Kontrolle unterstand. An der Spitze dieser Organisation hatte ein Geschäftsführer die Weisungen einer fünfköpfigen Kommission auszuführen. Die fünf Kommissionäre sollten zwar vom Präsidenten berufen, mußten aber vom Senat bestätigt werden. Einfluß des Militärs war ganz ausgeschlossen. Kein Angehöriger der Streitkräfte durfte maßgeblich an politischen Entscheidungen im Atomenergiebereich teilhaben. Wesentlich an dem neuen Entwurf war auch, daß er den Weg zu Vereinbarungen über internationale Partnerschaft und Kontrolle der Atomenergie nicht blockierte.

Kritik am neuen Gesetzentwurf kam nun aus dem Kriegsministerium. Der neue Minister Patterson schlug vor, einen Passus hinzuzufügen, der den Militärs erlaubte, an der Entwicklung von Atomwaffen mitzuwirken. In Fragen partieller militärischer Bedeutung müsse die Kommission sich von Angehörigen der Streitkräfte oder des Kriegsministeriums beraten lassen.

Die Auseinandersetzung um den Einfluß der Militärs in der Atomenergiebehörde war in vollem Gang, als sich am 16. Februar 1946 eine Sensation ankündigte. In Kanada war ein großer Spionagering ausgehoben worden. Einundzwanzig Personen wurden verdächtigt, für die Sowjetunion spioniert zu haben. Unter ihnen befanden sich auch Atomwissenschaftler, die während des Krieges im Rahmen der wissenschaftlichen Kooperation der USA, Großbritanniens und Kanadas Zugang zu entscheidenden Geheimnissen des Atomprojekts hatten.

Die Affäre kam denen wie gerufen, die strengere militärische Kontrolle und verschärfte Sicherheitsbestimmungen zum Schutz der amerikanischen atomaren Überlegenheit verlangten. Groves engstirniger Sicherheitswahn erschien, nachträglich betrachtet, gerechtfertigt. Ja, daß Spionage selbst unter der bisherigen strengen Aufsicht möglich war, mußte weitergehende Maßnahmen rechtfertigen. Alle Bedenken gegen die leichtfertigen Pläne, die Atomgeheimnisse mit anderen Mächten, besonders mit der Sowjetunion zu teilen, erschienen plötzlich nur zu begründet.

Die Atomwissenschaftler bekamen die Folgen der Affäre sofort zu spüren. Das Hauptquartier der Federation of Atomic Scientists berichtete, daß die öffentliche Unterstützung der liberalen McMahon Bill unmittelbar abbrach. Einzelne Wissenschaftler vermuteten, daß zwischen der Aufdeckung der Spionageaffäre und dem Kampf der Armee um ihren zukünftigen Einfluß auf dem Atomenergiesektor ein Zusammenhang bestehen mußte. Was war geschehen?

Am 5. September 1945 erscheint ein Mann beim »Ottawa Journal«, einer in der kanadischen Hauptstadt erscheinenden Tageszeitung. Er stellt sich als Igor Gouzenko vor, Chiffrespezialist der russischen Botschaft. Grouzenko gibt an, sich zum Überlaufen entschlossen zu haben, um die westlichen Demokratien vor den feindlichen Absichten ihres vermeintlichen Verbündeten, der Sowjetunion, zu warnen. Er verfüge über Geheimdokumente, aus denen das Ausmaß der gegen den Westen gerichteten Spionage hervorgehe.

Niemand will ihn ernstnehmen. Über soviel Ahnungslosigkeit erstaunt, kehrt Gouzenko in seine Wohnung zurück. Noch einmal versucht er, über die Zeitung Kontakt zu Regierungsstellen aufzunehmen. Doch wieder ohne Erfolg. Premierminister McKenzie King erfährt von Gouzenkos Versuchen und weist an, ihn zu seiner Botschaft zurückzuschicken. Der Überläufer soll die guten Beziehungen zwischen beiden Regierungen nicht belasten.

Doch Gouzenko kehrt nicht in seine Botschaft zurück. Er weiß, was ihn erwartet, da sein Verschwinden inzwischen bemerkt worden sein muß. Daher verbarrikadiert er sich in seiner Wohnung. Doch nach einer Weile erscheint ihm das auch zu gefährlich. Er sucht einen Unterschlupf. Nachbarn nehmen ihn auf. Nachts brechen russische Agenten in Gouzenkos Wohnung ein. Nachbarn alarmieren die kanadische Polizei. Es kommt zu einem Zusammenstoß beider Gruppen. Die Russen reklamieren die Entwendung russischen Eigentums. Am nächsten Tag erst weckt ein offizieller Protest der sowjetischen Botschaft das Interesse der kanadischen Regierung. Gouzenko wird am 7. September unter den Schutz der kanadischen Behörden gestellt. Seine Dokumente bringt er mit.

Aus diesen Unterlagen geht hervor, daß mindestens fünfzehn Wissenschaftler und Techniker für die Sowjetunion spionierten. Die Abwehr sieht jedoch vorerst noch von Verhaftungen ab, angeblich, um weiteren Spionen auf die Spur zu kommen.

Selbst, wenn man der Abwehr einige Amateurhaftigkeit zubilligen wollte, fiel es schwer zu glauben, daß sie annahm, auf diese Weise weitere Spione und ihre Hintermänner entlarven zu können. Denn eine der Grundregeln subversiver Tätigkeit, einen angeschlagenen Spionagering sofort stillzulegen, mußte auch den Kanadiern bekannt sein. Schließlich war deutlich, daß die Russen den Wert von Gouzenkos Mitbringsel kannten.

Zu Verhaftungen und Geständnissen kam es erst, nachdem seit Gouzenkos Übertritt fast ein halbes Jahr vergangen war. Die Nachricht platzte in die Auseinandersetzungen um den Einfluß der Militärs bei der geplanten Atombehörde. Ein Zufall, der zu keinem besseren Zeitpunkt hätte kommen können. Mitte Februar 1946 werden die ersten kanadischen Spione festgenommen.

Der Brite Alan Nunn May, die wissenschaftliche Hauptfigur der Affäre, von dem Groves behauptete, er wisse mehr über das amerikanische Plutoniumprojekt als irgendein anderer britischer Physiker, gestand einige Tage später.

Es war schon merkwürdig, daß dieser Mann in seinem Prozeß, der ihm eine zehnjährige Gefängnisstrafe einbrachte, sich mit den gleichen Argumenten verteidigte, die von seinen Kollegen zur Internationalisierung der Atomenergie vorgebracht wurden. Ja mehr noch, May konnte darauf hinweisen, daß Internationalisierung der Atomenergie im Begriff war, offizielle Politik der Regierung der Vereinigten Staaten zu werden. Er hatte dieser Entwicklung gewissermaßen nur vorgegriffen, seine Verpflichtung als politisch denkender und handelnder Wissenschaftler über blinde Loyalität gestellt, die er seinem Staat schuldete. Das war ein Vergehen, zugegeben, aber was er an Informationen vermittelt hatte, ging nicht über das hinaus, was die Regierung der Vereinigten Staaten inzwischen selbst veröffentlicht hatte. Winzige Proben angereicherter Isotope hatte er mitgeliefert, aber damit konnte man keine Atombomben bauen, das war nur Material für wissenschaftliche Untersuchungen.

Seine politische Überzeugung als Kommunist, zu der sich May bekannte, war kein Hindernis, den fähigen Physiker seit 1942 im britischen Atomprojekt zu beschäftigen. Zu Beginn des Jahres 1943 wurde er im Verlauf der Koordinierung der Kriegsforschung der angelsächsischen Verbündeten zusammen mit anderen britischen Wissenschaftlern nach Kanada gesandt. Zwischen der britisch-kanadischen Forschergruppe und der des MET Labs in Chicago gab es enge Verbindungen. Bei drei Besuchen in Chicago im Lauf des Jahres 1944 erwarb Alan Nunn May Kenntnisse über die Forschungsarbeiten am Plutoniumprojekt in Hanford, über die Herstellung von Spaltmaterial und erfuhr andeutungsweise über die Konstruktion der Bombe.

In seiner Privatwohnung in Montreal suchte ihn ein Mann auf, dessen Identität Alan Nunn May auch später nicht preisgeben wollte, um Informationen über die Arbeiten zur Entwicklung der Atomenergie zu erhalten. May willigte schließlich ein. In seinem Geständnis sagte er: »Ich bedachte nochmals, was ich schon längst genauestens überlegt hatte: war es richtig, Maßnahmen zu ergreifen, damit die Entwicklung der Atomenergie auf die Vereinigten Staaten beschränkt blieb? Schweren Herzens traf ich die Entscheidung, dies sei nicht recht, und es sei notwendig, die Erfahrungen mit der Atomenergie zur breiteren Kenntnis zu bringen . . .«

May erschien es unrecht und gefährlich, daß die angelsächsischen Verbündeten ausgerechnet der Macht den Zutritt zu ihrem Atomprojekt verweigerten, auf der die Hauptlast des Abwehrkampfes gegen den Faschismus ruhte.

Die Ansätze zu einem freieren Austausch von Informationen und schließlich die zur Internationalisierung der Atomenergie nach Kriegsende, waren für May Anlaß »auszusteigen«. Nach England zurückgekehrt, brach er den Kontakt zur sowjetischen Spionage ab. Er hielt seine Mission durch die politische Entwicklung für beendet, zugleich schien sie bestätigt worden zu sein: ». . . ich ließ mich überhaupt nur darauf ein, weil ich das Gefühl hatte, daß dies ein Beitrag sei, den ich zur Sicherheit der Menschheit leisten könne«, erklärte er.

In einer offiziellen Note distanzierte sich die Regierung der Sowjetunion von ihren kanadischen Agenten und bagatellisierte den Wert der erhaltenen Informationen. »Es ist durchgesickert, daß diese Informationen sich auf technische Daten beziehen, welche die Sowjetstellen in Anbetracht der in der UdSSR weiter fortgeschrittenen Kenntnisse nicht benötigen.« Ja, in der Note wurde sogar nicht ohne versteckten Hohn bestätigt: »die betreffenden Informationen kann man sowohl in den Fachzeitschriften, über Radio-Peilung etc. wie auch in der wohlbekannten Broschüre des Amerikaners H. D. Smyth (Atomic Energy for Military Purposes) jederzeit finden.«

Doch das war noch nicht alles. Bereits einen Tag, nachdem May gestanden und die Regierung der Sowjetunion den Fall herunterzuspielen versucht hatte, wurde die Affäre vor McMahons Senatsausschuß zur Vorbereitung des liberalen neuen Atomgesetzes getragen. Außenminister Byrnes und FBI-Chef Hoover berichteten vor den Parlamentariern über Umfang und Auswirkungen der Atomspionage im Manhattan Projekt. Selbstverständlich war auch Groves als Leiter des Manhattan Projekts vorgeladen, und er schien seiner Aussagepflicht gar nicht ungern nachzukommen, bot sein Auftritt doch Gelegenheit, den Parlamentariern seine Sorgen über die Liberalisierungstendenzen mitzuteilen.

Seine Aussage über Umfang und Konsequenzen der Spionageaffäre nutzt Groves geschickt, sich den Senatoren als besorgter Amerikaner zu empfehlen, dessen Fachkenntnisse auch über den unmittelbaren Anlaß hinaus für die Beratungen wichtig sein könnten.

Der Spionagefall bestätigt Groves, daß das neue Gesetz den Verteidigungsinteressen des Landes ausreichenden Einfluß einräumen müsse. Groves erklärt den Senatoren geduldig, daß Atomwaffen die Grundlage der nationalen Verteidigung seien. Sie verteidigten Recht und Freiheit gegen den kommunistischen Weltherrschaftsanspruch. Das wirkt. Die Spionageaffäre, zusammen mit dem Vordringen des Kommunismus in Europa, beweist, daß sich die Vereinigten Staaten nicht auf die friedliche Kooperationsbereitschaft der Sowjetunion, des Zentrums des militanten Weltkommunismus, verlassen können. Es gibt eigentlich nur eine Antwort: Den Militärs einen ausreichenden Einfluß in der nationalen Atompolitik einzuräumen. Die Sicherheit der Nation steht auf dem Spiel und das Fortbestehen von Freiheit auf der Welt.

GEFÄHRDETE CHRISTENHEIT?

Auf Groves Aussage gestützt, erweitert der konservative, im McMahon-Ausschuß vertretene Senator Vandenberg den Gesetzentwurf um einen Zusatz. Er schreibt der Atomenergiekommission vor, ein militärisches Beraterkomitee in allen Fragen zu konsultieren, die für die nationale Sicherheit von Bedeutung sein könnten. Von unwichtigen Ausnahmen abgesehen, schließt das den gesamten Atomenergiebereich ein. Die Mehrheit des Ausschusses stimmt unter dem Eindruck der Spionageaffäre und von Groves Aussage für Vandenberg.

Um dem wachsenden Einfluß der Militärs und der Konservativen auf die Atomgesetzgebung zu begegnen, starten die Mitglieder der zur »Federation of American Scientists« umbenannten ehemaligen Federation of Atomic Scientists eine Kampagne gegen den Vandenberg-Zusatz zur McMahon Bill. Der Umfang dieser Aktion übertrifft noch den der Proteste gegen die gescheiterte May Johnson Bill. Vandenbergs Wahlkreis in Grand Rapids wird zum Zentrum intensiver politischer Aufklärungsarbeit für ein liberaleres Atomgesetz. Innerhalb von vier Wochen treffen vierzigtausend Briefe und Telegramme bei McMahons Senatsausschuß ein, darunter viele mit Hunderten von Unterschriften. Die Mehrzahl richtet sich gegen Vandenberg und gegen den Einfluß der Militärs. Der Druck wirkt. McMahon und Vandenberg handeln einen Kompromiß aus, der den Einfluß der Militärs nur auf Anwendungen beschränkt, die von unmittelbarer militärischer Bedeutung sind. Am 1. Juni 1946 passiert der veränderte Entwurf den McMahon-Ausschuß ohne Gegenstimmen.

Im Kongreß beginnen die Auseinandersetzungen von neuem. Im vorbereitenden Ausschuß wird deutlich, daß hier die konservativen Kräfte auf einen stärkeren Einfluß der Militärs drängen. Die nationale Sicherheit scheint es zu erfordern.

Besondere Aufregung verursacht im Kongreß ein Bericht des »Ausschuß für Un-Amerikanische Umtriebe«, der im Juni Oak Ridge besuchte, um die Debatte zugunsten der Konservativen zu beeinflussen. Die Verfasser beschreiben Oak Ridge, in dem der Bombenrohstoff Uran 235 hergestellt wird, als Nest potentieller Agenten: »Die beiden Organisationen in Oak Ridge (Mitgliedsorganisationen der FAS) werden von jungen Ingenieuren und wissenschaftlichen Mitarbeitern gebildet, deren Aktivitäten eine Weltregierung und zivile Kontrolle unterstützen. Diese Organisationen waren gegen Überwachung durch die Armee und warteten ungeduldig darauf, daß die militärische Verwaltung hinausgeworfen würde. Die Repräsentanten der Vereinigungen gaben zu, Verbindungen mit Personen außerhalb der Vereinigten Staaten zu unterhalten und dies fortsetzen zu wollen. Die Sicherheitsoffiziere in Oak Ridge dachten, daß der Frieden und die Sicherheit der Vereinigten Staaten entschieden gefährdet seien.« Konsequenz des Ausschusses für Un-Amerikanische

Umtriebe: Oak Ridge außerhalb der Atomenergiegesetzgebung zu stellen und zu einem Armeestützpunkt zu machen. Doch die Resonanz ist anders als erwartet. Die Beschuldigungen lösen eine neue Protestlawine aus.

Die Gegner der McMahon Bill im Repräsentantenhaus ändern die Taktik. Detailkritik und eine Vielzahl von Zusätzen sollen den Entwurf verwässern. Argumentiert wird mit Hinweisen auf sozialistisches Gedankengut, das sich in einer staatlichen Atombehörde verkörpere, auf Widersprüche zur guten amerikanischen Tradition freien Unternehmertums, das aus dem Atomenergiesektor ausgeschlossen würde. Die Republikanerin Clare Boothe Luce wendet ein, der Entwurf könnte vom »eifrigsten Sowjetkommissar« stammen. Ein Abgeordneter aus Mississippi beschwört die Zerstörung der Christenheit, wenn Amerika die einzige Waffe aus der Hand gäbe, mit der es sich verteidigen könnte. Die Kommunisten würden die Atombombe bedenkenlos gegen die USA einsetzen.

Dennoch passiert die McMahon Bill mit einigen Konzessionen an die Konservativen den Kongreß und Senat Ende Juli 1946. Noch einmal hatte die Federation of American Scientists ihre Mitglieder und Sympathisanten zu einer Flut von Briefen und Telegrammen angeregt. Der ausgehandelte Kompromiß berücksichtigte zwar Interessen der Militärs, entsprach jedoch immer noch weitgehend den Vorstellungen der Wissenschaftler. Es war ein halber Sieg. Was am wichtigsten war: Das Gesetz ließ einen Weg zu internationalen Vereinbarungen über eine Weltatombehörde offen. Damit blieb die Hoffnung, eine endgültige Lösung des Problems Atombombe finden zu können.

Woran sich die Geister scheiden

Neben einer liberalen nationalen Atompolitik, war das zweite große Ziel der Wissenschaftler der Federation of Atomic Scientists internationale Teilhaberschaft und Kontrolle der Atomenergie. Nur so erschien es ihnen möglich, den Gefahren eines nuklearen Weltkrieges zu begegnen. Diesem Ziel hatte sich die nationale Gesetzgebung unterzuordnen. Die McMahon Bill ließ diese Lösung zu, ohne sie vorzuschreiben.

Die Hoffnung auf Internationalisierung stützte sich auf sachliche Einsichten, nicht auf ethische Prinzipien. Der Gedanke an die Gefahren eines Wettrüstens, das sich eines Tages in einem Krieg mit noch unvorstellbaren Folgen entladen könnte, ja müßte, da die technische Eigenart der neuen Waffe den Angreifer bevorzugte, und vor denen es kein Entrinnen gab, wurde von den meisten Wissenschaftlern geteilt. Die sich aus dieser Grundanschauung ableitende endgültige Lösung war Internationalisierung, schließlich politische Föderation aller Staaten und vielleicht am Ende sogar der Weltstaat, innerhalb dessen es nur noch Polizeiaktionen, aber keine Kriege mehr geben konnte, der daher den Gebrauch von Atomwaffen ausschloß. Und so bestand in der atomwissenschaftlichen Gemeinde der Vereinigten Staaten weitgehende Übereinstimmung über die einzig mögliche politische Lösung des durch die Atomtechnik gestellten Problems.

Schon Niels Bohr hatte in seinem Memorandum für Präsident Roosevelt im Juli 1944 geschrieben, »je weiter die wissenschaftlichen Forschungen auf diesem Gebiet fortschreiten, um so klarer wird es, daß die für diesen Zweck üblichen Maßnahmen nicht genügen und daß sich die grauenerregende Aussicht auf eine Zukunft, in der sich die Nationen um diese furchtbare Waffe streiten werden, nur durch ein weltumspannendes, auf voller Ehrlichkeit beruhendes Abkommen vermeiden läßt«. Die Autoren des »Prospectus on Nucleonics« und des »Franck Reports« argumentieren ähnlich.

Rabinowitch sah einen Monat nach Abfassung des »Franck Reports« im Juli 1945 in einer Schrift zur Vorbereitung der Diskussionen unter den Projektwissenschaftlern das »langfristige Ziel in der Erziehung – die Bevölkerung dieses und anderer Länder dazu zu bringen, zu verstehen, daß Nukleonik nur dann unsere Zivilisation nicht zerstören wird, wenn wir unser weltpolitisches System so ändern, daß eine wirksame Verhinderung nukleonischer Kriegsführung möglich sein wird.«

Auch wenn sich die Geister »nur« an der Frage schieden, auf welche Weise das gemeinsame Ziel der Internationalisierung und Kontrolle der Atomenergie erreicht werden könnte, enthielt dieses »nur« das Gesamtspektrum tradierter politischer Einstellungen. Auf der einen Seite stand die idealistische Hoffnung, der großzügige Verzicht der USA auf ihr Atommonopol könnte andere Staaten, allen voraus die Sowjetunion, veranlassen, dieses Zeichen guten Willens zum Anlaß ihrer Kooperation zu machen. Auf der anderen Seite mußte das Atomwaffenmonopol der Vereinigten Staaten der machtpolitischen, notfalls sogar militärischen »Friedenssicherung« dienen, indem jedem nicht hundertprozentig zuverlässigen Verbündeten die

Entwicklung eigener Atomwaffen so lange untersagt werden sollte, bis sie ohnehin überflüssig sein würden: bis die amerikanischen Bedingungen zur Internationalisierung allgemein akzeptiert würden.

Einzelne Atomwissenschaftler empfanden den Zeitdruck als so stark, daß sie der Regierung empfahlen, »unbezahlte« Vorleistungen als Zeichen ihres guten Willens zu erbringen. Internationale Abmachungen sollten nicht durch das übliche politische Pokerspiel erschwert, verzögert oder gar unmöglich gemacht werden.

Mitte Februar 1946 veröffentlichte die New York Times einen Brief prominenter Wissenschaftler, die den Präsidenten der Vereinigten Staaten auffordern: 1. Die Herstellung von Bomben aus vorhandenem Material einzustellen. 2. Die Produktion von Spaltmaterial für Bomben ein Jahr auszusetzen, vorhandenes Spaltmaterial in »Bombenqualität« unwirksam zu machen. 3. Den vorhandenen Vorrat an Bomben als Aktivposten in internationale Verhandlungen einzubringen.

Die Vereinigten Staaten sollten nach Ansicht der Verfasser, darunter Dunn, Rabi, Hecht, Pegram, Schilt, nicht nur ein Zeichen ihrer aufrichtigen Verhandlungsbereitschaft geben, sondern auch den Eindruck zerstören, sie benutzten ihr gegenwärtiges Atomwaffenmonopol als politisches Druckmittel. Die Bedrohung, die die amerikanischen Atombomben für andere Nationen darstellten, könnte sehr wohl die Verhandlungen zu einer internationalen Kooperation stören, wenn nicht blockieren.

Auch Urey vermutete, daß die internationalen Beziehungen der Vereinigten Staaten durch Anhäufung von Atomwaffen gestört würden. Da es ihrer Natur nach Angriffswaffen seien, ließe dieses Arsenal, seiner bloßen Existenz wegen, die Friedensbereitschaft der Vereinigten Staaten in einem zweifelhaften Licht erscheinen. Daher war es für Urey wichtig, das Friedensargument durch »unbezahlte Vorleistungen« zu unterstützen.

Rabinowitch hatte im Dezember 1945 in einem Leitartikel des Bulletin of the Atomic Scientists sogar spekuliert, ob es nicht vorteilhafter wäre, selbst ganz auf industrielle Anwendungen der Atomenergie zu verzichten. Die engen Verbindungen zwischen friedlicher und militärischer Nutzung, die technischen und politischen Schwierigkeiten einer wirksamen Kontrolle ließen ihm die Nachteile größer als die Vorteile der Atomenergie erscheinen. Derartige Überlegungen und Anregungen gerieten später in den Verdacht, kommunistisch inspiriert zu sein.

Für Edward Teller bestand, wie er später schrieb, die historische Mission der Vereinigten Staaten darin, ihr nukleares Monopol zugunsten der langfristigen Sicherung des Weltfriedens einzusetzen und mit friedlichen Verhandlungen zu beginnen. Scheiterten diese, könnte man zu offenem Druck übergehen, um schließlich die Welt in ihr Glück und in den Frieden zu bomben.»Nur die Vereinigten Staaten hatten die Möglichkeit, diesen großen atomaren Knüppel zu benutzen, um einen Vorschlag zu unterstützen, der den Frieden gesichert hätte.«

Teller verkörpert den Umschlagpunkt von enttäuschtem politischem Idealismus, der sich gewalttätig zu entladen und dabei sachlich zu begründen trachtet. Im Frühjahr 1945 noch war Teller »besorgt, wie die Atombombe eingesetzt werden könnte«. Er unterstützte Vorschläge auf der Ebene des Franck Reports. Er war bereit, Szilards Petition an den amerikanischen Präsidenten in Los Alamos zu unterstützen und Unterschriften zu sammeln. Oppenheimer hielt ihn davon ab, indem er ihn von »der Gründlichkeit und der Weisheit« überzeugte, mit der »diese Fragen in Washington behandelt wurden«.

Nun war für Teller, als Anfang 1946 die Auseinandersetzungen und Verhandlungen um eine politische Lösung des globalen Atomwaffenproblems den Höhepunkt erreicht hatten, die letzte Chance bereits verspielt. Die Russen waren, wie ihm der Fall Alan Nunn May bewies, bereits auf der Fährte. Der »tragische Fehler«, japanische Städte ohne Vorwarnung atomar zu zerstören und in die Nachkriegszeit ohne politisches Konzept zur Kontrolle der Atomenergie geschliddert zu sein, schrieben Teller sein zukünftiges Verhalten vor: immer größere, immer perfektere Massenvernichtungsmittel entwickeln zu wollen.

Eine dritte Gruppe von Wissenschaftlern schließlich sah im Atommonopol der Vereinigten Staaten einen Faktor, der als hoher Preis in politischen Verhandlungen zur Schaffung einer Weltatombehörde einzusetzen war. Im gleichen Maß, wie internationale Verhandlungen erfolgreich waren und Kontrollen einen Mißbrauch verhindern konnten, sollten die Vereinigten Staaten ihren nationalen atomaren Besitzstand, Wissen, Produktionskapazitäten und Waffen, dieser Organisation übertragen. Wichtig war, nur keine »unbezahlten« Vorleistungen zu erbringen, da damit der Anreiz für andere Mächte sinken würde, Teilhaber einer atomaren Partnerschaft zu werden.

Oppenheimers Plan

Zu Beginn des Jahres 1946 wurde die Atomenergiebehörde der Vereinigten Nationen UNAEC (United Nations Atomic Energy Commission) gegründet. Doch noch gab es keine offizielle Verhandlungsposition der Vereinigten Staaten, die über eine Grundsatzerklärung des amerikanischen Präsidenten Truman hinausging. Um diese vorzubereiten, berief der stellvertretende Außenminister der USA, Dean Acheson, einen Ausschuß.

Vorsitzender wurde der ehemalige Leiter der Tennessee Valley Authority, David Lilienthal. Dieses gigantische Staatsunternehmen, das Lilienthal lange geleitet hatte, war ein Teil des Regierungsprogramms zur Bekämpfung der Folgen der Weltwirtschaftskrise. Es sollte eines der traditionellen Elendsgebiete der Vereinigten Staaten an die wirtschaftliche Entwicklung des Landes anschließen. Bei den amerikanischen Konservativen, die im freien Spiel der Marktkräfte das Vademekum jedes gesellschaftlichen Problems sahen und sich Elend als Folge persönlicher Unzulänglichkeiten erklärten, galt die Tennessee Valley Authority als Beginn des Sozialismus in den Vereinigten Staaten. Lilienthals Berufung allein genügte für sie schon, eine weitgehende Konzessionsbereitschaft der Regierung auf dem Atomenergiesektor gegenüber der Sowjetunion befürchten zu müssen. Oppenheimer, der Wissenschaftler im Ausschuß, war in den Augen der Konservativen durch seine politische Vergangenheit ebenfalls belastet. Drei weitere Persönlichkeiten, von denen zwei leitende Angestellte von am Manhattan Projekt beteiligten Unternehmungen waren, vervollständigten den Lilienthal-Ausschuß.

Wie die anderen Mitglieder des Ausschusses soll Oppenheimer ursprünglich nur Anregungen niederschreiben, die dann in gemeinsamen Diskussionen zu einem Gesamtbericht zusammengefaßt würden. Außerdem fällt ihm die Aufgabe zu, einen Überblick der technischen Problematik zu liefern.

Doch Oppenheimer leistet weniger technische Formulierungshilfe zur Frage, wie der Mißbrauch der atomaren Entwicklungen zu verhindern wäre, als er das Problem in einen völlig neuen Zusammenhang stellt. Die anderen Mitglieder des Ausschusses nehmen seine Anregungen dankbar an. Denn Oppenheimer scheint sie aus dem Dilemma zu befreien, daß eine ausschließlich am negativen Ziel der Kontrolle orientierte Organisation wenig Aussicht auf Bestand hätte. Seine schon in Los Alamos bewiesene Fähigkeit, einem negativen

Ziel positive Inhalte zu verleihen, bestimmt auch die Verhandlungen der Lilienthal-Kommission.

Oppenheimer gibt die Stimmung wieder, als er kurz nach den Beratungen sagte: »Es gibt wohl nur eine zukünftige Möglichkeit atomarer Entladungen, der ich mit einer Spur von Begeisterung entgegen sehen kann: die ihres nichtmilitärischen Gebrauchs. Da mit Sicherheit zu erwarten ist, daß sie in jedem totalen Krieg . . . zur Anwendung gelangen, ist die Hoffnung, daß es nie wieder Kriege geben möge wie den letzten, nichts weniger als bescheiden.« Diese Hoffnung ist problembeladen, weil die Schwelle zwischen ziviler und militärischer Nutzung der Atomenergie technisch so niedrig ist. Wenn Plutonium und Uran 235 nur für militärische Zwecke verwendet werden könnten, wäre eine Kontrolle sehr viel einfacher. Doch die zivilen Anwendungsmöglichkeiten und der große wirtschaftliche Nutzen der Atomenergie verwischen die Grenzen. Wie soll man die Produktion der Bombenrohstoffe kontrollieren, wenn sie zugleich das Brennmaterial von Reaktoren sind bzw. bei deren Betrieb entstehen?

Die Schwierigkeiten, eine Behörde ins Leben zu rufen und am Leben zu erhalten, die ausschließlich negative Kontroll- und Polizeifunktionen hat, erscheinen Oppenheimer unüberwindbar. Er erklärt den anderen Mitgliedern, daß eine internationale Organisation, die über alle Atomwaffen verfügt, im Grunde machtlos wäre, Verletzungen der Bestimmungen zu ahnden. Denn »es gibt nichts, wofür oder wogegen eine internationale Instanz Atomwaffen einsetzen kann. Es sind keine Polizeiwaffen«. Sie erlauben keine Unterscheidung von Schuldigen und Unschuldigen: »Sie selbst sind – als Waffe – die äußerste Verkörperung der Vorstellung vom totalen Krieg.«

Für Oppenheimer gibt es ein zweites entscheidendes Argument gegen ein internationales Kontroll- und Polizeiorgan, dessen Macht sich über die in den einzelnen Mitgliedsstaaten installierten Anlagen erstreckt. Im Konfliktfall kann die Behörde ihre Anlagen nicht gegen den Zugriff der Staaten schützen, in denen sie installiert sind. Der dritte Einwand ist die nationale Souveränität. Wenn auch nur eine potentielle Atommacht diesen Vereinbarungen nicht beitritt oder sich später aus den Verträgen löst, ist der Gesamtplan gescheitert.

Für Oppenheimer hat eine Weltatombehörde, deren einzige Aufgabe die negative Kontrollfunktion wäre, keine Aussicht auf Erfolg. Oppenheimer will das Problem umgekehrt angreifen: Die Notwendigkeit, ein nukleares Wettrüsten zu verhindern, sollte nicht Voraussetzung, sondern Ergebnis sein. Dazu müßte global der gesamte Atomenergiebereich und nicht nur ihre militärischen Anwendungen einer internationalen Organisation unterstellt werden. Diese Behörde hätte primär nicht Kontroll-, sondern Entwicklungs- und Verteilungsaufgaben. Die Mitgliedschaft sollte jeder Nation so große Vorteile versprechen, daß sich ein nationaler Alleingang auf dem Atomenergiesektor nicht lohnen würde. Das aber bedeutete für Oppenheimer, diese internationale Organisation mit einem wissenschaftlichen, technologischen und wirtschaftlichen Potential auszustatten, das das jeder potentiellen nationalen Atommacht übersteige. Ihre Autorität dürfte sich nicht auf Furcht der Mitglieder vor Sanktionen stützen – die ohnehin wirkungslos bliebe –, sondern auf die Einsicht in die Vorteile der internationalen Kooperation.

Weltweit sollte der Atombehörde alles unterstellt sein, was irgendwie mit Atomenergie zu tun hätte: Von Gewinnung der Rohstoffe bis zur Verteilung der gewonnenen Energie. Alle atomaren Produktionskapazitäten in einzelnen Ländern sollten der Behörde unterstehen. Oppenheimer meinte sogar, ihre Angestellten würden mit der Zeit ihre nationale Loyalität zugunsten ihrer Verpflichtungen gegenüber der internationalen Organisation aufgeben, gewissermaßen zu Weltatombürgern werden.

Oppenheimers Weltatombehörde lag der Gedanke der Verallgemeinerung einer mit politischen und wirtschaftlichen Inhalten erfüllten Internationale der Atomwissenschaftler zugrunde. Den Mitgliedern der Lilienthal-Kommission, die sich in diesen Tagen zu Beginn des Jahres 1946 rauschhaft in die Vorstellung internationaler Partnerschaft zum Wohl der Menschheit steigerten, erschien das nicht nur die zwangsläufige Konsequenz der geschaffenen Gefahren zu sein. Ihnen öffnete sich, dank Oppenheimers Idee, der Einblick in eine neue Epoche der Menschheitsgeschichte.

Ideologische, politische und wirtschaftliche Gegensätze konnten sich erstmals auf einem beschränkten, aber für die Zukunft wichtiger werdenden Sektor aufheben. Gerade diese Beschränkung aber bot Aussicht, daß der Erfolg dieses Modells eines nicht zu fernen Tages das Prinzip internationaler Partnerschaft über den Atomsektor hinaus erweitern und schließlich zu einer politischen Vereinigung der Welt führen könnte. Sie meinten, daß die Einsichten, zu denen sie in jenen Tagen, ein halbes Jahr nach Ende des Zweiten Weltkriegs, gelangt waren, von Wissenschaftlern und Politikern in anderen Teilen der Welt, unabhängig von ihren nationalen und ideologischen Bindungen, geteilt werden müßten. Denn der Anlaß schien ein total unideologischer zu sein. Die Konsequenzen einer neuen Technologie.

Rabinowitch drückte diese Hoffnung in einem Leitartikel des Bulletin of the Atomic Scientists aus: »Die Untersuchung der Fakten über Atomenergie, behauptete der Bericht des Außenministeriums, hatte die Mitglieder der Lilienthal-Kommission unabhängig von ihrem unterschiedlichen politischen Hintergrund zu den gleichen Schlußfolgerungen gebracht. Auf der gleichen Grundlage, wie einige Wissenschaftler hofften, und Rabinowitch fest glaubte, ... konnten russische Experten nicht umhin, zu den gleichen Schlußfolgerungen zu gelangen wie ihre amerikanischen und britischen Kollegen.«

Hintergedanken

Doch enthielt Oppenheimers Plan, der von einer erweiterten Kommission unter Vorsitz des stellvertretenden Außenministers Dean Acheson schon etwas stärker auf die »Sicherheitsinteressen« der Vereinigten Staaten zurechtgeschnitten wurde, mehr als nur sachlich begründete Vorschläge, um die Beziehungen zwischen Staaten auf dem Gebiet der Atompolitik friedlich zu regeln. Es war Oppenheimer, der die ursprünglichen Kontrollvorstellungen um jene Dimension erweitert hatte, die ein wirtschaftliches Lockmittel darstellte. Der Plan, der gesellschaftlichen und politischen Probleme der Nachkriegswelt über wirtschaftliche Anreize zu amerikanischen Bedingungen zu lösen. Jene, auch dem Marshallplan zugrundeliegende Vorstellung, daß der wirtschaftliche Wiederaufbau Europas mit amerikanischen Geldern wieder den wirtschaftlichen und politischen Interessen der Vereinigten Staaten diene, indem er Bedingungen schaffe, die die Expansion des Sozialismus begrenzten, möglicherweise revidierten.

Daher verband der Acheson-Lilienthal-Plan den Versuch, eine Lösung des Atomproblems zu finden, mit der Spekulation auf eine Ausdehnung der amerikanischen Einflußsphäre. In den Beratungen des erweiterten Acheson-Lilienthal-Ausschusses warf McCloy die Frage eher naiv auf: Ob die Vereinigten Staaten den Plan nicht benutzen könnten, die sowjetische Gesellschaft zu verändern? Wie die Historiker der amerikanischen Atombehörde, Hewlett und Anderson, berichteten, wies Acheson diesen Vorschlag zurück: »Es war unmöglich, das russische Problem mit einem harten Schlag zu ändern.

Man könnte nicht eine Veränderung im russischen System zum Gegenstand von Verhandlungen machen. Vor den Vereinigten Staaten stand eine lange Periode der Spannungen. Die USA mußten auf Rußlands ›Zivilisierung‹ hoffen.« Bei dieser ›Zivilisierung‹ der Sowjetunion konnte jedoch die Annahme des Acheson-Lilienthal-Plans eine entscheidende, wenn auch weniger direkte Rolle spielen als von McCloy angeregt.

Oppenheimer, der sich die geistige Urheberschaft an der offiziellen Verhandlungsposition der Vereinigten Staaten bei der Atomenergiekommission der Vereinten Nationen zuschrieb, stellte 1954 die politische und ideologische Neutralität »seines« Plans selbst in Frage: »Ich denke, daß in dieser Zeit (1946) eine Kontrolle nach den Vorstellungen (des Plans), wäre sie von den Sowjets akzeptiert worden, deren ganzes System und die Beziehungen zur westlichen Welt so verändert hätte, daß die Bedrohung, die sich seitdem jedes Jahr verstärkte, nicht zustande gekommen wäre. Ich denke, daß niemand zu dieser Zeit mit einiger Zuversicht glauben konnte, daß sie (die Sowjets) diese Vorschläge annehmen würden. Ich glaube, daß es wichtig war, sie vorzubringen, und es war auch wichtig, nicht zuviele Zweifel zu äußern, daß sie angenommen würden.«

Ein Gesetz mit Zähnen

Bernard Mannes Baruch wurde zum Delegierten der Vereinigten Staaten für die Verhandlungen in der Atomenergiebehörde der Vereinten Nationen ernannt. Selbst Oppenheimer, der sonst kaum ein ihm angetragenes öffentliches Amt ausschlug, winkte ab, als Baruch vorsichtig sondierte, ob er nicht sein wissenschaftlicher Chefberater werden wollte. Wer war Baruch?

Der Mann, den Präsident Truman ausersehen hatte, mit der Präsentation der amerikanischen Atompläne eine neue Epoche friedlicher Zusammenarbeit unter den Nationen einzuleiten, war sechsundsiebzig Jahre alt. Er gehörte zu den legendären Gestalten der amerikanischen Geschichte, die beigetragen hatten, durch Aufkäufe und skrupellose Transaktionen an der Börse jene gigantischen Wirtschaftsimperien zusammenzuräubern, die gegen Ende der amerikanischen Pionierzeit entstanden. Rückblickend sah Baruch sein Leben als »Brücke« zwischen den Epochen »schrankenlosen Individualismus« des ausklingenden neunzehnten Jahrhunderts und der »weltumfassenden Schicksalsgemeinschaft« des Atomzeitalters.

Sohn eines preußischen Emigranten, der bereits wenige Jahre nach seiner Ankunft auf Seiten der Konföderierten im amerikanischen Bürgerkrieg gekämpft hatte, begann Bernard Mannes Baruch vor der Jahrhundertwende sein Lebensziel zu verwirklichen, »rasch reich zu werden«. Ein erster Versuch in der Goldgräberstadt Cripple Creek im Wilden Westen war kläglich gescheitert, hatte dem etwa Zwanzigjährigen jedoch zur Einsicht verholfen, daß es an der Börse sicherere und besserere Verdienstmöglichkeiten gäbe. Er trat in eine New Yorker Maklerfirma ein.

Bald landete er auch seinen ersten großen Coup. In New Yersey, wo er das Wochenende zum 4. Juli 1898 bei seinen Eltern verbrachte, erfuhr er durch einen Journalisten vom Sieg der amerikanischen Flotte im spanisch-amerikanischen Krieg bei Santiago auf Kuba. Nachdem die Spanier auf der anderen Erdhälfte schon bei Manila auf den Philippinen geschlagen worden waren, realisierte Baruch, daß die Vereinigten Staaten im Begriff waren, ein weltumfassendes Imperium aufzubauen. Er verstand, dies war seine Chance reich zu werden. Er konnte die Zukunft an der Börse vorwegnehmen und brauchte jetzt nur noch seinen Informationsvorsprung in klingende Münze umzusetzen.

Die amerikanischen Börsen waren am 4. Juli wegen des Nationalfeiertags geschlossen, London jedoch geöffnet. Daher mußte Baruch umgehend nach New York zurück, um von dort seine Orders per Transatlantikkabel in London schon bei Börsenbeginn zu plazieren. In dieser Nacht aber verkehrten keine Züge mehr. Der achtundzwanzigjährige Spekulant weckte das Bahnpersonal, ließ einen Zug zusammenstellen, mit dem er nach New York eilte. Noch in der Nacht alarmierte er seine Kunden und kaufte auf deren und auf seine eigene Rechnung große Mengen amerikanischer Aktien bei Börsenbeginn in London. Diese und ähnliche Transaktionen brachten hohe Gewinne. Als Zweiunddreißigjähriger verfügte Baruch bereits über ein Vermögen von mehr als drei Millionen Dollar, das er später umsichtig vervielfachte.

Nachdem er sein privates Lebensziel, reich zu werden, verwirklicht hatte, stellte er seine Fähigkeiten in den Dienst der Öffentlichkeit. Er half, die amerikanische Rüstungswirtschaft im Ersten Weltkrieg zu mobilisieren, wurde Finanzberater mehrerer Regierungen und sollte nun, gegen Ende seines Lebens, die amerikanischen Interessen bei den Verhandlungen zur internationalen Nutzung und Kontrolle der Atomenergie vertreten.

Baruch sah keinen Widerspruch zwischen den Fähigkeiten, die ihn als Spekulanten hatten reüssieren lassen, und den Anforderungen der neuen Aufgabe. Für ihn ging es auf ein und dasselbe zurück. »Die Börse ist das Volk, ein Volk, das versucht, die Zukunft zu erkennen«, schrieb er später. Die »Karriere an der Börse« erklärte er als »eine ständige Schule der menschlichen Natur«, die sich nicht verändert, »ob der Mensch sich nun über den Streifen eines Börsentelegraphen beugt oder eine Rede aus dem Weißen Haus anhört, ob er im Kriegsrat sitzt oder an einer Friedenskonferenz teilnimmt, ob er ein Vermögen zu erwerben versucht oder sich bemüht, die Atomenergie zu kontrollieren«.

Der Acheson-Lilienthal-, oder besser: Oppenheimers Plan ist Grundlage von Baruchs Verhandlungsposition. Doch für Baruch und seine politischen Berater enthält er entscheidende Nachteile für die amerikanischen Sicherheitsinteressen. Erstens erscheinen Baruch die drei bis zwölf Monate Vorwarnzeit bei Verletzung des Abkommens zur Wiederherstellung der atomaren Überlegenheit der USA als zu kurz. Zweitens enthält der Plan keine Aussagen über Sanktionen bei Verletzungen: Selbst wenn Krieg die Strafe wäre, stände es in der Macht der Sowjetunion, über ihr Vetorecht im Sicherheitsrat der Vereinten Nationen eine gemeinsame Aktion der Teilnehmerstaaten zu verhindern. Drittens will er einen Katalog festgelegter Sanktionen gegen verschiedene Arten der Vertragsverletzung durchsetzen.

Am 14. Juni tritt Bernard Baruch vor die Atomenergiekommission der Vereinigten Nationen. Pathos aus einer vergangenen Epoche schwingt in seiner Rede: »Meine Herren Mitglieder der Atomenergiekommission der Vereinten Nationen und meine Mitbürger der Welt. Wir sind hier, um eine Entscheidung zu treffen zwischen den Lebenden und den Toten. Das ist unser Geschäft.

Hinter den bösen Vorahnungen des neuen Atomzeitalters liegt die Hoffnung, welche, wenn sie vertrauensvoll aufgegriffen wird, unsere Rettung bedeuten kann. Wenn wir versagen, haben wir jeden Menschen dazu verdammt, Sklave von Furcht zu sein. Lassen wir uns nicht selbst täuschen: Wir müssen zwischen Weltfrieden und Weltzerstörung wählen.«

»Die Wissenschaft«, fährt der alte Mann fort, »hat der Natur ein Geheimnis entrissen, dessen Möglichkeiten so ungeheuerlich sind, daß unser Verstand vor den Schrecken, die es verbreitet, zusammenzuckt.«

Nach dieser Ouvertüre steigt Baruch ins harte Geschäft des politischen Handels. Er skizziert die Bedingungen, denen sich die anderen Nationen als Preis für den amerikanischen Plan zu fügen hätten.

Ziel der amerikanischen Vorstellungen ist, Atomenergie friedlich zu nutzen und die Menschheit vor der Katastrophe eines Atomkrieges zu bewahren. Daher muß eine internationale Behörde geschaffen werden, die das globale Atomenergiemonopol besitzt. So sehr die friedliche Nutzung im Vordergrund steht, darf nicht vergessen werden, daß die Menschheit nur dann vor einem Atomkrieg sicher ist, wenn es gelingt, ein System durchsetzbarer Sanktionen gegen Mißbrauch des Abkommens zu schaffen. Notwendig ist ein »internationales Gesetz mit Zähnen«, fordert Baruch. Erst dann können sich die Vereinigten Staaten leisten, keine Atombomben mehr herzustellen und ihre Vorräte abzubauen. Er fordert Abschaffung des Vetorechts für alle mit dem Atomvertrag verbundenen Probleme.

Baruchs Rede klingt in großen Hoffnungen aus. Die Ächtung von Atomwaffen kann ein Anfang für die Abschaffung des Krieges sein. »In der Abschaffung des Krieges selbst liegt unsere Lösung, denn nur dann werden Nationen aufhören, miteinander in der Herstellung immer furchtbarer ›Geheimwaffen‹ zu wetteifern.« – »Dieses teuflische Programm wirft uns nicht nur in das dunkle Zeitalter zurück, sondern von Kosmos in Chaos«, ruft Baruch emphatisch. Ein Hinweis auf Licht am Ende des Tunnels schließt Baruchs Rede ab. »Wir können nicht schon den ganzen Weg bis ans Ende beleuchten. Aber wir hoffen, daß die Vorschläge meiner Regierung erleuchtend sein werden ... Der Weg ist offen, friedlich und großzügig, gerecht – ein Weg, der, wenn er befolgt wird, von der Welt für immer gefeiert wird.«

ATOMARE NÖTIGUNG

Ein paar Tage nach Baruch redet der junge russische Delegierte Andrei Gromyko. Ohne auf Baruchs Vorschläge einzugehen, betont er, daß das eigentliche Problem nicht die Kontrolle, sondern die Existenz der Atombombe sei. Seine Regierung schlägt daher eine Vereinbarung vor, die die Herstellung und Anwendung von Atomwaffen verbietet. Alle existierenden Atomwaffen müssen innerhalb von drei Monaten vernichtet werden. Innerhalb von sechs Monaten sollten alle Regierungen nationale Gesetze verabschieden, die die Verletzung dieser Vereinbarungen unter schwere Strafen stellen. Aussetzung des Vetorechts für Atomprobleme im Sicherheitsrat der Vereinten Nationen sei für die Sowjetunion nicht annehmbar.

Wenige Tage nach Gromykos Rede zündeten die Vereinigten Staaten am 1. Juli 1946 auf dem Bikiniatoll ihre dritte und am 25. Juli ihre vierte Atombombe. Versuchsobjekte waren erbeutete japanische Kriegsschiffe, an denen die Marine die Wirkung atomarer Explosionen in der Seekriegsführung erproben wollte. Angeblich handelte es sich um ein zufälliges Zusammentreffen mit den Verhandlungen in der UN-Atombehörde. Immerhin stand dieser Zufall in der Reihe jener Merkwürdigkeiten, mit denen Konservative hoffen konnten, die politischen Entwicklungen in ihrem Sinn zu beeinflussen.

Der psychologische Effekt der Atomexplosionen war für die Verhandlungen katastrophal. Der sowjetischen Delegation genügte diese Demonstration, erste Anzeichen einer atomaren Erpressung durch die Vereinigten Staaten zu entdecken. Die Verhandlungen in der Atomenergiekommission der Vereinten Nationen seien leeres Gerede. Die Vereinigten Staaten wollten sie nur benutzen, die anderen Staaten hinzuhalten, während sie ihren Vorsprung weiter ausbauten.

Im nächsten halben Jahr führen die Verhandlungen in der UNAEC nicht weiter. Zeitweilig scheint sich das Problem auf die Frage des Vetorechts im Sicherheitsrat einzuengen, dann wieder weiten sich die Meinungsverschiedenheiten bis zur vollen Konfrontation der unterschiedlichen politischen Grundsätze aus. Die Vereinigten Staaten sind nicht willens, ihr Atommonopol aufzugeben, bevor die anderen Mächte den Baruch-Plan in Kraft gesetzt haben. Die Sowjetunion aber sieht eben in dieser Konstellation das Problem.

Der Rest des Jahres 1946 vergeht mit immer fruchtloser werdenden taktischen Manövern. Als Baruch am 4. Januar 1947 resigniert, ist offensichtlich, daß die Sowjetunion den Plan nicht annehmen wird.

B. Bechoefer, zeitweilig einer der Experten des Außenministeriums zu Fragen der Rüstungskontrolle, hat in seinem Buch »Postwar Negotiations for Arms Control« die Ursachen des Scheiterns des Baruch Plans untersucht.

Bechoefer bezweifelt, ob der Baruch-Plan je eine Chance hatte, vom amerikanischen Kongreß und Senat ratifiziert zu werden. Zumindest hätte ein Einlenken der Sowjetunion die Regierung der Vereinigten Staaten in größte Schwierigkeiten gebracht. Im Gegensatz zur Sowjetunion hatten die Vereinigten Staaten nach dem Krieg konventionell stark abgerüstet. Ihre Atomwaffen stellten ein sehr viel billigeres und politisch bequemeres Mittel zur Wahrung des militärischen Gleichgewichts dar. Diese Abhängigkeit war nach Bechhoefers Ansicht einer der Gründe, sich so undeutlich über die Aufgabe des Atommonopols zu äußern. Ein Verzicht auf Atomwaffen hätte sie »nackt« dastehen lassen. Somit scheiterte der Baruch-Plan nicht nur an der »Uneinsichtigkeit« der sowjetischen Führung. Er scheiterte ebenso an der inneren Widersprüchlichkeit der amerikanischen Rüstungskonzeption. Die Verhandlungstaktik des Gegners verhinderte lediglich, daß dieser Widerspruch offen zutage trat.

Die Bombe und die Rote Armee

Auf einer anderen Ebene wurden in den Verhandlungen über die amerikanischen und sowjetischen Vorschläge divergierende ideologische Anschauungen zur Funktion der Technik miteinander konfrontiert. Gegner wie Befürworter des Baruch-Plans in Amerika stimmten überein, in der Atombombe ein absolutes Kriegsmittel zu sehen, das tradierte politische Vorstellungen aufheben mußte: Die einen, indem sie die absolute Waffe zur »Verteidigung« absoluter Werte der amerikanischen Nation einsetzen wollten, ihre Kontrahenten, indem sie meinten, die Revolution der Waffentechnik müsse eine Revolution der politischen Beziehungen einleiten. Im Gegensatz dazu waren Atomwaffen für die politische Führung der Sowjetunion nichts anderes als Waffen mit einer größeren Zerstörungskraft. Ihre besondere Wirkung mußte berücksichtigt werden, erhielt jedoch nicht den gleichen absoluten Stellenwert, der ihr in den Vereinigten Staaten beigemessen wurde. Die Atombombe war nicht eine von gesellschaftlichen und politischen Entwicklungen unabhängige Kraft, sondern mußte in den Gesamtplan der materialistischen Geschichtstheorie eingebaut werden.

Stalin bestimmte bis zum Jahr 1953 die Interpretation des dialektischen Materialismus auf dem Gebiet der sowjetischen Kriegswissenschaft. Wie Raymond Garthoff feststellte, bestand die »einzig anerkannte Grundlage für die Entwicklung der Kriegswissenschaft« in einem Befehl Stalins von 1946: ». . . Die gesamte Vorbereitung der Armee und die Weiterentwicklung der sowjetischen Kriegswissenschaft hat auf der Basis einer fachkundlichen Beherrschung der Erfahrungen des letzten Krieges zu geschehen.« Das bedeutete nicht, daß neue Waffen bedeutungslos waren, nur hatte die Kriegswissenschaft den Einsatz dieser Waffen den Erfahrungen des letzten Krieges anzupassen. Und darin nahm die Bombardierung von Städten und Industrien keine entscheidende Rolle ein. Die strategische Bombardierung Deutschlands durch die Geschwader der Amerikaner und Briten hatte den Kriegswillen des Gegners nicht entscheidend geschwächt: Es waren die Massenheere der Roten Armee und der anglo-amerikanischen Invasionstruppen, die Deutschland besiegt hatten.

Der Flieger(!)marschall Werschinin erklärte 1949 die »Unterbewertung der Infanterie«, auf der die amerikanische Rüstungspolitik aufbaute, aus Angst »der bürgerlichen Imperialisten vor ihren Völkern«, der Angst vor Massenarmeen. »Da ihnen keine zuverlässigen Menschenreserven zur Verfügung stehen, blähen die Kriegstreiber die Bedeutung der Luftwaffe über Gebühr auf . . . Diese Ideen rühren aus der völlig falschen Ansicht her, daß irgendeine Waffe allein über den Ausgang des Krieges entscheiden kann.« Und noch sehr viel später sah die sowjetische Kriegswissenschaft die Bedeutung atomarer Angriffe nicht primär in der Vernichtung des feindlichen Hinterlandes. Demgegenüber stand zur gleichen Zeit die amerikanische Doktrin der massiven Vergeltung: Einen konventionell begonnenen Krieg bedingungslos durch Vernichtung auch der Zivilbevölkerung des Feindes zu eskalieren.

Entkleidet man die Äußerungen sowjetischer Theoretiker ihres propagandistischen Beiwerks, so bleibt der Restbestand der humanen marxistischen Ideologie. Gewalt hat nur Sinn, wenn sie differenziert eingesetzt werden kann. So sehr Stalins Schreckensherrschaft auf Unterdrückung und Terror aufbaute, es mußte ein gezielterer Einsatz von Gewalt möglich sein, als Atombomben das erlaubten. Weit davon entfernt, eine weniger aggressive Rüstungspolitik zu betreiben und weniger imperialistische Ziele zur Ausdehnung seines Machtbereichs zu verfolgen als er dem Gegner vorwarf, unterschied sich Stalins Totalitarismus ausgerechnet durch die geringere Totalität der eingeplanten Machtmittel, durch ihre relative »Menschlichkeit«.

Da die UdSSR – was auch immer die wirklichen Ziele und Ergebnisse waren – die Doktrin vertrat, die von ihr zu führenden Kriege seien Volksbefreiungskriege, mußte die Atombombe zwangsläufig eine untergeordnete Rolle spielen. Denn immerhin sah die Doktrin vor, die durch den Klassenfeind unterdrückten Massen zu befreien. Und für dieses Ziel eignete sich nicht eine Waffe, die nur undifferenzierte Vernichtung von Unterdrückern und Unterdrückten erlaubte.

Kriege waren im Rahmen der damaligen Theorie so lange unvermeidbar, wie es imperialistische Kapitalisten gab. Doch das Ende des Kapitalismus konnte nicht durch Massenvernichtungsmittel erzwungen werden. Die Widersprüche der kapitalistischen Produktionsweise würden zwangsläufig zu Revolutionen oder Kriegen führen, in denen der Roten Armee die Aufgabe zukommen würde, den Befreiungskampf der Massen zu unterstützen.

Die Verhandlungsposition der Sowjetunion wurde von der Theorie des systemimmanenten Zusammenbruchs des Kapitalismus bestimmt. In der Zeit nach dem Zweiten Weltkrieg schien er unmittelbar bevorzustehen. Die zum Faschismus und dann zum Zweiten Weltkrieg führenden Krisenerscheinungen der westlichen Welt waren in der marxistischen Analyse grundsätzlich und unmittelbar aus den Widersprüchen der kapitalistischen Produktionsweise hervorgegangen. Die Zeichen schienen in Europa auf Revolution zu weisen.

Es ging der Sowjetunion also darum, die Restauration in Europa zu schwächen. Der Kapitalismus durfte sich nicht von der Krise des Weltkriegs erholen. Dieses Ziel ließ sich nicht mit einer wirtschaftlichen Kooperation zwischen kommunistischen und kapitalistischen Staaten vereinbaren, wie sie der Baruch-Plan vorsah. Erstens hätte er den kommunistischen Machtbereich in die Kontrolle der Atombehörde einbezogen, zweitens die wirtschaftliche Restauration Westeuropas unterstützt.

Schließlich kam dazu, daß die Sowjetunion inzwischen selbst heimlich im Begriff war, Atomwaffen herzustellen. Daher lehnte sie den Baruch-Plan nicht rundweg ab, sondern ließ stets ausreichenden Verhandlungsspielraum, um die amerikanischen Hoffnungen auf eine Einigung zumindest über die nächsten Jahre zu strecken. Denn eine glatte Ablehnung hätte den Verdacht bestätigt, die Sowjetunion hätte Anlaß, ihr Territorium einer Kontrolle durch eine *Atom*behörde zu entziehen.

Der Geist unserer Freiheit

Untergangspropheten

In der zweiten Hälfte des Jahres 1946 realisierten die meisten Atomwissenschaftler der FAS, daß der Baruch-Plan endgültig gescheitert war. Nachdem sie auf dem Gebiet der nationalen Gesetzgebung einen wichtigen Teilerfolg errungen hatten, schien es keinen Grund mehr für weitere politische Agitation zu geben. Das eine Problem war gelöst, das andere, wichtigere Ziel, Internationalisierung der Atomenergie, am Nein der Sowjetunion gescheitert.

Nun wurde einigen Wissenschaftlern bewußt, wie gefährlich es war, mit dem Argument Stimmen zu fangen, Internationalisierung der Atomenergie sei das einzige Mittel zur Verhinderung eines dritten, nuklear geführten Weltkriegs. Um öffentlich wirksam zu werden, waren die Wissenschaftler zu Pionieren einer Methode geworden, die der Journalist Michael Amrine als »Menschen in die Rationalität zu schrecken« bezeichnete. Einige dieser Pioniere begannen die Folgen ihrer Taktik zu fürchten. Wenn Internationalisierung, die einzig friedliche Lösung des Bombenproblems, eine nicht realisierbare Hoffnung war, konnte der Öffentlichkeit eine zweite, sachlich anscheinend gerechtfertigte Lösung nahegebracht werden. Da, diesem Gedankengang folgend, ein nuklear geführter Weltkrieg über kurz oder lang ohnehin ausgefochten werden mußte, wieso ihn nicht beginnen, solange die Vereinigten Staaten noch das Atomwaffenmonopol besaßen? Mit dem Argument, die Nation, nein, sogar die Welt vor der großen Katastrophe zu schützen, ließ sich einiges machen: Eine mit Atomwaffen gesicherte Weltdiktatur der Vereinigten Staaten zu verlangen, Präventivkriege gegen andere Mächte zu führen, die Atomwaffen entwickelten – natürlich im Interesse des Weltfriedens.

Wissenschaftler wollten sich nicht länger auf ihr Gefühl verlassen. Ein wissenschaftliches Gutachten sollte die Vorteile und Gefahren ihrer bisherigen Schreckpropaganda abwägen. Anfang 1946 beauftragten sie eine Forschergruppe der American Psychological Association. Wie nicht anders zu erwarten, gaben die Psychologen ein ausgewogenes Urteil ab: Lähmende panische Furcht sei zweifellos schlecht. Sie könne zu Kurzschlußhandlungen verleiten. Ein gesundes Maß an Angst jedoch, angemessen genutzt, verkürze den politischen Lernprozeß und diene, über öffentliche Unterstützung, der Internationalisierung, dem Weltfrieden.

Etwas deutlicher wurde der Leiter der Library of Congress, Luther Evans. Er verglich die Atomwissenschaftler mit Schmierenkomödianten, die ihr Publikum in Panik zu versetzen suchten. Er nannte sie chaosverkündende Ignoranten und Amateure, die wenig mehr als Verwirrung stifteten. Ein anderer Kommentator hatte sie bereits Ende 1945 als »atomzertrümmernde Labormaden« bezeichnet, die »aus ihren klösterlich abgeschirmten Winkeln hervorkriechen, um einer geblendeten Generation eine letzte Warnung zuzurufen, bevor sie in den Abgrund taumelt.«

Selbst Higinbotham, der Leiter der Federation of American Scientists, bekennt im Mai 1947 gegenüber Oppenheimer Zweifel an der Existenzberechtigung seiner Organisation. Wie Higinbotham erkennt auch Oppenheimer, daß der Baruch-Plan, dieser von ihm selbst gezeugte Zwitter aus politischer Raffinesse und menschheitsverbindendem Idealismus, gescheitert war. Mit sibyllinischer Undeutlichkeit versucht er dem jüngeren Kollegen Mut zu machen: »Wenn klar ist, daß wir bisher nicht erfolgreich waren und erkennen, daß wir nicht mehr die Untergangspropheten spielen können, und wenn wir die Grundlagen einer zukünftigen Hoffnung schaffen wollen, müssen wir die Aufgabe einer Gruppe spezialisierter und auf ihrem Gebiet kompetenter Menschen übernehmen, die allen neuen und hoffnungsvollen Lösungsmöglichkeiten gegenüber aufgeschlossen sind, und die schließlich Intellektuelle und nicht Politiker sind.«

SICH IN DER EIGENEN SCHLINGE FANGEN

Die Ausschließlichkeit, mit der die Wissenschaftler ihre Ziele verfolgten, die Konsequenz ihrer Propaganda für die Alternative von Internationalisierung oder Weltuntergang, begann Rückwirkungen auf sie selbst zu haben. Nicht nur die Öffentlichkeit lief Gefahr, sich in der Schlinge »sachlich« gerechtfertigter politischer Aggressivität zu fangen, auch einzelne Atomwissenschaftler gerieten in gefährliche Nähe der Forderung nach einem Präventivkrieg. Nicht wenige von denen, die kurz zuvor noch von brüderlicher atomarer Partnerschaft aller Nationen geträumt hatten, bereiteten sich bereits innerlich auf den nächsten Schritt vor: Wenn es nicht möglich war, die Russen zu einer

Kooperation zu bewegen, erschien die Entwicklung neuer, die bisherigen Atomwaffen an Zerstörungskraft übertreffender Superbomben der logische nächste Schritt. Man hatte wieder einen Feind, an den man glauben konnte, um später bereitwillig dem Ruf in die Waffenlabors folgen zu können.

Bereits 1944 hatten die Autoren des »Prospectus on Nucleonics« gefordert: »Bis der Frieden nicht gesichert ist, können wir uns kein Nachlassen in unseren gegenwärtigen Entwicklungen erlauben. Wir müssen sie vielmehr um Möglichkeiten erweitern, die bisher unter dem Druck der unmittelbaren Kriegsforschung vernachlässigt worden sind. Sonst können wir eines Tages erstaunt feststellen, daß unsere starke Hand von einer stärkeren überdeckt wird.« Selbst der ausgewogenere »Franck Report« hatte angedeutet, daß, falls die Regierung der Vereinigten Staaten internationale Kontrolle für unmöglich hielte, es im Interesse der Vereinigten Staaten läge, den Beginn des nuklearen Wettrüstens so weit wie möglich zu verzögern: Denn die Wissenschaftler arbeiteten gerade an billigeren Verfahren, Atombomben herzustellen, die »uns in fünf oder sechs Jahren einen wirklich wesentlichen Vorrat an Atombomben verschaffen können. Daher ist es in unserem Interesse, den Anfang des Wettrüstens zumindest bis zum erfolgreichen Abschluß dieser zweiten Stufe zu verzögern.«

Das war zwar als Argument gegen den Atombombenabwurf über Japan gedacht, enthielt zugleich jedoch auch das Bekenntnis, daß Atomwaffen notwendig seien, falls es nicht zur Internationalisierung der Atomenergie käme.

Harold Urey, der stets bereit war, sich mit der ganzen Spontaneität seines Temperaments und seiner Autorität als einer der großen amerikanischen Physiker für die Sache der Internationalisierung einzusetzen, hatte im Sommer 1946 über Alternativen gesprochen. Anlaß war eine akademische Feier auf einem kleinen College gewesen. Urey erwähnte den Präventivkrieg als eine der Alternativen, betonte jedoch, daß er diese Möglichkeit ablehne. Niemand störte sich zunächst daran. Als der Aufsatz jedoch später, etwa zur Zeit von Gromykos »Nein« zum Baruch-Plan, in der Zeitschrift »Air Affairs« veröffentlicht wurde, griff die Presse das Thema unter Berufung auf Urey auf. Wenn es eine Reihe von Möglichkeiten gäbe, den nuklear geführten dritten Weltkrieg zu vermeiden und die friedliche Lösung zu scheitern drohe, bliebe der Präventivkrieg, gleichgültig ob ihn Urey nun befürworte oder nicht.

Urey glaubte sich mißverstanden. Als die Federation of American Scientists sich von ihm distanzierte und unter dem Titel »Urey spricht nur für Urey« bedauerte, daß die Presse nur einer von drei »logischen Alternativen« Schlagzeilen widmete, fühlte er sich zur Klarstellung aufgerufen. In einer Rede vor der »American Scandinavian Foundation« lehnte Urey den Präventivkrieg ausdrücklich ab und unterstützte die Idee der Weltregierung als Lösung des Atomproblems. Nur brachte Ureys Idealismus das Problem seiner Lösung um keinen Schritt näher. Urey meinte, »daß ein großes Menschheitsproblem nur durch große und gloriose Ideen gelöst werden kann, für die die Menschen ihre individuellen, eigennützigen und engen Wünsche aufgeben, in einem großen emotionalen und intellektuellen Kreuzzug«. Und, wie Urey seine Hoffnung ergänzte, »die Menschen werden die notwendige Einheit unserer Art begreifen, die unabhängig von den Unterschieden der Hautfarbe, der Laute menschlicher Sprachen und religiöser Bekenntnisse ist.«

Als Urey wenig später resigniert feststellte, daß eine Weltregierung nicht möglich war, wollte er mit einem Block der westlichen Demokratien ein wirtschaftlich und militärisch erdrückendes Übergewicht gegen die Sowjetunion und ihre Satelliten schaffen: »Ich bin nicht an einem Gleichgewicht der Macht interessiert«, erklärte er, »da es unweigerlich zum Krieg führt.« Urey verstand die Weigerung der Sowjetunion, Freiheit und Gleichheit aller Menschen zu amerikanischen Bedingungen anzuerkennen, als Bedrohung. Nun schlug der enttäuschte Idealismus, »große Menschheitsprobleme« nicht durch »große und gloriose Ideen« lösen zu können, in Aggression um. Da die Russen nicht verstehen wollten, mußte man sie mit militärischer und wirtschaftlicher Übermacht erdrücken. Defensive Aggression und aggressive Defensive waren ununterscheidbare Kategorien, zumal wenn sie sich auf Atomwaffen stützten. Die Ursachen der Widersprüche lagen tiefer, wurden aber von Urey nicht verstanden und konnten daher nicht rational verarbeitet werden.

Urey war so 1950 einer der Wissenschaftler, die als Antwort auf die erste russische Atomexplosion forderten, nun unverzüglich mit der Entwicklung der Wasserstoffbombe zu beginnen: »Ich meine, daß wir das Wettrüsten nicht verlieren sollten; das zu tun, würde bedeuten, unsere Freiheit zu verlieren ... und ich schätze meine Freiheit mehr als mein Leben. Es ist wichtig, daß der Geist von Unabhängigkeit und Freiheit weiter auf der Welt existiert. Demgegenüber«, ergänzte Urey, »ist es vergleichsweise unwichtig, ob ich, ob du oder irgendeine andere Gruppe dieses sterbliche Dasein um ein paar Jahre verlängern.«

Wissenschaftler, die mit Urey meinten, den Geist der Freiheit mit den jeweils verheerendsten Waffen verteidigen zu müssen (und zu können), machten sich um so mehr zum Narren ihrer Vorstellungen und Ängste, als sie das Böse nur im Lager des Gegners sahen. Daß sich im eigenen Land Gruppen mit sehr handfesten Interessen die idealistische Narretei von Wissenschaftlern zunutze machten und genau jene Aggressivität ausstrahlten, die sie dem Gegner vorwarfen, wurde bereitwillig übersehen. Und erst als es zu spät war, erfuhren die Wissenschaftler, wie sehr sie selbst dazu beigetragen hatten, daß Freiheit in einem Land unterdrückt wurde, dessen Freiheit sie mit der Entwicklung ihrer Waffen zu verteidigen glaubten: Die absolute Zerstörungsgewalt der Wasserstoffbombe setzte einen absoluten Feind voraus; die Bekämpfung dieses äußeren Feindes wiederum begann in den fünfziger Jahren im Inneren mit der Verfolgung jener Kräfte, die sich wie Urey für einen differenzierteren Gebrauch der Macht einsetzten.

Schon immer mußten die bösen Absichten des äußeren Feindes herhalten, das eigene Handeln in dem Maße zu begründen, wie es sich gegen die eigenen Normen und Werte richtete. Auch wenn der Gegner Verbreitung des Kommunismus oder Ausdehnung seiner Macht plante, spielten dabei Kernwaffen eine eher negative Rolle. Ureys späteres Bekenntnis, sich nach der Zündung der ersten russischen Atombombe so gefürchtet zu haben wie nicht mehr seit den Tagen des Zweiten Weltkriegs, entbehrte jeder vernünftigen Grundlage. Aber er brauchte die Furcht, um seine Unterstützung der amerikanischen Wasserstoffbombe entgegen seinen unpolitisch-kosmopolitischen Weltbeglückungsplänen zu rechtfertigen. Aggression, die sich Entschuldigungen sucht. Die Denkwege im Gehirn sind fest eingefahren. Zug und Gegenzug, das alte Rezept mit immer neuen Waffen. Allenfalls bleibt die Hoffnung auf das politische Perpetuum mobile der Weltregierung.

Die verlorene Unschuld der Wissenschaft

Doch es gab in der Zeit zwischen den beiden Bomben auch andere Stimmen. 1948 vermuteten zwei Veteranen des Manhattan Projekts, Daniel und Squires, daß das Patt der Furcht vor dem Gegner die russischen Wissenschaftler ebenso lähme, dem Teufelskreis des wissenschaftlichen Aufrüstungsgeschäfts zu entkommen wie ihre amerikanischen Kollegen. Es ist sinnlos, auf die »Gesellschaft« oder auf die »Politik« zu warten, um aus diesem Kreis ausbrechen zu können. Die Blockade des freien Willens muß, so argumentieren die beiden Wissenschaftler, notfalls auch durch einseitige Maßnahmen durchbrochen werden. Eine deutliche Grenze trennt Forschung und Entwicklung: »Edward Teller, der von ›den großen wissenschaftlichen Problemen, die mit der weiteren Entwicklung der Atombombe verbunden sind‹, schreibt, glaubt nicht, daß die Armee und die Atomenergiekommission der Vereinigten Staaten diese Arbeit wegen ihrer ›großen wissenschaftlichen‹ Qualität unterstützt.«

Eine ganze Berufsgruppe muß derartige waffentechnische Entwicklungen verweigern, um einen Ausweg zu finden. Nur so erhält die Gegenseite den Freiheitsraum, darauf zu reagieren. Sinnlos ist, auf den deus ex machina der Weltregierung zu warten, die sich mit der Verschärfung des Wettrüstens immer weiter entfernt. Die Berufsgruppe der Atomwissenschaftler muß über die Folgen diskutieren und verantwortlich über das eigene Verhalten entscheiden. Sollten die Wissenschaftler »sich jetzt nicht fragen, ob eine Veränderung des eigenen Verhaltens und ihrer Haltung nicht eine Voraussetzung der politischen Verhältnisse ist, die sie suchen?« Daniel und Squires erklären: »Wissenschaft ist nicht Zivilisation. Ihr Gegenstand, ihre Ziele und Verfahrensweisen sind nicht in sich selbst Zeugnis des Voranschreitens des Menschen aus der Barbarei zum Frieden. Vielmehr werden Wissenschaftler zu Komplizen des Selbstmords der Zivilisation gemacht.«

Urey antwortet, daß das keine Möglichkeit sei, den Frieden zu sichern, sondern den nächsten Krieg zu verlieren, die Diktatur zu beschwören. Er sieht das Übel durch Persönlichkeiten wie Hitler in die Welt getragen. Ihm ist unverständlich, daß persönliche Abnormität etwas anderes ist als Personifikation gesellschaftlicher und politischer Abnormität. Daher schlägt er eine einfache Therapie vor: Das Problem politischer Aggression muß durch klinische Eingriffe in den Organismus der Gesellschaft bewältigt werden. Entfernung der befallenen Teile, einer Handvoll von abnormen Personen, löst das Problem. Polizeimethoden und Psychoanalyse vereinigen sich im frommen Wunsch, derartige Begabungen zum Bösen rechtzeitig zu erkennen und auszuschalten. Das Problem sieht Urey darin, die Eingriffe in fremden Staaten durchzuführen, ohne Kriegsgefahr heraufzubeschwören. Das aber ist für ihn ein weiteres Argument für eine

Weltregierung. Denn hier entfällt das Problem nationaler Souveränitätsverletzung.

Norbert Wiener, einer der großen modernen Mathematiker, der Urheber der Kybernetik, verfaßte 1947 einen offenen Brief an einen jungen Raketenforscher. Dieser Wissenschaftler hatte Wiener um die Kopie einer geheimen Arbeit gebeten, die jener im Auftrag der Regierung durchgeführt hatte.

Wiener antwortete, die Tradition freien Austauschs wissenschaftlicher Information habe für ihn ihre Unschuld verloren. »Die Politik der Regierung selbst während und nach dem Krieg, etwa bei der Bombardierung von Hiroshima und Nagasaki, hat gezeigt, daß wissenschaftliche Information zu liefern nicht notwendigerweise ein unschuldiger Akt ist und die schlimmsten Folgen haben kann ... Der Austausch von Gedanken, eine der großen Traditionen der Wissenschaft, muß natürlich gewissen Beschränkungen unterworfen sein, wenn der Wissenschaftler zum Herren über Leben und Tod wird.«

Wiener weiß, daß er nur seine eigenen Ideen zensieren kann. Er gibt zu, daß seine Weigerung eher willkürlich erscheinen mag. Doch er ist nicht bereit, sich einer Beschränkung zu unterwerfen, die er nicht kontrollieren kann. »Die Erfahrung der Wissenschaftler, die an der Atombombe gearbeitet haben, zeigt, daß am Ende jeder Untersuchung dieser Art der Wissenschaftler unbeschränkte Macht in die Hände der Menschen legt, denen er sie am wenigsten anvertrauen möchte.«

Raketen, zu deren Perfektionierung seine Arbeit beitragen könnte, dienen nach Wieners Ansicht nicht dem militärischen Schutz der Vereinigten Staaten, sondern der Möglichkeit, die gegnerische Zivilbevölkerung zu vernichten. Denn sie erlauben nicht, zwischen militärischen und zivilen Zielen zu unterscheiden. »Ihr Besitz«, schreibt Wiener, »kann nichts als Gefahr bringen, indem er die tragische Unverschämtheit des militärischen Denkens ermutigt.« – »Wiener versichert, in Zukunft nichts mehr zu veröffentlichen, was »Schaden anrichten könnte in den Händen verantwortungsloser Militaristen«.

Zwei Jahre später stellt Wiener fest, daß der Abbau der Unabhängigkeit des Wissenschaftlers »zu einer moralisch unverantwortlichen Charge in einer Wissenschaftsfabrik noch schneller vorangeschritten ist« als er erwartet hatte. »Diese Unterordnung derjenigen, die denken sollten, unter die, die Verwaltungsbefugnisse haben, ist für die Moral des Wissenschaftlers ebenso ruinös wie für die Qualität der wissenschaftlichen Produktion des Landes.«

Wiener wußte natürlich, daß seine Weigerung die Arbeit nicht ernsthaft aufhalten konnte. Er schrieb dem jungen Raketenspezialisten sogar ausdrücklich, daß dieser seine Arbeit mit ein bißchen mehr Aufwand von Regierungsbehörden erhalten würde, vorausgesetzt, das Projekt sei wichtig genug. Auch ohne Wieners Mithilfe würden Fernsteuerungssysteme für Raketen entwickelt. Der Mathematiker hatte nicht die geringsten Zweifel, daß es die Chargen des Wissenschaftsbetriebs in den Waffenlabors der Regierung und der Industrie auch ohne seine Mithilfe schaffen würden. Ja, Wiener wußte, daß eine Grenze zwischen mathematischer Theorie und ihrer Anwendung für Rüstungszwecke kaum zu ziehen war. Denn auch seine zivile Forschung lieferte das theoretische Gerüst, das andere mit destruktiven Inhalten ausfüllen konnten. Das machte die von Wiener gezogene Trennungslinie nur noch willkürlicher.

Wieners Weigerung war ein Akt demonstrativer Resignation. Sicher erkannte Wiener, daß der im 18. Jahrhundert formulierte Kantsche Imperativ, »handle so, daß die Maxime deines Willens jederzeit zugleich als Prinzip einer allgemeinen Gesetzgebung gelten könnte«, in sich widersprüchlich war und im speziellen Fall wirkungslos bleiben müßte. Denn die »Chargen des Wissenschaftsbetriebs«, ebenso wie andere, die dazu nicht zählten, aber sich so verhielten, konnten die Probleme nicht nur nicht allein meistern und hatten genügend Gründe, das nicht zu tun, sondern konnten einen Teil dieser Gründe ebenfalls aufs Kants kategorischem Imperativ beziehen: Das an das Bewußtsein, ein höheres Recht zu verteidigen, gekoppelte Feindbild. Wissen um die Austauschbarkeit des einzelnen. Die Verantwortung, als Wissenschaftler im gesellschaftlichen Auftrag zu handeln. Wirtschaftliche Abhängigkeit und Faszination an der Großforschung, ihre Anonymität und die Distanz zum Endprodukt. Kurz, es ließen sich viele Gründe finden und beliebig verwenden.

DIE ATOMBEHÖRDE

Nach dem Krieg kam es zu einem Massenexodus von Wissenschaftlern aus Los Alamos. Das politische Klima dieser ersten zwei Jahre bis zur Übernahme der Kontrolle durch die zivile Atomenergiekommission machte Los Alamos zu einem ungeeigneten Platz für Wissenschaftler, die einer starken Motivation bedurften, um an Atomwaffen zu arbeiten. Die in ihrer Widersprüchlichkeit faszinierenden

Persönlichkeiten mit hohen moralischen Zielen und ebenso großen Fähigkeiten, sie zu verleugnen, verschwanden. Dazu kam, daß die Perfektionierung von Atomwaffen keine wissenschaftlichen Probleme stellte, die den Ehrgeiz großer Wissenschaftler befriedigt hätten. Das künstlerische Potential der Atombombenstadt trocknete aus. Mit Norris Bradbury, dem tüchtigen Nachfolger Oppenheimers, war eine Persönlichkeit zum Leiter von Los Alamos bestellt worden, die dem gewandelten Auftrag entsprach. Es fehlte ihm jene intellektuelle Ausstrahlung, mit der Oppenheimer so übermäßig ausgestattet war. Bradbury war einfach ein guter Verwalter. Anstelle von Improvisation trat Organisation, die intellektuelle Faszination der Auseinandersetzung großer Geister wurde durch abendliche Kulturprogramme bestellter Entertainer ersetzt. Universitäten lockten in dieser Zeit mit Traumangeboten auch jüngere und weniger bekannte Atomwissenschaftler aus der Atombombenstadt Los Alamos weg.

Obwohl beide Atombombentypen erhebliche Mängel aufwiesen, stagnierte die Entwicklung wegen des Personalmangels. Um Los Alamos von Routinearbeit zu entlasten, übertrug Groves die Produktion von Atomwaffen einer eigens ins Leben gerufenen Armeeeinheit. Für den General spielte sicher auch noch der Hintergedanke eine Rolle, ein fait accompli zu schaffen, bevor Anfang 1947 die zivile Atomenergiekommission die Verantwortung übernehmen würde. Denn die Bombenproduktion war aus der Generals Sicht ein so entscheidender Teil des Programms, daß er sich ein halbes Jahr später zunächst weigerte, den Bereich Waffentechnik mitsamt den fertigen Bomben und der Vorprodukte an die zivile Behörde zu übertragen. Es bedurfte der Intervention des Kriegsministers, dem Atomenergiegesetz Gültigkeit zu verschaffen.

Zum Jahresbeginn 1947 übernahm dann die zivile Atombehörde (AEC) die Regie. Das vom Präsidenten bestimmte fünfköpfige Komitee stand unter Vorsitz von David Lilienthal, einem der Autoren des Acheson-Lilienthal-Reports. Robert Bacher war der einzige Physiker in der Kommission. Doch war der Kommission ein wissenschaftlicher Beraterausschuß zugeordnet, das sogenannte General Advisory Committee (GAC). In diesen Ausschuß bestellten die Kommissionäre nicht nur Atomphysiker, sondern auch Vertreter anderer Disziplinen: Medizin, Biologie, Geologie, Bergbau und Gesellschaftswissenschaften. Atomphysik wurde durch Conant, Fermi, Seaborg, Rabi, Lee DuBridge und Oppenheimer, der zum Vorsitzenden des Beraterausschusses gewählt wurde, vertreten.

Wie Oppenheimer später erklärte, war erste und wichtigste Aufgabe der AEC sicherzustellen, »daß Atomwaffen geliefert würden, und zwar gute Atomwaffen und viele Atomwaffen«. Zu diesem Zweck mußte Los Alamos wieder in einen arbeitsfähigen Zustand gebracht werden.

D<small>IE</small> A<small>TOMINQUISITION</small>

Die zivile Atomenergiekommission war den Konservativen im Land ein Ärgernis noch bevor es sie gab. Daß zwei Liberale, Lilienthal und Oppenheimer, an der Spitze der Kommission und ihres wichtigsten Beraterausschusses standen, machte die Sache nicht besser. Obwohl Groves erst Anfang 1947 durch die Kommission abgelöst wurde, schrieb der reaktionäre Senator Hickenlooper 1949 der Kommission Fehler zu, die nur während Groves Amtszeit entstanden sein konnten. Hickenlooper, der zeitweilig Vorsitzender des Vereinigten Kongreßausschusses für Atomenergie war, beschuldigte die AEC eines »unglaublichen Mißmanagements« und forderte die Absetzung von David Lilienthal. Der Physiker Robert Bacher, so wurde gegen Lilienthals »Mißwirtschaft« argumentiert, habe den amerikanischen Atomwaffenvorrat Anfang 1947 inspiziert und sei »zutiefst« über die magere Ausbeute »schockiert« gewesen.

Die Zeit der Atominquisitoren hatte begonnen. Zwar widerlegte ein eigens eingesetzter Untersuchungsausschuß die Vorwürfe Hickenloopers, doch das beendete die Anwürfe nicht. Oppenheimer wurde zur bevorzugten Zielscheibe reaktionärer Heckenschützen.

Da der Kommission und ihren Beratern sachlich nichts vorzuwerfen war, versuchte man es mit persönlichen Angriffen. Die Sicherheitsfreigabe wurde zu einem beliebten Mittel, unliebsame Personen unter Druck zu setzen. Lilienthal, der seit Roosevelts erster Amtszeit maßgebliche Regierungsposten eingenommen hatte, wurde erst nach zehnwöchigen »Hearings« vom Senat bestätigt. Oppenheimer mußte bis zum 6. August 1947, also mehr als ein halbes Jahr, auf seine Sicherheitsfreigabe warten. In dieser Zeit wurde seine Vergangenheit mehrfach ausführlich durchforscht: Von seinen früheren kommunistischen Verbindungen, der Chevalieraffäre, seiner Unterstützung linker Studenten, bis zu einer Nacht bei einer ehemaligen Kommunistin blieb kein Detail ausgespart.

Doch auch die Atomwissenschaftler, die an die Universitäten zurückgekehrt waren, sahen sich dort unter Druck gesetzt. Die Waffengattungen hatten sich inzwischen als Auftraggeber installiert. Die Zeiten waren vorbei, in denen Atomphysiker mit beschränkten Mitteln große Entdeckungen machen konnten. Atomforschung setzte aufwendige Geräte voraus und verlangte Zugang zu Informationen, die im Interesse der nationalen Sicherheit für geheim erklärt worden waren.

Diejenigen, die über die Mittel verfügten und die Aufträge vergaben, bestimmten auch das politische Klima. Man mußte ein, im Sinn des Kongreßausschusses für Un-Amerikanische Umtriebe, schon sehr guter Amerikaner sein, um auch an Universitäten den Hindernissen auszuweichen, die einer akademischen Karriere in den Weg gestellt werden konnten. Wissenschaftler, die glaubten, sich während des Krieges große Verdienste um das Vaterland erworben zu haben, sahen sich plötzlich der Verdächtigung ausgesetzt, staatsgefährdende Elemente zu sein. Es genügte schon, sich in der Zeit der Weltwirtschaftskrise linken Organisationen angeschlossen oder mit linken Vorstellungen sympathisiert zu haben, um in der zweiten Hälfte der vierziger Jahre als potentieller Kommunist verdächtigt zu werden.

Eine Gruppe bekannter Wissenschaftler, darunter K. T. Compton, Hogness, Lauritsen, Pegram und Urey, protestierten Ende 1948 in einem Telegramm an den Präsidenten der Vereinigten Staaten gegen die Hetzkampagnen des Kongreßausschusses für Un-Amerikanische Umtriebe. Der unbefriedigende Stand der Kernforschung war für sie »zum großen Teil durch die Handlungen und schmierigen Aktionen« dieses Ausschusses verschuldet. In diesem Klima würde es »für Wissenschaftler und Ingenieure immer schwieriger zu funktionieren«.

Geschäft und Glaube

Doch ging es sicherlich um mehr als um die Sorge der Konservativen, ob es gute Amerikaner wären, die ihnen bessere Atomwaffen entwickelten. Die Umtriebe des Kongreßausschusses für Un-Amerikanische Umtriebe standen vor dem sehr konkreten Hintergrund massiver Rüstungs- und Industrieinteressen. Das Gerede von kommunistischer Infiltration, von Mißwirtschaft etc. diente der Diffamierung einer Atompolitik, die die Geschäfte dieser Gruppen zu stören drohte.

Nach dem Krieg waren Armee und Marine die dominierenden Geldgeber der amerikanischen Forschung geworden. Der Physiker

Philip Morrison gibt gegen Ende des Jahres 1946 an, daß etwa die Hälfte aller Arbeiten, die auf dem letzten Kongreß der amerikanischen Physikalischen Gesellschaft präsentiert wurden, von einer der Waffengattungen finanziert worden war. »Es kann fast ohne Übertreibung gesagt werden«, schreibt Morrison im Bulletin of the Atomic Scientists, »daß die Marine fast alle Kernforschung besitzt, die nicht bereits im Besitz vom Manhattan District war.«

Um die gleiche Zeit berichtet das Wirtschaftsmagazin Business Week mit offensichtlicher Genugtuung, »daß die Chancen immer besser werden, daß auch reine Forschung auf Dauer ein Teil der militärischen Einrichtungen wird«. Besonders die Marine, so bestätigen Autoren des Magazins, hat sich nach dem Krieg Verdienste um die Forschung erworben. Als ein Teil der großen Kontrakte zwischen Universitäten und dem Manhattan District auslief und die Universitäten vor der unangenehmen Entscheidung standen, neue Geldquellen zu erschließen oder ihre Forschungsstäbe zu verkleinern, wartete bereits das Office of Naval Research mit gefülltem Geldbeutel. Im Gegensatz zur Armee »besitzt« die Marine weder Reaktoren noch Atombomben. Die Konkurrenz zur Armee läßt sie bereits die geringste Aussicht auf eine spätere Verwertung ergreifen und breitangelegte Grundlagenforschung großzügig unterstützen. Die Armee erkennt die neuen Möglichkeiten, »zivile« Rüstungsforschung zu betreiben, zwar erst später, verfügt aber nach Angaben des Wirtschaftsmagazins über die größeren Mittel: Zweihundertachtzig Millionen Dollar, die zum größten Teil an die bestehenden Atomforschungsanlagen oder für industrielle Rüstungsforschung verteilt werden. Übrig bleibt die immer noch stattliche Summe von siebzig Millionen für die Universitäten. Das Office of Naval Research verteilt in dieser Zeit vierzig Prozent seiner Mittel auf Kernphysik und jeweils zwischen zehn und vierzehn Prozent auf Elektronik, Raketenforschung und Medizin.

Im Gegensatz zur Armee gibt die Marine ihren Projekten einen liberalen Anstrich. Die Autoren von Business Week schreiben: »Die Leute von der Marine sind aufgeschlossen und weltmännisch, sie wissen, daß Grundlagenforschung nicht reglementiert werden kann und sie bemühen sich bewußt, einen zivilen Eindruck in ihren Unternehmungen aufrechtzuerhalten.«

Diese Verdienste der Waffengattungen um die amerikanische Kernphysik werden, wie Business Week berichtet, durch die Industrie unterstützt. Denn die Alternative einer von Vannevar Bush geplanten Forschungsförderung durch eine *unabhängige* öffentliche Organisation läuft konkreten Industrieinteressen zuwider. Privatwirtschaftlich verwertbare Ergebnisse der mit öffentlichen Geldern geförderten Forschung stehen auf dem Spiel: Patentrechte.

In der Industrie verbreitet sich Furcht, die Ergebnisse der Forschungsförderung einer unabhängigen Gesellschaft könnten über eine Politik des Nicht-Patentierens das gesamte amerikanische Patentwesen unterminieren.»Besonders im Licht der Patentpolitik der Marine mögen einige Unternehmer das Risiko der Militarisierung der Wissenschaft der Schaffung einer Behörde vorziehen, die sie ideologischer Absichten verdächtigen ... Unternehmer waren über die vorgeschlagene Politik des Nicht-Patentierens beunruhigt. Sie befürchteten, daß das ganze Patentwesen in den Händen der Reformer ... unterminiert würde«, berichtet das Wirtschaftsmagazin.

Das ist der Hintergrund, vor dem die Wissenschaftler ihre Gefechte um den wahren Geist, um Internationalisierung, Freiheit der Forschung und zivile Kontrolle der Atomenergie ausfechten. Die eigentliche Natur der Bedrohung wird vielen kaum bewußt. Für sie manifestiert sie sich in politischer Polarität zwischen den Vereinigten Staaten und der Sowjetunion. Geheimhaltung, direkte oder indirekte Kontrolle ihrer Forschung und schließlich die Diffamierungskampagnen gegen Persönlichkeiten, die sich für eine weniger restriktive Forschungs- und Atompolitik einsetzen, werden in letzter Instanz auf äußere politische Spannungen zurückgeführt. Die Frage, inwieweit diese Polarität gerade auf dem Gebiet der Atompolitik durch handfeste nationale Interessengruppen, wenn nicht erzeugt, so doch verschärft wird, entgeht ihnen.

Selbst wenn Rabinowitch 1947 beklagt, daß auch außerhalb der Atomforschung zwei Drittel der amerikanischen Forschung von Militarisierung erfaßt würden, dringt das Bewußtsein nicht weiter – der Gegner liegt außen. Rabinowitch bestätigt ausdrücklich, daß die Einengung der Forschung durch Militarisierung »nicht auf eigenwillige Gruppen oder Persönlichkeiten« zurückgeführt werden kann. »Es ist«, so erklärt Rabinowitch in einer Zeit, in der die Vereinigten Staaten über das Atombombenmonopol verfügen, »die unvermeidliche Konsequenz des Wettrüstens.«

Diese Einsicht kommt den Interessen der Konservativen entgegen. Sie vereinfacht deren Versuch, die politischen Gegensätze zwischen der Sowjetunion und den Vereinigten Staaten als lukratives Geschäft für die Rüstungsindustrie auszuschlachten. Der Glaube, daß Militarisierung der Forschung und zunehmende Verlagerung der amerikanischen »Verteidigungs«politik auf Nuklearwaffen und die mit ihnen verbundenen aufwendigen Trägersysteme nicht durch wirtschaftlichen Eigennutz kleiner Gruppen vorangetrieben würden, versachlicht die Auseinandersetzung. Die Positionen der Konservativen und der Liberalen unterscheiden sich nur in der Frage von Zweckmäßigkeiten. Je größer die durch den Rüstungskomplex geschaffene einseitige Abhängigkeit der »Verteidigungs«politik von Nuklearwaffen wird, um so schwächer müssen zwangsläufig die Argumente derjenigen werden, die für eine grundsätzlich ähnliche Politik, jedoch unter Differenzierung der Mittel, eintreten.

In der Anfangsphase der Auseinandersetzungen, den ersten Jahren der zivilen Atomenergiekommission, haben Liberale wie Lilienthal und Oppenheimer einen relativ großen Einfluß auf die nationale Atompolitik. Es ist jene Zeit, in der die absolute atomare Überlegenheit der Vereinigten Staaten noch eine flexiblere Handhabung der Mittel rechtfertigt. In jener Zeit müssen sich die Angriffe der Konservativen auf persönliche Diffamierung unliebsamer Persönlichkeiten oder Haltungen beschränken. Denn sachlich können die Konservativen dieser Politik nicht begegnen.

Aus Hopfen und Malz gewonnen

Eine Episode, an der Oppenheimer beteiligt war, beleuchtet dieses Verhältnis. Die Anschuldigungen des Senators Hickenlooper, der David Lilienthal unglaubliche Mißwirtschaft vorgeworfen und seinen Rücktritt als Vorsitzender der AEC gefordert hatte, werden im Sommer 1949 vom Vereinigten Kongreßausschuß für Atomenergiefragen untersucht. Einer der Punkte, die Hickenlooper der AEC vorwirft, ist ein »ernsthafter Bruch von Verantwortlichkeit, der potentielle Beeinträchtigung unserer nationalen Sicherheit, eine Verletzung des Geists (undsoweiter) . . . und des Buchstabens des Gesetzes einschließt«. Gravierende Vorwürfe also:

Es ging um die Anforderung eines norwegischen Forschungsinstituts über eine winzige Menge radioaktiven Eisens. Diese Isotope konnten nur in der Medizin und für Forschungszwecke verwendet werden. Da jede militärische Anwendung ausgeschlossen war, gehörte es zur Routine der Atomenergiekommission, diesen Bedarf ausländischer Institute zu befriedigen.

Eines der Mitglieder der fünfköpfigen Atomenergiekommission, der erzkonservative Admiral Strauss, der später resignierte und Finanzberater der Gebrüder Rockefeller wurde, versuchte seit langer Zeit, den Export von Isotopen zu verhindern. Vergeblich, stets wurde er von den anderen überstimmt. Zusammen mit Hickenlooper versuchte er in den Untersuchungen von Lilienthals »Mißwirtschaft« die Angelegenheit aufzubauschen.

Strauss und Hickenlooper meinten, daß radioaktives Eisen Atomenergie und Atominformation enthielte, eine Behauptung, die so unsinnig war, daß sie kaum widerlegt zu werden brauchte. Aber sie sahen darin einen Verstoß gegen das Atomgesetz. Als sie mit diesem Gedanken scheiterten, versuchten sie nachzuweisen, daß das radioaktive Eisen zur Verbesserung der Eigenschaften von Stahl diene und militärische Konsequenzen haben könnte. Stahl könne für Strahltriebwerke in Düsenflugzeugen, ja sogar in Atomreaktoren verwendet werden, und diese Atomreaktoren könnten wiederum den Bombenrohstoff Plutonium erzeugen.

Dazu wurde Oppenheimer angehört. Er antwortete: »Niemand kann behaupten, daß man sie (Isotope) nicht für die Entwicklung von Atomenergie benutzen könnte. Man kann eine Schaufel für die Entwicklung von Atomenergie einsetzen. Das geschieht ja. Man kann eine Flasche Bier für die Entwicklung von Atomenergie benutzen. Das geschieht ja. Wie ist es nun mit anderen militärischen Anwendungen?«

Nachdem er den Lacherfolg ausgekostet hatte, begann Oppenheimer zu erklären, daß diese Isotope ausschließlich friedlichen Forschungszielen dienten. Sie zu verschicken, war nicht nur ein Gefallen, den man den Europäern tat, sondern es lag im Eigeninteresse der Vereinigten Staaten, zum wissenschaftlichen, technologischen und wirtschaftlichen Wiederaufbau in Westeuropa beizutragen. Denn, »wenn Entdeckungen in Europa gemacht werden, sind wir in einer besseren Lage, von ihnen zu profitieren als die Europäer, da unsere Technologie fortgeschrittener (und die wirtschaftliche Auswertung bei uns) gut organisiert ist«.

Oppenheimer erfaßte damit den eigentlichen Grund von Strauss und Hickenloopers Widerstand. Denn so dumm wie sie sich gaben konnten beide nicht sein. Ihre Sicherheitsargumente dienten einem legalistischen Prinzip. In Wirklichkeit vertraten sie monopolistische Wirtschaftsinteressen, die sich mit dem Mäntelchen der nationalen Sicherheit umgaben.

Der Nachweis, die Amtsführung der Liberalen in der Atombehörde verstoße gegen die Sicherheitsinteressen des Landes, war sachlich nicht zu führen. Wie Oppenheimers Antwort zeigte, war es noch nicht einmal möglich nachzuweisen, nationale Wirtschaftsinteressen würden verletzt. Denn Oppenheimer erinnerte Strauß und Hickenlooper an das liberalistische Wirtschaftsprinzip, nach dem Wettbewerb und Austausch auch dem Gebenden Vorteile versprachen, zumal wenn er sich, wie die Vereinigten Staaten, in der Position des Stärkeren befand. Daher mußten die Personen selbst angegriffen werden. Der Nachweis politischer Unzuverlässigkeit von Personen mußte sich auf die Sache ausdehnen lassen, die sie vertraten.

DIFFAMIERUNG

1948 schrieb Oppenheimer, in den meisten Fällen könne der Wissenschaftler die Folgen seiner Forschung nicht erkennen. Sicher war für Oppenheimer nur eines: Wissenschaft produziert Wissen. Das ist ihr eigentlicher Zweck; die gesellschaftliche Verantwortlichkeit für die Folgen ist nicht viel mehr als die »Ermahnung für den Gelehrten, genügend beunruhigt zu sein.« Schlimmstenfalls kann der Begriff der gesellschaftlichen Verantwortlichkeit Wissenschaftler veranlassen, »das leichtfertige, unwissenschaftliche und letztlich korrupte Eindringen in andere Bereiche zu rechtfertigen, in denen sie weder Wissen noch Erfahrung besitzen, noch die Geduld, sie zu erlangen.« Daher ist für Oppenheimer die »wirkliche Verantwortung des Wissenschaftlers . . . die Integrität und die Kraft seiner Wissenschaft«.
Oppenheimers Karriere war die Konsequenz dieser Einsicht. Nach einem kurzen Intermezzo an Universitäten wurde er nach dem Krieg zum Berater der Regierung und der Atomenergiekommission in Fragen der Atom- und Rüstungspolitik. Bis zu seiner Entfernung aus dem Regierungsdienst im Jahr 1953 war er auf seinem Gebiet der wohl am besten informierte Amerikaner. Sein Rat wurde gesucht und er nutzte sein Wissen und seinen Einfluß, um den Prozeß der politischen Entscheidungsfindung in seinem Sinn zu beeinflussen. Die Zeiten, in denen man ihn linker Ideen verdächtigen konnte, waren längst vorbei. Oppenheimer versuchte lediglich, rationale Alternativen zu den maßlosen und gefährlichen Ansprüchen der Konservativen und der Militärs zu entwickeln.

Damit geriet er zwangsläufig in deren Schußfeld. Die Auseinandersetzungen um Robert Oppenheimer setzten bei seinem Bruder Frank Oppenheimer ein. Der jüngere Bruder, ebenfalls Physiker, war im Gegensatz zu Robert aktives Mitglied der kommunistischen Partei gewesen. Wie Robert hatte er auch am Manhattan Projekt mitgearbeitet. Nach dem Krieg war er wieder in Lawrences Strahlungslabor zurückgekehrt.

Bereits im Juli 1947 berichtete die Washington Times Herald ausführlich über den Zusammenhang von Franks Mitgliedschaft in der kommunistischen Partei und seiner Beteiligung am Atombombenprojekt. Die Schlagzeilen kamen gerade in der Zeit, als Robert Oppenheimers Sicherheitsfreigabe durch die Atomenergiekommission zur Debatte stand.

Zwei Jahre später, im Sommer 1949, einen Tag nach Roberts Aussage vor der Untersuchungskommission des Vereinigten Kongreßausschusses, wurde Frank Oppenheimer vom Kongreßausschuß für Un-Amerikanische Umtriebe verhört und dazu gebracht, das Geständnis, Mitglied der Partei gewesen zu sein, einen Tag später vor der Presse zu wiederholen.

Groves Abschiedsrede vor Mitarbeitern des Manhattan Engineer Districts enthielt zwar die Referenz, die Wissenschaftler hätten die Pforten zu einer »neuen Welt« geöffnet, ihre inzwischen verstaubten Sicherheitsakten wurden jedoch aufbewahrt. Diese vom Geheimdienst verfaßten Dossiers mußten in den folgenden Jahren immer häufiger aus den Regalen des FBI geholt werden, um politisch mißliebige Persönlichkeiten unter Druck zu setzen.

Im Fall Robert Oppenheimer war das zunächst schwierig. Er war ein »Kriegsheld«. Nachdem er 1947 die Sicherheitsfreigabe der AEC erhalten hatte, schien seine Vergangenheit endgültig abgeschlossen zu sein. Seine Verdienste in Los Alamos sprachen für ihn. Seine politische Haltung lieferte wenig Anlaß zu Verdächtigungen. Brav hatte er geholfen, den Bombenabwurf wissenschaftlich abzusegnen. Er zählte zu den wenigen Befürwortern der May Johnson Bill unter den Wissenschaftlern. Nachdem die Verhandlungen mit Rußland über die Internationalisierung der Atomenergie gescheitert waren, gehörte er zu den ersten, die einen härteren Kurs der Vereinigten Staaten unterstützten. 1947 empfahl er sogar, die Verhandlungen ganz abzubrechen. Wenn es einer unverdächtigen Bürgschaft für Oppenheimers ungeteilte Loyalität bedurfte, so Conants Zeugnis von 1947: »Er sympathisiert nicht mit dem totalitären Regime in Rußland und seine Haltung gegenüber dieser Nation ist, aus meiner Sicht, durch und durch gesund und fest ... Jedes Gerücht, daß Dr. Oppenheimer mit den Kommunisten oder mit Rußland liebäugelt, ist eine Absurdität.«

UNTER DRUCK

Oppenheimer war ein Mitglied des amerikanischen Politestablishments geworden. An Loyalität fehlte es ihm nur gegenüber seinen früheren Freunden, sofern sie ihn kompromittieren konnten. Wie schon im Fall Chevaliers brachte er in einer zweiten Affäre einen anderen an den politischen Rankünen Unbeteiligten in Schwierigkeiten, um seine Loyalität als »guter« Amerikaner zu beweisen.

Im Sommer 1949 wurde Oppenheimer vom Kongreßausschuß für Un-Amerikanische Umtriebe vernommen. Es ging um kommunistische Infiltration in Lawrences Strahlungslabor. Oppenheimer wurde aufgefordert, zu früheren Äußerungen Stellung zu nehmen.

Während des Krieges hatte Oppenheimer einem Abwehragenten in Los Alamos namens De Silva über einen seiner früheren Studenten berichtet. Dieser Wissenschaftler, ein Deutscher namens Peters, sei »ziemlich rot und ein gefährlicher Mann«. In Deutschland war Peters von den Nationalsozialisten in ein Konzentrationslager gesperrt worden. Nach seiner Flucht studierte er bei Oppenheimer Physik. Im Krieg arbeitete er in Lawrences Projekt in Berkeley. Oppenheimers Aussage vor De Silva wurde sechs Jahre später vom Ausschuß für Unamerikanische Umtriebe wieder aufgegriffen. Und wie er unter Druck im Krieg erst Chevalier und dann Peters belastet hatte, belastete er 1949 Peters weiter, um sich als guter Amerikaner zu bestätigen.

Am 15. Juni 1949 erschien in der Rochester Tribune, der Tageszeitung des Ortes, an dessen Universität Peters lehrte, ein Artikel über Oppenheimers Aussage vor dem Kongreßausschuß. Unter der Schlagzeile »Dr. Oppenheimer hat Peters einmal als ›ziemlich rot‹ bezeichnet« wurde Oppenheimers Prestige als Zeugnis für Peters Gefährlichkeit angeführt. Der Artikel schadete Peters. Noch mehr schadete er jedoch Oppenheimer in den Augen seiner Kollegen. Peters protestierte. Hans Bethe, Victor Weisskopf und auch Frank Oppenheimer griffen Robert Oppenheimer an. Edward Condon, der Leiter des National Bureau of Standards, reagierte am heftigsten. Er schrieb an Oppenheimer, er glaube, daß Oppenheimer zum Informaten geworden sei, um sich *selbst* Immunität zu erkaufen. Oppenheimers eigene Vergangenheit sei viel belastender als die von Peters.

Oppenheimer wand sich. Er beschloß, einen Brief an die Rochester Tribune zu schreiben. Darin versuchte er, den Eindruck zu verwischen, daß er Peters belasten wollte.

Oppenheimer erläuterte, daß er persönlich Peters Loyalität zur amerikanischen Verfassung glaube und bedauere, daß man seine Aussage benutzt habe, um Peters zu schaden. Das eigentliche Thema, daß erst seine Ausage im Krieg vor De Silva und 1949 vor dem Kongreßausschuß die Aufmerksamkeit auf Peters belastende politische Sympathien gelenkt hatten, umging er geschickt, indem er beklagte, daß seine Aussagen über Peters »mißdeutet und so mißbraucht werden konnten«. Mit Hinweis auf die Gefahren einer derartigen Praxis beim Gegner fügte er hinzu, daß die Radikalität seiner politischen Ansichten einen Wissenschaftler fachlich nicht disqualifiziere.

Es war ein sehr ausgewogener Brief, den Oppenheimer 1949 an die Zeitung schrieb. Wie ausgewogen, bestätigte Oppenheimer fünf Jahre später selbst, als er sich wieder unter Druck davon distanzierte, er habe den Eindruck entstehen lassen, er selbst glaube Peters Ableugnung einer kommunistischen Parteizugehörigkeit: »Ich glaube, er (der Brief) läßt die Sache offen«, erklärte Oppenheimer.

»Offen« ließ er auch seine Haltung im Fall Chevalier, den erst Oppenheimers lügnerischer Kooperationseifer im Krieg hochgespielt hatte. Unter Druck hatte Oppenheimer damals den Romanisten Chevalier, einen guten Freund, als Mittelsmann eines großangelegten sowjetischen Spionageversuchs hingestellt. Chevalier, der nichts von Oppenheimers »Geständnis« wußte, sah sich in den folgenden Jahren einer zunehmenden Zahl unerklärbarer beruflicher Hindernisse ausgesetzt. In den USA wurde es für ihn immer schwieriger, eine Anstellung zu finden. Da er damals noch nichts von Oppenheimers Lügen wußte, nahm er an, daß die Schwierigkeiten ganz allgemein mit seiner kommunistischen Vergangenheit zusammenhängen mußten.

In Verbindung mit Oppenheimers Aussage vor dem Ausschuß für Un-Amerikanische Umtriebe im Sommer 1949 sickerten Anfang 1950 Andeutungen über den Fall Chevalier an die Presse. In einer Zeitung las Chevalier zum erstenmal über Oppenheimers Schuld an seinen Schwierigkeiten. Er bat um eine Erklärung. Und Oppenheimer antwortete, daß er der Spionageabwehr nur die Wahrheit gesagt habe, also, daß Chevalier ebenso entrüstet über den Spionageantrag gewesen sei wie er selbst. Oppenheimer verlor kein Wort über seine frühere Version vor dem Geheimdienst, in der Chevalier der aktive Teil eines großangelegten Spionageversuchs gewesen sein sollte, während es sich bei dem fraglichen Gespräch mit Chevalier in Wirklichkeit nur um ein, wie er selbst später zugab, belangloses Gespräch unter Freunden gehandelt hatte. Das aber erfuhr Chevalier erst 1954 aus der Zeitung.

Seiner Karriere opferte Oppenheimer seine persönliche Integrität. Für seine Position zuerst als Leiter von Los Alamos, später als Regierungsberater, war er bereit, nicht nur über politische Leichen zu gehen, sondern sie selbst erst zu schaffen. Ob persönlicher Ehrgeiz im Vordergrund stand oder der politische Missionseifer, seine Fähigkeiten und Einsichten öffentlich nutzbar zu machen, ist eine müßige Frage. Das eine legitimierte sich durch das andere. Dem Druck seiner politisch korrupten Umwelt hoffte er sich zu entziehen, indem er andere über die Klinge springen ließ und sich selbst korrumpierte. Es bedurfte schon der blindwütigen Verhetzung in den fünfziger Jahren und eines Eisenhower und McCarthy, um Oppenheimer schließlich zu jenem Schmerzensmann zu verklären, als der er in die Geschichte einging.

Unterwanderung

Der Präsident misstraut Oppenheimer

In den Vereinigten Staaten konnte man sich keinen Illusionen hingeben, daß der Gegner, die Sowjetunion, nicht alles daran setzen würde, Atombomben zu entwickeln. Wenn es überhaupt eines Beweises bedurft hätte, war das lebhafte Interesse, das Spione des ehemaligen Verbündeten schon während des Krieges am Manhattan Projekt gezeigt hatten, Beweis genug. Die ablehnende Haltung der sowjetischen Delegation zum Baruch-Plan mußte ein weiteres Indiz sein. Schließlich wußte man in den Vereinigten Staaten, daß auch in der Sowjetunion hervorragende Atomwissenschaftler arbeiteten und daß nach dem Zusammenbruch Deutschlands mit Wissenschaftlern wie Baron von Ardenne, Gustav Hertz, H. Pose, Riehl und Döpel ein Teil des atomaren Wissens der Deutschen in den sowjetischen Machtbereich gelangt war. Schließlich lieferten die über das Manhattan Projekt veröffentlichten Ergebnisse, besonders der auf Groves Veranlassung hergestellte umfassende Bericht »Atomic Energy for Military Purposes« wertvolle Hinweise. Wenn dieser Bericht auch keine Konstruktionsanleitungen gab, so grenzte er doch die sehr viel größere Zahl denkbarer Möglichkeiten, Atomwaffen herzustellen, auf die kleine Zahl erfolgreicher Wege ein. Die Sowjetunion konnte somit ihre Resourcen konzentrieren. Szilard schätzte, daß allein dieser Smyth Report die Sowjetunion auf den Stand bringen mußte, den die amerikanische Forschung gegen Ende 1942 erreicht hatte.

Und dennoch trauten die Fachleute in Amerika der Sowjetunion nicht zu, in absehbarer Zeit nachzuziehen. Was sie im Krieg den Deutschen kritiklos unterstellt hatten, von einer ungleich unsicheren Ausgangsposition unter den Belastungen des Krieges in kürzester Zeit zu vollbringen, schlossen sie für die Sowjetunion aus: Vannevar Bush schätzte nach dem Krieg, daß die Sowjetunion bis zur Herstellung eigener Atomwaffen etwa zwanzig Jahre benötigen würde. Groves war vorsichtiger: Er setzte fünfzehn Jahre an. Die Marine schloß sich Bushs, die Armee Groves Schätzung an. Nur die Luftwaffe rechnete mit einem Erfolg schon für 1952.

Im Sommer 1949 werden von einem der Meßflugzeuge, die die nördliche Erdhalbkugel regelmäßig kontrollierten, Spuren radioaktiven Staubs mitgebracht. Ein eigens zusammengestellter wissenschaftlicher Untersuchungsausschuß hatte über die entscheidende Frage zu befinden, ob es sich um Überreste eines größeren Laborunglücks im sowjetischen Machtbereich handelte, oder um die der ersten sowjetischen Atomexplosion. Im ersten Fall konnten die Vereinigten Staaten hoffen, ihr Atommonopol noch einige Zeit zu bewahren. Die Existenz sowjetischer Atomwaffen dagegen hätte unmittelbare rüstungspolitische Konsequenzen.

Wie sehr persönliche Vorurteile und Wertvorstellungen im Lager der Atomwissenschaftler sich bereits an dieser objektiv zu entscheidenden Frage zu fast unverhüllter persönlicher Gegnerschaft steigerten, bestätigte der spätere Nobelpreisträger Luis Alvarez, Meisterschüler von Ernest Orlando Lawrence aus Kalifornien.

Im Verfahren gegen seinen politischen Widersacher Oppenheimer berichtete er 1954 über die Gründung des Untersuchungsausschusses, der 1949 zu befinden hatte, ob das amerikanische Atommonopol gebrochen sei. Alvarez erklärte dem über Oppenheimers politische Zuverlässigkeit urteilenden Tribunal, Vannevar Bush habe ihm, Alvarez, gegenüber Verwunderung geäußert, daß er, Bush, und nicht Oppenheimer vom Präsidenten der Vereinigten Staaten zum Vorsitzenden der Untersuchungskommission berufen worden sei: Oppenheimer wäre doch als Wissenschaftler und Chefberater der Atombehörde sehr viel besser geeignet als der Administrator Bush. Aber, so glaubte Alvarez von Bush gehört zu haben, der Präsident mißtraue Oppenheimer.

Bush widerlegte Alvarez. Das habe er nie gesagt, könne es gar nicht gesagt haben, da nicht der Präsident der Vereinigten Staaten den Untersuchungsausschuß einberufen habe, sondern ein General der Luftwaffe. Aber für Alvarez spielte in dieser entscheidenden Frage die Wirklichkeit gegenüber seiner Einbildung eine im Verlauf der Auseinandersetzungen zweier Fraktionen im Lager der Atomwissenschaftler geringer werdende Rolle. Ganz offensichtlich beanspruchte er die Autorität des Präsidenten der Vereinigten Staaten zur Bestätigung seines Glaubens an Oppenheimers politische Unzuverlässigkeit.

Welchen Grund hatten Wissenschaftler, mit der sachlich zu entscheidenden Alternative von Laborunglück oder sowjetischer Atombombe, Gegnerschaften aufzubauen, die sich bis zur kaum noch verhüllten Verdächtigung des Landesverrats steigerten? Es war das Problem der richtigen Antwort auf die »Herausforderung« der Vereinigten Staaten durch eine sowjetische Atombombe. Für Alvarez konnte es nur eine Lösung dieses Problems geben: In einem Eilprogramm Wasserstoffbomben zu entwickeln, die die Atombomben ebenso an Zerstörungskraft übertreffen würden, wie diese einst chemische Sprengbomben in den Schatten gestellt hatten. Und er mußte Oppenheimer wohl unterstellen, dessen Gegnerschaft zur Wasserstoffbombe ginge bis zur Fälschung der Aussagen eines wissenschaftlich zu klärenden Sachverhalts.

Um noch verheerendere Waffen als Atombomben zu entwickeln, benötigten daran interessierte Wissenschaftler ein Feindbild. Die Sowjetunion lieferte es ihnen in nahezu idealer Gestalt: ein totalitäres Regime, das im Namen des Kommunismus Weltherrschaft anstrebte. Für sie war selbstverständlich, daß die Vereinigten Staaten dieser Herausforderung mit den jeweils stärksten Waffen begegnen mußten. Nun trafen sie mit ihren Vorstellungen auf den Widerstand von Kollegen, die in einflußreichen Beratungsgremien saßen und die Politik der Regierung weitaus stärker als sie selbst beeinflussen konnten, die – und das war der Ausgangspunkt der »tragischen« Verwicklungen der folgenden Jahre – sich aber in ihrem Feindbild nicht im geringsten unterschieden.

Auch für die anfangs mächtigeren Gegner der »Super«-Bombe war die Sowjetunion der potentielle Feind in einem zukünftigen Krieg. Auch sie empfahlen, die amerikanische Rüstung, ja sogar die Atomrüstung als Antwort auf die russische Atomexplosion zu verstärken. Und daß sie eine Vielzahl sachlich und politisch begründeter Einwände gegen die Entwicklung der »Super«-Bombe vorzubringen hatten, machte die Sache aus der Sicht der Anhänger der »Super«-Bombe nur noch schlimmer. Denn diese Einwände und Empfehlungen waren sachlich nicht zu widerlegen. Logik ließ sich nur in Verdächtigungen aufheben. Der Widerstand gegen die »Super«-Bombe mußte konspirative Ursachen haben. Jeder Gegner eines Eilprogramms, Wasserstoffbomben zu entwickeln, mußte ein potentieller Agent des Feindes sein oder zumindest unter feindlichem Einfluß stehen. Das Feindbild der Anhänger des Superprogramms konnte sich so aufspalten: Weniger das äußere Feindbild, das sie mit ihren wissenschaftlichen Gegner teilten, als die Bekämpfung des feindlichen Einflusses im Inneren mußte zur Antriebskraft werden.

DIE SCHEINHEILIGEN

Die Auswertung der Meßergebnisse der sowjetischen Atomexplosion wurde wenig später, im September 1949, vom sowjetischen Delegierten bei den Vereinten Nationen bestätigt. Die Vereinigten Staaten hatten ihr Atomwaffenmonopol weitaus schneller verloren als erwartet worden war. Und obwohl der sowjetische Delegierte der Weltöffentlichkeit erklärte, im Gegensatz zu den amerikanischen dienten die sowjetischen Atomsprengsätze ausschließlich dem Frieden, stellten die Herausgeber des »Bulletin of the Atomic Scientists« die Zeiger der Uhr, die ihnen die Nähe zum Weltuntergang anzeige, von acht auf fünf Minuten vor Mitternacht.

Nun hielt Edward Teller, der seit dem Kriegsende mehrfach versucht hatte, ein amerikanisches Wasserstoffbombenprojekt anzuregen und stets gescheitert war, seine Stunde für gekommen. Fast sicher, in dieser Lage auch die Unterstützung Oppenheimers, des einflußreichen Vorsitzenden des wissenschaftlichen Beratungsausschusses der Atombehörde, zu erhalten, ruft Teller seinen Kollegen in Princeton an. Oppenheimers Antwort beunruhigt Teller jedoch fast noch mehr als die Nachricht von der russischen Atomexplosion: Oppenheimer meint nur lakonisch, Teller solle sich nicht in die Hose machen.

Aber Teller findet Verbündete in Kalifornien. Es sind Lawrence, der Chemiker Latimer und der ehrgeizige Luis Alvarez aus dem Strahlungslabor in Berkeley, die alle bereits am Manhattan Projekt mitgearbeitet hatten.

Latimer bezeichnet sich später als einen der politischen Väter der Wasserstoffbombe. Für ihn war die »Super«-Bombe die rechte Antwort auf die mangelnde Kooperationsbereitschaft und die »Unfreundlichkeit« der Russen nach dem Krieg. Darüber sprach er häufig, gerne und mit vielen Leuten, darunter auch den dafür zuständigen Mitgliedern des General Advisory Committee der Atombehörde AEC. Doch »ich bekam nicht viel Zufriedenstellendes zu hören«, sagte er. »Die meisten von ihnen standen wohl auf der scheinheiligen Seite.« Dafür stimmen Alvarez und Lawrence mit ihm überein, nun unverzüglich die Entwicklung von Wasserstoffbomben durchzusetzen.

Am 6. Oktober 1949 versammeln sich die vier Wissenschaftler in Los Alamos: Latimer, Alvarez und Lawrence. Teller, der sich ausführlich mit den wissenschaftlichen Grundlagen beschäftigt hat, vermittelt seinen Gesprächspartnern einen Überblick über die Theorie der Wasserstoffbombe.

Im Gegensatz zur Atombombe, in der Uran- oder Plutoniumkerne gespalten werden, beruht das Prinzip der Wasserstoffbombe auf einer Verschmelzung zweier Kerne von Wasserstoffisotopen zu einem Heliumkern. Nach Einsteins Masse-Energie-Relation ist die freiwerdende Energie um ein Vielfaches größer als bei der Kernspaltung. Zwei prinzipielle Probleme erschweren den Bau von Wasserstoffbomben.

Erstens: Zur Zündung von Wasserstoffbomben werden Temperaturen von mehreren Millionen Grad benötigt. Ein spezieller Typ von Atombomben muß daher als Zünder dienen. Der Zündvorgang muß noch um ein vielfaches präziser gesteuert werden als die Implosionszündung, welche die Herstellung von Plutoniumbomben im Krieg bereits so erschwert hatte.

Zweitens: Der eigentliche Sprengstoff der Wasserstoffbombe ist Wasserstoff zusammen mit dem in der Natur nicht vorkommenden und außerdem sehr schnell zerfallenden Wasserstoffisotop Tritium. Dies muß erst in eigens dafür konstruierten Schwerwasserreaktoren in einer Kernreaktion von Lithium mit Neutronen hergestellt werden. Da sowohl Wasserstoff als auch Tritium bei Normaltemperatur Gase sind, müssen sie bis zum Augenblick der Zündung nahe dem absoluten Nullpunkt von minus 273 Grad Celsius gehalten werden. Dazu sind umfangreiche Kühlaggregate notwendig, die den größeren Teil der Wasserstoffbombe ausmachen würden.

Lawrence ist Feuer und Flamme; nachdem er begriffen hat, daß für die Herstellung von Tritium Schwerwasserreaktoren benötigt würden, beschließt er, auf eigene Faust nördlich von San Franzisco einen solchen Reaktor zu bauen. Sein Schützling Alvarez wird zum Leiter dieses neuen Labors »gewählt«. Da weder Lawrence noch Alvarez etwas von Reaktortechnik verstehen, beschließen sie, Kontakt mit Walter Zinn vom Argonne National Laboratory in Chicago aufzunehmen, dem Fachmann für Schwerwasserreaktoren.

Noch einen Tag zuvor hatte Alvarez seinem Tagebuch anvertraut: »Latimer und ich kamen unabhängig auf die Idee, daß die Russen hart an der »Super« arbeiteten und sie vor uns haben könnten. Das einzige was zu tun ist: ihnen zuvorzukommen – aber ich hoffe, daß es unmöglich sein wird.« Damit wollte er, wie er später erklärte, seine Hoffnung ausdrücken, daß irgendwelche technischen Gründe den Bau von Wasserstoffbomben verhinderten. In diesem Fall gäbe das größere amerikanische Atomwaffenarsenal den Ausschlag in der Auseinandersetzung mit den Russen. Doch nun, nachdem er von Teller eingeweiht und von Lawrence zum Direktor eines neuen Labors ausersehen wurde, war seine Hoffnung, »daß es unmöglich sein wird«, vielleicht schon etwas kleiner geworden.

Der erste Angriff

Nachdem sie von Teller auf den neuesten Stand der wissenschaftlichen Erkenntnis über die »Super« gebracht worden sind, fliegen die drei Kalifornier nach Washington. Dort wollen sie für die Wasserstoffbombe Stimmung machen. Ihre offiziellen Kontaktgremien, die Atomenergiekommission und deren wissenschaftliches Beratungskomitee (GAC), wissen sie durch Leute besetzt, die ihrem Vorhaben ungünstig gesonnen sind. Die Politik der Atomenergiekommission wird seit Jahren von einer Mehrheit von Liberalen bestimmt, mit David Lilienthal an der Spitze. Das General Advisory Committee (GAC) ist offenbar fest in der Hand Oppenheimers. Ihm das Projekt anzuvertrauen, erscheint besonders gefährlich. Denn der Chemiker Latimer, nach eigener Einschätzung seit Jahren ein aufmerksamer Student gruppendynamischer Prozesse, hat beobachtet, daß der GAC nur Oppenheimers Wünsche nachvollzieht. Irgendein für Latimer nur ungenau erfaßbarer Grund läßt Oppenheimers Umwelt in den Bann seiner fast hypnotischen Ausstrahlung geraten. In seinen privaten psychologischen Studien hat Latimer die »Elemente zusammengesetzt, die einen Mann ticken machen«. Er warnt daher seine Kollegen, das General Advisory Committee einzuschalten.

Die drei Freunde beschließen, offiziellen Begegnungen möglichst auszuweichen, um im Halbschatten des atompolitischen Untergrunds zu operieren. Oppenheimer, der von diesen Umtrieben erfährt, kritisiert das Verhalten seiner Kollegen zwar, greift aber nicht ein.

So zieht Lawrence, der seit den Tagen seiner ersten großen Erfolge mit dem Cyclotron die besten Verbindungen zur amerikanischen Hochfinanz und zu konservativen Politikern hat, zusammen mit dem aufgeregten Alvarez im Oktober 1949 unbehelligt durch Washington, um für die »Super« zu werben. Strauss, der einzige Verbündete in der Atomenergiekommission AEC, Senator McMahon, der Vorsitzende des Vereinigten Kongreßausschusses für Atomenergie, und einflußreiche Persönlichkeiten im Pentagon sind die Anlaufstellen der dreitägigen Lobbytour. Um diese Partner von den militärischen Vorzügen der Wasserstoffbombe zu überzeugen, hätte es gewiß nicht Alvarez' und Lawrences Bemühungen bedurft. Wohl aber versehen die Wissenschaftler ihre politischen Vertrauensleute mit den neuesten technischen Informationen gegen die zu erwartenden Einwände der Atomenergiekommission und ihres Beraterkomitees und verabreden eine gemeinsame Strategie.

Lawrences Strategie im Kampf um die »Super« sieht Flankenangriffe von zwei Seiten vor. Der eine politische Flügel wird von Senator McMahon befehligt. McMahon weiß inzwischen, was er zu tun hat. Den Angriff des anderen militärischen Flügels muß Lawrence noch vorbereiten. Zwei Veteranen des militärischen Teils des Manhattan Projekts sollen ihm helfen, die Unterstützung der Streitkräfte zu organisieren: General Nichols, der im Krieg als Groves' rechte Hand gedient hatte, und General Roscoe Wilson, der ehemalige Verbindungsmann der Atombombenstaffel zum Luftwaffenstab. Nun vertreten die beiden die Militärinteressen bei der Atombehörde.

Inzwischen ist auch Bradbury, der Leiter des Atomwaffenlabors von Los Alamos in Washington eingetroffen. Den zurückhaltenden Bradbury im Gefolge, sucht Lawrence am 12. Oktober 1949 General Nichols, den Leiter des Armed Forces Special Weapons Projekt, auf. Dessen Kollege, der Luftwaffengeneral Roscoe Wilson, berichtete später, daß Lawrence Nichols »drängte«, »das Militär soll sein Interesse an der Entwicklung dieser (Super-)Waffe« vorbringen. Die Gegenseite könnte sonst den militärischen Wert des Programms bezweifeln.

Nichols erledigte die ihm nahegebrachte Aufgabe zur Zufriedenheit Lawrences. Bereits am nächsten Tag drängt der General Vandenberg, Amerikas »Bombermann Nummer eins«, das offizielle Interesse der Luftwaffe an einer »großen Waffe« zu bekunden. Kein Problem für Vandenberg.

Somit sind mit McMahon und den Militärs die beiden Flügel von Lawrences Streitmacht angriffsbereit. Bereits am nächsten Tag wird zum Angriff geblasen. Die Flügel vereinigen sich.

Die Vereinigten Stabchefs treffen sich mit McMahons Vereinigtem Kongreßausschuß für Atomenergiefragen. General Vandenberg trägt im Namen des Stabchefs den Bedarf der Streitkräfte einer Superbombe vor.

Drei Tage später erfüllt der Vereinigte Kongreßausschuß auch seinen Teil der Mission: Er richtet eine offizielle Anfrage an die Atomenergiekommission, in der er Auskunft über die thermonuklearen Entwicklungspläne der Atombehörde verlangt und besorgt fragt, warum die Kommission noch keine Mittel für ein derartiges Programm beantragt habe. Eine Kopie dieser Anfrage geht an das in militärischen Fragen zuständige Military Liaison Committee der Atomenergiekommission, dessen Vorsitzender die anstehenden Fragen schon einige Tage vorher mit Oppenheimer in Princeton durchgenommen hatte. Um zwei Tage vor den entscheidenden Beratungen des General Advisory Committee noch einmal Druck auszuüben, treffen sich die Mitglieder des Military Liaison Committee, darunter wieder General Charles Roscoe Wilson, am 27. Oktober 1949 mit der fünfköpfigen Atomenergiekommission.

Ein Missionar der Wasserstoffbombe

Auch Teller ließ die drei Wochen zwischen dem Treffen mit seinen Freunden in Los Alamos und der entscheidenden Sitzung des General Advisory Committee nicht ungenutzt verstreichen. In der mit Lawrence verabredeten Strategie fiel ihm die wohl schwierigste Aufgabe zu. Er muß die einheitliche Front der Wasserstoffbombengegner unter den Atomwissenschaftlern aufbrechen. Für diese Aufgabe scheint er prädestiniert zu sein. Seine ungewöhnliche Phantasie als Wissenschaftler und das, was Kollegen bewundernd seinen »großen intellektuellen Bizeps« nannten, räumen ihm im Kreis der vier Anhänger des Superprogramms die größten Aussichten ein. Für diese Aufgabenverteilung spricht wahrscheinlich auch noch, daß Tellers ungarischer Akzent seit Szilards Kampagnen bei konservativen Politikern und Militärs negative Assoziationen weckte.

Tellers Eifer hat etwas Missionarisches. Nur die Wasserstoffbombe, meint er, könne den Fortbestand der Freiheit retten. Oppenheimers Widerstand ist ihm verdächtig. Er mißtraut Oppenheimer, spätestens seitdem dieser ihm nach der russischen Atomexplosion gesagt hatte, er solle sich nicht in die Hosen machen. Aber Oppenheimer ist einflußreich. Und Teller muß versuchen, die verhängnisvolle Wirkung, die Oppenheimers Haltung im Kollegenkreis hat, aufzuheben, indem er einzelne wichtige Wissenschaftler herauslöst.

Am 19. Oktober fliegt Teller an die Ostküste zu Hans Bethe nach Cornell. Er meint, daß Bethes Unterstützung ein Signal sei, das andere Wissenschaftler mitreißen könne. Bethe gilt als besonnen und politisch unabhängig. Teller weiß auch, daß er den systematischen Bethe als Wissenschaftler braucht, um sein eigenes ungezügeltes Denken zu kontrollieren.

Bethe kann sich Tellers Argumenten nicht entziehen. Doch er ist noch unentschlossen. Später beschrieb er die Zwiespältigkeit seiner Gefühle: »Es erschien mir, daß die Entwicklung thermonuklearer Waffen keines der schweren Probleme lösen könnte, in denen wir uns befanden, und dennoch war ich nicht ganz sicher, ob ich ablehnen sollte.« Doch Teller meint nach dem Gespräch, Bethe wollte sich an der Entwicklung beteiligen. Während des Gesprächs ruft Oppenheimer Bethe an, erfährt von Tellers Anwesenheit und lädt die beiden ein, ihn aufzusuchen, um die Angelegenheit gemeinsam zu besprechen.

Einen Tag später fahren beide zu Oppenheimer nach Princeton. Wie sich Bethe später erinnerte, ist Oppenheimer ebenso unentschlossen wie er selbst. Bethe meinte, Oppenheimer habe ihm weder zu noch abgeraten. Teller wußte vier Jahre später zu berichten, daß ihm Oppenheimer einen Brief von James Conant gezeigt habe, in dem dieser schrieb, die Wasserstoffbombe würde »nur über meine Leiche« hinweg entwickelt.

Ein Brief Oppenheimers an Conant vom 21. Oktober gibt Aufschluß über Oppenheimers Denken in jenen Tagen.

»Lieber Onkel Jim:

Wir erkunden die Möglichkeiten für unser Gespräch am 30. Oktober mit dem Präsidenten. Alle Mitglieder des Advisory Committee werden zu dem Treffen am Samstag kommen, ausgenommen Seaborg, der in Schweden sein muß, und dessen allgemeine Ansichten schriftlich vorliegen. Viele von uns werden am 28. vorbereitend palavern.

Ich möchte, daß Du etwas über den Hintergrund erfährst, bevor wir uns treffen. Als wir zum letztenmal miteinander sprachen, dachtest Du, daß vielleicht das Reaktorprogramm das entscheidende Beispiel für die Notwendigkeit einer politischen Klärung sei. Ich war geneigt anzunehmen, daß auch die ›Super‹ dazugehöre. Technisch ist die Super, soweit ich das beurteilen kann, nicht sehr über den Zustand hinausgekommen, über den wir sieben Jahre zuvor gesprochen haben; eine Waffe, deren Konstruktion, Kosten, Transportierbarkeit und militärischer Wert unbekannt sind. Aber ein großer Klimawechsel in der öffentlichen Meinung hat stattgefunden.

Zwei erfahrene Promoter sind am Werk. Ernest Lawrence und Edward Teller. Das Projekt ist seit langem Tellers Lieblingskind; und Ernest hat sich selbst überzeugt, daß wir aus der Operation Joe (der russischen Atombombe) lernen müssen, daß die Russen bald die ›Super‹ entwickeln werden und daß wir gut daran tun, sie zu schlagen. Was mich interessiert, ist wirklich nicht das technische Problem. Ich bin weder sicher, daß das elende Ding funktionieren wird, noch daß es anders ins Ziel gebracht werden kann als auf einem Ochsenkarren. Für mich ist wahrscheinlich, daß es unsere gegenwärtigen Verteidigungspläne sogar noch weiter aus dem Gleichgewicht bringt. Was mich beunruhigt, ist, daß dieses Ding in der Vorstellung sowohl der Kongreßleute als auch der Militärs zur Antwort auf das durch den russischen Fortschritt aufgeworfene Problem geworden ist. Es wäre töricht, sich der Erforschung dieser Waffe zu widersetzen. Wir haben immer gewußt, daß das gemacht werden müßte und es muß gemacht werden, obwohl sie (die Superbombe) sich auf einzigartige Weise jeder Form einer experimentellen Verwirklichung zu widersetzen scheint. Aber, daß wir an sie gebunden werden könnten als Weg, das Land und den Frieden zu retten, erscheint mir voller Gefahren.

Wir werden mit alledem auf unserem Treffen konfrontiert werden; und in allem, was wir dem Präsidenten sagen oder nicht sagen, werden wir das berücksichtigen müssen. Ich werde mich sicherer fühlen, wenn Du eine Möglichkeit gehabt hast, darüber nachzudenken.«

Oppenheimer ist also nicht grundsätzlich gegen die Entwicklung der Wasserstoffbombe. Wie er andeutet, ist er es schon aus taktischen Gründen nicht. Er sieht die enormen technischen Schwierigkeiten, die grundlegende Fragwürdigkeit einer Waffe, die nach dem damaligen technischen Konzept so groß wäre, daß sie im »Ochsenkarren« ins Ziel gebracht werden müßte. Man muß weitermachen, die Waffe »zu erforschen«; aber entwickeln soll man sie vorläufig nicht. Das weitere wird sich aus dieser »Forschung« ergeben. Oppenheimer ist besorgt, daß andere in der amerikanischen Wasserstoffbombe die einzige Antwort auf die russische Atombombe sehen und die Atomenergiekommission verpflichten könnten, sie in einem Eilprogramm zu entwickeln, um die »Freiheit« zu verteidigen und so die gefährliche Einseitigkeit der amerikanischen Rüstung zu vergrößern.

Trotz aller Zweifel scheint Bethe nach dem Gespräch mit Oppenheimer bereit gewesen zu sein, wieder nach Los Alamos zu gehen.

Doch einige Tage später ruft er Teller an, um ihm abzusagen. Er hatte mit seinem Freund Victor Weisskopf gesprochen: Weisskopf überzeugte Bethe, die immer wieder beschworene Gefahr, eines Tages von den Russen mit Wasserstoffbomben erpreßt zu werden, würde übertrieben, nur um Stimmung für die Entwicklung von Wasserstoffbomben in den Vereinigten Staaten zu machen. Ein weiteres Gespräch mit einem anderen Freund, dem Physiker Placzek, überzeuge Bethe vollends. Placzek und Bethe sprechen über die Welt nach einem Krieg mit Wasserstoffbomben. Selbst wenn er von den Vereinigten Staaten gewonnen würde, wäre es nicht mehr die Welt, in der zu leben es sich lohnte. Bethe war, wie er dachte, endgültig überzeugt, daß es besser wäre, nicht nach Los Alamos zurückzukehren.

Teller hat keine Zeit, sich weiter um Bethes Skrupel zu kümmern. Er vermutet den konspirativen Einfluß Oppenheimers, gegen den er sich ohnmächtig fühlt. Außerdem muß er schnell nach Los Alamos zurück, da er sich dort mit der Delegation des Vereinigten Kongreßausschusses für Atomenergie verabredet hat. Auf dem Rückweg suchte er noch Fermi in Chicago auf. Doch Fermi will sich nicht festlegen lassen. Er ist gerade von einer längeren Reise nach Italien zurückgekehrt und meint, er sei noch nicht ausreichend informiert, um sich zu Tellers Vorschlag zu äußern.

McMahon, der Ausschußvorsitzende, ist verärgert, auf den Brief seines Komitees an den Vorsitzenden der Atomenergiekommission zu Problemen der Wasserstoffbombe noch keine Antwort bekommen zu haben. Nun wendet er sich direkt an den Präsidenten. Doch Truman antwortet ausweichend. Er will den Entscheidungen der beauftragten Gremien nicht vorgreifen. Aber er gibt McMahon eine Zusicherung. Sollte die Entscheidung gegen die Wasserstoffbombe fallen, wollte er vor ihrer Bekanntgabe McMahon die Chance einräumen, ihn umzustimmen.

ZIEMLICH NEBLIGES DENKEN

Um die gleiche Zeit trifft Alvarez schon Vorbereitungen für den Bau des Schwerwasserreaktors, »seines« zukünftigen Labors. Von Berkeley fliegt er nach Chicago zu Walter Zinn, dem Reaktorfachmann. Anschließend reist er nach Washington, um vor und während der Beratungen des General Advisory Committees, in denen über die

Wasserstoffbombe und über »sein« zukünftiges Labor entschieden wird, noch einmal Stimmung zu machen.

Die letzten Tage vor der entscheidenden Sitzung verbringt Alvarez mit Gesprächen, in denen er Mitglieder des General Advisory Committee und der Atomenergiebehörde noch einmal ins Gebet zu nehmen versucht. Was er hört, scheint ihn nicht zu befriedigen. In seinem Tagebuch notiert er: »Ziemlich nebliges Denken.« Dennoch sehen die Teilnehmer der Sitzungen vom 28. bis 30. Oktober 1949, als sie die Eingangshalle des AEC-Gebäudes passieren, dort Luis Alvarez erwartungsvoll stehen – wie den mahnend erhobenen Zeigefinger seines großen Meisters im fernen Kalifornien. Er prüft noch einmal die Gesichter seiner Kollegen, die nach oben gehen. Er sieht auch, wie ihnen auf dem Weg in den ihm verschlossenen Konferenzraum berühmte Militärs folgten, die er nur von Abbildungen kennt. Dann schließen sich die Türen und Alvarez weiß, daß es dahinter nicht nur um die amerikanische Wasserstoffbombe, sondern auch um seinen Direktorenposten geht.

Als sich nach langer Zeit die Türen wieder öffnen und die Teilnehmer die Treppe herunterkommen, steht Alvarez immer noch da. Oppenheimer, der vorbeigeht, verspürt Mitleid und lädt Alvarez zusammen mit Robert Serber, einen Physiker aus Kalifornien, zum Mittagessen ein. Dort berichtet er den beiden über seine Ansichten zur Wasserstoffbombe. Was Alvarez hört und woran er sich viereinhalb Jahre später erinnert, erscheint ihm »als ein so merkwürdiger Standpunkt, daß (er) ihn noch bis heute nicht verstehe«. »Wenn wir eine Wasserstoffbombe bauen würden, würden die Russen eine Wasserstoffbombe bauen, während, wenn wir keine Wasserstoffbombe bauen würden, würden auch die Russen keine Wasserstoffbombe bauen.« Alvarez widerspricht Oppenheimer. Er findet dessen Ansicht merkwürdig. Er kündigt die Reaktion der schweigenden Mehrheit im Lande an. »Ich erzählte Dr. Oppenheimer, daß er das vielleicht für einen beruhigenden Gesichtspunkt halten könnte, aber daß ich nicht glaubte, daß sehr viele Leute im Land diesen Gesichtspunkt akzeptieren würden.«

Die Gesichtspunkte, die das General Advisory Committee vertrat, die sie gegen ein Eilprogramm zur Entwicklung der »Super« entscheiden ließen, waren komplexer als sie Alvarez verstehen konnte und wollte. Sie wurden später im Verfahren der Atomenergiekommission gegen Oppenheimer ausführlich diskutiert.

Der Luftwaffengeneral Charles Roscoe Wilson vertrat dort den militärischen Standpunkt. Seine Entscheidung für die Wasserstoffbombe leitete er aus einer bizarren Rußlandphilosophie ab. Für Wilson ist Rußland ein autarker, vom Rest der Welt unabhängiger Landkoloß. Rußland kann man daher nur aus der Luft bedrohen. Für Roscoe Wilson ist Rußland zudem kein normaler Gegner, sondern das Zentrum des auf Weltherrschaft drängenden Kommunismus. Das macht in Wilsons Vorstellung die Herren des Kreml vorsichtig. Um ihre aus der Luft angreifbare Basis nicht zu verlieren, würden sie ihre aggressiven Absichten aufgeben, wenn die Amerikaner sie mit Wasserstoffbomben aus der Luft bedrohten.

Im Rahmen dieser Rußland- und Kommunismusphilosophie bewertete Wilson Oppenheimers Haltung. Er entdeckte in dessen Verhalten Züge, die ihm hinreichend verdächtig erschienen, um die Abwehr auf Oppenheimer aufmerksam zu machen. Denn Oppenheimer wollte mit der Atombombe schon früher die entscheidende Waffe, mit der nach Wilson allein dem Kommunismus beizukommen war, aus der Hand geben. Frühere Vorschläge zur Internationalisierung der Atomenergie und neuerliche Gegnerschaft zur Wasserstoffbombe waren für Wilson Indizien von Oppenheimers subversiver Taktik.

Ein abgewogeneres politisches Bild zeichnete 1954 im Verfahren gegen Oppenheimer George Kennan. Zur Zeit der Entscheidungen des General Advisory Committee war er Leiter des politischen Planungsbüros im Außenministerium. In dieser Eigenschaft mußte er sich auch mit der Frage der politischen Notwendigkeit der Wasserstoffbombe befassen.

In Kennans Analyse hatten die Vereinigten Staaten die Atombombe ursprünglich als reine Verteidigungswaffe konzipiert. Sie sollte in den Arsenalen ruhen, als Warnung für andere Mächte, die USA nicht mit Atombomben anzugreifen. Als Folge der amerikanischen Rüstungspolitik, in der die eigene konventionelle Rüstung und die der NATO immer mehr durch die billigere Atomrüstung ersetzt wurde, verlor der nukleare Bestandteil seinen defensiven Charakter. Abschreckung gegen Atomangriffe wurde zunehmend durch die neue rüstungspolitische Aufgabe der Atomwaffen verdrängt, potentielles Element der Kriegsführung zu sein. Für Kennan war klar, daß sich die USA und ihre Verbündeten in der NATO so in eine Lage brachten, »wo wir diese Waffen als Angriffswaffen benützen müssen, gleichgültig, ob sie gegen uns verwendet werden« oder nicht.

Daher war für Kennan die zentrale Frage der Wasserstoffbombenentwicklung die ihres militärischen Stellenwerts im amerikanischen

Rüstungskonzept. Das Signal zur beschleunigten Entwicklung von Wasserstoffbomben zu geben, erschien ihm aus zwei Gründen bedenklich. Erstens würde sie das Rüstungswettrennen auf eine qualitativ höhere Stufe heben, in dem zweitens die Vereinigten Staaten wegen ihrer größeren Dichte an Städten und Industriegebieten noch mehr benachteiligt wären als in einem Wettrüsten ›nur‹ mit Atombomben.

Kennan referierte über den grundsätzlich anderen Stellenwert, den Atomwaffen in der sowjetischen Kriegswissenschaft einnahmen. Dies erlaubte damals noch, auf eine offene oder stillschweigende Vereinbarung beider Mächte und damit auf den Verzicht der Entwicklung thermonuklearer Waffen zu hoffen. Kennan sah 1954, daß dem Gegner Atomwaffen nur als Abschreckung gegen einen mit gleichen Waffen geführten Angriff dienten, aber nicht als militärisches Angriffsmittel. Dies war eine direkte Folge der marxistischen Doktrin, nach der sowjetische Kriege politische Ziele haben mußten.

Das Ziel von Kriegen war die Verbreitung des Kommunismus. »Sie möchten wissen«, erklärte Kennan, »nicht wie man ein Gebiet zerstört, sondern wie man es beherrscht und die (darin lebenden) Menschen steuert.« Da dies dagegen sprach, daß die Sowjetunion ein unmittelbares Interesse an der Entwicklung von Wasserstoffbomben haben würde, bestand 1949 Aussicht auf eine Vereinbarung, bevor die Vereinigten Staaten den Gegner mit der Wasserstoffbombe vor vollendete Tatsachen stellten. Daher hatte das General Advisory Committee allen Grund, ein Eilprogramm zur Entwicklung der Wasserstoffbombe abzulehnen. Die Forderung des mächtigen Senators McMahon gegenüber David Lilienthal, die Russen »von der Erdoberfläche wegzupusten, bevor sie das gleiche mit uns tun«, beruhte auf einem fatalen Mißverständnis der Ziele sowjetischer Politik.

Ein weiterer Grund, der bei den Beratungen des General Advisory Committee im Oktober 1949 eine Rolle spielte, war die Technik der Superbombe. Was Oppenheimer mit einem Monstrum verglich, das mit einem Ochsenkarren ins Ziel gebracht werden müsse, war nach dem damaligen Stand der technischen Möglichkeiten noch untertrieben. Auch Teller und die anderen wissenschaftlichen Protagonisten sahen damals keine Möglichkeit, transportierbare Wasserstoffbomben zu entwickeln. Eine »Wasserstoffbombe« war ein Riesenapparat, der im wesentlichen aus Kühlaggregaten bestand und am Explosionsort hätte montiert werden müssen. Seine ›Anwendung‹ setzte gewissermaßen die freundliche Genehmigung des Gegners voraus.

Die Entwicklung von Wasserstoffbomben wäre in dieser Zeit nur auf Kosten der Vergrößerung und Verbesserung des Atomwaffenarsenals gegangen. Noch im Sommer 1949 war von einem Sonderausschuß des Nationalen Sicherheitsrats empfohlen und am 19. Oktober von Präsident Truman bestätigt worden, die atomare Rüstung der Vereinigten Staaten der Wirklichkeit ihrer »Verteidigungs«politik anzupassen. Die Entwicklung und Herstellung der damaligen Wasserstoff»bomben« wäre zu Lasten der Atombombenproduktion gegangen: Die gleichen Reaktoren, die Plutonium für Atombomben produzierten, hätten zur Tritiumherstellung umgerüstet werden müssen. Daher hätte eine Superwaffe von zweifelhaftem militärischem Wert das Atompotential der USA geschwächt statt gestärkt.

Zwei Berichte fassen die Ergebnisse der Beratungen des General Advisory Committee vom Oktober 1949 zusammen. Im Hauptteil sind die eigentlichen rüstungspolitischen Empfehlungen enthalten. Atomwaffen müssen verbessert, ihre Zahl muß vergrößert werden. Besonderes Gewicht wird auf Entwicklung und Herstellung »taktischer Atomwaffen« gelegt. Sie sollen dem Einsatz auf dem Schlachtfeld vorbehalten sein, um die amerikanische Rüstungspolitik glaubwürdiger und weniger gefährlich zu machen. Denn die Drohung, im Kriegsfall sofort Städte und Industrien des Gegners atomar zu verwüsten, war unglaubwürdig, und, je mehr der Gegner auf dem Gebiet der Atomrüstung nachziehen würde, auch gefährlich.

Alvarez und Lawrences Schwerwasserreaktor wird unter dem Vorbehalt genehmigt, daß er nicht als erster Schritt eines Eilprogramms zur Entwicklung der Wasserstoffbombe angesehen würde. Aber zur grenzenlosen Enttäuschung der beiden soll er nicht dem kalifornischen Strahlungslabor angeschlossen werden, sondern dem Argonne National Labratory bei Chicago mit seinem fachlich qualifizierterem Personal. Die Wasserstoffbombe wird als langfristiges Ziel der Rüstungsforschung dargestellt.

Im Anhang des Berichts schlagen Oppenheimer, Conant, Rowe, DuBridge und Buckley vor, Wasserstoffbomben zu ächten. Ihre Existenz gefährde den Fortbestand der menschlichen Art. Selbst wenn die Sowjetunion einen Krieg mit Wasserstoffbomben führen würde, genüge zur Vergeltung das Atomwaffenpotential der USA. »Indem wir uns gegen die Entwicklung der Superbombe stellen, sehen wir eine einzigartige Gelegenheit, ein Beispiel für Begrenzungen der Totalität des Kriegs zu geben und so die Furcht zu überwinden und die Hoffnungen der Menschheit zu wecken.«

Ein von Fermi und Rabi unterzeichneter zweiter Anhang verdammt die Wasserstoffbombe, weil kein naturgesetzliches Hindernis ihre Zerstörungsgewalt begrenze: »Aus welcher Perspektive man sie auch betrachtet, sie ist ein Übel.« Rabi und Fermi fordern, die Wasserstoffbombe aus ethischen Gründen zu ächten, bevor sie entwickelt würde. Die Vereinigten Staaten sollen die Initiative ergreifen.

Zu früh nach Hause gegangen

Die hochfliegenden Pläne von Teller, Latimer, Alvarez und Lawrence müssen vorläufig begraben werden. Aller Wahrscheinlichkeit nach würde die Atomenergiekommission den Empfehlungen ihrer Berater folgen. Die erste Schlacht ist verloren, nicht aber der Krieg.

Weder Lawrence noch Teller geben auf. Als Ersatz für den entgangenen Schwerwasserreaktor plant Lawrence den Bau einer riesigen, cyclotronartigen Apparatur, mit der er das benötigte Tritium herstellen will. Teller versucht sein Wasserstoffbombenprogramm mit Intrigen und Lobbyismus voranzubringen. Schon ein paar Tage nach der Sitzung des GAC begibt er sich auf den Weg zu Senator McMahon. In Chicago macht er Station, um von Fermi Näheres zu erfahren, ihn vielleicht auch umzustimmen. Dort erreicht ihn ein Anruf Manleys, der als Sekretär des GAC dient. Teller wird höflich gebeten, sein Vorhaben nicht hinter dem Rücken der Ausschußmitglieder weiter zu verfolgen. Doch Teller bleibt kalt. Er bietet Manley an, er solle doch selbst McMahon anrufen, um ihm zu sagen, Teller könne die Verabredung nicht einhalten, weil Manley es nicht wünsche. Manley resigniert, und Teller reist nach Washington weiter.

In Washington wird Teller von den politischen Anhängern der Wasserstoffbombe dringend benötigt. Er muß ihnen die technischen Argumente widerlegen helfen, die gegen das Eilprogramm sprechen. Denn weder Lawrence noch Latimer oder Alvarez verstehen genügend von der Sache, auf die sie sich eingelassen haben. Andere sachkundige Wissenschaftler sind nach den Empfehlungen des General Advisory Committee nicht bereit, sich für die Wasserstoffbombe einzusetzen. Bradbury, der Leiter von Los Alamos, der McMahon bereits versprochen hatte, eine Konferenz führender Wissenschaftler über die »Super« im November nach Los Alamos einzuladen, sagt die Versammlung wieder ab. Bethe, Rabi und Serber scheinen unter Oppenheimers Einfluß ihre Meinung gewechselt zu haben.

Für Teller und McMahon geht es darum, kompetente Wissenschaftler zu finden, die die »Oppenheimerclique« zu widerlegen bereit sind. Das Mitglied der Atomenergiekommission, Admiral Lewis Strauss, wendet sich an den Rüstungsminister*, und dieser trägt die Angelegenheit weiter an Karl T. Compton, den Vorsitzenden des Forschungs- und Entwicklungsamts im Rüstungsministerium. Compton erklärt seinem Minister, daß das größte Hindernis die einheitliche Front der Wissenschaftler gegen die Superbombe sei. Doch verspricht er, »nichtkonformistische Wissenschaftler« ausfindig zu machen.

Die fünfköpfige Atomenergiekommission, die ihre Entscheidung aus den Empfehlungen des Beraterkomitees (GAC) abzuleiten hat, ist zerstritten und fast handlungsunfähig. Seitdem die Angriffe der Konservativen gegen den Vorsitzenden ständig an Heftigkeit und Bösartigkeit zugenommen hatten, fehlte David Lilienthal, einem der entschiedensten Gegner des »Super-Programms«, die notwendige Autorität. Am 7. November 1949 hatte er Truman um seine Entlassung gebeten, war aber aufgefordert worden zu bleiben, bis die Entscheidung über die Wasserstoffbombe gefallen sei. Damit war er ein Vorsitzender auf Abruf.

Von den fünf Kommissionären sind Strauss und Dean für das »Super-Programm«, Lilienthal und Smyth dagegen, einer, Summer Pike, ist unentschlossen. Die Empfehlungen an den Präsidenten spiegeln die Spaltung der Kommission. Damit schaltet sie sich und das ihr zugeordnete General Advisory Committee aus dem Prozeß der politischen Entscheidungsbildung aus. Truman überträgt die Beraterfunktion einem Sonderausschuß des Nationalen Sicherheitsrats. Ihm gehören der Außen- und der Rüstungsminister und der Vorsitzende der Atomenergiekommission an.

Rabi, eines der Mitglieder des GAC, kritisierte später, die Gegner des Super-Programms, darunter er selbst, hätten den Fehler gemacht, ihren Bericht zu schreiben und nach Hause zu gehen. Dagegen schafften es ihre Gegner, die Kommission und das General Advisory Committee innerhalb weniger Tage auszuschalten.

Der Präsident selbst hatte sich noch nicht offiziell festgelegt. Aber die Weichen für die Revision der Empfehlungen des General Advisory Committee waren gestellt. Nun mußten nur noch die Bremsen gelockert werden und der Zug würde in die rechte Richtung fahren.

---

* In offizieller Sprache »Verteidigungsminister«. Hier und im Folgenden wird der für moderne Streitkräfte zutreffende Begriff »Rüstungsminister« verwandt.

Den Auslöser lieferte, wie 1946 im Fall der McMahon Bill, der Geheimdienst.

Genau zum »richtigen« Zeitpunkt konnte wieder ein Spion entlarvt werden. Seit Gouzenkos Übertritt im November 1945 wußte der Geheimdienst, daß ein weiterer noch wichtigerer Spion als Alan Nunn May während des Krieges die Sowjetunion mit Daten über das Manhattan Projekt versorgt haben mußte. Der Fall blieb vier Jahre in der Schwebe, bevor er im günstigsten Augenblick aufgeklärt werden konnte. Und wie Alan Nunn May benutzt wurde, den Einfluß der Militärs bei der Atomenergiekommission abzusichern, mußte der große Unbekannte herhalten, die Entscheidung zur Entwicklung der Wasserstoffbombe zu begründen.

Ein umgedrehter Spion

Seit Gouzenkos Übertritt im Herbst 1945 waren vier Jahre vergangen. Aus den mitgebrachten Dokumenten ging hervor, daß zwei Kernphysiker entscheidende Informationen an die Sowjetunion gegeben hatten. Aus einigen Andeutungen der russischen Delegation bei den Verhandlungen in der Atomenergiekommission der Vereinten Nationen gewann auch Bernard Baruch den Eindruck, daß seine Kontrahenten über das amerikanische Atomprojekt mehr wußten, als ihnen aus offiziellen Veröffentlichungen und aus den Mitteilungen von Alan Nunn May bekannt sein konnte.

In vier Jahren schien die Abwehrorganisation beider Länder nichts weniger zu beschäftigen als die Identität des unbekannten Atomspions. Erst im Sommer 1949, kurz bevor die erste russische Atombombe explodierte, wurde das FBI in dieser Sache wieder aktiv. Der britischen Abwehr wurde vertrauensvoll mitgeteilt, daß der zweite kardinale Atomspion ebenso Mitglied der britischen Delegation beim Manhattan Projekt gewesen sein mußte wie der erste. Irgendwie schienen die Verdachtsmomente auf Klaus Fuchs zu passen, der inzwischen Abteilungsleiter im britischen Atomforschungszentrum Harvell geworden war. Doch für eine Verhaftung schienen sie nicht auszureichen.

Welch ein glücklicher Zufall war es da, daß Klaus Fuchs, der inzwischen in Harvell versuchte, sich auf seine wissenschaftliche Arbeit zu konzentrieren, selbst den Anfang machte. Er suchte den für das Atomzentrum zuständigen Sicherheitsoffizier Arnold auf, um zu berichten, daß sein Vater eine Professur für Theologie in Leipzig in der sowjetisch besetzten Zone Deutschlands angenommen hätte. Würde nicht sein Status als Sicherheitsträger beeinflußt? Die Russen könnten doch versuchen, ihn über seinen Vater unter Druck zu setzen.

In den nächsten Wochen beginnt zwischen Arnold und Fuchs ein merkwürdiges Spiel. Fuchs ist offensichtlich an einer Überprüfung seines Status als Geheimnisträger durch die Abwehr interessiert. Als Vorwand dient der im sowjetischen Machtbereich lebende Vater. Vielleicht will Fuchs von möglichen Verdachtsmomenten ablenken, sich von seiner Vergangenheit befreien, indem er auf eine Gegenwart hinweist, in der er zwar belastet sein könnte, aber in einer offensichtlich harmlosen Sache.

Arnold spielt mit. Fuchs wird sogar aufgefordert, als theoretischer Physiker Schätzungen abzugeben über Art und Sprengwirkung der russischen Atombombe. Während der Sicherheitsoffizier Fuchs isoliert und in die Enge zu treiben versucht, kommen aus den Vereinigten Staaten Informationen, die den Verdacht noch stärker auf Fuchs konzentrieren. Es ist mittlerweile Dezember 1949, und in den Vereinigten Staaten stehen die Auseinandersetzungen um die Wasserstoffbombe auf des Messers Schneide.

Fuchs wird in die Falle getrieben. Noch immer dient die Professur seines Vaters in Leipzig als Vorwand der Sicherheitsprüfung. Einer der erfahrensten Menschenjäger Großbritanniens, der Kriminalbeamte Skardon, wird hinzugezogen. In einem längeren Gespräch über die politische Vergangenheit der Familie konfrontiert Skardon Fuchs erstmals direkt mit der Frage nach dessen Agententätigkeit für die Sowjetunion. Fuchs leugnet. Skardon kommt nicht weiter.

Zehn Tage später erklärt der Leiter von Harvell, Sir John Cockroft, Fuchs müsse aus dem Atomforschungszentrum ausscheiden und sich eine Stelle an einer Universität suchen. Das Sicherheitsrisiko sei wegen des Vaters in Leipzig inzwischen zu groß. Für Fuchs ist das ein schwerer Schlag. Denn die wissenschaftliche Arbeit in Harvell bedeutet ihm viel. Ihretwegen hatte er seit längerem jeden Kontakt mit sowjetischen Agenten vermieden. In seinem Prozeß erklärte er später, daß in dieser Zeit seine ungeteilte Loyalität seinen Freunden und seiner Arbeit in Harvell galt.

Skardon findet einen Hebel. Er deutet Fuchs an, daß die Verfehlungen anders beurteilt würden, wenn er jetzt mit der Abwehr zusammenarbeite. Ja, er, Skardon, könnte sich sogar vorstellen, daß ein Geständnis der Schlußstrich unter die Vergangenheit sein könnte.

In weiteren Gesprächen tastet sich Fuchs langsam an die scheinbar einzige Lösung seines Problems, das Geständnis, heran. Am 24. Januar 1950 ist es soweit. Fuchs hat sich entschlossen, zu gestehen. Als Preis fordert er die Zusage, nach seinem Geständnis wieder in Harvell arbeiten zu können. In einer weiteren Sitzung mit Skardon verabredet er sich zu einem Treffen im Kriegsministerium. Dort will Fuchs sein Geständnis diktieren. Doch Fuchs beschränkt sich zunächst auf den allgemeinen Teil der Spionagegeschichte. Die technischen Details, die er weitergegeben hat, will er erst am 30. Januar einer anderen Person als Skardon mitteilen. Diese Person muß die notwendige fachliche Vorbildung und die erforderliche Sicherheitsfreigabe haben.

Fuchs, der inzwischen seiner Sache sicher ist, darf wieder nach Harvell zurückreisen. Am 30. Januar trifft er sich im Kriegsministerium mit Michael Perrin, einem der führenden Wissenschaftler des britischen Atomprojekts. Auch nach diesem technischen Teil des Geständnisses läßt man Fuchs noch in Freiheit. Am 2. Februar bittet ihn Perrin zu einem ergänzenden Gespräch ins Kriegsministerium. Er läßt Fuchs einige Zeit im Vorzimmer warten. Fuchs meint, Perrin sei einfach beschäftigt. Er weiß nicht, daß die Anklageschrift noch in letzter Minute umgeändert werden mußte.

Als der von Perrin alarmierte Inspektor von Scotland Yard zusammen mit einem Polizeibeamten und der Anklageschrift bei Perrin eintrifft, wartet Fuchs immer noch geduldig im Vorzimmer. Schließlich bittet ihn Perrin herein, macht ihn mit den Polizeibeamten bekannt und verläßt das Zimmer. Nachdem die Beamten die Anklage vorgelesen und Fuchs für verhaftet erklärt hatten, bittet dieser, noch einmal mit Perrin sprechen zu dürfen. Als Perrin wieder hereingekommen ist, soll Fuchs gesagt haben: »Sie wissen doch wohl, was meine Verhaftung für Harvell bedeutet.« Fuchs wurde zu 14 Jahren Haft verurteilt.

Der Zorn der Gerechten

Die Nachricht von Fuchs' erstem Geständnis am 26. Januar 1947 wurde sofort an den amerikanischen Präsidenten Truman weitergeleitet. Inzwischen war der Druck für das Eilprogramm zur Entwicklung der Wasserstoffbombe besonders durch Senator McMahons Vereinigten Kongreßausschuß für Atomenergiefragen verstärkt worden. Die Spionageaffäre Fuchs lieferte den emotionalen Auslöser, denn sachlich bestand nicht der geringste Zusammenhang zwischen den verratenen, längst überholten Atomgeheimnissen und der Notwendigkeit, Wasserstoffbomben zu entwickeln. Das von Truman eingesetzte Sonderkomitee des Nationalen Sicherheitsrates beriet am Vormittag des 31. Januar. Am Nachmittag teilte der Präsident der amerikanischen Öffentlichkeit mit, er habe die Atomenergiekommission soeben angewiesen, »die Arbeit an allen Arten von Atombomben fortzusetzen, einschließlich der sogenannten Wasserstoff- oder Superbombe«. Das bedeutete, wie Truman erklärte, einen Befehl »alle notwendigen Schritte zu unternehmen, um zu bestimmen, ob wir (die USA) eine Wasserstoffbombe machen und schärfen können«.

Natürlich war es nicht Fuchs, der die Vereinigten Staaten veranlaßte, die Wasserstoffbombe zu entwickeln. Denn weder konnte er der Sowjetunion Informationen gegeben haben, die sie auf diesem Gebiet nennenswert vorangebracht hätte, noch war die Tatsache neu, daß die sowjetische Spionage Kenntnisse über das Manhattanprojekt gesammelt hatte. Fuchs konnte allenfalls als Auslöser benutzt werden, eine bereits vollzogene Entscheidung nach außen hin zu begründen. Seine Entlarvung trug dazu bei, dem Widerstand gegen ein Eilprogramm zur Entwicklung der »Super« dadurch die Basis zu entziehen, daß nun Einwände gegen das »Super-Programm« erst recht in den Verdacht gerieten, kommunistisch inspiriert zu sein.

Und das war es wohl auch, was den Zorn der Gerechten auf Fuchs' Haupt versammelte. Man erinnerte sich nun an den verschlossenen jungen Physiker in Los Alamos, dessen Verhalten, das als Schüchternheit gedeutet worden war, nun in einem anderen Licht erschien. Der längst vergessene Fuchs tauchte plötzlich in den Erzählungen wieder auf, freundlich und hilfsbereit, bei Parties, Picknicks mit den Damenkränzchen, ein forscher Automobilist, aber eben »hintergründig«. Und bei allem Verständnis für die Empfindungen seiner Jugend und für seine politische Überzeugung – eines konnte man ihm nicht verzeihen: den Anspruch der politischen Integrität des Wissenschaftlers in Zweifel gezogen zu haben.

Norris Bradbury, Oppenheimers Nachfolger in Los Alamos, beschuldigte später Fuchs und die anderen Atomspione, »Schatten des Verdachts auf die geworfen« zu haben, die aus »ausschließlich humanitären oder intellektuellen Motiven« an der Konstruktion der Atombombe »interessiert« gewesen seien.

Doch war dies nicht Fuchs' Verfehlung. Wie seine an die bürgerliche Loyalität zu ihrem Vaterland gebundenen Kollegen sah Fuchs in der Hebelwirkung angewandter Naturerkenntnis die Möglichkeit des Wissenschaftlers, persönlichen Überzeugungen politische Bedeutung zu geben. Wie Szilard, Oppenheimer, Fermi und viele andere reagierte er auf die technischen Möglichkeiten, die sich aus der Hahnschen Entdeckung ableiteten. Nur war die Bedrohung, die Fuchs handeln ließ, eine zweifache. Politisch wollte er mit der Atombombe nicht nur den Faschismus bekämpfen, sondern auch die zu Kriegsbeginn durchaus realistische Gefahr ausschließen, daß die westlichen Alliierten die Sowjetunion sich im Abwehrkampf gegen den Faschismus verschleißen ließen. 1941 nahm er, nachdem er zur Mitarbeit am britischen Atombombenprojekt aufgefordert worden war, Kontakt mit den sowjetischen Stellen auf: »Damals hatte ich unbegrenztes Vertrauen zur russischen Politik und glaubte, die westlichen Alliierten ließen absichtlich zu, daß Rußland und Deutschland sich vernichteten. Daher zögerte ich nicht, alle Informationen weiterzugeben, die ich hatte, obwohl ich gelegentlich versuchte, ihnen in der Hauptsache nur Ergebnisse meiner eigenen Forschung zuzuleiten.«

Was für seine bürgerlichen Kollegen – bei allem Widerspruch zu aktuellen politischen Entwicklungen – die grundlegende Loyalität gegenüber den Entscheidungen ihrer Regierungen war, bedeutete für Fuchs die Solidarität mit der kommunistischen Bewegung. Diese Überzeugung war weniger an die nationale Politik der Sowjetunion gebunden als an die Utopie einer befreiten Menschheit, deren politische Basis die Sowjetunion war. Selbst wenn er die Politik der sowjetischen Regierung mißbilligte, stand dahinter das Vertrauen, sie sei verbesserungsfähig, und er als Wissenschaftler könnte beitragen, sie zu verändern, weil er einen wichtigen Hebel in der Hand zu halten glaubte. In diesem Glauben unterschied er sich nicht von einem bürgerlichen Wissenschaftler wie Oppenheimer. Und er unterschied sich auch nicht, was die Größe seines Irrtums betrifft.

Eine verhängnisvolle Illusion

Trumans Entscheidung vom 31. Januar 1950 wurde von vielen Atomphysikern kritisiert. Wie in den Tagen der May Johnson Bill hofften sie, durch Aufklärung der Öffentlichkeit Widerstand gegen die Entscheidung zu mobilisieren. Oppenheimer, Einstein, Szilard, Bethe, Bacher und Rabi standen im Zentrum der Kampagne. Die Federation of American Scientists griff die Doppelzüngigkeit einer Politik an, die angeblich Frieden durch Entspannung suchte, sich jedoch auf die Zerstörungskraft ihrer Bomben stützte.

Zwölf führende Physiker, darunter Bethe, Allison, Bainbridge, Weisskopf, Pegram, Lauritsen und Loomis, veröffentlichten einen Aufruf, in der jeder Nation, gleichgültig, wie gerecht ihre Sache wäre, das Recht auf Anwendung von Wasserstoffbomben bestritten wurde. Denn diese tausendmal stärkeren Waffen als Atombomben seien »keine Kriegswaffen, sondern Mittel zur Ausrottung ganzer Bevölkerungen. Ihr Gebrauch wäre ein Verrat an den Grundlagen der Moral und der christlichen Zivilisation«. Die Unterzeichner fordern den Präsidenten der Vereinigten Staaten auf, öffentlich zu erklären, daß die USA die Wasserstoffbombe nie als erste einsetzen würden.

Einstein verbreitete eine auf der ganzen Welt beachtete Erklärung, daß die Wasserstoffbombe erstmals die Vernichtung allen Lebens durch Radioaktivität möglich mache. »Die Vorstellung, militärische Sicherheit durch nationale Rüstungen zu erreichen«, ist, wie Einstein erkennt, bei dem gegenwärtigen Stand der Kriegstechnik eine verhängnisvolle Illusion.« Das Rüstungswettrennen nimmt für Einstein hysterische Formen an.

Als erfahrener Politiker griff Oppenheimer zwar die Entscheidung des Präsidenten nicht direkt an, sondern kritisierte das Entscheidungsverfahren: Wichtige Gesichtspunkte würden der Öffentlichkeit vorenthalten. Aus eigener Erfahrung könne er berichten, daß bei Entscheidungen auf dem Gebiet der Atomenergie »die veröffentlichten Umstände nicht mehr als oberflächliches Gerede waren«, weder »das Verfahren dieser Entscheidung, noch die Gründe, noch die Konsequenzen« würden der Öffentlichkeit mitgeteilt. In einem Radiointerview mit Eleanor Roosevelt, der Witwe des ehemaligen Präsidenten, sagte Oppenheimer: »Die Entscheidung, ob internationale Kontrolle der Atombombe anzustreben ist, oder ob man darauf verzichten soll, die Entscheidung, ob man eine Wasserstoffbombe bauen soll, oder sie nicht bauen soll, berührt aus komplexen Gründen die Grundfragen unserer Moral. Es bedeutet für uns eine große Gefahr, daß die Entscheidungen aufgrund von Erwägungen getroffen worden sind, die geheim gehalten wurden.«

Bacher bezweifelte den militärischen Wert der Wasserstoffbombe. Einem großen Auditorium in der Stadthalle von Los Angeles erklärte er, daß eine Wasserstoffbombe, die tausendmal stärker sei als eine Atombombe, einen nur zehnmal größeren direkten Schaden durch Explosions- und Hitzewirkungen anrichten würde. Erst die unkontrollierbare, radioaktive Verseuchung vervielfältige die tödliche Wirkung. Ein mit Wasserstoffbomben geführter Krieg kann nicht durch Explosions- und Hitzewirkung, sondern durch verbreitete Radioaktivität alles Leben auf der Erde vernichten. Ein größerer Atombombenvorrat genügte nach Bachers Ansicht dem militärisch sinnvollen Ziel, einen potentiellen Gegner abzuschrecken. Bei einem Arsenal von tausend Atombomben hätten die Militärs Schwierigkeiten, für die letzten hundert noch Ziele zu finden. Die Wasserstoffbombe könne die militärische Schlagkraft nicht wesentlich erhöhen, daher gäbe es keinen Grund, ihr übertriebene militärische Bedeutung zuzumessen.

Bethe bestritt das moralische Recht der Vereinigten Staaten, eine solche Waffe als erste Macht zu entwickeln. Der Gebrauch von Wasserstoffbomben war für Bethe »mit der Kriegsführung Dschingis Khans zu vergleichen, der alle Einwohner Persiens ohne Unterschied erbarmungslos tötete«.

In den Labors und Verwaltungszentren der Atomenergiebehörde drohte die Diskussion die Arbeit zu blockieren und das Ansehen der politischen Führung in Frage zu stellen. Daher erließ die Kommission eine Anweisung, die ihren Angestellten und Vertragsnehmern »die öffentliche Diskussion oder Kommentierung zur Entwicklung von Kernfusionswaffen« verbot. Man begann Trumans sarkastische Bemerkung zu verwirklichen, die Wasserstoffbombe müsse wohl hinter einem eisernen Vorhang gebaut werden.

Da die Entscheidung des Präsidenten im Widerspruch zu den Empfehlungen des General Advisory Committees der Atomenergiekommission stand, bot dieses geschlossen seinen Rücktritt an. Doch David Lilienthal, der Vorsitzende der Atomenergiekommission, lehnte ab. Er meinte, nun gerade müßte das Beratungskomitee weiter im Amt bleiben. Er selbst, der mit dem Präsidenten vereinbart hatte, nur so lange noch sein Amt auszuüben, bis die Entscheidung gefallen sei, trat am 15. Februar zurück. Darauf boten Conant und Oppenheimer noch einmal ihren Rücktritt an. Doch Außenminister Dean Acheson lehnte ab. Und ein erneuter Versuch Oppenheimers, wegen Meinungsverschiedenheiten aus dem Amt auszuscheiden, scheiterte im Sommer 1950 am Nein von Gordon Dean, dem neuen Vorsitzenden der Atomenergiekommission. Oppenheimer blieb also Vorsitzender des General Advisory Committees. Da von seinen Rücktrittsangeboten nichts bekannt wurde, erweckte er bei seinen Gegners den

Eindruck, er versuche sich verzweifelt an seinen Posten zu klammern, obwohl er zunehmend in Widerspruch zur offiziellen Atompolitik der Kommission und der Regierung geriet.

Die Ferien sind vorbei

In jenen Monaten nach der Entscheidung des Präsidenten fühlte sich Teller als einsamer Rufer in der Wüste. Hinter dem Widerstand der meisten seiner Kollegen vermutete er Oppenheimers Einfluß. Vieles schien auf Sabotage der offiziellen Atompolitik hinzuweisen. Später im Verfahren gegen Oppenheimer bezichtigte Teller seinen Gegner der Illoyalität. Viele Wissenschaftler seien nicht nach Los Alamos zurückgekehrt, nachdem sie von Oppenheimer beeinflußt worden wären.

Teller hatte im März 1950 im Bulletin of the Atomic Scientists einen Artikel veröffentlicht, in dem er zur Rückkehr in die Labors aufrief. Die Resonanz, auf die Teller gehofft hatte, blieb aus. Doch die Gründe waren nicht Oppenheimers, sondern Tellers eigene Argumente.

Teller verglich die Bedrohung von 1950 mit der von 1939. Er versuchte, seine Kollegen über die Folgen ihrer Arbeit zu beschwichtigen. Sie seien schließlich Wissenschaftler, und was sie fabrizieren sollen, »Pläne und Programme«, wären »keine Bomben«. Daß doch Bomben gemeint waren, bestätigte Teller im Nebensatz, »daß Demokratie nicht von Idealen allein gerettet wird«. Für Teller ist es nicht Aufgabe des Wissenschaftlers zu entscheiden, ob die Wasserstoffbombe gebaut werden sollte oder nicht. Auch ist der Wissenschaftler nicht für die Naturgesetze verantwortlich. Er muß lediglich »Wege suchen, diese Gesetze dem menschlichen Willen untertan zu machen«. »Unsere wissenschaftliche Gemeinschaft« schreibt Teller, »hat eine schöne Ferienzeit mit Mesonen (Elementarteilchen) verlebt. Die Ferien sind zu Ende. Wasserstoffbomben bauen sich nicht von allein. Raketen und Radargeräte tun es auch nicht«.

Zur Beschwichtigung der Skrupel seiner Kollegen, die er aus den Ferien mit Mesonen »zurück in die Labors« ruft, weist Teller auf die Arbeitsteilung zwischen Militärs, Politikern und Wissenschaftlern hin. Diese Arbeitsteilung entbindet die Wissenschaftler der moralischen Verpflichtung, sich über die Folgen der Entdeckungen bewußt zu werden. Den Gedankengang der Gegenseite beschrieb vier Jahre später Generalmajor McCormack, der Vizebefehlshaber der US Luftfahrtforschung und -entwicklung mit der einfachen Formel: »Wenn die Waffe da ist, wenn sie gehabt werden kann, wie können wir es uns leisten, sie nicht zu machen«. Für Teller selbst mochte jenes Wort von Malraux gelten, nach dem es die Wissenschaftler wie »die Frauen« machten: »Sie halten sich an die Militärs.«

Die Widersprüchlichkeit von Tellers Argumentation war in dieser Zeit doch zu offensichtlich, um von seinen Kollegen übersehen zu werden. Denn ausgerechnet der Mann, der den Wissenschaftler aus dem Prozeß der politischen Entscheidungsbildung heraushalten wollte, hatte wenige Monate zuvor mit Lawrence und Alvarez eine erfolgreiche Lobbytour abgeschlossen, die den Boden der politischen Entscheidung vom 31. Januar vorbereitet hatte. Dazu kam, daß die technischen Vorstellungen zum Bau der Wasserstoffbombe noch nicht über das »Ochsenkarrenstadium« hinaus gekommen waren.

Hexenjagd

Doch das politische Klima wandelt sich schnell. Im Gefolge der Entlarvung von Fuchs werden im Sommer 1950 in den Vereinigten Staaten weitere Spione und Agenten geschnappt, um am Pranger öffentlicher Hysterie zur Schau gestellt zu werden. Harry Gold, die Rosenbergs, die auf dem elektrischen Stuhl für einen »Verrat« büßten, der mehr als zweifelhaft war, David Greenglass und später das Verschwinden des geheimnisumwitterten Atomphysikers Bruno Pontecorvo, dienen der Reaktion als Beweise kommunistischer Umzingelung: Antikommunismus und Spionagefurcht werden zum Vorwand von Repression.

In einem Artikel für das Bulletin of the Atomic Scientists beschreibt Einstein den Zusammenhang zwischen der Eigenart der absoluten Waffe und des politischen Klimas, das sie voraussetzt: »Im Lande selbst – Konzentration ungeheurer finanzieller Macht in den Händen der Militärs, Militarisierung der Jugend, strenge Überwachung der Loyalität der Bürger, besonders der Angehörigen des öffentlichen Dienstes durch eine täglich argwöhnischer werdende Polizei. Einschüchterung von Menschen, die politisch unabhängig denken. Indoktrination der Öffentlichkeit durch Radio, Presse, Schule. Wachsende Einschränkung öffentlicher Information unter dem Druck militärischer Sicherheit.«

Spionagehysterie, Hexenjagd und blinder Antikommunismus spülen Reaktionäre hoch. Senator Joseph McCarthy wird zur Symbolfigur einer Epoche amerikanischer Geschichte. Eine andere »Spionageaffäre«, der Fall Alger Hiss, verhilft einer weiteren Figur aus der politischen Kloake zu nationalem Ansehen, dem jungen Richard Nixon. Der kalte Krieg wirkt sich auf das innenpolitische Klima aus. Über die Erinnerungen an die »Internationale der Atomphysiker« gewinnt auch noch eine Erklärung des Kommunisten Joliot in den Vereinigten Staaten unheilvolle Bedeutung. Joliot hatte erklärt, »daß fortschrittliche Wissenschaftler nie auch nur einen Teil ihres Wissens für einen Krieg gegen die Sowjetunion hergeben« würden. Widerstand gegen die Wasserstoffbombe geriet so schnell in den Verdacht einer Verschwörung gegen die gute und gerechte amerikanische Sache.

Schließlich wird der Ausbruch des Koreakriegs im Juni 1950 für viele Wissenschaftler zum Wendepunkt. Teller scheint recht gehabt zu haben. Eine größere Zahl von Schwerwasserreaktoren wird gebaut. Sie können sowohl Plutonium für herkömmliche Atomwaffen als auch Tritium für Wasserstoff»bomben« liefern. Los Alamos arbeitet in dieser Zeit hauptsächlich an der Verbesserung von Atomwaffen. Man entwickelt Modelle, die nur mit einem Bruchteil der kritischen Masse früherer Typen auskommen sollen. Stärkere Kompression bei der Implosion, eine äußerst schwierige technische und wissenschaftliche Aufgabe, soll das Problem lösen.

Obwohl wieder Fermi und auch Bethe, der geniale Mathematiker Stan Ulam, Wheeler und natürlich auch Teller einen großen Teil des Jahres 1950 am Problem der Wasserstoffbombe arbeiten, stagniert die Entwicklung. Die zündende Idee fehlt. Die mathematischen Probleme des Zündungsvorgangs erweisen sich mit den bisherigen Rechengeräten als kaum lösbar. Messungen am Tritium deuten an, daß die Natur ihr Veto einlegen könnte. Vielleicht würde es nie Wasserstoffbomben geben.

Teller ist ungehalten. Er beginnt wieder an der Loyalität seiner Kollegen zu zweifeln. Da ihm Ulams Berechnungen nicht passen, verdächtigt er ihn zeitweilig – zu Unrecht – die Arbeiten sabotieren zu wollen. Ulam beunruhigt es, in einer Welt mit Wasserstoffbomben zu leben. Wenn Wasserstoffbomben aber entwickelt werden könnten, sieht er keinen Anlaß, sich dagegen zu stemmen. Er meint lakonisch: »Wenn eine ›Super‹ gebaut werden kann, wird sie früher oder später von jemandem gebaut. Das ist nur eine Zeitfrage.«

Bethe, der inzwischen seine moralischen Bedenken neuen politischen Einsichten unterstellt hatte, um an der »Super« mitzuarbeiten, meint zu bemerken, daß eine große Zahl von Kollegen über die negativen Anfangsergebnisse nicht unglücklich ist. Wie Robert Jungk überliefert, ist Bethe nach Los Alamos zurückgekehrt, um sich zu versichern, daß eine Wasserstoffbombe nicht gebaut werden könnte.

Seitdem Fermi als Mitglied des General Advisory Committee in seinem Minderheitsbericht die Entwicklung der Wasserstoffbombe aus ethischen Gründen verdammte, ist noch kein Jahr vergangen. Nun ist er wieder mit von der Partie. Vielleicht denkt er wie Ulam oder wie Bethe. Doch das spielt keine Rolle. Die drei bemühen sich mit vielen Gleichgesinnten während des ganzen Sommers, Herbsts und Winters 1950 intensiv um die Lösung eines Problems, von dem sie hoffen, daß es unlösbar sei. Zunächst scheint es, als erfüllten sich ihre Hoffnungen: Die Akteure haben sich festgefahren, ihre Gedanken drehen sich im Kreis.

Ein Komplott?

In dieser Zeit werden auf dem zweiten Forschungsgebiet von Los Alamos große Fortschritte gemacht. Die Entwicklung von Atombomben, die mit nur einem Teil der bisherigen Sprengstoffmasse auskommen, ist Ende 1950 abgeschlossen. Ohne zusätzliche Produktionskapazitäten für Plutonium oder Uran 235 errichten zu müssen, können die Vereinigten Staaten ihren Atombombenvorrat verdoppeln. Die notwendige Verbesserung der Implosionszündung, die ebenso Voraussetzung für die Entwicklung von atomaren Zündmechanismen für die Wasserstoffbombe ist, vergrößert auch die Chancen der »Super«. Denn mit den bisherigen Atombomben wäre es nicht möglich gewesen, eine Wasserstoffbombe zu zünden. Auch aus diesem Grund hatte das General Advisory Committee empfohlen, das Schwergewicht der Forschung zunächst auf die Verbesserung der Atombomben zu legen.

Noch eine weitere Voraussetzung für die Wasserstoffbombe wird erst im Frühjahr 1951 erfüllt: Die seit 1946 eingeleitete Entwicklung eines neuartigen Elektronenrechners, der die außergewöhnlichen mathematischen Probleme der thermonuklearen Bombe lösen kann. Es ist ein von John von Neumann entwickelter Rechner, dessen eindrucksvoller Name MANIAC eine ebenso eindrucksvolle Liste von

Eigenschaften bezeichnet: »Mathematical Analyzer, Numerical Integrator and Computer.« Mit ihm sind die technischen Voraussetzungen zur Entwicklung von Wasserstoffbomben erfüllt. Was immer noch fehlt, ist die eigentliche Idee.

Um die einzelnen nuklearen Entwicklungsreihen zu überprüfen und aufeinander abzustimmen, beruft das Pentagon im Herbst 1950 einen Ausschuß ein. Das zu untersuchende Waffenspektrum reicht von »kleineren« taktischen Atomwaffen, die dem Einsatz auf dem Schlachtfeld vorbehalten sind, bis zu strategischen Superwaffen, die gegen das feindliche Hinterland gerichtet werden. Auch die Rüstungsstrategie steht zur Debatte. Da Oppenheimers negative Einstellung zur »Super« bekannt ist, sollen die Wasserstoffbombenanhänger Alvarez und die Generäle McCormack, Wilson und Nichols die Gegenseite vertreten. Charles Lauritsen und Robert Bacher hatten sich früher gegen die »Super« ausgesprochen.

Luis Alvarez erinnerte sich später, wie ihn Oppenheimer anrief, um ihn zu bitten, im Ausschuß mitzuarbeiten. Oppenheimer sagte ihm, daß gegensätzliche Standpunkte vertreten sein sollten. Alvarez hielt das für sehr fair.

In der Beurteilung des Werts taktischer Atomwaffen stimmen alle Ausschußmitglieder überein. Alvarez findet, »daß Dr. Oppenheimer und Dr. Lauritsen diesen Teil des Programms sehr gut behandeln«.

Bei der Wasserstoffbombe ist die Übereinstimmung geringer. Die Fraktion Oppenheimers sieht in der Wasserstoffbombe ein eher langfristiges Entwicklungsziel. Denn trotz der Fortschritte auf dem Gebiet des Zündmechanismus hat die technische Konzeption das »Ochsenkarrenstadium« immer noch nicht überschritten. Ein Intensivprogramm zur Entwicklung der »Super« muß in Konflikt zum Programm der taktischen Waffen treten. Dieser Ansicht widersprechen Alvarez und die Generäle. Der Ausschuß einigt sich auf die verschnörkelte Formel: »Wir glauben, daß nur die Erkenntnis des langfristigen Charakters des thermonuklearen Programms die Ressourcen des Labors von Los Alamos verfügbar machen kann.« Das meinen alle bedenkenlos unterschreiben zu können, da es die Entwicklung der Wasserstoffbombe nicht prinzipiell zurückstellt.

Die Bedenken kommen erst später. Alvarez wird von Teller heftig beschimpft. Teller erkennt wieder ein Komplott Oppenheimers: »Luis, wie konntest du diesen Bericht unterzeichnen, so wie du über die Wasserstoffbombe denkst«, hält Teller seinem Freund vor. »Nun, ich sehe nichts Falsches darin. Darin steht, daß die Wasserstoffbombe ein wichtiges langfristiges Programm ist.« – »Dann geh doch, lies diesen Bericht und du wirst finden, daß er im wesentlichen sagt, daß das Wasserstoffbombenprogramm das Kleinwaffenprogramm behindert und das hat mir endlose Schwierigkeiten in Los Alamos gemacht. Das wird gegen unser Programm verwendet. Es verlangsamt es und könnte es sehr wohl abtöten.« Alvarez liest also den Bericht noch einmal durch und ist schockiert, was er da unterschrieben hat. Nun erinnert er sich eines Satzes von Oppenheimer. Man sollte das Wasserstoffbombenprogramm eigentlich zwar stoppen, könne es aber ruhig laufen lassen, da es aus technischen Gründen eines natürlichen Todes sterben würde. Dies stritt Oppenheimer natürlich ab. Dennoch meinte General Roscoe Wilson, den Sicherheitsdienst alarmieren zu müssen.

»TECHNICALLY SWEET«

An welchem Tag Stan Ulam die zündende Idee zur Wasserstoffbombe hatte, ist unbekannt. Im Frühjahr 1951 erwähnt er sie erstmals in einem Brief an John von Neumann. Erst diese Idee enthebt das Supeprogramm seiner bisherigen Probleme. Deren Ursache war allen Verdächtigungen zum Trotz – so Rabi – »einfach der menschliche Verstand.«

Nun setzt auch Tellers Verstand wieder ein. Er erfaßt die Bedeutung von Ulams Idee und setzt sie in ein neues Konzept zur Entwicklung von Wasserstoffbomben um.

Ulams und Tellers Ideen lösen die bisherigen Probleme schlagartig. Obwohl die Konstruktion der Wasserstoffbombe im Gegensatz zu der der Atombombe auch heute noch geheimnisumwittert ist, scheint es sich, wie Herbert York, einer der Beteiligten 1975 berichtete, bei Ulams und Tellers Idee um eine Revolutionierung des atomaren Zündmechanismus gehandelt zu haben. Dies wiederum muß eine weitere grundlegende Vereinfachung, die Verwendung von Lithiumdeuterid als eigentlichem Sprengstoff möglich gemacht haben: ein schon vorhandenes Konzept, das anscheinend bis dahin nicht verwirklicht werden konnte. Anstelle von Tritium wird nun ein Isotop des häufig vorkommenden und relativ einfach zu gewinnenden Metalls Lithium verwendet. Das Lithium besitzt den Vorzug, mit dem Deuterium eine bei Normaltemperaturen feste Verbindung – Lithiumdeuterid – einzugehen. Die bei der Atomexplosion freigesetzten Neutronen reagieren mit dem Lithiumisotop und verwandeln es in Tritium. Nun setzt bei mehreren Millionen Grad Hitze die eigentliche Reaktion der Wasserstoffbombe ein: die explosionsartige Verschmelzung der beiden Wasserstoffisotope Tritium und Deuterium zu Helium. Das lange vergeblich gesuchte »Geheimnis« der Wasserstoffbombe ist gefunden. Sie besteht also aus einer Uranbombe, einem Mantel aus Lithiumdeuterid und vielleicht noch anderen Schwerwasserstoffverbindungen. Umgeben ist dieser explosive Kern von einem Mantel aus Uran oder anderen Neutronen reflektierenden Schwermetallen.

Dieses Konzept wird am 19. Juni 1951 einer geheimen Konferenz führender Atomphysiker, der Spitze der Atomenergiekommission und des General Advisory Committee, und General McCormack in Princeton vorgetragen. Anwesend sind unter anderen Bradbury, Oppenheimer, Fermi, Bethe, Wheeler und von Neumann.

Teller, der inzwischen überall persönliche Feindschaft wittert, verdächtigt inzwischen sogar einen der treuesten Anhänger des Super-Programms, Gordon Dean, den neuen Vorsitzenden der Atomenergiekommission, gegen ihn voreingenommen zu sein. Wie Teller sich erinnert, erwähnte Dean zunächst mit keinem Wort einen Bericht, in dem ihm Teller zwei Monate früher das neue Prinzip erklärt hatte. Tellers Erstaunen über diese scheinbare Verschwörung gegen ihn schlug dann in wirklichen »Zorn (um), als andere Wissenschaftler und Funktionäre, die den Bericht kannten, redeten, ohne sich darauf zu beziehen«. »Schließlich konnte«, so erinnerte sich Teller, »ich mich nicht länger zurückhalten und bestand darauf, gehört zu werden.« Erst sei er auf Widerstand gestoßen, schließlich gestand ihm die Versammlung aber doch zu, seine Theorie vorzutragen. Er erinnert sich, an die Tafel gegangen zu sein, um alle Theorien und Berechnungen, die (inzwischen) mindestens der Hälfte der Männer im Raum bekannt waren, noch einmal zu erklären.

Dann jedoch sei die Stimmung umgeschlagen. Teller weiß noch, wie stillschweigende Ablehnung sich in plötzlichen Enthusiasmus auflöste. Stolz zitierte er Gordon Dean: »Aus dem Treffen kam etwas, das Edward Teller durchsetzte, was ein völlig neuer Weg zu einer Kernwaffe war. Ich würde es gern als eines der ausgeklügeltsten Dinge bezeichnen, die wir im Atomenergieprogramm haben. Zu diesem Zeitpunkt war es nur eine Theorie. Zeichnungen wurden an die Tafel gemacht. Rechnungen wurden angestellt, Dr. Bethe, Dr. Teller, Dr. Fermi hatten den größten Anteil. Oppie war genau so aktiv. Am Ende der zwei Tage«, fuhr Dean fort, »waren wir alle überzeugt, jedermann im Raum, daß wir schließlich etwas in Händen hatten, was durchführbar im Sinn einer Idee war ... Ich erinnere mich, das Treffen mit dem Eindruck dieser Tatsache verlassen zu haben, daß ausnahmslos jeder um den Tisch, und dies schloß Dr. Oppenheimer ein, begeistert war ...«

Oppenheimer ergänzte diese Aussage Deans später. Er erklärte, daß diese Idee, wäre sie eher gekommen, zweifellos alle früheren Empfehlungen des General Advisory Committees und anderer von ihm geleiteter Ausschüsse beeinflußt hätte. Die Entdeckung war für ihn »technically sweet – technisch so süß, daß man darüber nicht argumentieren kann«. Vielmehr »muß man daran gehen, sie zu verwirklichen«. Argumentieren kann man bei dieser Art von Idee erst, »wenn man technischen Erfolg gehabt hat«.

So hatte die technisch süße Idee Gegner wie Befürworter des Wasserstoffbombenprogramms wieder vereint. Bethe versuchte 1958 zu erklären, daß »technisch süß« eine literarische Umschreibung für die Einsicht politischer Verantwortung gewesen sei, der Tatsache nämlich, daß, wenn es so einfach ginge, die Sowjetunion ebensogut Wasserstoffbomben entwickeln könnte. Doch fragte sich Bethe auch, ob seine Angst vor den Möglichkeiten der Russen nicht ein Vorwand seines Mitmachens aus technischer Faszination war. Bewußtseinsgeschichte, deren Produkt die Entwicklung der Atombombe war, hatte sich wiederholt.

LIVERMORE

Doch mit dem Erfolg von Princeton gibt Teller sich nicht zufrieden. In seinem Buch »The Legacy of Hiroshima« berichtet er: »Die Schlacht für die Wasserstoffbombe war auf der Konferenz von Princeton gewonnen worden, und ich wurde in den Kampf für die Errichtung eines zweiten Waffenlabors einbezogen.« Ihm erschien die Schlußfolgerung »unausweichlich«, daß das gute alte amerikanische Wettbewerbsprinzip auch für die Wasserstoffbombenlabors gelten müsse.

In Wirklichkeit vermutete er, daß Los Alamos seine Pläne nicht mit der notwendig erscheinenden Dringlichkeit verwirklichen, sondern die Arbeit verzögern könnte. Er witterte den Feind inzwischen überall. Und der in Los Alamos mußte doch besiegt werden. So berichtete er, am 1. November 1951 seine Sachen in Los Alamos gepackt zu haben, um als Privatmann in den Kampf um das zweite Labor zu ziehen. Ein letzter Blick galt einem Sinnspruch, den er an eine Wand seines Labors geheftet hatte:

»Vorsehung, die über Kinder, Trunkenbolde und Narren wacht
mit geheimen Wundern und anderen geheimnisvollen Dingen,
fahre fort, die Regeln des Normalen aufzuheben
und beschütze die Vereinigten Staaten von Amerika.«

In den Erinnerungen vergaß Teller hinzuzufügen, daß er nicht in den »Kampf« um das zweite Waffenlabor gezogen wurde, sondern ihn selbst erst angezettelt hatte und außerdem vor der Princeton Konferenz die ersten Runden schon verloren hatte. Im Herbst 1950 unterbreitete er dem General Advisory Committee den Vorschlag zu einem zweiten Waffenlabor erstmals. Doch die Berater der Atomkommission lehnten ab, und Teller fühlte sich noch nicht stark genug nachzusetzen. Erst im Frühjahr 1951 setzte er zu einem neuen Vorstoß bei Gordon Dean an, dem Vorsitzenden der Atomkommission. Mit der »technisch süßen Idee« hatte er ein starkes Argument. Doch Dean lehnte ab, da der Plan zu teuer war und Los Alamos schwächen würde.

Aber damit begnügte sich Teller nicht. Nun fühlte er sich nicht mehr an die zuständigen Gremien gebunden. Wie im Herbst 1949 begann er zu intrigieren. Über Senator McMahon, den Vorsitzenden des vereinigten Kongreßausschusses für Atomenergie, versuchte er noch vor Princeton Druck auf die Atomenergiekommission auszuüben. Die Suche nach weiteren mächtigen Verbündeten führte ihn zum Chefwissenschaftler der Luftwaffe, Louis Nicot Ridenour. Der war nur zu gerne bereit, seinen Generälen die Vorteile eines neuen Labors vorzuführen. Doch meinte Ridenour, es sei taktisch besser, erst einmal die Ergebnisse der Konferenz von Princeton abzuwarten. Auch Admiral Strauss, der nach seinem Ausscheiden aus der Atomenergiekommission Finanzberater der Gebrüder Rockefeller geworden war, sagte Teller Unterstützung zu.

Zufrieden war Teller von dieser Tour im Frühjahr 1951 nach Los Alamos zurückgekehrt. Erstens war er überzeugt, in Princeton Erfolg zu haben. Zweitens schienen ihm die Aussichten auf das neue Labor besser als je zuvor, und drittens stand der Test eines wasserstoffbombenähnlichen Sprengsatzes, allerdings noch nach dem alten Prinzip, bevor. In Los Alamos wurde Teller jedoch zunächst von Bradbury wegen seiner Eigenmächtigkeiten zur Rede gestellt. Sein Ansehen näherte sich auch bei seinen Kollegen dem Nullpunkt. Tellers Intrigen waren der Grund für die anfangs gegen ihn gerichtete Stimmung in Princeton ein paar Monate später. Ablehnung seiner Person in Los Alamos veranlaßte ihn schließlich, im November 1951 die Atombombenstadt endgültig zu verlassen, um Livermore zu gründen.

Die Operation Greenhouse im Mai 1951, der Test des 65 Tonnen schweren, hauptsächlich aus Kühlaggregaten bestehenden wasserstoffbombenähnlichen Sprengsatzes war erfolgreich. Die atomar ausgelöste Explosion blies eine ganze Insel im südlichen Pazifik in die Luft. Die Meßdaten wiesen auf Anzeichen einer Kernverschmelzung. Das Prinzip funktionierte, mußte jedoch in einer zweiten Explosion verbessert werden, die zwar schon Tellers neues Konzept enthielt, jedoch noch mit flüssigem Wasserstoff funktionierte. Im November 1952 ließ daher ein ähnliches, jedoch schon kräftigeres Monstrum eine zweite pazifische Insel verschwinden.

Zu diesem Zeitpunkt hatte Teller schon sein neues Labor. Zwar scheiterte er nach dem Erfolg von Princeton im Sommer 1951 mit seinem Antrag auf ein zweites Labor erneut bei der Atomenergiekommission. Auch eine weitere Eingabe bei Dean half ihm ebensowenig weiter wie der Druck, den McMahon und sein Ausschuß auf die Kommission ausübten.

Nun kam Teller, der neuernannte Chefwissenschaftler der Luftwaffe, David Tressel Griggs zu Hilfe. Griggs stellte für Teller die Verbindung zum Staatssekretär für die Luftwaffe her. Dieser Staatssekretär, Thomas K. Finletter, forderte das zweite Labor nun im Namen der Luftwaffe. Er produzierte Hinweise auf Rüstungsspionage zum Anzeichen russischer Arbeiten an thermonuklearen Waffen. Das bedeutete, sofort handeln zu müssen und rechtfertigte die eigentlich allein zuständige, aber so offensichtlich inkompetente Atomenergiekommission zu umgehen. Die Luftwaffe nahm Kontakt zur Universität von Chicago auf, der sie anbot, dort ein Wasserstoffbombenlabor einzurichten. Griggs arrangierte sicherheitshalber noch ein Treffen Tellers mit dem Rüstungsminister Robert A. Lovett. Schließlich forderten die drei Waffengattungen Ende März 1952 den Rüstungsminister Lovett auch offiziell auf, die Angelegenheit vor den nationalen Sicherheitsrat zu bringen.

Für die Atomenergiekommission war weiterer Widerstand gegen Tellers Labor sinnlos geworden. Unter dem Druck des Chicagoer Angebots wurde das General Advisory Committee gezwungen, seine früheren Empfehlungen zu revidieren. Das zweite Labor, Livermore, wurde Lawrences Strahlungslabor angeschlossen. Im Juli 1952 übernahm die AEC, wie es nach dem Gesetz vorgeschrieben war, die formelle Verantwortung für das zweite Atomwaffenlabor. Geleitet wurde es von einem jungen Wissenschaftler aus Lawrences Mannschaft. Herbert York, den der kalte Krieg, die technische Faszination und die Lust, bei den Großen mitspielen zu dürfen, die Aufgabe dankbar annehmen ließen. Teller selbst, der keinen Ehrgeiz als Verwaltungswissenschaftler hatte, arbeitete in der theoretischen Abteilung von Livermore. Seine Aufrufe »Zurück in die Labors« hatten nun Erfolg.

Nun schien alles normal weiterzulaufen. In Livermore arbeiteten nach der Eröffnung bereits mehr als hundert Wissenschaftler. Ihre Zahl versiebenfachte sich binnen Jahresfrist. Die eigentlichen Fortschritte bei der Entwicklung einer wirklichen Wasserstoffbombe wurden in Los Alamos gemacht.

Im August 1953 verkündete Stalins Nachfolger Malenkow, die Vereinigten Staaten besäßen nun auch kein Wasserstoffbombenmonopol mehr. Die Sowjetunion bereite den Test ihrer ersten Wasserstoffbombe vor. Wenige Tage später bestätigten amerikanische Messungen die Richtigkeit dieser Behauptung. Schlimmer noch, der amerikanischen Öffentlichkeit wurde erklärt, die Daten zeigten, daß die Sowjetunion bereits über wirkliche »trockene« Wasserstoffbomben verfügte, während die Vereinigten Staaten bisher nur in der Lage waren, »nasse« thermonukleare Sprengsätze, die in kein Flugzeug paßten, zu zünden.

Es wurde behauptet, die Vereinigten Staaten seien in einen gefährlichen Rückstand geraten und im Begriff, das Rüstungswettrennen zu verlieren, wenn sie nicht alle Kräfte für die Entwicklung der jeweils stärksten und besten Waffen mobilisierten. Das Drängen der Militärs, des Vereinigten Kongreßausschusses für Atomenergie, die Bestrebungen Tellers und seiner Freunde, schienen plötzlich gerechtfertigt zu sein. Der Widerstand einflußreicher Wissenschaftler und das Zögern der Atomenergiekommission hätten das Land in eine existenzbedrohende Krise gebracht. Wenn irgend jemand, dann wären nur sie für eine mögliche Katastrophe verantwortlich zu machen.

Ein paar Jahre später deutete Hans Bethe an, daß die angebliche »Bombe« der Russen in Wirklichkeit ein dem amerikanischen Versuch vom November 1952 vergleichbarer Sprengsatz war. Eine Gruppe einflußreicher amerikanischer Staatsbeamter hätte bewußt eine

Falschmeldung in Umlauf gesetzt, um ihre Pläne zu rechtfertigen und sich Einfluß zu sichern.

Die erste wirklich »trockene« Wasserstoffbombe wurde, wie Teller versicherte, in Los Alamos entwickelt. Ihre Explosion am 1. März 1954 auf dem Bikini Atoll veränderte die Karte der pazifischen Inselwelt. Teller, der, nach allem was er für sie tat, zu Recht als ihr »Vater« gilt, nennt sie »das Produkt vieler Menschen«.

DAS MONSTRUM

Japaner waren die ersten menschlichen Opfer auch der Wasserstoffbombe. Über hundert Kilometer vom Explosionszentrum entfernt senkte sich über dem außerhalb der offiziellen Gefahrenzone arbeitenden japanischen Fischerdampfer »Fukuryu Maru« eine Wolke weißer Ascheteilchen. Der Wind hatte in letzter Minute gedreht und radioaktiven Staub der Explosion in die Richtung der ahnungslosen japanischen Fischer geblasen. Über die Ursache der Krankheit, die einige von ihnen schon während der Reise befallen hatte, erfuhren sie erst nach ihrer Rückkehr. Einer von ihnen starb, andere überlebten als Krüppel.

Etwa ein Jahr nach diesen Ereignissen versuchte der englische Physiker Rotblad aus den veröffentlichten Informationsfetzen über die erste Wasserstoffbombe ein Bild über ihren Aufbau und ihre Wirkung zusammenzusetzen.

Wie Rotblad feststellte, ist die von der Wasserstoffbombe erzeugte Spreng- und Hitzewirkung, die die der stärksten Atombombe weit übertrifft, noch vergleichsweise harmlos. Die Wasserstoffbombe wurde primär »konstruiert, um die ganze Welt mit Radioaktivität zu verseuchen«. Rotblad geht von der Mitteilung der Atomenergiekommission aus, die Wirkung von Radioaktivität könne bis zu fünfundzwanzigmal größer sein als die schon gigantische Spreng- und Hitzewirkung. Das bedeutet, daß die Wasserstoffbombe ein weiteres Bauelement enthalten muß: einen Mantel aus natürlichem Uran. Im Schauer extrem energiereicher Neutronen der Kernverschmelzung wird der Mantel aus Uran zur Spaltung angeregt und verstärkt die Explosion. Doch seine eigentliche und verheerendste Wirkung ist, daß durch diese Uranspaltung eine beliebige Menge radioaktiver Spaltprodukte erzeugt, und je nach meteorologischen Bedingungen in weitem Umkreis verstreut werden kann. Die weitaus größere Gefahr geht nicht von den unmittelbaren Explosions- und Hitzewirkungen aus, sondern sie besteht in der radioaktiven Verseuchung weiter Landstriche.

WAS UNS VERBINDET

Teller hatte gesiegt. Im Lauf mehrerer Jahre war eine zunehmende Zahl von Wissenschaftlern, die seinen Plänen ursprünglich ablehnend gegenüber stand, auf seinen Kurs umgeschwenkt. Zugegeben, daß die Motive dieser Renegaten ihrer eigenen Hoffnungen und Überzeugungen differenzierter waren als das, was Teller, Lawrence, Latimer und Alvarez antrieb. Auch gab es Physiker, die ihre Ablehnung treu blieben, Einstein, Szilard, Weisskopf und Wiener. Szilard wechselte sogar sein Fachgebiet. Der Kernphysiker wich in die Biophysik aus. Was aber machte die anderen, etwa Oppenheimer, Fermi, Bethe so anfällig, ihren früheren Ansichten zu widersprechen? Was unterschied sie von Teller? Schließlich konnte der anfängliche Widerspruch, das langsame Einschwenken und schließlich der Enthusiasmus über die »technisch süße Idee« auch als Zeichen der Schwäche verstanden werden. Teller, der schon nach dem Krieg die Wasserstoffbombe entwickeln wollte, hatte schließlich nicht nur über die gesiegt, die ihre Herstellung zu vermeiden hofften, sondern die Ereignisse schienen sogar seine größere politische Voraussicht bewiesen zu haben.

Doch auf was bezog Teller seine »Voraussicht«? Für ihn war und ist es das Fortschrittsprinzip des Abendlandes. »Wir würden der Tradition westlicher Zivilisation untreu, würden wir vor der Erforschung dessen zurückscheuen, was der Mensch vollenden kann, würden wir versäumen, die Herrschaft des Menschen über die Natur auszudehnen. Die besondere Pflicht des Wissenschaftler« ist für Teller, »zu erkunden und zu deuten. Diese Pflicht führte zur Erfindung der Prinzipien, die die Wasserstoffbombe wirklich werden ließen. An der ganzen Entwicklung beanspruche ich nur ein Verdienst: Ich glaubte an die Möglichkeit, die thermonukleare Bombe zu entwickeln. Meine wissenschaftliche Pflicht verlangte die Erkundung dieser Möglichkeit.«

Auch wenn bei Teller die Wasserstoffbombe zur Obsession geworden war, zu einem wissenschaftlichen Problem, dem er alles andere zu opfern bereit war, hatte sein Argument im Rahmen der geschichtlichen Konventionen, die ihn mit Oppenheimer, Fermi oder Bethe verbanden, eine größere Verbindlichkeit als nur Tellers psychische Bedürfnisse zu rationalisieren.

Denn auch seine anfänglichen Widersacher waren jederzeit bereit, Tellers Erklärung im Prinzip zu unterschreiben. Sie unterschieden sich lediglich in ihrer Einschätzung der politischen Möglichkeiten, das von ihnen ebenso wie von Teller (der nach dem Krieg das Atomwaffenproblem über eine Weltregierung zu lösen gehofft hatte) gefürchtete Wettrüsten mit Kernwaffen zu verhindern. Diese grundlegende Übereinstimmung machte sie so anfällig für den Druck und die geschickte Taktik der Kräfte, die sich ihrer schließlich bedienen konnten. Der hartnäckige Widerstand des General Advisory Committee gegen Tellers Vorstellungen und Wünsche zwang diesen erst, seine brillante Idee zu produzieren. Das Wort von der technischen Süße, das rasche Umschwenken der Atmosphäre auf der Konferenz in Princeton deuten an, wie sich die Protagonisten nur als Personifikation von These und Antithese in einer auf das gleiche Produkt zielenden dialektischen Entwicklung verstanden. Nachdem die scheinbar gegensätzlichen Haltungen, das Wechselspiel von Argument und Gegenargument über mehrere Jahre eine unerträglich werdende Spannung aufgebaut hatten, konnten sie sich in der großen Idee der einen Seite und der nun möglichen Unterstützung der Gegenseite entladen. Für alle war es ein berauschendes Erlebnis.

Auf welche Weise aber vereinigten sich die anfangs scheinbar gegensätzlichen Meinungen zur Frage, ob es Wasserstoffbomben bedürfe, um die Vereinigten Staaten oder die »freie Welt« zu »verteidigen«?

Bethe war schließlich überzeugt, sich an der Entwicklung der Wasserstoffbombe beteiligen zu müssen. Die Entscheidung war ihm schwergefallen. Unter dem Eindruck der russischen Atomexplosion hatte er Teller zugesagt, sich an den Entwicklungsarbeiten zur Wasserstoffbombe zu beteiligen, und diesen Entschluß, entgegen Tellers Befürchtungen, auch nach dem Gespräch mit Oppenheimer nicht revidiert. Das war, obwohl es Teller nicht verstehen wollte, einleuchtend. Denn Oppenheimer argumentierte nicht mit moralischen Überzeugungen gegen Wasserstoffbomben, er hielt sie aus einer Reihe technischer und militärischer Gründe für überflüssig, unmöglich und gefährlich. Erst die Gespräche mit Placzek und Weisskopf, die Bethe überzeugten, daß die Welt nach einem Krieg mit Wasserstoffbomben nicht mehr die Welt sei, die zu erhalten und auf der zu leben sich lohne, hatten ihn dazu gebracht, Teller abzusagen. Dann lieferte ihm der Koreakrieg den Vorwand, sich an den wissenschaftlichen Vorarbeiten in Los Alamos zu beteiligen, um, wie er hoffte, zu zeigen, daß die Wasserstoffbombe technisch nicht realisierbar sei.

Diese Illusion zerstörte endgültig das Treffen in Princeton im Juni 1951. Nun konnten alle Bedenken fallen, da die frühere ethische Einwand Bethes durch seine politischen Vorstellungen entkräftet wurde. Wenn die Entwicklung von Wasserstoffbomben so einfach war, würde der Gegner, ob aus unmittelbarem Antrieb oder der Überlegung, sich nicht von der Wasserstoffbombe der Vereinigten Staaten überraschen zu lassen, ebenfalls diese Waffen entwickeln. In dieser Lage spielte es keine Rolle mehr, ob die Entwicklung von Wasserstoffbomben ein unmittelbares Ziel des Gegners war oder nicht. Die Naturgesetze erlaubten es ihm, und damit war man geneigt anzunehmen, er würde es tun.

Bethe schrieb 1958: »Als die Durchführbarkeit bewiesen war, ... würde die Bombe zweifellos gemacht werden, und als Wichtigstes, die Russen würden früher oder später in der Lage sein, sie auch zu machen – und alle von uns fühlten das gleiche wie General Omar Bradley (der besonnene und von den Wissenschaftlern geachtete Generalstabschef der Streitkräfte), daß es unerträglich wäre, diese Waffe in den Händen der Russen zu wissen, nicht aber in unseren eigenen.« Oppenheimer mußte sich nur genügend die »Feindseligkeit und die Macht der Sowjets« vorstellen, um, wie Bethe dessen Umschwenken in Princeton erklärt, zu glauben, »daß die H-Bombe nun unvermeidbar geworden war.«

Gute und böse Wasserstoffbomben

Aber das setzte immerhin voraus, daß die Wasserstoffbombe dem Gegner ebenso ins strategische und politische Konzept paßte, wie ins eigene. Das mußte nicht so sein. Schließlich hatten Massenvernichtungswaffen die amerikanische Rüstungspolitik gründlicher verändert als die der Sowjetunion. Da aber die Vereinigten Staaten kein anderes militärisches Mittel wußten, der Expansion des sowjetischen Machtbereichs, die die ihrige zu behindern drohte, anders als durch Atomwaffen zu begegnen, mußten sie dem Gegner letztlich unterstellen, die Wasserstoffbombe spiele für seine Rüstung die gleiche Rolle wie für die eigene. Aber das Gegenstück zu einer militärischen Doktrin, die bedingungslos den Einsatz atomarer Waffen zur Vergeltung konventioneller Angriffe vorsah, hatte der Gegner nicht. Und, daß dem sowjetischen Expansionsdrang der später von Eisenhower formulierte »Rollback des Kommunismus« entsprach, der sich mangels konventioneller militärischer Möglichkeiten auf das strategische, mit Atomwaffen ausgerüstete Bomberkommando stützte, war bekannt. Es wurde nur zu gerne übersehen, als die »technisch süße Idee« auftauchte.

Immerhin erkennt Rabinowitch, der liberale Herausgeber des Bulletin of the Atomic Scientists: »Konzentration auf den aggressiven Sowjetimperialismus, wie gerechtfertigt sie auch ist, sollte uns nicht vergessen lassen, daß Atomwaffen das Gespenst der Zerstörung der Zivilisation hervorgebracht haben, in *jedem* größeren Krieg, der von jetzt bis in alle Ewigkeit entstehen mag.« Nun hofft Rabinowitch, die sowjetischen Führer würden unter dem Eindruck der Zerstörungskraft der neuen Waffen die marxistische Theorie vom eigengesetzlichen Zusammenbruch des Kapitalismus aufgeben. Zugleich aber deutet diese Hoffnung an, auf welche Waffen der Kapitalismus zur »Verteidigung der Freiheit« sich stützen würde. Und wenig später spricht Rabinowitch von »fehlender Fähigkeit, dem wirtschaftlichen und technischen Fortschritt durch moralisches Wachstum zu begegnen«. Es scheint, daß moralisches Wachstum grundsätzlich eine der Gegenseite fehlende Fähigkeit ist.

Der von ihm als aggressiv verstandenen Theorie vom Zusammenbruch des Kapitalismus begegnet er mit einem nicht minder aggressiven, ihm jedoch als legitim erscheinenden Wunsch: ». . . wir müssen unsere Hoffnung für die Zukunft auf Entwicklungen innerhalb des kommunistischen Machtbereichs setzen, Entwicklungen, die wir nicht anders als indirekt beeinflussen können, indem wir der Welt ein Bild von Einigkeit, stetigem Fortschritt und Versöhnungsbereitschaft bieten. Die Geschichte oder die Psychologie der Massenbeeinflussung können uns nicht sagen, wie lange ein politisches oder ökonomisches System überleben kann, das auf fanatischem Festklammern an einem Dogma aufbaut, das so extrem mit den Gegebenheiten des Lebens in Mißklang ist, und ob ein solches System mit der Welt um es herum versöhnt werden kann, ohne einen letzten, gewalttätigen Versuch, seine Überlegenheit geltend zu machen. Dennoch hängt unsere Sicherheit vor der Katastrophe letztlich von der Beantwortung dieser Frage ab, die die ganze wirtschaftliche, militärische Macht der Vereinigten Staaten und ihrer Verbündeten nicht entscheidend verändern kann.«

Das war Rabinowitchs Antwort auf eine Rede von Präsident Eisenhower vor den Vereinten Nationen am 8. Dezember 1953. Eisenhower spickte seine Rede »Atome für den Frieden« mit einer Schilderung des amerikanischen Atomwaffenarsenals, die an Deutlichkeit nichts zu wünschen übrigließ. Eisenhowers Drohung, »einem Aggressor schreckliche Verluste zuzufügen« und sein »Land zu verwüsten« bezog sich nicht auf einen atomaren Vergeltungsschlag eines vom Gegner atomar geführten Angriffs, sondern war das Grundrezept der amerikanischen »Verteidigungspolitik« auch im Fall konventioneller Kriege.

Sicher waren die imperialistischen Absichten der Sowjetunion nicht geringer als die, die sie den Vereinigten Staaten vorwarf. Doch hier ging es um Kernwaffen, die in der sowjetischen Expansionspolitik keine unmittelbare Rolle spielten. George Kennan, ein Sowjetexperte im Außenministerium bestätigte 1954 dieses unterschiedliche Gewicht von Kernwaffen in den strategischen Planungen beider Mächte: »Sie (die Sowjetunion) sind immer am territorialen Problem interessiert. Aus diesem Grund denke ich nicht daran, daß diese Waffen (Kernwaffen) eine solche Rolle in ihrem Denken spielen wie in unserem. Sie möchten wissen, nicht wie ein Gebiet nur zu zerstören ist, sondern wie es kontrolliert werden kann, um es zu beherrschen, um die Menschen zu steuern ... Ich erinnere mich nicht an einen einzigen Fall, in dem die Russen den Gebrauch dieser Waffen als Mittel politischen Drucks angedroht hätten ...«

Mit gebundenen Händen

Zuletzt begegnen sich Wissenschaftler, die in der Frage der Wasserstoffbombe anfangs unversöhnliche Gegner zu sein schienen, in den »Labors« wieder, in denen diese Waffe gebaut werden sollte. In diesem Endzustand schien sie der Glaube an die Unabdingbarkeit von Entwicklungen zu vereinigen, die ihnen durch die Naturgesetze und die politischen Verhältnisse vorgezeichnet erschienen. In Wirklichkeit war es einseitige Abhängigkeit der Rüstungspolitik der Vereinigten Staaten von strategischen Waffen, die zu einem wesentlichen Teil durch ganz massive Eigeninteressen der Rüstungsindustrie gestützt wurden.

Oppenheimer hatte noch 1949 empfohlen, »eine Wasserstoffbombe sollte nie hergestellt werden«, da es ihm besser erschien auf eine »Demonstration der Herstellbarkeit einer solchen Waffe« zu verzichten. Die süße Idee Tellers trieb ihn Gordon Dean, dem neuen Vorsitzenden der Atomenergiekommission, in die Arme. Dean hatte seine Haltung zwischen 1949 und 1954 nur verschärft. Erschien ihm 1949 die Entwicklung der »Super« nur als Konsequenz der russischen Atombombe, verkündete er 1954 öffentlich, daß »Kriege nicht wirksam von einem Land ausgefochten werden können, dessen Hände auf seinem Rücken gefesselt sind (!), und Aggressionen nicht vernichtet werden können ohne die vernichtendsten Waffen«. Ja, sogar der Ruf nach einem Präventivkrieg klang aus Deans Frage, »ob die freie Welt solche Macht (die Wasserstoffbombe) in den Händen einer Aggressornation dulden kann.«

In dieser Frage stimmten Oppenheimer, Bethe oder Rabinowitch natürlich nicht mit Dean überein. Als Wissenschaftler sahen sie ihre gesellschaftliche Verpflichtung darin, den politischen Entscheidungsprozeß durch ihre Argumente zu beeinflussen. Diese Pflicht meinten sie dann auch noch auf sich nehmen zu müssen, wenn sie ihren Neigungen und Wünschen zuwiderlief. Vielleicht gerade dann.

Kantsche Pflicht-Ethik taucht in Bethes Argumenten wieder auf. Der Wissenschaftler, so meinte der in Deutschland geborene Bethe, so sehr er »Terror und die tatsächliche Anwendung (der von ihm zu entwickelnden Waffen) verabscheute«, dürfe seine Bedenken und Neigungen nicht in Arbeitsverweigerung manifestieren. Vielmehr müßten verantwortungsvolle Wissenschaftler die Regierung beraten. In Regierungsgremien kommt ihnen nach Bethes Auffassung die Aufgabe zu, den Einfluß der Militärs mit guten Argumenten zu neutralisieren. Die Militärs, das wußte Bethe ja, hatten qua Beruf die Verpflichtung, nach den jeweils vernichtendsten Waffen zu verlangen und gegen Abrüstung zu sein. Eine politisch sinnvolle Entscheidung würde sich aus dem Widerspruch beider Gremien entwickeln: Dialektik der Rüstung.

Das Denken im Kreis

Wie gefragt der Rat und die Argumente der Wissenschaftler waren, und wer das eigentliche Sagen hatte, zeigte 1954 das Oppenheimer-Verfahren. Der Rat, den zu geben die Wissenschaftler aufgefordert waren, begann sich gegen sie selbst zu richten, als er nicht mehr den herrschenden Kräften das Wort redete. Oppenheimer konnte als politisch entscheidende Figur bedenkenlos liquidiert werden, nachdem die erste Wasserstoffbombe nahezu fertig und ein Aufstand der Wissenschaftler, die die Waffe bauten, nicht mehr zu befürchten war.

Aber auch nach allen bitteren Erfahrungen gehörte es immer noch zum guten Ton in Kreisen politisch »bewußter« Wissenschaftler, für eine rationalere politische Behandlung der von ihnen entwickelten, immer verheerenderen Waffensysteme einzutreten. Offizielle Beratungskomitees oder einschlägige Zeitschriften waren die Foren, in denen die potentiell chaotischen Folgen der Laborarbeit verbal reguliert werden konnten. Es mochte der Glaube an die Stärke der sachlichen Vernunft sein, die sich schließlich gegen die ungezügelte Anwendung der neuen Technik durchsetzen würde, ein Glaube, der Bethe 1958 schreiben ließ, daß die letzte Entscheidung bei der Regierung und nicht beim Wissenschaftler läge. Und in jenem Vertrauen auf die Unabhängigkeit und Weisheit *der* Regierung spiegelte sich ebenso politische Naivität über das Durchsetzungsvermögen der Kräfte, die das Verhalten *der* Regierung bestimmten, wie das unbewußte Verlangen nach Verdrängung.

Es artikulierte sich, scheinbar rational, in dem Glauben der stabilisierenden Wirkung der Perfektionierung der Waffentechnik auf beiden Seiten. Wissenschaftler »müssen an Waffen arbeiten«, schreibt Bethe, »weil unser gegenwärtiger Kampf nicht als ein wirklicher Krieg ausgetragen wird, der zur Absurdität geworden ist, sondern in der technischen Entwicklung für einen potentiellen Krieg, den niemand erwartet. Der Wissenschaftler muß das unsichere Rüstungsgleichgewicht aufrechterhalten, das es für jede Seite verheerend machen würde, einen Krieg zu beginnen.« Die Hoffnung auf Lösung des Problems sieht Bethe in Abrüstung und internationaler Zusammenarbeit, eine Hoffnung, die jedoch nicht realisiert werden kann, weil das Wettrüsten seine technische und militärische Eigengesetzlichkeit produziert, die eben Abrüstung und internationaler Kooperation im Wege steht. So dreht sich das Denken seit Jahrzehnten munter im Kreis. Unter dem Vorwand der Friedenssicherung werden auf beiden Seiten Waffensysteme und Strategien entwickelt, die, aus der Eigengesetzlichkeit der Entwicklung der Technik, die Aufrechterhaltung des Gleichgewichts des Schreckens mit einiger Wahrscheinlichkeit gefährden.

So machte sich der Wissenschaftler, der meinte, in Regierungsausschüssen, Artikeln in Fachzeitschriften oder in rüstungspolitischen Projektgruppen den Gebrauch der Waffensysteme zu beeinflussen, die er oder seine Kollegen im Labor erzeugten, zum Handlanger. Er wurde als Diener jener Interessengruppen des Rüstungskomplexes angestellt, die die eigentliche Macht besaßen. Interessen der Waffengattungen, Interessen der Rüstungsindustrie und allgemeinere Wirtschaftsinteressen für die Rüstungsproduktion und Rüstungsforschung, die eine öffentlich finanzierte, risikolose und zugleich ertragreiche Verbreitung ihrer technologischen und damit wirtschaftlichen Basis darstellen.

Der Fall Oppenheimer zeigt diese Machtverhältnisse deutlich. So sehr Personen im Vordergrund standen, so verführerisch es ist, das Verfahren und den Urteilsspruch als Tragödie eines gescheiterten Mannes mit großen Verdiensten, Fähigkeiten und Fehlern zu betrachten, führt diese Legende doch absichtsvoll irre. Darum ist sie auch so erfolgreich. Denn, wo Personen Fehler machen, bleibt die Hoffnung auf Integrität und Stärke der Institution. Das Verfahren ist Parabel, in der die Personen hinter dem zurücktreten, was sie vertreten. Das Urteil steht bereits fest, bevor das Tribunal sich versammelt. Der formelle Vollzug könnte allenfalls durch »irrationales« Verhalten der Richter aufgeschoben werden. Das Ritual des Verfahrens um Oppenheimers Sicherheitsfreigabe benutzt Personen stellvertretend für die hinter ihnen stehenden gesellschaftlichen Gruppen. Seine Bedeutung ist eine Warnung. Die Warnung an Wissenschaftler, entweder nicht zu einflußreich zu werden oder den Einfluß nicht zu nutzen, mächtigeren Gruppen zu widersprechen. Beides zusammen war unerträglich.

Der Schmerzensmann

MIT HEILER HAUT

Nach dem Zweiten Weltkrieg hatten die Vereinigten Staaten konventionell stark abgerüstet. Ihr Atomwaffenmonopol, dem sie ziemliche Dauer zusprachen, schien sie in die Lage zu versetzen, jeder Art militärischer Bedrohung begegnen zu können. Die Atombombe schloß Angriffe gegen die Vereinigten Staaten und ihre europäischen Verbündeten aus. In Europa stand schwachen konventionellen Streitkräften die weit überlegene Rote Armee gegenüber.

Der Zweite Weltkrieg endete in der großartigen Hoffnung, daß es nie wieder Kriege geben würde. Es mußte allen Gegensätzen zum Trotz möglich sein, Konflikte auf friedliche Weise zu bereinigen und deren Entstehen schließlich durch Zusammenarbeit, wirtschaftliche Hilfe und kulturellen Austausch unter den Völkern zu verhindern. Die Vereinten Nationen sollten das große Forum sein, auf dem die Völker ihre Angelegenheiten friedlich regelten. Der amerikanische Kriegspräsident Roosevelt glaubte, die Zusammenarbeit mit der Sowjetunion auch in der Nachkriegszeit fortsetzen zu können. Sein Nachfolger Truman übernahm diese Politik. Insofern waren die Vorschläge der Truman-Regierung, das amerikanische Atommonopol einer internationalen Behörde zu übertragen, wie illusionär und in sich widersprüchlich sie auch sein mochten, Bestandteil eines umfassenderen politischen Plans, der Welt eine Pax Americana zu sichern.

Nachdem sich nicht nur auf dem engeren Gebiet der Atompolitik zeigte, daß die Sowjetunion nicht bereit war, sich den amerikanischen Vorstellungen zu fügen, änderte sich die Politik der Truman Regierung. Die Truman Doktrin sah seit 1947 vor, der Verletzung amerikanischer Interessen durch Macht zu begegnen, eine durch das Atomwaffenmonopol gesicherte Position der Stärke zu beziehen, anstatt Lösungen durch Verhandlungen zu suchen.

Das Atomwaffenmonopol der Vereinigten Staaten schien ihnen in jener Zeit zu erlauben, atomare Rüstung konventioneller Rüstung qualitativ gleichzusetzen. Atomwaffen kompensierten in Mitteleuropa eine konventionelle Unterlegenheit des Westens von zwölf gegenüber 25 Divisionen, die noch eklatanter wurde, wenn weitere 115 bis 150 Divisionen hinzugerechnet wurden, die in der Sowjetunion in Reserve standen. Ein Krieg gegen die Sowjetunion konnte zwar nie gewonnen werden, ein Angriff gegen Westeuropa jedoch glaubwürdig durch Drohung abgeschreckt werden, russische Städte ebenso wie im Zweiten Weltkrieg Hiroshima und Nagasaki zu zerstören. Konventionelle Streitkräfte durch Atomwaffen und Langstreckenbomber zu ersetzen, war billiger. Die eingesparten wirtschaftlichen und menschlichen Ressourcen sollten der wirtschaftlichen Restauration des Westens dienen.

Das Schlüsselwort der amerikanischen Rüstungspolitik hieß Air Power. Konservativen politischen Kreisen, den Rüstungsstrategen und Militärs war die Vorstellung lieb und vertraut, die auf eine absolute Waffe gegründete »Verteidigung« des American Way of Life habe einen ebenso absoluten Anspruch auf globale Anerkennung. Eine sichere Problemlösung schien in den Bereich des Möglichen gerückt.

Meinte General Arnold, der ehemalige Stabschef der Luftwaffe, 1946 noch vorsichtig, der Bestand der Zivilisation sei vom guten Gespür der Männer abhängig, die die amerikanischen Luftstreitkräfte kontrollierten, so wollte 1949 Senator McMahon Air Power nicht nur zum zentralen Faktor der Rüstungs-, sondern auch der Außenpolitik machen. Air Power wurde zu einem Fetisch, dem fast religiöse Verehrung entgegengebracht wurde. In den Worten eines dieser Fetischisten wird »die Erhaltung politischer, wirtschaftlicher und religiöser Freiheit und des Rechts individuellen, kulturellen, sozialen und wirtschaftlichen Fortschritts ... letztlich von der Stärke und Bombardierungskraft (!) der Luftwaffe der Vereinigten Staaten abhängen«.

In wehmütiger Erinnerung an vergangene und endgültig verpaßte Möglichkeiten schrieb 1965 General Curtis LeMay, der ehemalige Befehlshaber des Strategischen Bomberkommandos und großer Stratege des blutigen Vernichtungsfeldzugs gegen die japanische Zivilbevölkerung im Zweiten Weltkrieg: Einige seiner Kollegen hätten in dieser Zeit verlangt, das amerikanische Atombombenmonopol auszunutzen, um der Welt zukünftigen Frieden zu sichern. Und in der Tat, so stimmt LeMay zu, hätten die USA »in dieser Zeit Rußland vollkommen zerstören können«, ohne sich »dabei auch nur die Ellbogen aufzuschürfen«.

Aus dieser Perspektive kann das volle Ausmaß des Schocks verstanden werden, den die erste russische Atomexplosion nicht nur den Air-Power-Fetischisten bereitete. Dieser Explosion kam vorläufig zwar nur symbolische Bedeutung zu, da die Sowjetunion bis in die Mitte der fünfziger Jahre weder über eine ausreichende Zahl von Atombomben, noch über die erforderlichen Langstreckenbomber verfügte, um den amerikanischen Kontinent wirksam bedrohen zu können. Aber die bisher durch Entfernungen garantierte Sicherheit, der Amerika in seiner ganzen Geschichte vertrauen konnte, war erstmals grundsätzlich in Frage gestellt. Die Vorstellung, daß es der Sowjetunion in wenigen Jahren gelingen könnte, diesen geographischen Schutz zu überwinden, irritierte die auf Isolationismus gegründeten amerikanischen Sicherheitsvorstellungen zutiefst.

Dennoch änderte das wenig an den Grundlagen der Rüstungspolitik. Im Gegenteil, es verschärfte den Druck, die nukleare Überlegenheit auszubauen, um auch in einem Atomkrieg Sieger sein zu können. Die Einseitigkeit der Rüstung der Vereinigten Staaten verschärfte sich weiter bis zu jenem Punkt, an dem die offizielle »Verteidigungs«-Doktrin vorsah, Atomkriege auszufechten und nicht nur abzuschrecken, ja sogar zu drohen, auch vom Gegner konventionell geführte Kriege durch Atomwaffeneinsatz gegen seine Städte und Industriezentren zu »gewinnen«.

Hinter der Fassade aggressiv zur Schau gestellten Selbstvertrauens breitete sich jedoch der Zweifel an der Gültigkeit und Haltbarkeit der Rüstungsstrategie aus. Denn es war abzusehen, daß sich die Strategen der absoluten Waffe eines zweischneidigen Schwertes bedienten. Nach außen wurde mit der Vergrößerung des Kernwaffenarsenals, der Entscheidung zum Bau von Wasserstoffbomben und der Verstärkung des Strategischen Luftwaffenkommandos die bisherige scheinbar konsequente Politik fortgesetzt. Im Inneren verstärkten sich jedoch die Zweifel an einer Rüstungskonzeption, die allen Arten militärischer Auseinandersetzung mit der Drohung des Atomkriegs begegnen wollte. Die Wirksamkeit dieser Drohung setzte voraus, daß sie dem Gegner glaubwürdig erschien. Je größer die Möglichkeiten des Gegners wurden, der nuklearen Drohung mit einer zwar kleineren aber immer noch ausreichenden Gegendrohung zu begegnen, um so fragwürdiger wurde diese Politik vor dem Hintergrund der konventionellen Überlegenheit der Sowjetunion. Schon im Koreakrieg zeigte sich die Wirkungslosigkeit der erdrückenden atomarstrategischen Überlegenheit der Vereinigten Staaten in konventionellen Auseinandersetzungen.

Sowjetische Militärtheoretiker erkannten die Schwäche dieser Rüstungspolitik und nutzten sie aus. So wichtig für sie der Ausbau ihres strategischen Waffenarsenals war, verführte sie der Gedanke an ein absolutes Zerstörungspotential nicht, die politische Irrationalität der absoluten Waffe zu verkennen. Der später zum Marschall avancierte General Moskalenko erklärte 1954: »Die sowjetische Kriegswissenschaft lehnt entschieden die aus der Luft gegriffene Behauptung bürgerlicher Militärtheoretiker ab, daß sich durch Verwendung der einen oder anderen neuen Waffe ein strategischer Sieg erringen lasse. Es gibt keine außergewöhnlichen und allmächtigen Waffen. Die Geschichte lehrt, daß mit dem Aufkommen neuer Waffen von größerer Zerstörungskraft die Bedeutung des Mannes auf dem Schlachtfeld nicht nur verringert, sondern nur noch erhöht wird.« Oberst Machorow ergänzte, »daß das Scheitern unvermeidlich wäre, würde man sich auf eine Waffengruppe oder gar auf eine einzige Waffe verlassen, und seien sie noch so wirksam«. In der Mitte der fünfziger Jahre signalisierten Struktur und Masse der sowjetischen Streitkräfte, die auf einer Stärke von sechs Millionen Mann gehalten wurden, die begrenzte Aufgabe strategischer Atomwaffen. Der Marschall der Panzertruppen Rotmistrow erklärte 1954, »daß Atom- und Wasserstoffbomben allein, das heißt ohne entscheidende Operationen der modern ausgerüsteten Landstreitkräfte den Ausgang des Krieges nicht bestimmen können«. Das atomare Patt, von dem der resignierende ehemalige General Eisenhower als Präsident der Vereinigten Staaten redete, war in Wirklichkeit das unausgesprochene Eingeständnis einer verfehlten Rüstungspolitik. Unter dem Schirm der eigenen, als Patt erklärten Lähmung, konnte der Gegner seine machtpolitischen Ziele nahezu ungeniert verfolgen. Raymond Garthoff, der dieses Thema in mehreren Büchern eingehend untersucht hat, schreibt, daß »das militärische Patt von den Russen als Erleichterung der Weltrevolution betrachtet wurde«. Es habe die Vereinigten Staaten gehindert, die historische Bewegung politischer, sozialer und revolutionärer Kräfte mit Gewalt aufzuhalten.

Die Verpflichtung, im Krieg bedingungslos und mit allen verfügbaren Mitteln dreinzuschlagen, gehörte zum Glaubensbekenntnis des Strategischen Luftwaffenkommandos. Mit beachtlichem Zynismus wählte sich diese Waffengattung in den fünfziger Jahren den Leitspruch »Frieden ist unser Beruf«. Unter dem Mäntelchen der Sicherung von Frieden und Freiheit sah die amerikanische Militärpolitik, die sich im wesentlichen auf die Strategie des Bomberkommandos stützte, vor, den Krieg auf die Zivilbevölkerung des Gegners auszudehnen. In majestätischer Höhe über ihren Zielen fliegende Bombergeschwader würden alles vernichten, was wert wäre, vernichtet zu werden: Großstädte, Industriegebiete, militärische und politische Kommandozentralen, Verkehrszentren, Staudämme usw.

Nicht bloß Abwehr oder Vergeltung atomarer Angriffe war der eigentliche Inhalt dieser Strategie. Vielmehr wurde sie als legitimes Mittel in jedem größeren Krieg betrachtet, auch wenn der Gegner ihn nur mit konventionellen Waffen führen würde. Im Januar 1954 verkündete der amerikanische Außenminister seine Doktrin der »Massiven Vergeltung«: Um ein »Maximum an Abschreckung zu vertretbaren Kosten zu erlangen«, würden die Vereinigten Staaten sich »in erster Linie auf eine große Kapazität verlassen, sofort und durch Mittel und an Orten unserer Wahl zu vergelten«. Im gleichen Jahr drohte er, »daß eine offene chinesische Aggression« in Indochina »schwerwiegende Konsequenzen haben würde, die nicht auf Indochina beschränkt bleiben könnten«.

Zusammenstoss mit der Luftwaffe

Die verhängnisvolle Einseitigkeit dieser aggressiven amerikanischen Rüstungspolitik wurde von Wissenschaftlern erkannt, die als Regierungsberater in Fragen der Atompolitik mit militärischen Problemen konfrontiert wurden. Die Gefahren der Unausgewogenheit der amerikanischen Rüstungspolitik weiter zu vergrößern, war eines der entscheidenden Argumente gewesen, mit dem das General Advisory Committee sich im Herbst 1949 einem Eilprogramm zur Entwicklung der Wasserstoffbombe widersetzte. Antwort auf die russische Atombombe sollte vielmehr die Entwicklung taktischer, also dem Schlachtfeld vorbehaltener Atomwaffen sein, die eine größere Flexibilität der nuklearen Optionen zu versprechen schienen. Unter dem Schutzschild der strategischen Drohung sollten taktische Atomwaffen helfen, den Krieg auf das Schlachtfeld zu begrenzen und die konventionelle Überlegenheit des Gegners auszugleichen.

Diese Bemühungen um eine besser kalkulierbare Rüstungspolitik gerieten in Konflikt mit dem Selbstverständnis des Strategischen Luftwaffenkommandos. Denn den Garanten der amerikanischen

»Sicherheit«, den Bomberfürsten und ihrem politischen Hofstaat mußte es als ungeheure Provokation erscheinen, eines Tages nicht mehr allein die militärische Verfügung über die Waffe zu haben, mit der sie glaubten, die einzige Antwort auf alle Arten militärischer Herausforderung finden zu können.

Mit ihrer Kritik an der dominierenden Rolle des Strategischen Luftwaffenkommandos meinten Ende der vierziger Jahre Oppenheimer und andere, nicht nur den Sicherheitsinteressen des Landes zu dienen, sondern diesem Kommando auch eine rationalere Aufgabe zuzuweisen. Denn, wenn die Drohung des »alles oder nichts« unglaubwürdig war und mit der russischen Atomrüstung noch unglaubwürdiger und gefährlicher wurde, war auch die Stellung des Strategischen Luftwaffenkommandos betroffen. Es hatte nur dann eine sinnvolle Aufgabe, wenn es als letzte Stufe einer längeren Kette von Möglichkeiten eingesetzt werden konnte; es sollte möglich gemacht werden, weniger als stets den totalen Krieg anzudrohen.

David Lilienthal sah die Lösung des Dilemmas, in das die amerikanische Rüstungspolitik geführt hatte, in konventioneller Aufrüstung. Oppenheimer dagegen setzte sich wiederholt dafür ein, die konventionelle Übermacht der Roten Armee durch taktische Atomwaffen auszugleichen. Sie schienen ihm ein billigeres und damit politisch realistischeres Mittel zu sein. Für Oppenheimer sollte die Atombombe ihre bisherige Funktion verlieren, die ihr nur Abschreckungs- und Vergeltungsaufgaben zuwies. Nun sollte sie auf verschiedenen Stufen militärischer Auseinandersetzung der jeweiligen Situation angemessene Ergebnisse erzielen. Auf dem Schlachtfeld sollten kleine Atomwaffen taktischen Zielen dienen. Große Bomben sollten im gegnerischen Hinterland nur als letzte militärische Option zur massiven Vergeltung eingesetzt werden können.

Für die im Koreakrieg durch die eigene politische Führung mehr als durch den Feind geschockte Führungsspitze der Luftwaffe war das eine Herausforderung. Das Strategische Luftwaffenkommando hatte sich in Korea bewähren wollen. Als die amerikanischen Bodentruppen schwere Verluste hinnehmen mußten und Terrain verloren, hielten einzelne Bombergeneräle die Stunde der Vergeltung für gekommen.

Der Luftwaffengeneral Orville Anderson forderte lauthals die Bombardierung von Moskau – und wurde prompt in den Ruhestand versetzt. General Curtis LeMay empörte sich, daß dem strategischen Bomberkommando verboten wurde, wichtige Industrieziele in der

Mandschurei zu zerstören und die Luftwaffe auf taktische Unterstützung der Bodentruppen beschränkt blieb.

Im Sommer 1951 gaben die drei Waffengattungen eine wissenschaftliche Studie über die Verwendung taktischer Atomwaffen und das Verhältnis zu strategischen Atomwaffen in Auftrag. Das nach der kleinen kalifornischen Stadt »Vista« benannte Projekt wurde vom Präsidenten des California Institute of Technology, Lee DuBridge, geleitet. DuBridge war auch eines der Mitglieder des General Advisory Committee. Beteiligt waren Charles Lauritsen und Oppenheimer, der später zur Vista hinzugezogen wurde.

Die Vista Studie sah vor, den amerikanischen Atombombenvorrat in drei Teile aufzuspalten. Ein Drittel sollte für taktische Atomwaffen eingesetzt werden, die überwiegend in Europa zu lagern wären. Das zweite Drittel war dem Strategischen Bomberkommando zugedacht. Das dritte Drittel aber sollte in Reserve bleiben. Diesen Vorschlag zu verwirklichen aber bedeutete, das Atomwaffenmonopol des Strategischen Bomberkommandos endgültig zu brechen. Das war ein weiterer Punkt, der Luftwaffeninteressen zuwiderlief.

Die Verfasser beschränkten ihre Untersuchungen auf Atomwaffen. Das war nur vernünftig, da die erste Wasserstoffbombe erst drei Jahre später getestet werden sollte. Dennoch sah die Luftwaffe in dieser Auslassung einen Präzedenzfall, der eine grundlegende Voreingenommenheit der Verfasser anzuzeigen schien. Dahinter mußte, wie immer, wenn es gegen die Superwaffe ging, Oppenheimer stecken. Teller dagegen, der in der Wasserstoffbombe die Lösung aller möglichen Probleme sehen wollte, hatte DuBridge allen Ernstes vorgeschlagen, sie in seiner Studie unter dem Gesichtspunkt ihrer taktischen Verwendungsmöglichkeit zu untersuchen. Natürlich lehnte DuBridge ab, da es ihm theoretisch unsinnig erschien, eine Waffe von der tausendfachen Sprengkraft der Hiroshimabombe mit ihrer unkontrollierbaren radioaktiven Verseuchung unter taktischen Gesichtspunkten zu betrachten.

Außerdem schlugen die Verfasser der Vista Studie vor, der amerikanische Präsident sollte erklären, die Vereinigten Staaten würden strategische Atomwaffen gegen die Städte der Sowjetunion nur zur *Vergeltung* gleichartiger Angriffe auf amerikanische Städte einsetzen. Das war konsequent im Sinne der Ziele der Studie, den Krieg auf das Schlachtfeld zurückzubringen. Denn die Sowjetunion hätte angesichts dieser Erklärung und der von ihr anerkannten militärischen Sinnlosigkeit strategischer Kriegsführung keinen Grund, mit derartigen Bombardements zu beginnen. Diese Erklärung war dann für die Bombergeneräle auch die größte Herausforderung.

Wenn die Bombergeneräle meinten, die vorgeschlagene Reform rüttelte an den Grundlagen der amerikanischen Sicherheit, so machte sie in Wirklichkeit auf die zweifelhafte Rolle des Strategischen Bomberkommandos aufmerksam. Wo mit Schlagworten von der nationalen Sicherheit, die auf dem Spiele stände, von der Verteidigung von Freiheit und christlichen Werten operiert wurde, waren handfeste materielle Interessen nicht fern.

Der Luftwaffe war es gelungen, innerhalb weniger Jahre ihren Anteil am amerikanischen Rüstungshaushalt zu vervielfachen. In den zwei Jahren von 1948 und 1950, in denen die russische Atomexplosion das amerikanische Atomwaffenmonopol brach, stieg der Anteil der Luftwaffe von 12 auf etwa 30 Prozent des amerikanischen Rüstungshaushaltes. Selbst das schien der Luftwaffe nicht ausreichend zu sein. Die von den Teilnehmern des Vista Projekts vorgeschlagene Reform bedeutete eine Veränderung zuungunsten der Luftwaffe. Mehr noch, die Luftwaffe mußte befürchten, daß die rüstungspolitischen Reformen auch das politische Klima ändern könnten. Wenn anstelle des Vabanquespiels mit der absoluten Waffe, die, einem Wort des englischen Physikers Blackett zufolge, auch die Vorstellung eines absoluten Feindes erforderte, eine differenziertere Betrachtung trat, waren weitergehende Veränderungen zu befürchten.

Oppenheimers Haltung im General Advisory Committee, seine Beteiligung an der Vista Studie, die Empfehlungen, die er in anderen Beratungsgremien abgab, verdichten bei seinen Widersachern den Eindruck »ausgesprochener Feindschaft gegen das strategische Bomberkommando«. Da seine Wiederwahl zum Vorsitzenden des General Advisory Committee im Juni 1952 bevorstand, begann ein Kesseltreiben gegen ihn. Oppenheimer hatte einflußreiche Gegner: Thomas K. Finletter, den Staatssekretär für die Luftwaffe und deren Stabschef, General Vandenberg, um nur zwei der mächtigsten zu nennen. Sie begannen Zweifel an der Loyalität Oppenheimers gegenüber seinem Vaterland zu äußern. Das Schema ist bekannt: Wer begründete, aber unpassende Meinungen vertrat, mußte zum Sicherheitsrisiko gemacht werden. Der Geheimdienst wurde zum Verbündeten verunsicherter Generäle.

In jener Zeit wird nicht nur Oppenheimer unter Druck gesetzt. Denunziert, observiert, verdächtigt und angeschuldigt werden viele Wissenschaftler mit politisch mißliebigen Meinungen. Edward U. Condon, der Leiter des National Bureau of Standards, und Linus Pauling, der 1954 den Chemie- und 1962 den Friedensnobelpreis erhielt, sind die bekanntesten.

Condon berichtete 1953, daß der Kongreßausschuß für Un-Amerikanische Umtriebe, von dem er 1948 als »schwächstes Glied« der amerikanischen atomaren Sicherheit bezeichnet worden war, ihn ständig habe überwachen lassen: »Seitdem hat er (der Kongreßausschuß) Tausende von Dollars für Beschattung, Telefonüberwachung, Postüberprüfung ausgegeben, um Material zur Unterstützung seiner falschen Anschuldigungen zu sammeln.« Obwohl nichts dabei herauskam, eine Anhörung Condons 1952 keinen Verdacht bestätigte, erneuerte der Ausschuß seine Anschuldigungen in einer Presseverlautbarung 1953. Condons Frage, warum der Kongreßausschuß, »wenn er so aufrichtig an Sicherheitslücken interessiert ist, nie die leiseste Kritik an denen geäußert hat, die den wirklichen Atomspionen erlaubten sich zu entfalten«, deutet auf den politischen Hintergrund der Kampagnen.

Einen der Gründe sieht Condon in seiner Kritik der Mittelvergabe für zivile und militärische Forschung. 1952 veröffentlichte Condon einen Artikel, in dem er dem Kongreß vorwarf, die Mittel für zivile Grundlagenforschung als wohlfeile Wahlpropaganda von 0,4 auf 0,2 Prozent des militärischen Forschungsetats von 2,3 Milliarden Dollar gekürzt zu haben. Um das kümmerliche Budget der zivilen National Science Foundation um tausend Prozent zu steigern, so rechnete Condon vor, müßte das Budget für Rüstungsforschung nur um fünf Prozent gekürzt werden. »So ist es um die Ungleichheit der Mittel bestellt, die der Kongreß verschiedenen Forschungsgebieten in einer Zeit zuteilt, in der der Stabchef unserer Streitkräfte gesagt haben soll – ›wir wissen mehr über den Krieg als über den Frieden, mehr über das Töten als über das Leben‹ –.«

Condon prangerte an, daß die fortwährenden Loyalitätsüberprüfungen und Sicherheitsmaßnahmen ganz einfach der Unterdrückung persönlicher Freiheit und der Diffamierung politischer Gegner dienten, ohne den geringsten Nutzen zu bringen. »Denen, die diese Maßnahmen verteidigen, indem sie sagen, die Regierung müsse sich gegen Spione schützen, antworte ich, daß diese Maßnahmen großen Schaden im öffentlichen Dienst angerichtet und keinen einzigen Spion entlarvt haben. Ich weiß nicht, ob es da überhaupt welche zu fangen gibt, aber ich bin überzeugt, daß das sogenannte Regierungsprogramm zur Loyalitätsüberprüfung wahrscheinlich keinen entlarven wird.«

Harold Urey ergänzte ein Jahr später, daß »die Tendenz zu einem Polizeistaat, den viele voraussagten, ziemlich offensichtlich ist. Es begann mit den ziemlich milden Sicherheitsprozeduren während des Krieges und lief unter fortwährend zunehmenden Verschärfungen bis in die Gegenwart weiter.« – »Vielleicht«, fuhr Urey fort, »ist der bemerkenswerteste und entmutigendste Zug das fast hysterische Geschrei um das Spionagesystem, das soweit geht, daß viel positivere und schwieriger zu verstehende Probleme fast unbeachtet bleiben. Der Ruf unschuldiger Menschen wird zerstört, und unsere erfahrensten und angesehensten Wissenschaftler protestieren nicht. Die Bill of Rights unserer Verfassung wird täglich verletzt, ohne wirksamen Protest von irgend jemandem. Das wichtige, uns betreffende Problem ist nicht Kommunismus, sondern, ob wir uns einer einheimischen Version eines Polizeistaats unterwerfen sollen.«

Besondere Verdienste in der politischen Wühlarbeit erwirbt sich in jenen Jahren ein junger smarter Assistent des Senators McMahon.

Hinter dem anspruchsvollen Titel eines »Geschäftsführenden Direktors des Vereinigten Kongreßausschusses für Atomenergie«, den dieser Mann, William Borden, trägt, steht die Tätigkeit eines Sekretärs des Senators, der dem Ausschuß vorsteht. Doch Borden ist ehrgeizig, und Oppenheimers Karriere zu zerstören, erscheint ihm als aussichtsreiches Mittel zu einer eigenen Karriere.

Borden fängt an, seine Deutungen von Oppenheimers Verhalten in ein Schema einzupassen, und entdeckt mit vorgespieltem Entsetzen ein regelrechtes, gegen das vitale Lebensinteresse des amerikanischen Volkes gerichtetes Muster. 1954 berichtete er, daß er die ganze Zeit, in der er für den Kongreßausschuß arbeitete, gegen die Lähmung ankämpfen mußte, welche die Atomenergiekommission und das Pentagon ergriffen hätte. »Je mehr ich sah und erfuhr, um so klarer wurde mir, daß für diese Lähmung J. R. Oppenheimer verantwortlich war – nicht nur im Hinblick auf die Wasserstoffbombe, sondern auf jeden neuen Atombombentyp, der vorgeschlagen wurde, auf jede Erweiterung von Produktionsanlagen, Vermehrung von Rohstoffen, Erforschung sowjetischer Testexplosionen, Verbesserungen von Reaktorprojekten, auf jeden Schritt, der die militärische oder industrielle Macht der Vereinigten Staaten stärken konnte. Wir gewannen am Ende alle Schlachten, aber in jedem Fall warf uns J. R.Oppenheimers Einfluß um ein bis vier Jahre zurück.«

Bordens Beobachtungen und die Schlußfolgerung, Oppenheimer sei Kommunist, werden erst 1954 öffentlich bekanntgegeben. Vorläufig teilt Borden seine Beobachtungen und Vermutungen nur anderen Gegnern Oppenheimers mit. Die Intrigen werden bis zum Präsidenten hochgespielt. Unter diesen Umständen verzichtet Oppenheimer, der 1950 bereits zweimal seinen Rücktritt angeboten hatte, auf eine erneute Kandidatur für das General Advisory Committee. Mit ihm scheiden im Sommer 1952 auch James Conant und Lee DuBridge aus. Gordon Dean, der Vorsitzende der Atomenergiekommission setzt jedoch durch, daß Oppenheimer in einem jährlich zu erneuernden Vertrag zum Berater der Kommission bestellt wird und so auch Zugang zu allen Geheimberichten behält.

Denken im Panzerschrank

Im Sommer 1952 beteiligt sich Oppenheimer an einer weiteren rüstungspolitischen Studie, der sogenannten Lincoln Summer Study. Es geht um den Aufbau einer wirksamen Luftverteidigung in einem möglichen Atomkrieg. Luftverteidigung könnte auch die Wahrscheinlichkeit verringern, daß ein solcher Krieg ausbräche. Wenn der Gegner damit rechnen müßte, daß der größere Teil seiner Angriffswaffen vernichtet würde, bestand auf dem damaligen Stand der Rüstungstechnik die Aussicht, daß ein Luftverteidigungssystem den Frieden stabilisieren könnte.

Obwohl sich die Untersuchung eines Abwehrsystems auf eine Anregung des Präsidenten von 1950 beziehen kann, erscheint 1952 der Luftwaffe bereits der Gedanke verdächtig. Denn für die Doktrin der massiven Vergeltung, die als einzigen Garanten der amerikanischen Sicherheit die Drohung mit dem Strategischen Luftwaffenkommando zuließ, mußte das als eine weitere Schwächung der Position dieser Waffengattung gelten. Es war sozusagen ein Geschenk an die Kommunisten. Wie General Kenney, der Chef des Strategischen Luftwaffenkommandos 1950 verkündet hatte, »dürfen die USA nie eine aus Radar und Abwehrjägern bestehende Maginot Linie aufstellen, hinter der sie sich verstecken könnten ... da nur die Offensive den russischen Versuch der Weltbeherrschung zerschmettern und die Bedrohung der Zivilisation aufheben wird. Frieden bringen wird, wirklichen Frieden, dauerhaften Frieden, Sicherheit«.

Obwohl das Amen fehlt, handelte es sich um ein Glaubensbekenntnis. Denn diese Vorstellungen, die amerikanische Bevölkerung im beginnenden thermonuklearen Wettrüsten durch eine atomar vorgetragene Offensive zu schützen, waren abstrus. Doch das Denken der Militärs folgte eigenen Gesetzen. Ein paar Jahre später verkündete eine Pressemitteilung der Marine stolz: »Selbst wenn die Vereinigten Staaten durch einen Angriff mit Wasserstoffbomben vollständig vernichtet werden, könnten mit Kernwaffen ausgerüstete Flugzeuge von Flugzeugträgern aus starten und den Krieg für die Vereinigten Staaten immer noch gewinnen.« Den Militärs ging es nach den Worten des Luftwaffengenerals Kenney darum, in einem Krieg nicht zweiter Sieger zu sein, da »man keine Preise für den zweiten Platz in einem Krieg verteilt«. Nur versäumte Kenney zu erklären, wo die Konfettiparade für die siegreichen Generäle stattfinden und wer jene Generäle dekorieren sollte. Auf seine Erfahrungen mit ihnen zurückblickend, meinte der ehemalige Präsident Truman lakonisch, wäre Dummheit von Generälen gesetzwidrig, so säßen drei Viertel von ihnen im Gefängnis.

Oppenheimer berichtete über einen hohen Bombenoffizier, der ihm gesagt hatte, das oberste Ziel Amerikas in einem Krieg müsse sein, das Strategische Bomberkommando zu schützen und nicht etwa das Land oder die Zivilbevölkerung. Denn letzteres war nach Auffassung des Militärs eine so umfassende Aufgabe, daß es die Vergeltungskapazität beeinträchtigen mußte. Oppenheimer meinte dazu, daß »solche Narrheiten nur geschehen können, wenn Männer, die die Fakten kennen, niemanden haben, mit dem sie darüber diskutieren können, weil diese Fakten zu geheim für eine Diskussion und damit für das Denken sind«.

Ein Geheimbund für den Weltfrieden

Doch der seit einem dreiviertel Jahr zum Chefwissenschaftler der Luftwaffe avancierte David Tressel Griggs, einer der Hauptintriganten, dachte anders. An Oppenheimers Loyalität hatte er seit langem Zweifel. Später erfuhr er auch, daß sein Gegner schon in Los Alamos als Sicherheitsrisiko gegolten hatte. Seinen Verdacht schien ihm der

Luftwaffenstaatssekretär Finletter, der Oppenheimers FBI Akten kannte, zu bestätigen.

1954 berichtete Griggs, daß sich 1951 zur Zeit des Vista Projekts ein Geheimbund gebildet habe, »zur Propagierung des Weltfriedens oder so«. Von Finletter erfuhr er, daß diesem Bund im Zuge seiner subversiven Ziele »viele Dinge wichtiger waren als die Entwicklung thermonuklearer Waffen, (darunter) besonders die Luftverteidigung der Vereinigten Staaten, die Gegenstand der Lincoln Summer Study war«. Der besorgte Griggs setzte nun die Puzzlesteinchen zusammen. Von Leuten, mit denen die »Verschwörer« Kontakt aufgenommen hatten, erfuhr er, »daß es nicht nur notwendig wäre, die Luftverteidigung zu verstärken, sondern auch etwas aufzugeben – und die Sache, die aufzugeben empfohlen wurde, war nichts geringeres als das Strategische Luftwaffenkommando, oder richtiger noch, ... der strategische Teil unserer Luftmacht, was mehr ist als das Strategische Luftwaffenkommando.«

Wie David Tressel Griggs berichtet, nannte sich der Geheimbund »ZORC«, nach den Anfangsbuchstaben von Zacharias, Oppenheimer, Rabi und Charles Lauritsen, den vier führenden Köpfen der Lincoln Studie. Zacharias sollte das selbst auf einem Treffen, in dem über die Ergebnisse der Studie referiert wurde, verraten, ja sogar an die Tafel geschrieben haben.

Zacharias selbst stritt diese Behauptungen im Oppenheimer-Verfahren ab, in dem auch Griggs seine Anschuldigungen vortrug. Er berichtete, daß Griggs von Anfang an versucht habe, die Studie zu sabotieren. Diese Studie hatte kein anderes Ziel als die Luftverteidigung zu stärken. ZORC wurde nie an die Tafel geschrieben. Zu Griggs meinte Zacharias, seine schon seit Jahren abnehmende Achtung habe nun ihren tiefsten Punkt erreicht. Das Duellieren sei schäbig geworden.

Griggs berichtete auch, daß er vor der Lincoln Summer Study Oppenheimer in Princeton aufsuchte. Er wollte ihn zur Rede stellen. Oppenheimer sollte, wie ihm Griggs vorhielt, eine angeblich frei erfundene Aussage des Luftwaffenstaatssekretärs böswillig weiterverbreitet haben: »Wenn wir nur ... (die Zahl wurde aus Sicherheitsgründen gestrichen, wahrscheinlich weil sie stimmte) Wasserstoffbomben hätten, könnten wir die Welt regieren.« Oppenheimer bestätigte Griggs, daß er Finletter eine derartige Aussage durchaus zutraute und sie als Beispiel für die Gefährlichkeit dieses Denkens weiterverbreitet hätte. Oppenheimer ging zum Gegenangriff über.

Er fragte Griggs, ob dieser an seiner Loyalität zweifle. Griggs hat uns die Szene überliefert: »An einem Punkt fragte mich Oppenheimer, ob ich dachte, daß er prorussisch oder nur verwirrt sei. Soweit ich mich erinnere, sagte ich, ich wünschte, ich wüßte es.« Darauf fragte Oppenheimer genauer. Hatte Griggs Oppenheimers Loyalität gegenüber hohen Beamten im Pentagon in Frage gestellt? Griggs antwortete mit Ja. Darauf erklärte Oppenheimer seinen Gegner für geistesgestört.

Was waren die sachlichen Ergebnisse dieser so offensichtlich brisanten Studie? Um die Nordflanke der Vereinigten Staaten sollten vier konzentrische Verteidigungsringe gelegt werden: Der innerste Ring sollte aus Flugabwehrraketen und Artillerie bestehen, die das letzte Bollwerk gegen durchgedrungene Bomber darstellten. In einem vorgeschobenen Ring hatten Abfangjäger die Aufgabe, den größeren Teil der gegnerischen Bomber zu vernichten. Der dritte Ring war ein Frühwarnsystem und schließlich erhielt der am weitesten vorgeschobene Ring die Aufgabe, mit Bombern die russischen Flugzeugbasen im Kriegsfall zu zerstören.

Da die Luftwaffe den größten Teil der Arbeiten finanzierte und auch am Etat des Lincoln Labors zu 80 bis 90 Prozent beteiligt war, nahm deren Staatssekretär Finletter die Studie zunächst unter Verschluß. Er wollte verhindern, daß die Ergebnisse höheren, mit Rüstungsfragen beschäftigten Regierungsorganen bekannt würden. Denn schließlich ging es nicht darum, die Vereinigten Staaten, sondern den Anteil des Strategischen Luftwaffenkommandos am Rüstungshaushalt zu verteidigen. Auch Finletters Vorgesetzter, der Rüstungsminister Lovett, setzte in der Folgezeit alles daran, die Ergebnisse der Lincoln Studie vor dem Nationalen Sicherheitsrat zu verbergen. Wie Shepley und Blair, die Luftwaffeninteressen vertretenden Autoren des Buches »Die Wasserstoffbombe«, feststellen, war die Luftwaffe äußerst besorgt, daß die Wissenschaftler in ihren Kriegsspielen zu dem Schluß kommen könnten, ein Verteidigungssystem »könnte zu geringeren Kosten mehr feindliche Bomber vernichten« als die bisherige Doktrin an Abschreckungssicherheit versprach. »Eine solche Folgerung würde der Opposition gegen das Strategische Bomberkommando neue Nahrung geben.« Also verschloß man die Ergebnisse.

Dennoch sickerten sie bis zur Presse durch. Die Luftwaffe reagierte mit einem anonymen Artikel im Wirtschaftsmagazin »Fortune«. Der Autor war einer von Finletters Gehilfen.

Unter dem Titel »Der Geheime Kampf um die Wasserstoffbombe – Dr. Oppenheimers beharrliche Kampagnen, die US-Militärstrategie umzukehren« berichtete der Autor über einen »Kampf auf Leben und Tod«. Kontrahenten seien das Militär und eine einflußreiche Clique von Wissenschaftlern. Oppenheimer wurde als die Zentralfigur des Kampfes der Wissenschaftler gegen die berechtigten Forderungen des Strategischen Bomberkommandos und damit gegen die nationale Sicherheit dargestellt. Die Absicht der Diffamierung wurde voll erfüllt. Der Artikel war der vorläufige Höhepunkt im Kampf der Luftwaffe zur Ausschaltung unliebsamer Kritik.

Als der Koreakrieg im Jahr 1953 mit einem Waffenstillstand beendet wurde, rüstete die neugewählte Regierung Eisenhower konventionell ab. Das Militärbudget wurde innerhalb eines Jahres von 42 auf 29 Millionen Dollar zusammengestrichen. In seiner Rede zur Lage der Nation erklärte Eisenhower, daß verstärkte Rüstung mit Kernwaffen diese Kürzungen sogar noch mit dem Gewinn militärischer Schlagkraft möglich mache. Die dazu gehörende Strategie verkündete Außenminister Dulles in seiner berühmten Rede zur massiven Vergeltung vom Januar 1954: »Wenn der Feind Zeit, Ort und Art seiner Kriegsführung bestimmen könnte, und wenn unsere Politik die traditionelle bliebe, der Aggression durch direkten und begrenzten Widerstand zu begegnen, dann müßten wir bereit sein, in der Arktis, in den Tropen, in Asien, im Nahen Osten und in Europa zu kämpfen; zur See, auf dem Land und in der Luft.« Die dafür notwendige Rüstung war zu kostspielig. Daher wurde verkündet, die Vereinigten Staaten würden in größeren Auseinandersetzungen dem Land des Feindes über das Strategische Bomberkommando »einen strafenden Schaden« zukommen lassen. Der Gegner müsse mehr verlieren als er gewinnen könne.

Gute Amerikaner

Im Juli 1953 löste Admiral Strauss, der 1950 aus der Atomenergiekommission ausgeschieden war, um dem Rockefeller-Klan als Finanzberater zu dienen, Gordon Dean im Vorsitz der Atomenergiekommission ab. Der konservative Strauss war ein Mann von Eisenhowers Vertrauen und rechte Wahl einer Regierung, die sich anschickte, Wasserstoffbomben am Fließband zu produzieren. Mit Oppenheimer verband ihn seit den Auseinandersetzungen um den Export von

Isotopen – bei denen Oppenheimer Strauss' Argumente in ihrer ganzen Lächerlichkeit bloßgestellt hatte – eine tiefe Feindschaft. Im letzten Monat seiner Amtszeit hatte Gordon Dean Oppenheimers Beratervertrag um ein weiteres Jahr verlängert. Noch keine Woche war seit Strauss' Amtsantritt verstrichen, als dieser die Kommission anwies, gewisse Dokumente, die sich in Oppenheimers Besitz befanden, unter Verschluß zu nehmen. Doch Oppenheimer besaß noch immer die Sicherheitsfreigabe, die ihm Zugang zu den Dokumenten der Atombehörde verschaffte.

Den Auslöser lieferte Senator McCarthy. Er war seit vier Jahren selbsternannter Großinquisitor des rechten amerikanischen Geistes. Als er den Fehler machte, in seine antikommunistischen Hexenjagden auch die Armee einzubeziehen, lieferte er der Regierung ein Argument, ihn politisch zu liquidieren. Er wurde beschuldigt, zugunsten eines seiner Gehilfen, den er vom Wehrdienst zurückstellen wollte, interveniert zu haben. Wie stets, wenn er in Bedrängnis geriet, versuchte McCarthy auszuweichen, indem er die nächste Beschuldigung produzierte.

Nun drohte die Atomenergiekommission in sein Schußfeld zu geraten: Im April 1954 bereitete McCarthy seinen neuen Coup über den Rundfunk vor: »Wenn es keine Kommunisten in unserer Regierung gibt, warum verzögern wir unsere Erforschung der Wasserstoffbombe um achtzehn Monate, während unsere Abwehrdienste Tag und Nacht melden, daß die Russen die Entwicklung einer H-Bombe fieberhaft vorantreiben? Und wenn ich heute abend Amerika sage, daß unsere Nation sehr wohl untergehen kann, dann wird sie wegen dieser Verzögerung von 18 Monaten untergehen. Und ich frage Sie, wer ist daran schuld? Waren es loyale Amerikaner oder waren es Verräter, die in unserer Regierung saßen?« Am nächsten Tag schon deutete Cole, der neue Vorsitzende des Vereinigten Kongreßausschusses für Atomenergiefragen an, daß »wir nicht mit Sicherheit ausschließen können, daß eine oder mehrere Personen in unserem Atomenergieprogramm von anderen Interessen getrieben wurden, als denen der Vereinigten Staaten«.

Doch Eisenhower war McCarthy bereits zuvorgekommen, nicht weil anzunehmen war, daß Oppenheimer nach mehr als zehn Jahren in Regierungsdiensten ein Sicherheitsrisiko darstellen konnte. Wohl aber, weil seine differenzierte Haltung der weniger differenzierten Rüstungspolitik der Eisenhower Regierung widersprach. Der New Look von Eisenhower und Dulles war genau das, was Oppenheimer als prominentestes Mitglied der wissenschaftlichen Gemeinde zu verhindern versucht hatte, weil es wirkungslos und zugleich gefährlich war. Warum also die Loyalität eines ungeliebten Regierungsberaters verteidigen, der im Begriff war, McCarthy einen publikumswirksamen Vorwand für seine Anschuldigungen gegen die Regierung zu liefern? Besser war es, McCarthy zuvorzukommen und Oppenheimer selbst zu liquidieren, um so rechten Glauben und Entschlossenheit öffentlich zu demonstrieren.

Edward Shils, ein bekannter Soziologe, warf der Atomenergiekommission öffentlich vor, mit ihrem Verhalten gegenüber Oppenheimer die niedrigste Stufe politischer Auseinandersetzungen erreicht zu haben. Er schrieb, die Regierung versuche ihre Mißbilligung gegenüber Senator McCarthy zu zeigen, indem sie »so schnell läuft wie sie kann, um ihn einzuholen«. »Unser Land«, klagte Shils, »wird durch eine solche billige Politik schwer geschädigt, durch Holzköpfigkeit, die sich als Ehrenhaftigkeit verkleidet.«

Oppenheimers Entbehrlichkeit für die neue Regierung wurde von General Nichols, im Krieg Groves' rechte Hand im Manhattan Projekt und nun Geschäftsführer der Atomenergiekommission, im Verfahren deutlich ausgedrückt. Im Zweiten Weltkrieg sei Oppenheimer »von unschätzbarem Nutzen und absolut unentbehrlich« gewesen. Nun aber sei sein Wert rasch gesunken, wegen, wie Nichols formulierte, »der gewachsenen Fähigkeiten anderer Wissenschaftler und, weil er seine wissenschaftliche Objektivität verlor, was wahrscheinlich von der Ablenkung seiner Anstrengung auf politische Gebiete und nicht rein wissenschaftliche Dinge herrührte«. Gefragt wurde der »objektive« Wissenschaftler. Gemeint war der willenlose Diener der Macht, der nicht nach dem Sinn der Befehle fragte, die ihm seine Herrschaft erteilte. Teller stieß nach, als er sich vor dem Tribunal beklagte, Oppenheimer beteilige sich nicht mehr an der eigentlichen Arbeit, sondern rede nur noch in Ausschüssen herum: »Es täte mir leid, wenn das keine korrekte Wertung der Arbeit von Ausschüssen im allgemeinen sein sollte, doch innerhalb der Atomenergiekommission würde ich sagen, daß Komitees fischen gehen könnten, ohne die Arbeit derer zu beeinträchtigen, die die eigentliche Arbeit leisten.« Und das traf nach Tellers Ansicht ganz besonders auf Oppenheimer zu.

Ins Rollen gebracht wurde die Oppenheimer-Affäre von William Borden, den ehemaligen Assistenten von Senator McMahon. Im November 1953 schrieb er dem FBI-Chef Edgar Hoover einen langen

Brief, in dem er sich schweren Herzens genötigt sah, seine Pflicht als guter Amerikaner zu erfüllen, und Oppenheimer denunzierte. »Anlaß des Briefes« ist seine »eigene, gründlich durchdachte Meinung, die sich auf jahrelange Studien stützt, auf geheimes Tatsachenmaterial, das J. R. Oppenheimer wahrscheinlich ein Agent der Sowjetunion ist.« Diese Anschuldigung erhärtete Borden mit einer Vielzahl von Beobachtungen, Verdächtigungen und plumpen Lügen. Borden versuchte auch deutlich zu machen, daß seine »Schlußfolgerungen mit Informationen übereinstimmen, die Klaus Fuchs gegeben hat, und die darauf hinweisen, daß die Sowjets einen Agenten in Berkeley (Oppenheimers Universität, bevor er nach Los Alamos berufen wurde) angeworben hatten, der sie über die Forschung auf dem Gebiet der elektromagnetischen Trennung 1942 oder früher informiert hatte.«

Vom Geschäftsführer der Atombehörde, General Nichols, wurden Bordens Anschuldigungen zu einer Anklageschrift umformuliert, die die Grundlage der späteren Verhandlung bildete. Vannevar Bush, der im Verfahren als Zeuge aufgerufen wurde, unterbrach seine Befragung, um seiner Empörung freien Lauf zu lassen, daß Nichols' Infamie Grundlage der Verhandlung gegen Oppenheimer war: »Dieser Ausschuß (das Tribunal) hat einen schweren Fehler gemacht. Ich meine, daß dieser Brief von General Nichols, diese Liste von Merkwürdigkeiten sehr wohl verstanden werden kann, als solle ein Mann gerichtet werden wegen Meinungen, die er vertritt, was sehr gegen das amerikanische System und eine schreckliche Sache ist.« Bush erkannte, wie nahe das Verfahren gegen Oppenheimer einem Schauprozeß mit vorbestimmtem Ausgang kam, als er sagte: »Wenn dieses Land jemals so nahe an das russische System gelangt, sind wir sicher nicht in der Lage, die freie Welt zu den Segnungen der Demokratie zu führen.«

Bis zum eigentlichen Verfahren vergingen mehrere Monate. Am 21. Dezember bestellte der Vorsitzende der Atomenergiekommission Oppenheimer zu sich, um ihm in Gegenwart von Nichols mitzuteilen, daß auf Anweisung des Präsidenten Oppenheimers Sicherheitsstatus überprüft worden war. Die Untersuchungen, die nichts anderes sein konnten, als das x-te Durchblättern der alten und im Laufe der Jahre mehrfach wieder ausgekramtem Dossiers, hätten Anhaltspunkte für eine Revision von Oppenheimers Sicherheitsfreigabe ergeben. Wie Strauss berichtete, las Oppenheimer den Anklagebrief von Nichols sorgfältig durch und meinte dann, viele Punkte seien richtig, andere nicht. Dann habe Oppenheimer die Frage einer freiwilligen Resignation aufgebracht, aber schließlich verworfen, da das nicht gut aussehe.

Oppenheimer entwarf am nächsten Tag eine Antwort, in der er die Dinge umgekehrt schilderte. Strauss habe ihm nahegelegt, freiwillig auf seine Sicherheitsfreigabe zu verzichten, um der Überprüfung der Anschuldigungen auszuweichen. Er, Oppenheimer, lehne das ab, weil seine Resignation unter diesen Umständen bedeute, den Standpunkt zu übernehmen, daß er nicht geeignet sei, einer Regierung zu dienen, der er 12 Jahre gedient habe.

Der Kommission ging es nicht mehr um Oppenheimers Verdienste. Auf ihn zu verzichten war leicht möglich, da er mit seinem jährlich auslaufenden Beratervertrag keinen offiziellen Status mehr hatte. Lilienthal, der erste Vorsitzende der AEC, berichtete über ein Gespräch mit seinem Nachfolger Dean:

»Da gab es eine klare und vernünftige Alternative«, sagte Dean. »Lewis (Strauss) hätte Oppie zu sich rufen und sagen können: ›Nun, Oppie, wir möchten Sie nicht mehr als Berater haben wegen unterschiedlicher Meinungen über die Nützlichkeit Ihres Rates, wir werden Ihren Beratervertrag lösen. Und da Sie ohne diesen Vertrag auch keinen Zugang zu Geheiminformationen benötigen, werden wir die Sicherheitsfreigabe nicht erneuern.‹ Das hätte die Angelegenheit bereinigt. Es hätte Oppie nicht gefallen, aber er hätte die Tatsache anerkannt, daß sein Rat nicht länger benötigt würde, das wäre alles gewesen. Bei dieser klaren Lösung, den Weg des ›Sicherheitsrisikos‹ zu wählen, um ihn loszuwerden, bedeutet, daß es kein anderes Motiv gab, um ihn für seine Meinung zu bestrafen, und nichts könnte gefährlicher sein als das.«

Ein Schauprozess

Das Tribunal tagte vom 12. April bis zum 6. Mai 1954. Der Verhandlungsraum war ein nichtssagendes Büro im Gebäude der Atombehörde in Washington, das mit ein paar Tischen und Stühlen seiner neuen Verwendung angepaßt worden war. Sicher hing auch die Fahne der Vereinigten Staaten von Amerika hinter den Richtern. Die Öffentlichkeit war ausgeschlossen. Offiziell handelte es sich um ein internes Verwaltungsverfahren der Atombehörde unter dem Motto: »Eine Untersuchung und kein Gerichtsverfahren.«

Daß mehr als die Sicherheitsfreigabe des Individuums Oppenheimer auf dem Spiel stand, bestätigten in ihrem Mehrheitsurteil die »Richter« Gray und Morgan; der eine, ehemaliger Staatssekretär für die Armee, der andere Industriemanager: Sie stellten fest, »daß in unserem Teil der Welt, in der das Überleben freier Institutionen und individueller Rechte auf dem Spiele steht, jedermann auf seine Weise ein Hüter der nationalen Sicherheit sein muß«. Gray und Morgan sind sich »dringend bewußt, daß in einem sehr wirklichen Sinn dieser Fall das Sicherheitssystem der Vereinigten Staaten vor Gericht stellt, sowohl was die Verfahrensweise als auch die Substanz angeht. Diese Vorstellung ist uns sehr nahegelegt worden, sowohl von denen, die die Sicherheitsfreigabe für Dr. J. Robert Oppenheimer empfehlen, als auch von denen, die meinen, sie solle ihm verweigert werden.«

Obwohl das Tribunal immer wieder betont, Oppenheimer stehe nicht wegen seiner Meinungen vor Gericht, geht es nur um sie. Seine vom Ankläger Robb ausgespielte »kommunistische« Vergangenheit, die Freundschaften, Beziehungen zu Kommunisten, persönliche Illoyalität gegenüber Chevalier, Peters, die Farce mit dem Sicherheitsdienst in Los Alamos – all dies dient nichts anderem, als ihn persönlich zu diffamieren, um ihn anschließend wegen seiner inopportunen politischen Empfehlungen zu liquidieren. Seine persönlichen »Sünden« hatten das System, dem er zwölf Jahre diente, immer nur dann interessiert, wenn es galt, ihn unter Druck zu setzen.

Angeklagt war seine Einstellung zur Wasserstoffbombe und zur nationalen Rüstungspolitik, die mit den Machtinteressen der Luftwaffe, der hinter ihr stehenden Rüstungslobby mitsamt ihres politischen Anhangs und mit der hoffnungslos verwirrten Rüstungspolitik der Eisenhower Regierung kollidierte. Da das Tribunal jedoch den Schein aufrechterhalten wollte, niemand könne wegen seiner Meinungen angeklagt werden, mußten die alten Dossiers wieder ausgekramt werden, die nur deswegen noch nicht unter Bergen von Staub versunken waren, weil sie über die Jahre immer wieder ergebnislos studiert worden waren.

Deutlich werden der eigentliche Hintergrund des Verfahrens und das Urteil in einem Text bestätigt, mit dem eines der Mitglieder der Atomenergiekommission seine Ablehnung von Oppenheimers Sicherheitsfreigabe begründet. Der Kommissionär Murray schreibt, »revolutionärer Kommunismus« sei eine »Weltmacht geworden, die die Herrschaft über die gesamte Menschheit sucht. Er gebraucht alle

Methoden der Konspiration, der Infiltration und der Intrige, der Täuschung und Fälschung, der Falschheit und des Übersehens.« Daher hätten sich die Anforderungen gegenüber früher gewandelt, die eine sich des Kommunismus erwehrende Regierung an ihre Berater stellen müsse. »Wo die Verantwortung am größten ist, sollte die Treue am größten sein.«

Das erfaßte Groves und seine Aussage sehr deutlich, als er über den Fall Chevalier berichtete. Er habe 1943 zwar Oppenheimers Verhalten nicht gebilligt, wollte aber keine große Sache daraus machen, da er dachte, es könnte Oppenheimers »Nützlichkeit im Projekt beeinträchtigen«. Doch nun hätte sich die Lage geändert. Und dieser Wandel mußte herhalten, für Groves das Paradoxon zu erklären, daß ein Mann, der seinem Land zwölf Jahre treu gedient hatte, plötzlich zur Gefahr werden konnte. »Es muß nicht bewiesen werden, daß der Mann eine Gefahr ist, man muß denken, gut, er könnte eine Gefahr sein und es ist absolut logisch anzunehmen, daß er eine Gefahr sein würde.«

Für Groves entschied der Quotient von Nützlichkeit und Risiko, den ein Mann darstellte, über dessen Brauchbarkeit. Im Krieg entsprach diese Verhältniszahl nach Groves' Ansicht für, nun aber gegen Oppenheimer. Da aber Oppenheimer sich nicht verändert hatte, sondern nur eine andere Funktion ausübte, konnte das nichts anderes heißen, als daß bei dem gleichen niedrigen Risiko, das Oppenheimer für Groves immer darstellte, die Nützlichkeit gesunken war und nun gegen Oppenheimers Verwendung sprach.

Das aber widersprach der Behauptung, nicht politische Meinungen ständen zur Debatte, sondern das Sicherheitsrisiko. Denn der »Angeklagte« hatte in seiner Nachkriegsfunktion hauptsächlich zur politischen Meinungsbildung beigetragen. Den Widerspruch erkannte das einzige Mitglied des dreiköpfigen Tribunals, das für Oppenheimers Freigabe stimmte, der Chemieprofessor Evans: »Alle Menschen sind in gewisser Weise ein Sicherheitsrisiko. Ich glaube nicht, daß man zeigen muß, dieser Mann *könnte* ein Sicherheitsrisiko sein.«

Oppenheimer saß vor einem Gericht, das keines zu sein behauptete, sondern sich »Untersuchungsausschuß« nannte. Er wurde von einem Ankläger ins Kreuzfeuer genommen, der »Rechtsberater« des Ausschusses hieß.

Dieser Ankläger, Robb, beherrschte das Verfahren. Die Sicherheitsfreigabe der Atomenergiekommission wurde von ihm als prozessualer Trick gegen Oppenheimer ausgespielt. Nur der Ankläger, nicht aber die Verteidiger hatten Einsicht in das gesamte Untersuchungsmaterial. Robb machte von diesem Vorzug ausführlich Gebrauch. Er nahm Oppenheimer oder dessen Zeugen über Jahre zurückliegende Ereignisse ins Kreuzfeuer, ließ sie sich festlegen, um sie anschließend mit nur ihm verfügbaren Dokumenten der Atomenergiebehörde zu konfrontieren, die ihre Glaubwürdigkeit in Frage stellten. Häufig hatte er Erfolg, Gedächtnisschwäche als Lüge erscheinen zu lassen. Als sich Robb in den ersten zwei Wochen des Verfahrens durch Oppenheimers Vergangenheit wühlte, erschien der früher so überlegene Oppenheimer wie gelähmt.

DAS URTEIL

Das Ergebnis der Verhandlungen wurde in verschiedenen Urteilen zusammengefaßt: Das Tribunal begründete seinen Beschluß, Oppenheimer die Sicherheitsfreigabe zu verweigern, im Mehrheitsbericht, der von den Mitgliedern Gray und Morgan unterschrieben wurde. Evans widersprach. Der Majoritätsbericht wurde an den Generalmanager der Atomenergiekommission geleitet und von diesem mit einer Empfehlung an die fünfköpfige Kommission weitergegeben. Dieses unter Vorsitz des Oppenheimer-Gegners Lewis Strauss stehende Gremium produzierte den endgültigen Beschluß, Oppenheimers Sicherheitsfreigabe zurückzunehmen: Eine Mehrheit von vier Kommissionären votierte gegen die Sicherheitsfreigabe, davon verfaßten drei Mitglieder eine und eines eine zweite Begründung gegen Oppenheimer. Der Physiker Smyth votierte als einziger der fünf Kommissionäre für Oppenheimer und verfaßte dazu die dritte Begründung.

Die Mehrheit der Kommission bezog Oppenheimers endgültige Verurteilung nur noch auf Charaktereigenschaften: »Das Atomenergiegesetz von 1946 verpflichtet die Kommissionäre zu einer Bestimmung von ›Charakter, Verbindungen und Loyalität‹ der beschäftigten Individuen. Daher wäre Illoyalität eine Grundlage der Disqualifikation, aber nur eine. Wesentliche Charaktermängel und unvorsichtige Verbindungen ... sind auch Gründe für Disqualifikationen ... Wir finden, daß Dr. Oppenheimer nicht berechtigt ist, das fortgesetzte Vertrauen der Regierung und dieser Kommission zu haben wegen erwiesener fundamentaler Mängel seines Charakters.« Bescheinigen die beiden anderen Berichte Oppenheimer, daß sein

Verhalten als Regierungsberater in der Vergangenheit über Zweifel erhaben gewesen sei, fegten vier der fünf Kommissionäre das mit einem Satz vom Tisch: »Dr. Oppenheimer ist weit unter dem annehmbaren Standard« geblieben.

Nur Henry DeWolfe Smyth stimmte mit der »klaren Schlußfolgerung des Gray Ausschusses überein, daß (Oppenheimer) vollkommen loyal und »kein Sicherheitsrisiko« sei. Smyth wies seine Kollegen auf die Widersprüchlichkeit ihrer Begründung hin: »Es ist klar, daß Dr. Oppenheimers vergangene Verbindungen und Tätigkeiten nicht in irgendeinem wesentlichen Sinn neuentdeckt worden sind. Sie waren verantwortlichen Behörden über Jahre bekannt, und haben sie nie überzeugt, daß Dr. Oppenheimer nicht für den öffentlichen Dienst geeignet sei.« Der Beschluß der Mehrheit der Kommission »kann nach meiner Ansicht nicht durch eine gerechte Auswertung des Beweismaterials gestützt werden«.

Der Ausgang des Prozesses veränderte Oppenheimer. Sein Freund Bethe beobachtete, daß er einen großen Teil seiner geistigen Regsamkeit und seiner früheren Aktivität verlor. Nachdem er aus dem Regierungsdienst ausgeschlossen war, dem er entscheidende Jahre seines Lebens geopfert hatte, fand er, wie Bethe meinte, nicht mehr die Kraft, selbst wieder wissenschaftlich zu arbeiten. Er blieb Direktor des Institute for Advanced Study und machte aus ihm eine Art Mekka der theoretischen Physik, vielleicht wie es Kopenhagen in den dreißiger Jahren ohne Bohr gewesen wäre. Auch trat er in der Folgezeit mit Vorträgen und Veröffentlichungen über gesellschaftliche Probleme seiner Wissenschaft an die Öffentlichkeit.

Das Verfahren wurde nie revidiert. Oppenheimer blieb bis an sein Lebensende ein »Sicherheitsrisiko«. 1963 wurde ihm auf Veranlassung des kurz zuvor ermordeten Präsidenten Kennedy der »Enrico Fermi Preis«, die höchste Auszeichnung der Atomenergiekommission, verliehen. Das gab Oppenheimer Gelegenheit, Kennedys Nachfolger Johnson gerührt zu danken: »Ich glaube, es ist schon möglich, Herr Präsident, daß es für Sie einiger Mildtätigkeit und einigen Mutes bedurfte, diese Auszeichnung heute zu verleihen.« Vier Jahre später starb er.

Rehabilitiert wurde Oppenheimer nie. Und selbst dann hätte Teller in Oppenheimer immer noch einen Agenten des Bösen im Land der Gerechten gesehen. Die Atomenergiekommission dachte schließlich anders. Sie wußte, wie sehr, ungeachtet aller politischen Divergenzen, Männer wie Teller und Oppenheimer, Lawrence und Fermi, von Neumann und Bethe, Seaborg und Wigner sich Verdienste um die gleiche Sache erworben hatten. Großzügig honorierte sie Oppenheimers Anteil an der Entwicklung von Massenvernichtungswaffen ebenso wie das, was Teller geleistet hatte. Sie wußte nun, daß es beider Typen von Wissenschaftlern bedurfte, um Superbomben zu entwickeln. Und so hatte die Atomenergiekommission auf der Liste der Träger des höchsten von ihr zu verleihenden Preises, Männer vereint, deren unterschiedliche politische Haltung persönliche Feindschaft entstehen ließ, aber die die Arbeit an der »technisch süßen Idee« dennoch zusammenführte.

Der Lauf der Dinge

Kernwaffen ächten

Am Anfang steht eine wissenschaftliche Kontroverse. Die mit geringem Aufwand durchgeführten Versuche zweier Kernchemiker stürzen einen wichtigen Teil des Lehrgebäudes der Atomphysik um. Das wissenschaftliche Dogma, langsame Neutronen könnten den Urankern zwar verändern, aber nicht spalten, bricht zusammen. Atomwissenschaftler in aller Welt erkennen die nicht nur theoretische Bedeutung der Versuche: erstmals wird denkbar, die in den Atomkernen ruhenden riesigen Energiemengen technisch zu nutzen. Bereits früher entwickelte Theorien, deren technische Auswertung bisher undenkbar erschien, Einsteins Masse-Energie-Beziehung und die Idee der Kettenreaktion, lassen es möglich erscheinen, Atombomben und -reaktoren zu konstruieren. Technik und Wissenschaft, heißt es, seien wertfrei; es läge in der Hand des Menschen, sich ihrer nach Belieben zu bedienen, zur Zerstörung oder zum Aufbau.

In anderthalb Jahrzehnten werden mit der Atombombe und später mit der Wasserstoffbombe Waffen entwickelt, die grundlegender als alle bisherige Technik, die Geschichte menschlicher Gesellschaften verändern, auch wenn sie nicht eingesetzt werden. Zehntausende von Wissenschaftlern und Technikern, von Hunderttausenden von Hilfskräften unterstützt, arbeiten unter Einsatz eines großen Teils der wirtschaftlichen Ressourcen der größten Industriemächte an einem Ziel: Waffen herzustellen. Großforschung im Dienst der »Verteidigung« oder der Zerstörung. Fünfundzwanzig Jahre nach der Entdeckung von Hahn und Straßmann gibt es zwar genügend Kernwaffen, um jeden auf der Erde lebenden Menschen zu vernichten – nein, sogar mehrfach zu vernichten, wenn die Gesetze die Mathematik auf die des Lebens der Menschen übertragen würden –, jedoch werden nur Bruchteile eines Prozents der global erzeugten Energie aus Atomkernen gewonnen. Nur die Rüstungsforschung rechtfertigt Ausgaben in dieser Größenordnung, »Verteidigung« gegen einen Gegner, der sich mit den gleichen Mitteln zu »verteidigen« hat.

Atom- und Wasserstoffbomben, die materiellen Ursachen der globalen Vernichtungsdrohung, liegen in den fünfziger Jahren, sorgfältig registriert und mit Akribie verwaltet, in den Waffenarsenalen der beiden Weltmächte, kreuzen auf Flugzeugträgern über die Weltmeere, werden von Bombenflugzeugen durch die Lüfte getragen. Ein verschlüsseltes Signal genügt, das Inferno zu entfachen. Atom-, später Wasserstoffbomben werden an Fließbändern produziert mit der gleichen Selbstverständlichkeit wie an den anderen Fließbändern Lastwagen. Privatunternehmen fertigen in den Vereinigten Staaten Kernwaffen unter Lizenz der Atombehörde. Die Liste der beteiligten Firmen ist ein Ausschnitt aus dem Katalog industrieller Respektabilität: Monsanto Chemical Company, Western Electric Company, Dow Chemical Company, Bendix Corporation.

Man könnte die vorhandenen Waffen vernichten, die Fließbänder stillegen und die Welt wäre dennoch nicht vor Kernwaffen sicher. Das Wissen um ihre Herstellung ist unzerstörbar. Solange es Mächte geben kann, die dieses Wissen zur Produktion der Waffen anwenden könnten, werden sie auch sagen, daß Sicherheit nicht in der Abschaffung der Waffen läge. Dies wiederum spräche gegen Abrüstung, es dient der Rechtfertigung des Wettrüstens, der Perfektionierung der Tötungsmaschinerien und der Vervielfältigung der Vernichtungspotentiale.

Im Sommer 1954 beantragen die britische und die französische Delegation auf der Londoner Abrüstungskonferenz, Kernwaffen zu ächten und gleichzeitig konventionell abzurüsten. Die amerikanische Delegation stimmt so schnell zu, daß der Verdacht einer vorherigen Absprache begründet ist. Absprache oder nicht, die amerikanische Haltung scheint die Bereitschaft anzudeuten, das Atomwaffenproblem aus der Welt zu schaffen. Nachdem ein dreiviertel Jahr später auch die sowjetische Delegation den Plan gutheißt, ist die Sensation vollkommen: erstmals besteht Aussicht auf eine Einigung zur Ächtung von Kernwaffen.

Nun aber ziehen die Amerikaner ihre Zustimmung zurück. Auf einmal erklären sie, es sei unmöglich, die Hunderte oder Tausende von Kernwaffen, die es bereits auf der Welt gäbe, zu erfassen und ihre Vernichtung zu kontrollieren. Eine Regierung, die die anderen hintergehen wollte, könnte mühelos eine genügend große Zahl dieser Waffen zurückhalten, um damit die anderen Staaten zu erpressen. Der amerikanische Delegierte erklärt, daß Atomwaffen nicht mehr aus der Welt geschaffen werden können.

Auch eine drastische Verringerung der Stückzahlen ist nach Ansicht seiner Regierung nicht möglich, sogar gefährlich. In einer ernsten Krise wären zwei Regierungen, die über nur wenige Kernwaffen verfügten, eher versucht, diese präventiv einzusetzen, als wenn die Vorräte in die Hunderte oder Tausende gingen. Denn die Chancen, ein nur kleines Atomwaffenarsenal des Gegners mit einem überraschenden Schlag auszuschalten, wären groß und damit auch die Versuchung. Logik der Rüstung!

Abrüstungsverhandlungen werden zum Pokerspiel um politische Propagandaerfolge. Die amerikanische Zustimmung ist so unaufrichtig wie die russische. Die amerikanische Delegation hatte sich zu sehr an das sowjetische Nein gewöhnt, um den wohlfeil sich anbietenden Propagandaerfolg nicht ausschlachten zu wollen. Die sowjetische Konzessionsbereitschaft brachte sie auf den Boden der Tatsachen ihrer einseitig von Atomwaffen abhängigen Rüstung. Der den Sowjets zugedachte »Schwarze Peter« wanderte zurück.

Abrüstung sei unmöglich, erklärt nun der amerikanische Delegierte Stassen, allein Rüstungskontrolle sei erreichbar. Seitdem geht es um Rüstungsbegrenzung, ein Ziel, dem die Regierungen beider Machtblöcke über die Jahre gern zustimmen, während sich die Rüstungsausgaben des Warschauer Pakts und der NATO zwischen 1949 und 1971 etwa verdreifachten. Zwischen 1945 und 1971 trafen sich sowjetische und amerikanische Delegationen etwa sechstausendmal, die Genfer Abrüstungskonferenz »feierte« 1971 das Jubiläum ihres fünfhundertsten Treffens, ohne daß die Ergebnisse von neutralen Kommentatoren anders als »sehr kläglich« bezeichnet werden konnten (SIPRI* Jahrbuch 1972).

Aufrüstung wird zum großen Geschäft. Wettrüsten und Waffenexport sichern Dividenden und schaffen Millionen von Arbeitsplätzen. Wissenschaftler und Techniker sind Aktivposten sowohl der nationalen »Sicherheit« als auch der volkswirtschaftlichen Bilanz. In Beratungsgremien hört man gerne auf den Rat erfahrener, das heißt im Aufrüstungsgeschäft erfahrener Wissenschaftler. Wissenschaftliche Beratung wird auch für Abrüstungsverhandlungen benötigt. Meist sind es die gleichen Persönlichkeiten, die sich zu Hause um die nationale Aufrüstung Verdienste erworben haben und auf dem internationalen Parkett als Spezialisten der Abrüstung gebraucht werden. »Der Wissenschaftler muß das unsichere Rüstungsgleichgewicht aufrechterhalten, das es für jede Seite verhängnisvoll machen würde, einen Krieg zu beginnen«, schreibt Hans Bethe 1958. »Nur dann können wir für konstruktivere Vorhaben argumen-

* Stockholm International Peace Research Institute – Internationales Stockholmer Friedensforschungsinstitut

tieren und uns auf sie einlassen, wie Abrüstung und internationale Kooperation, die schließlich zu einem sicheren Frieden führen können.« Vernunft, die Talent zur Schizophrenie voraussetzt.

Welt-Kriegsbehörde

Die großen Entscheidungen sind gefallen. Zerschlagen sind die Hoffnungen der Nachkriegszeit, daß der Schrecken der neuen Waffen zu einer Veränderung des politischen Bewußtseins, zum Nachwachsen der politischen Moral der »Menschheit« führen könnte: Weltregierung, Kontrolle der Kernwaffen durch eine internationale Behörde, Kooperation der Nationen zur friedlichen Nutzung der Atomenergie haben sich als politische Schaumschlägerei erwiesen.

Die großen Fragen, in denen es um Leben oder Tod zu gehen schien, sind negativ beantwortet. Entscheidungen von der Größenordnung, ob Atom- oder Wasserstoffbomben entwickelt werden sollten, sind nicht mehr zu fällen. Der wissenschaftliche Teil des Wettrüstens vollzieht sich in technischen Tüfteleien an Details. Qualitativ neuartige Methoden der Kriegsführung werden, den öffentlichen Versicherungen der Regierungen zum Trotz, in den geheimsten Waffenlabors der gleichen Regierungen vorbereitet: Biologische und chemische Kampfstoffe und neuerdings, als militärischer Beitrag zum Umweltschutz, Methoden ökologischer und meteorologischer Kriegsführung. Aber das vollzieht sich im stillen. »Die technische Entwicklung und Verbesserung von Atom- und Wasserstoffbomben muß natürlich vorangetrieben werden«, schreibt 1954 Hans Bethe, der einmal moralische Bedenken hatte, Wasserstoffbomben zu entwickeln. »Mehr noch«, fügt er hinzu, »wenn wir einmal eine ausreichende Zahl von Atombomben haben werden, wird es zunehmend möglich sein, sie im Krieg allen anderen Vorhaben als strategische Bombardierung zuzuordnen – wie taktische Kriegsführung, Eliminierung taktischer Flugzeugbasen des Gegners und möglicherweise für die Unterseebootbekämpfung und zur Verteidigung des Luftraums.« Also Waffen zur Verhinderung des Krieges entwickeln, und, wenn er schon einmal ausbrechen könnte, ihn mit taktischen Atomwaffen »humaner« gestalten.

Von ähnlichen Voraussetzungen geht der große Philosoph Bertrand Russell aus. Im Ersten Weltkrieg wurde er wegen Wehrdienstverweigerung zu einer Gefängnisstrafe verurteilt. 1954 versteht Lord

Russell nicht, daß »irgendein geistig normales Mitglied der westlichen Welt denken kann, daß es klug sei, solche Vorbereitungen« zur Perfektionierung der thermonuklearen Waffen zu unterbrechen. Die Lösung des Kernwaffenproblems kann nicht in Abschaffung oder Ächtung dieser Waffen liegen. Denn, wie Russell schreibt, »die verbotenen Waffen könnten immer wieder nach Kriegsausbruch produziert werden und würden es zweifellos auch«.

Lösung verspricht für Russell allein eine globale Institution, eine Welt-Kriegsbehörde, die das Monopol aller Hauptkriegswaffen besäße. Gäbe es sie nicht innerhalb der nächsten fünfzig Jahre, schreibt Russell 1954, so erscheine ihm das Überleben »des Menschen als unwahrscheinlich«.

Russell sieht keine Chance, die beiden Großmächte zu einer direkten Verständigung zu bringen. Denn die technische Eigenart der Waffen bringt es für beide Seiten mit sich, daß die defensiv begründeten eigenen Waffen vom Gegner als offensiv verstanden werden.

Die Lösung muß von außen kommen: durch neutrale kleinere Mächte, die mit zu den Leidtragenden eines Krieges mit Atomwaffen gehören würden und Interesse haben, ihn zu verhindern. Diese neutralen Länder sollen eine »begründete Erklärung abgeben über die Zerstörungen, die ein solcher Krieg wahrscheinlich mit sich bringen würde«. Unparteilich soll ihre Erklärung feststellen, daß keiner der Gegner das erreichen kann, was »geistesgestörte Militaristen auf beiden Seiten« als Sieg bezeichnen.

Diese von außen kommende Übereinkunft, eine internationale Verständigungsbereitschaft, kann nach Russells Vorstellung auf die beiden Weltmächte übergreifen. Vielleicht könnte es damit beginnen, daß jeder der Kontrahenten dem anderen vertraute, nicht anzugreifen, wenn er selbst nicht angegriffen würde. »Es ist die Verhinderung des Krieges, die angestrebt werden muß«, schreibt der Philosoph Russell: »der einzige Weg, dies zu sichern, ist, nur eine Streitmacht auf der Welt zu haben, die das Monopol aller entscheidenden Kriegswaffen besitzt.«

Ein Konvent des Weltgeistes

Ein Jahr später unternimmt Russell einen Versuch, seine Friedenspläne zu verwirklichen. Er teilt dem sechsundsiebzig Jahre alten Albert Einstein seine Sorgen über das sich beschleunigende thermonukleare Wettrüsten mit. Er schlägt vor, »hervorragende Männer der Wissenschaft sollten einen Schritt tun, um der Öffentlichkeit und der Regierung das Unheil klarzumachen, das über sie hereinbrechen kann«. Sechs Wissenschaftler von allergrößtem Ansehen, mit Einstein an der Spitze, sollten eine »sehr ernste Erklärung über die dringende Notwendigkeit abgeben«, einen Krieg zu vermeiden. Es sollten Wissenschaftler aus unterschiedlichen politischen Lagern sein, um den unideologischen Hintergrund ihrer Warnung zu unterstreichen.

Einstein geht auf Russells Vorschlag ein. Er will ein Manifest verfassen und von angesehenen Persönlichkeiten unterzeichnen lassen. Aus der Korrespondenz der beiden großen alten Männer entwickelt sich das sogenannte Russell-Einstein-Manifest, das einem Weltkonvent von Wissenschaftlern vorgelegt werden sollte. Die »Regierungen« werden darin »dringend ersucht«, »in Anbetracht der Tatsache, daß in einem zukünftigen Weltkrieg mit Gewißheit Kernwaffen eingesetzt würden, und daß derartige Waffen die weitere Existenz der Menschheit bedrohen«, »sich darüber klarzuwerden und dies öffentlich bekanntzugeben, daß ihre Ziele durch einen Weltkrieg nicht gefördert werden könnten«. Die Unterzeichner ersuchen die Regierungen, »friedliche Mittel zur Beilegung aller Streitfragen zu finden«. Unterschrieben ist das Manifest nicht von »Mitgliedern dieser oder jener Nation, dieses oder jenes Kontinents oder Glaubensbekenntnisses«, sondern von »menschlichen Wesen, Mitgliedern der menschlichen Art, deren Existenz bedroht ist«.

Russell regt die erste Pugwash Konferenz im Juli 1957 an. In einem kleinen Ort in Nova Scotia in Kanada treffen sich Wissenschaftler aus allen Ländern, darunter auch aus der Sowjetunion.

Die erste Pugwash Konferenz behandelt als internationales Expertentreffen vor allem technische Probleme. Maßnahmen zur Rüstungskontrolle und technische Möglichkeiten zur Kontrolle eines Teststopabkommens ohne die von der UdSSR abgelehnten Inspektionen. Auch bei sowjetischen Experten ruft Pugwash ein lebhaftes Echo hervor. Das Präsidium der sowjetischen Akademie der Wissenschaften veröffentlicht im Bulletin of the Atomic Scientists im eigenen Namen, und in dem der »öffentlichen Meinung der Welt« einen Aufruf: »Verzicht auf Krieg und auf Kriegsdrohung als Mittel zur Lösung internationaler Auseinandersetzungen; Beendigung der Kernwaffenteste; Errichtung eines dauernden und stabilen Friedens; Notwendigkeit einer weiteren Ausdehnung internationaler Zusammenarbeit als Mittel zur Verbreitung des gegenseitigen Verständnisses unter den Völkern; Verantwortlichkeit von Wissenschaftlern vor der Gesellschaft über den Gebrauch der Ergebnisse ihrer wissenschaftlichen Entdeckungen für ausschließlich konstruktive Zwecke.«

Eine Vernunftehe

1957 waren in Pugwash die amerikanischen Wissenschaftler Charles Lauritsen, Jerome Wiesner und George Kistiakowski beteiligt. Vier Jahre zuvor hatten sie in einer von der USA-Luftwaffe eingesetzten Kommission unter Vorsitz des Mathematikers John von Neumann mitgewirkt. Ein neues Waffensystem stand auf dem Programm, das mit der bevorstehenden Fertigstellung der Wasserstoffbombe in den fünfziger Jahren akut geworden war: Interkontinentalraketen, die mit thermonuklearen Sprengköpfen ausgerüstet werden sollen.

Im Krieg hatten deutsche Techniker Raketen entwickelt. Mit chemischen Sprengsätzen ausgerüstet, richteten diese Geschosse weniger Schaden als Verwirrung an. Militärisch war das mit riesigem Aufwand entwickelte deutsche Raketenprogramm ein Fehlschlag. Es gab mehr Versager als Treffer, die Schäden rechtfertigten den Einsatz der teuren Geschosse nicht, die Treffgenauigkeit von Hitlers Superwaffe war gering.

Dennoch hatten die Russen und die Amerikaner nach dem Zusammenbruch Deutschlands Treibjagden auf Raketenforscher veranstaltet. In der Sowjetunion und in den Vereinigten Staaten entwickelten diese Forscher ihre Waffe in den Jahren nach dem Krieg weiter. Der militärische Wert der Raketen blieb jedoch vorläufig beschränkt. Denn selbst mit Atomwaffen bestückt, war die Zielabweichung auf längeren Strecken zu groß, um den Gegner wirksam zu bedrohen.

Mit Wasserstoffbomben als Sprengköpfen konnte die geringe Zielgenauigkeit der damaligen Raketentechnik hingenommen werden. Denn Wasserstoffbomben, von ihren größeren Spreng- und Hitzewirkungen abgesehen, die ungeschützt im Freien stehende Menschen noch in etwa dreißig Kilometer Entfernung zu verbrennen erlaubten, konnten in noch teuflischerer Weise töten. Ihre nahezu beliebig zu vergrößernde Radioaktivität konnte bei »günstigen« Wetterbedingungen alles Leben in einem riesigen Areal vernichten. Die Ungenauigkeit der Raketen ließ sich durch die große radioaktive Streuwirkung der Wasserstoffbomben mehr als ausgleichen.

Das waren die Gedanken, die von Neumann, Wiesner, Zacharias und Kistiakowski 1953 veranlaßt hatten, ihrer Regierung die Entwicklung von Interkontinentalraketen mit großer Dringlichkeit zu empfehlen.

Die Entscheidung von 1953 rief keine erwähnenswerten Debatten über den Sinn und die Gefahren dieser Entwicklung hervor, wie wenige Jahre zuvor die Auseinandersetzung um die Wasserstoffbombe. Sie wurde als rüstungstechnischer Verbesserungsvorschlag behandelt. Raketen gab es bereits seit Jahren, bald würde es Wasserstoffbomben geben. Nachdem die technischen Aspekte des neuen Programms als aussichtsreich beurteilt wurden und die Militärs ohnehin jede »Verbesserung« ihrer Möglichkeiten, den Gegner zu vernichten, begrüßten, war die politische Entscheidung leicht geworden. Es schien sich um nichts grundlegend Neues zu handeln. Die Raketen waren verbesserte Transportmittel, deren militärischer und politischer Sinn durch frühere Entscheidungen vorweggenommen zu sein schien. Das Programm mußte sich allenfalls noch einer finanziellen Überprüfung unterziehen.

So wurde die Öffentlichkeit erst 1955 davon in Kenntnis gesetzt, als Eisenhower das sogenannte »Space Rocket Program« ankündigte. In dieser Zeit liefen die Entwicklungen bereits auf vollen Touren.

Und dennoch handelt es sich um eine ebenso grundlegende Entscheidung wie die, Wasserstoffbomben herzustellen. Denn erstmals wird ein Waffensystem entwickelt, gegen das keine Verteidigung möglich ist. Die relativ langsamen Bomber der fünfziger Jahre konnten durch Abfangjäger und Raketen abgeschossen werden, nicht mehr die sehr viel schneller fliegenden Raketen. Die technisch später mögliche Entwicklung von Abwehrraketen, ist aus wirtschaftlichen Gründen sinnlos. Solange eine Abwehrrakete ein Vielfaches einer Angriffsrakete kostet und nachdem es technisch möglich ist, die Verteidigungswaffe durch technische Tricks wie Mehrfachsprengköpfe zu »überlisten«, kann jede Defensivwaffe leicht durch Vergrößerung des gegnerischen Angriffspotentials kompensiert werden. So kommt die Entscheidung zur Entwicklung von Interkontinentalraketen dem Verzicht auf Abwehr gleich. Verteidigung in einem thermonuklearen Krieg ist nicht mehr möglich. Der Frieden kann militärisch nur noch gesichert werden, indem der Gegner zu »Wohlverhalten« gezwungen wird. Das Mittel ist die Drohung, seine Gesellschaft zu zerstören. Die gegnerische Zivilbevölkerung wird als Geisel genommen, im Austausch dient den mit Interkontinentalraketen gerüsteten Gegnern die eigene Bevölkerung als Geisel. Frieden durch gegenseitige Erpressung!

Von nun an verliert sich die Entwicklung der Waffensysteme in technischen Details. Bestehende Waffen werden verbessert, Neuigkeiten eingeführt, die teilweise nichts mit unmittelbarer Zerstörung zu tun haben: Verfeinerung von Steuersystemen für Raketen und Flugzeuge, Feststoffantrieb für Raketen, Nachrichten- und Beobachtungssatelliten, verbunkerte Raketensilos, Entwicklung von Sensoren, die über der Erde, später im Meer und schließlich im Weltraum verteilt über die Absichten des Gegners informieren, Laserkanonen zur Blendung von Aufklärungssatelliten, immer leistungsfähigerer Elektronenrechner, die aus aller Welt einlaufende Daten in Sekundenbruchteilen auswerten und ein Bild der Gesamtsituation entwerfen. Diese und Hunderttausende anderer Verbesserungen der Waffentechnik werden in den fünfziger Jahren eingeleitet und ein Teil nach mehreren Jahren oder nach Jahrzehnten eingesetzt.

Im Vergleich zur Atom- und zur Wasserstoffbombe sind es Entwicklungen von scheinbar untergeordneter Bedeutung. Mehr noch, indem sie beitragen, die Folgen eines denkbaren Krieges für beide Seiten unannehmbarer zu machen, scheinen diese mit immensem Aufwand betriebenen Entwicklungen den Frieden zu stabilisieren. Das zynische Motto des Strategischen Bomberkommandos »Frieden ist unser Beruf« könnte so auch für jedes der unzähligen Waffenlabors der Regierungen oder der Rüstungsindustrie gelten.

Nur stimmt das Motto nicht. Denn das Wettrüsten, das den Frieden erhalten soll, stellt ihn mit immer größer werdendem Risiko stets neu in Frage. Alle Ansätze, den Frieden anders zu garantieren als durch Vergrößerung der Schrecken des Krieges, sind gescheitert. Aus der heutigen Perspektive erscheint das durchgängig benutzte Argument, eine Veränderung des politischen Klimas allein und nicht der Verzicht auf das Wettrüsten garantiere das Überleben »des Menschen« als Begründung für das Rüstungsgeschäft. Denn die Vervollkommnung der Vernichtungsmaschinerien verfestigt die Spaltung, als deren Produkt sie sich ausgibt. Politischen, wirtschaftlichen und ideologischen Gegensätzen der Machtblöcke, überlagert sich der wachsende Einfluß der jeweiligen Rüstungskomplexe im gleichen Maß, wie diese die nationale Politik, Wirtschaft und Ideologie beherrschen. So wird in einem Klima relativer Entspannung weiter an der Perfektionierung der Waffenarsenale gearbeitet, ein Paradoxon, das in Wirklichkeit keines ist.

DAS EIGENLEBEN DER RÜSTUNGSTECHNIK

Die Waffen haben sich verselbständigt. Technisch, weil zwischen dem Beginn und dem Abschluß der Arbeiten an einem neuen System Zeiträume von mehreren Jahren, nicht selten von mehr als einem Jahrzehnt vergehen. Politisch, weil der sogenannten Verteidigung von der Öffentlichkeit ein Freiraum eingeräumt wird, der die Entwicklung der Waffensysteme nahezu jeder Kontrolle entzieht. Unter dem Vorwand sachlicher, militärischer, technischer und wirtschaftlicher Eigengesetzlichkeit dient das Geschäft der Rüstung zu »Verteidigungszwecken« höchst partikularen gesellschaftlichen Kräften. Interessen der Waffengattungen, der Rüstungsindustrie mitsamt ihrer politischen Helfershelfer und der Rüstungsforschung treten im Gewand der nationalen Sicherheit als öffentliche auf.

Und zuletzt bedingt dann die technische Eigenart der Waffe auch noch ihren politischen Stellenwert. Die gegen Deutschland entwickelte Atombombe dient einer schnellen, billigen und »humanen« Beendigung des Krieges mit Japan. Politische Gründe, auf eine Bombardierung japanischer Städte zu verzichten, werden mit »technischen« Argumenten beiseite geschoben. Die technische Möglichkeit, Wasserstoffbomben zu entwickeln, schafft erst das politische Klima – sowohl nach außen wie nach innen –, das ihre Entwicklung voraussetzt. Zur absoluten Waffe gehört auch ein absoluter Feind. Die Strategie der massiven Vergeltung der Eisenhowerzeit ist weniger aus militärischer Einsicht entstanden, als aus der wenig differenzierten Rüstung der Zeit, gekoppelt an die ideologische Borniertheit und wirtschaftliche Spekulation, teuere konventionelle durch angeblich billige atomare Rüstung zu ersetzen.

Da die Entwicklung neuer Waffensysteme ein langwieriger Prozeß ist, liegen die technischen Ursachen des politischen Scheiterns von Eisenhower und Dulles bereits in der Regierungszeit Trumans. Die in der Eisenhower-Ära entwickelten Waffen bedingen die Strategie des unter Kennedy und Johnson dienenden Rüstungsministers McNamara. Die unter ihm entwickelten konventionellen Waffen und die dazugehörende Strategie schließlich erlebten in Vietnam unter einem anderen Minister ihr Fiasko. Das neue atomare Konzept der frühen siebziger Jahre schließlich fußt auf technischen Entwicklungen, die in McNamaras Zeit angeregt wurden.

Mit einer Phasenverschiebung von etwa zehn Jahren beeinflußt die technische Eigenart der neuen Waffen auch die Politik der Sowjetunion. Das grundlegende Dogma der marxistisch-leninistischen Lehre, die Unausweichlichkeit des Krieges zwischen kapitalistischen und sozialistischen Ländern verändert sich unter dem Eindruck der veränderten Waffentechnik. Denn Mitte der fünfziger Jahre ist die Sowjetunion dabei, ein eigenes thermonukleares Waffenarsenal aufzubauen.

Angesichts der drückenden strategischen Überlegenheit der Vereinigten Staaten von etwa zehn zu eins in dieser Zeit ist die Gefahr des bisherigen Dogmas offensichtlich. Hatte Stalin noch verkündet, der dritte Weltkrieg würde die Befreiung der Welt vom Kapitalismus bringen, wird das von Chruschtschow 1956 in Frage gestellt.

Im gleichen Jahr, in dem die Sowjetunion die ersten Langstreckenbomber in Dienst stellt, mit denen sie erstmals die Vereinigten Staaten mit thermonuklearen Waffen angreifen kann, zeigt Chruschtschow auf dem 20. Kongreß der kommunistischen Partei einen Wechsel der militärischen und politischen Doktrin an: »Der Krieg ist kein unvermeidbares Schicksal mehr. Heute gibt es mächtige soziale und politische Kräfte, die über abschreckende Mittel verfügen, um die Imperialisten an der Entfesselung eines Krieges zu hindern ... Im Zusammenhang mit den radikalen Veränderungen in der Welt eröffnen sich neue Aussichten hinsichtlich des Übergangs von Ländern und Völkern zum Sozialismus.«

Nicht die Rüstungspolitik des Gegners, sondern die eigenen waffentechnischen Erfolge leiten den Wandel der politischen Doktrin ein. In seinem Bericht vom Januar 1960 an den obersten Sowjet kündigt Chruschtschow die Verringerung der sowjetischen Streitkräfte um ein Drittel an. Schon Truman nach dem Zweiten Weltkrieg und Eisenhower nach dem Koreakrieg hatten ähnliche Gründe angeführt. Konventionelle Rüstung wird durch billigere atomare ersetzt. Die eingesparten Ressourcen dienen der wirtschaftlichen Expansion. Die gewachsene Fähigkeit der Sowjetunion, einen Angreifer mit strategischen Waffen abzuschrecken, rechtfertigt diesen Bruch mit der Tradition der sowjetischen Kriegswissenschaft.

Atomwaffen für die Bundesrepublik

In der Mitte der fünfziger Jahre übernimmt die NATO die amerikanische Strategie der massiven Vergeltung; die gefährliche und, mit der atomaren Aufrüstung der Sowjetunion, unglaubwürdiger werdende Drohung, im Fall auch konventioneller Angriffe zivile Zentren im gegnerischen Hinterland mit strategischen Waffen zu verwüsten.

Der stellvertretende Oberbefehlshaber der alliierten Streitkräfte, der britische Feldmarschall Montgomery, erklärt im November 1954, im Krieg würden Atomwaffen nicht mehr nur »möglicherweise« eingesetzt: »Es ist ganz eindeutig: ›sie werden gebraucht, wenn wir angegriffen werden.‹ Tatsächlich haben wir in bezug auf den Gebrauch von Atom- und thermonuklearen Waffen in einem heißen Krieg den Punkt erreicht, an dem es keine Umkehr mehr gibt.«

Weniger als ein Jahrzehnt nach Ende des Zweiten Weltkriegs, wird 1954 von den westlichen Alliierten beschlossen, die Bundesrepublik wieder aufzurüsten. Deutsche Streitkräfte sollen im Rahmen der NATO beitragen, deren konventionelle Unterlegenheit auszugleichen. Zugleich verspricht die Wiederaufrüstung einer erstarkenden Wirtschaftsmacht ohne eigene Rüstungsindustrie ein lohnendes Geschäft.

Für die von Adenauer geführte Regierung ist das ein willkommener Anlaß, die wirtschaftliche Eingliederung der Bundesrepublik in den Verband der kapitalistischen Industriestaaten militärisch zu ergänzen und abzusichern. Die auf diesem Weg erreichbaren politischen Konzessionen sollen helfen, den Status des Besiegten im Lauf der Jahre in den eines gleichberechtigten Partners zu verwandeln.

Als eine der ersten Konzessionen an die politische und militärische Restauration in der Bundesrepublik, gestehen die westlichen Besatzungsmächte ihrem neuen Verbündeten Ende 1954 den Bau eines Atomreaktors zu. Sogar ein eigener Minister für Atomfragen wurde 1955 ernannt: Franz Joseph Strauß.

Heisenberg erinnert sich, daß es zu dieser Zeit so aussah, »als würden die Schranken für die friedliche Atomtechnik in Deutschland bald fallen«. In Karlsruhe sollte das erste Atomforschungszentrum der Bundesrepublik entstehen.

Es war vorgesehen, dieses Zentrum aus der Max-Planck-Gesellschaft auszugliedern. Für Heisenberg ist das ein Anlaß zur Beunruhigung. Er fragt sich, ob Karl Wirtz, der das Karlsruher Atomforschungszentrum leiten sollte, ohne den Rückhalt der Max-Planck-Gesellschaft stark genug sei, das neue Zentrum für »friedliche Atomtechnik ... auf Dauer dem Zugriff derer zu entziehen«, die die dafür aufgewendeten »großen Mittel lieber für andere Zwecke verwenden wollten«. Diese »Zwecke« erläutert Heisenberg: »In Kreisen der Politik oder der Wirtschaft (wurde) die Meinung laut . . . eine atomare Bewaffnung sei eben in unserer Welt eines der üblichen Mittel zur Sicherung gegen äußere Bedrohung und daher für die Bundesrepublik nicht auszuschließen.«

Heisenberg und andere Wissenschaftler erkennen die Gefahr. Doch Heisenberg hat sich in jenen Jahren in seine Theorie der Elementarteilchen vertieft, die ihn in eine bis an die Grenze des physischen Zusammenbruchs gehende wissenschaftliche Auseinandersetzung führt, so daß er für politische Aktionen ausfällt.

Die Aufgabe, den Widerstand der Atomwissenschaftler gegen die atomare Aufrüstung der Bundesrepublik zu organisieren, übernimmt sein Freund und Schüler Carl Friedrich von Weizsäcker, von beiden ohnehin die größere politische Begabung. Der angesehene Entdecker der Uranspaltung, Otto Hahn, der nach dem Krieg Präsident der Max-Planck-Gesellschaft geworden war, und bereits 1955 erste Kontroversen mit konservativen Politikern um Pläne zur atomaren »Verteidigung« der Bundesrepublik ausgefochten hatte, (zeitweilig stand ein Gürtel von Atomminen an der »Zonengrenze« zur Debatte) gehört mit von Weizsäcker zu den treibenden Kräften des Widerstands der Atomwissenschaftler gegen eine atomare Aufrüstung der Bundesrepublik.

Mit Pfeil und Bogen gegen die Sowjetunion

Der 1956 vom Atom- zum Verteidigungsminister beförderte Franz Joseph Strauß verwaltet nicht nur die zuständige Ressort, sondern ist, wie die in der Gruppe Kernphysik organisierten Atomwissenschaftler vermuten, auch die politische Spitze jener Kräfte, die auf atomare Aufrüstung drängen. Die in der Gruppe Kernphysik organisierten Wissenschaftler fordern ihn daher auf zu erklären, die Bundesrepublik beabsichtige Atomwaffen weder herzustellen noch zu lagern.

Strauß empfängt die Wissenschaftler im Januar 1957. Hahn erinnert sich, Strauß sei sehr aufgebracht über die »Zumutung« gewesen. Von Weizsäcker meint, Strauß habe sich so aufgeführt, daß es den Teilnehmern des Gesprächs schwergefallen sei, ihn weiter als »Gentleman« zu behandeln. Er schreit die Wissenschaftler an, empört sich über die »Zumutung«, seine Bemühungen zu unterminieren, die Bundesrepublik gegenüber der Sowjetunion zu stärken.

Eine überlieferte Äußerung Strauß' aus dem gleichen Jahr mag die Berechtigung der von den Wissenschaftlern so zurückhaltend formulierten Kritik belegen: Strauß bezeichnete den Entdecker der Atomspaltung, Otto Hahn, als einen »alten Trottel, der die Tränen nicht halten und nachts nicht schlafen kann, wenn er an Hiroshima denkt«.

Einen Monat später scheint sich Strauß in einem weiteren Gespräch besser unter Kontrolle zu haben. Hahn berichtet, Strauß habe ihm erklärt, die Deutschen könnten den Russen doch nicht »mit Pfeil und Bogen« gegenüberstehen. Zwar sollte Deutschland keine eigenen Atomwaffen herstellen, dürfte jedoch aus Sicherheitsgründen nicht verhindern, daß Atomwaffen auf deutschem Territorium gelagert und zu seiner »Verteidigung« eingesetzt würden. Die Sowjetunion könnte man nach Strauß' Ansicht nur an den Verhandlungstisch bringen, wenn man die NATO im großen Stil atomar aufrüsten würde. Nur so ließe sich Frieden und Freiheit sichern.

Die Beunruhigung der Wissenschaftler wächst, als zur gleichen Zeit Adenauer sich öffentlich über Atomwaffen äußert. Er stellt taktische Atomwaffen als bloße technische Verbesserung der Artillerie dar.

Das ist für die Wissenschaftler das Signal, die bisher geübte Zurückhaltung aufzugeben. Denn sie kennen die Zerstörungskraft von Atomwaffen und wissen, daß auch beim Einsatz »nur« taktischer Atomwaffen von der Gesellschaft der Bundesrepublik wenig übrig bliebe. Von Weizsäcker erklärte später: »Eine Drohung, die nur zum Preis der Selbstzerstörung ausgeführt werden kann, hört auf, eine Drohung zu sein. Wenn jeder weiß, daß die Bomben nicht fallen werden, ist es als ob sie nicht da wären. Die Gefahr liegt in der Tatsache, daß der Besitzer der Bomben, um sie als Drohung benutzen zu können, auch bereit sein muß, sie zu nutzen.« Diese Drohung ist, angesichts der militärischen und geographischen Lage der Bundesrepublik, als potentiellem Schauplatz eines Atomkrieges (mit taktischen Waffen) entweder unglaubwürdig oder selbstmörderisch und daher im höchsten Maß irrational.

Um ihren Vorstellungen die politische Resonanz zu geben, die sie in ihren privaten Gesprächen mit Regierungsmitgliedern nicht fanden, treten im April 1957 achtzehn bekannte deutsche Naturwissenschaftler im sogenannten Göttinger Manifest an die Öffentlichkeit. Ihre Erklärung warnt vor den Plänen, die Bundeswehr atomar zu bewaffnen. Die Wissenschaftler machen auf die bagatellisierende Wirkung des Begriffes »taktische Atomwaffen« aufmerksam, deren Sprengkraft der normaler Atomwaffen gleichkommt. Strategische Waffen, Wasserstoffbomben, könnten durch Radioaktivität die Bevölkerung der Bundesrepublik »wahrscheinlich heute schon ausrotten«. Die Unterzeichner folgern: »Für ein kleines Land wie die Bundesrepublik glauben wir, daß es sich heute noch am besten schützt, wenn es ausdrücklich und freiwillig auf den Besitz von Atomwaffen jeder Art verzichtet.«

Es folgt die Versicherung: »Jedenfalls wäre keiner der Unterzeichneten bereit, sich an der Herstellung, der Erprobung oder dem Einsatz von Atomwaffen in irgendeiner Weise zu beteiligen.« Diese Bereitschaft zu der persönlichen Konsequenz, gegebenenfalls auch berufliche Nachteile auf sich zu nehmen, hebt dieses Manifest von Dutzenden anderer Erklärungen von Wissenschaftlern ab, deren unverbindlich aufklärerischer Charakter politisch und persönlich folgenlos blieb.

Es unterscheidet sich jedoch auch in seiner Beschränkung auf das politisch Realisierbare: Die Unterzeichner fordern weder eine abgerüstete, noch eine atomwaffenfreie Welt, noch nicht einmal das Atomwaffenmonopol nur für die beiden Weltmächte USA und UdSSR. Sie appellieren nicht an alle Regierungen der Welt oder an die potentieller Atommächte, sondern nur an die eigene. Das Manifest bestätigt sogar ausdrücklich, die »gegenwärtige Angst vor Wasserstoffbomben (leiste) heute einen wesentlichen Beitrag zur Erhaltung des Friedens«. Von Weizsäcker erklärte, daß Beschränkung auf das politisch Durchsetzbare eine Voraussetzung für den Erfolg sei. Nur wenn die Öffentlichkeit auf eine politisch und militärisch ohnehin fragwürdige Möglichkeit aufmerksam würde, könnte die Regierung daran gehindert werden, in aller Heimlichkeit vollendete Tatsachen zu schaffen. Er fügte hinzu, daß sich die deutschen Wissenschaftler an die Macht zu wenden hatten, der sie direkt als Bürger verpflichtet waren – ihr eigenes Land. Wissenschaftler und Bürger anderer Länder könnten das gleiche tun, wenn es richtig und möglich erschiene.

Unterzeichnet ist das Manifest von: Bopp, Born, Fleischmann, Gerlach, Hahn, Haxel, Heisenberg, Kopfermann, v. Laue, Maier-Leibnitz, Mattauch, Paneth, Pauli, Riezler, Straßmann, Walcher, v. Weizsäcker, Wirtz.

Die Reaktion ist heftig. Strauß und Adenauer greifen die Erklärung der Wissenschaftler öffentlich an. In einem Telefongespräch wirft Adenauer Heisenberg vor, es sehe »beinahe so aus, als beabsichtigten (die Wissenschaftler) geradezu eine Schwächung der Bundesrepublik«. Für Adenauer ist es politisch unschicklich, daß eine kleine Gruppe sich anmaßt, »in wohlüberlegte Planungen einzugreifen, die sich nach den Interessen großer politischer Gemeinschaften richten mußten«. Adenauer lädt Heisenberg zu einer Besprechung nach Bonn ein. Da sich Heisenberg gesundheitlich dieser Auseinandersetzung nicht gewachsen fühlt, lehnt er ab.

So stehen am 15. April 1957 von Laue, Hahn, von Weizsäcker, Gerlach und Riezler einer Front von Politikern, hohen Regierungsbeamten und zwei Generälen gegenüber. Adenauer, Strauß, Hallstein, Globke, Heusinger, beginnen den Wissenschaftlern vor einer großen Weltkarte und vor einer Europakarte die militärische Lage der Bundesrepublik zu erklären: Als Mitglied der NATO könne Deutschland nicht ohne Atomwaffen bleiben und angesichts der großen sowjetischen Überlegenheit auch nicht ohne taktische Atomwaffen verteidigt werden.

Im Gespräch mit den Politikern meint von Weizsäcker eine grundsätzliche Übereinstimmung zwischen Adenauers und seiner eigenen Überzeugung festzustellen. Ihre unterschiedliche Haltung zur Frage der atomaren Aufrüstung resultiert nach von Weizsäckers Eindruck primär aus taktischen Überlegungen. Für Adenauer ist die atomare Aufrüstung der Bundesrepublik keine rein militärische Machtfrage. Von Weizsäcker stellt fest, daß Adenauer, wie er selbst, auf Abrüstung und Entspannung hofft. In Abrüstungsverhandlungen stellt für Adenauer die Option der Bundesrepublik auf Atomwaffen eine politische Trumpfkarte dar, die nicht ausgespielt werden sollte, ohne einen Gegenwert zu erhalten. Von Weizsäcker dagegen glaubt nicht an den Erfolg von Abrüstungsbemühungen. Auf lange Sicht ist für ihn der Ausbruch eines neuen Krieges wahrscheinlich. Würde dieser Krieg auf dem Gebiet der Bundesrepublik mit taktischen Atomwaffen geführt, wäre ihre weitgehende Zerstörung sicher. Aus diesem Grund ist für von Weizsäcker der Verzicht der Bundesrepublik auf Adenauers »Trumpfkarte« die innerhalb der geographischen und militärischen Lage einzig vernünftige Lösung.

Das scheint Adenauer nicht zu verstehen. Adenauer, so stellt sich von Weizsäcker vor, sieht nicht den politischen Hintergrund seines Eintretens für einen einseitigen Verzicht. Er gewinnt den Eindruck, Adenauer identifiziere ihn mit jenen politischen Gruppen, überwiegend der liberalen Linken, die aus moralischen Gründen eine Atomrüstung verwarfen. Doch für von Weizsäcker ist Entspannung und Verzicht auf Atomrüstung kein moralisches Problem, sondern ein militärisches und politisches Kalkül. Er ist sicher, daß der Beifall der liberalen Linken zum Göttinger Manifest ihn für Adenauer in die Ecke weltanschaulicher Borniertheit gestellt haben muß, aus der es kein politisches Entrinnen mehr gibt: Damit ist er für Adenauer kein ernst zu nehmender Gesprächspartner. Noch heute kann sich von Weizsäcker über jene Linken ärgern, »die per definitionem Idioten sind«, weil sie 1957 seine Verständigung mit Adenauer verhinderten.

Nach Ansicht von Otto Hahn endet die Besprechung mit einem Erfolg. Die Wissenschaftler seien mit dem Ergebnis zufrieden gewesen, »Minister Strauß allerdings weniger«. Eine von den Teilnehmern unterzeichnete Presseerklärung hält fest, »daß die Bundesrepublik nach wie vor keine eigenen Atomwaffen produzieren wird, und daß die Bundesregierung demgemäß keine Veranlassung hat, an die deutschen Atomwissenschaftler wegen einer Beteiligung an der Entwicklung nuklearer Waffen heranzutreten«.

Im Göttinger Manifest dagegen wurde sehr viel entschiedener gefordert, »daß sich ein kleines Land wie die Bundesrepublik ... heute am besten schützt, wenn es ausdrücklich und freiwillig auf den Besitz von Atomwaffen jeder Art verzichtet«. Daran, daß die Bundesrepublik im Rahmen der NATO-Planung mit Atomwaffen »verteidigt« werden soll, eine »Verteidigung« die wenig von ihr übrig ließe, änderte die Göttinger Erklärung nichts. Immerhin trug, nach von Weizsäckers Ansicht, die Aktion der Atomforscher von 1957 dazu bei, daß in der Bundesrepublik Tendenzen einer nationalistischen Atomwaffenpolitik schon im Ansatz unterdrückt wurden.

GLEICHGEWICHT DES SCHRECKENS

Die etwa von 1954 bis 1960 geltende Doktrin der »massiven Vergeltung« kannte gegen größere auch konventionell begonnene kriegerische Aktionen nur die Drohung mit Kernwaffen. Im Hintergrund mußte stets das strategische Bomberkommando lauern, jederzeit bereit, das thermonukleare Inferno im gegnerischen Hinterland zu entfachen. Die Doktrin war der Bastard aus dem ökonomischen Wunsch der Eisenhowerregierung teurere konventionelle Rüstung durch billigere atomare zu ersetzen, ohne die aggressiv antikommunistischen Parolen aufgeben zu müssen. In dieser Verbindung militärischer Doktrin mit dem politischen Ziel des »Rollback« des Kommunismus spiegelt sich der Entwicklungsstand einer plumpen Waffentechnik. Im Besitz scheinbar absoluter Waffen und angesichts eines erdrückenden strategischen Übergewichts, glaubte diese Regierung absolute Ziele verfolgen zu können. Eine Waffentechnik, die nur wenig Differenzierung erlaubte, wurde zur ultima ratio einer ebenso undifferenzierten Politik.

Sie scheiterte, da sie unglaubwürdig war. Die Aufstände in der DDR und in Ungarn, wirkliche Anlässe für Eisenhowers »Kreuzzug für die Freiheit« wurden ohne amerikanische Gegenaktion durch sowjetische Truppen unterdrückt. Schon Korea hatte die Glaubwürdigkeit der Drohung mit Atomwaffen in konventionellen Auseinandersetzungen in Frage gestellt. Der Preis auch nur weniger zerstörter amerikanischer Großstädte erschien bereits in einer Zeit als zu hoch, in der ihre strategische Überlegenheit den Vereinigten Staaten erlaubt hätte, die ganze Sowjetunion in Schutt und Asche zu legen.

Und je weiter die atomare Aufrüstung des Gegners voranschritt, um so wirkungsloser oder gefährlicher mußte eine Politik werden, die selbst 1958 bei der Besetzung des Libanons durch amerikanische Invasionstruppen das Strategische Bomberkommando alarmieren mußte, um eine mögliche konventionelle Gegenaktion der Sowjetunion zu verhindern. Obwohl die Sowjetunion nicht eingriff, blieb das bange Gefühl zurück, was geschehen wäre, wenn ... Entweder hätten sich die Vereinigten Staaten zurückziehen oder die Drohung ihrer Doktrin wahr machen müssen. Eisenhower selbst resignierte gegen Ende seiner Regierungszeit, als er vom atomaren Patt sprach, das seine Politik lähme.

Die politische Einsicht folgt zu Beginn der sechziger Jahre dem veränderten Stand der Rüstungstechnik. Mit der Zahl der sowjetischen Langstreckenbomber und später der Interkontinentalraketen verändern sich die strategischen Vorstellungen der Amerikaner. Absolute strategische Überlegenheit wird zu einer zweischneidigen Waffe, wenn der Gegner über ausreichende Kapazitäten verfügt, zwar relativ begrenzte aber immer noch unerträglich erscheinende Schäden anzurichten. Denn selbst diese begrenzten Verwüstungen, die ein Feind anrichten könnte, der selbst vollständig vernichtet würde, machen die eigene Drohung zu einem unerträglichen Risiko. Dazu kommt die destabilisierende Wirkung der strategischen Unterlegenheit. In Krisen ist der schwächere der beiden Kontrahenten stets in Versuchung, präventiv loszuschlagen, in der Hoffnung, das strategische Übergewicht des Feindes auszuschalten. Dieses Wissen wiederum verführt den Überlegenen, diesem Präventivschlag seinerseits zuvorzukommen.

Die waffentechnische Entwicklung zieht eine Revision der strategischen Doktrin nach sich; nicht weil die politische Moral gewachsen wäre, sondern als Folge der Weiterentwicklung der Waffentechnik. Krieg wird nicht mehr durch absolute Überlegenheit eines der beiden Weltmächte vermieden, sondern – rationales Verhalten auf beiden Seiten vorausgesetzt – durch die beiden »Partnern« im Gleichgewicht des Schreckens zugestandene Fähigkeit, einen Angriff mit thermonuklearen Waffen in gleicher Weise beantworten zu können. Gegenseitige Abschreckung durch unverwundbare Zweitschlagkapazitäten beider und nicht mehr einseitige Überlegenheit soll nun den Frieden sichern. Die seit etwa 1961 veränderte »Verteidigungsdoktrin« ist das Ergebnis der rüstungstechnischen Entwicklungen der fünfziger Jahre.

Politisch formuliert wird die neue Strategie von dem unter Präsident John F. Kennedy zum Rüstungsminister berufenen Automobilmanager Robert McNamara. Sein Konzept ist einfach. Der Abschreckungseffekt beruht auf strategischen Waffen beider Seiten, die einen ersten Schlag des Gegners überstehen können. Wenn keine Aussicht besteht, die gegnerische Zweitschlagkapazität auszuschalten, entfällt eines der entscheidenden Motive für einen Angriff. Die für diese Strategie notwendigen Waffen müssen daher gegenüber Überraschungsangriffen gesichert sein.

Die amerikanischen Abschußrampen für Interkontinentalraketen werden daher in verbunkerten Silos unter der Erde untergebracht. Diese Silos schützen vor Kernwaffenexplosionen in unmittelbarer Nähe, nicht aber direkt über dem Silo. Die dazu notwendige Treffgenauigkeit übersteigt jedoch vorläufig die technischen Möglichkeiten der Lenksysteme. Ein zweites unverwundbares Waffensystem, das die Vereinigten Staaten seit 1960 und die Sowjetunion seit 1964 auszubauen beginnen, sind mit Raketen und Kernsprengköpfen ausgerüstete, atomar angetriebene Unterseeboote, die sich in der Weite der Weltmeere verstecken.

Eine zweite Komponente von McNamaras Strategie ist Beschränkung der ersten Welle des eigenen Vergeltungsangriffs auf militärisch und wirtschaftlich wichtige Ziele. McNamara erklärt 1962: Wenn sich der erste Schlag der Vereinigten Staaten auf die strategischen Streitkräfte des Gegners, auf Industrien und sonstige militärisch wichtige Ziele unter Schonung ziviler Zentren beschränke, »geben wir einem möglichen Gegner den stärkst möglichen Anreiz, sich zurückzuhalten, unsere Städte zu vernichten«. Eine starke, geschützte Reserve eigener strategischer Waffen steht als Drohung bereit. Sie soll den Gegner aus Furcht vor gleichartiger Vergeltung veranlassen, die eigenen Städte zu schonen. Dies ließe nach McNamaras Vorstellung die Möglichkeit offen, den Krieg zu beenden, bevor größere Teile der Bevölkerung der kriegführenden Staaten vernichtet würden. Neben der Unverwundbarkeit der Zweitschlagkapazität hat diese Strategie eine zweite technische Voraussetzung. Die Raketen müssen hinreichend genau treffen, um militärisch wichtige Ziele zu treffen, ohne die meist in der Nähe liegenden zivilen Zentren »über Gebühr« zu schädigen.

Die technische Eigenart dieser Waffen erlaubt freilich nicht, zwischen »defensiven« und »offensiven« Absichten zu trennen. Daher schließt die von McNamara angestrebte Fähigkeit, alle militärisch wichtigen Ziele selbst noch in einem zweiten Schlag auszuschalten, ein, dies in einem ersten Schlag um so sicherer zu schaffen. Sowjetische Kommentatoren folgern, die Entwicklung dieser sogenannten counterforce Waffensysteme (gegen militärische Ziele gerichtet) seien in Wirklichkeit Vorbereitungen eines amerikanischen Präventivschlags. Selbst wenn McNamara mit Überzeugung erklärt, die Vereinigten Staaten beabsichtigten genau das Gegenteil, »mit einer sicheren Fähigkeit zurückzuschlagen, nicht der geringsten Versuchung ausgesetzt zu sein, zuerst loszuschlagen«, hebt dieses Argument nicht die technische Ambivalenz der counterforce Waffen auf: defensive und offensive Anwendung sind durch keine technischen Barrieren getrennt. Der Gegner muß den für ihn ungünstigsten Fall annehmen und die Zahl seiner Raketen vergrößern, um seine Zweitschlagkapazität gegenüber den counterforce Kapazitäten des Gegners zu sichern.

Auf diese Weise entstehen über den Punkt der gegenseitig garantierten Vernichtung hinaus, auf dem die Abschreckung beruht, Potentiale, welche die Absurdität mehrfacher Vernichtung des Gegners einschließen. Die zur Vergrößerung der nuklearen Optionen und zur Schonung der Zivilbevölkerung entwickelten counterforce Waffen haben den entgegengesetzten Effekt. Sie veranlassen den Gegner, sein thermonukleares Kriegspotential so weit auszubauen, daß in einem mit vollem Einsatz geführten Krieg die im eigenen Land und über große Teile der Erde verstreute Radioaktivität ausreicht, einen großen Teil der eigenen und der Zivilbevölkerung unbeteiligter Länder zu töten.

McNamaras neue Militärdoktrin der »Flexiblen Reaktion« gilt etwa von der Zeit von 1961–1968. In nur geringfügig abgewandelter Form ist sie bis heute in Kraft. Sie sieht vor, jeder Art gegnerischer Kriegsführung auf der gleichen Stufe begegnen zu können, und durch die Drohung, den Krieg auf eine höhere Stufe zu eskalieren, den Gegner zusätzlich abzuschrecken. »Flexible Reaktion« setzt daher einen sich rational verhaltenden Gegner voraus, der über gesicherte Zweitschlagkapazitäten verfügt, die sie durch counterforce Elemente selbst wieder in Frage stellt. Gleichzeitig geht es McNamara darum, nicht nur die strategische Position der Vereinigten Staaten einseitig zu stärken, sondern die Sowjetunion zu veranlassen, ähnlich unverwundbare Zweitschlagkapazitäten aufzubauen. Auf die Frage eines amerikanischen Kolumnisten, wann die Sowjetunion soweit sei, antwortet der amerikanische Rüstungsminister: »Je früher desto besser.«

Um den militärischen Anforderungen der »Flexiblen Reaktion« zu genügen, einer Strategie, die in McNamaras Worten »erlaubt, zwischen mehreren durchführbaren Plänen zu wählen« und die »Streitkräfte in einer kontrollierten und überlegten Weise einzusetzen« muß auch konventionell aufgerüstet werden. Die Hauptlast dieser Verstärkung haben die NATO-Partner zu tragen. Anfang 1963 erklärt McNamara, daß die Entscheidung, taktische Kernwaffen einzusetzen, »uns nicht aufgezwungen werden darf, nur weil wir keine andere Wahl haben, mit einer speziellen Situation fertig zu werden«.

Die quantitative konventionelle Überlegenheit des Gegners soll durch qualitativ überlegene Technik ausgeglichen werden. Die Rüstungslabors der Vereinigten Staaten, und in geringerem Ausmaß die ihrer Verbündeten, beginnen mit der Entwicklung hochtechnisierter und automatisierter konventioneller Waffensysteme. Die wissenschaftlichen und technischen Grundlagen der »automatisierten

Kriegsführung« werden während McNamaras Amtszeit als Rüstungsminister gelegt. In Vietnam erlebt diese, auch »elektronisches Schlachtfeld« genannte Art automatisierter Kriegsführung gegen einen weit unterlegenen, jedoch politisch motivierten Gegner ihr Fiasko. Zuvor hatte sie jedoch beigetragen, daß bei relativ beschränktem militärischem »Gewinn«, Hunderttausende unbeteiligter Zivilisten getötet, auf grausamste Weise verkrüppelt, Millionen vertrieben und weite Landstriche Vietnams in eine ökologische Wüste verwandelt wurden.

Kennedys Spiel mit dem Inferno

Als Paradefall der »Flexiblen Reaktion«, des Erfolgs der von McNamara kalt berechneten Zeichensprache machtsymbolischer Symbole gilt gemeinhin die Kubakrise von 1962. Im Oktober dieses Jahres hing, in den Worten von Kennedys Kontrahenten, Nikita Chruschtschow, »der Geruch von Verbranntem in der Luft«.

Nach der mißglückten, von der Kennedy Regierung inszenierten, Invasion der Exilkubaner in der Schweinebucht von 1961 hatte die UdSSR in aller Heimlichkeit begonnen, in Kuba Abschußrampen für Mittelstreckenraketen aufzubauen. Der ganze Südosten der Vereinigten Staaten, bis hinauf nach Washington, wäre in das Schußfeld sowjetischer Raketen mit Kernsprengköpfen geraten.

Nachdem amerikanische Aufklärungsflugzeuge eindeutige Beweise der sowjetischen Raketenstellungen gesammelt haben, stellt Präsident Kennedy die sowjetische Regierung vor die Alternative, ihre Raketenstellungen wieder abzuziehen oder die gewaltsame Entfernung und damit Krieg mit den Vereinigten Staaten zu riskieren. Für Offensivwaffen wie Mittelstreckenraketen und -bomber sollte Kuba unter Quarantäne gestellt werden.

Um Kuba wird ein Blockadering aus amerikanischen Kriegsschiffen gezogen. Im Südosten der Vereinigten Staaten stehen große, konventionelle Streitkräfte für eine Invasion der Insel bereit. Bombenflugzeuge werden auf Flugplätzen im Südosten zusammengezogen, um die kubanischen Raketenstellungen mit konventionellen Bomben zu vernichten. Die Natopartner in Europa sind alarmiert. Amerikanische Raketenstellungen in aller Welt sind vorbereitet, die Auseinandersetzung bis zum vollen thermonuklearen Krieg zu eskalieren. Der größere Teil der strategischen Luftflotte wird mit seiner thermonuklearen Fracht an die sogenannten »fail safe lines«, in die Nähe sowjetischen Territoriums geschickt, bereit, auf das nächste Signal hin seine Ziele in der Sowjetunion anzugreifen. Der Rest der strategischen Bomberflotte wird auf Flughäfen im ganzen Land verstreut. Eine fliegende Zentrale soll die Einsatzleitung übernehmen, falls der unterirdische Kommandostand des Bomberkommandos zerstört würde. Mit Polarisraketen ausgerüstete Atomunterseeboote beziehen Stellung, um sowjetische Städte zu vernichten.

Vier Jahre nach der Besetzung des Libanons bereiten sich die Vereinigten Staaten zum zweitenmal vor, eine lokale Auseinandersetzung um den Preis der Vorbereitung eines Atomkriegs für sich zu entscheiden. Als sich die sowjetischen Schiffe dem amerikanischen Blockadering nähern, kommt es buchstäblich auf das Verhalten zweier Kapitäne an, ob die erste Stufe des Eskalationsmechanismus ausgelöst, und in einem vielleicht ungewollten Wechselspiel von Aktionen höhere Stufen der Auseinandersetzung erreicht werden. Die von beiden Regierungen nicht vereinbarte Zeichensprache wird verstanden. Die Entscheidung liegt nicht mehr bei den Kapitänen, sondern bei den Regierungen. Die russischen Transportschiffe drehen vor dem Blockadering ab. Die Krise ist vorüber.

Kennedys Rechnung ging auf. Doch waren seine Entscheidungen tatsächlich jenes Musterbeispiel eines maßvollen, aber entschlossenen und kalkulierten Machteinsatzes als das sie dargestellt wurden? Waren die sowjetischen Raketenstellungen auf Kuba den Einsatz wert, oder war es ein verantwortungsloses Vabanquespiel mit dem großen Krieg?

Wie erst jetzt veröffentlichte Dokumente zeigen, war Kennedy bereits mehrere Tage vor seiner Rede, in der er der Regierung der Sowjetunion sein Ultimatum stellte, von seinen Beratern und von einem Ausschuß des »Nationalen Sicherheitsrats« über die relative militärische Bedeutungslosigkeit der kubanischen Raketenstellungen informiert worden. Amerikanische Sowjetexperten empfahlen Geheimverhandlungen mit dem Gegner. Auch Zeitdruck konnte, wie der Historiker Barton J. Bernstein nachweist, nicht der Grund dafür sein, daß sich Kennedy für ein öffentlich verkündetes, den Gegner demütigendes Ultimatum entschied. Im Gegensatz zur offiziellen Darstellung waren die meisten Raketenstellungen zu diesem Zeitpunkt bereits gefechtsbereit.

Vielmehr sollte die Konfrontation unter den Augen der Weltöffentlichkeit Kennedys Mut, Entschlossenheit und Umsicht demonstrieren, der Verbesserung seines seit der mißglückten kubanischen Invasion ramponierten politischen Images dienen. Daß für Kennedy persönliche und innenpolitische Motive, nicht aber militärische Gründe entscheidend waren, die sowjetische Führung zu demütigen, zeigt auch seine öffentliche Zurückweisung des gegnerischen Kompromißvorschlags: Die Sowjets hatten, nur um ihr Gesicht zu wahren, angeboten, im Austausch gegen ohnehin veraltete und damit ungefährliche amerikanische Raketen in der Türkei, ihre Raketen aus Kuba abzuziehen. Kennedy lehnte öffentlich ab, ließ aber insgeheim durchblicken, die Raketen später aus der Türkei zu entfernen. Alles, was er öffentlich zugestand, war, auf die Invasion Kubas zu verzichten.

Kalkuliert war das Spiel mit dem globalen Inferno sicher nicht. Privat sagte Kennedy auf dem Höhepunkt des Abenteuers: »Es kann so oder so ausgehen.« Und sein Bruder, der Justizminister Robert Kennedy, ergänzte später, der Präsident habe auf die Vernunft des Gegners *gehofft*, sie aber *nicht erwartet*.

WELTAUFRÜSTUNG

Gegenwärtig werden auf der Welt jährlich etwa zweihundertvierzig Milliarden Dollar für Rüstung ausgegeben. Dies entspricht etwa sechs Prozent des Weltbruttosozialprodukts. Die Summe ist größer als das Einkommen, das die Bevölkerung von Afrika, des Mittleren Ostens und von Südostasien 1973 zusammen hatte. Eine Milliarde Menschen, die in den dreiunddreißig ärmsten Ländern der Welt wohnen, lebten von einer Summe, die kleiner ist, als die der jährlichen Weltrüstungsausgaben. Diese zweihundertvierzig Milliarden Dollar, über das Dreifache der globalen Rüstungsausgaben von 1948, sind zwanzigmal mehr als alle Aufwendungen für Auslandshilfe.

Das Internationale Stockholmer Friedensforschungsinstitut SIPRI gibt an, daß der größere Teil der Verdreifachung der globalen Rüstungsausgaben seit 1948 nicht auf die Vergrößerung der Zahl der unter Waffen stehenden Männer zurückgeht. Hauptgrund ist vielmehr »die qualitative Verbesserung der Bewaffnung, in der jede folgende ›Waffengeneration‹ mehr in der Entwicklung, Herstellung, Bedienung und Unterhaltung kostet«.

Allein zwei Drittel der globalen Rüstungsaufwendungen entfallen auf die beiden Weltmächte, auf die Sowjetunion und auf die Vereinigten Staaten. Die meisten Industrieländer haben hochentwickelte Rüstungsindustrien. Der durch diese Industrien aufgestaute wirtschaftliche und politische Druck, sucht sich über Waffenexporte in andere Länder, besonders in wenig entwickelte oder unterentwickelte Regionen der Welt, global zu verteilen. Interessen der Rüstungsindustrien der Industrieländer, Ausdehnung der Macht- und Einflußsphäre tragen wesentlich zur Aufrüstung von Ländern bei, deren Bevölkerung am Rande des Existenzminimums vegetiert.

Barry Schneider, Mitglied des Forschungsstabs des »Center for Defence Information« in Washington, gibt das gegenwärtige Kernwaffenarsenal der Vereinigten Staaten mit dreißigtausend Stück an. Achttausendfünfhundert davon sind strategische, der Rest von einundzwanzigtausendfünfhundert taktische Kernwaffen.

Offizielle Angaben über das Inventar der Kernwaffenarsenale existieren weder für die Vereinigten Staaten noch über die Sowjetunion oder die anderen Atommächte. Die frühere »Chefökonomin« der »US Arms Control and Disarmament Agency«, Ruth Leger Sivard, schätzt, daß der Kernwaffenvorrat nur der Vereinigten Staaten theoretisch ausreichen würde, die gesamte Weltbevölkerung zwölfmal zu vernichten. Die Kernwaffen aller anderen Mächte dazugenommen (der Löwenanteil entfällt auf die Sowjetunion), verdoppelt dieses Vernichtungspotential.

In den letzten vier Jahren betrug die Produktionsrate nur von strategischen Kernwaffen in den Vereinigten Staaten drei Stück pro Tag. Die Vereinbarungen von Wladiwostok zwischen der Sowjetunion und den Vereinigten Staaten erlauben, daß der gegenwärtige Stand von achttausendfünfhundert strategischen Kernwaffen der USA auf einundzwanzigtausend erhöht werden kann.

Den Vereinigten Staaten stehen 1975 für ihre achttausendfünfhundert strategischen Kernwaffen folgende Trägersysteme zur Verfügung:
1. eintausendvierundfünfzig Interkontinentalraketen der verschiedenen Minuteman- und Titantypen.
2. sechshundertsechsundfünfzig Polaris- und Poseidonraketen auf einundvierzig Atomunterseeboote verteilt.
3. fünfhundert strategische Bomber verschiedener Typen, von denen jeder, entweder durch direkten Abwurf oder durch Luft-Bodenraketen, mehrere Wasserstoffbomben ins »Ziel« bringen kann.

Die Zahl der sowjetischen Trägerwaffen liegt in der gleichen Größenordnung. SIPRI gibt für 1974 an, daß rund zweitausendzweihundert amerikanische Interkontinentalraketen und -bombern rund zweitausenddreihundert russische gegenüberstehen.

Das thermonukleare Kräfteverhältnis verschiebt sich jedoch zugunsten der Vereinigten Staaten, wenn nicht die Zahl der Träger, sondern die der unabhängig voneinander ins Ziel steuerbaren Sprengköpfe verglichen wird. Dann vergrößert sich das Übergewicht von rund achttausend Kernsprengköpfen der Vereinigten Staaten gegenüber zweitausendsechshundert der Sowjetunion auf das Dreifache.

Ihr großer Vorsprung auf dem Gebiet der sogenannten MIRV Technologie (Multiple Independently Targeteable Reentry Vehicle – Mehrfachsprengköpfe, von denen jeder unabhängig in ein Ziel steuerbar ist) erlaubt den Vereinigten Staaten gegenwärtig, auf einer vergleichbaren Zahl von Trägerwaffen das Dreifache an nuklearen Gefechtsköpfen einzusetzen. Eine MIRV-Interkontinentalrakete vom Typ Minuteman, Poseidon oder Polaris transportiert mehrere Sprengköpfe. Während des Raketenflugs tasten Laserstrahlen die Topographie des überflogenen Terrains ab. Die Meßdaten werden mit den in einem bordeigenen Computer gespeicherten Werten verglichen. An vorbestimmten Geländepunkten trennen sich dann die einzelnen Gefechtsköpfe von der Rakete und werden auf unabhängige Bahnen in ihre vorbestimmten Ziele gelenkt.

Die fortschreitende Umrüstung auf MIRV Technologie wird die Vereinigten Staaten in die Lage versetzen, mit einer im wesentlichen konstant bleibenden Zahl von Trägerwaffen noch mehr strategische Waffen abzuschießen. Zwischen 1970 und 1977 soll die Zahl der strategischen auf Minuteman- und Poseidonraketen untergebrachten MIRV-Sprengköpfe von zweitausend auf zehntausend steigen. Die Sowjetunion befindet sich gegenwärtig noch in der Entwicklungs- und Einführungsphase der MIRV-Technologie.

Die größere Zielgenauigkeit der amerikanischen Raketen von etwa einer viertel nautischen Meile (ca. 450 m) Abweichung gegenüber einer nautischen Meile der sowjetischen ist ein weiterer entscheidender, wenn auch für die Stabilität des Gleichgewichts fragwürdiger »Vorteil«. Für die Vereinigten Staaten spricht auch, daß sie ihre Raketen für mehrere alternative Ziele programmieren können und so sehr viel beweglicher sind, ihre »Ziele« in letzter Sekunde zu bestimmen.

Die Genauigkeit, mit der die amerikanischen Sprengköpfe ins »Ziel« gebracht werden können, auch mit sogenannten »Cruise« Raketen, ist bereits im Begriff jene Grenzen zu erreichen, in denen sie auch gegnerische Raketen in verbunkerten unterirdischen Silos zerstören können: Ein Vorteil mit gefährlichen Konsequenzen, da er das Vertrauen der Sowjetunion in ihre Zweitschlagkapazität erschüttern muß.

In amerikanischen Rüstungslabors befindet sich bereits die nächste und noch gefährlichere strategische Waffe in einem fortgeschrittenen Stadium der Entwicklung, sogenannte MARV's (Manoevrable Re-entry Vehicle = manövrierbarer Wiedereintritts-Träger). Diese Trägerwaffen können noch in der letzten Flugphase, beim Wiedereintritt in die Erdatmosphäre, genau auf das vorgesehene Ziel gesteuert werden. Auch kleinere Sprengköpfe reichen dann aus, gegnerische Raketen in ihren Silos zu zerstören.

DEN ATOMKRIEG »HUMANISIEREN«

Die gegenwärtigen Entwicklungen auf dem Gebiet strategischer Waffen in den Vereinigten Staaten, denen mit Verzögerung sowjetische Parallelentwicklungen folgen, werden als Versuche erklärt, den Atomkrieg ohne totale Vernichtung zu führen, ihn zu »humanisieren«. Die angestrebte und zum Teil bereits verwirklichte Vergrößerung der Treffgenauigkeit und der Flexibilität der Raketen, die MIRV und die MARV Technologie, Cruise Raketen, so wird von den Protagonisten dieser Entwicklungen behauptet, erlaube es, diese Waffen auf rein militärisch wichtige Ziele zu richten und kleinere Sprengköpfe zu verwenden. Die extreme Unmenschlichkeit früherer strategischer Waffen, deren Ungenauigkeit es erforderlich machte, sie mit gigantischen Wasserstoffbomben auszurüsten, scheint durch technische Verbesserungen überwunden zu sein.

Richteten sich diese frühen Waffen hauptsächlich gegen die Zivilbevölkerung (selbst wenn die Ziele als militärisch wichtig deklariert wurden), soll die Genauigkeit der neuen Waffen, eine weitaus selektivere Ausschaltung militärischer Ziele erlauben. Mit ihnen wäre es möglich, die Zivilbevölkerung weitgehend zu schonen, es seien »chirurgische« Atomwaffen.

Die bisher gültige Abschreckungsdoktrin würde durch die qualitative und quantitative Verbesserung der schon in den sechziger Jahren geforderten, jedoch nur beschränkt wirksamen counterforce (also gegen militärische Ziele gerichteten) Kapazitäten ergänzt. Ein

Versagen der Abschreckung erlaube immer noch, einen thermonuklearen Krieg unter Beschränkung der zivilen Verluste zu führen.

Diese die Abschreckung ergänzende counterforce Strategie wird im Januar 1974 vom damaligen Rüstungsminister Schlesinger zum offiziellen Bestandteil der amerikanischen Strategie erklärt. 1974 erklärte Schlesinger einem Senatsunterausschuß für Rüstungskontrolle unter Senator Symington seine Strategie des begrenzten nuklearen Krieges. Indem die Vereinigten Staaten ihre Kernwaffen auf militärische Ziele in der Sowjetunion richteten, könnten sie »einer begrenzten nuklearen Aggression« begegnen, ohne sich in einen totalen nuklearen Krieg einzulassen. Die Vereinigten Staaten müßten damit rechnen, daß die Abschreckung versage und ein thermonuklearer Krieg geführt werden müßte.

Unter diesen Umständen wären im Rahmen der neuen strategischen Doktrin die Todesfälle »weniger als ein Prozent der Todesfälle eines massiven Angriffs gegen die Vereinigten Staaten, der den direkten Angriff auf unsere Städte mit einschließt«. Das Rüstungsministerium rechnete, wie die International Herald Tribune im September 1975 berichtet, mit etwa achthunderttausend Toten im Fall eines solchen begrenzten nuklearen Angriffs der Sowjetunion auf die strategischen Waffen der Vereinigten Staaten.

Wie sehr mit Zahlen und Behauptungen manipuliert wurde, um eine neue Waffentechnik und eine veränderte Strategie zu rechtfertigen, zeigte die Überprüfung dieser »Berechnungen«. Inzwischen stellte sich heraus, daß nicht achthunderttausend Tote, sondern fast das zehnfache, etwa sieben Millionen tote Amerikaner das wahrscheinlichste Ergebnis eines solchen Angriffs wären. (Pessimistischere Schätzungen ergaben bis zu zweiundzwanzig Millionen.)

Andere, als die offiziell angegebenen Gründe erzwingen Veränderungen der Rüstungspolitik und der Strategie. Und was sich mit einer relativen »Humanisierung« oder mit gesteigerter »Sicherheit« zu legitimieren trachtet, versucht davon unabhängigen Interessen und Zwängen das Mäntelchen scheinbarer Vernunft umzuhängen, nicht selten unter Verdrehung der Tatsachen, der Umkehrung von Ursache und Wirkung. Welches sind die Hintergründe?

SPIEL MIT GEZINKTEN KARTEN

Welchem Zweck dienen Waffenarsenale, die in die Zehntausende von Atom- und Wasserstoffbomben gehen und die Gefahr erhöhen, daß jeder Atomkrieg einen großen Teil der Menschheit vernichtet? Welchem Zweck dient die Entwicklung von Trägersystemen, deren Treffsicherheit die Zweitschlagskapazitäten des Gegners bedroht und damit das Kriegsrisiko vergrößert?

»Den Atomkrieg erträglicher zu machen, ihn auf die Ebene militärischer Auseinandersetzungen unter Schonung der Zivilbevölkerung zu bringen«, würde die Antwort der counterforce Strategen lauten. »Und vielleicht noch wichtiger: Die riesige Zahl von Waffen, die über den reinen Abschreckungseffekt hinausgehen, also die überwältigende Mehrheit, erlaubt, die strategischen Waffen des Gegners zu bedrohen. Damit erfüllen sie auch eine wichtige abschreckende Funktion.«

Nur löst das nicht den Widerspruch, daß diese Waffen durch ihre technische Eigenart, dem Gegner als potentielle Angriffs- und nicht als Verteidigungswaffen erscheinen müssen. In den Worten eines Kritikers von counterforce, Walter Panowsky: »Weder besteht ein technischer Unterschied zwischen den Kernwaffen, die die Zweitschlagskapazitäten des Gegners in einem ersten oder präventiven Angriff gefährden (und so die Stabilität herabsetzen) und den Waffen, die die gleichen Streitkräfte in einem Vergeltungsschlag angreifen, noch kann ein solcher technischer Unterschied geschaffen werden.« In Krisen haben diese Waffen daher genau das Gegenteil der behaupteten »abschreckenden« Wirkung. Sie verleiten einen Gegner, dessen Vertrauen in seine Zweitschlagskapazität erschüttert ist, zu einem Präventivschlag. Kommt es zum Krieg, vervielfacht ihre gigantische Zahl die Verluste unter der Zivilbevölkerung. Was sind die eigentlichen Ursachen der veränderten Strategie?

Auf die richtige Spur führen die Autoren des SIPRI-Jahrbuchs von 1974, wenn sie die Strategien als nachgeschobene Rationalisierungen der durch den Rüstungskomplex geschaffenen Realitäten werten: »Diese Zahlen (der Kernwaffen und ihrer Trägersysteme) sind nicht das Ergebnis sorgfältiger Berechnungen über den Bedarf in einer spezifischen strategischen Lage.« Die Strategie folgt dem Stand der Rüstungsentwicklung.

Der amerikanische Rüstungskomplex drängt darauf, eine neue Eskalationsstufe des Wettrüstens einzuleiten, die im Rahmen der bisher offiziell vertretenen »gegenseitig garantierten Zerstörung« und der reinen Abschreckung nicht mehr zu rechtfertigen ist. SIPRI: »Die Kernwaffenlabors der Vereinigten Staaten haben kleine (Atom) Sprengköpfe in der niedrigen Kilotonnenregion oder sogar noch darunter fertig gestellt, und drängen, sie in das US-Arsenal einzugliedern. Projekt ARBRES (Advanced Ballistic Re-entry Systems = Fortgeschrittenes Ballistisches Wiedereintrittssystem), das von der Space and Missiles Systems Organisation der Luftwaffe geleitet wird, hat ein Lenksystem für die Flugendphase perfektioniert, das, wenn es in einen manövrierbaren Wiedereintrittträger (MARV) eingebaut wird, ihn auf ein vorgeschriebenes Ziel lenken kann.«

Die über counterforce zu legitimierende Einführung von MARV und die von verkleinerten Atomsprengköpfen werden, nach Ansicht von SIPRI, die eines weiteren, mit ›Abschreckung‹ nicht mehr zu rechtfertigenden Waffensystems vorbereiten: Auf dem Land bewegliche, und damit die gegenwärtigen Zweitschlagkapazitäten des Gegners noch weitergehend in Frage stellende, Interkontinentalraketen. SIPRI: »In der Tat muß die Ballistic Systems Division der Luftwaffe, die für Entwicklung und Einführung von auf der Erde stationierten ballistischen Raketen, für die Entwicklung von MARV und beweglichen Interkontinentalraketen zuständig ist, erheblichen Druck ausüben.«

Diese neuen Systeme würden den Vereinigten Staaten tatsächlich eine eindeutige Erstschlagkapazität geben. Mit kleinen Kernsprengköpfen, die direkt auf den russischen Raketensilos explodierten, könnten sie die auf dem Land stationierten russischen Zweitschlagkapazitäten in einem präventiven Schlag ausschalten. Die beweglichen Raketen würden sich dem Vergeltungsschlag entziehen können. Die Grundlage des fragwürdigen Gleichgewichts des Schreckens »die gegenseitig garantierte Zerstörung« wird durch eine noch fragwürdigere Entwicklung so lange außer Kraft gesetzt, bis auch der Gegner über die gleichen Systeme verfügt, oder, weniger wahrscheinlich, wirksame Gegenmittel entwickelt hat. Eine neue Stufe des Wettrüstens wird vorbereitet. Weitere Mittel müssen in Rüstungsforschung und Rüstungswirtschaft gepumpt werden. Die Wahrscheinlichkeit sinkt, einen Frieden über längere Zeiträume zu erhalten, der auf der wirtschaftlichen, technologischen und wissenschaftlichen Fähigkeit beider Supermächte beruht, daß die eine Macht stets die durch die andere eingeleitete Gefährdung des Gleichgewichts des Schreckens zu kompensieren in der Lage ist.

Die Freiheit der Meere

Wesentlicher Bestandteil der Stabilität der Abschreckung durch »gegenseitig garantierte Zerstörung« sind die strategischen Atomunterseebootflotten beider Weltmächte. Die auf ihnen in den Weiten und der Tiefe der Ozeane versteckten Raketen mit thermonuklearen Sprengköpfen würden allein genügen, einen Angriff des jeweiligen Gegners abzuschrecken. Destabilisierend wirkt der Ausbau der strategischen Atomunterseeboot-Streitkräfte anderer Mächte wie der französischen und der britischen. Denn die Nationalität einer Rakete und eines Kernsprengkopfes läßt sich kaum feststellen, wenn er aus der Tiefe eines Meeres abgeschossen wird.

Doch von diesem sekundären Effekt abgesehen, arbeiten die beiden Weltmächte gegenwärtig selbst daran, ihre eigenen Abschreckungsstrategien ad absurdum zu führen. Gerade die Intensität, mit der beide Weltmächte die Entwicklung der Unterseebootbekämpfung (Antistrategic Submarine Warfare – ASSW) vorantreiben, zeigt die Widersprüchlichkeit der Friedenssicherung durch Wettrüsten beispielhaft: Die technische Entwicklung beginnt sich unter dem Druck der Rüstungskomplexe gegenüber politischen Überlegungen zu verselbständigen. So absurd, unmenschlich und gefährlich die Abschreckungsstrategien beider Mächte gegenwärtig sind, müssen sie gegenüber den technischen Planungen nochmals als widerspruchsfrei und »harmlos« erscheinen.

Die Ozeane sind zu Verstecken der Atomunterseebootflotten der Weltmächte geworden, die Weltmeere zum Schauplatz einer technologischen Kriegsführung von gigantischen Ausmaßen. Auf den Meeren kreuzen riesige Kriegsflotten, von denen allein die amerikanische sechseinhalbtausend taktische Kernwaffen trägt. Entsprechende Zahlen für die in den letzten Jahren immer größer werdende sowjetische Kriegsflotte sind nicht verfügbar, dürften wohl aber in der gleichen Größenordnung liegen. 1965 konnten nur achtunddreißig Prozent der amerikanischen Kriegsflotte Kernwaffen transportieren, heute sind es bereits fünfundfünfzig Prozent. Taktische Kernwaffen können auf See als Bomben für Tiefenexplosionen, in Torpedos und in Raketen eingesetzt werden. Vierzehn amerikanische Flugzeugträger sind mit tausendvierhundert taktischen Atomwaffen ausgerüstet. Das gesamte taktische nukleare Potential der US Marine hat die fünfundsiebzigfache Sprengkraft aller Sprengkörper, die während des Zweiten Weltkriegs über Japan und Deutschland explodierten.

Mit der wachsenden Bedeutung der atomaren Seekriegsführung wird ein zunehmender Teil der Rüstungsausgaben und der Rüstungsforschung darauf konzentriert, die in den Meeren auf Atomunterseebooten versteckten strategischen Waffen des Gegners zu bedrohen. Sie zu vernichten ist vorläufig unmöglich. Denn dies würde bedeuten, sie alle gleichzeitig zu lokalisieren und zu vernichten, ein vorläufig noch unlösbares technisches und wirtschaftliches Problem. Doch steht man hier erst am Anfang einer Entwicklung, die bereits einen wesentlichen Teil der Aufwendungen für Rüstungsforschung verschlingt.

Durchsichtige Ozeane

Die Ozeane sind im Begriff, transparent zu werden. Auf der Jagd nach gegnerischen Unterseebooten suchen Hunderte von speziell ausgerüsteten Flugzeugen und Hubschraubern die Weltmeere ab. Sie sind mit hochempfindlichem elektronischen Gerät ausgerüstet und tragen Torpedos, die mit Atom- und konventionellen Sprengköpfen bewaffnet sind. Die Jagd dieser Rotten wird durch Computer koordiniert, die Ablösung funktioniert reibungslos. Akustische Sensoren werden buchstäblich ins Wasser »gesät«, um Unterwassergeräusche aufzunehmen und deren Herkunft und Ausgangsort festzustellen. Hochempfindliche Fernsehkameras können, ins Wasser gesenkt, die Schatten der Tiefe auflösen. Von Atomreaktoren der Unterseeboote ausgehende Wärmestrahlung wird mit Infrarotsensoren aufgespürt, magnetische Detektoren entdecken Anomalien unter der Wasseroberfläche. Über dem Wasser schwebende Hubschrauber senken ihre an Kabeln aufgehängten Ortungsgeräte in die Tiefe. Schwärme spezieller Atomunterseeboote werden hergestellt. Sie sind leiser, schneller, können tiefer tauchen als ihre Opfer, die mit strategischen Waffen ausgerüsteten Atomunterseeboote. Als sogenannte »hunter-killer-submarines« lokalisieren sie ihre Beute über Entfernungen bis zu hundertsechzig Kilometern, nähern sich ihr vorsichtig in tieferen Wasserschichten, um sie dann unentdeckt über weite Strecken zu verfolgen.

Gegenmaßnahmen müssen entwickelt werden. Torpedos werden durchs Wasser geschickt, um von Tonbändern ablaufende U-Bootgeräusche zu verbreiten. Krachmacher sollen die Unterwassersensoren verwirren. Noch schnellere und tiefer tauchende Atomunterseeboote können sich wiederum ihren Jägern entziehen.

Bereits in den fünfziger Jahren begannen die Vereinigten Staaten an ihren Küsten Hydrophone in großer Anzahl im Wasser zu versenken. Sie horchen das Meer nach entfernten Geräuschen ab. Über einen an Land stationierten Computer werden die von verschiedenen Hydrophonen einlaufenden Geräusche ausgewertet, um Aufschluß über Art, Entfernung und Geschwindigkeit der Geräuschquelle zu geben.

Seit den sechziger Jahren werden ähnliche Systeme vor den Küsten anderer Länder installiert. Bei den Aleuten, den Kurilen, in der Nähe der sowjetischen Halbinsel Kamschatka, im Golf von Mexiko, bei Hawai. Eine Anlage bei den Azoren, deren Hydrophone auf dem Meeresgrund auf hundertdreißig Meter hohen Gerüsten angebracht sind und ein Dreieck von fünfunddreißig Kilometer Kantenlänge bilden, kann durch den halben Atlantik den Unterseebootverkehr noch durch die Meerenge von Gibraltar verfolgen. Geplant ist eine noch größere Anlage, deren Kosten auf eine Milliarde Dollar geschätzt werden. Sie soll einen ganzen Ozean überwachen können.

Wem dient die Rüstung

Die Gründe für die Ursachen eines Wettrüstens, das bei laufend erhöhten »Verteidigungs«-Kosten das Kriegsrisiko vergrößert und die Folgen des Krieges in immer weniger vorstellbare Dimensionen treibt, sind vielfältig. Nur im Vordergrund stehen die politischen und ideologischen Gegensätze, die es als selbstverständlich erscheinen lassen, sich zu »verteidigen«. Hinter dieser Fassade verbergen sich die partikularen Interessen der unseligen Allianz von Militärs und Industriellen, sogenannter Sachzwänge technischer und organisatorischer Art und schließlich, die Interessen und die Lust der Rüstungsforscher, ihr fataler Erfolgszwang.

Seit dem Zweiten Weltkrieg haben sich die Rüstungsbudgets der Vereinigten Staaten und der Sowjetunion etwa verdreifacht. Rüstungsforschung, die zwischen den Kriegen etwa ein Prozent der Rüstungsausgaben der wichtigeren Militärmächte beanspruchte, erreicht seit den fünfziger Jahren einen Anteil von zehn bis fünfzehn Prozent der stark gestiegenen und weiter steigenden Rüstungshaushalte beider Supermächte. Gegenwärtig beschäftigt Rüstungsforschung etwa ein Viertel des »wissenschaftlichen Talents« der *Welt*. Vierzig Prozent aller globalen privaten und öffentlichen Forschungs-

und Entwicklungsausgaben gehen in die Rüstungsforschung. Nur sechzig Prozent bleiben friedlichen Zwecken vorbehalten. Die Rüstungsministerien sind global die größten Auftraggeber und Abnehmer neuer Technologie.

Die aus öffentlichen Mitteln finanzierte Rüstungsproduktion und -forschung ist in kapitalistischen Industrieländern ein profitbringendes, risikoloses Geschäft expansionshungriger Unternehmen in forschungsintensiven Innovationsbereichen. Waffen veralten schnell. Die durch weitergehende Rüstungsforschung eingeplante schnelle Obsoleszenz moderner Waffen reguliert das Absatzproblem. Die sich verselbständigenden Interessen finden sich unter modifizierten gesellschaftspolitischen Vorzeichen in den entwickelten sozialistischen Industrieländern in nur wenig veränderter Form wieder. Hier ist die Bürokratie die treibende unternehmerische Kraft. Die Interessen der Obersten, Generäle und Marschälle, Selbstbehauptungs- und Expansionswille der einzelnen Waffengattungen innerhalb des Militärbereichs sind die gleichen.

Mit den Eigeninteressen des Rüstungskomplexes hat der gewiß weder unternehmer- noch militärfeindliche Eisenhower in seiner Abschiedsrede als Präsident einen der Gründe für das sich der politischen Kontrolle entziehende Wettrüsten genannt. Er hätte präzisieren können, daß der Rüstungskomplex sich nicht nur politischer Kontrolle entzieht, sondern bereits deren Maßstäbe und Ziele von Grund auf formt. Die Regierungen selbst sind in erheblichem Ausmaß politisches Produkt dieser Interessen. Ihren formalen Ausdruck findet diese wechselseitige Durchdringung in der Berufung von Managern der Rüstungsindustrie in die entscheidenden politischen Ämter der Rüstungsministerien und -behörden. Nirgendwo wird dies systematischer und augenfälliger praktiziert als in den Vereinigten Staaten. Pensionierte Generäle werden als fürstlich entlohnte Lobbyisten auf Direktorenposten von Rüstungskonzernen berufen. Prominente Rüstungsforscher beraten die Regierung in »Verteidigungs«-Fragen oder werden in Delegationen zu Abrüstungsverhandlungen bestellt.

Sogar noch die Ergebnisse von Abrüstungsverhandlungen dienen nationalen Gruppen zur Durchsetzung ihrer kurzsichtigen Eigeninteressen. Milton Leitenberg berichtet, daß sich die Vereinigten Stabschefs der USA ihre Zustimmung zum partiellen Teststopabkommen von 1963 gegen die Zusicherung von vier als »Schutzmaßnahmen« bezeichneten Programmen *abkaufen* ließen. Das Abkommen zur Begrenzung der Antiballistischen Raketensysteme (ABM – Abwehrraketen) und zur Begrenzung offensiver Waffen von 1972 veranlaßte den damaligen Rüstungsminister Laird, innerhalb von einer Woche eine Liste von acht beschleunigten Entwicklungen zur Ergänzung des strategischen Waffenprogramms der Vereinigten Staaten zu präsentieren. Laird und die Vereinigten Stabschefs erklärten, die SALT (Strategic Arms Limitation Treaty) Vereinbarungen sonst nicht unterstützen zu können.

Wesentlich zur Durchsetzung der Eigeninteressen des Rüstungskomplexes trägt die Komplexität des Gesamtbereichs der Rüstung bei. Sie ist nur noch von Spezialisten überschaubar; und diese Spezialisten, Militärs, Vertreter der Rüstungsindustrie und -forschung und der Rüstungsbürokratie in Regierungsbehörden vertreten zugleich Eigeninteressen. Fachlich kompetente Kritiker dieses Betriebs stehen außerhalb, sind einflußlos oder erhalten irreführende bzw. ungenügende Informationen.

Der nahezu beliebig manipulierbare Nachweis der eigenen Unterlegenheit auf diesem oder jenem Sektor, die als glänzend geschilderten Aussichten dieses oder jenes Forschungsprogramms helfen, neue Ausgaben und Programme zu begründen und durchzusetzen. Welches Land könnte sich schon leisten, ohne ausreichende »Verteidigung«, und sei sie noch so absurd, dazustehen. Der russische Wasserstoffbombenvorsprung, die Raketenlücke, die Fehlkalkulationen zur Rechtfertigung der counterforce Strategie, zur Rechtfertigung immer monströserer Waffenprogramme sind herausragende Beispiele. Noch skandalöser sind – wie später ausgeführt wird – die Widersprüche zwischen der offiziellen »Verteidigungs«-politik der Bundesrepublik und der militärischen Wirklichkeit.

Militärische Macht als Mittel zu politischem Einfluß ist eine weitere Ursache des Wettrüstens. Unabhängig von Sicherheitsinteressen soll die Verstärkung der Rüstung der Festigung und Ausdehnung der politischen Interessensphäre dienen. »... die politische Nützlichkeit militärischer Macht wird nicht an den Verteidigungsnotwendigkeiten gemessen oder in genau definierten militärischen Zielen. Statt dessen wird militärische Macht (als Instrument) betrachtet, das die internationale Verhandlungsposition eines Landes bestimmt«, schreiben die Autoren des SIPRI Jahrbuches von 1974.

Eine sicher ebenso wichtige Ursache des Wettrüstens sind die wirtschaftlichen Konsequenzen. Nicht militärische Überlegungen stehen im Vordergrund von Waffenprogrammen, sondern der Druck, den sie auf die Wirtschaft des Gegners ausüben. Sie sollen zu kostspieligen Gegenmaßnahmen zwingen. Rüstung soll den Gegner bis an die Grenze seiner wirtschaftlichen Möglichkeiten belasten.

Immer mit dem Schlimmsten rechnen

Die äußere politische ist zudem von der inneren organisatorischen Widersprüchlichkeit des Rüstungsbetriebs selbst durchzogen. Sogenannte Sachzwänge verschärfen in erheblichem Ausmaß die Irrationalität einer »Verteidigung«, die schon längst aufgehört hat, dem Anspruch des Begriffs zu genügen.

Der jetzige Präsident der Weltbank, Robert McNamara, erklärte 1967, als er noch amerikanischer Rüstungsminister war, einen dieser Sachzwänge: »Unsere gegenwärtige numerische Überlegenheit über die Sowjetunion an präzisen und wirksamen Sprengköpfen geht über unsere ursprünglichen Planungen hinaus und ebenso über unsere eigentlichen Erfordernisse.« Der Grund, so erklärte der ehemalige Automobilmanager – dem politischen Freunde die Denkweise eines Elektronengehirns nachrühmen – liege in der Eigengesetzlichkeit der sogenannten »worst case analysis«.

Die sich über ein Jahrzehnt hinziehenden Zeiträume zwischen Planung, Entwicklung und Einsatzbereitschaft komplexer Waffensysteme, erlauben es dieser Denkweise zufolge nicht, von den momentanen Möglichkeiten des Gegners auszugehen. Vielmehr muß man pessimistisch annehmen, daß er sein Potential, neue Waffen zu entwickeln und einzuführen, in vollem Ausmaß nutzt. D. h., der amerikanische Rüstungsminister geht nicht vom Bedarf seines rational planenden sowjetischen Kontrahenten aus, sondern unterstellt, dieser würde die Möglichkeiten der sowjetischen Rüstungsproduktion und -forschung voll nutzen, gleichgültig, ob die Erzeugnisse einen realen Bedarf befriedigen oder nicht. Da jener von ähnlichen Annahmen ausgeht, behalten beide meistens recht.

Es ist die rationale Spekulation mit der Irrationalität eines Gegners, der seinerseits rational mit der Irrationalität der Amerikaner rechnet. Immerhin konnten die Vereinigten Staaten mit dieser Planungsmethode ihre erdrückende numerische Überlegenheit ihres strategischen Kernwaffenpotentials von etwa 4 zu 1 (1967) und 3 zu 1 (1974) nahezu aufrechterhalten. Sicher hatte auch die Rüstungsindustrie nichts Prinzipielles gegen die »worst case analysis« einzuwenden, verdiente sie doch glänzend daran.

Nach Angaben von SIPRI ist das Vollbeschäftigungsziel des Rüstungskomplexes ein weiterer Grund des Wettrüstens. Selbst wenn in einer bestimmten Phase eine einsichtige Regierung keinen weiteren Bedarf nach neuen Waffen im bisherigen Umfang sähe, wäre es schwer, das Risiko auf sich zu nehmen, diesen Bereich entscheidend zu verkleinern. Denn diese Regierung würde ein hochspezialisiertes, fragiles Gebilde auseinanderfallen lassen, dessen Rekonstruktion Jahre, wenn nicht Jahrzehnte dauern würde. Eines Tages könnte das fatale Folgen haben.

Also muß der Komplex beschäftigt werden, er produziert zwangsläufig neue Waffen, die ebenso selbstverständlich die nunmehr »veralteten« ersetzen müssen. Noch schlimmer: Da die Entwicklung hochkomplexer Waffensysteme in Stoßzeiten einen immer größer werdenden Forschungs- und Entwicklungsaufwand beansprucht, vergrößern sich diese Stäbe permanent und produzieren daher auch in Zeiten der Flaute laufend neue Waffen, deren Existenz allein genügt, auch einen Bedarf nach sich zu ziehen.

Die »Verteidigung« Europas

Im Mai 1975 berichtet Barry Schneider vom »Center for Defence Information« in Washington über das Potential der Vereinigten Staaten und ihrer NATO-Verbündeten, taktische Atomwaffen zur »Verteidigung« Europas einzusetzen. Die gesammelte Sprengkraft dieser Waffen entspricht dem fünfunddreißigtausendfachen der Hiroshimabombe, genug, um den größten Teil von Europa, den westlichen Teil der Sowjetunion eingeschlossen, in Schutt und Asche versinken zu lassen. Der häufig bagatellisierend verstandene Begriff, der nur »taktischen« Verwendung dieser Waffen, also des Einsatzes gegen *nur* militärische Ziele, täuscht darüber hinweg, daß es auf dem dichtbesiedelten zentralen mitteleuropäischen Schauplatz eines Krieges, wenig Unterscheidungsmöglichkeiten zu zivilen Zielen gibt. Und immerhin haben die größten dieser *nur* taktischen Waffen die Sprengkraft von dreißig »Hiroshimas«. Gelagert sind sie in allen europäischen NATO-Staaten mit Ausnahme Norwegens, Luxemburgs und Dänemarks. Frankreich hat seine nationale taktische Atomstreitmacht.

Als Träger der taktischen Atomwaffen der NATO (ein Drittel ist den US-Streitkräften in Europa vorbehalten) stehen zu Beginn der siebziger Jahre zur Verfügung: zweitausendzweihundertfünfzig Flugzeuge, Raketenabschußrampen und Artilleriegeschütze. Ein Teil der leichten Bomber der NATO kann mit Luft-Boden-Raketen Kernsprengköpfe auf Ziele in der Sowjetunion abschießen, ohne in den feindlichen Luftraum eindringen zu müssen.

Das Übergewicht der NATO auf dem Gebiet taktischer Atomwaffen gegenüber dem europäischen Teil taktischer Atomstreitmacht der Sowjetunion wird auf 2 zu 1 geschätzt. Für einen in Europa stattfindenden Krieg ist damit insgesamt eine Megatonnage nur an taktischen Atomwaffen beider Weltmächte reserviert, die etwa fünfzigtausend »Hiroshimas« entsprechen. Schneider berichtet, daß in einem Kriegsspiel der NATO namens Carte Blanche ein Schlagabtausch mit taktischen Atomwaffen in Europa simuliert wurde. Dabei wurden in achtundvierzig Stunden dreihundertfünfunddreißig (etwa drei Prozent des Gesamtvorrats) taktische Atomwaffen eingesetzt. Das nukleare Gefecht konzentrierte sich auf Deutschland, wo zweihundertachtundsechzig der dreihundertfünfunddreißig Atomexplosionen »stattfanden«. Ein, wie hervorgehoben wird, konservativ programmierter Computer errechnete, daß in diesen zwei Tagen und Nächten, die das Kriegsspiel simulierte, zwischen 1,5 und 1,7 Millionen Deutsche getötet und 3,5 Millionen verwundet wurden.

Den Einsatz dieser taktischen Waffen bestimmt die Strategie der amerikanischen »Flexiblen Reaktion«. In den Worten einer vom amerikanischen Rüstungsminister 1975 für den Kongreß herausgegebenen Informationsschrift, »Die Aufgabe der Theater-Nuklearstreitmacht in Europa«, hat die Strategie folgende Ziele:

». . . Warschauer Pakt Aggression abschrecken.

. . . Wenn Abschreckung versagt, die Aggression auf jeder Angriffsstufe bekämpfen (konventionell oder nuklear), die vom Feind gewählt wird.

. . . Wenn direkte Verteidigung versagt, bedachtsam wachsende Militärmacht einsetzen, um die Kosten und Risiken für den Gegner disproportional zu seinen Zielen ansteigen zu lassen und um ihn zu veranlassen, seine Aggression zu beenden und sich zurückzuziehen.«

Die Mittel für einen zukünftigen Krieg in Europa sind konventionelle Streitkräfte, dann »Theater-Nuklearstreitkräfte« (die für den Einsatz im europäischen »Theater« – aus amerikanischer Sicht – vorgesehenen Waffen) und schließlich die strategischen Streitkräfte der Vereinigten Staaten: Die sogenannten »drei Beine der Triade«.

Dem letzten Bein der Triade, den strategischen Streitkräften der Amerikaner kommen die Aufgaben zu, »im allgemeinen nuklearen Krieg abzuschrecken und zu verteidigen (!), die Eskalierung des Konflikts abzuschrecken und bei Bedarf die Theater-Nuklearstreitkräfte zu verstärken«. Das zweite Bein, die »Theater-Nuklearstreitkräfte«, soll, in der Diktion der Broschüre, »Angriffe mit Theaternuklearstreitkräften abschrecken und gegen diese Angriffe verteidigen; konventionelle Angriffe abschrecken helfen und, wenn notwendig, gegenüber konventionellen Angriffen verteidigen; und Konflikteskalation abzuschrecken helfen«. Schließlich dienen die konventionellen Streitkräfte, das letzte Bein der Triade, der Abschreckung und Verteidigung gegenüber konventionellen Streitkräften.

Aus amerikanischer Sicht ist die den für das europäische »Theater« vorgesehenen Nuklearstreitkräften zugedachte Rolle konsequent. Schließlich ist die »Flexible Reaktion« eine amerikanische Strategie. Für die Vereinigten Staaten ist es wichtig, sich ein differenziertes Spektrum militärischer Optionen einzuräumen, die nicht jede Verletzung ihrer Interessen in Europa entweder unbeantwortet, oder aber gleich in einen vollen thermonuklearen Krieg beider Weltmächte münden lassen, in dem auch die USA untergehen würden.

Europäische Befürworter der »Verteidigung« Europas durch taktische Atomwaffen (denn in einem konventionell geführten Krieg wäre Europa gegenwärtig nur zu verteidigen, wenn der Angreifer nur einen Teil seiner Streitkräfte einsetzte, gewissermaßen einen Krieg vom Zaun bräche, in der Absicht, seine Ziele *nicht* zu erreichen, eine wohl extrem irrationale Annahme) sehen in diesen Waffen wiederum die Verbindung zum strategischen Kernwaffenarsenal der Vereinten Staaten. Sie *hoffen*, daß ein Krieg deswegen nie ausbräche, weil die Vereinigten Staaten zur Erfüllung ihrer NATO-Verpflichtungen Europa mit taktischen Atomwaffen »verteidigen« müßten, und dies wiederum nie einträte, weil das Risiko einer vollen Konfrontation beider Weltmächte mit strategischen Waffen vom Gegner nicht akzeptiert würde. Jedoch die Drohung ist unglaubwürdig und daher unwirksam, die Vereinigten Staaten würden in einer vollen Konfrontation beider Weltmächte ihre nationale Existenz riskieren, um Europa zu »verteidigen«. Somit widersprechen die Interessen der europäischen Befürworter taktischer Atomwaffen zur »Verteidigung« Europas denen ihrer amerikanischen Verbündeten.

Die Entscheidungsstruktur über den Einsatz taktischer Atomwaffen im Rahmen des NATO-Bündnisses berücksichtigt ausschließlich den amerikanischen Standpunkt. Die erwähnte Informationsschrift des amerikanischen Rüstungsminister *betont,* daß die Vereinigten Staaten »positive Kontrolle in Frieden und Krieg über alle NATO-Kernwaffen aufrechterhalten«, mit Ausnahme der Waffen in britischem und französischem Besitz. »Allein der Präsident der Vereinigten Staaten kann US-Kernwaffen in Europa zum Gebrauch freigeben . . .« Die NATO-Verbündeten werden lediglich informiert. »Nachdem der US-Präsident nukleare Waffen zum Gebrauch durch den Obersten Alliierten Befehlshaber in Europa (stets ein amerikanischer General) freigegeben hat«, wird die Entscheidung weitergeleitet an »US-Einheiten, die den Einsatz durchführen und an US-Schutzeinheiten, welche die Streitkräfte der Aliierten unterstützen. Die Vereinigten Staaten würden gleichzeitig die anderen NATO-Regierungen über ihre Entscheidung in Kenntnis setzen.«

In anderen Worten: Den Verbündeten, die »verteidigt« werden sollen, werden die Entscheidungen des amerikanischen Präsidenten mitgeteilt. Europa ist die Bühne, auf der die amerikanischen und sowjetischen »Theater-Nuklearstreitkräfte« agieren. Die NATO-Verbündeten sind aufgefordert, der Entscheidung des amerikanischen Präsidenten, die ihre eigene Vernichtung – sicher die der Bundesrepublik – bedeuten kann, zu applaudieren.

Von den europäischen Anhängern der Strategie der »Flexiblen Reaktion« wird die konventionelle Unterlegenheit der NATO bei einem Angriff des Warschauer Paktes hervorgehoben. Dieses Ungleichgewicht soll nach den Vorstellungen der Regierungen der NATO-Staaten durch die Drohung kompensiert werden, einen konventionellen Krieg mittels der amerikanischen »Theater-Nuklearstreitkräfte«, und schließlich noch der strategischen Streitkräfte der Vereinigten Staaten zu eskalieren. Die Drohung schließt die Glaubwürdigkeit ein, gegebenenfalls verwirklicht zu werden. Daß diese Drohung aus der Sicht von Ländern, die potentieller Schauplatz eines atomar geführten Theaterkrieges werden können, glaubwürdig ist, wird von vielen Kritikern (erfolglos) bezweifelt.

Nur ein Theaterkrieg

Die umfassendste und gründlichste Kritik, »Kriegsfolgen und Kriegsverhütung«, die sogenannte Weizsäcker Studie, erschien 1971. Ihre Ergebnisse wurden 1972 in der Schrift »Durch Kriegsverhütung zum Krieg« zusammengefaßt. Darin stellen Afheldt, Potyka, Reich, Sonntag und von Weizsäcker fest:

»1. Die Bundesrepublik ist mit konventionellen Waffen nicht zu verteidigen.
2. Der Einsatz nuklearer Waffen mit Absicht der Verteidigung der Bundesrepublik würde zur nuklearen Selbstvernichtung führen.«

Die Autoren räumen ein, daß es für die Bundesrepublik »eine in sich widerspruchsvolle Abschreckung« durch ein »für beide Seiten unkalkulierbares Risiko gibt«, bezweifeln aber die Rationalität dieser Abschreckung in bezug auf das Lebensinteresse der Bundesrepublik: »Entweder man droht mit einer für uns kalkulierbaren Eskalation, dann schreckt die Drohung nicht ab, weil sie wegen ihrer notwendigerweise niedrigen Limitierung auch für den Gegner kalkulierbar und überbietbar wird. Oder man läßt zu, daß das Eskalationsmaß auch für die eigene Seite unkalkulierbar wird, dann gibt man aber die Steuerung des Konflikts aus der Hand, verzichtet also auf eine Strategie.« Kurz, man »verteidigt« die Bundesrepublik, indem man sie vernichten läßt.

Diese »Verteidigungspolitik« ist aus europäischer Sicht fragwürdig und gefährlich. Wenn Abschreckung bisher einen Angriff des Warschauer Pakts auf die NATO verhindert hat und ihn weiter verhindern soll, so kann es doch nur die Glaubwürdigkeit der amerikanischen Drohung sein, Europa notfalls in der atomar entfachten Hölle eines »Theaterkrieges« untergehen zu lassen, ohne eine strategische Konfrontation mit dem Hauptkontrahenten, der Sowjetunion, zu riskieren. An die abschreckende Wirkung amerikanischer Atomwaffen in Europa zu glauben, heißt daher, eine Position beziehen, aus der der Garant der »Verteidigung« Mittel- und Westeuropas, der eigene Verbündete, nämlich die Vereinigten Staaten, noch mehr zu fürchten wäre, als der Hauptgegner, die Sowjetunion. Oder aber die Abschreckung war und ist nur scheinbar wirksam, da es nichts abzuschrecken gibt. In beiden Fällen aber ist nicht mehr von Verteidigung zu reden.

Ohnehin ist einigermaßen unwahrscheinlich, daß ein Krieg zwischen den beiden großen Militärblöcken in Europa nach Art der

beiden vergangenen Weltkriege ausbrechen könnte. Daß man auch im Pentagon nicht damit rechnet, Warschauer-Pakt-Truppen könnten ohne äußeren Anlaß eines Tages die Grenzen zu einem oder mehreren Staaten des Warschauer Pakts überschreiten, bestätigt die Informationsschrift des amerikanischen Rüstungsministers: »In der Strategie der Sowjetunion und des Warschauer Pakts wird militärische Macht zunächst und hauptsächlich als Mittel betrachtet, politische Ziele zu erreichen.« Und diese politischen Ziele sind, wie die Broschüre weiter erläutert, zu erzielen, durch eine für die UdSSR günstige Kombination militärischer Macht und durch politische Initiativen, die die Spaltungstendenzen unter den NATO-Ländern verstärken, um den sowjetischen Einfluß, wenn nicht die Vorherrschaft über Westeuropa auszudehnen. Und gerade dies führt unmittelbar zu zweien der drei Nato-»Friedensziele«, die Voraussetzungen der Funktionsfähigkeit der NATO aus Sicht des Pentagons sind:
». . . Aufrechterhaltung einer stabilen politischen, militärischen und ökonomischen Umwelt, um das Risiko von Krisen oder Konfrontationen so klein wie möglich zu machen.
. . . Verbesserung der NATO-Sicherheit und vergrößerte Stabilität in der kritischen zentralen Region.« (Bundesrepublik)
Der »Verteidigungs«-auftrag der NATO richtet sich also erst in zweiter Linie nach außen. Er kann nur erfüllt werden, wenn, im Inneren, besonders in der »kritischen zentralen Region« »vergrößerte Stabilität« herrscht. Daß in den Schubladen der NATO Pläne zur Aufrechterhaltung einer »stabilen politischen . . . Umwelt« liegen, deutet der griechische Militärputsch an, der präzise nach einem von der NATO vorbereiteten Muster ablief.
Bezieht man den politischen Hintergrund mit ein, den Kriege zwischen Staaten mit kapitalistischer und sozialistischer Gesellschaftsordnung in der sowjetischen Militärdoktrin haben, verfließen die Grenzen zwischen inneren und äußeren Kriegsanlässen vollends. Die Unterdrückung revolutionärer Massenbewegungen, faschistoide Putschversuche in kritischen Regionen als Folge lang anhaltender wirtschaftlicher Depressionen, entstanden, können von beiden Seiten im Rahmen ihres jeweiligen Gesellschaftsverständnisses zum Kriegsanlaß werden. Nicht indem der eine Pakt den anderen massiert angreift. Denkbar ist, daß in einer entscheidenden Region eine bürgerkriegsähnliche Situation zum Auslöser werden kann. Die sich im Inneren gegenüberstehenden Parteien, erhalten nach Aufforderung oder unaufgefordert Unterstützung von außen. Die Vereinigten

Staaten ergreifen den Anlaß, »westliche Zivilisation« oder »Freiheit« zu verteidigen, die Sowjetunion kämpft für die »Befreiung der Arbeiterklasse«.

Immerhin halten NATO-Planer Zeiten extremer politischer Instabilität, revolutionäre Situationen in Europa nach langanhaltenden wirtschaftlichen Depressionen für genügend wahrscheinlich, um sich bereits mit militärischen »Lösungen« wirtschaftlicher Wachstumskrisen zu beschäftigen. So ging, einem Bericht des SPIEGEL (Nr. 29, 1975) zufolge, eine Stabsübung der NATO, Hilex 75, von einem derartigen Szenarium aus: Wirtschaftskrisen in NATO-Ländern werden zum Anlaß zunächst geringfügiger militärischer Konfrontationen beider Blöcke, die dann der Kontrolle des politischen Krisenmanagements entgleiten und schließlich zu einem mit taktischen Atomwaffen geführten Krieg der Führungsmächte beider Bündnisse im europäischen »Theater« eskalieren.

Die gegenwärtige »Verteidigungs«-politik der Bundesrepublik läßt ebensoviel Spielraum zu, wie die Platitüde »lieber tot als rot«. Und damit hat sie einige Aussicht, verwirklicht zu werden. Dazu trägt weniger Todessehnsucht als die Bereitschaft der zu »verteidigenden« Bevölkerung bei, für ein zweifelhaftes Ideal zu sterben. Ebensowenig der Wunsch der Bevölkerung der Länder, deren Regierungen und Militärs bereit sind, unter dem Vorwand, ihr jeweiliges Verständnis von »Freiheit« zu verteidigen, diesen Krieg anzuzetteln.

Regie führt nun der Computer, ein von Menschen ersonnenes und von Menschen programmiertes Instrument, das allein noch in der Lage zu sein scheint, die Komplexität des modernen Krieges zu beherrschen. Die monströse Perfektion der Technik beginnt sich zu entfalten.

Da der Krieg so unvorstellbare Folgen haben würde, konnte ihn sich niemand vorstellen. Um den Frieden zu sichern, wurden von Menschen Vernichtungsmaschinerien von bizarrer Perfektion installiert, die von Menschen nur noch über die Vermittlung der Elektronenrechner bedient werden können.

Die Computerprogramme bestimmen die Regeln. Programme, die in Zeiten entstanden, als Kriege nur in den Spielen der Strategen existierten, da die Absurdität ihrer Folgen zu verhindern schien, daß sie je Wirklichkeit würden. Als die Abschreckung dank der vielen Optionen, begrenzte nukleare Kriege zu führen, zu funktionieren schien; angefangen von taktischen, liebevoll Mini Nuks genannten, Atom-»bömbchen« zur Zerstreuung gegnerischer Truppenmassierungen, über größere Einsätze von taktischen Atomwaffen zu irgendeinem Zweck im Kriegstheater, bis zu strategischen counterforce Angriffen und zum unbegrenzten Krieg.

Dies in den Computerprogrammen auf beiden Seiten gespeicherte Spiel könnte eines Tages Wirklichkeit werden, Maßnahme und Gegenmaßnahme, Anhebung auf die nächste Stufe, Reaktion und Gegenreaktion, weitere Eskalation, ein Wechselspiel von mathematischer Brillanz mit hunderttausenden von Parametern, Konstanten, Alternativen etc., das von begabten Spezialisten einst ersonnen, von anderen im Lauf vieler Jahre um neue Erkenntnisse bereichert wurde und zu einer Größe und Komplexität angewachsen ist, die niemand mehr überschaut, die aber nicht mehr vereinfacht oder aufgegeben werden kann, da man von ihr abhängig geworden ist.*

Atombomben für jedermann

Das Auftreten kleiner und kleinster Atommächte gefährdet die ohnehin fragile Stabilität des Gleichgewichts des Schreckens zwischen den beiden atomaren Supermächten. Ein Moment selbstzerstörerischer Irrationalität in das Spiel der beiden Großen hineinzutragen, ist – den offiziellen Begründungen der jeweiligen Regierungen zum Trotz – das entscheidende Motiv von Atommächten der Größenordnung Großbritanniens, Frankreichs, Indiens, vielleicht bereits Israels und einer Anzahl von Mächten, die auf der nuklearen Warteliste stehen. (China kann angesichts seiner Größe, seines politischen Anspruchs und seiner wirtschaftlichen Entwicklung im Rahmen der [fragwürdigen] Spielregeln als Sonderfall angesehen werden.)

---

* Joseph Weizenbaum, Professor für Computer-Wissenschaft am Massachusetts Institute of Technology schreibt 1972: »Niemand mag die Operationssysteme für bestimmte große Computer, aber zu viele Menschen sind von ihnen abhängig geworden.« Das allein wäre nicht so schlimm: »Doch das wachsende Sich-Verlassen auf Supersysteme, die vielleicht entworfen wurden, um Menschen zu helfen, Analysen zu machen und Entscheidungen zu treffen, die aber seitdem das Verständnis ihrer Benutzer überschritten haben, während sie gleichzeitig unentbehrlich für sie werden, ist eine andere Sache.« – »... Moderne technologische Rationalisierungen von Krieg, Politik und Handel, wie Computerspiele, haben eine noch trügerische Wirkung auf das Machen von Politik. Nicht nur, daß die Macher von Politik die Verantwortung für ihre Entscheidungsfindung einer Technologie übertragen haben, die sie nicht verstehen, während sie die Illusion aufrechterhalten, daß sie, die Macher von Politik, politische Fragen stellen und beantworten, die Verantwortung ist sogar völlig verdampft. Kein Mensch ist mehr für das, was die Maschine sagt, verantwortlich.« – »Die Systeme im Pentagon«, fährt Weizenbaum fort, »und ihre Gegenstücke anderswo in unserer Kultur haben in einem sehr wirklichen Sinn keine Urheber. Sie lassen daher keine Überprüfungen der Vorstellung zu, die letztlich zu einem menschlichen Urteil führen.«

Nach der Sowjetunion, die ihre erste Atombombe im Spätsommer 1949 zündete, war Großbritannien die nächste Atommacht. Im Oktober 1952 explodierte die erste britische Atombombe in Australien und im Sommer 1957 auf den pazifischen Weihnachtsinseln die erste britische Wasserstoffbombe. 1960 war Frankreich mit seinem ersten Atomversuch an der Reihe. China folgte vier Jahre später, zündete aber die erste Wasserstoffbombe bereits im Juni 1967, im gleichen Jahr wie auch Frankreich eine noch primitive Wasserstoffbombe testete.

Diese Mächte verfolgen im Prinzip ähnliche Wege wie schon die Vereinigten Staaten im Krieg. Die Entwicklung ihres Atompotentials war zunächst auf das militärische Ziel gerichtet, Plutonium- und Uran-235-Bomben herzustellen. Sie mußten Kernreaktoren zur Herstellung von Plutonium konstruieren und aufwendige Isotopentrennanlagen zur Anreicherung von Uran-235 auf Reinheitsgrade von über neunzig Prozent. Beide Wege setzen das wirtschaftliche und wissenschaftliche Potential einer entwickelten Industriemacht voraus. Und nur der zweite Weg, die Uranbombe, konnte eine Option zum Bau von Wasserstoffbomben schaffen: Speziell konstruierte Uranbomben werden als Zünder für die thermonukleare Fusion benötigt.

Die Zahl der Mächte, die diesen Weg beschreiten können, ist vorläufig beschränkt. Doch zeigen die Explosion eines indischen Atomsprengsatzes 1974 und wahrscheinlich zutreffende Gerüchte, daß Israel inzwischen über eigene Atomwaffen verfüge, wie sich die Schwelle zu einer nationalen Atomstreitmacht für wenig entwickelte oder kleinere Staaten laufend erniedrigt: Atombomben können aus Plutonium erzeugt werden, das in Reaktoren hergestellt wird. Der gegenwärtige Wissensstand der Kerntechnik erlaubt praktisch jeder Macht, die in der Lage ist, Kernreaktoren zu betreiben, auch das für die Herstellung von Bomben notwendige Plutonium 239 zu isolieren und daraus mit geringem Aufwand Sprengsätze oder Bomben herzustellen.

Fachleute geben sich keinen Zweifeln hin, daß nicht nur kleinere Staaten eigene Atomwaffen entwickeln können, sondern bereits Terroristengruppen, die über wenige geschickte Physiker verfügen. Theodore Taylor, ein ehemaliger Konstrukteur von Atomwaffen, der sich im Auftrag der Ford Foundation mit diesem Problem befaßt hat, behauptete vor einem Senatsausschuß, ein einziger dafür ausgebildeter Terrorist wäre in der Lage, aus etwa sieben Kilogramm Plutonium eine primitive Atomwaffe zu bauen, die in einer Großstadt eingesetzt Zehntausende von Menschen töten könnte. Ein Angehöriger der Atomenergiekommission widersprach ihm: es wäre mehr als einer, nämlich eine »kompetente Gruppe« von Terroristen notwendig. Und wie einfach es bislang war, selbst in der fortschrittlichsten Industriemacht Plutonium aus der ständig wachsenden Zahl von Anlagen der zivilen Kernindustrie zu stehlen, kritisiert nicht nur Taylor, sondern auch ein Bericht des amerikanischen Rechnungshofs an den Kongreß: Das gefährliche Material würde völlig unzureichend bewacht und kontrolliert. Einbrüche wären weder zu verhindern, noch selbst größere Verluste festzustellen.

Und schließlich müssen noch nicht einmal Atomsprengsätze hergestellt werden, um »Abfallprodukte« der zivilen Kerntechnologie terroristisch zu nutzen. Es genügen einfachere Vorrichtungen, die stark radioaktives Material in weitem Umkreis verstreuen.

Um diesen Gefahren vorzubeugen, wurden in den USA seit Ende 1973 die Sicherheitsstandards verschärft, inzwischen auch die Atomenergiekommission aufgelöst und ihre Kompetenzen zwei neugeschaffenen Behörden übertragen, von denen der einen die zivile, der anderen die militärische Nutzung der Atomenergie untersteht.

Nur ist damit nicht das Problem der Sicherheitsstandards in den etwa dreißig Ländern gelöst, die bis 1980 Kernkraftwerke betreiben werden; von denen eine große Zahl weder über das technologische Niveau entwickelter Industriemächte verfügen, noch annähernd selbst die relative politische Stabilität der Vereinigten Staaten erreichen. Mit dieser Verbreitung nimmt auch der Materialfluß potentieller Kernsprengstoffe zu. Und das erleichtert die Entwendung oder Abzweigung von Atomsprengstoff oder von Material für radioaktive Waffen enorm.

Nach Angaben der Internationalen Atomenergiebehörde (IAEA) hat sich die Kapazität aller Kernkraftwerke auf der Erde in den letzten fünf Jahren verfünffacht. Durch Verknappung und Verteuerung fossiler Energie, wächst der Kernenergieanteil am steigenden Energiebedarf überproportional. Bereits mehr als zwanzig Länder betreiben 1975 Kernkraftwerke. Bis 1980 wird sich, nach Erwartung der IAEA die Kapazität aller auf der Welt betriebenen Kernkraftwerke gegenüber dem Stand von 1975 noch einmal verdreifachen.

Kontrolle und wirtschaftlicher Druck

Die überwältigende Mehrzahl dieser Kernkraftwerke, die sogenannten Leichtwasserreaktoren, wird nicht mit natürlichem Uran betrieben, sondern benötigt auf wenige Prozent angereichertes Uran-235. Über Anreicherungsanlagen für Uran-235 verfügen die ersten fünf Atommächte. Jedoch nur die Vereinigten Staaten und die Sowjetunion produzieren nennenswerte Mengen für den Export. Da diese Kapazitäten durch den raschen Anstieg des Bedarfs bald überfordert sein werden, zudem das Monopol der beiden Hauptexporteure unerträglich ist, da es als politisches und wirtschaftliches Druckmittel eingesetzt werden kann, ist die Verbreitung der Anreicherungstechnologie unvermeidbar. Da im Prinzip nur ein quantitativer, aber kein qualitativer Unterschied zwischen der Anreicherung von Uran-235 für Reaktoren und der höheren Anreicherung für Uran- und letztlich auch Wasserstoffbomben besteht, werden auch hier die technischen und wirtschaftlichen Grundlagen der Proliferation von thermonuklearen Waffen geschaffen. Südafrika ist im Begriff, Anreicherungsanlagen für Uran-235 nach einem neuen Verfahren zu bauen, ebenso Brasilien mit westdeutscher Unterstützung. Andere Staaten können und werden folgen.

Die einzige politische Handhabe ist der im März 1970 in Kraft getretene Atomwaffensperrvertrag, der bis Ende 1971 von fast der Hälfte aller Länder der Erde ratifiziert wurde. Er richtet sich gegen die Verbreitung von Atomwaffen. Die Teilnehmerstaaten, mit Ausnahme der bestehenden Atommächte, verpflichten sich, keine eigenen Atomwaffen herzustellen. Alle Produktionskapazitäten, die zur Herstellung von Atomwaffen benutzt werden könnten, also auch Kernreaktoren und Anreicherungsanlagen, sind der Kontrolle durch die »Internationale Atomenergie Behörde« (IAEA) zu unterstellen. Der Vertrag verpflichtet die Teilnehmer, ihre Atomtechnologie nur in Länder zu exportieren, die entweder selbst Teilnehmer sind oder diese Anlagen der IAEA Kontrolle zu unterstellen.

Davon abgesehen, daß wichtige Mächte mit einem eigenen Potential zur Entwicklung und Herstellung von Atomwaffen, wie Argentinien, Brasilien, Ägypten, Indien, Israel, Pakistan, Südafrika und Spanien bis 1972 nicht beigetreten waren, zeigt ein 1975 zwischen dem Mitglied Bundesrepublik Deutschland und dem Nichtmitglied Brasilien geschlossener Vertrag, eine Möglichkeit zur legalen Umgehung der Bestimmungen. Die Bundesrepublik erhielt von Brasilien den Auftrag zum bisher größten Exportgeschäft von Atomtechnologie.

Im Wettbewerb mit amerikanischen Konzernen erhielt die bundesdeutsche Reaktorwirtschaft den zur Kapazitätsauslastung dringend benötigten Auftrag, eine größere Anzahl von Reaktoren, Brennstoffaufbereitungsanlagen und eine Trennfabrik für Uran-235 zu liefern. Brasilien verpflichtete sich, die so von den Deutschen installierten Anlagen den Kontrollen der IAEA zu unterwerfen.

Soweit blieb alles im Rahmen der Bestimmungen des Atomwaffensperrvertrags. Das Mitglied verpflichtete das Nichtmitglied, die zu liefernden Anlagen der IAEA Kontrolle zu unterstellen. Nur, wird durch diesen Export von Technologie und Wissen Brasilien auf dem Weg zu eigenen, daher nicht mehr der IAEA Kontrolle unterstehenden atomaren Kapazitäten sicher um mehr als ein Jahrzehnt vorangebracht. Mit Hilfe des von den Deutschen erworbenen know how kann es eigene Anlagen errichten, um sich völlig legal Kapazitäten zur Herstellung von Kernwaffen aufzubauen.

Abfallprodukte der Rüstungstechnologie

Der gegenwärtige Entwicklungsstand der Reaktortechnologie wäre sicher nicht ohne die Entwicklung von Atomwaffen erreicht worden. Die auf dem Gebiet der Atomwaffentechnik führenden Mächte sind auch in der Reaktorentechnik führend. Selbst das Beispiel der Bundesrepublik, die ohne je Atomwaffen zu entwickeln, zu den heute in der Reaktortechnik führenden Staaten zählt, ist kein Gegenbeweis, sondern eine durch die Geschichte bedingte Ausnahme.

In einer Welt, in der vierzig Prozent aller öffentlichen und privaten Ausgaben für Forschung und Entwicklung dem Fortschritt der Rüstung dienen, ist es kein Wunder, wenn die heute fortschrittlichsten zivilen Technologien »Abfallprodukte« des Wettrüstens sind. Rüstungsforschung und Entwicklung werden zum Schrittmacher der zivilen Technologie, und Tatsache ist, daß weder Atomenergieerzeugung, Datenverarbeitung, Weltraum- und Satellitentechnik oder die Technik der Zivilluftfahrt den gegenwärtigen Entwicklungsstand ohne die gigantischen Rüstungsprojekte der Vereinigten Staaten und der Sowjetunion erreicht hätten.

Der so versöhnenden Vorstellung, jedes Ding habe eben zwei Seiten, es komme auf den Menschen an, sich nur der nutzbringenden

Aspekte der Technik zu bedienen, widerspricht der Mechanismus der gesellschaftlichen Vermittlung dieser Technik. In diesen entscheidenden Bereichen moderner Technologie folgt stets die zivile der militärischen Anwendung, ja, setzt sie voraus. Der Rüstungskomplex bestimmt die Richtung des »Fortschritts« zu einem wesentlichen Teil und setzt sie über die Vermittlerrolle des Staates durch.

Der Kreis schliesst sich

Auf einem Kongreß von Energiespezialisten im österreichischen Schloß Laxenburg stellte 1973 Alvin Weinberg, der damals noch Leiter des Oak Ridge National Laboratory der US Atomenergiekommission war, die aufregende Frage, wie über die ganze Erde verbreitete Reaktortechnologie zu kontrollieren sei. Das größte Problem, sagte Weinberg, sei die gesellschaftliche Verpflichtung. Denn solange die Radioaktivität der Reaktorabfälle nicht abgeklungen ist, wird jede Generation über Tausende von Jahren in allen Ländern der Erde durch das ungelöste Problem der Sicherung der Reaktorabfälle belastet. Diese Abfälle müssen Tausende von Jahren lang sicher gelagert und bewacht werden, um zu verhindern, daß sie in die Umwelt gelangen oder von einzelnen Regierungen oder Terroristengruppen mißbraucht werden. Zu bewältigen wäre dieses Problem nach Weinbergs Ansicht nur durch eine mit zentraler Autorität ausgestattete internationale Behörde. Doch ergänzte er sofort, daß die einzige Organisation, die tausend Jahre überdauert hätte, die katholische Kirche sei.

Im Anschluß an Weinbergs Vortrag entwickelte sich eine lebhafte Diskussion, ob die gesellschaftlichen und politischen Gefahren der Verbreitung der Atomtechnologie nicht ihren Nutzen weit überschritten. Das Protokoll erwähnt einen Sprecher, der von einem »faustischen Handel« redete. Von der politischen Instabilität der Gegenwart, von den letzten tausend Jahren ausgehend, mache er sich große Sorgen. Zukünftige Generationen könnten die von uns hinterlassenen radioaktiven Abfälle als »Fluch in der Erde« betrachten.

»Mr. Weinberg antwortete«, berichtet uns das Protokoll, »in der Atomgemeinde versuche man die Sache so zu steuern, daß möglichst wenig (zukünftige) Handlungsmöglichkeiten (durch Maßnahmen in der Gegenwart) ausgeschlossen würden.« Einige der Freiheiten und

Sicherheiten zukünftiger Generationen sind bereits ausgeschlossen. Das ist bereits mit der Produktion des ersten Gramms Plutonium im Manhattan Projekt geschehen. Die Welt ist anders geworden und der frühere Zustand läßt sich nicht mehr herstellen.

»Dann fragte« wie das Protokoll ergänzt, »jemand anderes Mr. Weinberg, wie groß das quantitative Risiko aus Brüterreaktoren im Vergleich zu dem des gegenwärtig schon vorhandenen Atomwaffenarsenals sei. Mr. Weinberg antwortete, daß er das nicht genau wisse, aber als«, so ist überliefert, »dieser Punkt informell mit ein paar Personen erörtert wurde, *die es wußten,* sagten diese, das Risiko einer unbeabsichtigten Detonation von Kernwaffen sei vergleichsweise groß.« Eine größere gesellschaftliche Fixierung wurde also bereits mit der Entwicklung der ersten Atombombe geschaffen.

Das zu wissen ist beruhigend. Nur daß sich andere, sicherlich ebenso kompetente Wissenschaftler wegen der zu großen Zahl der noch unbekannten Risiken gegen den *beschleunigten* Ausbau der Atomenergieerzeugung wenden – so eine Gruppe von zweitausenddreihundert Wissenschaftlern, die im August 1975 an die amerikanische Regierung und den Kongreß appellierten, das Reaktorprogramm »drastisch einzuschränken« – stellt sich die Frage nach der Objektivität einer Wissenschaft, die zu so widersprüchlichen Aussagen fähig ist. Wissenschaftler nehmen es kraft ihres gesellschaftlichen Mythos auf sich, in einer objektiv noch ungeklärten, da vorläufig unklärbaren Lage, sich für diese oder jene Lösung als »Wissenschaftler« zu entscheiden. Hier genügt es, die Einstellung von Individuen der wissenschaftlichen Gemeinde zu wirtschaftlichen, militärischen oder politischen Fragen zu kennen, um auch antagonistischen Aussagen und den dahinter stehenden Interessen das Mäntelchen wissenschaftlicher Dignität umhängen und damit den Anspruch von Allgemeinverbindlichkeit erheben zu können. Man muß sich nur die *richtigen* Wissenschaftler aussuchen. Schamanen des Atomzeitalters, die eine ratlose und ohnmächtige Gesellschaft mit einer ihrem Einfluß entzogenen Entwicklung zu versöhnen haben.

»Wir fühlen uns verpflichtet, zu den Energieproblemen Stellung zu nehmen«, steht über einer riesigen, im Sommer 1975 in mehreren großen Zeitungen und Zeitschriften in der Bundesrepublik verbreiteten Anzeige. »Wissenschaftler von internationalem Rang« werben im Auftrag der »Informationszentrale für Elektrizitätswirtschaft e. V.«: »Kernkraft, Höhepunkt grundlegender Entdeckungen im Bereich der Physik, ist für die Stromerzeugung heutzutage Realität geworden«, meinen die Unterzeichner, darunter fast ein Dutzend Nobelpreisträger. »Als Wissenschaftler und Bürger der Vereinigten Staaten glauben wir, daß sich unser Gemeinwesen in der schwierigsten Lage seit dem Zweiten Weltkrieg befindet«, schreiben sie. »Energie in der westlichen Welt, der Lebenssaft aller modernen Gesellschaften« droht knapp zu werden, daher können die Unterzeichner »keine vernünftige Alternative zu einer vermehrten Nutzung der Kernenergie für die Deckung unseres Energiebedarfs erblicken.« Die Probleme werden mit dem Hinweis auf die »Öffentliche Überwachung in einem Ausmaß, wie sie bisher in der Geschichte der Technik keine Parallele aufzuweisen hat«, pauschal abgetan, noch bestehende Zweifel mit dem Hinweis auf »publizistische Panikmache, die mit einigen eingetretenen Störfällen betrieben worden ist«, unter verbalem Unrat beerdigt.

Die Namen von zweiunddreißig »bekannten amerikanischen Wissenschaftlern« stehen unter den Anzeigen der Elektrizitätswirtschaft, gegliedert fein säuberlich nach Nobelpreisträgern für Physik, Chemie, Medizin und »anderen verdienstvollen Wissenschaftlern«. Alvarez, Bethe, Bloch, Rabi, Wigner, Libby, McMillan und Seaborg bürgen darunter als Nobelpreisträger, und Bacher, Bradbury, Teller, Weinberg und Weisskopf als Wissenschaftler, die sich Verdienste erworben haben.

Literatur

Abelson, Philip H., in: Bulletin of the Atomic Scientists, 1974, S. 48
AEC, Hearings; Hickenlooper/Lilienthal, ebd., 1949, S. 221
Akad. d. Wissenschaften d. UdSSR, ebd., 1957, S. 316
Anderson, Herbert L., ebd., 1974, S. 56
  ders., ebd., 1974, S. 40
Ardenne, Manfred v., *Ein glückliches Leben für Forschung und Technik,*
  München 1972
Bainbridge, Kenneth T., Bull At. Scientists, 1975, S. 42
  ders., ebd., 1975, S. 40
Baruch, Bernard M., *Gute 88 Jahre,* München 1958
  ders., Bull. At. Scientists, 1946, S. 3
Barwich, Elfi u. Heinz, *Das rote Atom,* München 1967
Batchelder, Robert C., *The irreversible decision,* London 1965
Bechhoefer, Bernard G., *Postwar negotiations for arms control,* Washington 1961
Behm, Hans W., *Hörbigers Welteislehre,* Leipzig 1937
Bernstein, Barton J., Int. Herald Tribune, 3. Nov. 1975
Bethe, Hans, zus. m. H. Sack, Bull. At. Scientists, 1947, S. 65
  ders., ebd., 1950, S. 99
  ders., zus. m. Allison, Bainbridge, Brode, Lauritsen, Loomis, Pegram, Beitz, Tuve,
    Weisskopf, White, ebd., 1950, S. 75
  ders., ebd., 1954, S. 9
  ders., ebd., 1958, S. 426
  ders., Science, Vol. 155, 1967, S. 1080
Born, Max, *Mein Leben,* München 1975
Brodie, Bernard, (Hrsg.), *Strategy in the missile age,* Princton 1959
Bush, Vannevar, *Modern arms an free men,* Cambridge Mass. 1968
Business Week, Artikel v. 14. Sept. 1946, nachgedruckt in Bull. At. Scientists
  1946, S. 11
Clark, Ronald W., *Albert Einstein,* Esslingen 1974
Compton, Arthur H., *Die Atombombe und ich,* Frankfurt 1958
Conant, James B., *My several lives,* New York 1970
Condon, Edward U., Bull. At. Scientists, 1952, S. 179
  ders., ebd., 1953, S. 2
Daniel, C. u. Squires, A. M., ebd., 1948, S. 300
  ders., ebd., 1949, S. 27f.
Davis, N. P., *Die Bombe war ihr Schicksal,* Freiburg 1971
Dean, Gordon, Bull. At. Scientists, 1954, S. 11
Diebner, K.; Bagge, E.; Jay, K., *Von der Uranspaltung bis Calder Hall,*
  Hamburg 1967
Dudley, H. C., Bull. At. Scientists, 1975, S. 21
Einstein, Albert, *Über die spezielle und die allgemeine Relativitätstheorie,* Berlin 1973
  ders., Bull. At. Scientists, 1950, S. 71
Eisenhower, Dwight D., ebd., 1954, S. 2
Evans Medford, *The secret war for the A-bomb,* Chicago 1953

Fermi, Laura, *Atoms in the family,* Chicago 1954
  Illustrious immigrants, Chicago 1968
Fitch, Val L., Bull. At. Scientists, 1975, S. 43
Feuer, Lewis S., *Einstein and the Generations of science,* New York 1974
Frisch, Otto Robert, Bull. At. Scientists, 1974, S. 13
Garthoff, Raymond L., *Sowjetstrategie im Atomzeitalter,* Düsseldorf 1959
  ders., *Soviet military policy,* New York 1966
Geiss, J. u.a., *Houtermans* (Festschrift), Amsterdam 1963
Gerlach, Walther, *Otto Hahn, ein Forscherleben unserer Zeit,* München 1970
Gesellschaft z. Förderung d. Welteislehre, *Denkschrift an die preuss. Akademie d. Wissenschaften,* Berlin 1937
Goudsmit, Samuel, *Alsos,* London 1947
  ders., Bull. At. Scientists, 1947, S. 64
  ders., ebd., 1947, S. 343
  ders., ebd., 1948, S. 106
Gowing, Margaret, *Britain and atomic energy 1939-1945,* London 1965
Groueff, Stephane, *Manhattan Projekt,* London 1967
Groves, Leslie R., *Jetzt darf ich sprechen,* Köln 1965
Hahn, Otto, *Mein Leben,* München 1968
  ders., *Erlebnisse und Erkenntnisse,* Düsseldorf 1975
Halsted, Thomas A., Bull. At. Scientists, Mai 1975, S. 8
Heisenberg, Werner, *Prinzipielle Fragen der modernen Physik,* Wien 1936
  ders., *Die Einheit des Naturwissenschaftlichen Weltbildes,* Leipzig 1942
  ders., *Physik und Philosophie,* Stuttgart 1959
  ders., *Das Naturbild der heutigen Physik,* Hamburg 1960
  ders., *Der Teil und das Ganze,* München 1969
  ders., *Wandlungen in den Grundlagen d. Naturwissenschaften,* Stuttgart 1969
  ders., in: Völkischer Beobachter 28. Febr. 1936
  ders., in: Die Naturwissenschaften, 1947, S. 325
Herneck, Friedrich, *Bahnbrecher des Atomzeitalters,* Berlin 1974
Hewlett, R. G.; Anderson O.E., *The new world,* Univ. Park, Pa. 1962
Hickenlooper, Bourke B., Bull. At. Scientists, 1949, S. 182 (vgl. AEC)
Hoffmann, Frederic de, ebd., 1975, S. 41
Irving, David, *Der Traum von der deutschen Atombombe,* Gütersloh 1967
Joint Committee Report on AEC Investigation, Bull. At. Scientists, 1949, S. 330
Jordan, Pascual, Physikal. *Denken in der neuen Zeit,* Hamburg 1935
Jungk, Robert, *Heller als tausend Sonnen,* Frankfurt 1968, 5. Aufl.
Kaiser, Friedhelm, Hrsg., *Germanenkunde als politische Wissenschaft,* Neumünster 1939
Kaufmann, L.; Fitzgerald, B.; Sewell, T., *Moe Berg,* Berlin 1974
Kimball Smith, Alice, *A peril and a hope,* Chicago 1965
Krieger, David, Bull. At. Scientists, 1975, S. 28
Laurence, William L., *Dämmerung über Punkt Null,* München 1949
  ders., *Wasserstoffbomben,* Frankfurt 1951
Leger Sivard, Ruth, Bull. At. Scientists, 1975, S. 6
Leitenberg, Milton, ebd., 1974, S. 8
Leithäuser, Joachim, *Werner Heisenberg,* Berlin 1957
Lenard, Philip, in: Völkischer Beobachter, 22. Nov. 1936
Ludwig, Karl-Heinz, *Technik und Ingenieure im Dritten Reich,* Düsseldorf 1974

McDaniel, Boyce, Bull. At. Scientists, 1974, S. 39
Major, John, *The Oppenheimer hearing*, London 1971
Manley, John H., Bull. At. Scientists, 1974, S. 42
Mommsen, Wolfgang, J., *Das Zeitalter des Imperialismus*, (Fischer Weltgesch. Bd. 28), Frankfurt 1969
Moorehead Alan, *Verratenes Atomgeheimnis*, Braunschweig 1953
Morrison, Philip, Bull. At. Scientists, 1946, S. 5
    ders., zus. m. Wilson R. R., ebd., 1947, S. 181
    ders., ebd., Dez. 1947, S. 354
    ders., ebd., 1948, S. 104
Moss, Norman, *Men who play God*, London 1968
Müller Wilhelm, *Stehen Naturw. u. Philosophie vor einer neuen Grundlage der Erkenntnis?*, Berlin 1938
    ders., *Jüdische und deutsche Physik*, Leipzig 1941
Murray, Thomas E., Bull. At. Scientists, 1954, S. 277
Oppenheimer, Julius Robert, *Wissenschaft und allgemeines Denken*, Hamburg 1958
    ders., *The flying trapeze*, London 1964
    ders., *Atomkraft u. menschliche Freiheit*, Hamburg 1967
    ders., Bull. At. Scientists, 1948, S. 65
    ders., ebd., 1953, S. 202
    ders., ebd., 1954, S. 177
Parker, R. A. C., *Das zwanzigste Jahrhundert 1*, (Fischer Weltgesch. Bd. 34) Frankfurt 1967
Pilat, Oliver, *The atom spies*, New York 1952
Posse, Ernst H., *Die politischen Kampfbünde Deutschlands*, Berlin 1930
Rabi, I. I.; Serber, R.; Weisskopf V. F.; Pais, A.; Seaborg, G., *Oppenheimer*, New York 1969
Rabinowitsch, Eugene, Bull. At. Scientists, Jan. 1947, S. 1
    ders., ebd., 1954, S. 5
Record, Paul; Anderson T. I., Survival März April 1975, S. 75
Rosbaud, Paul, Bericht vom 5. Aug. 1945, auszugsweise veröffentlicht in Irving
Rosenberg, Alfred, Völkischer Beobachter 22. Nov. 1936
Rotblad, J., Bull. At. Scientists, 1955, S. 171
Russell, Bertrand, *Autobiographie III (1944–1967)*, Frankfurt 1974
    ders., Bull. At. Scientists, 1954, S. 8
    ders., ebd., 1958, S. 159
Schneider, Barry, Bull. At. Scientists, Mai 1975, S. 24
Secretary of Defence-USA, Schlesinger J. R., *The theater nuclear force posture in Europe* (Report to the US Congress); auszugsweise abgedruckt in: Survival, Sept. Okt. 1975, S. 235
Shepley, J. R.; Blair, C., *Die Wasserstoffbombe*, Stuttgart 1955
Shils, Edward, Bull. At. Scientists, 1954, S. 189
Smyth, Henry DeWolf, *Atomic energy for military purposes*, Princeton 1948
Speer, Albert, *Erinnerungen*, Berlin 1969
Stark, Johannes, *Nationalsozial. u. Wissensch.*, München 1934
    ders., *Jüdische u. deutsche Physik*, vgl. Müller Wilh.
    ders., *Fortschritte der Physik*, Leipzig 1938
    ders., in: Völkischer Beobachter, 28. Feb. 1936
    ders., in: Das Schwarze Korps, 15. Juli 1938

Steiner, Arthur, Bull. At. Scientists, 1975, S. 21
Stockholm Int. Peace Research Institute (Hrsg.), *SIPRI Yearbook 1972 – SIPRI Yearbook 1974 – Tactical and strategic antisubmarine warfare,* 1974
Taylor, Th. B.; Willrich, M.; Survival, Juli Aug. 1974, S. 86
Teller, Edward, *The legacy of Hiroshima* (zus. m. Brown, A.) London 1962
 ders., Bull. At. Scientists, 1950, S. 71
 ders., Bild der Wissenschaft, 1975
Urey, Harold C., Bull. At. Scientists, 1946, S. 3
 ders., ebd., 1947, S. 139
 zus. mit: Brown, K.T. Compton, Hogness, Lauritsen, Morse, Pegram, Warner
 ders., ebd., 1948, S. 290
 ders., ebd., 1948, S. 337
 ders., ebd., 1949, S. 265
 ders., ebd., 1950, S. 72
 ders., ebd., 1954, S. 12
Voigt, Heinrich, *Welteislehre und Wissenschaft,* Leipzig 1930
Wattenberg, Albert, Bull. At. Scientists, 1974, S. 51
Weinberg, Alvin M., *Proceedings of IIASA Planing Conference on Energy Systems,* Laxenburg Austria 1973
Weizenbaum, Joseph, in: Science, Mai 1972, S. 609
Weizsäcker, Carl Friedrich v., *Atomenergie und Atomzeitalter,* Frankfurt 1958
 ders., *Gedanken über unsere Zukunft,* Göttingen 1967
 ders., (Hrsg.) *Kriegsfolgen u. Kriegsverhütung,* München 1970
 ders., zus. mit: Afheld, Potyka, Reich, Sonntag, *Durch Kriegsverhütung zum Krieg?,* München 1972
 ders., *Fragen zur Weltpolitik,* München 1975
 ders., in: Zeitschr. f. Astrophysik, 1943, S. 21
 ders., in: Bull. At. Scientists, 1957, S. 283
 ders., in: VDW intern, Feb. 1975, S. 2
Wharton, Michael, *A nations security,* London 1955
Wiener, Norbert, Bull. At. Scientists, Jan. 1947, S. 31
 ders., ebd. Nov. 1948, S. 338
Willrich, Mason, Bull. At. Scientists, Mai 1975, S. 12; vgl. Taylor, Th. B.
Wirtz, Karl, in: Göttinger Univ. Zeitung Nr. 19, 1947
York, Herbert F., Bull. At. Scientists, 1975, S. 8
ohne Verfasser, *The yellow spot,* London 1936

Dank des Verfassers

Die Informationen, die ich den im Literaturverzeichnis angegebenen Veröffentlichungen entnehmen konnte, wurden durch Gespräche mit Teilnehmern des deutschen Atomprojekts ergänzt: Walther Gerlach, Werner Heisenberg und Carl Friedrich v. Weizsäcker, die auch zu den Unterzeichnern des Göttinger Manifests der Atomwissenschaftler gegen eine atomare Aufrüstung der Bundeswehr zählen, waren freundlicherweise bereit, ihre früheren Berichte und Veröffentlichungen zu ergänzen.

Ein Gespräch mit Robert Jungk, in dessen vor fast zwanzig Jahren erschienenes großes Werk »Heller als tausend Sonnen« die Ergebnisse umfangreicher eigener Recherchen und Bekanntschaften mit einer großen Zahl von Atomwissenschaftlern eingeflossen sind, war für mich von großem Nutzen. Robert Jungk verdanke ich viele Anregungen und Hinweise auf wichtige neue Veröffentlichungen. Horst Afheldt gab mir Anregungen zur Strategiedebatte.

Edith Helbing half mir bei der Überarbeitung und Korrektur des Manuskripts mit Kritik und durch viele Verbesserungsvorschläge.

Bildnachweis: Bilderdienst Süddeutscher Verlag (9); Collins, London (6); Carl Hanser Verlag (1); Pennsylvania State University Press (8); Sigbert Mohn Verlag [David Irving: »Der Traum von der deutschen Atombombe«, Gütersloh 1967] (13); Ullstein Bilderdienst (1).

Personenregister

Abelson, Philip 151–153, 231
Acheson, Dean 351, 354f., 357, 371, 406
Adenauer, Konrad 462, 464, 466f.
Adler, Friedrich 15
Afheldt, Horst 491
Allier, Jacques 122, 141f.
Allison, Samuel 242, 263, 313, 316, 405
Alvarez, Luis W. 152, 262, 312, 384 bis 390, 393f., 397, 398, 408, 411f., 419, 501
Amrine, Michael 363
Anderson, Herbert L. 74, 77, 78, 313
Anderson, Sir John 277
Anderson, Orville 342, 354
Ardenne, Manfred Baron von 101f., 109–111, 125f., 127, 137, 156, 325, 383
Arnold, Henry H. 288–300, 428
Arnold 400f.

Bacher, Robert F. 246, 263, 264, 371f., 404, 405, 411, 501
Bagge, Erich 113, 125, 180, 201, 325 bis 337
Bainbridge, Kenneth T. 78, 162, 268 bis 270, 272f., 405
Bard, Ralph A. 288, 294, 302f.
Bartky, Walter 287
Baruch, Bernhard Mannes 355–360, 362–365, 400
Basche, H. 112, 113
Beams, J. W. 151
Bechoefer, B. 359f.
Becker, Karl 106–108, 111, 112f., 134
Berg, Moe 195f.
Berkei, Friedrich 199
Bernstein, Barton J. 473
Besso, Michelangelo 15, 38
Bethe, Hans 57, 60f., 64, 105, 158, 215, 248, 257f., 265, 270, 339f., 380, 390–393, 398, 404f., 406, 409f., 413f., 417, 419–421, 424–426, 449, 450, 501
Beveridge, Henry Lord 103
Blackett, Patrick Maynard Stuart 41, 143, 434
Blair, Clay jr. 440
Bloch, Felix 44, 53, 57, 64, 103, 501
Blomberg, Werner von 95
Bohr, Niels 32, 40, 41, 43, 53, 57, 64, 67f., 70, 72, 73–75, 76, 87f., 90, 91f., 103, 116, 126, 130–133, 140, 142f., 150, 153, 242, 274–279, 283, 315, 333, 337, 348, 449
Bonhoeffer, Karl Friedrich 51
Boothe-Luce, Claire 347
Bopp, Fritz 465
Borden, William L. 436f., 443f.
Born, Max 22, 32f., 40, 42, 43, 46, 58, 60, 63, 64, 104, 304, 465
Bosch, Carl 28, 70, 95
Bothe, Walther 65, 83, 113, 121, 135, 142, 144, 173, 179, 188, 191
Bradbury, Norris 371, 389, 398, 403, 413, 415, 501
Bradley, Omar 421
Bretcher, Egon 143, 145
Briggs, Lyman J. 149, 150f., 154, 156, 159, 160, 163, 166
Broglie, Maurice Herzog von 24
Brun, Jomar 122, 123, 124, 171, 176, 178
Bundy, McGeorge 284, 294
Bush, Vannevar 150f., 154, 156, 158, 159, 160–163, 165, 206, 237, 269, 283–285, 288, 294, 316, 374f., 383f., 444
Butenandt, Adolf 186, 315
Byrnes, James Francis 286–288, 294, 296, 345

Chadwick, James 65, 143, 145, 158
Chalmers, Allis 227, 229
Cherwell, Frederick Alexander, Lindemann Viscount 84, 139, 277

Chevalier, Haakon 251–253, 372, 380–382, 446, 447
Chruschtschow, Nikita Sergejewitsch 461, 472
Churchill, Sir Winston 84, 139, 269, 276f., 283f., 289, 309
Clark, Ronald W. 34
Clayton, William L. 288, 294
Clusius, Klaus 113, 135, 142
Cockroft, Sir John Douglas 83, 142f., 401
Compton, Arthur Holly 159, 162–165, 166, 171, 207f., 210–212, 214, 235–238, 241, 243, 256f., 279, 281f., 288, 294, 296, 298f., 303f., 306f.
Compton, Karl Taylor 40f., 288, 294f., 373, 399
Conant, James Bryant 154, 156, 158, 160, 163, 164–167, 168, 171, 179, 206, 237f., 269, 283, 288, 294, 295, 316, 371, 379f., 396f., 406, 437
Condon, Edward U. 41, 322, 380f., 435f.
Curie, Irène 64, 66, 67, 69, 75f.
Curie, Marie 23, 24, 64
Curtis, Howard 320

Daghlian, Harry 267
Dames, W. 83
Daniel, C. 467f.
Dean, Gordon 399, 406, 413–415, 416, 424, 437, 441f., 444f.
Debye, Peter 44, 64, 114f., 131, 174
Dickel, Gerhard 142
Diebner, Kurt 96, 108f., 112, 113, 114, 115, 120, 128f., 136, 137, 173–175, 185f., 190f., 197, 199, 202, 326 bis 338
Dirac, Paul Adrien Maurice 42, 64
Doan, Richard L. 242
Döpel, L. R. 113, 121, 123, 128f., 173–175, 179, 383
Donnan 103
Droste, G. von 75
DuBridge, Lee A. 371, 397, 433, 437
Duckwitz, Ferdinand 274
Dudley, H. C. 257
Dulles, John Foster 431, 441, 460

Dunn, James C. 349
Dunning, John R. 221f.
Dyson, Sir Frank 33

Eddington, Arthur 33
Einstein, Albert 11, 13–15, 18, 20 bis 26, 31, 32–36, 38, 42f., 44, 48f., 54, 55, 56, 57, 72, 91, 146, 147–149, 158, 194, 285, 314, 334, 339, 387, 404, 405, 408, 419, 451, 455f.
Eisenhower, Dwight David 326, 382, 422f., 430, 441, 446, 458, 460, 461, 468, 484
Ellis, C. D. 143
Eltenton, George 251–253
Esau, Abraham 82f., 98, 107, 111 bis 113, 116, 134f., 137f., 146, 179 bis 181, 182f., 185
Euler, Hans 96f., 192
Evans, Luther 364
Evans, Ward E. 447f.

Falkenhorst, Nikolaus von 176f.
Faraday, Michael 36
Farell, Thomas F. 270f.
Feather, Norman 145
Fermi, Enrico 41, 57f., 63f., 65, 66, 73–75, 77, 78–80, 85f., 91, 103, 104, 146f., 150, 151, 155, 167–169, 170–172, 226, 235f., 238, 241f., 245, 248, 264, 267f., 270, 272, 281, 288, 294, 296, 298f., 303f., 315f., 371, 393, 398, 404, 409f., 413, 419–421, 449
Fermi, Laura 57, 74
Finletter, Thomas K. 416, 434, 439, 440
Fischer, Emil 17
Fitch, Val L. 263–265
Fleischmann, Rudolf 142, 465
Flügge, Siegfried 75, 77, 109, 113, 142
Franck, James 26, 28, 40, 50, 57, 167, 281, 296–298, 302, 307, 316
Frankfurter, Felix 277f.
Freundlich, Erwin F. 25, 143
Frisch, Otto Robert 57, 70, 71, 72f., 74–76, 103, 140f., 142f., 144, 152, 160, 216f., 266f., 272, 313
Fromm, Friedrich 135, 136f.

Fuchs, Klaus 57, 58f., 104, 143, 400 bis 404, 408, 444

Gamow, George 41
Garthoff, Raymond 360, 430
Gehrcke, Ernst 35
Geiger, Hans 83, 109, 113, 135, 142
Gentner, Wolfgang 131f.
Gerlach, Walther 66, 108, 181–186, 188, 190f., 192, 196–199, 202, 327–337, 465f.
Globke, Hans 466
Goebbels, Joseph 137
Göring, Hermann 135, 137f., 182 bis 184, 188, 190
Gold, Harry 408
Goldschmidt, Hans 24
Goudsmit, Samuel Abraham 194f., 200, 201, 230, 325f., 338–340
Gouzenko, Igor 342, 400
Gray, Gordon 446, 448, 449
Greenewalt, Crawford H. 170, 241
Greenglass, David 408
Griggs, David Tressel 416, 438–440
Gromyko, Andrej 358f.
Grosse, Aristide von 66
Grossmann, Marcel 15
Groth, Wilhelm 83f., 85, 106, 107, 108, 125, 156, 180
Groves, Leslie Richard 179, 193, 196, 203–218, 222–229, 232–234, 235–237, 238, 240–243, 244–248, 250, 252f., 268–271, 279–281, 287, 288–293, 294, 306, 308, 310f., 314, 316–319, 322f., 327, 330–332, 341, 343, 345f., 371f., 379, 383, 389, 443, 447
Gunn, Ross 146, 151

Haber, Fritz 26f., 28, 50, 51, 167
Habicht, Conrad 15
Habicht, Paul 15
Häckel, Ernst 25f.
Hahn, Otto 9f., 11, 13, 15–17, 26 bis 29, 49, 51, 58, 64, 66–72, 73, 75 bis 77, 78, 83, 85, 89, 97f., 107, 110, 112f., 116, 125, 135, 136, 142, 152, 153, 181f., 186, 192, 200, 249, 326 bis 338, 404, 451, 463f., 465–467

Halban, Hans H. 57, 77, 81, 122, 143, 144
Hallstein, Walter 466
Hanle, Wilhelm 82, 83, 107, 111
Harrison, George L. 284, 288, 292, 294, 298, 310
Harteck, Paul 83f., 85, 106, 107, 108, 113, 119f., 122f., 135, 136, 142, 156, 185, 326–337
Hasenöhrl, Fritz 24
Haworth 143
Haxel, Otto 465
Hecht, S. 349
Heisenberg, Werner 29–32, 36f., 40 bis 42, 43f., 52, 53–57, 63, 64, 77, 85f., 87f., 90, 91–93, 94, 96f., 99, 100, 113, 114f., 116, 118, 120f., 123, 125f., 128–133, 135, 136f., 142, 144, 173–175, 179, 181f., 185 bis 187, 188–190, 192f., 195–197, 199–202, 274f., 315, 339, 462f., 465f.
Herneck, Friedrich 21
Hertz, Gustav 26, 142, 383
Heusinger, Adolf 466
Hewlett, G. 82, 154, 354
Heydrich, Reinhard 56
Hickenlooper, Bourke B. 372, 376–378
Higinbotham, William 364
Hilberry, Norman 170, 205, 298
Hilbert, David 40
Himmler, Heinrich 56, 138, 339
Hindenburg, Paul von Beneckendorff und von H. 59
Hirohito, Kaiser von Japan 313
Hitler, Adolf 28f., 36, 45, 47, 48f., 50, 53, 58, 59, 85, 86, 90, 91, 95, 97, 99, 109, 110, 125, 134, 136, 137, 138, 140, 146, 150, 162, 180, 187, 188, 200, 213, 338, 339, 368, 457
Hoffmann, Frederic de 265, 267f.
Hoffmann, G. 83, 113, 142
Hoffmann, Heinrich 137
Hogness, T. 281, 373
Hooper, Stanford C. 82
Hoover, G. C. 149
Hoover, John Edgar 345, 443
Houtermans, Fritz Georg 41, 58, 77, 100–102, 129, 153, 182f.

Hugenberg, Alfred 47
Hughes, D. 296
Hund, Friedrich 44
Hutton, R. S. 83

Jander, Gerhart August 50
Jeffries, Zay 281f., 285
Jensen, Paul 129, 130, 133, 179
Johnson, Lyle 250f.
Johnson, Lyndon Baines 449, 460
Joliot, Frédéric 64, 66, 69, 75f., 77, 80–82, 92, 122, 131f., 139, 140, 142, 143, 201, 409
Joos, Georg 82f., 107, 111, 113
Jordan, Pascual 42, 46f., 63, 64
Jungk, Robert 37, 100, 115, 265

Kamerlingh-Onnes, Heike 24
Kapitza, Peter 277f.
Keith, Percival C. 223
Kemmer 143
Kennan, George Frost 395f., 423
Kennedy, John Fitzgerald 449, 460, 469, 472f.
Kenney, George K. 437
Kimball Smith, Alice 324
Kistiakowsky, George B. 57, 260–263, 313, 457f.
Kleiner, Alfred 22
Kopfermann, Hans 465
Korsching, Horst 201, 326–337
Kowarski, Lew 57, 77, 81, 122, 143, 144
Kuhn, Richard 96, 143
Kurti 143

Laird, Melvin Robert 485
Landau, Lew 44
Langevin, Paul 24
Landsdale, John 251f.
Latimer, Wendell M. 253, 386–390, 398, 419
Laue, Max von 22, 35, 42, 50, 101, 326–337, 339, 465
Lauritsen, Charles 61, 263, 373, 405, 411, 433, 439, 457
Lawrence, Ernest Orlando 152, 157 bis 159, 162f., 164–166, 169f., 211f., 221f., 224–228, 250, 262, 288, 294, 296, 298f., 303f., 380, 384, 386 bis 390, 397f., 408, 417, 419, 449
Leeb, Emil 134, 136
Leger Sivard, Ruth 475
Leitenberg, Milton 484
LeMay, Curtis 290f., 293, 308, 310, 428, 432
Lenard, Philip 35, 36, 52, 54
Levi, Eduard H. 319
Lewis, Warren K. 168, 218, 224, 254
Libby, Willard Frank 501
Lilienthal, David 351, 353f., 357, 371f., 388, 396, 399, 432, 445
Lindemann, Frederick Alexander s. Cherwell, Frederick Alexander Lindemann Viscount
London, Fritz 64
Loomis, Alfred L. 405
Lorentz, Hendrik Antoon 20, 33, 334
Lovett, Robert A. 416, 440

McArthur, Douglas 293, 300
McCarthy, Joseph R. 382, 409, 442f.
McCloy, John Jay 354f.
McCormack, Alfred 408, 411, 413
McDaniel, Boyce 264
Macharow 430
McKenzie King, William Lyon 342
McMahon, Brian 322f., 345–347, 388f., 393, 396, 398–400, 402, 415f., 428, 436, 443
McMillan, Robert 48, 151, 153, 217, 501
McNamara, Robert S. 460, 469–472, 486
Maier-Leibnitz, Heinz 465
Malenkow, Georgi Maximilianowitsch 417
Manley, John 212, 245, 247, 265f., 398
Marshall, George Catlett 206, 228f., 291f., 294, 310f.
Marshall, James C. 205, 207
Mattauch, Josef 83, 113, 142, 465
Matthias, Franklin T. 241
May, Alan Nunn 343–345, 350, 400
Meitner, Lise 17, 58, 64, 66–69, 70 bis 73, 75f., 83, 140, 152, 337
Mentzel, Rudolf 112, 137, 181
Milch, Erhard 136

Millikan, Robert Andrews 64
Møller, Christian 73
Montgomery, Bernard Law Viscount of 462
Moon 143
Morgan, Thomas A. 446, 448
Morrison, Philip 268f., 312, 339
Moskalenko 430
Müller, Walther 94, 109
Mulliken, Robert 281
Murphree, Eger V. 166
Murray 446f.

Neddermeyer, Seth 258–261
Nernst, Walther 23, 24, 42, 49
Neumann, John von 41, 57, 260, 262, 291, 412f., 450, 457f.
Newton, Sir Isaac 19, 20f., 33, 36
Nichols, K. D. 205, 235, 316, 389, 411, 443f.
Nickson, J. J. 296
Nixon, Richard Milhous 409
Noddack, Ida 66
Nordheim, Lothar W. 64

Ohnesorge, Wilhelm 101, 109, 110f., 125, 137f., 188
Oliphant, Marcus 141, 143
Oppenheimer, Frank 380
Oppenheimer, J. Robert 40, 59–62, 151, 168, 203f., 210–218, 231, 244–253, 256f., 260, 262, 265, 268–274, 288, 290, 294f., 296, 298f., 302–304, 307, 314f., 316, 320f., 350, 351–355, 357, 364, 371f., 376–384, 386, 388, 390 bis 397, 398f., 403–408, 411–415, 419–421, 423–425, 426, 432, 433 bis 450
Osenberg, Werner 188
Ostwald, Wilhelm 23

Page, Arthur W. 294
Paneth, Friedrich-Adolf 465
Panowsky, Walter 479
Papen, Franz von 47
Parsons, W. S. 259, 263
Pash, Boris T. 195, 200f., 251, 325

Patterson, Robert P. 323, 341, 371
Pauli, Wolfgang 42, 63, 465
Pauling, Linus Carl 435
Pegram, George 78, 82, 86, 151, 349, 373, 405
Peierls, Sir Rudolf Ernst 44, 57, 64, 104, 141, 143, 144, 160, 262, 333
Penney, Sir William George 291
Perrin, Jean-Baptiste 24
Peters, Bernard 380f., 446
Philipp, K. 75, 110
Pick, Georg 23
Pike, Summer 399
Placzek, Georg 64, 213, 393, 420
Planck, Max 22, 23, 24, 25f., 35, 42, 49, 50, 51, 53f., 55, 95, 110, 337
Pöhner, Ernst 36
Poincaré, Henry 20, 24, 334
Pontecorvo, Bruno 57, 58, 408
Pose, H. 173, 383
Potyka, Christian 491
Purnell, William R. 206, 311

Rabi, Isadore Isaak 61, 204, 212, 246, 248, 349, 371, 398f., 404, 412, 439, 501
Rabinowitsch, Eugene 57, 103, 296, 307, 314f., 348, 349, 354, 375, 422f., 424
Ramsay, Sir William 17
Reich, Utz-Peter 491
Reichenau, Walter von 110
Rexer 173
Ridenour, Louis Nicot 415
Riehl, Nikolaus 383
Riezler, Wolfgang 465
Robb, Roger 446–448
Rockefeller 377f., 415
Roosevelt, Eleanor 237, 405
Roosevelt, Franklin Delano 91, 146 bis 149, 150f., 160f., 237, 276–279, 283–286, 348, 372, 427
Rosbaud, Paul 83, 109, 182, 196 bis 198
Rosenberg, Alfred 52, 54
Rosenberg, Ethel 408
Rosenberg, Julius 408
Rosskothen 54
Rotblad 143, 418

513

Rotmistrow 430
Rowe, Hartley 263, 397
Russell, Bertrand 454–456
Rust, Bernhard 50, 107, 134f., 136, 137
Rutherford, Ernest, Lord R. of Nelson and Cambridge 17, 24, 77f.

Sachs, Alexander 146, 148, 161
Sagane, Ryokichi 312
Savitch, Pavel 67, 75
Schardin 186
Schein 213
Scherrer, Paul 195
Schilt, Jan 349
Schlesinger, Arthur jr. 478
Schneider, Barry 475, 487f.
Schrödinger, Erwin 43, 64
Schumann, Erich 98, 107–109, 111f., 134f.
Seaborg, Glenn T. 153, 168, 244, 296, 371, 391, 450, 501
Segrè, Emilio 57, 58, 64, 153
Serber, Robert 312, 394, 398
Shepley, James Robinson 440
Shils, Edward 443
Siegbahn, Karl Manne Georg 70
Silva, Peer de 252, 380f.
Simon, Sir Francis Eugene 57, 143, 144f., 156, 333
Simpson, John A. 321
Skardon, James William 401f.
Skinnarland, Einar 124
Smyth, Henry D. 284, 344, 383, 399, 448
Solovine, Maurice 15
Sommerfeld, Arnold 32, 35, 36, 37, 40, 43, 94, 194
Sommervell, Brehon B. 206
Sonntag, Philipp 491
Speer, Albert 135–137, 181–184
Squires 367f.
Stalin, Josef W. 86, 97, 101, 213, 269, 284, 303, 360f., 417, 461
Stark, Johannes 50, 54, 55f., 83, 94, 95, 108
Steiner, Arthur 295, 298
Stern, Otto 64, 70, 83
Stetter, G. 113, 142
Stimson, Henry Lewis 204, 206, 270, 283f., 287–289, 291, 294f., 298, 302–306
Stone, Robert S. 281
Strassmann, Fritz 9, 10, 66, 67, 68f., 71f., 75f., 77, 89, 142, 153, 451, 465
Strauß, Franz Josef 462, 463f., 466f.
Strauss, Lewis 377f., 388, 399, 415, 441f., 444f., 448
Styer, Wilhelm D. 203, 207
Suess, Hans 122, 123, 178
Suzuki, Kantaro 301, 310
Sweeny 311f.
Symington, William 478
Szilard, Leo 57, 77–82, 92, 103, 104, 146–151, 154f., 167, 216, 284 bis 287, 296, 306f., 319, 350, 383, 390, 404, 419

Tatlock, Jean 62, 250
Taylor, Theodore 495
Teller, Edward 41, 44, 57, 79f., 89 bis 91, 103, 148, 149, 151, 154, 256 bis 258, 260, 307, 320, 350, 368, 386 bis 388, 390–393, 396, 398f., 407f., 409, 411–421, 433, 443, 449f., 501
Thomson, Sir George Paget 141, 143
Tibbets, Paul W. 290
Tizard, Sir Henry 84, 139, 141
Todt, Fritz 134
Tolman, Richard T. 284
Tronstad, Leif 122, 124
Truman, Harry Spencer 269, 286 bis 288, 292, 300, 303, 305, 306f., 309f., 317, 323, 329, 341, 349, 351, 371, 373, 383f., 391, 393, 397, 399, 402f., 404f., 406, 407, 427, 437, 438, 460, 461.
Tuve, Merte A. 151
Tyndall 84, 139

Ulam, Stan 409, 412
Urey, Harold Clayton 151, 162f., 166f., 221–223, 238, 315f., 319, 349, 365–369, 436

Vandenberg, Arthur Henrick 345, 389, 434
Vögler, Albert 136, 137f., 337

Walcher, Wilhelm 465
Warburg, Emil 24
Watson, Edwin M. 149
Weinberg, Alvin 499f., 501
Weisskopf, Victor Frederick 41, 57, 79f., 103, 151, 213, 380, 393, 405, 419f., 501
Weizenbaum, Joseph 494
Weizsäcker, Carl Friedrich Frhr. von 41, 44, 53, 77, 88–91, 97–101, 113, 114f., 125–127, 129, 131, 132, 142, 145, 148, 151, 153, 193 bis 195, 197, 200f., 230, 275, 326 bis 338, 463f., 465–467, 491
Wells, Herbert George 22
Werschinin, Konstantin Andrejewitsch 361
Westphal, Wilhelm 26
Wettstein, Fritz von 96
Weyland, Paul 35
Wheeler, John 76, 116, 126, 140, 150, 153, 242, 409, 413
Whitehead, Alfred 33
Wieland, Heinrich 28

Wien, Wilhelm 24
Wiener, Norbert 369f., 419
Wiesner, Jerome 457f.
Wigner, Eugene Paul 41, 57, 78, 79f., 103, 146, 148, 149, 151, 167, 171, 226, 235–237, 241, 450, 501
Williams, Roger 241
Wilson, Roscoe Charles 289, 389, 394f., 411f.
Wilson, R. R. 264, 291
Winkhaus, Hans 108
Wirtz, Karl 100, 114f., 123, 125, 129, 136, 142, 174, 190f., 197, 201, 326 bis 338, 462, 465
Witzell, Karl 136
Wolfe Smyth, Henry de 102f., 171f., 322, 449
Wüst 56

York, Herbert 417

Zacharias, Ellis M. 439, 458
Zeeman, Pieter 64
Zincke, Ernst Carl Theodor 17
Zinn, Walter 77, 78, 242, 387, 393

Jost Herbig
Die Gen-Ingenieure

Durch Revolutionierung der Natur zum Neuen Menschen? 264 Seiten. Paperback 19.80 DM.

In einem knappen Abriß skizziert Herbig die Geschichte der Biologie als Erforschung und praktische Veränderung von Natur. Seit der »neolithischen Revolution« vor mehr als zehntausend Jahren, als Menschen erstmals entdeckten, wie man wilde Pflanzen und Tiere domestizieren und damit vollkommen neue Arten hervorbringen kann (von denen seither die Menschheit lebt), bis zur Mitte des 20. Jahrhunderts hat sich hier kaum wesentlich neues getan (außer ständiger Vervollkommnung der damals entdeckten Methoden). Die Neue Biologie, die in den fünfziger Jahren entstand (übrigens mitgeschaffen von erschrockenen Atomphysikern, die sich neue Arbeitsgebiete suchten), ist nach Herbig die »zweite biologische Revolution«, vergleichbar in ihren Konsequenzen nur jener ersten am Anfang der Zivilisation. Alles kommt also darauf an, sie gesellschaftlich zu kontrollieren. Wie es im Ansatz bereits versucht worden ist, als etwa die Stadtväter von Cambridge, Masachusetts, den Anspruch erhoben, die Tätigkeit der in ihren Mauern beherbergten Harvard-Forscher zu überprüfen – ein Anspruch, für die die Stadt Cambridge, so Herbig, eigentlich den Nobelpreis verdient hätte.

Im Hanser Verlag erschien von Jost Herbig:
›Das Ende der bürgerlichen Vernunft‹ (Wirtschaftliche, technische und gesellschaftliche Zukunft, 1974) und ›Kettenreaktion‹ (Das Drama der Atomphysiker, 1976).

Hanser

dtv Moderne Theoretiker

**Jeremy Bernstein:
Albert Einstein**

moderne theoretiker

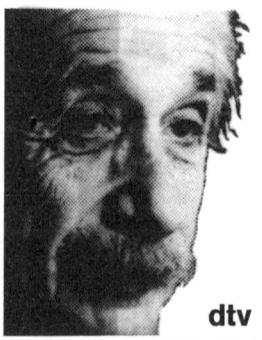

dtv

**George Woodcock:
Mahatma Gandhi**

moderne theoretiker

dtv

Herausgegeben
von Frank Kermode
Deutsche
Erstausgaben

Die Erkenntnisse und
Theorien maßgebender Wissenschaftler
und Künstler, Philosophen und Politiker,
die das Leben und
Denken unserer Zeit
veränderten, werden
in den Bänden dieser
Reihe einem weiten
Leserkreis vorgestellt
und einer kritischen
Analyse unterzogen.

A. Alvarez:
Samuel Beckett

Alfred Jules Ayer:
Bertrand Russell

Jeremy Bernstein:
Albert Einstein

John Gross:
James Joyce

Erich Heller:
Franz Kafka

dtv Moderne Theoretiker

**Roger Shattuck:
Marcel Proust**

moderne theoretiker

dtv

**John Gross:
James Joyce**

moderne theoretiker

dtv

**Edmund Leach:
Claude Lévi-Strauss:**

**George Lichtheim:
Georg Lukács**

**John Lyons:
Noam Chomsky**

**Alasdair MacIntyre:
Herbert Marcuse**

**Donald MacRae:
Max Weber**

**David Pears:
Ludwig Wittgenstein**

**Roger Shattuck:
Marcel Proust**

**Andrew Sinclair:
Che Guevara**

**Anthony Storr:
C. G. Jung**

**Richard Wollheim:
Sigmund Freud**

**George Woodcock:
Mahatma Gandhi**

Geschichte

dtv

dtv-Atlas zur Weltgeschichte
Karten und chronologischer Abriss

Von den Anfängen bis zur Französischen Revolution
Band 1

**Hermann Kinder/
Werner Hilgemann:
dtv-Atlas zur
Weltgeschichte**
Karten und chronologischer Abriß
Originalausgabe
2 Bände
3001, 3002

**Konrad Fuchs/
Heribert Raab:
dtv-Wörterbuch
zur Geschichte**
Originalausgabe
2 Bände
3036, 3037

dtv-Lexikon der Antike
Philosophie – Literatur –
Wissenschaft – Religion –
Mythologie – Kunst –
Geschichte – Kulturgeschichte
13 Bände
3017–3083

**Theodor Mommsen:
Römische Geschichte**
Vollständige Ausgabe
in 8 Bänden
Mit einer Einleitung
von Karl Christ
Originalausgabe
5955

**Herbert Grundmann
(Hrsg.):
Gebhardt
Handbuch der
deutschen Geschichte**
17 Bände
WR 4201–4217

**Georg Iggers:
Deutsche Geschichtswissenschaft**
Ein kritischer Rückblick
WR 4059

**Jochen Schmidt-Liebich:
Daten englischer
Geschichte**
Von den Anfängen bis
zur Gegenwart
Originalausgabe
3134